Flash CS4 中文版 基础与实例教程

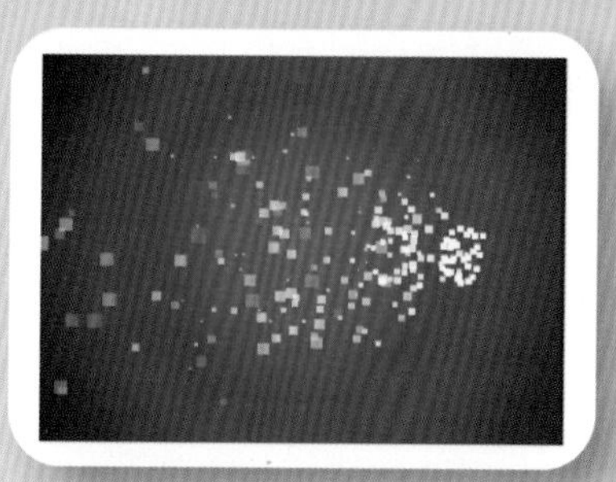

逐个打碎的文字

下雪效果

跟着鼠标的金鱼

结尾黑场动画

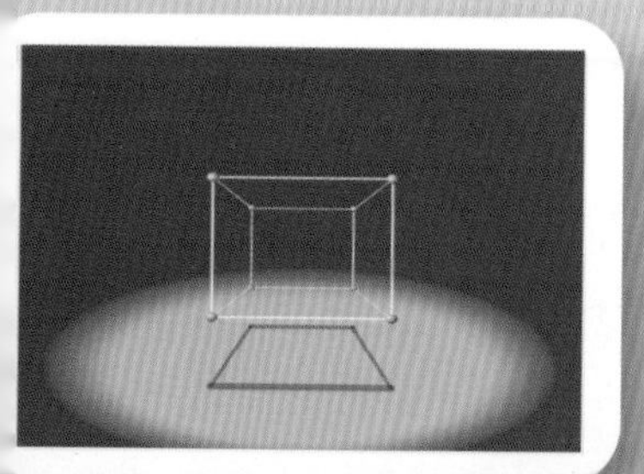

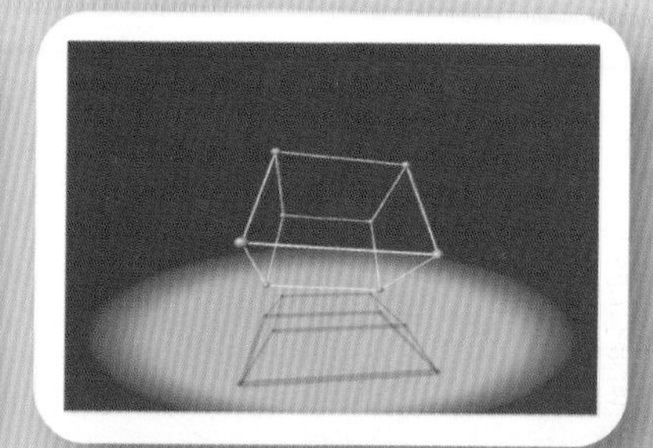

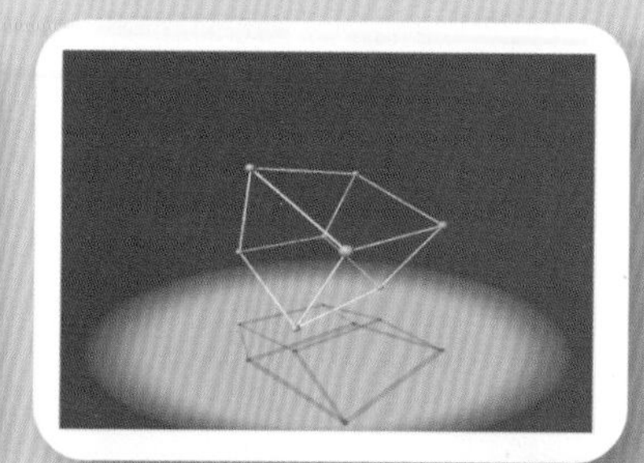

立体阴影

闪闪的红星

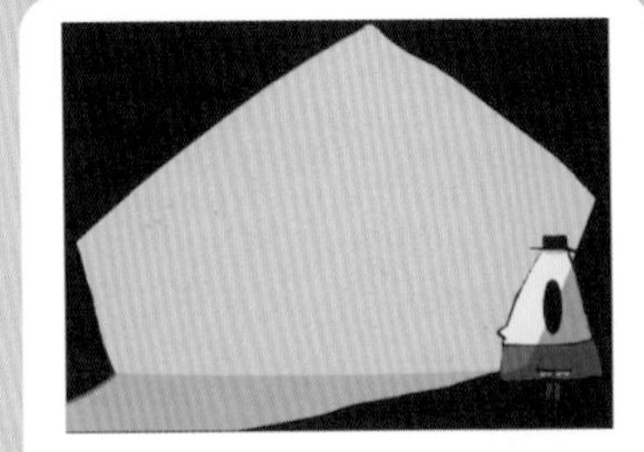

制作动画片

字母变形

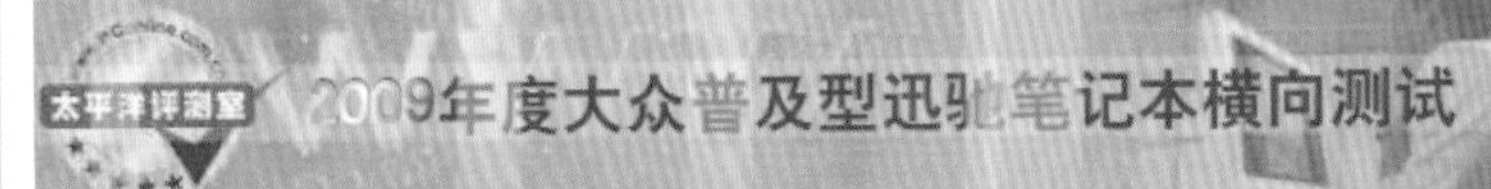

Banner广告条动画

光影文字

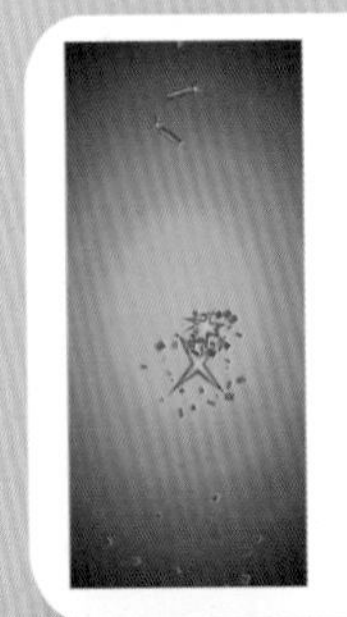
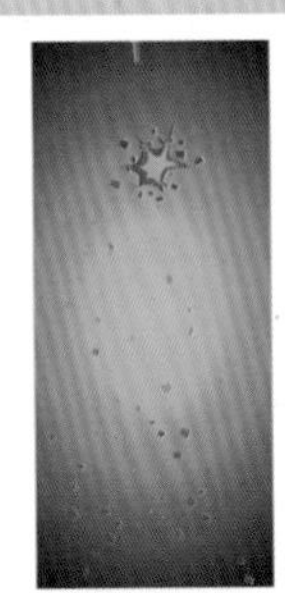
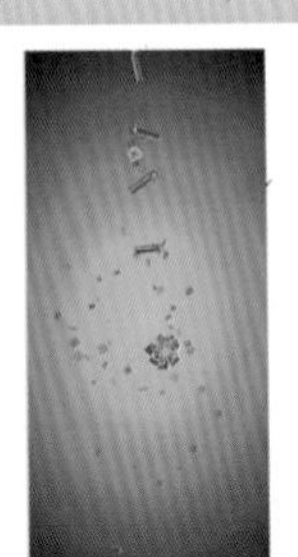
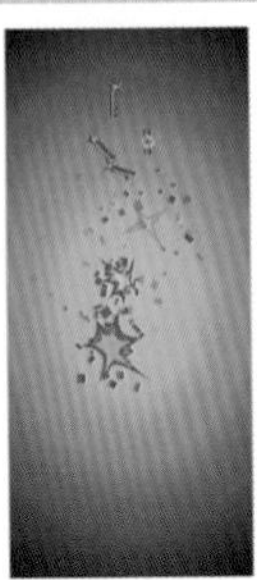
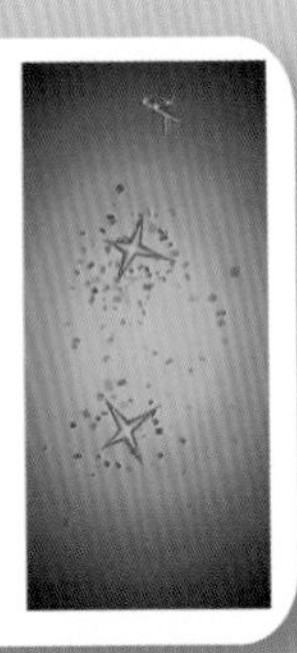

爆竹声声除旧岁

旋转的球

转轴与手写字动画

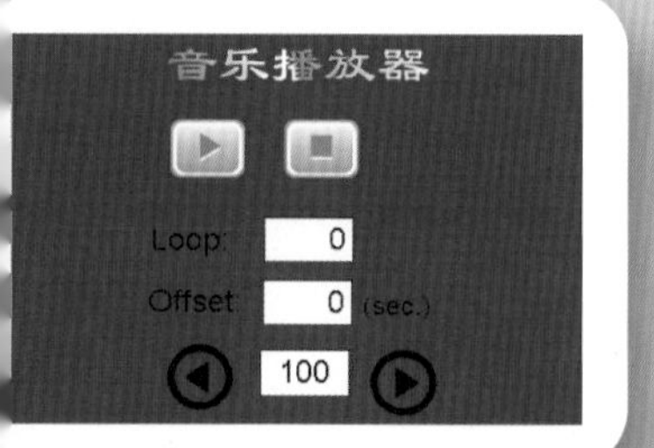

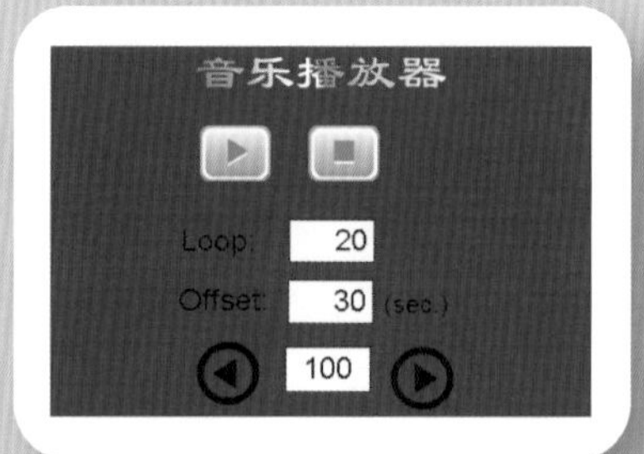

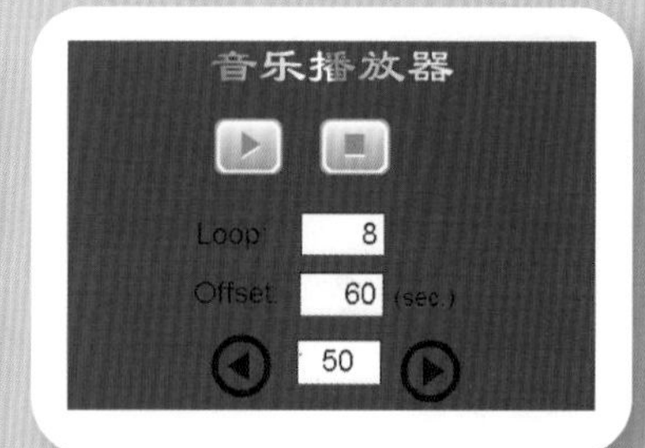

音乐控制系统

由按钮控制滑动定位的图片效果

可以拖曳的放大镜

洋葱皮旋转效果

时尚汽车

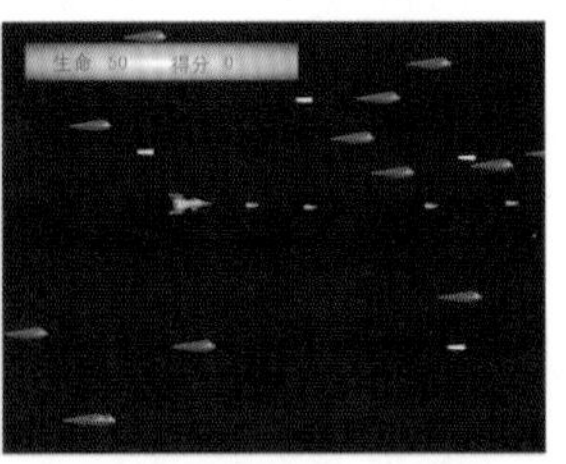

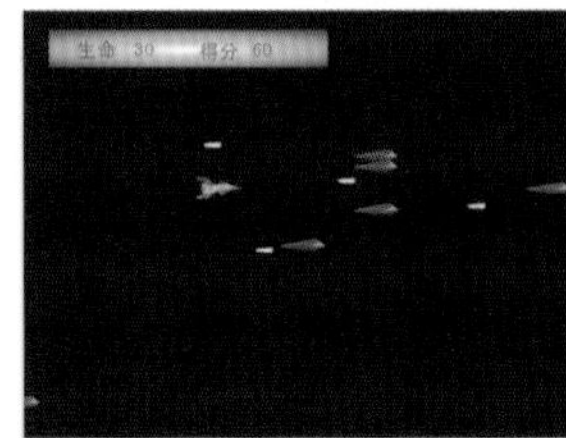

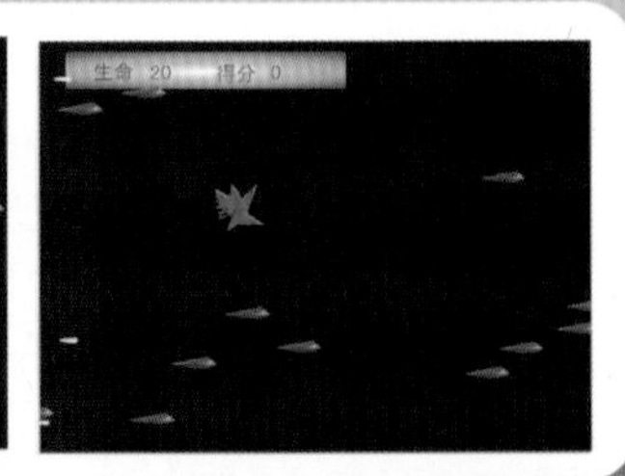

制作空战游戏

超级模仿秀

HELLO

多种文字效果

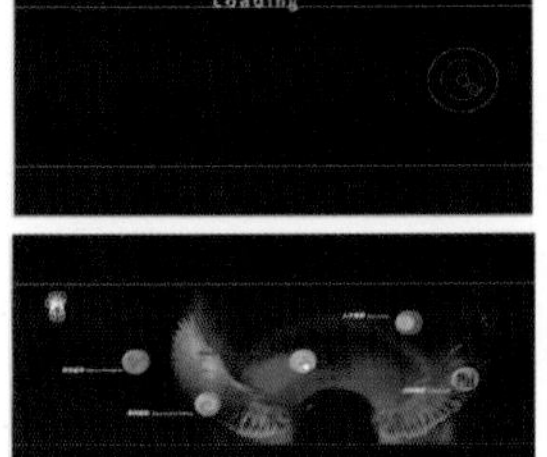

制作天津美术学院网站

按钮控制展示效果

北京高等教育精品教材
电脑艺术设计系列教材

Flash CS4 中文版基础与实例教程

第4版

郭开鹤　张凡　等编著

设计软件教师协会　　审

机 械 工 业 出 版 社

本书被评为“北京高等教育精品教材”，属于实例教程类图书。全书分为基础入门、基础实例演练、综合实例演练3部分，内容包括Flash CS4的基础知识、Flash CS4的新增功能、基础实例、脚本实例和综合实例，旨在帮助读者用较短的时间掌握这一软件。本书将艺术灵感和电脑技术结合在一起，系统全面地介绍了动画制作软件Flash CS4的使用方法和技巧，展示了Flash CS4的无限魅力，并详细地介绍了Flash CS4的新增功能，此外，对目前流行的全Flash站点、游戏和动画片也做了全面透彻的讲解。为了帮助大家学习，本书配套光盘中还提供了大量高清晰度的教学视频文件。

本书既可作为本专科院校相关专业或社会培训班的教材，也可作为平面设计爱好者的自学或参考用书。

图书在版编目（CIP）数据

Flash CS4 中文版基础与实例教程/ 郭开鹤等编著. —4版.
—北京：机械工业出版社，2009.12
（电脑艺术设计系列教材）
ISBN 978-7-111-28828-2

Ⅰ. F… Ⅱ. 郭… Ⅲ. 动画—设计—图形软件，Flash CS4—教材 Ⅳ. TP391.41

中国版本图书馆CIP数据核字（2009）第209611号

机械工业出版社（北京市百万庄大街22号 邮政编码100037）
责任编辑：陈 皓
责任印制：李 妍

北京振兴源印务有限公司印刷

2010年2月第4版·第1次印刷
184mm×260mm ·22印张·2插页·541千字
26001—30000册
标准书号：ISBN 978-7-111-28828-2
　　　　　ISBN 978-7-89451-386-1（光盘）
定价：43.00元（含1CD）

电脑艺术设计系列教材
编审委员会

前 言

Flash是目前世界公认的权威的网页动画制作软件，具有向量绘图与动画编辑功能，可以简易地制作连续动画、互动按钮。目前最新的版本为Adobe Flash CS4中文版。此软件功能完善、性能稳定、使用方便，是多媒体课件制作、手机游戏、网站制作和动漫等领域不可或缺的工具。

本书第4版和第3版相比，添加了大量的实用性更强、视觉效果更好的基础实例和脚本实例，并对Flash CS4新增的Deco工具、喷涂刷工具、骨骼工具、3D旋转工具和3D平移工具等功能做了具体讲解。

本书属于实例教程类图书，全书分为3部分，其主要内容如下：

第1部分 基础入门，包括2章。第1章详细讲解了Flash CS4工具箱的工具使用和制作动画的理论知识；第2章介绍了Flash CS4的主要新增功能。

第2部分 基础实例演练，包括2章。第3章详细讲解了逐帧动画、传统补间动画、补间形状动画、动画预设的制作方法，遮罩层、引导层、形状提示点的使用方法，外部图形、声音的导入方法；第4章详细讲解了使用常用脚本语言来制作动画的方法。

第3部分 综合实例演练，包括1章。主要介绍如何综合利用Flash CS4的功能制作目前流行的全Flash站点、Flash游戏和动画片。

本书是“设计软件教师协会”推出的系列教材之一，被评为“北京高等教育精品教材”。本书内容丰富、结构清晰、实例典型、讲解详尽、富于启发性。全部实例是由多所院校（中央美术学院、北京师范大学、清华大学美术学院、北京电影学院、中国传媒大学、天津美术学院、天津师范大学艺术学院、首都师范大学、山东理工大学艺术学院、河北职业艺术学院）具有丰富教学经验的教师和一线优秀设计人员从长期教学和实际工作中总结出来的。为了便于读者学习，本书配套光盘中含有大量高清晰度的教学视频文件。

参与本书编写的人员有郭开鹤、张凡、李岭、谭奇、冯贞、顾伟、李松、程大鹏、关金国、许文开、宋毅、李波、宋兆锦、郑志宇、于元青、孙立中、肖立邦、韩立凡、王浩、张锦、曲付、李羿丹、刘翔、田富源。

本书既可作为本专科院校相关专业或社会培训班的教材，也可作为平面设计爱好者的自学或参考用书。

由于作者水平有限，书中难免有疏漏或不妥之处，敬请广大读者批评指正。

编者

目　录

第2部分 基础实例演练

第3部分 综合实例演练

第1部分　基础入门

第 1 章　Flash CS4 的基础知识

本章重点

通过本章的学习，应掌握Flash CS4 的基本概念、工具箱中各种工具的使用，以及动画制作的基础知识。

1.1　初识 Flash CS4

Flash 是一款优秀的动画制作软件，利用它可以制作出一种后缀名为.swf 的动画文件，这种动画已经传遍了整个网络世界，并正在迅速地向网络以外的领域蔓延。它的应用主要表现为网页小动画、动画短片、产品演示、MTV 作品、多媒体教学课件、网络游戏和手机彩信等。

Flash 有“闪、闪烁”的意思，那些擅长使用 Flash 软件制作各种优秀作品的人则被称为“闪客”，不要以为“闪客”离我们有多遥远，本书将帮助读者为快速走进“闪客”的行列打好基础。

启动 Flash CS4，首先显示出图 1-1 所示的启动界面。

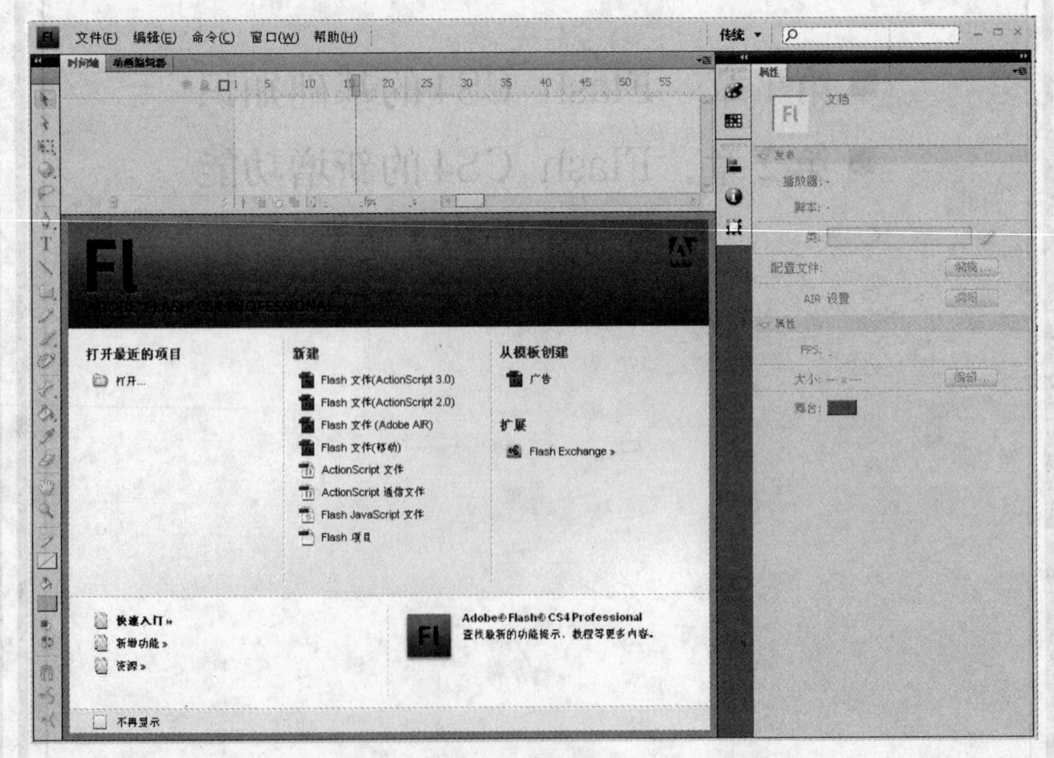

图 1-1　启动界面

启动界面中部的主体部分列出了一些常用的任务。其中，左边栏是打开最近用过的项目，中间栏是创建各种类型的新项目，右边栏是从模板创建各种动画文件。

下面打开一个动画文件。方法：单击左边栏中的 打开... 按钮，在弹出的"打开"对话框中选择"配套光盘|素材及结果|3.20 闪闪的红星|闪闪的红星.fla"文件（见图1-2），单击"打开"按钮，即可进入该文件的工作界面，如图1-3所示。

Flash CS4工作界面主要可以分为动画文件选项卡、工具箱、时间轴、舞台和面板几部分，下面进行具体讲解。

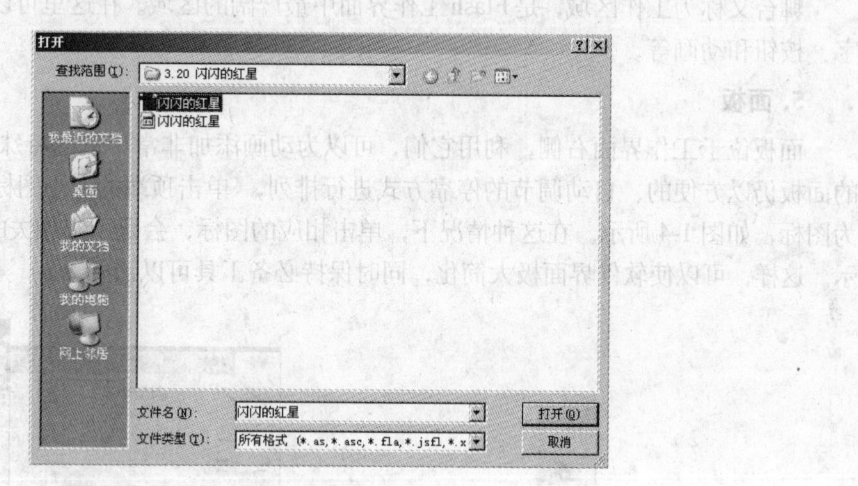

图1-2　选择要打开的文件

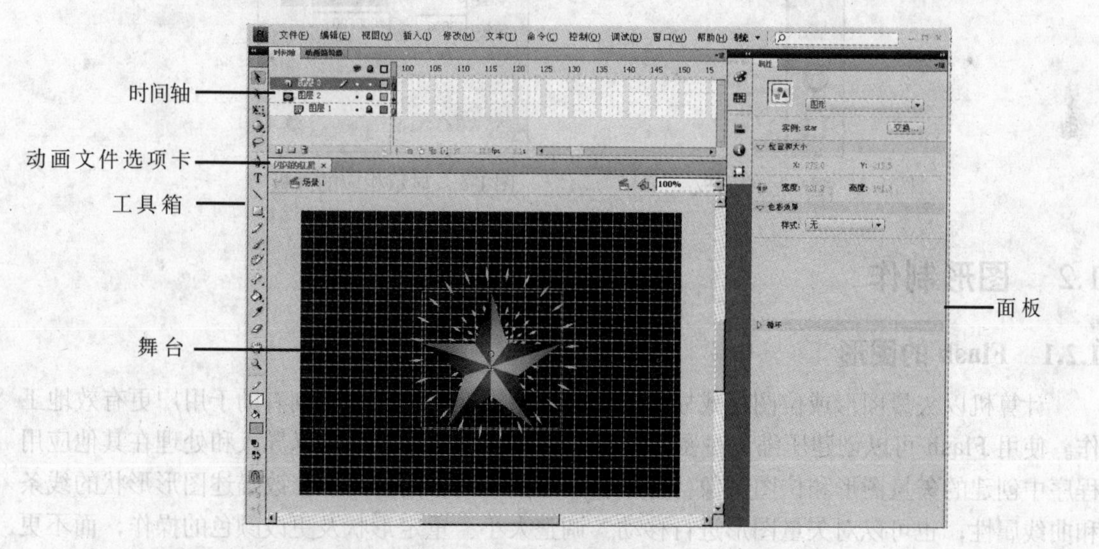

图1-3　打开"闪闪的红星.fla"文件

1. 动画文件选项卡

在这里显示了当前打开的文件名称。如果此时打开了多个文件，可以通过单击相应的文件名称来实现文件之间的切换。

2. 工具箱

工具箱中包含了多种常用的绘制图形的工具和辅助工具，它们的具体使用方法参见1.2节。

3. 时间轴

时间轴用于组织和控制一定时间内的图层和帧中的文档内容。时间轴左边为图层，右边为帧，动画从左向右逐帧进行播放。

4. 舞台

舞台又称为工作区域，是Flash工作界面中最广阔的区域。在这里可以摆放一些图片、文字、按钮和动画等。

5. 面板

面板位于工作界面右侧，利用它们，可以为动画添加非常丰富的特殊效果。Flash CS4 中的面板仍以方便的、自动调节的停靠方式进行排列，单击顶端的▸▸小图标，可以将面板缩小为图标，如图 1-4 所示。在这种情况下，单击相应的图标，会显示出相关的面板，如图 1-5 所示。这样，可以使软件界面极大简化，同时保持必备工具可以访问。

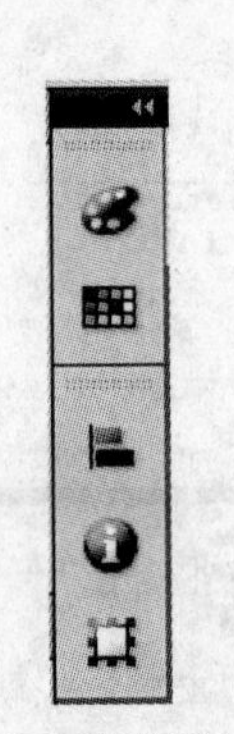

图 1-4　缩小后的面板

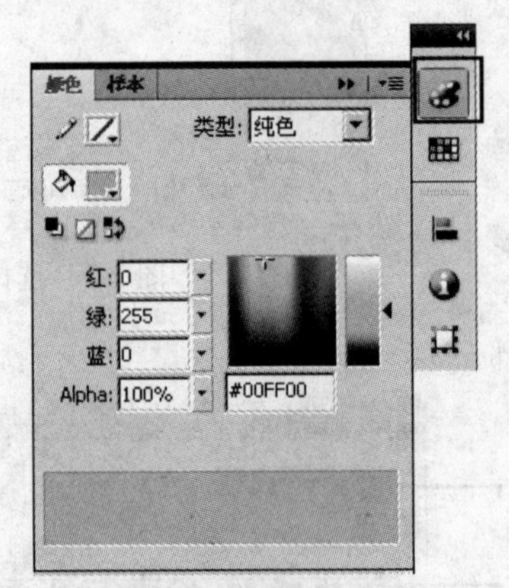

图 1-5　显示相应的面板

1.2　图形制作

1.2.1　Flash 的图形

计算机以矢量图形或位图格式显示图形，了解这两种格式的差别有助于用户更有效地工作。使用 Flash 可以创建压缩矢量图形并将它们制作为动画，也可以导入和处理在其他应用程序中创建的矢量图形和位图图像。在编辑矢量图形时，用户可以修改描述图形形状的线条和曲线属性，也可以对矢量图形进行移动、调整大小、重定形状及更改颜色的操作，而不更改其外观品质。

在Flash中绘图时，创建的是矢量图形，它是由数学公式所定义的直线和曲线组成的。矢量图形是与分辨率无关的，因此，用户可以将图形重新调整到任意大小，或以任何分辨率显示它，而不会影响其清晰度。另外，与下载类似的位图图像相比，下载矢量图形的速度比较快。

图形编辑是Flash重要的功能之一，了解了一些基本的绘图方法之后，就可以从绘图工具栏里选择不同的工具以及它们的修饰功能键来创建、选择、分割图形等。当选择了不同的工具时，图形工具栏外观会跟着发生一些变化，且修饰功能键以及下拉菜单将出现在工具栏的下半部分。修饰功能键大大扩展了此工具的使用功能，加强了此工具的实用性和灵活性。

一般情况下，在第一次接触到某工具时，只要能大概知道它的作用就可以了，至于具体应用，则需要通过一个个实实在在的例子去慢慢体会和理解。

在本章中，将对Flash提供的图形处理工具进行一些简单的讲解，另外，列举一些基本的图形绘制实例。通过对本章的学习，相信大家对Flash的图形制作不会再感到陌生了。

1.2.2　铅笔工具和线条工具

在讲解铅笔工具之前先来熟悉一下工具箱。Flash CS4的工具箱如图1-6所示。

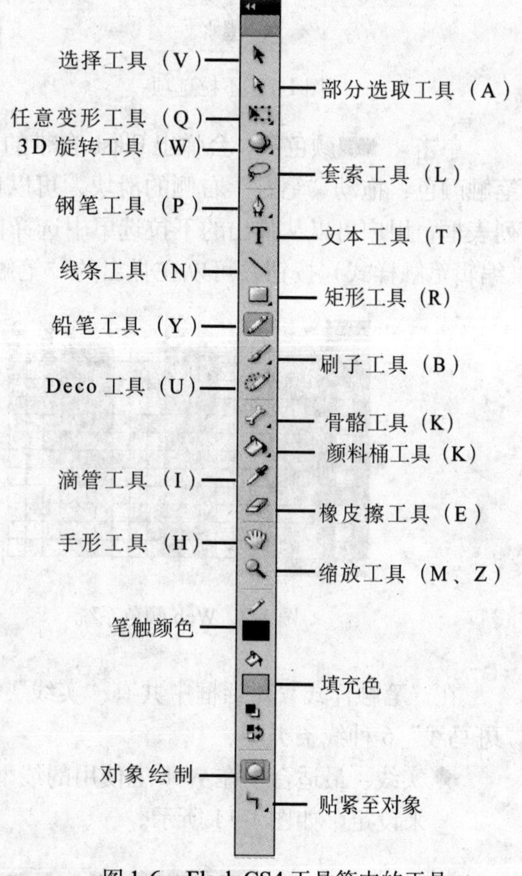

图1-6　Flash CS4工具箱中的工具

1. 铅笔工具

（铅笔工具）用于在场景中指定帧上绘制线和形状，它的效果就好像用真的铅笔画画一样。帧是Flash动画创作中的基本单元，也是所有动画及视频的基本单元，将在后面的章节中介绍。Flash CS4中的铅笔工具有属于自己的特点，例如，可以在绘图的过程中拉直线条或者平滑曲线，还可以识别或者纠正基本几何形状。另外，还可以使用铅笔工具的修正功能来创建特殊形状，也可以手工修改线条和形状。

选择工具箱中的（铅笔工具）的时候，在工具栏下部的选项部分中将显示（对象绘制）按钮，用于绘制互不干扰的多个图形，单击右侧下的小三角形，会出现如图1-7所示的选项。

这3个选项分别对应铅笔工具的3个绘图模式。

- 选择（直线化）时，系统会将独立的线条自动连接，将接近直线的线条自动拉直，对摇摆的曲线实施直线式的处理。
- 选择（平滑）时，将缩小Flash自动进行处理的范围。在平滑选项模式下，线条拉直和形状识别功能将都被禁止。在绘制曲线后，系统可以进行轻微的平滑处理，且使端点接近的线条彼此可以连接。
- 选择（墨水）选项时，将关闭Flash自动处理功能，即画的是什么样，就是什么样，不做任何平滑、拉直或连接处理。

选择（铅笔工具）的同时，在“属性”面板中也会出现如图1-8所示的选项，包括笔触颜色、笔触粗细、样式、缩放、端点类型和接合类型等。

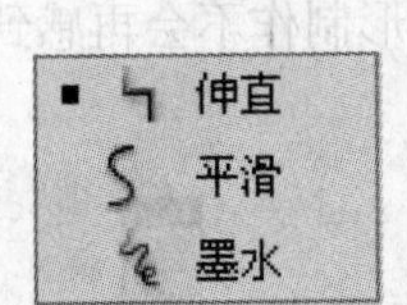

图 1-7　下拉选项

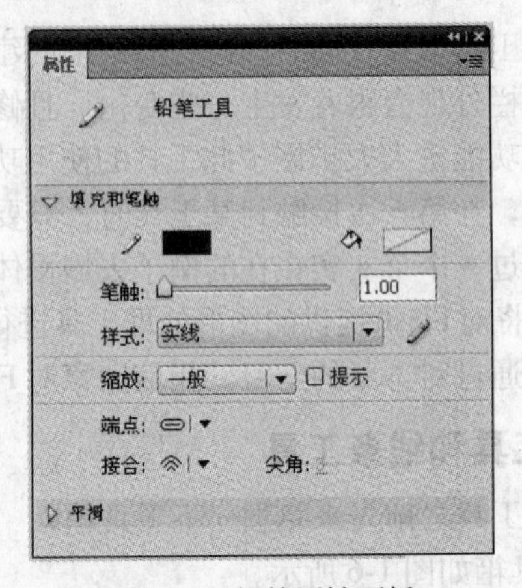

图 1-8　铅笔属性面板

单击颜色框，会弹出 Flash 自带的 Web 颜色系统（见图 1-9），从中可以定义所需的笔触颜色；拖动“笔触”右侧的滑块，可以自由设定线条的宽度；单击“样式”右侧的下拉列表框，用户可以从弹出的下拉选单中选择自己所需要的线条样式，如图 1-10 所示；单击（编辑笔触样式）按钮，可以在弹出的“笔触样式”对话框中设置所需的线条样式。

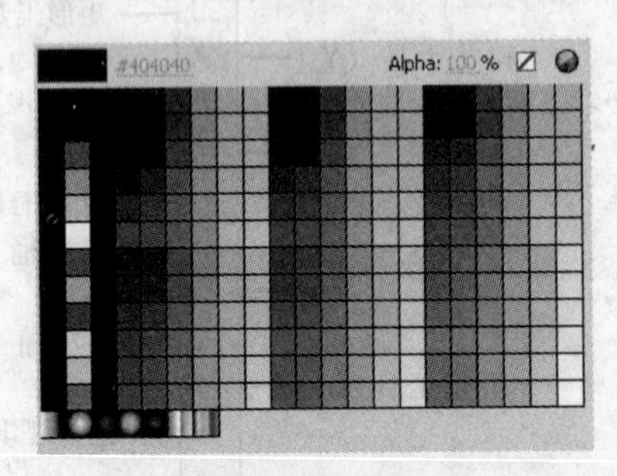

图 1-9　Web 颜色系统

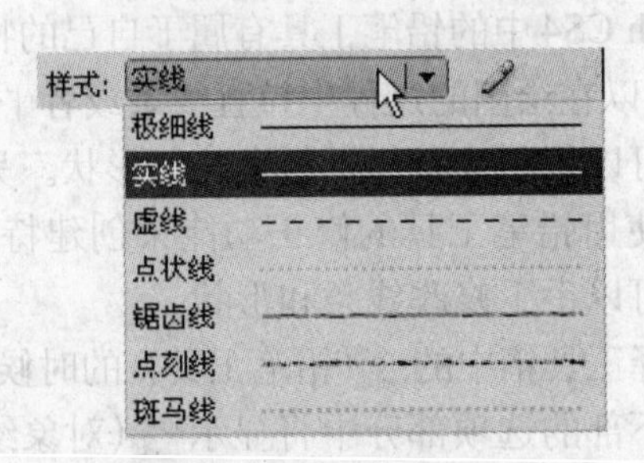

图 1-10　线条样式

在“笔触样式”对话框中共有“实线”、“虚线”、“点状线”、“锯齿状线”、“点刻线”和“斑马线”6 种线条类型。

● 实线：最适合于在 Web 上使用的线型。此线型可以通过“粗细”和“锐化转角”两项来设定，如图 1-11 所示。

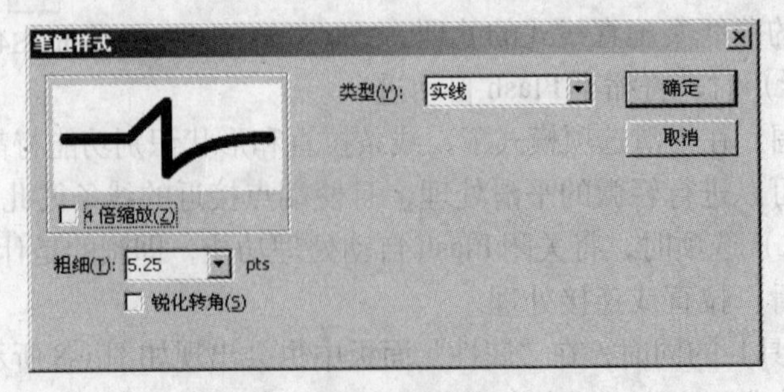

图 1-11　实线

● 虚线：带有均匀间隔的实线。短线和间隔的长度是可以调整的，如图1-12所示。

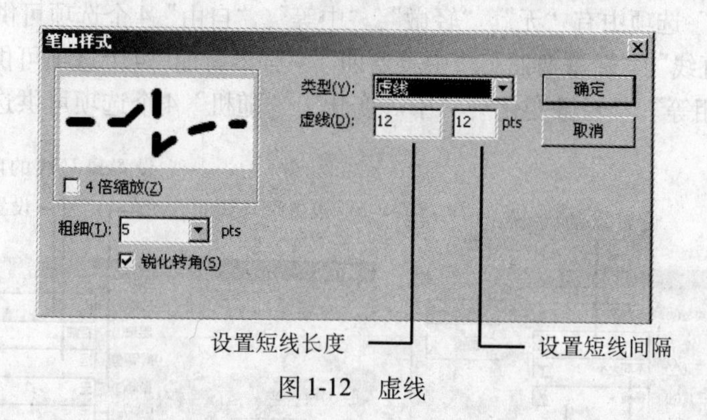

图1-12　虚线

● 点状线：绘制的直线由间隔相等的点组成。与虚线有些相似，但只有点的间隔距离可调整，如图1-13所示。

● 锯齿状线：绘制的直线由间隔相等的粗糙短线构成。它的粗糙程度可以通过图案、波高和波长3个选项来进行调整，如图1-14所示。在“图案”选项中有“实线”、“简单”、“随机”、“点状”、“随机点状”、“三点状”、“随机三点状”7种样式可供选择；在“波高”选项中有“平坦”、“起伏”、“剧烈起伏”、“强烈”4个选项可供选择；在“波长”选项中有“非常短”、“短”、“中”、“长”4个选项可供选择。

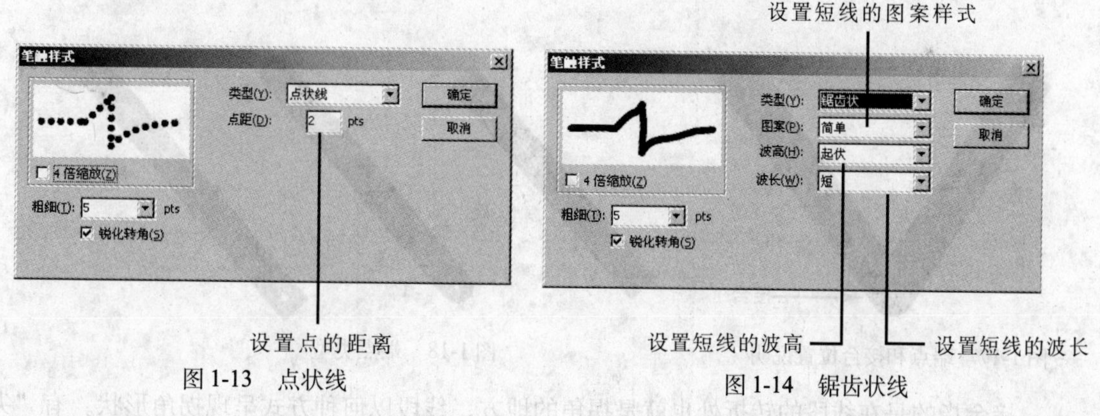

图1-13　点状线　　图1-14　锯齿状线

● 点刻线：绘制的直线可用来模拟艺术家手刻的效果。点刻的品质可通过点大小、点变化和密度来调整，如图1-15所示。在“点大小”选项中有“很小”、“小”、“中等”、“大”4个选项可供选择；在“点变化”选项中有“同一大小”、“微小变化”、“不同大小”、“随机大小”4个选项可供选择；在“密度”选项中有“非常密集”、“密集”、“稀疏”、“非常稀疏”4个选项可供选择。

● 斑马线：绘制复杂的阴影线，可以精确模拟艺术家手绘的阴影线，产生无数种阴影效果，这可能是Flash绘图工具中复杂性最高的操作，如图1-16所示。它的参数有：粗细、间隔、微动、旋转、曲线和长度。其中，“粗细”选项中有“极细”、“细”、“中等”、“粗”4个选项可供选择；“间隔”选项中有“非常近”、“近”、“远”、“非常远”

4个选项可供选择；“微动”选项中有“无”、“弹性”、“松散”、“强烈”4个选项可供选择；“旋转”选项中有“无”、“轻微”、“中等”、“自由”4个选项可供选择；“曲线”选项中有“直线”、“轻微弯曲”、“中等弯曲”、“强烈弯曲”4个选项可供选择；“长度”选项中有“相等”、“轻微变化”、“中等变化”、“随机”4个选项可供选择。

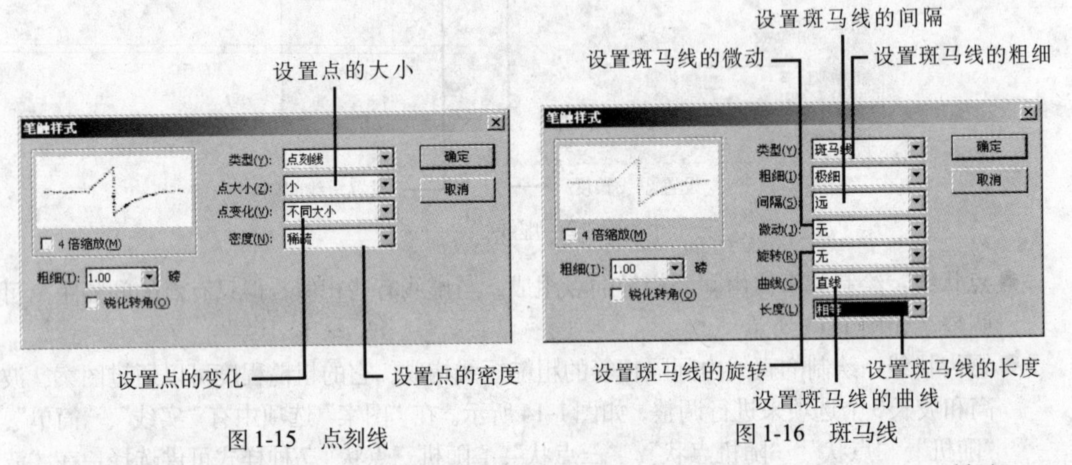

图1-15　点刻线　　图1-16　斑马线

“端点”和“接合”选项用于设置线条的线段两端和拐角的类型，如图1-17所示。

端点类型包括“无”、“圆角”和“方形”3种，效果分别如图1-18所示。用户可以在绘制线条之前设置好线条属性，也可以在绘制完成后重新修改线条的属性。

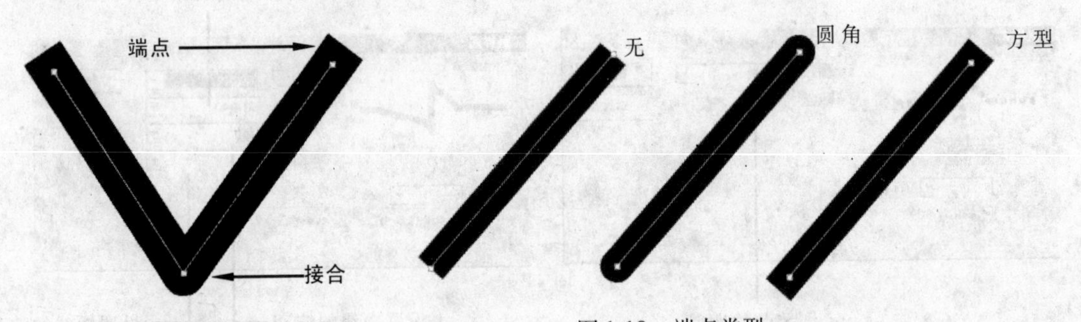

图1-17　端点和接合位置说明　　图1-18　端点类型

接合指的是在线段的转折处也就是拐角的地方，线段以何种方式呈现拐角形状。有“尖角”、“圆角”和“斜角”3方式可供选择，效果如图1-19所示。

当选择接合为“尖角”的时候，右侧的尖角限制文本框会变为可用状态，如图1-20所示。在这里可以指定尖角限制数值的大小，数值越大，尖角就越趋于尖锐，数值越小，尖角会被逐渐削平。

2. 线条工具

使用Flash中的(线条工具）可以绘制从起点到终点的直线。其选项与(铅笔工具）的选项基本一致，这里就不再重复。

图1-19　接合类型

图1-20　尖角选项

1.2.3　图形工具

在Flash CS4中包括(椭圆工具)、(矩形工具)、(多角星形工具)、(基本矩形工具）和(基本椭圆工具）5种图形工具。在默认情况下，Flash工具箱中只显示(矩形工具)，如果要选择其他图形工具，可以在工具箱中按住(矩形工具）不放，在弹出的隐藏工具面板中选择相关的图形工具，如图1-21所示。

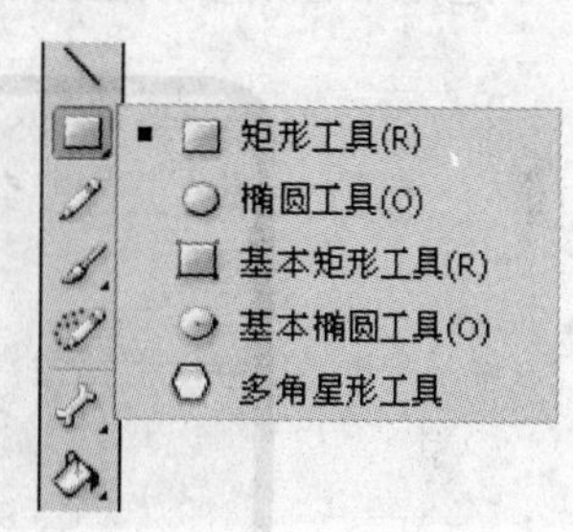

图1-21　选择相关的工具

1．椭圆工具和矩形工具

(椭圆工具）和(矩形工具）分别用于绘制矩形图形和椭圆图形，其快捷键分别是〈R〉和〈O〉。

（1）使用矩形工具及其属性设置

使用(矩形工具）可以绘制出矩形或圆角矩形图形。绘制的方法为：在工具箱中选择(矩形工具)，然后在舞台中单击并拖曳鼠标，随着鼠标拖曳即可绘制出矩形图形。绘制的矩形图形由外部笔触线段和内部填充颜色所构成，如图1-22所示。

提示： 使用(矩形工具）绘制矩形时，如果按住键盘上的〈Shift〉键的同时进行绘制，可以绘制正方形；如果在按住〈Alt〉键的同时进行绘制，可以从中心向周围绘制矩形；如果在按住〈Alt+Shift〉组合键的同时进行绘制，可以从中心向周围绘制正方形。

选择工具箱中的(矩形工具）后，在属性面板中将出现(矩形工具）的相关属性设置，如图1-23所示。

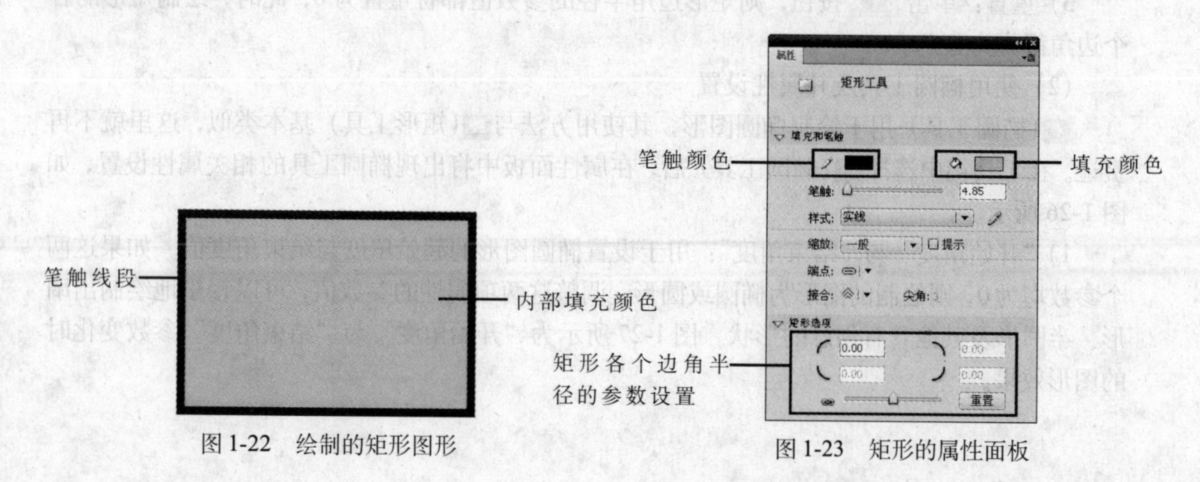

图1-22　绘制的矩形图形

图1-23　矩形的属性面板

在属性面板中可以设置矩形的外部笔触线段属性、填充颜色属性以及矩形选项的相关属性。其中，外部笔触线段的属性与（铅笔工具）的属性设置相同，属性面板中的“矩形选项”用于设置矩形 4 个边角半径的角度值。

1）矩形边角半径：用于指定矩形的边角半径，可以在每个文本框中输入矩形边角半径的参数值。

2）（锁定）与（解锁）：如果当前显示为（锁定）状态，那么只设置一个边角半径的参数，则所有边角半径的参数都会随之进行调整，同时也可以通过移动右侧滑块的位置统一调整矩形边角半径的参数值，如图 1-24 所示；如果单击（锁定），将取消锁定，此时显示为（解锁）状态，不能再通过拖动右侧滑块来调整矩形边角半径的参数，但是还可以对矩形的 4 个边角半径的参数值分别进行设置，如图 1-25 所示。

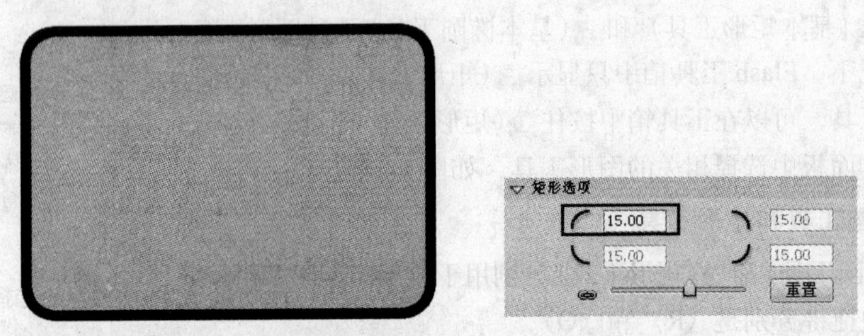

图 1-24　同时调整矩形边角半径的参数值后的效果

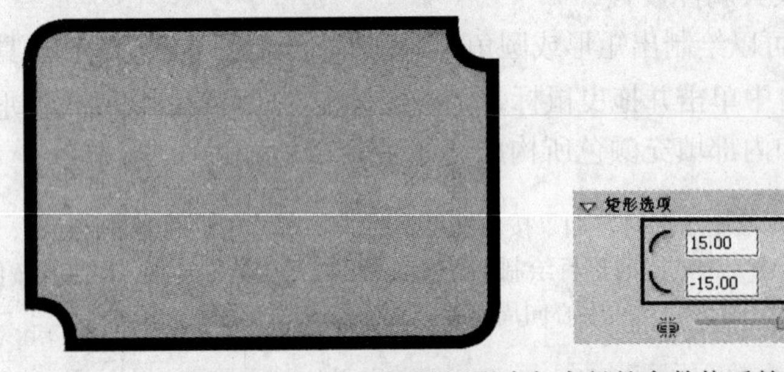

图 1-25　分别调整矩形边角半径的参数值后的效果

3）重置：单击重置按钮，则矩形边角半径的参数值都将重置为 0，此时，绘制矩形的各个边角都将为直角。

（2）使用椭圆工具及其属性设置

（椭圆工具）用于绘制椭圆图形，其使用方法与（矩形工具）基本类似，这里就不再赘述。在工具箱中选择（椭圆工具）后，在属性面板中将出现椭圆工具的相关属性设置，如图 1-26 所示。

1）“开始角度”与“结束角度”：用于设置椭圆图形的起始角度与结束角度值。如果这两个参数均为 0，则绘制的图形为椭圆或圆形。调整这两项属性的参数值，可以轻松地绘制出扇形、半圆形及其他具有创意的形状。图 1-27 所示为“开始角度”与“结束角度”参数变化时的图形效果。

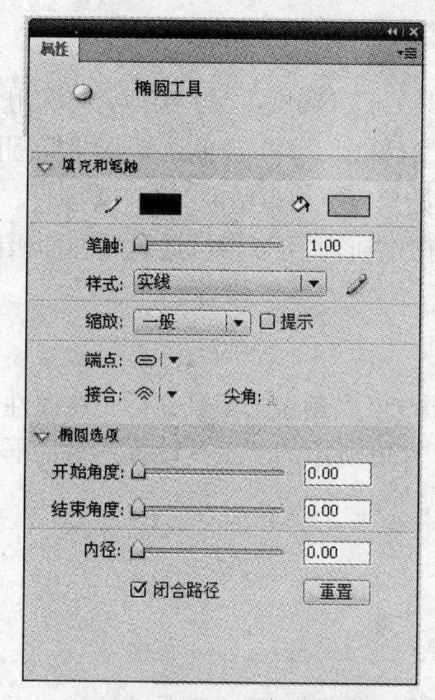

图1-26　椭圆工具的属性面板

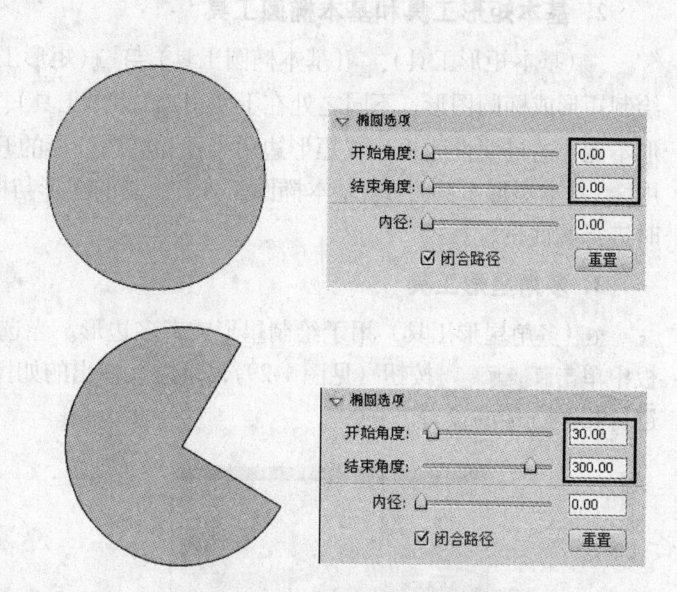

图1-27　“开始角度”与“结束角度”参数变化时的图形效果

2）内径：用于设置椭圆的内径，其参数值范围为0～99。如果参数值为0时，则可根据“开始角度”与“结束角度”绘制没有内径的椭圆或扇形图形；如果参数值为其他参数，则可绘制有内径的椭圆或扇形图形。图1-28所示为“内径”参数变化时的图形效果。

3）闭合路径：用于确定椭圆的路径是否闭合。如果绘制的图形为一条开放路径，则生成的图形不会填充颜色，而仅绘制笔触。默认情况下选择“闭合路径”选项。

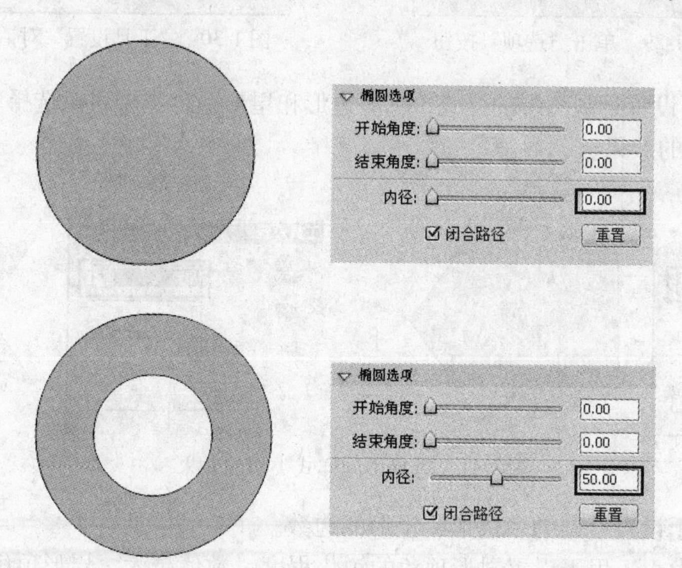

图1-28　“内径”参数变化时的图形效果

4）重置：单击重置按钮，(椭圆工具）的“开始角度”、“结束角度”和“内径”参数将全部重置为0。

2．基本矩形工具和基本椭圆工具

(基本矩形工具)、(基本椭圆工具) 与(矩形工具)、(椭圆工具) 类似，同样用于绘制矩形或椭圆图形。不同之处在于使用(矩形工具)、(椭圆工具) 绘制的矩形与椭圆图形不能再通过属性面板设置矩形边角半径和椭圆圆形的开始角度、结束角度、内径等属性，使用(基本矩形工具)、(基本椭圆工具) 绘制的矩形与椭圆图形则可以继续通过属性面板随时进行属性设置。

3．多角星形工具

(多角星形工具) 用于绘制星形或者多边形。当选择(多角星形工具) 后，在属性面板中单击 选项... 按钮（见图1-29)，可以在弹出的如图1-30所示的"工具设置"对话框中进行相关选项的设置。

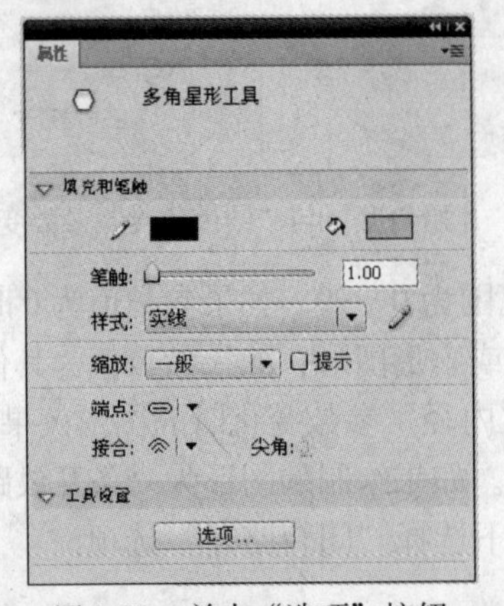

图1-29 单击"选项"按钮

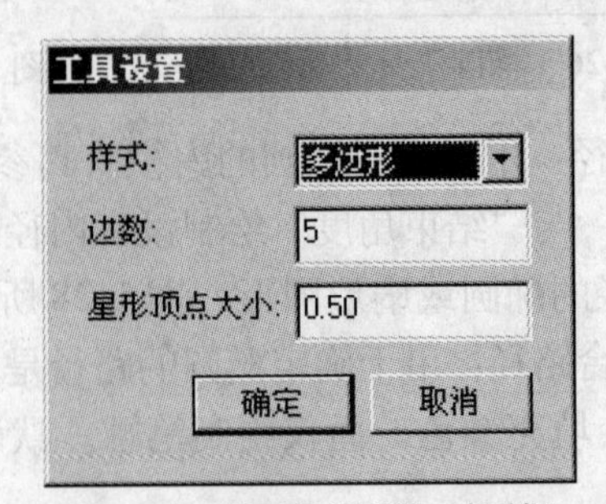

图1-30 "工具设置"对话框

1）样式：用于设置绘制图形的样式，有多边形和星形两种类型可供选择。图1-31所示为选择不同样式类型的效果。

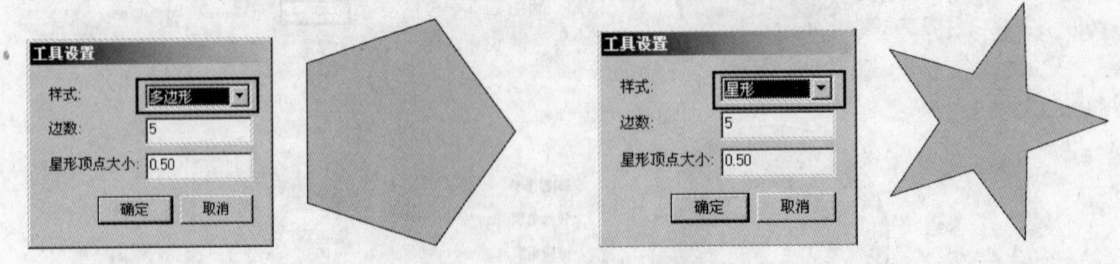

图1-31 选择不同样式类型的效果

2）边数：用于设置绘制的多边形或星形的边数。

3）星形顶点大小：用于设置星形顶角的锐化程度，数值越大，星形顶角越圆滑；反之，星形顶角越尖锐。

1.2.4 刷子工具

利用(刷子工具) 可以绘制类似毛笔绘图的效果，应用于绘制对象或者内部填充，其使用方法与（铅笔工具）类似。但是使用（铅笔工具）绘制的图形是笔触线段，而使用（刷子工具）绘制的图形是填充颜色。

在工具箱中选择（刷子工具）后，在工具箱下方的“选项区域”中将出现（刷子工具）的相关选项设置，如图 1-32 所示。

- 对象绘制：以对象模式绘制互不干扰的多个图形。
- 锁定填充：用于设置填充的渐变颜色是独立应用还是连续应用。
- 刷子模式：用于设置刷子工具的各种模式。
- 刷子大小：用于设置刷子工具的笔刷大小。
- 刷子形状：用于设置刷子工具的形状。

1. 使用刷子模式

刷子模式用于设置利用（刷子工具）绘制图形时的填充模式。单击该按钮，可以弹出如图 1-33 所示的 5 种刷子模式。

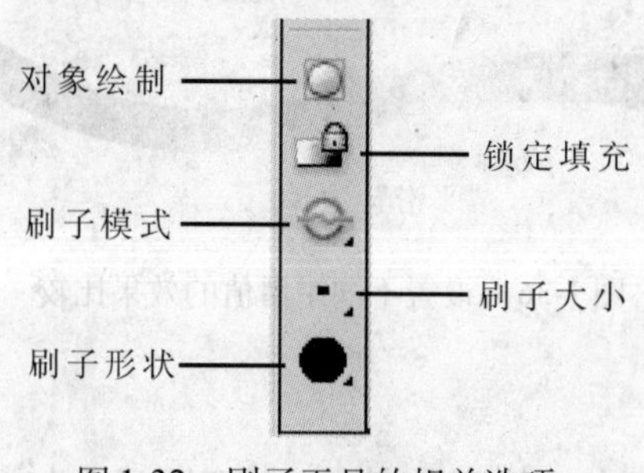

图 1-32　刷子工具的相关选项

图 1-33　刷子模式

- （标准绘画）：使用该模式时，绘制的图形可对同一图层的笔触线段和填充颜色进行填充。
- （颜料填充）：使用该模式时，绘制的图形只填充同一图层的填充颜色，而不影响笔触线段。
- （后面绘画）：使用该模式时，绘制的图形只填充舞台中的空白区域，而对同一图层的笔触线段和填充颜色不进行填充。
- （颜料选择）：使用该模式时，绘制的图形只填充同一图层中被选择的填充颜色区域。
- （内部绘画）：使用该模式时，绘制的图形只对刷子工具开始时所在的填充颜色区域进行填充，而不对笔触线段进行填充。如果在舞台空白区域中开始填充，则不会影响任何现有填充区域。

图 1-34 所示为使用不同刷子模式绘制的效果比较。

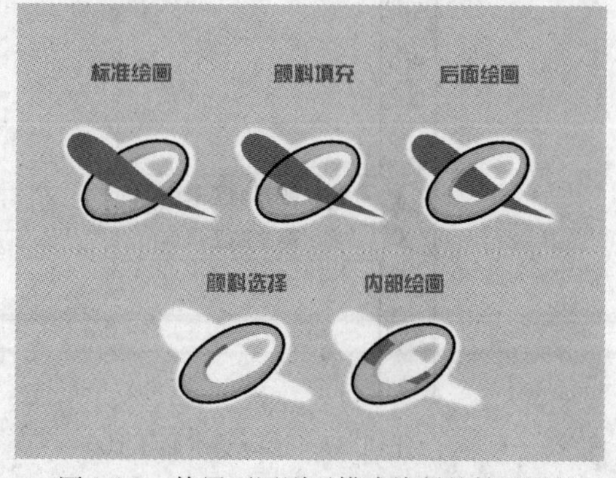

图 1-34　使用不同刷子模式绘制的效果比较

2. 刷子工具的属性设置

选择(刷子工具)后，可以在属性面板中设置(刷子工具)的相关属性。对于(刷子工具)，除了可以设置常规的填充和笔触属性外，还有一个“平滑”的属性，如图 1-35 所示。该属性用于设置绘制图形的平滑模式，此参数值越大，绘制的图形越平滑。图 1-36 所示为设置不同“平滑”值的效果比较。

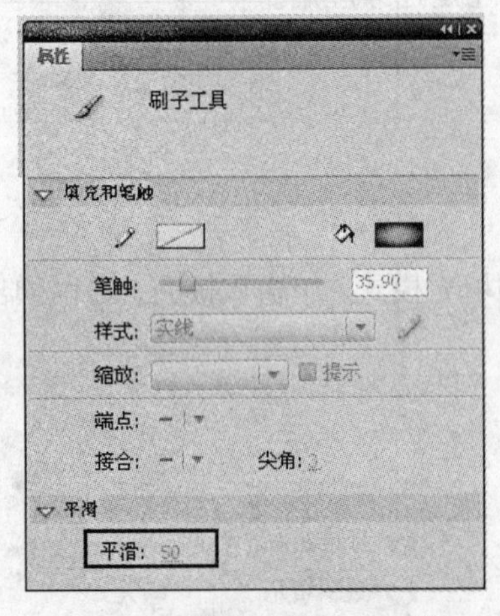

图 1-35　刷子工具的平滑属性

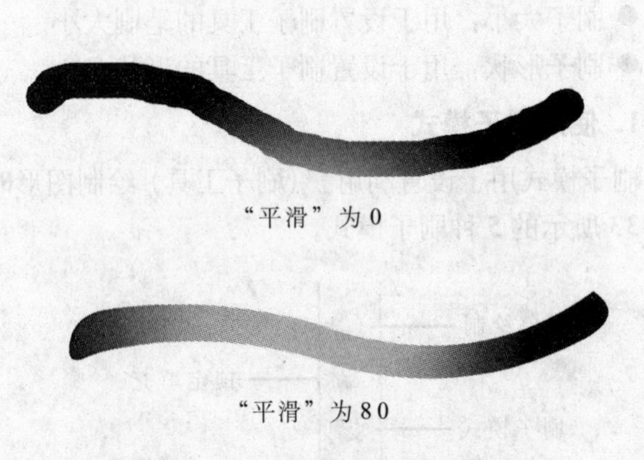

图 1-36　设置不同平滑值的效果比较

1.2.5　墨水瓶工具

利用(墨水瓶工具)可以改变现有直线的颜色、线型和宽度。该工具通常与(滴管工具)配合使用。

(墨水瓶工具)和(颜料桶工具)位于工具箱中的同一位置，默认情况下显示为(颜料桶工具)，如果要使用(墨水瓶工具)，可以按住(颜料桶工具)不放，从弹出的面板中选择(墨水瓶工具)，如图 1-37 所示。当选择(墨水瓶工具)后，“属性”面板中会显示出(墨水瓶工具)的相关属性，如图 1-38 所示。

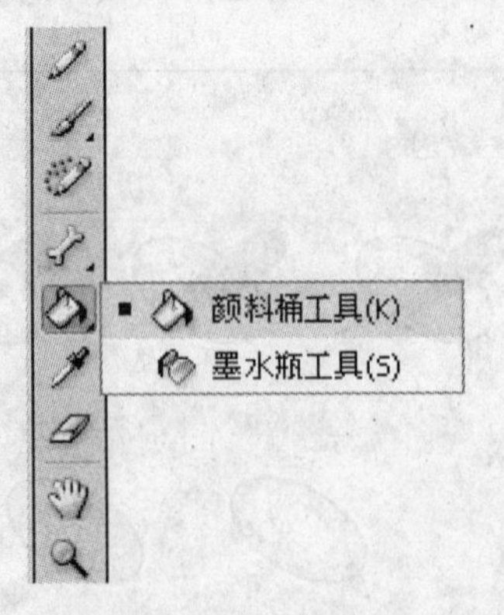

图 1-37　选择墨水瓶工具

图 1-38　墨水瓶工具的属性面板

下面通过一个小例子来讲解墨水瓶的基本使用。

实例：选择工具箱中的▭(矩形工具)，设置它的笔触颜色为黑色（#000000)，笔触大小为2，填充色为灰色，然后在工作区中绘制一个矩形，如图1-39所示。接着选择工具箱中的(墨水瓶工具)，设置它的笔触颜色为深灰色（#999999)，在工作区中矩形的边缘上单击，即可看到矩形的黑色边框变成了深灰色，如图1-40所示。

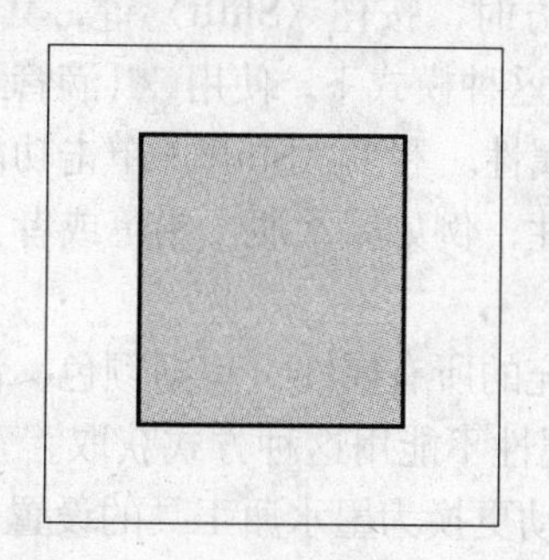

图1-39　笔触高度为2的矩形

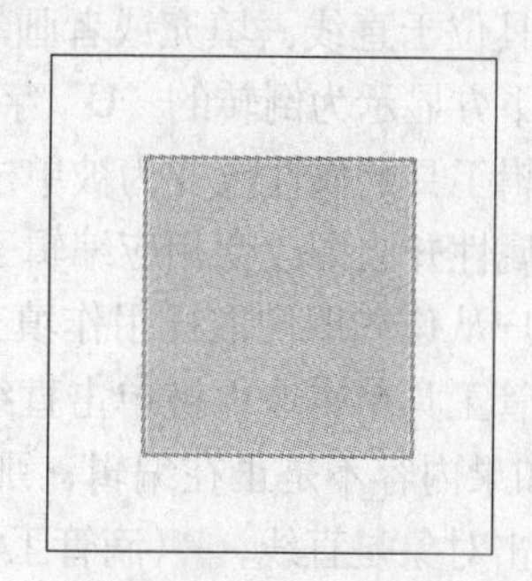

图1-40　修改笔触颜色

1.2.6　颜料桶工具

利用(颜料桶工具)可以对封闭的区域、未封闭的区域及闭合形状轮廓中的空隙进行颜色填充。填充的颜色可以是纯色也可以是渐变色。

在工具箱中选择(颜料桶工具）后，在工具箱下方的“选项区域”中将出现(颜料桶工具）的相关选项设置，如图1-41所示。单击(空隙大小）按钮，可以弹出如图1-42所示的4种空隙选项。

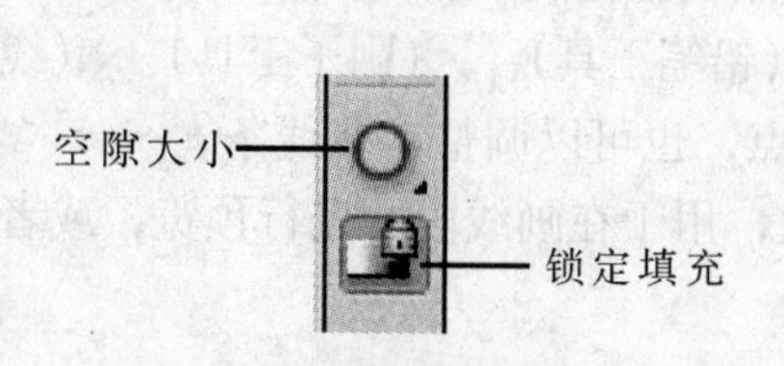

图1-41　颜料桶工具选项

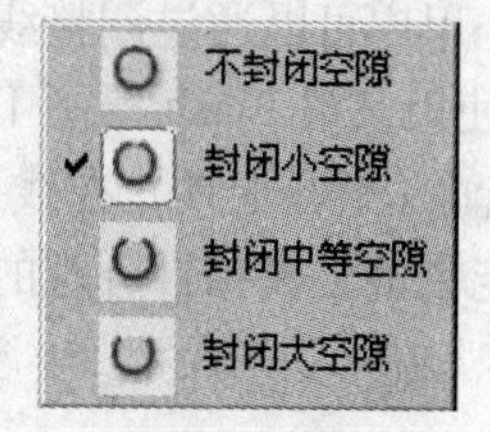

图1-42　空隙选项

- 不封闭空隙：用于在没有空隙的条件下才能进行颜色填充。
- 封闭小空隙：用于在空隙比较小的条件下才可以进行颜色填充。
- 封闭中等空隙：用于在空隙比较大的条件下也可以进行颜色填充。
- 封闭大空隙：用于在空隙很大的条件下进行颜色填充。

如果激活(锁定填充）按钮，则可以对图形填充的渐变颜色或位图进行锁定，使填充看起来好像填充至整个舞台一样。

1.2.7　滴管工具

(滴管工具）用于从现有的钢笔线条、画笔描边或者填充上取得（或者复制）颜色和风格信息，该工具没有任何参数。

当滴管工具不是在直线、填充或者画笔描边的上方时，其光标显示为，类似于工具箱中的滴管工具图标；当滴管工具位于直线上方时，其光标显示为，即在标准滴管工具的右下方显示一个小的铅笔；当滴管位于填充上方时，其光标显示为，即在标准的滴管工具光标右下方显示一个小的刷子。

当滴管工具位于直线、填充或者画笔描边上方时，按住〈Shift〉键，其光标显示为，即在光标的右下方显示为倒转的“U”字形状。在这种模式下，使用(滴管工具)可以将被单击对象的编辑工具的属性改变为被单击对象的属性。利用〈Shift＋单击功能键〉可以取得被单击对象的属性并立即改变相应编辑工具的属性，例如墨水瓶、铅笔或者文本工具。滴管工具还允许用户从位图图像取样用作填充。

可以用滴管工具单击取得被单击直线或者填充的所有属性（包括颜色、渐变、风格和宽度）。但是，如果内容不是正在编辑，那么组的属性不能用这种方式获取。

如果被单击对象是直线，(滴管工具)将自动更换为墨水瓶工具的设置，以便于将所取得的属性应用到别的直线上。与此类似，如果单击的是填充，滴管工具将自动更换为油漆桶工具的属性，以便于将所取得的填充属性应用到其他的填充上。

当滴管用于获取通过位图填充的区域的属性时，滴管工具将自动更换为(颜料桶工具)的光标显示，且位图图片的缩略图将显示在填充颜色修正的当前色块中。

1.2.8 钢笔工具

要绘制精确的路径，如直线或者平滑流畅的曲线，用户可以使用(钢笔工具)。首先创建直线或曲线段，然后调整直线段的角度和长度，以及曲线段的斜率。

当使用(钢笔工具)绘画时，进行单击可以在直线段上创建点，进行单击并拖动可以在曲线段上创建点。用户可以通过调整线条上的点来调整直线段和曲线段，可以将曲线转换为直线，反之亦可。使用其他 Flash 绘画工具，如(铅笔工具)、(刷子工具)、(线条工具)、(椭圆工具)或(矩形工具)在线条上创建点，也可以调整这些线条。

用户可以指定钢笔工具指针外观的首选参数，用于在画线段时进行预览，或者查看选定锚点的外观。

1. 设置钢笔工具首选参数

选择工具箱中的(钢笔工具)，执行菜单中的“编辑｜首选参数”命令，然后在弹出的“首选参数”对话框中单击“绘画”选项，如图 1-43 所示。

在钢笔工具选项组中有“显示钢笔预览”、“显示实心点”和“显示精确光标”3 个复选框。

- 显示钢笔预览：选中该复选框，可在绘画时预览线段。在单击创建线段的终点之前，在工作区周围移动指针时，Flash 会显示线段预览。如果未选择该复选框，则在创建线段终点之前，Flash 不会显示该线段。
- 显示实心点：选中该复选框，将选定的锚点显示为空心点，并将取消选定的锚点显示为实心点。如果未选择该复选框，则选定的锚点为实心点，而取消选定的锚点为空心点。
- 显示精确光标：选中该复选框，钢笔工具指针将以十字准线指针的形式出现，而不是以默认的钢笔工具图标的形式出现，这样可以提高线条的定位精度。取消选择该复选框，会显示默认的钢笔工具图标。

提示：工作时按下〈Caps Lock〉键可在十字准线指针和默认的钢笔工具图标之间进行切换。

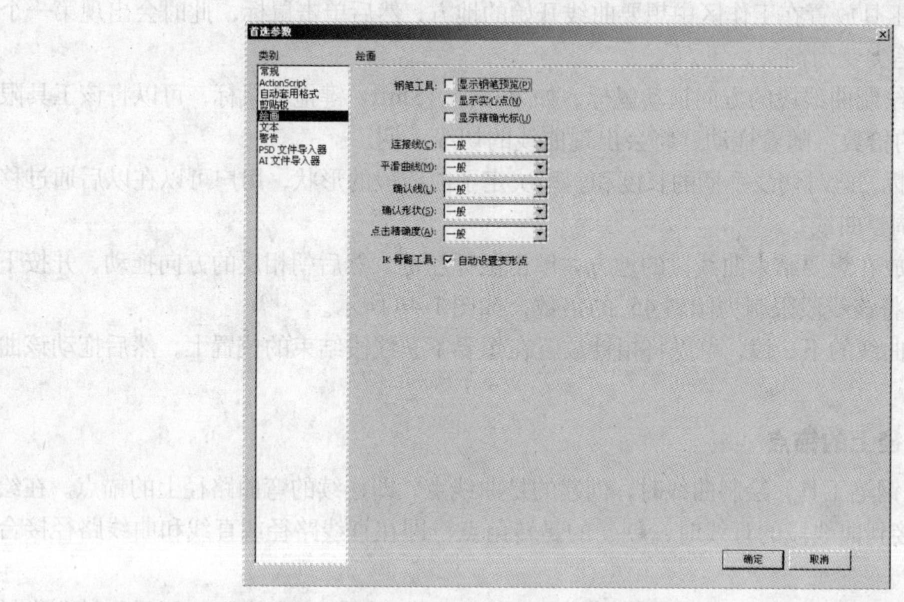

图 1-43　单击“绘画”选项

2．使用钢笔工具绘制直线路径

使用钢笔工具绘制直线路径的方法如下：

1）选择工具箱中的（钢笔工具），然后在“属性”面板中选择笔触和填充属性。

2）将指针定位在工作区中直线想要开始的地方，然后进行单击以定义第一个锚点。

3）在用户想要直线的第一条线段结束的位置再次进行单击。如果按住〈Shift〉键进行单击，可以将线条限制为倾斜 45° 的倍数。

4）继续单击以创建其他直线段，如图 1-44 所示。

5）要以开放或闭合形状完成此路径，请执行以下操作之一：

●结束开放路径的绘制。方法：双击最后一个点，然后单击工具栏中的钢笔工具，或按住〈Control〉键（Windows）或〈Command〉键（Macintosh）单击路径外的任何地方。

●封闭开放路径。方法：将钢笔工具放置到第一个锚点上。如果定位准确，就会在靠近钢笔尖的地方出现一个小圆圈，单击或拖动，即可闭合路径，如图 1-45 所示。

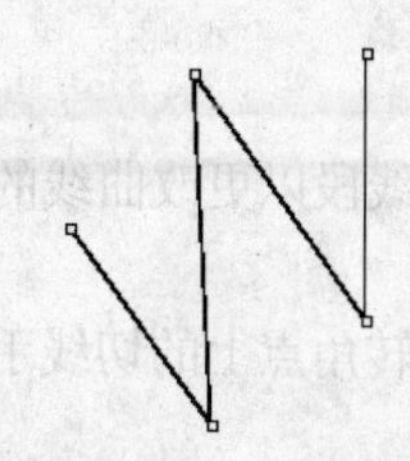

图 1-44　继续单击创建其他直线段

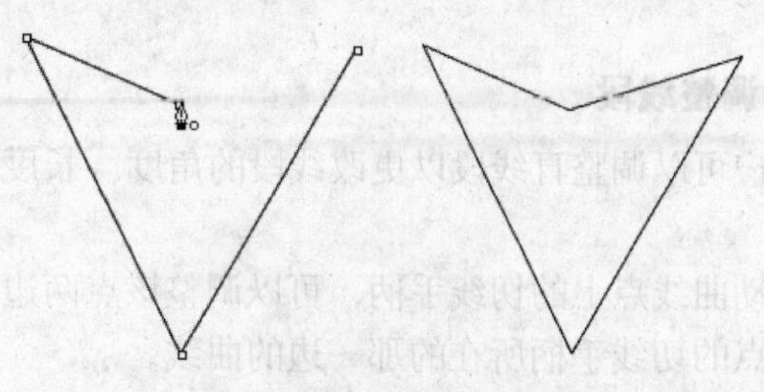

图 1-45　闭合路径

3. 使用钢笔工具绘制曲线路径

使用钢笔工具绘制曲线路径的方法如下：

1）选择工具箱中的 (钢笔工具)。

2）将钢笔工具放置在工作区中想要曲线开始的地方，然后单击鼠标，此时会出现第一个锚点，并且钢笔尖变为箭头。

3）向想要绘制曲线段的方向拖动鼠标。如果按住〈Shift〉键拖动鼠标，可以将该工具限制为绘制45°的倍数。随着拖动，将会出现曲线的切线手柄。

4）释放鼠标，此时切线手柄的长度和斜率决定了曲线段的形状，用户可以在以后通过移动切线手柄来调整曲线。

5）将指针放在想要结束曲线段的地方，单击鼠标左键，然后朝相反的方向拖动，并按下〈Shift〉键，会将该线段限制为倾斜45°的倍数，如图1-46所示。

6）要绘制曲线的下一段，可以将指针放置在想要下一线段结束的位置上，然后拖动该曲线即可。

4. 调整路径上的锚点

在使用 (钢笔工具) 绘制曲线时，创建的是曲线点，即连续的弯曲路径上的锚点。在绘制直线段或连接到曲线段的直线时，创建的是转角点，即在直线路径或直线和曲线路径接合处的锚点上。

要将线条中的线段由直线段转换为曲线段或者由曲线段转换为直线段，可以将转角点转换为曲线点或者将曲线点转换为转角点。

用户可以移动、添加或删除路径上的锚点，可以使用工具箱中的 (部分选取工具) 来移动锚点从而调整直线段的长度、角度，或曲线段的斜率，也可以通过轻推选定的锚点来进行微调，如图1-47所示。

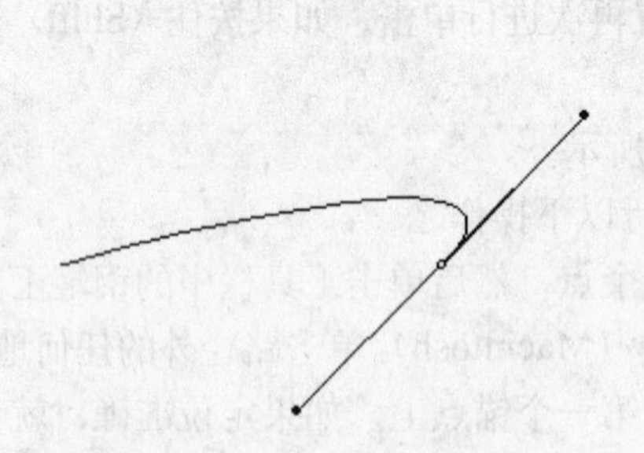

图1-46 将该线段限制为倾斜45°的倍数

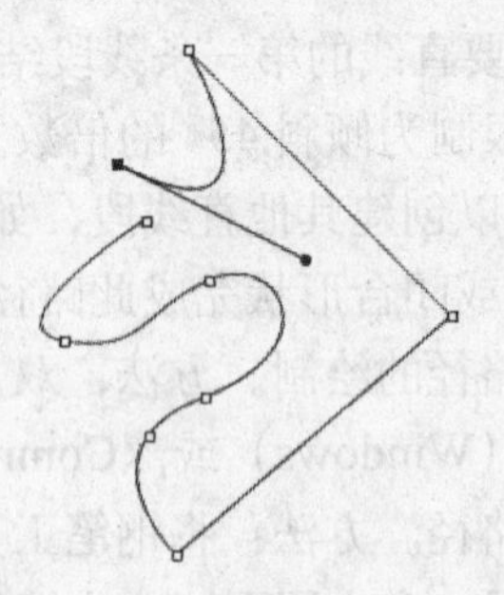

图1-47 微调锚点的位置

5. 调整线段

用户可以调整直线段以更改线段的角度、长度，或者调整曲线段以更改曲线的斜率和方向。

移动曲线点上的切线手柄，可以调整该点两边的曲线。移动转角点上的切线手柄，只能调整该点的切线手柄所在的那一边的曲线。

1.2.9　文本工具

Flash CS4提供了3种文本类型。第1种文本类型是静态文本，主要用于制作文档中的标题、标签或其他文本内容；第2种文本类型是动态文本，主要用于显示根据用户指定条件而变化的文本，例如，可以使用动态文本字段添加存储在其他文本字段中的值（比如两个数字的和）；第3种文本类型是输入文本，通过它可以实现用户与Flash应用程序间的交互，例如，在表单中输入用户的姓名或者其他信息。

选择工具箱中的T（文本工具），在属性面板中就会显示出如图1-48所示的相关属性设置。用户可以选择文本的下列属性：字体、磅值、样式、颜色、间距、字距调整、基线调整、对齐、页边距、缩进和行距等。

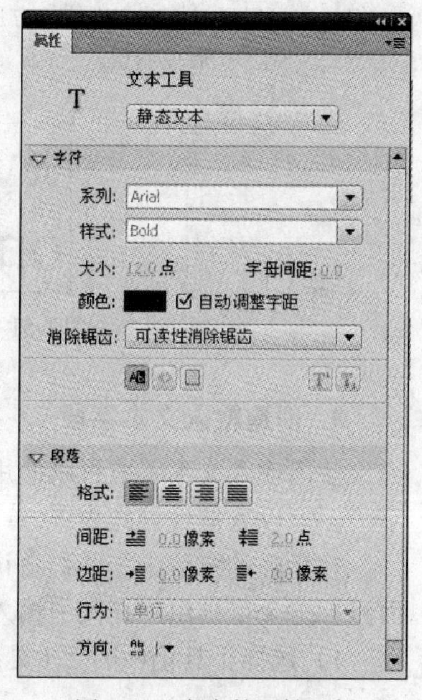

图1-48　文本的属性面板

1．创建不断加宽的文本块

用户可以定义文本块的大小，也可以使用加宽的文字块以适合所书写文本。

创建不断加宽的文本块的方法如下：

1）选择工具箱中的T（文本工具），然后在文本属性面板中设置参数，如图1-49所示。

2）确保未在工作区中选定任何时间帧或对象的情况下，在工作区中的空白区域单击，然后输入文字“www.Chinadv.com.cn”，此时，在可加宽的静态文本右上角会出现一个圆形控制块，如图1-50所示。

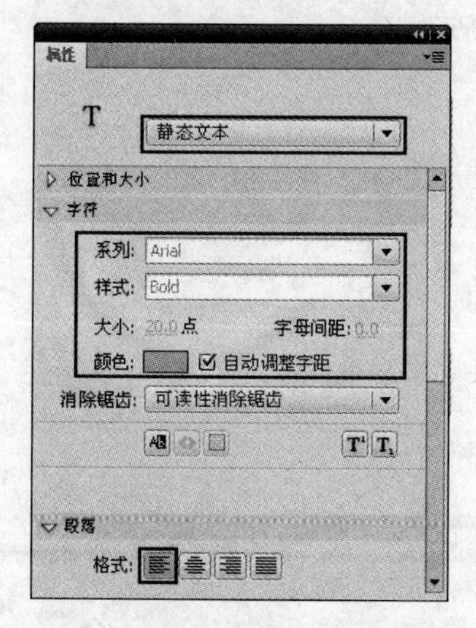

图1-49　设置文本属性

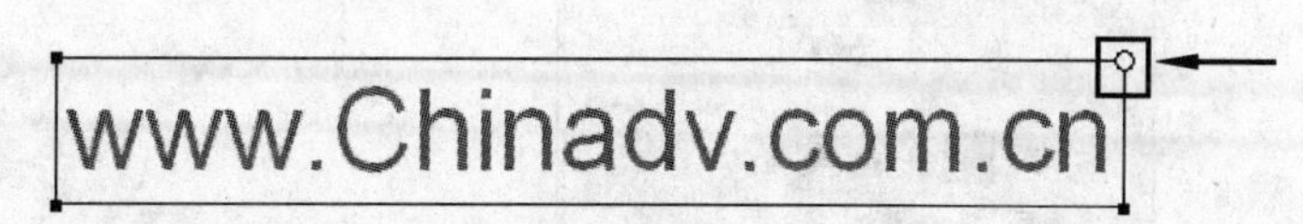

图1-50　直接输入文本

2．创建宽度固定的文本块

除了能创建一行在键入时不断加宽的文本以外，用户还可以创建宽度固定的文本块。向宽度固定的文本块中输入的文本在块的边缘会自动换到下一行。

创建宽度固定的文本块的方法如下：

1）选择工具箱中的 T（文本工具），然后在文本属性面板中设置参数，如上图 1-49 所示。

2）在工作区中拖动鼠标来确定固定宽度的文本块区域，然后输入文字“www.chinadv.com.cn”，此时，在宽度固定的静态文本块右上角会出现一个方形的控制块，如图 1-51 所示。

提示：可以通过拖动文本块的方形控制块来更改它的宽度。另外，还可通过双击方形控制块将它转换为圆形扩展控制块。

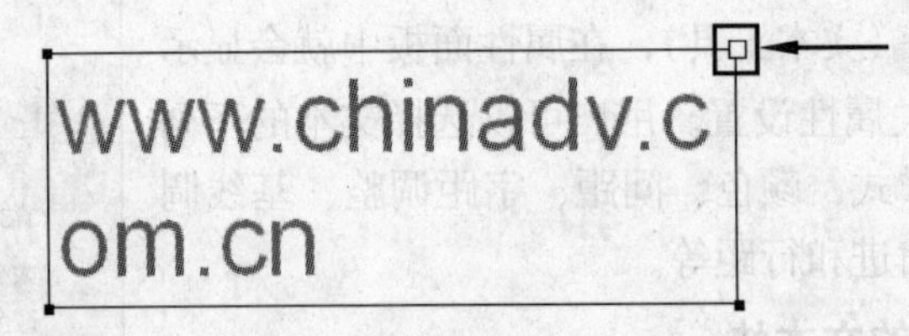

图 1-51　在固定宽度的文本块区域输入文本

3. 创建输入文本字段

使用输入文本字段可以使用户有机会与 Flash 应用程序进行交互。例如，使用输入文本字段，可以方便地创建表单。

在后面的章节中，我们将讲解如何使用输入文本字段将数据从 Flash 发送到服务器。下面添加一个可供用户在其中输入名字的文本字段，创建方法如下：

1）选择工具箱中的 T（文本工具），然后在文本属性面板中设置参数，如图 1-52 所示。

提示：激活 ▣（在文本周围显示边框）按钮，可用可见边框标明文本字段的边界。

2）在工作区中单击，即可创建输入文本，如图 1-53 所示。

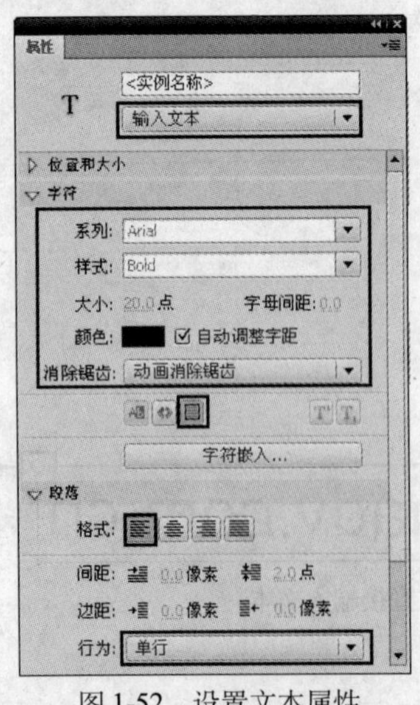

图 1-52　设置文本属性

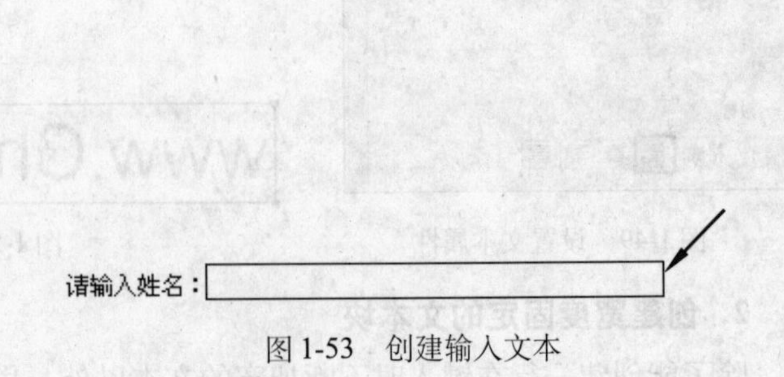

图 1-53　创建输入文本

4. 创建动态文本字段

在运行时，动态文本可以显示外部来源中的文本。下面创建一个链接到外部文本文件的动态文本字段，假设要使用的外部文本文件的名称是 chinadv.com.cn.txt，具体创建方法如下：

1）选择工具箱中的 T（文本工具），然后在文本属性面板中设置参数，如图 1-54 所示。

2）在工作区两条水平线之间的区域中拖动，以创建动态文本字段，如图 1-55 所示。

3）在“属性”面板的“实例名称”文本框中，将该动态文本字段命名为“chinadv”，如图 1-56 所示。

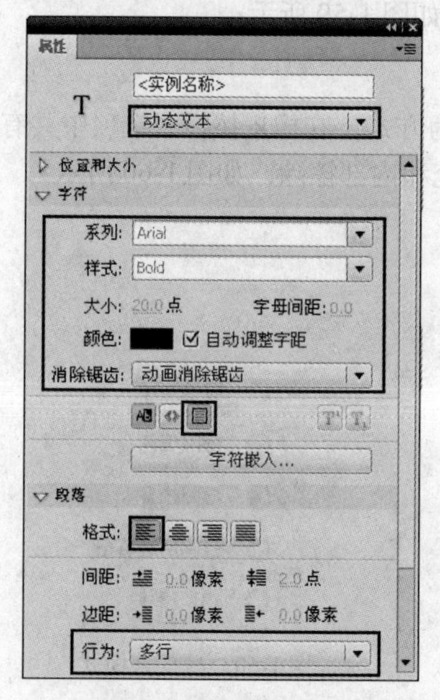

图 1-54　设置文本属性

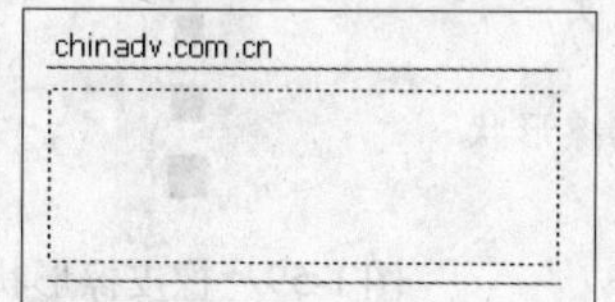

图 1-55　创建动态文本字段

图 1-56　输入实例名

5. 创建分离文本

创建分离文本的方法如下：

1）选择工具箱中的（选择工具），然后单击工作区中的文本块。

2）执行菜单中的“修改 | 分离”命令，则选定文本中的每个字符会被放置在一个单独的文本块中，且文本依然在舞台的同一位置上，如图 1-57 所示。

图 1-57　分离文本

3）再次执行菜单中的“修改 | 分离”（快捷键〈Ctrl+B〉）命令，从而将舞台上的字符转换为形状。

提示：分离命令只适用于轮廓字体，如 TrueType 字体。当分离位图字体时，它们会从屏幕上消失。

1.2.10 橡皮擦工具

尽管(橡皮擦工具) 严格来说既不是绘图工具也不是着色工具，但是橡皮擦工具作为绘图和着色工具的主要辅助工具，在整个Flash绘图中起着不可或缺的作用，所以，把它放在图形制作一节中给大家讲解。

使用(橡皮擦工具) 可以快速擦除笔触段或填充区域等工作区中的任何内容。用户可以自定义橡皮擦工具，以便于只擦除笔触、只擦除数个填充区域或单个填充区域。

选择(橡皮擦工具) 后，在工具箱的下方会出现如图 1-58 所示的参数选项。在橡皮擦形状选项中共有圆、方 2 种类型，从细到粗共 10 种形状，如图 1-59 所示。

1. 橡皮擦模式

橡皮擦模式控制并限制了橡皮擦工具进行擦除时的行为方式。在橡皮擦模式选项中共有 5 种模式：标准擦除、擦除填色、擦除线条、擦除所选填充和内部擦除，如图 1-60 所示。

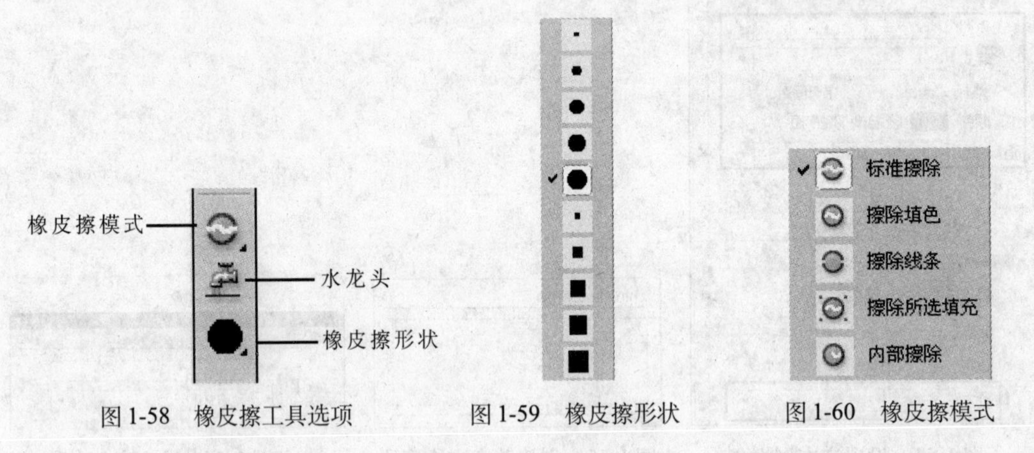

图 1-58 橡皮擦工具选项　　图 1-59 橡皮擦形状　　图 1-60 橡皮擦模式

- 标准擦除：这时橡皮擦工具就像普通的橡皮擦一样，将擦除所经过的所有线条和填充，只要这些线条或者填充位于当前图层中即可。
- 擦除填色：这时橡皮擦工具只擦除填充色，而保留线条。
- 擦除线条：与擦除填色模式相反，这时橡皮擦工具只擦除线条，而保留填充色。
- 擦除所选填充：这时橡皮擦工具只擦除当前选中的填充色，保留未被选中的填充以及所有的线条。
- 内部擦除：只擦除橡皮擦笔触开始处的填充。如果从空白点开始擦除，则不会擦除任何内容。以这种模式使用橡皮擦并不影响笔触。

2. 水龙头

水龙头功能键主要用于删除笔触段或填充区域。

1.2.11 Deco 工具

使用工具箱中的(Deco 工具) 可以将创建的图形形状转变为复杂的几个图案，还可以将库中创建的影片剪辑或图形元件填充到应用的图形中，从而创建类似万花筒的效果。

1. 使用Deco工具填充图形

选择工具箱中的(Deco工具)后，将光标放置到需要填充的图形处，单击鼠标，即可为其填充图案。整个流程如图1-61所示。

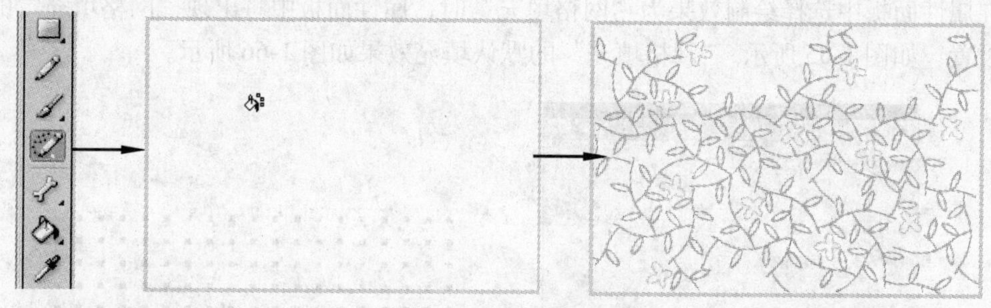

图1-61　使用Deco工具填充图形

2. Deco工具的属性设置

选择(Deco工具)后，在属性面板中将出现其相关属性设置，其中，绘制效果包括“藤蔓式填充”、“网格填充”和“对称刷子”3种，如图1-62所示。

(1) 藤蔓式填充

在属性面板中选择绘制效果为“藤蔓式填充”时，属性面板中将出现“藤蔓式填充”的相关参数设置，如图1-63所示。“藤蔓式填充”的默认填充效果如图1-64所示。

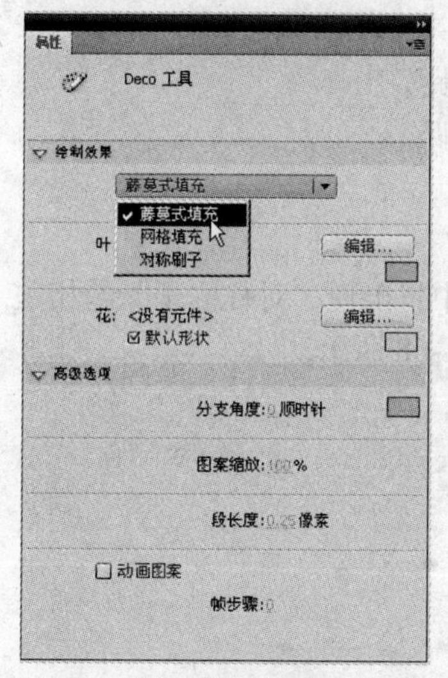

图1-62　“绘制效果”的下拉列表

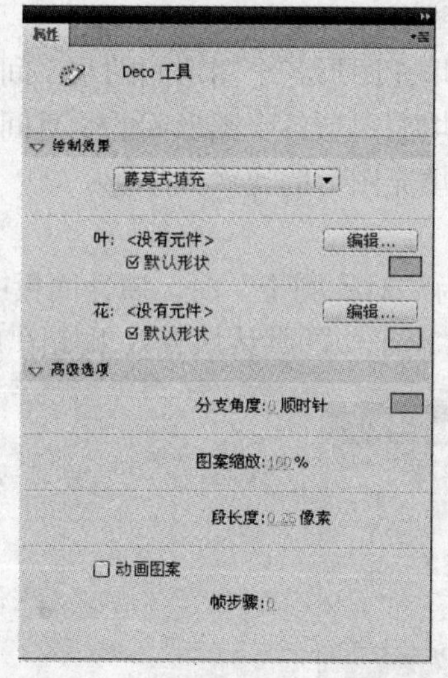

图1-63　“蔓藤式填充”的相关参数设置

图1-64　“藤蔓式填充”的默认填充效果

- 叶：用于设置藤蔓式填充的叶子图形，如果在“库”面板中有制作好的元件，则可将其作为叶子的图形。
- 花：用于设置藤蔓式填充的花图形，如果在“库”面板中有制作好的元件，则可将其作为花的图形。
- 分支角度：用于设置藤蔓式填充的枝条分支的角度值。

● 图案缩放：用于设置填充图案的缩放比例大小。

● 段长度：用于设置藤蔓式填充中每个枝条的长度。

(2) 网格填充

在属性面板中选择绘制效果为“网格填充”时，属性面板中将出现“网格填充”的相关参数设置，如图 1-65 所示。“网格填充”的默认填充效果如图 1-66 所示。

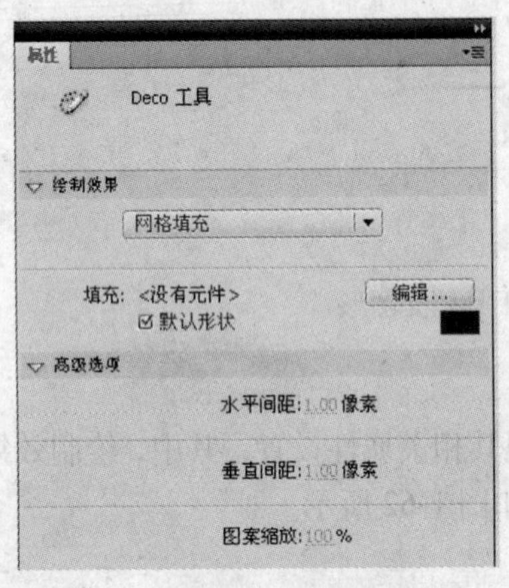

图 1-65 “网格填充”的相关参数设置　　图 1-66 “网格填充”的默认填充效果

● 填充：用于设置网格填充的网格图形，如果在“库”面板中有制作好的元件，可以将制作好的元件作为网格的图形。

● 水平间距：用于设置网格填充图形各个图形间的水平间距。

● 垂直间距：用于设置网格填充图形各个图形间的垂直间距。

● 图案缩放：用于设置网格填充图形的比例大小。

(3) 对称刷子

在属性面板中选择绘图效果为“对称刷子”时，属性面板中将出现“对称刷子”的相关参数设置，如图 1-67 所示。“对称刷子”的默认填充效果如图 1-68 所示。

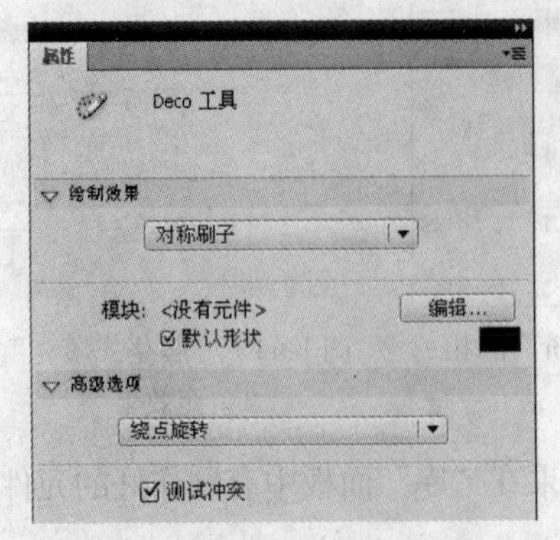

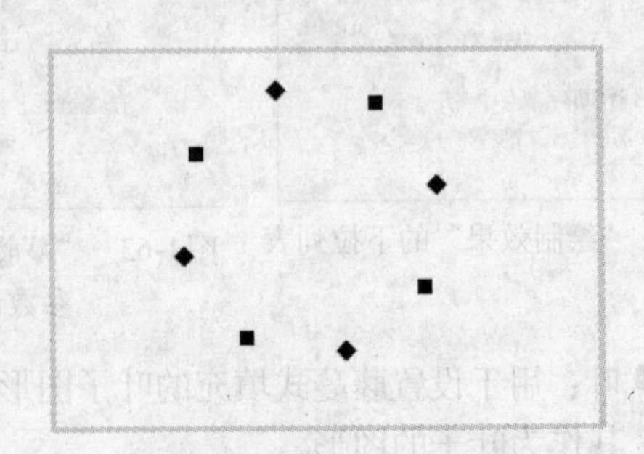

图 1-67 “对称刷子”的相关参数设置　　图 1-68 “对称刷子”的默认填充效果

● 模块：用于设置对称刷子填充效果的图形，如果在“库”面板中有制作好的元件，可以将制作好的元件作为填充的图形。

- 高级选项：用于设置填充图形的填充模式，包括“跨线反射”、“跨点反射”、“绕点旋转”和“网格平移”4个选项。

1.2.12 喷涂刷工具

（喷涂刷工具）的作用类似于粒子喷射器，使用它可以将粒子点形状图案填充到舞台中。在默认情况下，（喷涂刷工具）会使用圆形小点作为喷涂图案，当然，也可以将影片剪辑或图形元件作为喷涂图案进行图形填充。

1. 使用喷涂刷工具

默认情况下，（喷涂刷工具）不在工具箱中进行显示。如果需要使用该工具，可以在工具箱中按住（刷子工具）不放，在弹出的隐藏工具面板中选择该工具，如图1-69所示。

使用（喷涂刷工具）的具体操作步骤如下：

1）选择工具箱中的（喷涂刷工具）。

2）在属性面板中选择喷涂点的填充颜色，或者单击 编辑... 按钮，如图1-70所示，从弹出的“交换元件”对话框中选择自定义元件，如图1-71所示，从而将库中的任何影片剪辑或图形元件作为喷涂点使用。

3）在舞台中要显示图案的位置单击或者拖曳鼠标左键，即可为图案填充喷涂点，如图1-72所示。

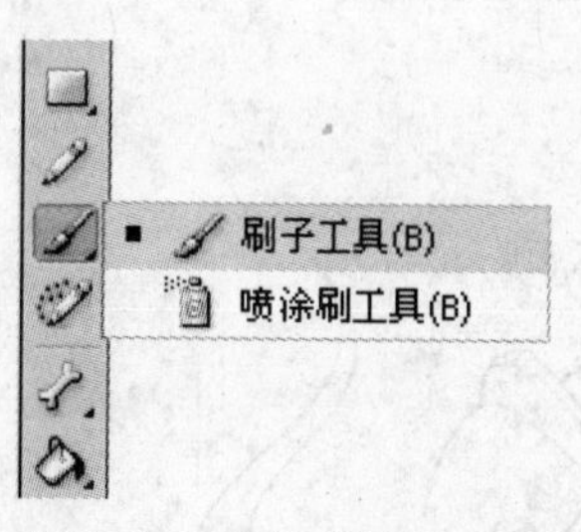

图1-69 选择喷涂刷工具

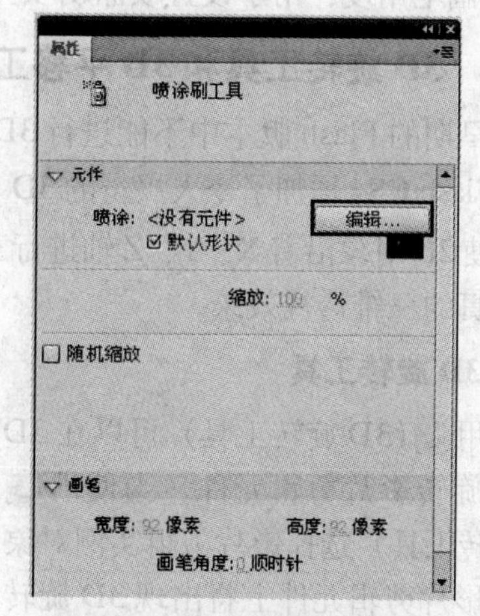

图1-70 单击“编辑”按钮

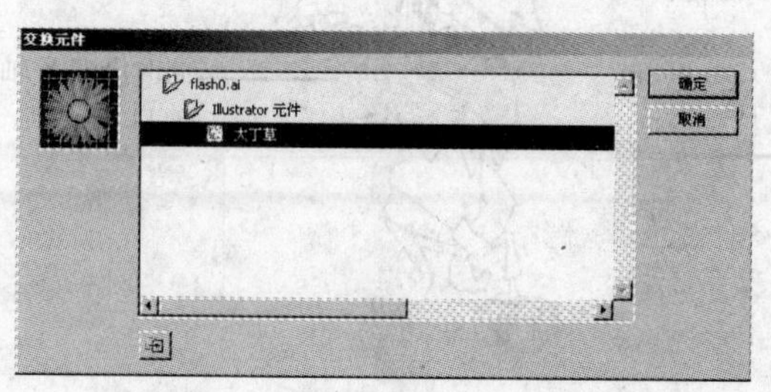

图1-71 选择所谓喷涂点的元件

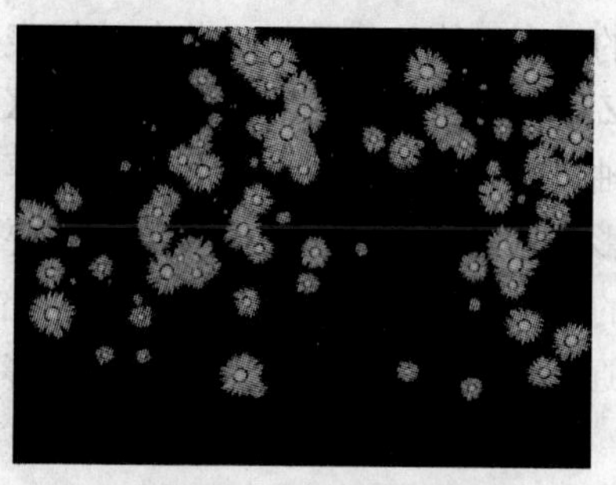
图1-72 喷涂后的效果

提示：在 Flash CS4 中可以直接使用复制和粘贴的方式，将 Illustrator 中的符号转换为 Flash 中的元件。

2. 喷涂工具属性设置

在工具箱中选择（喷涂刷工具）后，属性面板中将出现（喷涂刷工具）的相关属性，如图 1-73 所示。

- 编辑：单击该按钮，可以在弹出的“交换元件”对话框中选择影片剪辑或图形元件作为喷涂刷粒子。在选择相应的元件后，其名称将显示在 编辑... 按钮的左侧，如图 1-72 所示。
- 颜色选取器：用于选择喷涂刷的填充颜色。如果选择库中的元件作为喷涂粒子时，将禁用颜色选取器。
- 缩放：用于设置作为喷涂粒子的元件的宽度。例如，输入值为10%，则将使元件宽度缩小10%；输入值为200%，则将使元件宽度增大200%。
- 随机缩放：用于设定填充的喷涂粒子按随机缩放比例进行喷涂。
- “宽度”与“高度”：用于设置喷涂刷填充图案时的宽度与高度。
- 画笔角度：用于设置喷涂刷填充图案的旋转角度。

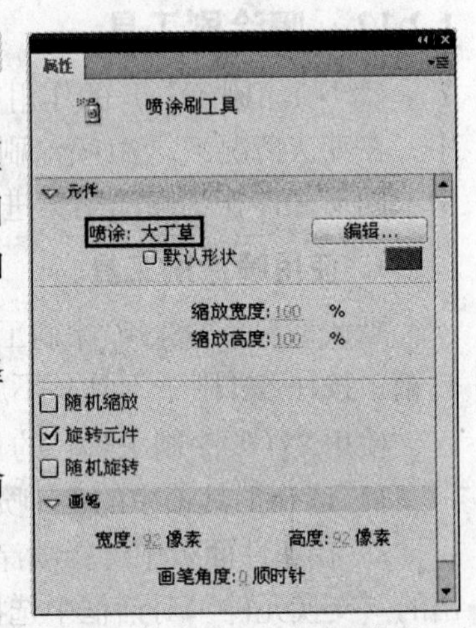

图 1-73 显示元件名称

1.2.13 3D 旋转工具和 3D 平移工具

在早期的 Flash 版本中不能进行 3D 图形与动画的操作，需要借助第 3 方软件才能完成。但是，Flash CS4 增加了令人兴奋的 3D 功能，允许用户使用（3D 旋转工具）和（3D 平移工具）使 2D 对象沿着 X、Y、Z 轴进行三维旋转和移动。通过组合这些 3D 工具，用户可以创建出逼真的三维透视效果。

1. 3D 旋转工具

使用（3D 旋转工具）可以在 3D 空间中旋转影片剪辑元件。当使用（3D 旋转工具）选择影片剪辑实例对象后，在影片剪辑元件上将出现 3D 旋转空间，其中，红色的线表示绕X轴旋转、绿色的线表示绕Y轴旋转、蓝色的线表示绕Z轴旋转、橙色的线表示同时绕X和Y轴旋转，如图1-74 所示。如果需要旋转影片剪辑，只需将鼠标放置到需要旋转的轴线上，然后拖曳鼠标即可，此时，随着鼠标的移动，对象也会随之移动。

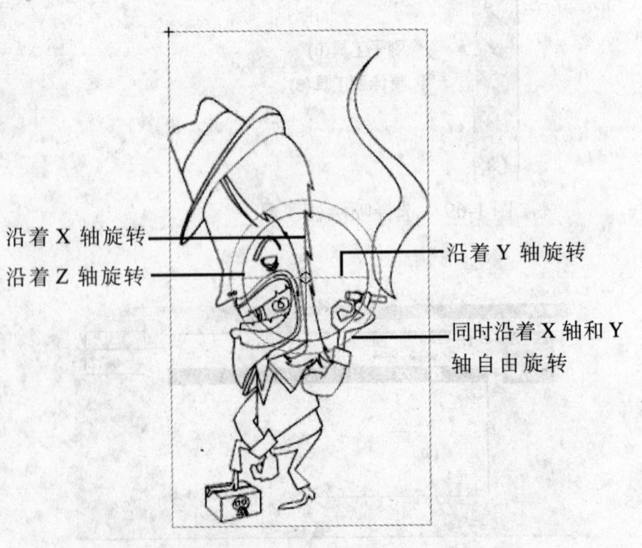

图 1-74 利用 3D 旋转工具选择对象

提示：Flash CS4中的3D工具只能对ActionScript 3.0下创建的影片剪辑对象进行操作，因此，要对对象进行3D旋转操作，必须确认当前创建的是Flash（ActionScript 3.0）文件，而且要进行3D旋转的对象为影片剪辑元件。

（1）使用3D旋转工具旋转对象

在工具箱中选择（3D旋转工具）后，工具箱下方的“选项区域”将出现（贴紧至对象）和（全局转换）两个选项按钮。其中，（全局转换）按钮默认为选中状态，表示当前状态为全局状态，在全局状态下旋转对象是相对于舞台进行旋转。如果取消（全局转换）按钮的选中状态，表示当前状态为局部状态，在局部状态下旋转对象是相对于影片剪辑本身进行旋转。图1-75所示为选中（全局转换）按钮前后的比较。

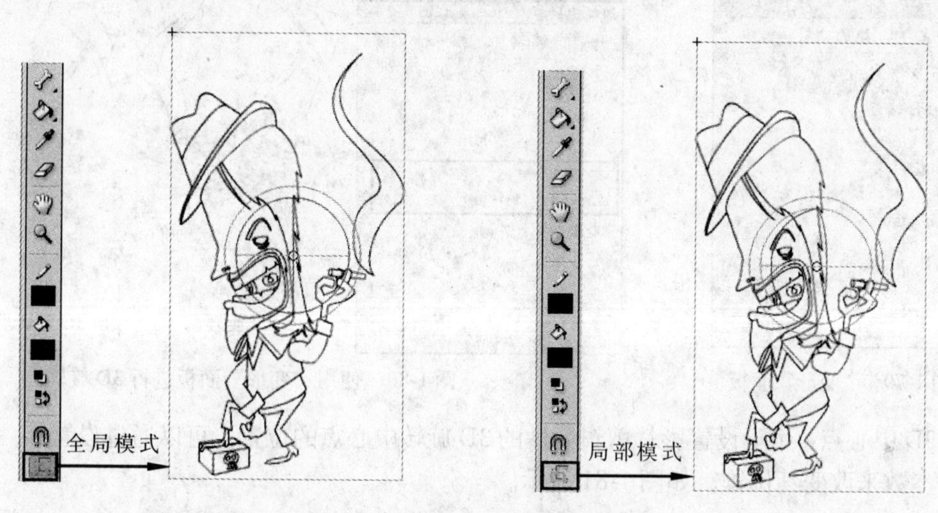

图1-75 选中“全局转换”按钮前后的比较

当使用（3D旋转工具）选择影片剪辑元件后，将光标放置到X轴线上时，光标变为▸ₓ，此时拖曳鼠标则影片剪辑元件会沿着X轴方向进行旋转，如图1-76所示；将光标放置到Y轴线上时，光标变为▸ᵧ，此时拖曳鼠标则影片剪辑元件会沿着Y轴方向进行旋转，如图1-77所示；将光标放置到Z轴线上时，光标变为▸z，此时拖曳鼠标则影片剪辑元件会沿着Z轴方向进行旋转，如图1-78所示。

图1-76 沿着X轴方向进行旋转

图1-77 沿着Y轴方向进行旋转

图1-78 沿着Z轴方向进行旋转

（2）使用变形面板进行 3D 旋转

在 Flash CS4 中可以使用 (3D 旋转工具）对影片剪辑元件进行任意的 3D 旋转，但是，如果需要精确地控制影片剪辑元件的 3D 旋转，则需要使用“变形”面板进行控制。当在舞台中选择影片剪辑元件后，在“变形”面板中将出现 3D 旋转与 3D 中心点位置的相关选项，如图 1-79 所示。

- 3D 旋转：在 3D 旋转选项中可以通过设置 X、Y、Z 参数来改变影片剪辑元件各个旋转轴的方向，如图 1-80 所示。

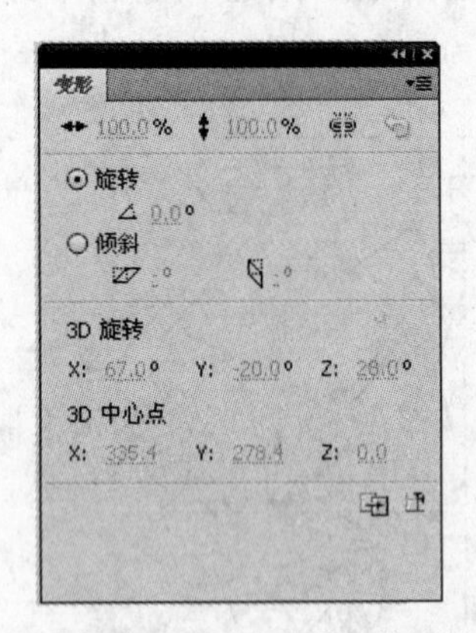

图 1-79 “变形”面板

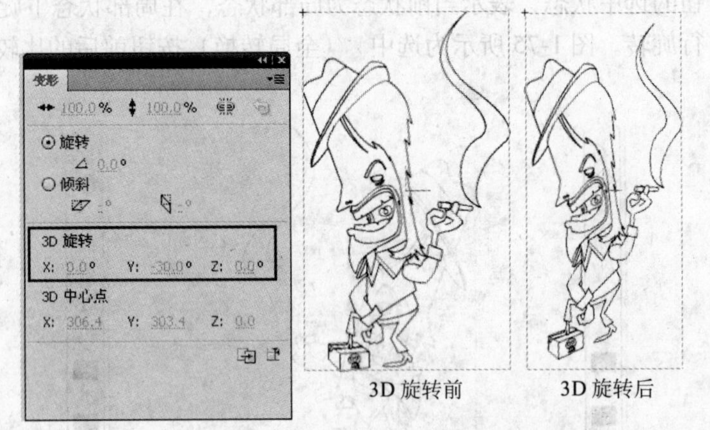

图 1-80 使用“变形”面板进行 3D 旋转

- 3D 中心点：用于设置影片剪辑元件的 3D 旋转中心点的位置，可以通过设置 X、Y、Z 参数来改变其位置，如图 1-81 所示。

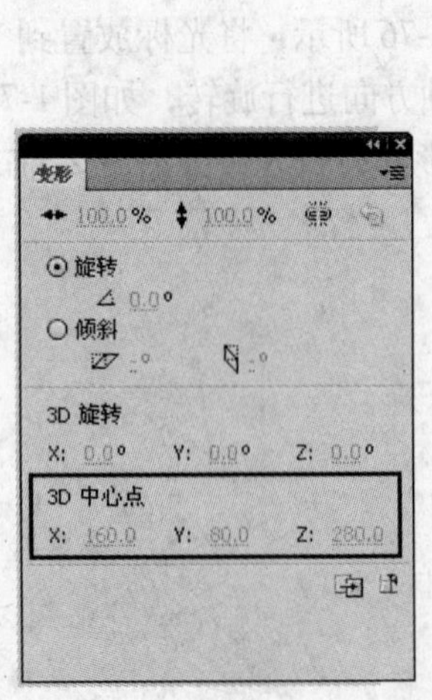

图 1-81 使用“变形”面板移动 3D 中心点

（3）3D旋转工具的属性设置

选择(3D旋转工具)后，在属性面板中将出现(3D旋转工具)的相关属性，用于设置影片剪辑的3D位置、透视角度和消失点等，如图1-82所示。

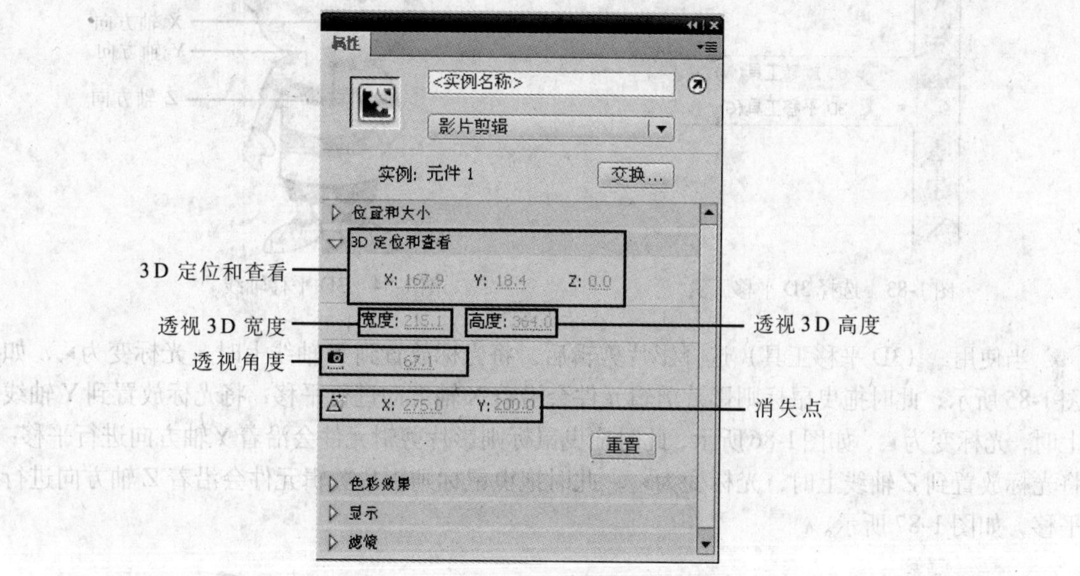

图1-82 3D旋转工具的属性设置

- 3D定位和查看：用于设置影片剪辑元件相对于舞台的3D位置，可以通过设置X、Y、Z参数来改变影片剪辑实例在X、Y、Z轴方向上的坐标值。
- 透视角度：用于设置3D影片剪辑元件在舞台中的外观视角，参数范围从1。~180。，增大或减小透视角度将影响3D影片剪辑的外观尺寸及其相对于舞台边缘的位置。增大透视角度可使3D对象看起来更接近查看者；减小透视角度属性可使3D对象看起来更远。此效果与通过镜头更改视角的照相机镜头缩放类似。
- 透视3D宽度：用于显示3D对象在3D轴上的宽度。
- 透视3D高度：用于显示3D对象在3D轴上的高度。
- 消失点：用于控制舞台上3D影片剪辑元件的Z轴方向。在Flash中所有3D影片剪辑元件的Z轴都会朝着消失点后退。通过重新定位消失点，可以更改沿Z轴平移对象时对象的移动方向。通过设置消失点选项中的“X：”和“Y：”位置，可以改变3D影片剪辑元件在Z轴消失的位置。
- 重置：单击该按钮，可以将消失点参数恢复为默认的参数。

2. 3D平移工具

(3D平移工具)用于将影片剪辑元件在X、Y、Z轴方向上进行平移。如果在工具箱中没有显示(3D平移工具)，可以在工具箱中单击(3D旋转工具)，从弹出的隐藏工具面板中选择该工具，如图1-83所示。当选择(3D平移工具)后，在舞台中的影片剪辑元件上单击，对象将出现3D平移轴线，如图1-84所示。

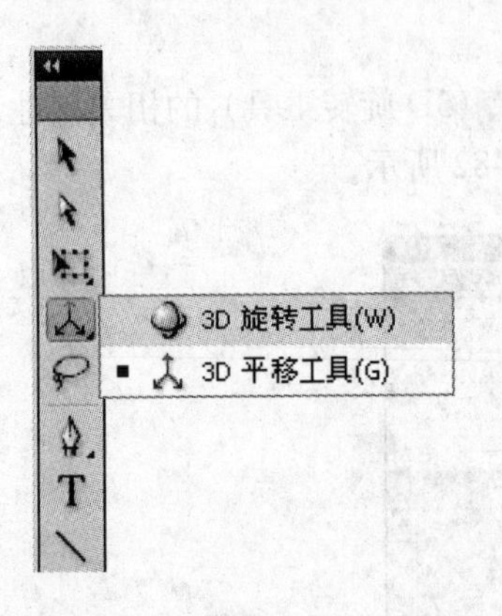

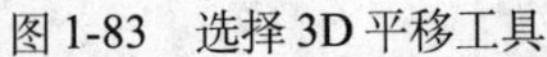

图 1-83 选择 3D 平移工具

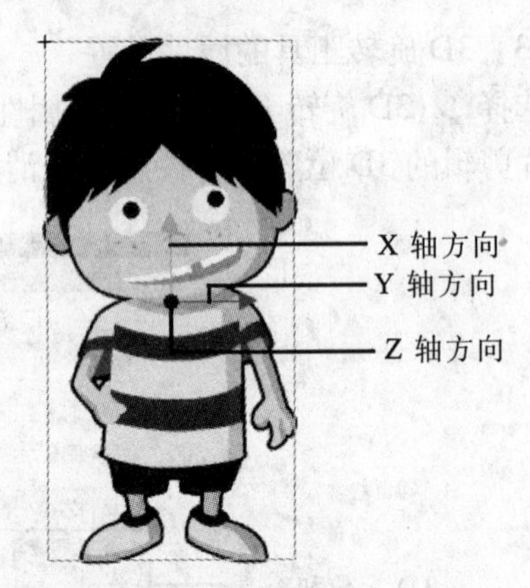

图 1-84 3D 平移轴线

当使用 (3D 平移工具）选择影片剪辑后，将光标放置到 X 轴线上时，光标变为 ▸ₓ，如图 1-85 所示，此时拖曳鼠标则影片剪辑元件会沿着 X 轴方向进行平移；将光标放置到 Y 轴线上时，光标变为 ▸Y，如图 1-86 所示，此时拖曳鼠标则影片剪辑元件会沿着 Y 轴方向进行平移；将光标放置到 Z 轴线上时，光标变为 ▸z，此时拖曳鼠标则影片剪辑元件会沿着 Z 轴方向进行平移，如图 1-87 所示。

图 1-85 光标变为 ▸ₓ

图 1-86 光标变为 ▸Y

图 1-87 光标变为 ▸z

当使用 (3D 平移工具）选择影片剪辑元件后，将光标放置到轴线中心的黑色实心点上时，光标变为 ▸ 图标，此时拖曳鼠标可以改变影片剪辑的 3D 中心点的位置，如图 1-88 所示。

图 1-88 改变对象的 3D 中心点的位置

1.3　图层和帧的应用

1.3.1　时间轴

在Flash软件中，动画的制作是通过时间轴面板进行操作的，在时间轴的左侧为层操作区，右侧为帧操作区，如图1-89所示。时间轴是Flash动画制作的核心部分，可以通过执行菜单中的“窗口|时间轴”（快捷键〈Ctrl+Alt+T〉）命令，对其进行隐藏或显示。

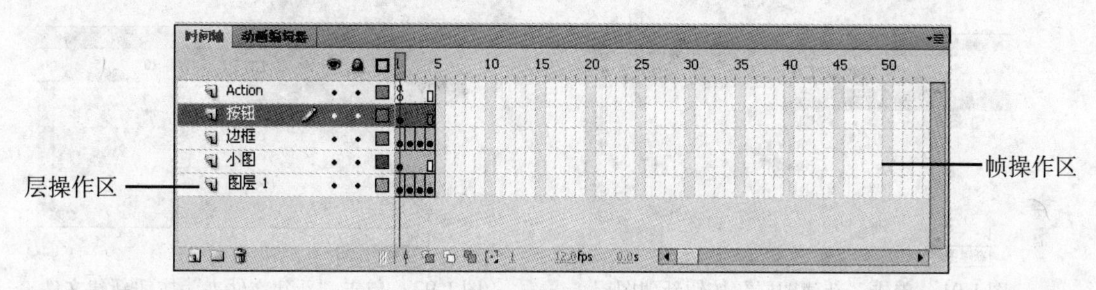

图1-89　时间轴面板

1.3.2　图层操作

与Photoshop相同，Flash图层也好比一张张透明的纸。首先需要在一张张透明的纸上分别作画，然后再将它们按一定的顺序进行叠加，以便各层操作相互独立，互不影响。

Flash软件的图层位于时间轴面板的左侧，其结构如图1-90所示。在最顶层的对象将始终显示于最上方，图层的排列顺序决定了舞台中对象的显示情况。在舞台中每个层的对象可以设置任意数量，如果时间轴面板中图层的数量过多的话，可以通过上下拖动右侧的滑动条观察被隐藏的图层。

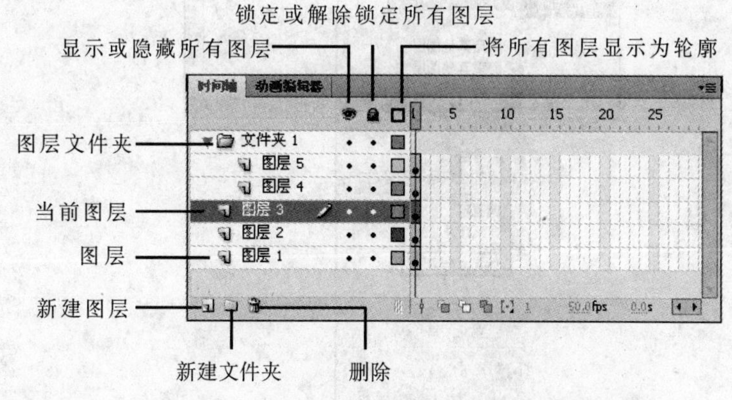

图1-90　时间轴面板左侧的图层结构

1. 创建图层与图层文件夹

默认情况下，新建的空白Flash文档仅有一个图层，默认名称为“图层1”。在动画制作过程中，用户可以根据需要自由创建图层，合理有效地创建图层可以大大提高工作效率。

除了可以自由创建图层外，Flash软件还提供了一个图层文件夹的功能，它以树形结构排列，可以将多个图层分配到同一个图层文件夹中，也可以将多个图层文件夹分配到同一个图层文件夹中，从而有助于对图层进行管理。对于场景比较复杂的动画而言，合理、有效地组织图层与图层文件夹是极为重要的。创建图层和图层文件夹的方法有以下 3 种。

（1）通过按钮创建

单击时间轴面板下方的 (新建图层）按钮可以创建新图层，每单击一次便会创建一个普通图层，如图 1-91 所示；单击时间轴面板下方的 (新建文件夹）按钮可以创建图层文件夹，同样，每单击一次便会创建一个图层文件夹，如图 1-92 所示。

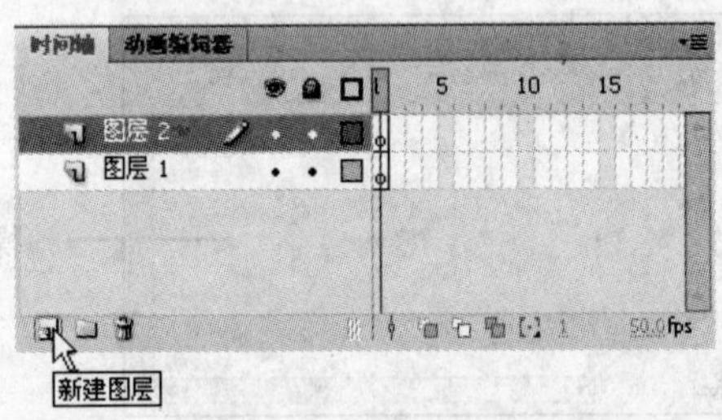

图 1-91 单击“新建图层”按钮新建图层

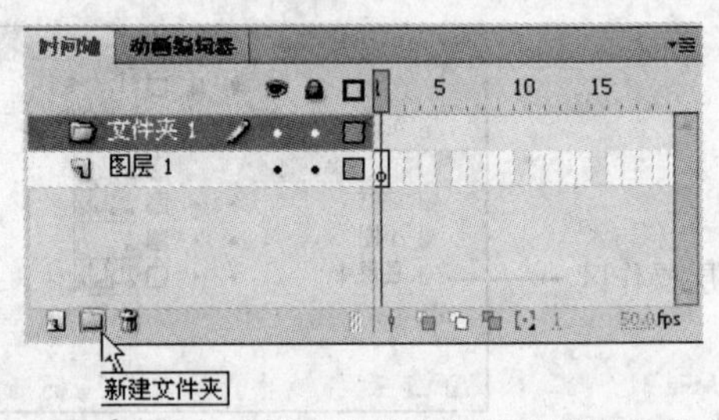

图 1-92 单击“新建文件夹”按钮新建文件夹

（2）通过菜单命令创建

执行菜单中的“插入|时间轴|图层”或“插入|时间轴|图层文件夹”命令，同样可以创建图层和图层文件夹。

（3）通过时间轴面板右键菜单创建

在时间轴面板左侧的图层处单击鼠标右键，从弹出的快捷菜单中选择“插入图层”或“插入文件夹”命令，同样可以创建图层和图层文件夹，如图 1-93 所示。

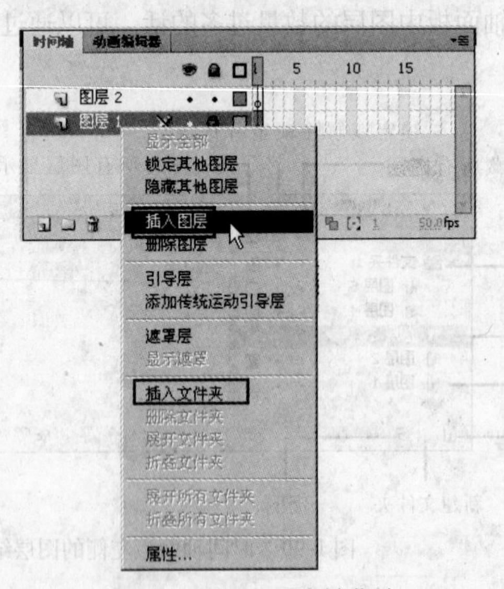

图 1-93 右键菜单

2. 重命名图层或图层文件夹名称

在时间轴面板中新建图层或图层文件夹后，系统会自动依次命名为“图层 1”、“图层 2”……和“文件夹 1”、“文件夹 2”……为了方便管理，用户可以根据需要自行设置名称，但是一次只能重命名一个图层或图层文件夹。重命名图层或图层文件夹名称的方法很简单，首先在时间轴面板的某个图层（或图层文件夹）的名称处快速双击，使其进入编辑状态，然后输入新的图层名称，再按〈Enter〉键即可完成重命名操作。

3. 选择图层与图层文件夹

选择图层与图层文件夹是Flash图层编辑中最基本的操作，如果要对某个图层或图层文件夹进行编辑，必须先选择它。在Flash软件中选择图层与图层文件夹的操作方法相同，可以只选择一个图层、也可以选择多个连续或不连续的图层（或图层文件夹）。选择的图层（或图层文件夹）会以蓝色背景显示。

（1）选择单个图层或图层文件夹

在时间轴面板左侧的图层（或图层文件夹）名称处单击，即可将该层或图层文件夹直接选择，如图1-94所示。

（2）选择多个连续的图层或图层文件夹

在时间轴面板中选择第1个图层（或图层文件夹），然后在按住〈Shift〉键的同时选择最后一个图层（或图层文件夹），即可将第1个与最后1个图层（或图层文件夹）中的所有图层（或图层文件夹）全部选择，如图1-95所示。

（3）选择多个不连续的图层或图层文件夹

在时间轴面板中，按住〈Ctrl〉键的同时单击选择的图层（或图层文件夹）名称，可以进行间隔选择，如图1-96所示。

图1-94　选择单个图层

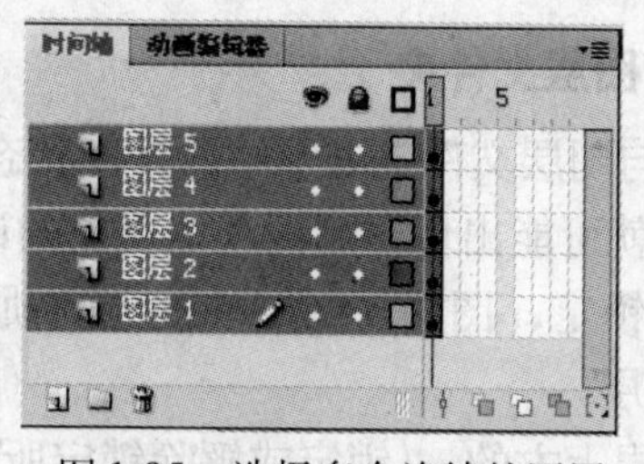

图1-95　选择多个连续的图层

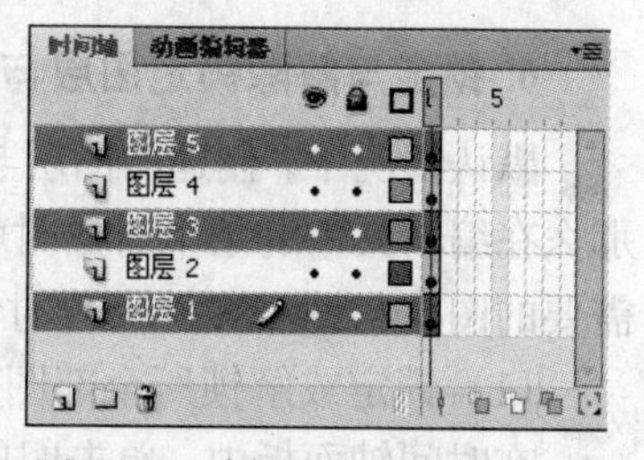

图1-96　选择多个不连续的图层

4. 调整图层与图层文件夹顺序

在时间轴面板创建图层或图层文件夹时，会按自下向上的顺序进行添加。当然，在动画制作的过程中，用户可以根据需要通过拖曳的方法更改图层（或图层文件夹）的排列顺序，并且还可以将图层与图层文件夹放置到同一个图层文件夹中。

5. 显示与隐藏图层与图层文件夹

默认情况下，创建的图层与图层文件夹处于显示状态。但是在制作复杂动画时，有时为了便于观察，可以将某个或者某些图层（或图层文件夹）进行隐藏，而且在进行SWF动画文件的发布设置中，还可以选择是否包括隐藏图层。

（1）显示或隐藏全部图层

在时间轴面板中，单击上方的（显示或隐藏所有图层）图标，如图1-97所示，可以将所有图层（或图层文件夹）全部显示或隐藏。如果所有的图层（或图层文件夹）右侧的黑点图标显示为红叉✕图标，如图 1-98 所示，表示隐藏所有图层（或图层文件夹）；再次单击，红叉✕图标显示为黑点•图标，表示显现所有图层（或图层文件夹）。

（2）显示或隐藏单个图层

在时间轴面板中，如果要对某些图层（或图层文件夹）进行隐藏或显示，可以单击需要隐藏或显示的图层（或图层文件夹）名称右侧👁图标下方的黑点•图标，此时黑点•图标显示为红叉✕图标，如图 1-99 所示，表示隐藏该图层（或图层文件夹）；再次单击，红叉✕图标显示为黑点•图标，表示显示该图层（或图层文件夹）。

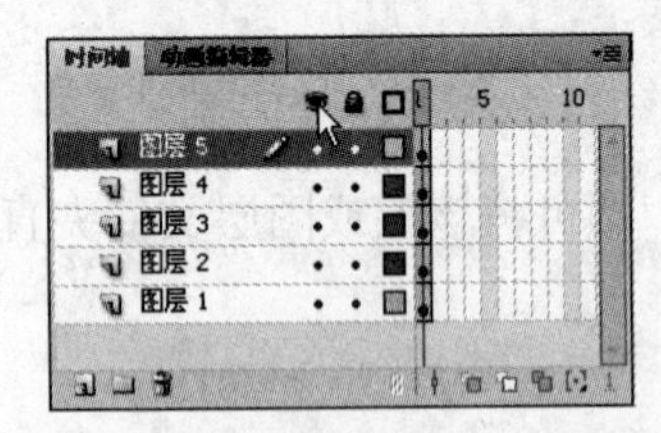

图 1-97 单击“显示或隐藏所有图层”图标

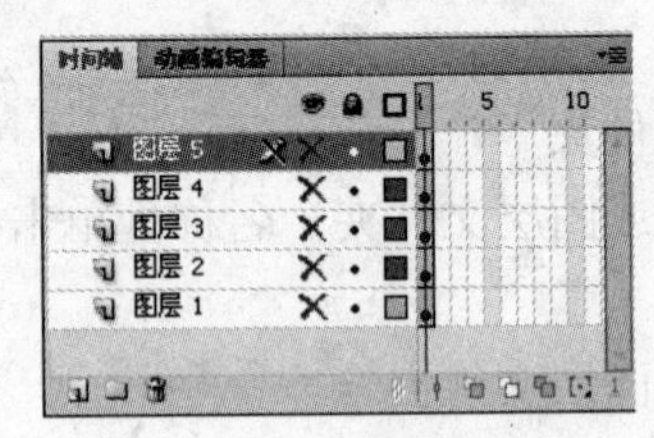

图 1-98 隐藏所有图层

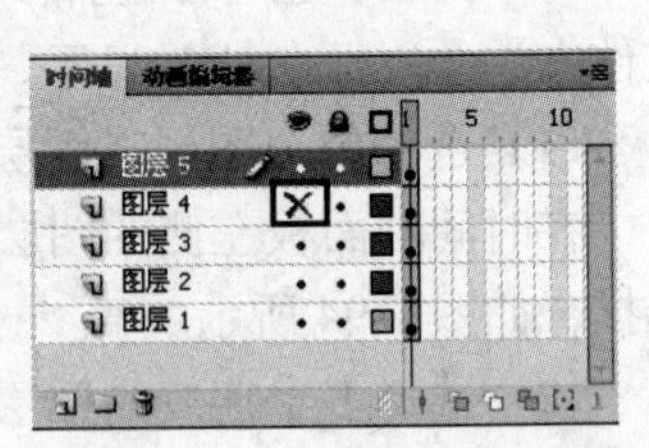

图 1-99 隐藏单个图层

提示：在进行图层（或图层文件夹）的显示与隐藏操作时，除了可以使用上面的方法外，还可以在时间轴面板中按住〈Alt〉键的同时单击图层（或图层文件夹）👁（显示或隐藏所有图层）图标下方的黑点•图标，此时可将所选图层以外的其他图层和图层文件夹进行隐藏。再次按住〈Alt〉键单击该图层，又可将它们进行显示。

6. 锁定与解除锁定图层与图层文件夹

默认情况下，创建的图层与图层文件夹处于解除锁定状态，如果工作区域中的对象很多，那么在编辑其中的某个对象时就可能出现影响到其他对象的误操作，针对这一情况可以将不需要的图层与图层文件夹暂时锁定，图层与图层文件夹的锁定与解除锁定操作相同。

（1）锁定或解锁所全部图层

在时间轴面板中，单击图层上方的🔒（锁定或解除锁定所有图层）图标，如图 1-100 所示，此时黑点•图标显示为🔒图标，如图 1-101 所示，表示全部图层都被锁定。再次单击🔒图标，则所有图层全部被解除锁定。

（2）锁定或解锁单个图层

如果需要锁定单个图层，可以在锁定的图层名称右侧🔒（锁定或解除锁定所有图层）图标下方的黑色•图标处单击，当黑点•图标显示为🔒图标时，表示该层被锁定，如图 1-102 所示。如果要将该层解除锁定，可以再次单击该层的🔒图标，将其显示为•图标。

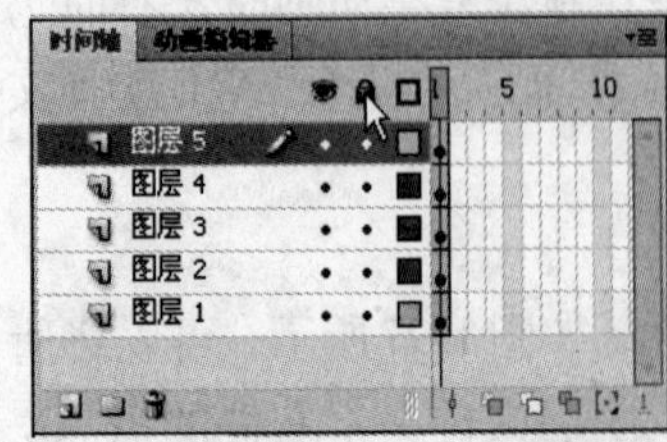

图 1-100 单击“锁定或解除锁定所有图层”图标

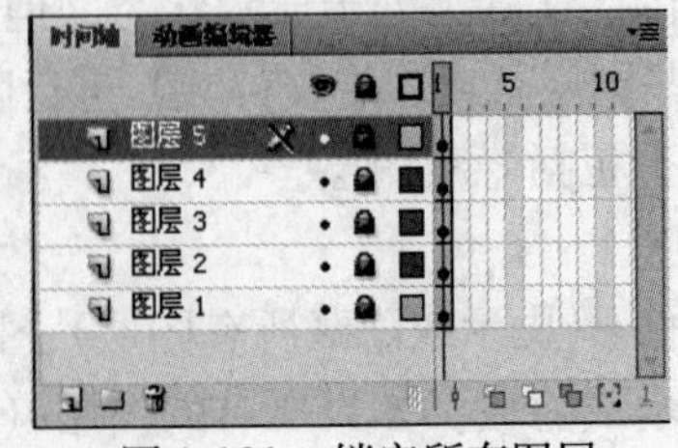

图 1-101 锁定所有图层

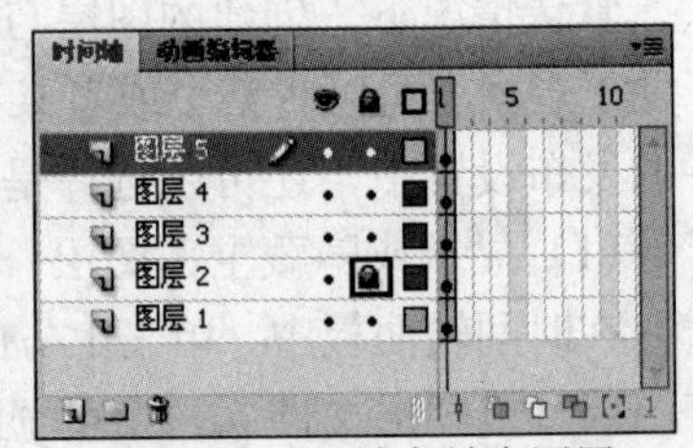

图 1-102 锁定单个图层

7. 图层与图层文件夹对象的轮廓显示

系统默认创建的动画对象为实体显示状态，在时间轴面板中，如果要对图层或图层文件夹进行操作，除了可以显示与隐藏、锁定与解除锁定外，还可以根据轮廓的颜色进行显示，如图 1-103 所示。

显示实体对象　　　　显示对象轮廓

图 1-103　对象的实体显示与轮廓显示

（1）将全部图层显示为轮廓

在时间轴面板中，单击上方的（将所有图层显示为轮廓）图标，如图 1-104 所示，可以将所有图层与图层文件夹的对象显示为轮廓，如图 1-105 所示。

（2）单个图层对象轮廓显示

在时间轴面板中，如果需要将单个图层显示为轮廓，可以单击该层右侧的（将所有图层显示为轮廓）图标，当其显示为图标时，表示当前图层的对象以轮廓显示，如图 1-106 所示。

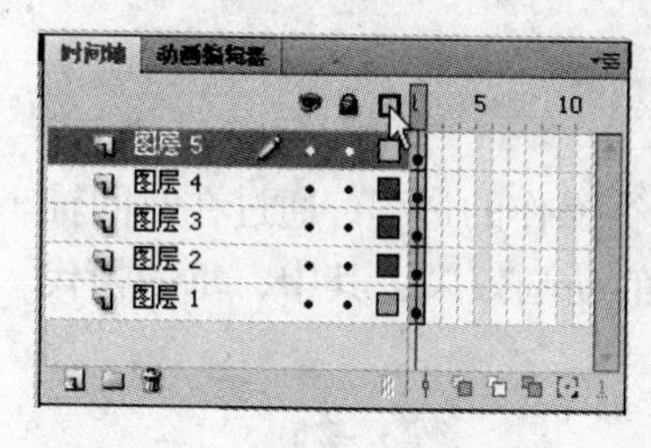

图 1-104　单击“将所有图层显示为轮廓”图标

图 1-105　轮廓显示所有图层

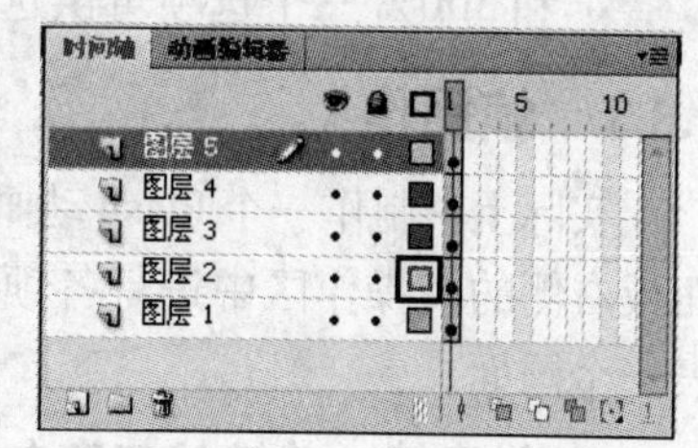

图 1-106　轮廓显示单个图层

8. 删除图层与图层文件夹

在使用 Flash 软件制作动画时难免会创建出一些多余的图层，此时，可以通过单击时间轴面板下方的（删除）按钮对其进行删除。

9. 图层属性的设置

除了可以使用前面介绍的方法进行图层的隐藏或显示、锁定或解除锁定，以及是否以轮廓显示等属性设置外，在 Flash CS4 中还可以通过“图层属性”对话框进行图层属性的综合设置。执行菜单中的“修改 | 时间轴 | 图层属性”命令，或在时间轴面板的某个图层处单击右

键，从弹出的快捷菜单中选择"属性"命令，都会弹出如图 1-107 所示的"图层属性"对话框。

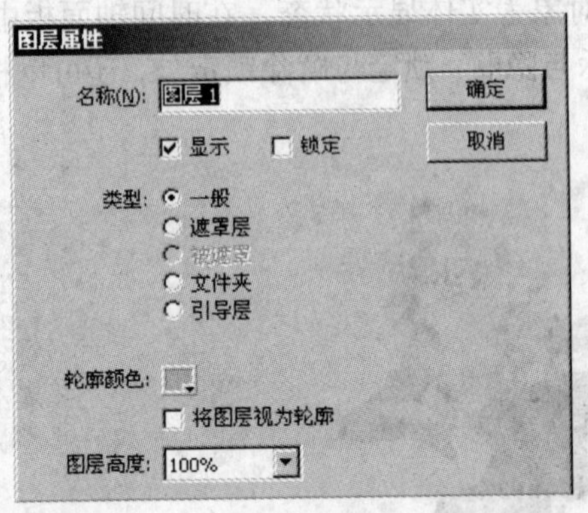

图 1-107 "图层属性"对话框

- 名称：用于图层的重命名，可通过在右侧的文本框中输入文字进行设置。其中，"显示"用于设置在场景中显示或隐藏图层的内容，勾选为显示状态，不勾选为隐藏状态；"锁定"用于设置锁定或解除锁定图层，勾选为锁定状态，不勾选为隐藏状态。
- 类型：用于设置图层的种类，有"一般"、"遮罩层"、"被遮罩"、"文件夹"和"引导层" 5 个选项可供选择。
- 轮廓颜色：用于设置当前层中对象的轮廓线颜色以及是否以轮廓显示，从而帮助用户快速区分对象所在的图层。单击右侧的按钮，将弹出一个颜色设置调色板，在其中可以直接选取一种颜色作为绘制轮廓的颜色；而勾选下方的"将图层视为轮廓"复选框，可以将当前图层中的内容以轮廓显示。
- 图层高度：用于设置图层的高度，通过在弹出的下拉列表进行设置，有 100%、200% 和 300% 三个选项可供选择。

1.3.3 帧操作

实际上，制作一个 Flash 动画的过程其实也就是对每一帧进行操作的过程，通过在时间轴面板右侧的帧操作区中进行各项帧操作，可以制作出丰富多彩的动画效果，其中，每一帧代表一个画面。

1．创建帧、关键帧与空白关键帧

Flash 中帧的类型主要有普通帧、关键帧和空白关键帧 3 种。在默认情况下，新建 Flash 文档包含一个图层和一个空白关键帧。用户可以根据需要，在时间轴面板中创建任意多个普通帧、关键帧与空白关键帧。图 1-108 为普通帧、关键帧与空白关键帧在时间轴中的显示状态。

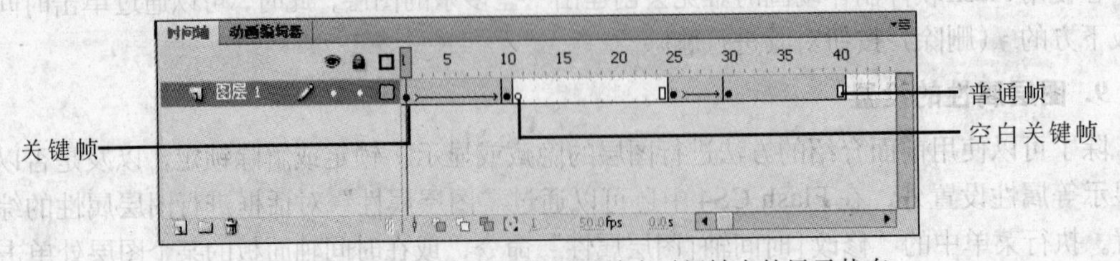

图 1-108 普通帧、关键帧与空白关键帧在时间轴中的显示状态

（1）创建普通帧

普通帧用于延续上一个关键帧或者空白关键帧的内容，并且前一关键帧与该帧之间的内容完全相同，改变其中的任意一帧，其后的各帧也会发生改变，直到下一个关键帧为止。在 Flash 中创建普通帧有以下两种方法。

- 执行菜单中的“插入 | 时间轴 | 帧”命令，或按快捷键〈F5〉，即可插入一个普通帧。
- 在时间轴面板需要插入普通帧的地方单击鼠标右键，从弹出的快捷菜单中选择“插入帧”命令，同样可以插入一个普通帧。

（2）创建关键帧

关键帧是指与前一帧有更改变换的帧。Flash 可以在关键帧之间创建补间或填充帧，从而生成流畅的动画。创建关键帧的方法有以下两种。

- 执行菜单中的“插入 | 时间轴 | 关键帧”命令，或按快捷键〈F6〉，即可插入一个关键帧。
- 在时间轴面板需要插入关键帧的地方单击鼠标右键，从弹出的快捷菜单中选择“插入关键帧”命令，同样可以插入一个关键帧。

（3）创建空白关键帧

空白关键帧是一种特殊的关键帧类型，在空白关键帧状态下，舞台中没有任何对象存在，当用户在舞台中自行加入对象后，该帧将自动转换为关键帧。反之，将关键帧中的对象全部删除，则该帧又会转换为空白关键帧。

2. 选择帧

选择帧是对帧进行各种操作的前提，选择相应帧的同时也就选择了该帧在舞台中的对象。在 Flash 动画制作过程中，可以选择同一图层中的单帧或多帧，也可以选择不同图层的单帧或多帧，选中的帧会以蓝色背景进行显示。选择帧有以下 5 种方法。

（1）选择同一图层的单帧

在时间轴面板右侧的时间线上单击，即可选中单帧，如图 1-109 所示。

（2）选择同一图层相邻多帧

在时间轴面板右侧的时间线上单击，选择单帧，然后按住〈Shift〉键的同时，再次单击，即可将两次单击的帧以及它们之间的帧全部选择，如图 1-110 所示。

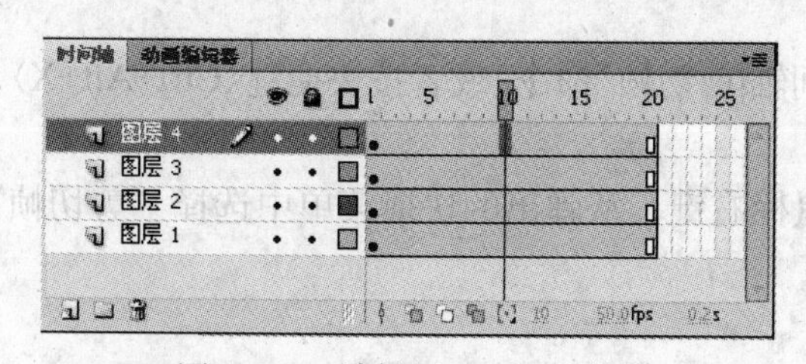

图 1-109　选择同一图层的单帧

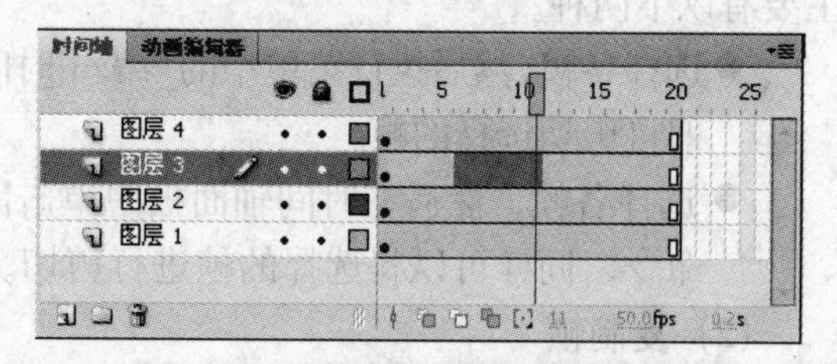

图 1-110　选择同一图层相邻的多帧

（3）选择相邻图层的单帧

选择时间轴面板上的单帧后，在按住〈Shift〉键的同时单击不同图层的相同单帧，即可将相邻图层的同一帧进行选择，如图 1-111 所示。此外，在选择单帧的同时向上或向下拖曳，同样可以选择相邻图层的单帧。

(4) 选择相邻图层的多个相邻帧

选择时间轴面板上的单帧后，在按住〈Shift〉键的同时单击相邻图层的不同帧，即可选择不同图层的多帧，如图 1-112 所示。此外，在选择多帧的同时向上或向下拖曳鼠标，同样可以选择相邻图层的多帧。

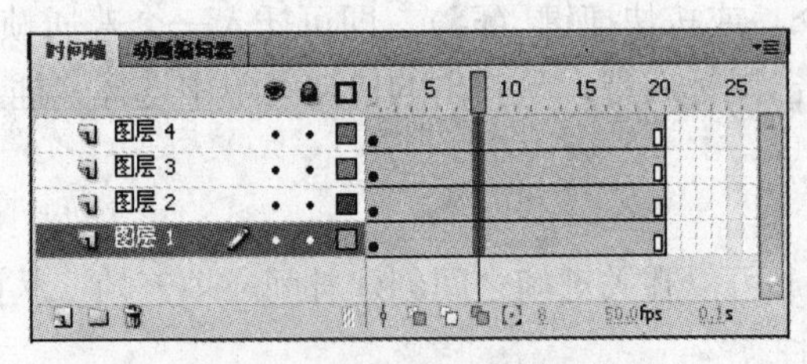

图 1-111　选择多个相邻图层的单帧

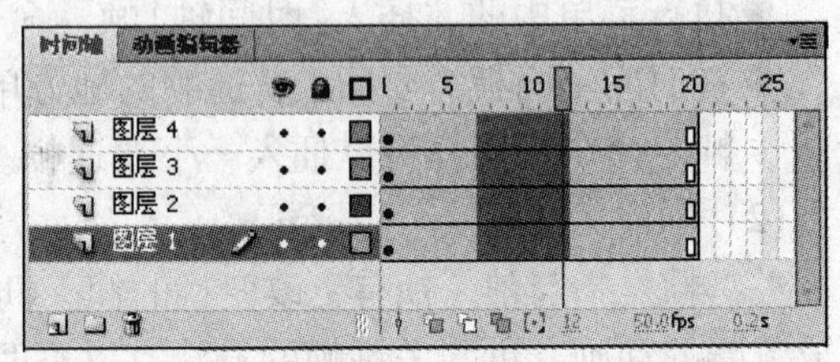

图 1-112　选择多个相邻图层的相邻多帧

(5) 选择不相邻的多帧

在时间轴面板右侧的时间线上单击，选择单帧，然后按住〈Ctrl〉键的同时再次单击其他帧，即可选择不相邻的帧，如图 1-113 所示。

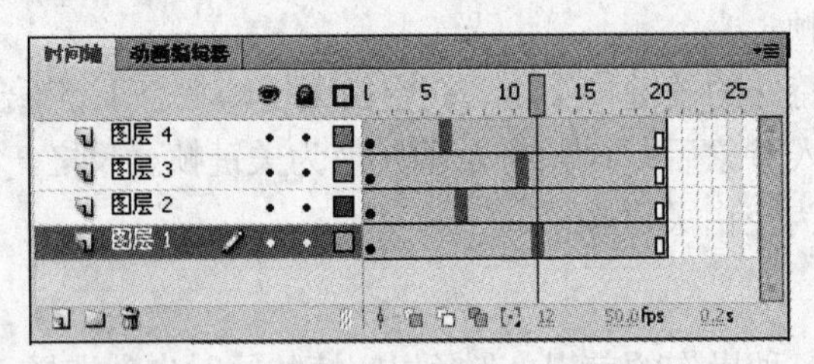

图 1-113　选择多个图层不相邻的单帧

3. 剪切帧、复制帧和粘贴帧

在 Flash 中不仅可以剪切、复制和粘贴舞台中的动画对象，而且还可以剪切、复制、粘贴图层中的动画帧，这样就可以将一个动画复制到多个图层中，或者复制到不同的文档中，从而使动画制作更加轻松快捷，大大提高了工作效率。

(1) 剪切帧

剪切帧是将选择的各动画帧剪切到剪贴板中，以作备用。在 Flash 软件中，剪切帧的方法主要有以下两种。

- 选择各帧，然后执行菜单中的“编辑|时间轴|剪切帧”命令，或者按快捷键〈Ctrl+Alt+X〉，即可剪切选择的帧。
- 选择各帧，然后在时间轴面板中单击鼠标右键，从弹出的快捷菜单中选择“剪切帧”命令，同样可以将选择的帧进行剪切。

(2) 复制帧

复制帧是将选择的各帧复制到剪贴板中，以作备用。与剪切帧的不同之处在于原来的帧内容依然存在。在 Flash 软件中，复制帧的常用方法有以下 3 种。

- 选择各帧，然后执行菜单中的“编辑|时间轴|复制帧”命令，或者按快捷键〈Ctrl+Alt+C〉，即可复制选择的帧。
- 选择各帧，然后在时间轴面板中单击鼠标右键，从弹出的快捷菜单中选择“复制帧”

命令，同样可以复制选择的帧。

- 选择需要复制的帧，此时光标显示为图标，然后按住〈Alt〉键的同时进行拖曳，当拖曳到合适位置处释放鼠标，即可将选择的帧复制到该处。

（3）粘贴帧

粘贴帧就是将剪切或复制的各帧进行粘贴操作。粘贴帧的方法有以下两种。

- 将鼠标放置在时间轴面板需要粘贴的帧处，然后执行菜单中的“编辑|时间轴|粘贴帧”命令，或者按快捷键〈Ctrl+Alt+V〉，即可将剪切或复制的帧粘贴到该处。
- 将鼠标放置在时间轴面板需要粘贴的帧处，然后单击鼠标右键，从弹出的快捷菜单中选择“粘贴帧”命令，同样可以将剪切或复制的帧粘贴到该处。

4. 移动帧

在制作Flash动画的过程中，除了可以利用前面介绍的剪切帧、复制帧和粘贴帧的方法调整动画帧的位置外，还可以按住鼠标直接进行动画帧的移动操作。具体操作方法为：选择需要移动的帧，此时光标显示为图标，然后按住鼠标左键将它们拖曳到合适的位置，再释放鼠标完成所选帧的移动操作。图1-114为移动帧的过程。

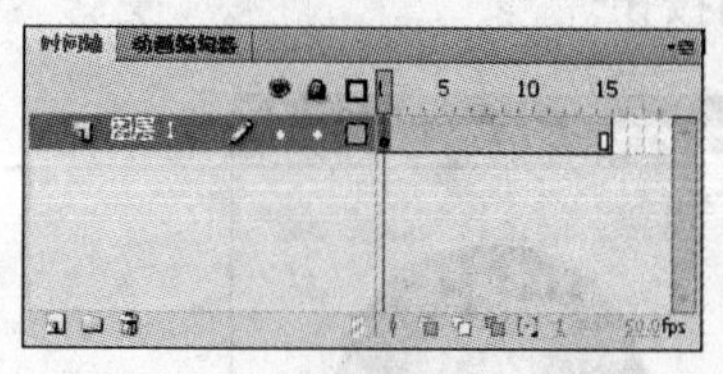
选择的各帧

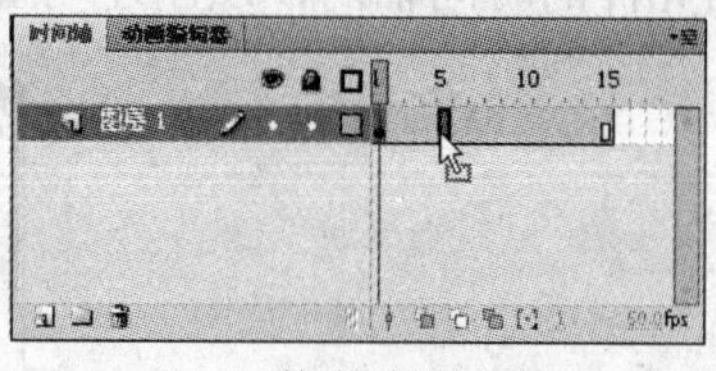
拖曳时的显示

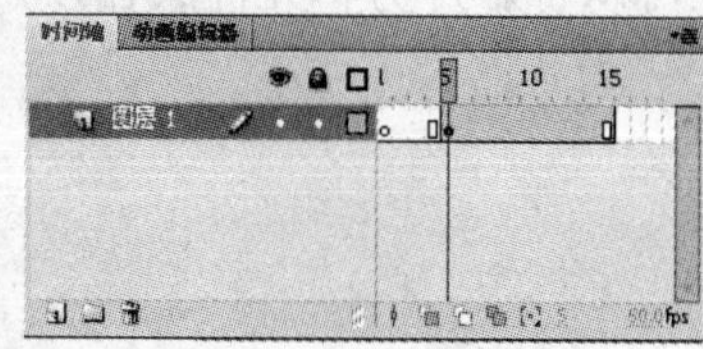
移动后的各帧

图1-114　移动帧的过程

5. 删除帧

在制作Flash动画的过程中，如果有错误或多余的动画帧，需要将其删除。删除帧的方法有以下两种。

- 选择需要删除的各帧，然后单击鼠标右键，从弹出的快捷菜单中选择“删除帧”命令，即可将选择的帧全部删除。
- 选择需要删除的各帧，然后按快捷键〈Shift+F5〉，同样可以将选择的各帧进行删除。

6. 翻转帧

Flash中的翻转帧就是将选择的一段连续帧的序列进行头尾翻转，也就是说，将第1帧转换为最后一帧，最后一帧转换为第1帧，且第2帧与倒数第2帧进行交换，其余各帧依次类推，直到全部交换完毕为止。该命令仅对连续的各帧有作用，如果是单帧则不起作用。翻转帧的方法有以下两种。

- 选择各帧，然后执行菜单中的“修改|时间轴|翻转帧”命令，可以将选择的帧进行头尾翻转。
- 选择各帧，然后在时间轴面板中单击右键，从弹出的快捷菜单中选择“翻转帧”命令，同样可以翻转选择的帧。

1.4 元件和库

元件是一种可重复使用的对象，重复使用它不会增加文件的大小。当编辑元件时，该元件的所有实例都会相应地更新以反映编辑效果。库也就是库面板，它是Flash软件中用于存放各种动画元素的场所，所存放的元素可以是由外部导入的图像、声音、视频元素，也可以是使用Flash软件根据动画需要创建出的不同类型的元件。

1.4.1 元件的类型

元件是构成Flash动画的基础，用户可以根据动画的具体应用直接创建元件的不同类型。在Flash软件中，元件分为图形、按钮和影片剪辑3种，如图1-115所示。

1. 影片剪辑

影片剪辑元件在库面板元件名称前显示出图标，如图1-116所示。使用影片剪辑元件可以创建可重用的动画片段。影片剪辑拥有自己独立于主时间轴的多帧时间轴，可以将影片剪辑看做是主时间轴内的嵌套时间轴，它们可以包含交互式控件、声音甚至其他影片剪辑实例，也可以将影片剪辑元件放在按钮元件的时间轴内，以创建动画按钮。

图1-115 元件的类型

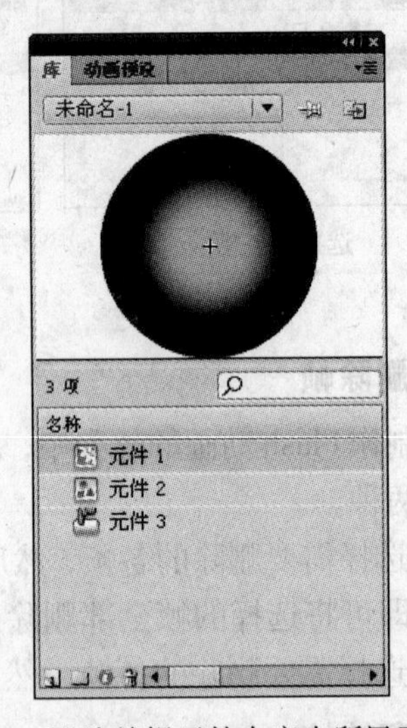

图1-116 影片剪辑元件在库中所显示的图标

2. 图形

图形元件在库面板元件名称前显示出图标，图形元件可用于创建静态图像，并可用于创建连接到主时间轴的可重用动画片段。图形元件与主时间轴同步运行。交互式控件和声音在图形元件的动画序列中不起作用。

3. 按钮

按钮元件在库面板元件名称前显示出图标，用于创建交互式按钮。按钮有不同的状态，每种状态都可以通过图形、元件和声音来定义。一旦创建了按钮，就可以对其影片或者影片片断中的实例赋予动作。

1.4.2 创建元件

可以通过工作区中选定的对象来创建元件；也可以创建一个空元件，然后在元件编辑模式下制作或导入相应的内容；还可以在Flash中创建字体元件。元件可以拥有在Flash中创建的所有功能，包括动画。

通过使用包含动画的元件，用户可以在很小的文件中创建包含大量动作的Flash应用程序。如果有重复或循环的动作，例如，像鸟的翅膀上下翻飞这种动作，应该考虑在元件中创建动画。

1. 将选定元素转换为元件

将选定元素转换为元件的方法如下：

1）在工作区中选择一个或多个元素，然后执行菜单中的“修改 | 转换为元件”（快捷键〈F8〉）命令；或者右键单击选中的元件，从弹出的快捷菜单中选择“转换为元件”命令。

2）在“转换为元件”对话框中键入元件名称，并选择“图形”、“按钮”或“影片剪辑”，然后在注册网格中单击，确定放置元件的注册点，如图1-117所示。

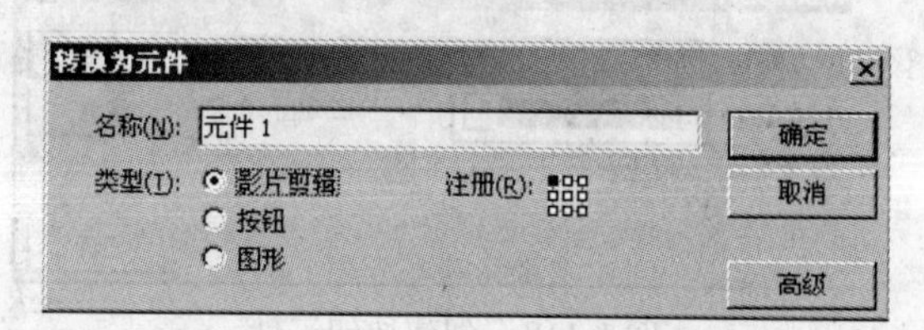

图1-117 “转换为元件”对话框

3）单击“确定”按钮。

提示：此时，工作区中选定的元素将变成一个元件。如果要对其进行再次编辑，可以双击该元件进入编辑状态。

2. 创建一个新的空元件

创建一个新的空元件的方法如下：

1）首先确认未在舞台上选定任何内容，然后执行菜单中的“插入 | 新建元件”命令；或者单击库面板左下角的(新建元件）按钮；或者从库面板右上角的库选项菜单中选择“新建元件”命令。

2）在“创建新元件”对话框中键入元件名称，并选择元件类型，然后单击“确定”按钮。

提示：此时，Flash 会将该元件添加到库中，并切换到元件编辑模式。在元件编辑模式下，元件的名称将出现在舞台的左上角，并由一个十字线表明该元件的注册点。

3. 创建“影片剪辑”元件

影片剪辑是位于影片中的小影片，用户可以在影片剪辑片段中增加动画、动作、声音、其他元件及其他的影片片断。影片剪辑有自己的时间轴，其运行独立于主时间轴。与图形元件不同，影片剪辑只需要在主时间轴中放置单一的关键帧就可以启动播放。

创建影片剪辑元件的方法如下：

1）执行菜单中的“插入｜新建元件”（快捷键〈Ctrl+F8〉）命令，在弹出“创建新元件”对话框中输入名称，然后选择“影片剪辑”选项。

2）单击“确定”按钮，即可进入影片剪辑的编辑模式。

4. 创建“图形”元件

图形元件是一种最简单的Flash元件，使用这种元件可以处理静态图片和动画。注意，图形元件中的动画是受主时间轴控制的，并且动作和声音在图形元件中不能正常工作。

(1) 将所选对象转换为图形元件

将所选对象转换为图形元件的方法如下：

1）选中希望包含到元件中的一个或多个对象。

2）执行菜单中的“修改｜转换为元件”（快捷键〈F8〉）命令，在弹出的“转换为元件”对话框中输入元件名称，然后选择“图形”选项，如图1-118所示，接着单击“确定”按钮。

图1-118　创建按钮元件

(2) 创建新图形元件

创建新图形元件的方法如下：

1）执行菜单中的“插入｜新建元件”（快捷键〈Ctrl+F8〉）命令。

2）在弹出的“创建新元件”对话框中输入名称，然后选择“图形”选项。

3）单击“确定”按钮，即可进入图形元件的编辑模式。

5. 创建“按钮”元件

按钮实际上是具有四帧的交互影片剪辑。当为元件选择按钮行为时，Flash会创建一个四帧的时间轴。其中，前三帧显示按钮的三种可能状态，第四帧定义按钮的活动区域。此时的时间轴实际上并不播放，它只是对指针运动和动作做出反应，跳到相应的帧。

创建按钮元件的方法如下：

1）执行菜单中的“插入｜新建元件”（快捷键〈Ctrl+F8〉），在弹出的“创建新元件”对话框中输入button，并选择“按钮”类型，然后单击“确定”按钮，进入按钮元件的编辑模式。

2）在按钮元件中有4个已命名的帧：弹起、指针...、按下和点击。分别代表了鼠标的4种不同状态，如图1-119所示。

- 弹起：在弹起帧中可以绘制图形，也可以使用图形元件，导入矢量图或位图。
- 指针...：“指针...”的全称为“指针经过帧”，将在鼠标位于按钮之上时显示。在这一帧中可以使用图形元件、位图或者影片剪辑。
- 按下：这一帧将在按钮被按下时显示。如果不希望按钮在被单击时发生变化，在这里只插入普通帧就可以了。

- 点击：这一帧定义了按钮的有效点击区域。如果在按钮上只是使用文本，这一帧尤其重要。因为如果没有点击状态，那么有效地点击区域就只能是文本本身，这将导致点中按钮非常困难。因此，需要在这一帧中绘制一个形状来定义点击区域。由于这个状态永远都不会被用户实际看到，因此其形状如何并不重要。

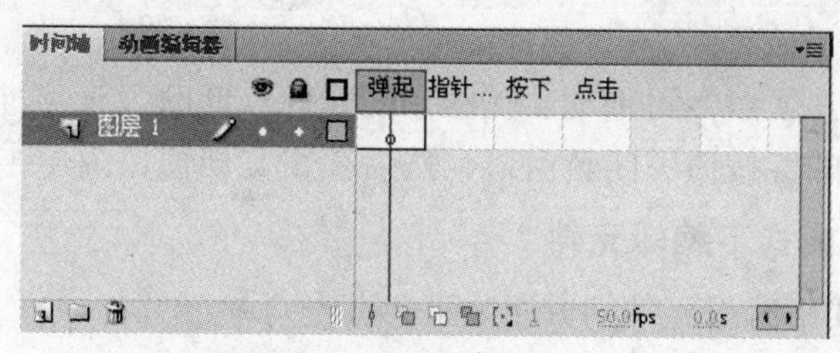

图1-119　创建按钮元件

1.4.3　编辑元件

编辑元件时，Flash会更新文档中该元件的所有实例。Flash提供了3种方式来编辑元件。

第1种：右键单击要编辑的对象，从弹出的快捷菜单中选择“在当前位置编辑”命令，即可在该元件和其他对象在一起的工作区中进行编辑。此时，其他对象以灰显方式出现，从而与正在编辑的元件区别开来。正在编辑的元件的名称显示在工作区上方的编辑栏内，且位于当前场景名称的右侧。

第2种：右键单击要编辑的对象，从弹出的快捷菜单中选择“在新窗口中编辑”命令，即可在一个单独的窗口中编辑元件。此时，在单独的窗口中编辑元件可以同时看到该元件和主时间轴。正在编辑的元件的名称会显示在工作区上方的编辑栏内。

第3种：双击工作区中的元件，进入它的元件编辑模式，此时，正在编辑的元件的名称会显示在工作区上方的编辑栏内，且位于当前场景名称的右侧。

当用户编辑元件时，Flash将更新文档中该元件的所有实例，以反映编辑结果。编辑元件时，可以使用任意绘画工具、导入介质或创建其他元件的实例。

1. 在当前位置编辑元件

在当前位置编辑元件的方法如下。

1）执行以下操作之一：

- 在工作区中双击该元件的一个实例。

提示：在一个元件中可以包含多个实例。

- 右键单击工作区中该元件的一个实例，从弹出的菜单中选择“在当前位置编辑”命令。
- 在工作区中选择该元件的一个实例，执行菜单中的“编辑｜在当前位置编辑”命令。

2）根据需要编辑该元件。

3）如果要更改注册点，可拖动工作区中的元件。此时，十字准线指示注册点的位置。

4）要退出“在当前位置编辑”模式并返回到场景编辑模式，可执行以下操作之一：

- 单击工作区上方的编辑栏左侧的 场景1 按钮。

● 执行菜单中的“编辑 | 编辑文档”命令。

2. 在新窗口中编辑元件

在新窗口中编辑元件的方法如下。

1）右键单击工作区中该元件的一个实例，然后从弹出的快捷菜单中选择“在新窗口中编辑”命令。

2）根据需要编辑该元件。

3）如果要更改注册点，可拖动工作区中的元件。此时，十字准线指示注册点的位置。

4）单击右上角的×按钮关闭新窗口，然后在主文档窗口内单击以返回编辑主文档。

3. 在元件编辑模式下编辑元件

在元件编辑模式下编辑元件的方法如下。

1）执行以下操作之一来选择元件：

● 双击“库”面板中的元件图标。

● 右键单击工作区中该元件的一个实例，从弹出的快捷菜单中选择“编辑”命令。

● 在工作区中选中该元件的一个实例，然后执行菜单中的“编辑 | 编辑元件”命令。

● 在“库”面板中选择该元件，然后从库选项菜单中选择“编辑”命令，或者右键单击“库”面板中的该元件，然后从弹出菜单中选择“编辑”命令。

2）根据需要编辑该元件。

3）如果要更改注册点，可拖动工作区中的元件。此时，十字准线指示注册点的位置。

4）要退出元件编辑模式并返回到文档编辑状态，可执行以下操作之一：

● 单击工作区上方的编辑栏左侧的“返回”按钮。

● 执行菜单中的“编辑 | 编辑文档”命令。

4. 将元件添加到工作区中

将元件添加到工作区中的方法如下。

1）执行菜单中的“窗口 | 库”（快捷键〈Ctrl+L〉）命令，调出库面板，如图1-120所示。

2）利用库查找要添加到影片中的元件。

3）将元件拖动到工作区中即可。

5. 元件属性

每个元件实例都有独立于该元件的属性。用户可以更改元件的色调、透明度和亮度；可以重新定义元件的行为（例如，把图形更改为影片剪辑）；可以设置动画在图形实例内的播放形式；还可以倾斜、旋转或缩放元件。

此外，可以给影片剪辑或按钮实例命名，这样就可以使用动作脚本更改它的属性了。

如果编辑元件或将某个元件重新链接到其他元件，则任何已经改变的元件属性仍然适用于该元件。

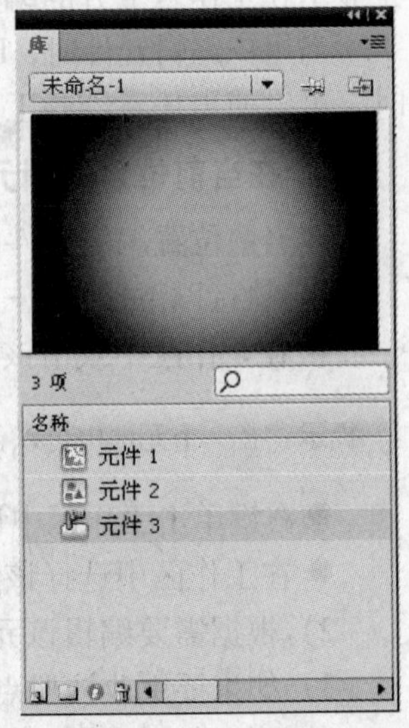

图1-120 调出“库”面板

6. 更改元件的颜色和透明度

每个元件实例都可以有自己的色彩效果。要设置元件的颜色和透明度选项，可使用属性面板，在属性面板中的设置会影响放置在元件内的位图。

当在特定帧内改变元件的颜色和透明度时，Flash 会在播放该帧时立即进行更改。要进行渐变颜色更改，必须使用补间动画。这将在以后的章节中做具体讲解。当补间颜色时，要在实例的开始关键帧和结束关键帧进行不同的效果设置，然后补间这些设置，以便让实例的颜色随着时间逐渐变化。

提示：如果对包括多帧的影片剪辑元件应用色彩效果，Flash 会将效果应用于该影片剪辑元件的每一帧。

更改元件颜色和透明度的方法如下：

1）在工作区中选择该元件，然后执行菜单中的“窗口 | 属性”命令。

2）在“属性”面板的“色彩效果”下的“样式”中选择以下选项之一。

- 亮度：用于调节图像的相对亮度或暗度，调整范围为从黑（-100%）到白（100%）。在调节时，可以拖动滑块或在文本框中输入一个值，如图 1-121 所示。
- 色调：用相同的色相为元件着色。可使用“属性”面板中的色调滑块设置色调百分比，调整范围为从透明（0%）到完全饱和（100%）。要选择颜色，可以在相应文本框中输入红、绿和蓝色的值，或单击颜色框，然后从弹出的调色板中选择一种颜色，如图 1-122 所示。

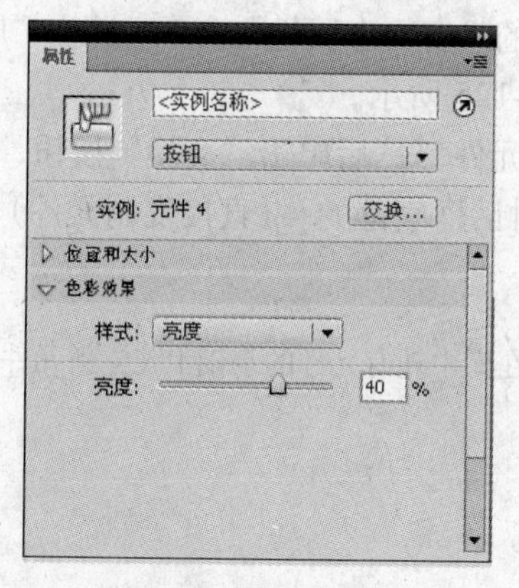

图 1-121　调节“亮度”

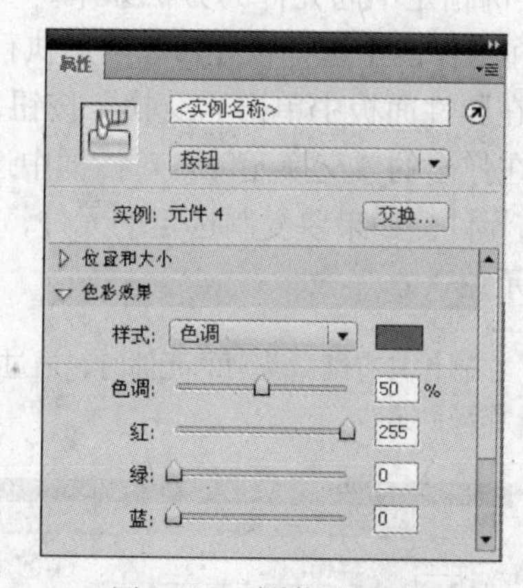

图 1-122　调节“色调”

- Alpha：用来调节元件的透明度，它的调整范围为从透明（0%）到完全饱和（100%）。在调节时，可以拖动滑块或在文本框中输入一个值，如图 1-123 所示。
- 高级：用来分别调节元件的红、绿、蓝和透明度的值。在对位图这样的对象创建和制作具有微妙色彩效果的动画时，该选项非常有用。其中，左侧的控件使用户可以按指定的百分比降低颜色或透明度的值；右侧的控件使用户可以按常数值降低或增大颜色或透明度的值，如图 1-124 所示。将当前的红、绿、蓝和 Alpha 值都乘以百分比值，然后加上右列中的常数值，会产生新的颜色值。例如，如果当前红色值是 100，此时把左侧的滑块移动到 50% 并把右侧常数设置为 100，就会产生一个新的红色值 150（[100 × 50%] + 100 = 150）。

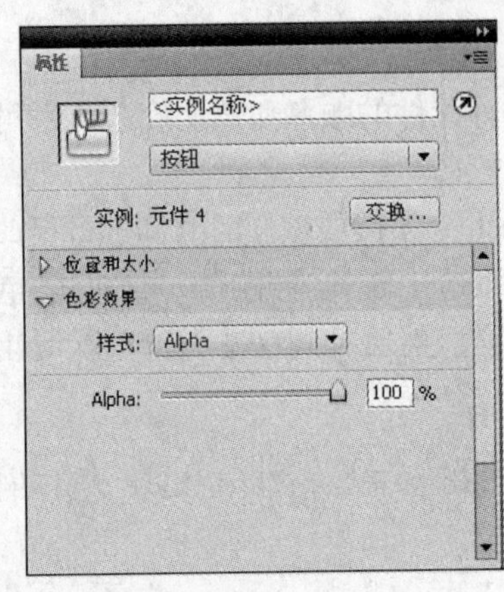

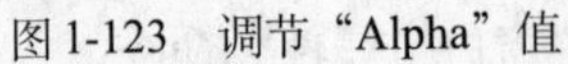

图 1-123　调节“Alpha”值

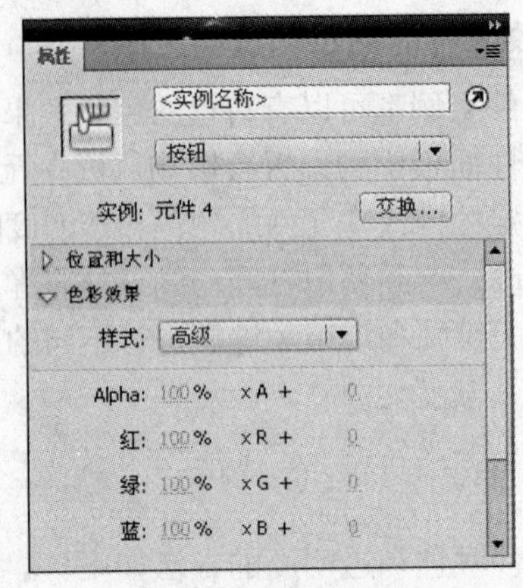

图 1-124　调节“高级”

7. 将一个元件与另一个元件交换

用户可以给实例指定不同的元件，从而在工作区中显示不同的实例，并保留所有的原始元件属性（如色彩效果或按钮动作）。

例如，假定用户正在使用 rat 元件创建一个卡通形象作为影片中的角色，但决定将该角色改为 cat。此时，用户可以用 cat 元件替换 rat 元件，并让更新的角色出现在所有帧中大致相同的位置上。

给实例指定不同元件的方法如下。

1）在工作区中选择该元件，然后执行菜单中的“窗口｜属性”命令，调出“属性”面板。

2）在属性面板中单击“交换”按钮，如图 1-125 所示。

3）在弹出的“交换元件”对话框中选择一个元件，然后单击“交换”按钮，该元件即可替换当前元件。如果要复制选定的元件，可单击对话框底部的（直接复制元件）按钮，如图 1-126 所示。

提示：在制作具有细微差别的元件时，通过复制可以在库中现有元件的基础上建立新元件，并将创建工作减到最少。

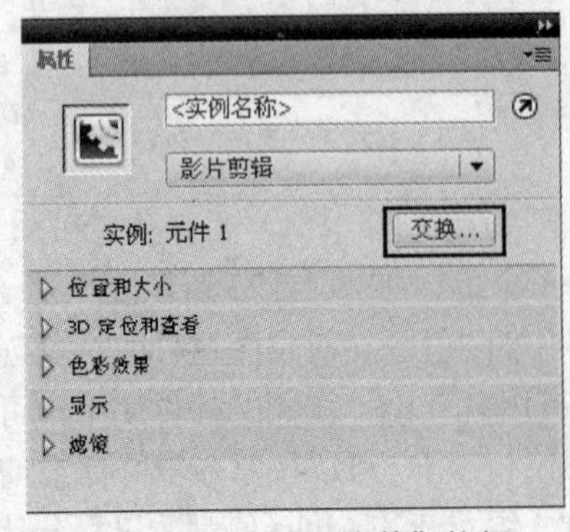

图 1-125　单击“交换”按钮

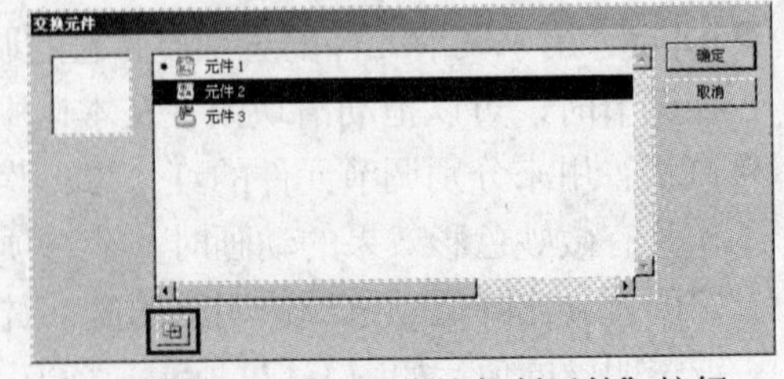

图 1-126　单击“直接复制元件”按钮

4）单击“确定”按钮。

8. 更改元件的类型

用户可以改变元件的类型来重新定义元件在 Flash 应用程序中的行为。例如，如果一个图形元件包含想要独立于主时间轴播放的动画，可以将该图形元件重新定义为影片剪辑元件。

更改元件类型的方法如下。

1）在工作区中选择该元件，然后执行菜单中的“窗口 | 属性”命令，调出“属性”面板。

2）从“属性”面板左上角的弹出菜单中选择相应的元件类型，如图 1-127 所示。

图 1-127　选择相应的元件类型

1.4.4　库

执行菜单中的“窗口 | 库”（快捷键〈Ctrl+L〉）命令，调出库面板，如图 1-128 所示。

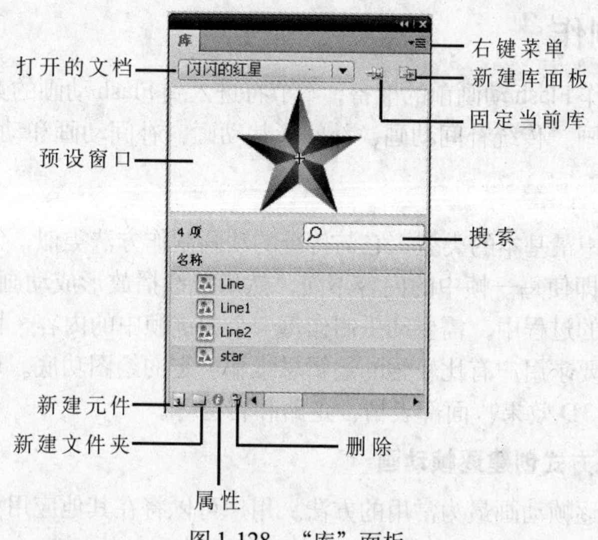

图 1-128　“库”面板

- 右键菜单：单击该处，可以弹出一个用于各项操作的右键菜单。
- 打开的文档：单击该处，可以显示当前打开的所有文档，通过选择可以快速查看选择文档的库面板，从而通过一个库面板查看多个库的项目。
- 固定当前库：单击该按钮后，原来的图标显示为图标，从而固定当前库面板。这样，在文件切换时都会显示固定的库内容，而不会更新切换文件的库面板内容。
- 新建库面板：单击该按钮，可以创建一个与当前文档相同的库面板。
- 预览窗口：用于预览显示当前在库面板中所选的元素，当为影片剪辑元件或声音时，在右上角处会出现按钮，通过它可以在该窗口中控制影片剪辑元件或声音的播放或停止。
- 搜索：通过在此处输入要搜索的关键字可进行元件名称的搜索，从而快速查找元件。
- 新建元件：单击该按钮，会弹出如图 1-129 所示的“创建新元件”对话框，通过它可以新建元件。

● 新建文件夹：单击该按钮，可以创建新的文件夹，默认以“未命名文件夹 1”、“未命名文件夹 2”……命名。

● 属性：单击该按钮，可以在弹出的“元件属性”对话框中设置元件属性，如图 1-130 所示。

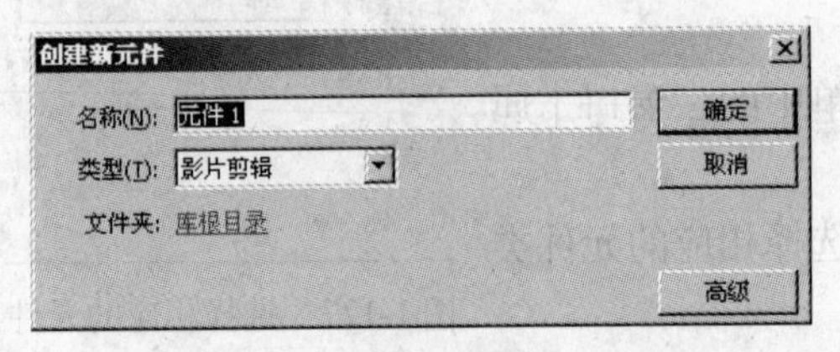

图 1-129 “创建新元件”对话框

图 1-130 “元件属性”对话框

● 删除：单击该按钮，可以将选择的元件进行删除。

1.5 基本动画制作

前面的学习是制作 Flash 动画前的准备，本节将进入到 Flash 动画的具体制作阶段。Flash 基本动画分为逐帧动画、传统补间动画、补间形状动画、补间动画和动画预设 5 部分。

1.5.1 逐帧动画

逐帧动画是动画中最基本的类型，它与传统的动画制作方法类似，制作原理是在连续的关键帧中分解动画，即使每一帧中的内容不同，然后连续播放形成动画。

在制作逐帧动画的过程中，需要动手制作每一个关键帧中的内容，因此工作量极大，动画文件也较大，并且要求用户有比较强的逻辑思维和一定的绘图功底。逐帧动画适合表现一些细腻的动画，例如 3D 效果、面部表情、走路和转身等。

1. 利用外部导入方式创建逐帧动画

外部导入方式是逐帧动画最为常用的方法。用户可以将在其他应用程序中创建的动画文件或者图形图像序列导入到 Flash 软件中。具体导入方法为：执行菜单中的“文件 | 导入 | 导入到舞台”命令，在弹出的“导入”对话框中选择“配套光盘 \ 素材及结果 \1.5.1 逐帧动画 \1.gif”文件，如图 1-131 所示，单击“打开”按钮，然后在弹出的如图 1-132 所示的提示对话框中单击“是”按钮，即可将序列中的全部图片导入到舞台。此时，每一张图片会自动生成一个关键帧，并存放在库面板中，如图 1-133 所示。

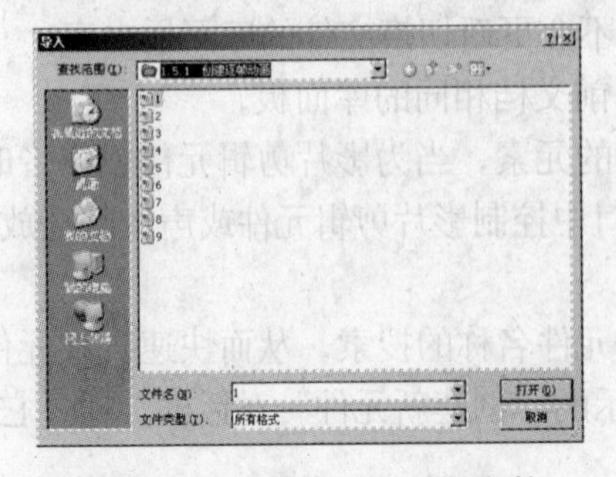
图 1-131 选择“1.gif”文件

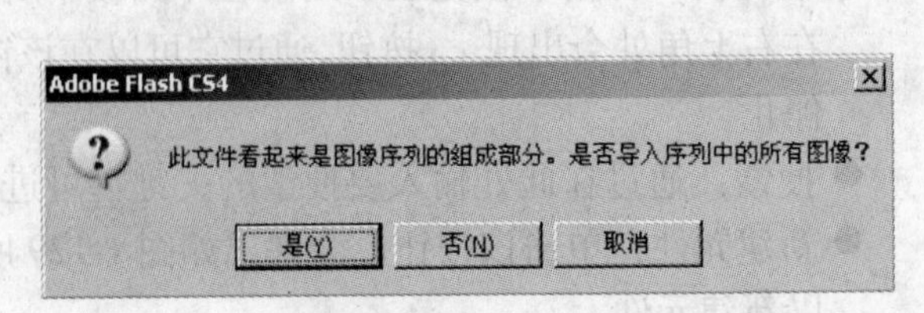

图 1-132 单击“是”按钮

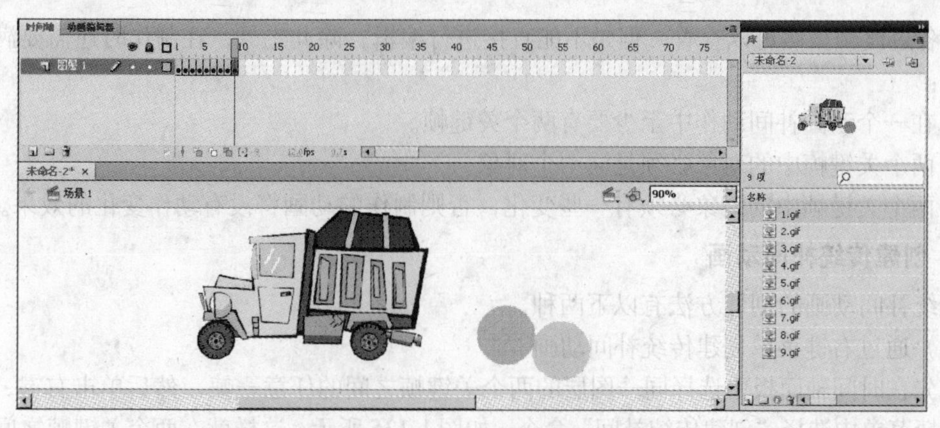

图 1-133　将序列图片导入到舞台

2. 在 Flash 中制作逐帧动画

除了前面使用外部导入的方式创建逐帧动画外，还可以在Flash软件中制作每一个关键帧中的内容，从而创建逐帧动画。图 1-134 为利用逐帧绘制方法制作出的人物走路的画面分解图。

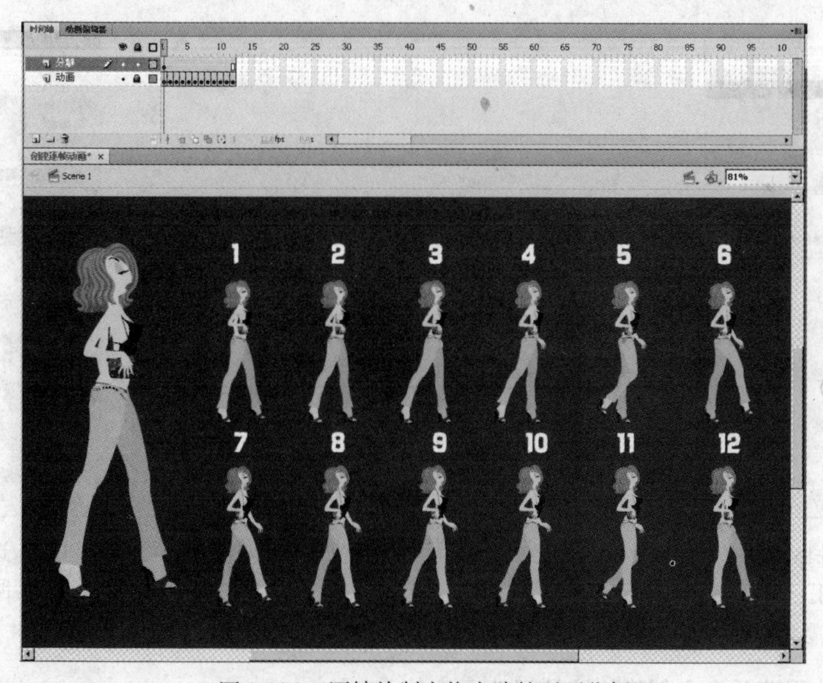

图 1-134　逐帧绘制人物走路的画面分解图

1.5.2　传统补间动画

传统补间动画是 Flash 中较为常见的基本动画类型，使用它可以制作出对象的位移、变形、旋转、透明度、滤镜及色彩变化等动画效果。

与前面介绍的逐帧动画不同，使用传统补间创建动画时，只要将两个关键帧中的对象制作出来即可。在两个关键帧之间的过渡帧由 Flash 自动创建，并且只有关键帧是可以进行编辑的，而各过渡帧虽然可以查看，但是不能直接进行编辑。除此之外，在制作时还需要满足以下条件：

- 在一个动画补间动作中至少要有两个关键帧。
- 两个关键帧中的对象必须是同一个对象。
- 两个关键帧中的对象必须有一些变化，否则制作的动画将没有动作变化的效果。

1．创建传统补间动画

传统补间动画的创建方法有以下两种。

（1）通过右键菜单创建传统补间动画

首先在时间轴面板中选择同一图层的两个关键帧之间的任意一帧，然后单击右键，从弹出的快捷菜单中选择“创建传统补间”命令，如图 1-135 所示，这样就在两个关键帧之间创建出了传统补间动画，所创建的传统补间动画会以一个浅蓝色背景显示，并且在关键帧之间有一个箭头，如图 1-136 所示。

通过右键菜单除了可以创建传统补间动画外，还可以取消已经创建好的传统补间动画。具体方法为：选择已经创建的传统补间动画的两个关键帧之间的任意一帧，然后单击右键，从弹出的快捷菜单中选择“删除补间”命令，如图 1-137 所示，即可取消补间动作。

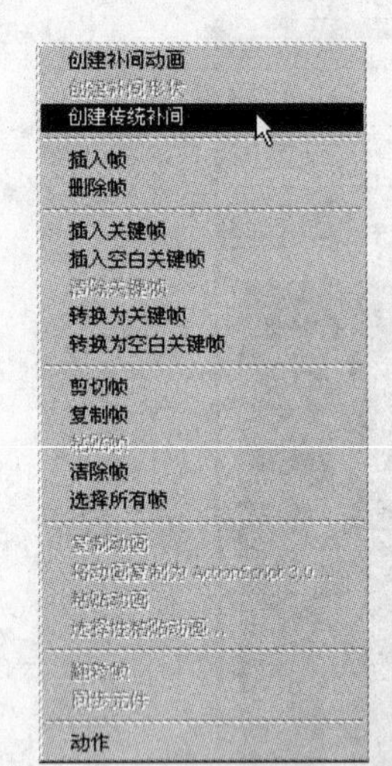

图 1-135　选择“创建传统补间”命令

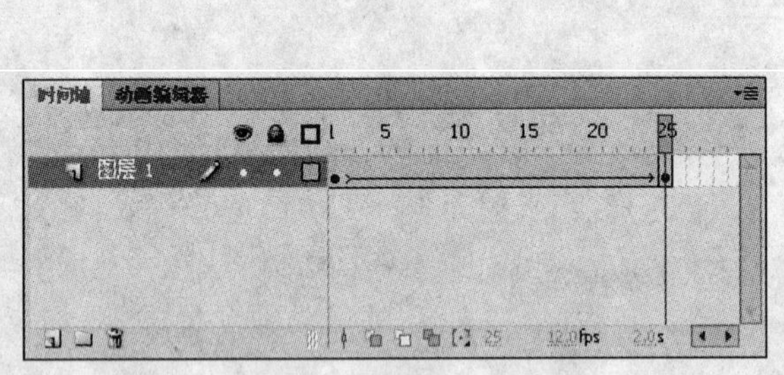

图 1-136　“创建传统补间”后的时间轴

图 1-137　选择“删除补间”命令

（2）使用菜单命令创建传统补间动画

在使用菜单命令创建传统补间动画的过程中，同样需要选择同一图层两个关键帧之间的任意一帧，然后执行菜单中的“插入|补间动画”命令；如果要取消已经创建好的传统补间动画，可以选择已经创建的传统补间动画的两个关键帧之间的任意一帧，然后执行菜单中的“插入|删除补间”命令。

2. 传统补间动画属性设置

无论利用前面介绍的哪种方法创建补间动画，都可以通过属性面板进行动画的各项设置，从而使其更符合动画需要。选择已经创建的传统补间动画的两个关键帧之间的任意一帧，然后调出属性面板，如图1-138所示，在其“补间”选项中设置动画的运动速度、旋转方向与旋转次数等属性。

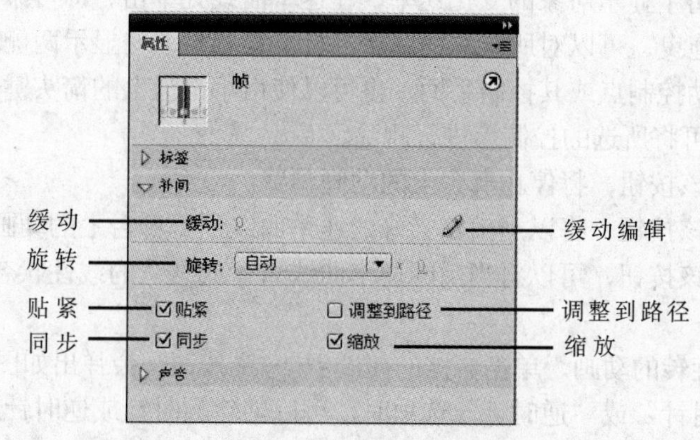

图1-138 传统补间动画的属性面板

(1) 缓动

默认情况下，过渡帧之间的变化速率是不变的，在此可以通过“缓动”选项逐渐调整变化速率，从而创建出更为自然的由慢到快的加速或由快到慢的减速效果，默认值为0，取值范围为-100～+100，负值为加速动画，正值为减速动画。

(2) 缓动编辑

单击“缓动”选项右侧的按钮，在弹出的“自定义缓入/缓出”对话框中可以设置过渡帧更为复杂的速度变化，如图1-139所示。其中，帧由水平轴表示，变化的百分比由垂直轴表示，第1个关键帧表示为0%，最后1个关键帧表示为100%。对象的变化速率用曲线图中的速率曲线表示，曲线水平时（无斜率），变化速率为0；曲线垂直时，变化速率最大。

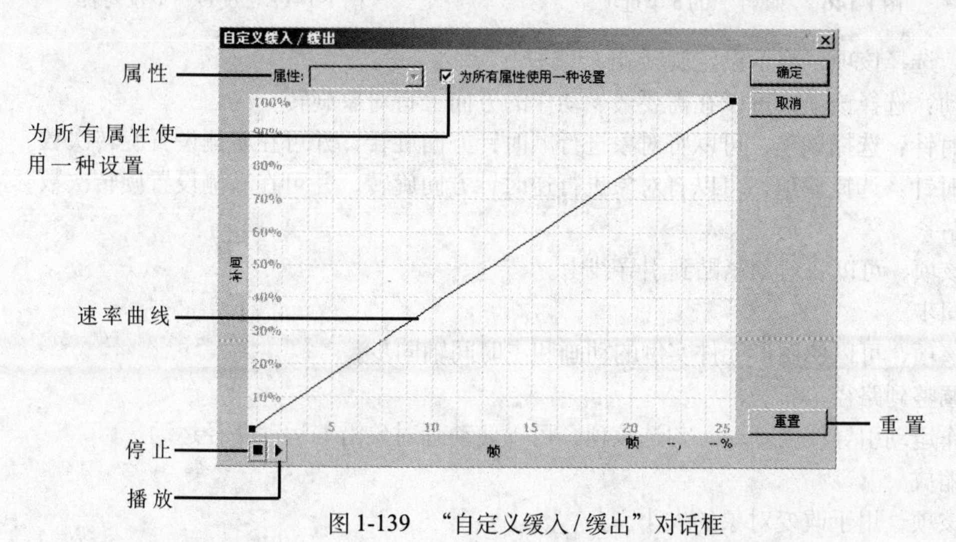

图1-139 “自定义缓入/缓出”对话框

- 属性：该项只有在取消勾选“为所有属性使用一种设置”复选框时才可用。单击该处会弹出“位置”、“旋转”、“缩放”、“颜色”和“滤镜”5 个选项，如图 1-140 所示。
- 为所有属性使用一种设置：默认时该项处于选择状态，表示所显示的曲线适用于所有属性，并且其左侧的属性选项为灰色不可用状态。取消勾选该项，在左侧的属性选项中可以单独设置每个属性的曲线。
- 速率曲线：用于显示对象的变化速率，在速率曲线处单击，即可添加一个控制点，通过按住鼠标拖曳，可以对所选的控制点进行位置调整，并显示两侧的控制手柄，可以使用鼠标拖动控制点或其控制手柄，也可以使用小键盘上的箭头键确定位置。再次按〈Delete〉键可将所选的控制点进行删除。
- 停止：单击该按钮，将停止舞台上的动画预览。
- 播放：单击该按钮，将以当前定义好的速率曲线预览舞台上的动画。
- 重置：单击该按钮，可以将当前的速率曲线重置成默认的线性状态。

（3）旋转

用于设置对象旋转的动画，单击右侧的 自动 按钮，会弹出如图 1-141 所示的下拉列表，当选择“顺时针”或“逆时针”选项时，可以创建顺时针或逆时针旋转的动画。在下拉列表的右侧还有一个参数设置，用于设置对象旋转的次数。

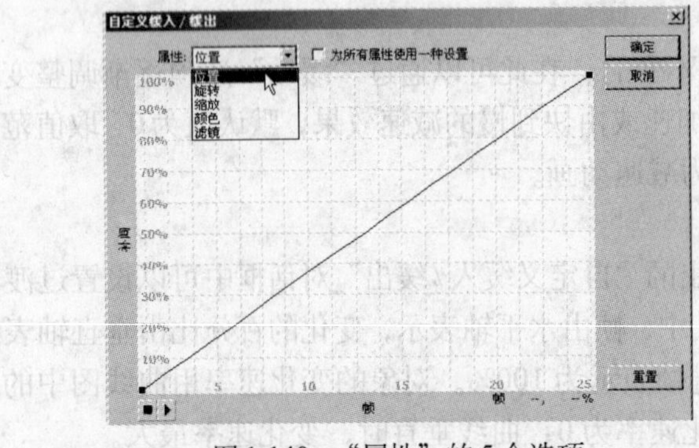

图 1-140 “属性”的 5 个选项

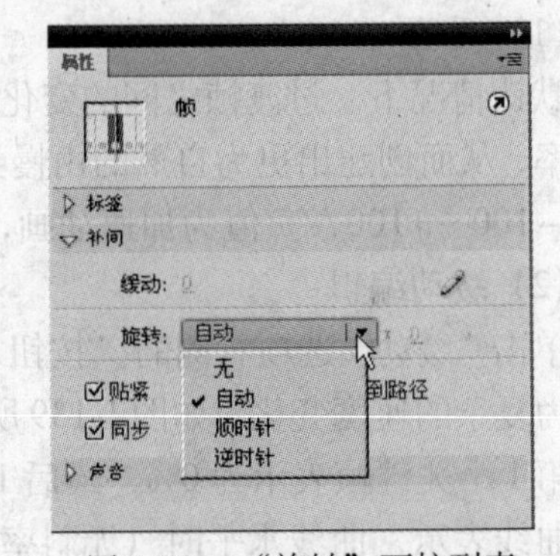

图 1-141 “旋转”下拉列表

- 无：选择该项，将不设定旋转。
- 自动：选择该项，可以在需要最少动作的方向上将对象旋转一次。
- 顺时针：选择该项，可以将对象进行顺时针方向旋转，并可在右侧设置旋转次数。
- 逆时针：选择该项，可以将对象进行逆时针方向旋转，并可在右侧设置旋转次数。

（4）贴紧

勾选该项，可以将对象紧贴到引导线上。

（5）同步

勾选该项，可以使图形元件实例的动画和主时间轴同步。

（6）调整到路径

在制作运动引导线动画时，勾选该项，可以使动画对象沿着运动路径运动。

（7）缩放

勾选该项，用于改变对象的大小。

1.5.3　补间形状动画

补间形状动画用于创建形状变化的动画效果，使一个形状变成另一个形状，同时可以设置图形形状位置、大小和颜色的变化。

补间形状动画的创建方法与传统补间动画类似，只要创建出两个关键帧中的对象，其他过渡帧便可通过 Flash 自己制作出来。当然，创建补间形状动画还需要满足以下条件：

- 在一个补间形状动画中至少要有两个关键帧。
- 两个关键帧中的对象必须是可编辑的图形，如果是其他类型的对象，则必须将其转换为可编辑的图形。
- 两个关键帧中的图形必须有一些变化，否则制作的动画将没有动的效果。

1. 创建补间形状动画

当满足了以上条件后，就可以制作补间形状动画。与传统补间动画类似，创建补间形状动画也有两种方法。

（1）通过右键菜单创建补间形状动画

选择同一图层的两个关键帧之间的任意一帧，然后单击鼠标右键，从弹出的菜单中选择“创建补间形状”命令，如图 1-142 所示，这样就在两个关键帧之间创建出了补间形状动画，所创建的补间形状动画会以一个浅绿色背景进行显示，并且在关键帧之间有一个箭头，如图1-143所示。

提示：如果创建后的补间形状动画以一条绿色背景的虚线段表示，则说明补间形状动画没有创建成功，原因是两个关键帧中的对象可能没有满足创建补间形状动画的条件。

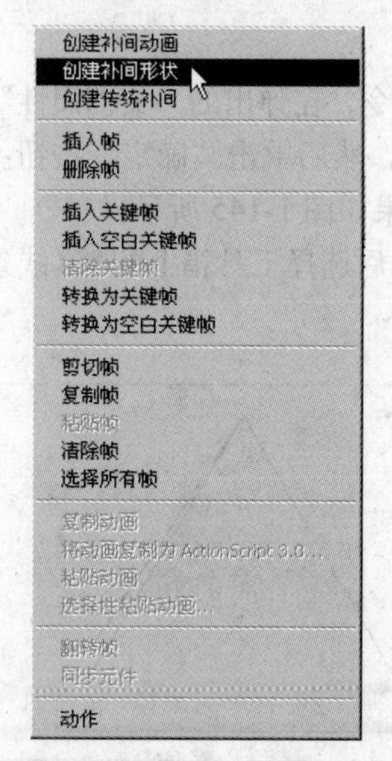

图 1-142　选择“创建补间形状”命令

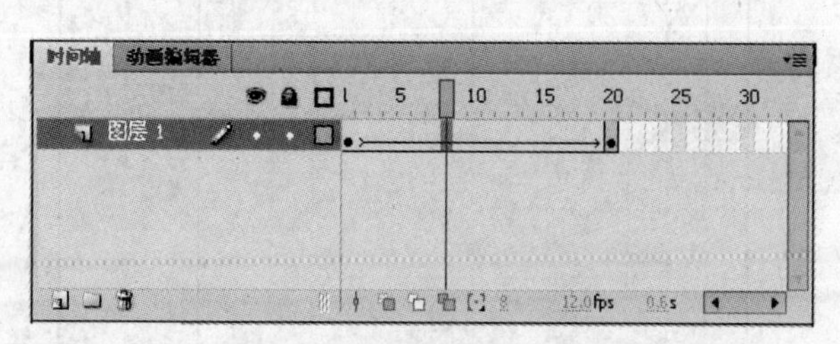

图 1-143　“创建形状补间”后的时间轴

如果要删除创建的补间形状动画，其方法与前面介绍的删除传统补间动画相同。只要选择已经创建的补间形状动画的两个关键帧之间的任意一帧，然后单击右键，从弹出的快捷菜单中选择“删除补间”命令即可。

（2）使用菜单命令创建补间形状动画

与前面制作传统补间动画的方法相同，首先要选择同一图层两个关键帧之间的任意一帧，然后执行菜单中的“插入|补间形状”命令，即可在两个关键帧之间创建补间形状动画；如果要取消已经创建好的补间形状动画，可以选择已经创建的补间形状动画的两个关键帧之间的任意一帧，然后执行菜单中的“插入|删除补间”命令即可。

2．补间形状动画属性设置

补间形状动画的属性同样可以通过属性面板的“补间”选项进行设置。首先选择已经创建的补间形状动画的两个关键帧之间的任意一帧，然后调出属性面板，如图1-144所示，在其“补间”选项中设置动画的运动速度、混合等属性即可。其中的“缓动”参数设置请参考前面介绍的传统补间动画。

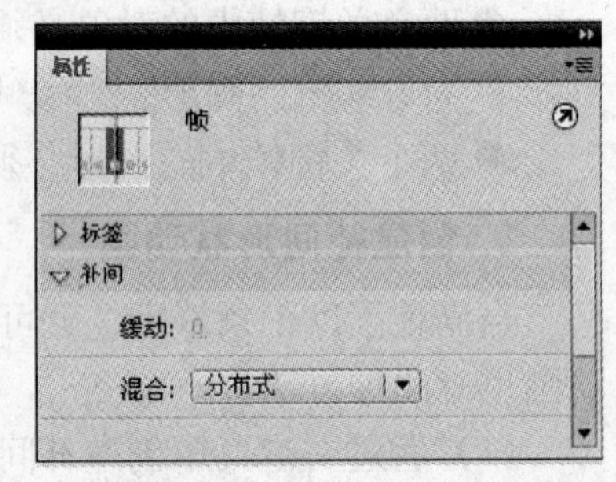

图1-144　补间形状动画的属性面板

混合：有“分布式”和“角形”两个选项可供选择。其中，“分布式”选项创建的动画中间形状更为平滑和不规则；“角形”选项创建的动画中间形状会保留有明显的角和直线。

3．使用形状提示控制形状变化

在制作补间形状动画时，如果要控制复杂的形状变化，那么就会出现变化过程杂乱无章的情况，这时可以使用Flash提供的形状提示，为动画中的图形添加形状提示点，通过形状提示点可以指定图形如何变化，并且可以控制更加复杂的形状变化。下面通过一个小例子，来讲解形状提示点的基本使用。

1）按快捷键〈Ctrl+N〉，新建Flash文档。

2）执行菜单中的“修改|文档”（快捷键〈Ctrl+J〉）命令，在弹出的“文档属性”对话框中将背景色设置为白色，文档大小设置为300 × 300像素，然后单击“确定”按钮。

3）执行菜单中的“视图|网格|显示网格”命令，结果如图1-145所示。

4）执行菜单中的“视图|贴紧|贴紧至网格”命令，然后选择工具箱上的（线条工具），在工作区中绘制三角锥，如图1-146所示。

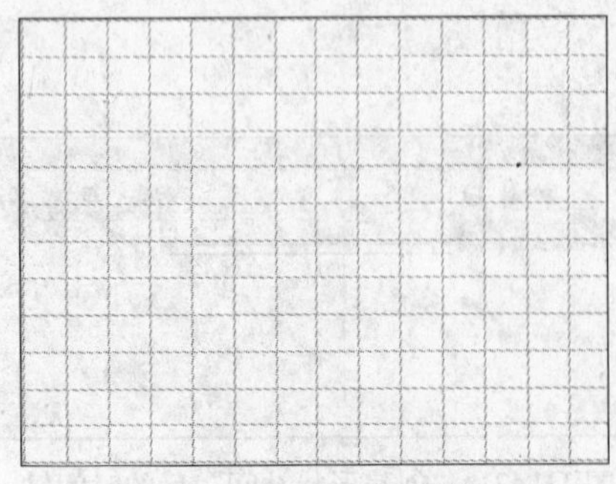
图1-145　显示出网格

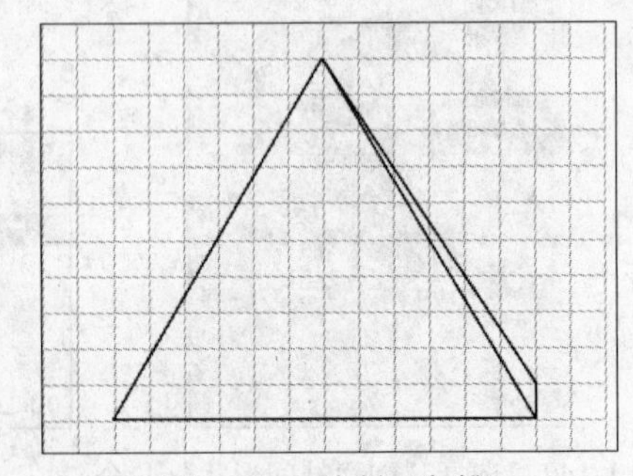
图1-146　绘制三角锥

5）选择工具箱上的（颜料桶工具），设置填充色为浅黄色到深黄色的直线渐变色，如图1-147所示，其中，浅黄色的RGB值为（250，220，160）；深黄色的RGB值为（220，130，

30），然后填充三角锥正面，结果如图1-148所示。

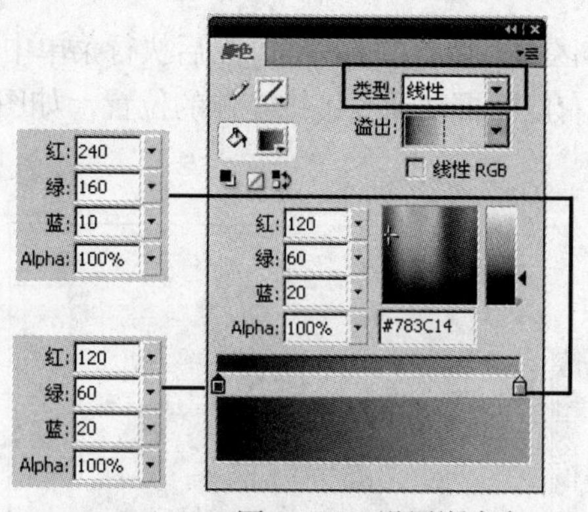

图1-147　设置渐变色

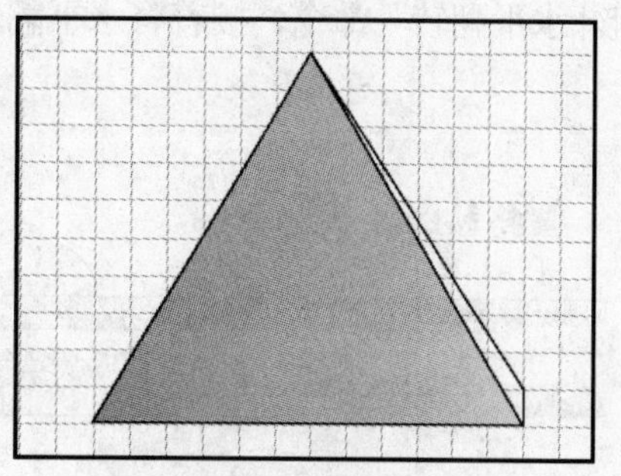
图1-148　填充三角锥正面

6）将填充色设置成深黄色到暗黄色的直线渐变色，其中，深黄色的RGB值为（240，160，10）；暗黄色的RGB值为（120，70，20），填充三角锥侧面后的结果如图1-149所示。

7）选择工具箱上的 (选择工具)，在工作区中双击三棱锥的轮廓线，将所有轮廓线选中，然后按键盘上的〈Delete〉键将它们删除，结果如图1-150所示。

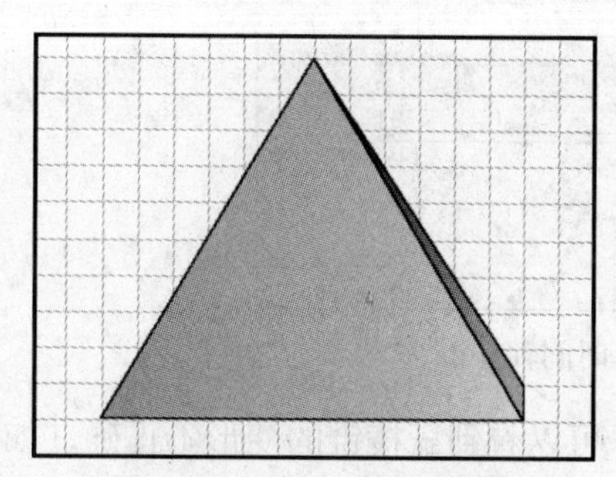
图1-149　填充三角锥侧面

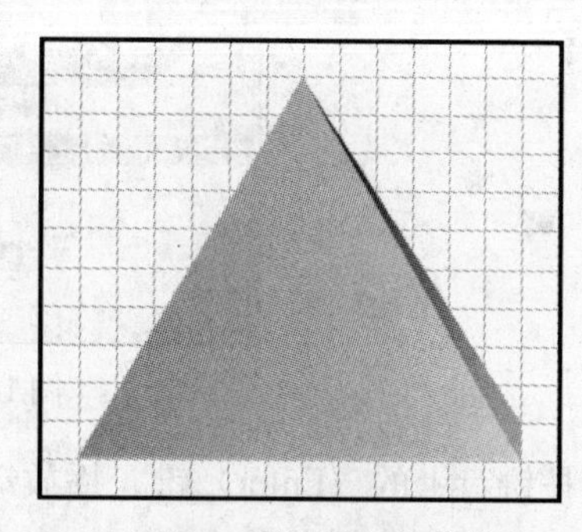
图1-150　删除黑色轮廓线

8）调整渐变色的方向。方法：单击工具箱上的 (填充变形工具)，在工作区中单击三棱锥正面，然后调节渐变方向，如图1-151所示。

9）同理，调节三棱锥侧面的渐变方向如图1-152所示。

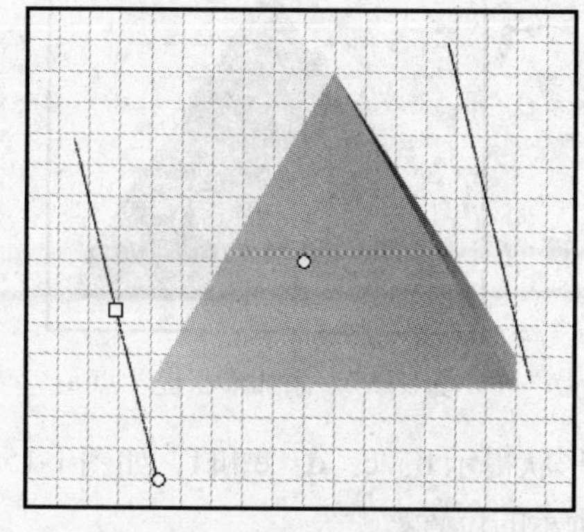
图1-151　调节正面渐变方向

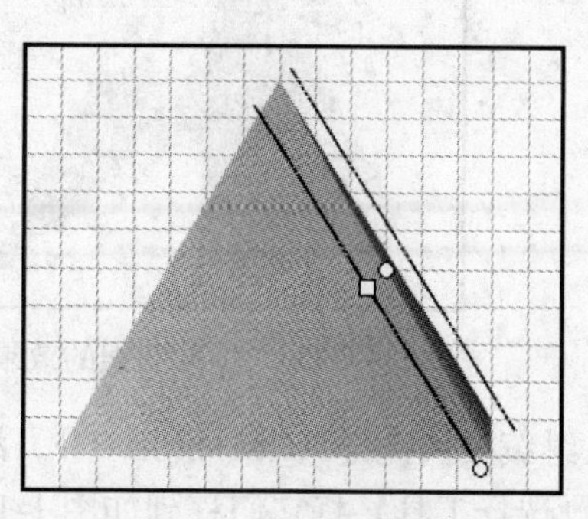
图1-152　调节侧面渐变方向

10）右键单击图层 1 的第 20 帧，在弹出的菜单中选择“插入关键帧”（快捷键〈F6〉）命令，在第 20 帧插入一个关键帧，如图 1-153 所示。

11）选择工具箱上的 (选择工具)，单击工作区中三棱锥的右侧面，然后执行菜单中的“修改 | 变形 | 水平翻转”命令，接着将水平翻转后的右侧面挪动到三棱锥左侧的位置，如图 1-154 所示。

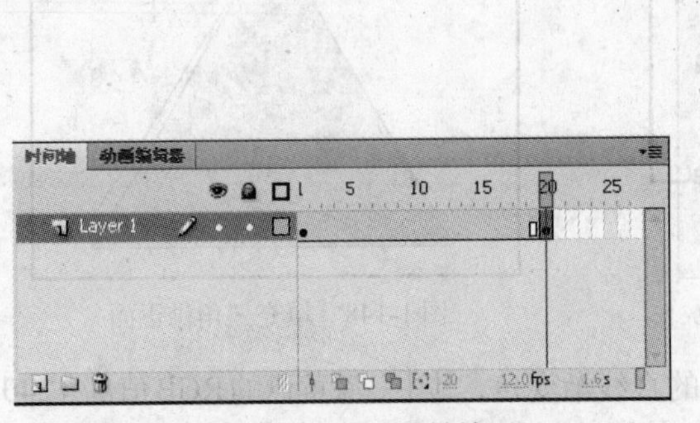

图 1-153 插入关键帧

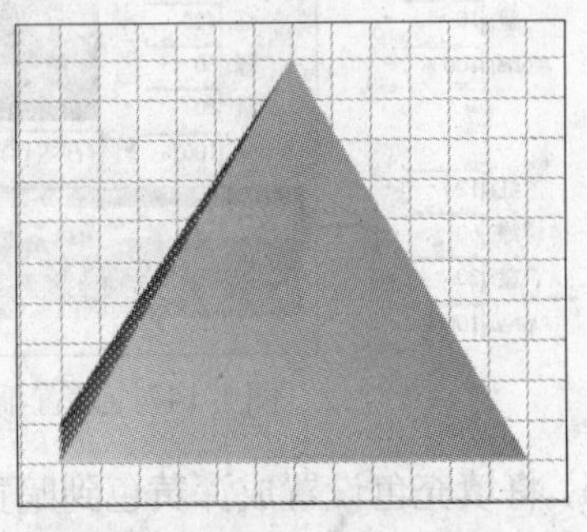

图 1-154 水平翻转三棱锥侧面图形

12）右键单击时间轴窗口中的任意一帧，从弹出的快捷菜单中选择“创建补间形状”命令，此时，时间轴如图 1-155 所示。

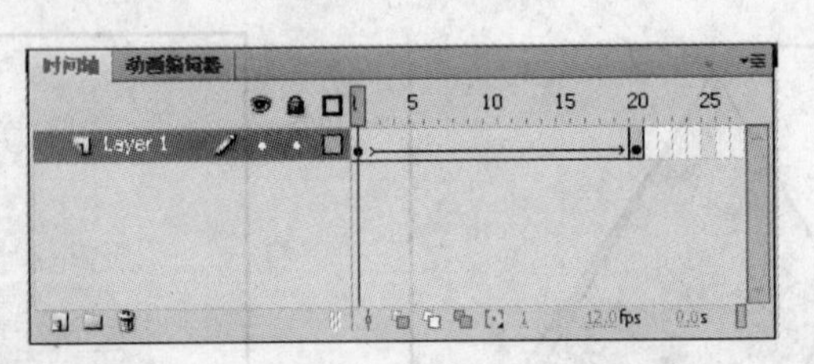

图 1-155 时间轴分布

13）按键盘上的〈Enter〉键，播放动画，可以看到三棱锥的变形不正确，如图 1-156 所示。为此需要设置控制变形的基点。方法：选择图层 1 的第 1 个关键帧，然后执行菜单中的“修改 | 形状 | 添加形状提示”（快捷键〈Ctrl+Shift+H〉）命令，这时在工作区中会出现一个红色的圆圈，并且圆圈里面有一个字母 a，如图 1-157 所示。

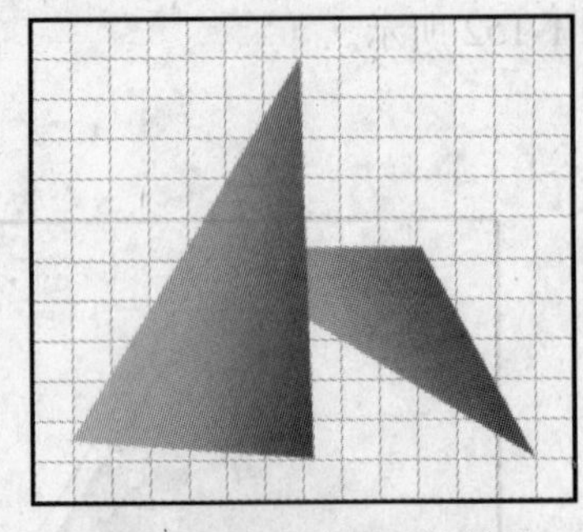

图 1-156 变形错误的效果

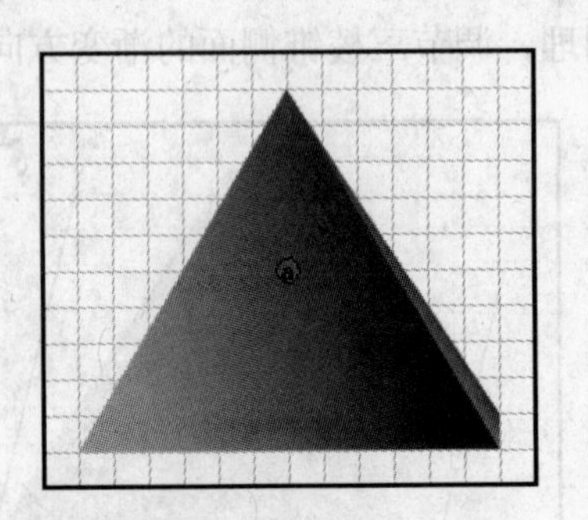

图 1-157 添加形状提示点 a

14）继续按快捷键〈Ctrl+Shift+H〉，添加形状提示 b、c、d、e 和 f，如图 1-158 所示。然后利用 (选择工具) 将它们移到如图 1-159 所示的位置。

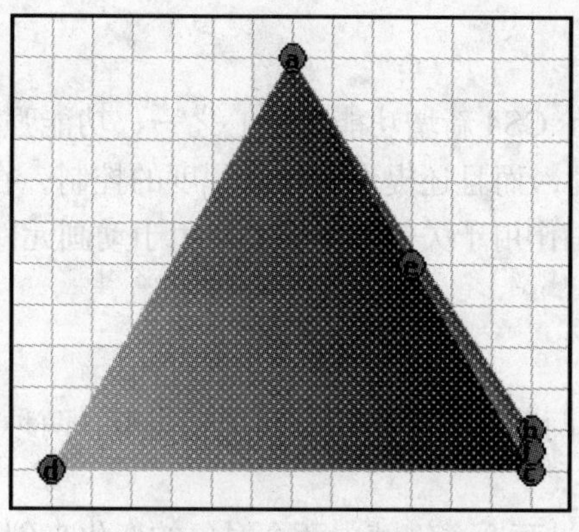

图1-158　添加其他形状提示点

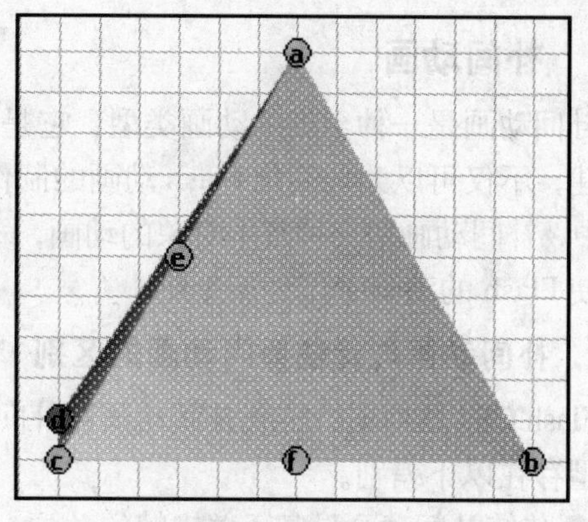

图1-159　调整形状提示点的位置

15）按键盘上的〈Enter〉键，播放动画，此时会发现三棱锥转动已经正确了，但是为了使三棱锥产生连续转动的效果，还需要加入一个过渡关键帧。方法：右键单击“图层1”的第21帧，然后在弹出菜单中选择“插入关键帧”（快捷键〈F6〉）命令，在第21帧处插入一个关键帧。

16）选择工具箱上的（选择工具），在工作区中单击三棱锥的左侧面，然后按〈Delete〉键将其删除，如图1-160所示。

17）在时间轴中选择“图层1”的第22帧，按键盘上的〈F5〉键，使“图层1”的帧数增至22帧，如图1-161所示。

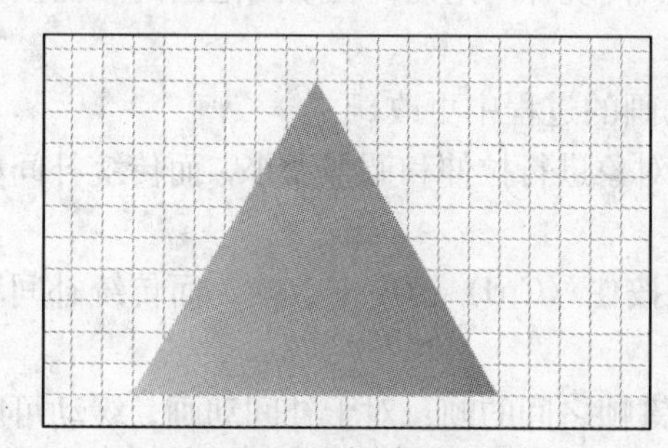

图1-160　删除侧面图形

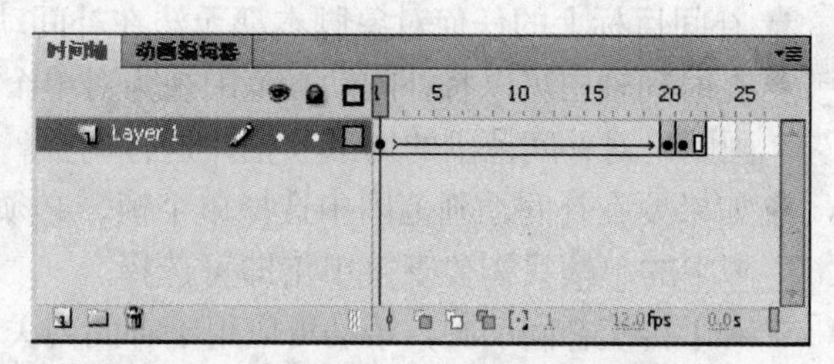

图1-161　在“图层1”的第22帧添加普通帧

18）执行菜单中的“控制|测试影片”（快捷键〈Ctrl+Enter〉）命令，即可看到三棱锥的旋转动画，如图1-162所示。

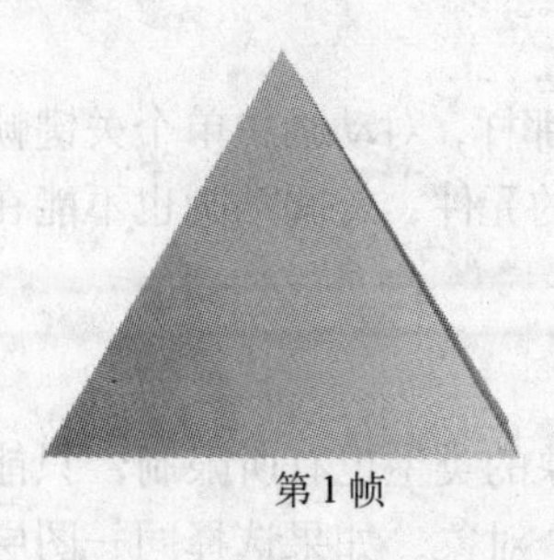

第1帧

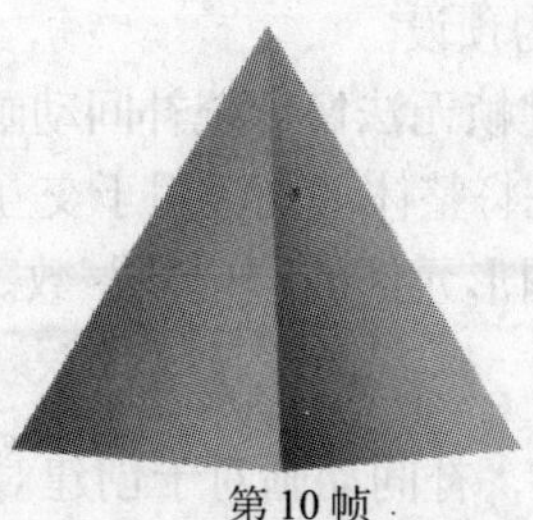

第10帧

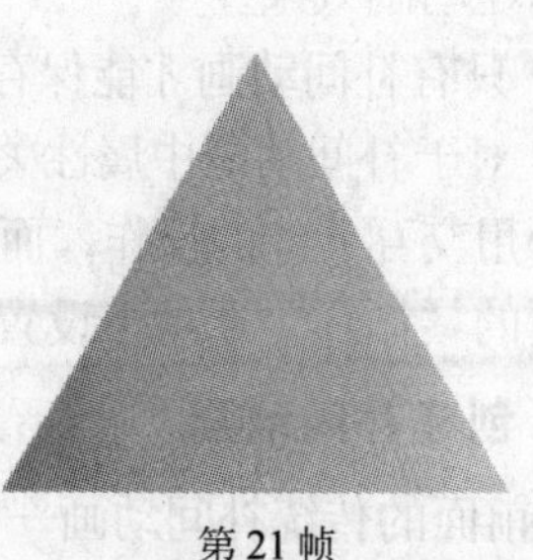

第21帧

图1-162　旋转的三角锥

1.5.4 补间动画

补间动画是一种全新的动画类型，它是 Flash CS4 新增功能的核心之一，功能强大且易于创建，不仅可以大大简化 Flash 动画的制作过程，而且还提供了更大程度的控制。在 Flash CS4 中，补间动画是一种基于对象的动画，不再是作用于关键帧，而是作用于动画元件本身，从而使 Flash 的动画制作更加专业。

1. 补间动画与传统补间动画的区别

Flash CS4 软件支持传统补间动画和补间动画两种不同类型的补间动画类型，两种补间动画类型存在以下差别。

- 传统补间动画是基于关键帧的动画，是通过两个关键帧中两个对象的变化来创建的动画，其中关键帧是显示对象实例的帧；而补间动画是基于对象的动画，整个补间范围只有一个动画对象，动画中使用的是属性关键帧而不是关键帧。
- 补间动画在整个补间范围上只有一个对象。
- 补间动画和传统补间动画都只允许对特定类型的对象进行补间。如果应用补间动画，则在创建补间时会将所有不允许的对象类型转换为影片剪辑元件；而应用传统补间动画会将这些对象类型转换为图形元件。
- 补间动画会将文本视为可补间的类型，而不会将文本对象转换为影片剪辑；传统补间动画则会将文本对象转换为图形对象。
- 补间动画不允许在动画范围内添加帧标签，而传统补间则允许在动画范围内添加帧标签。
- 补间目标上的任何对象脚本都无法在补间动画的过程中更改。
- 在时间轴中可以将补间动画范围视为对单个对象进行拉伸和调整大小，而传统补间动画则是对补间范围的局部或整体进行调整。
- 如果要在补间动画范围中选择单个帧，必须按住〈Ctrl〉键单击该帧；而传统补间动画中的单帧只需要直接单击即可选择。
- 对于传统补间动画，缓动可应用于补间内关键帧之间的帧；对于补间动画，缓动可应用于补间动画范围的整个长度，如果仅对补间动画的特定帧应用缓动，则需要创建自定义缓动曲线。
- 只能使用补间动画来为 3D 对象创建动画效果，而不能使用传统补间动画为 3D 对象创建动画效果。
- 只有补间动画才能保存为预设。
- 对于补间动画中属性关键帧无法像传统补间动画那样，对动画中单个关键帧的对象应用交互元件的操作，而是将整体动画应用于交互的元件；补间动画也不能在属性面板的“循环”选项下设置图形元件的“单帧”数。

2. 创建补间动画

与前面的传统补间动画一样，补间动画对于创建对象的类型也有所限制，只能应用于元件的实例和文本字段，并且要求同一图层中只能选择一个对象。如果选择同一图层中的多个对象，将会弹出一个用于提示是否将选择的多个对象转换为元件的提示框，如图 1-163 所示。

图 1-163 提示对话框

在创建补间动画时，对象所处的图层类型可以是系统默认的常规图层，也可以是比较特殊的引导层、遮罩层或被遮罩层。在创建补间动画后，如果原图层是常规图层，那么它将成为补间图层；如果是引导层、遮罩层或被遮罩层，那么它将成为补间引导、补间遮罩或补间被遮罩图层，如图 1-164 所示。

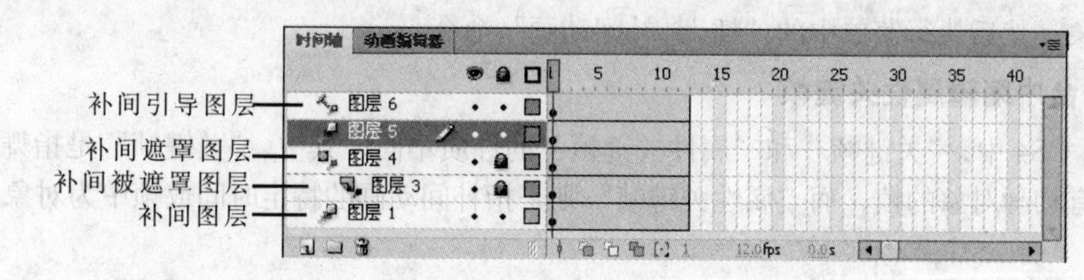

图 1-164 创建补间动画后的各图层显示效果

创建补间形状动画有以下两种方法。

(1) 通过右键菜单创建补间动画

在时间轴面板中选择某帧，或者在舞台中选择对象，然后单击右键，从弹出的快捷菜单中选择“创建补间动画”命令，如图 1-165 所示，即可创建补间动画，如图 1-166 所示。

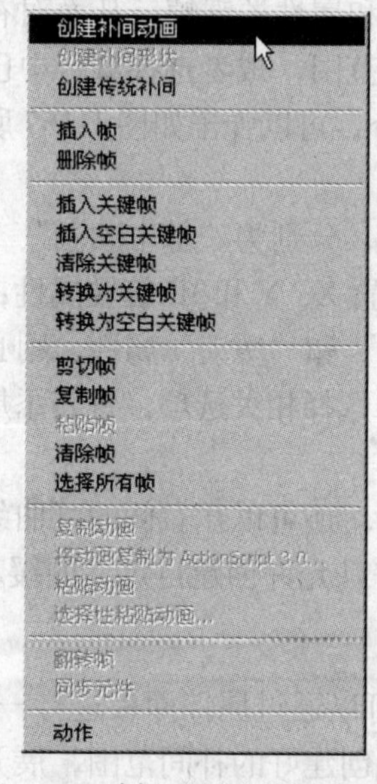

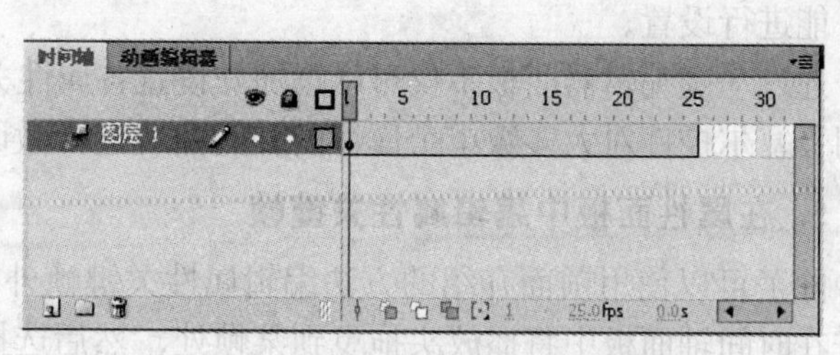

图 1-165 选择“创建补间动画”命令

图 1-166 “创建补间动画”后的时间轴

提示：创建补间动画的帧数会根据所选对象在时间轴面板中所处位置的不同而有所不同。如果选择的对象处于时间轴面板的第 1 帧中，那么补间范围的长度等于一秒的持续时间，假定当前文档的“帧频”为 30fps，那么在时间轴面板中创建补间动画的范围长度也是 30 帧；如果当前“帧频”小于 5fps，则创建的补间动画的范围长度将为 5 帧；如果选择对象存在于多个连续的帧中，则补间范围将包含该对象占用的帧数。

如果要删除创建的补间动画，可以在时间轴面板中选择已经创建补间动画的帧，或者在舞台中选择已经创建补间动画的对象，然后单击右键，从弹出的快捷菜单中选择“删除补间”命令。

(2) 使用菜单命令创建补间动画

除了使用右键菜单创建补间动画外，Flash CS4 还提供了创建补间动画的菜单命令。利用创建补间动画的菜单命令创建补间动画的方法为：首先在时间轴面板中选择某帧，或者在舞台中选择对象，然后执行菜单中的“插入 | 补间动画”命令。

3. 在舞台中编辑属性关键帧

在 Flash CS4 中，“关键帧”和“属性关键帧”的性质不同，其中，“关键帧”是指舞台上实实在在有动画对象的帧，而“属性关键帧”则是指补间动画的特定时间或帧中为对象定义了属性值。

在舞台中可以通过变形面板或工具箱中的各种工具进行属性关键帧的各项编辑，包括位置、大小、旋转和倾斜等。如果补间对象在补间过程中更改舞台位置，那么在舞台中将显示补间对象在舞台上移动时所经过的路径，此时，可以通过工具箱中的 (选择工具)、 (部分选择工具)、 (任意变形工具)，以及变形面板编辑补间的运动路径。

4. 使用动画编辑器调整补间动画

在 Flash CS4 中通过动画编辑器可以查看所有补间属性和属性关键帧，从而对补间动画进行全面细致的控制。在时间轴面板中选择已经创建的补间范围，或者选择舞台中已经创建补间动画的对象后，执行菜单中的“窗口 | 动画控制器”命令，可以弹出如图 1-167 所示的动画编辑器面板。

在动画编辑器面板中自上向下有 5 个属性类别可供调整，分别为“基本动画”、“转换”、“色彩效果”、“滤镜”和“缓动”。其中，“基本动画”用于设置 X、Y 和 3D 旋转属性；“转换”用于设置倾斜和缩放属性。如果要设置“色彩效果”、“滤镜”和“缓动”属性，则必须首先单击 (添加颜色、滤镜或缓动) 按钮，然后在弹出的菜单中选择相关选项，将其添加到列表中才能进行设置。

通过动画编辑器面板不仅可以添加并设置各属性关键帧，还可以在右侧的“曲线图”中使用贝塞尔控件对大多数单个属性的补间曲线进行微调，并且允许创建自定义的缓动曲线。

5. 在属性面板中编辑属性关键帧

除了可以使用前面介绍的方法编辑属性关键帧外，还可以通过属性面板进行一些编辑。首先在时间轴面板中将播放头拖曳到某帧处，然后选择已经创建好的补间范围，展开属性面板，显示“补间动画”的相关设置，如图 1-168 所示。

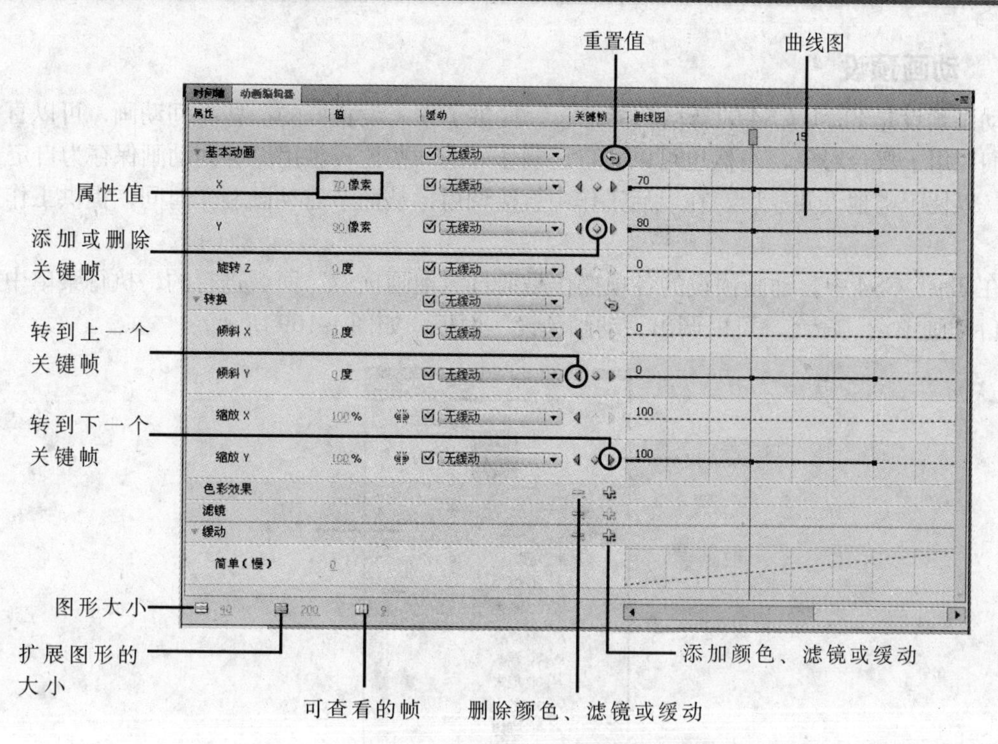

图1-167 动画编辑器面板

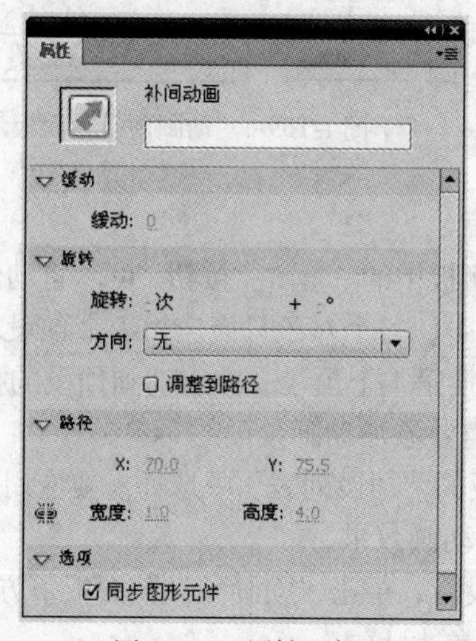

图1-168 属性面板

- 缓动：用于设置补间动画的变化速率，可以在右侧直接输入数值进行设置。
- 旋转：用于显示当前属性关键帧是否旋转、以及旋转次数、角度和方向。
- 路径：如果当前选择的补间范围中的补间对象已经更改了舞台位置，则可以在此设置补间运动路径的位置和大小。其中，X和Y分别代表属性面板第1帧对应的属性关键帧中对象的X轴和Y轴位置；宽度和高度用于设置运动路径的宽度和高度。

1.5.5 动画预设

动画预设是 Flash CS4 的新增功能之一，提供了预先设置好的一些补间动画，可以直接将它们应用于舞台对象，当然也可以将自己制作好的一些比较常用的补间动画保存为自定义预设，以便于与他人共享后，在以后工作中直接调用，从而节省动画制作时间，提供工作效率。

在 Flash CS4 中，动画预设的各项操作是通过“动画预设”面板进行的，执行菜单中的“窗口 | 动画预设”命令，可以调出“动画预设”面板，如图 1-169 所示。

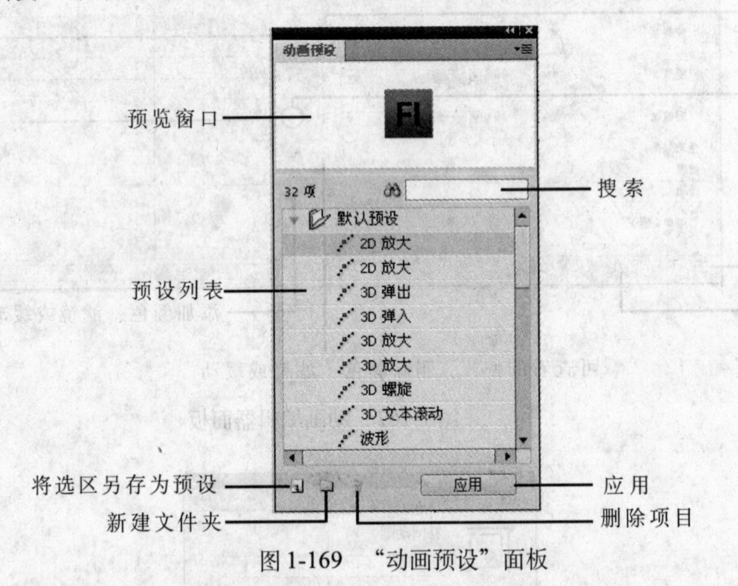

图 1-169 “动画预设”面板

1. 应用动画预设

通过单击“动画预设”面板中的 应用 按钮，可以将动画预设应用于一个选定的帧或不同图层上的多个选定帧。其中，每个对象只能应用 1 个预设，如果第 2 个预设应用于相同的对象，那么第 2 个预设将替换第 1 个预设。应用动画预设的操作很简单，具体步骤如下：

1）首先在舞台上选择需要添加动画预设的对象。

2）在“动画预设”面板的“预设列表”中选择需要应用的预设，此时通过上方的“预览窗口”可以预览选定预设的动画效果。

3）选择合适的动画预设后，单击“动画预设”面板下方的 应用 按钮，即可将所选预设应用到舞台中被选择的对象上。

提示： 在应用动画预设时需要注意，在“预设列表”中的各 3D 动画的动画预设只能应用于影片剪辑元件，而不能应用于图形或按钮元件，也不适用于文本字段。因此，如果要对选择对象应用各 3D 动画的动画预设，需要将其转换为影片剪辑元件。

2. 将补间另存为自定义动画预设

除了可以将 Flash 对象进行动画预设的应用外，Flash CS4 还允许将已经创建好的补间动画另存为新的动画预设，以便以后调用。这些新的动画预设会存放在“动画预设”面板中的

“自定义预设”文件夹内。将补间另存为自定义动画预设的操作可以通过“动画预设”面板下方的(将选区另存为预设)按钮来完成。具体操作步骤如下：

1）选择时间轴面板中的补间范围，或者选择舞台中应用了补间的对象。

2）单击“动画预设”面板下方的(将选区另存为预设)按钮，此时会弹出“将预设另存为”对话框，在其中设置另存预设的名称，如图 1-170 所示。

3）单击“确定”按钮，即可将选择的补间另存为预设，并存放在“动画预设”面板中的“自定义预设”文件夹中，如图 1-171 所示。

图 1-170　“将预设另存为”对话框

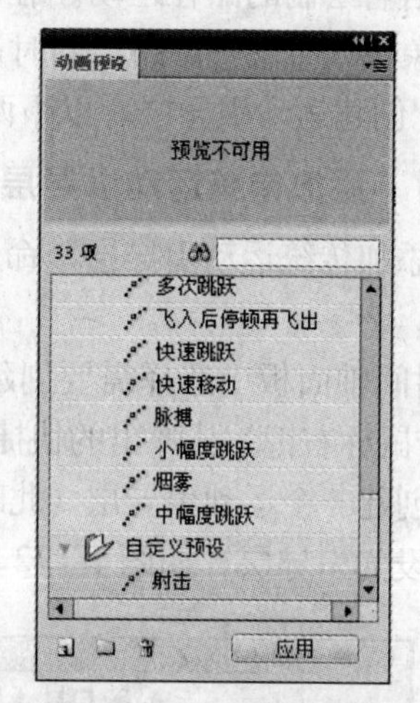

图 1-171　“动画预设”面板

3．创建自定义预设的预览

将所选补间另存为自定义动画预设后，在“动画预设”面板的“预览窗口”中是无法正常显示效果的。如果要预览自定义的效果，可以执行以下操作。

1）首先创建补间动画，并将其另存为自定义预设。

2）创建一个只包含补间动画的 FLA 文件。注意要使用与自定义预设完全相同的名称，并将其保存为 FLA 格式的文件，然后通过“发布”命令为该 FLA 文件创建 SWF 文件。

3）将刚才创建的 SWF 文件放置在已保存的自定义动画预设 XML 文件所在的目录中。如果用户使用的是 Windows 系统，那么就可以放置在如下目录中：<硬盘>\Documents and Settings\<用户>\Local Settings\Application Data\Adobe\Flash CS4\<语言>\Configuration/Motion Presets。

4）重新启动 Flash CS4，此时选择“动画预设”面板的“自定义预设”文件夹中的相应自定义预设，即可在“预览窗口”中进行预览了。

1.6　高级动画制作

除了前面学习的基本动画类型外，Flash 软件还提供了多个高级特效动画，包括运动引导层动画、遮罩动画及最新版本 Flash CS4 新增的骨骼动画等。通过它们可以创建更加生动复杂的动画效果。

1.6.1 创建引导层动画

运动引导层动画是指对象沿着某种特定的轨迹进行运动的动画，特定的轨迹也被称为固定路径或引导线。作为动画的一种特殊类型，运动引导层的制作需要至少使用两个图层，一个是用于绘制特定路径的运动引导层，一个是用于存放运动对象的图层。在最终生成的动画中，运动引导层中的引导线不会显示出来。

运动引导层就是绘制对象运动路径的图层，通过此图层中的运动路径，可以引导被引导层中的对象沿着绘制的路径运动。在时间轴面板中，一个运动引导层下可以有多个图层，也就是多个对象可以沿同一条路径同时运动，此时运动引导层下方的各图层也就成为被引导层。在 Flash 中，创建运动引导层有以下两种方法。

1. 使用“添加传统运动引导层”命令创建运动引导层

使用“添加传统运动引导层”命令创建运动引导层是最为方便的一种方法，具体操作步骤如下。

1）在时间轴面板中选择需要创建运动引导层动画的对象所在的图层。

2）单击鼠标右键，从弹出的快捷菜单中选择“添加传统运动引导层”命令，即可在所选图层的上面创建一个运动引导层（此时，创建的运动引导层前面的图标显示为），并且将原来所选图层设为引导层，如图 1-172 所示。

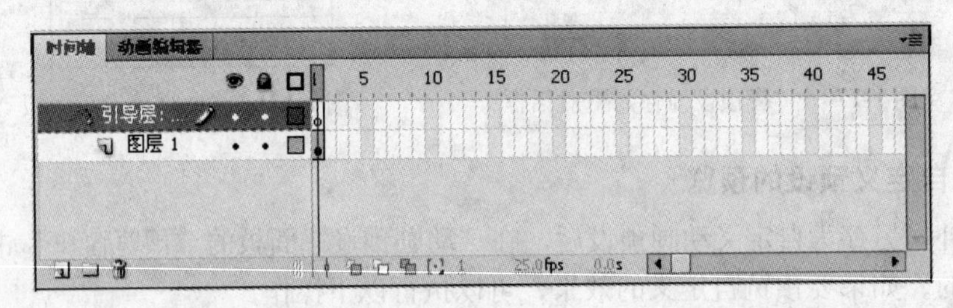

图 1-172 使用“添加传统运动引导层”命令创建运动引导层

2. 使用“图层属性”对话框创建运动引导层

“图层属性”对话框用于显示与设置图层的属性，包括设置图层的类型等。使用“图层属性”对话框创建运动引导层的具体操作步骤如下。

1）选择时间轴面板中需要设置为运动引导层的图层，然后执行菜单中的“修改｜时间轴｜图层属性”命令（或者在该图层处单击右键，从弹出的快捷菜单中选择“属性”命令，如图 1-173 所示），弹出“图层属性”对话框。

2）在“图层属性”对话框中单击“类型”选项中的“引导层”，如图 1-174 所示，然后单击“确定”按钮。此时，当前图层即被设置为运动引导层，如图 1-175 所示。

3）选择运动引导层下方需要设为被引导层的图层（可以是单个图层，也可以是多个图层），如图 1-176 所示，然后按住鼠标左键，将其拖曳到运动引导层的下方，即可将其快速转换为被引导层，如图 1-177 所示。

提示：一个引导层可以设置多个被引导层。

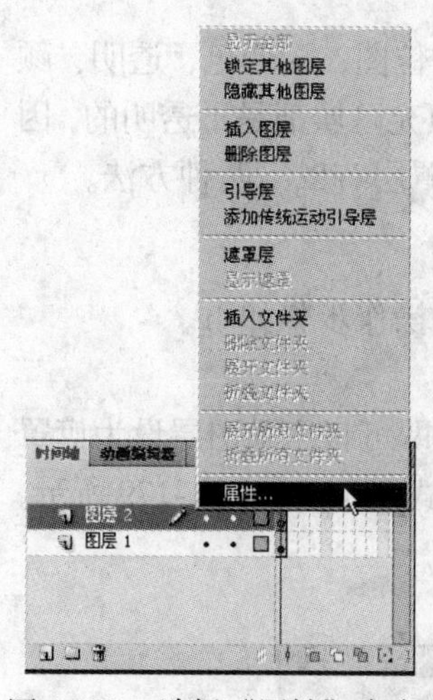

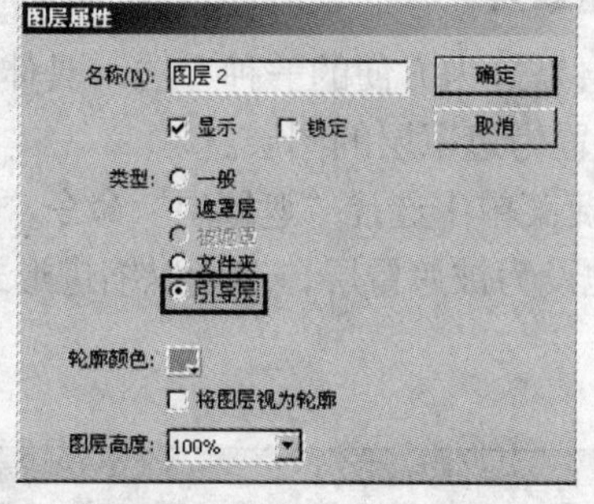

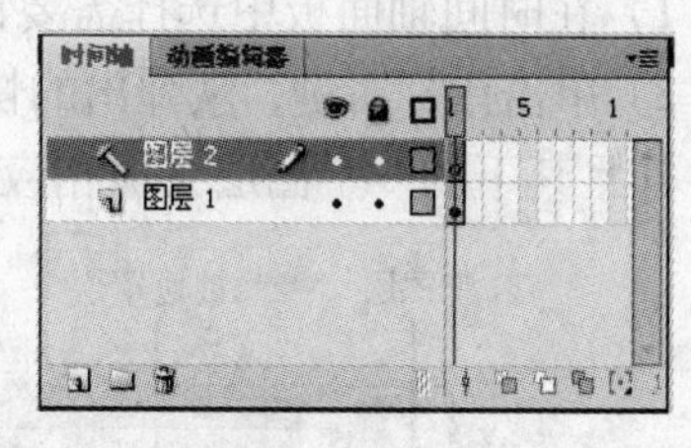

图1-173　选择“属性”命令　　图1-174　单击“引导层”　　图1-175　当前图层被设置为运动引导层

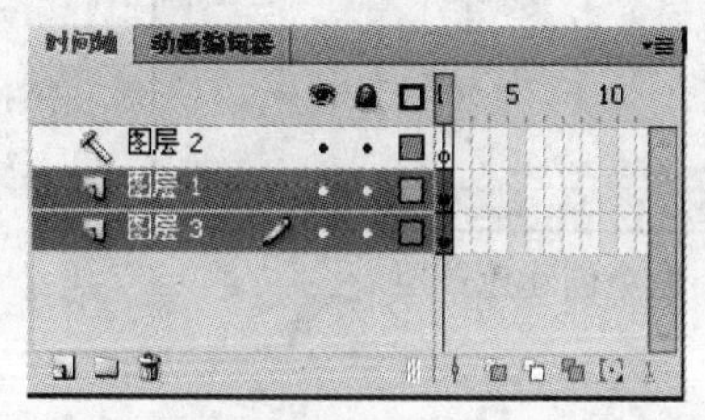

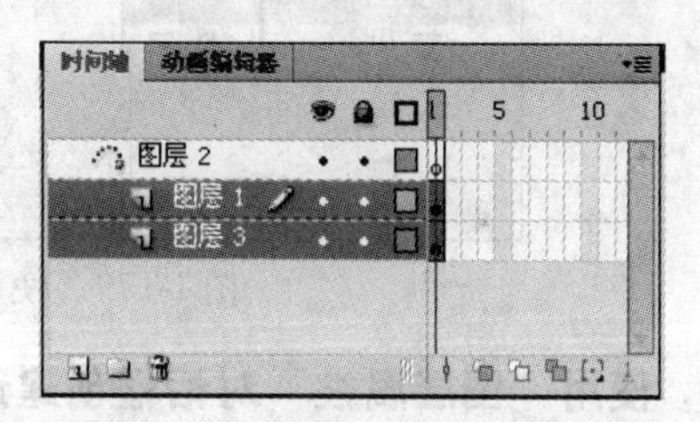

图1-176　选择需要设为被引导层的图层　　图1-177　设为被引导层的图层显示

1.6.2　创建遮罩动画

与运动引导层动画相同，在Flash中遮罩动画的创建也至少需要两个图层才能完成，分别是遮罩层和被遮罩层。其中，位于上方用于设置遮罩范围的层被称为遮罩层，而位于下方的则是被遮罩层。遮罩层如同一个窗口，通过它可以看到其下被遮罩层中的区域对象，而被遮罩层中区域以外的对象将不会显示，如图1-178所示。另外，在制作遮罩动画时还需要注意，一个遮罩层下可以包括多个被遮罩层，不过按钮内部不能有遮罩层，也不能将一个遮罩应用于另一个遮罩。

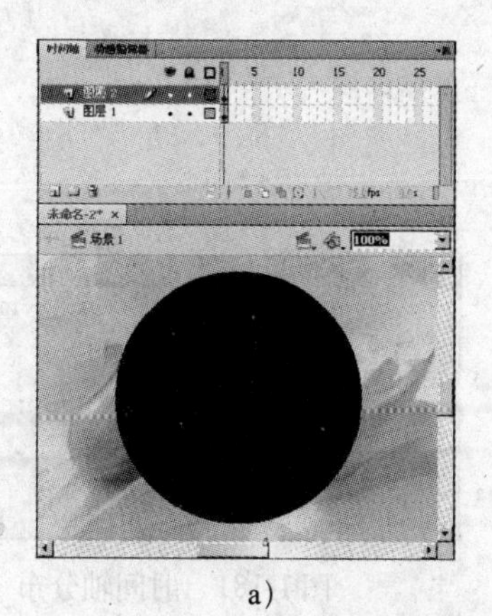

a）

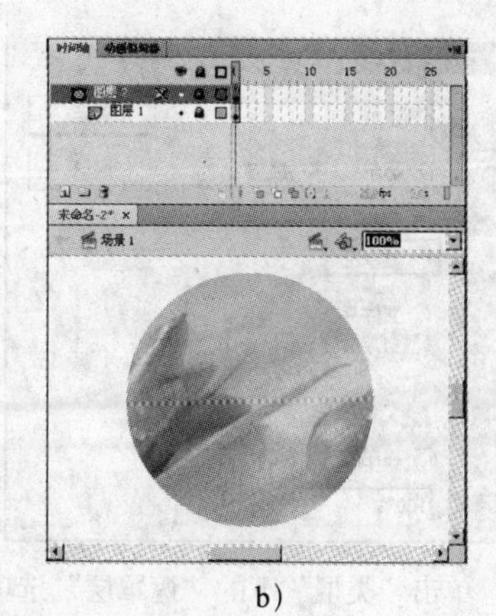

b）

图1-178　遮罩前后效果比较

a）遮罩前　　b）遮罩后

遮罩层其实是由普通图层转化而来的，Flash会忽略遮罩层中的位图、渐变色、透明、颜色和线条样式。遮罩层中的任何填充区域都是完全透明的，任何非填充区域都是不透明的，因此，遮罩层中的对象将作为镂空的对象存在。在Flash中，创建遮罩层有以下两种方法。

1．使用“遮罩层”命令创建遮罩层

使用“遮罩层”命令创建遮罩层是最为方便的一种方法，具体操作步骤如下。

1）在时间轴面板中选择需要设置为遮罩层的图层。

2）单击鼠标右键，从弹出的快捷菜单中选择“遮罩层”命令，即可将当前图层设为遮罩层，并且其下的一个图层会被相应地设为被遮罩层，二者以缩进形式显示，如图1-179所示。

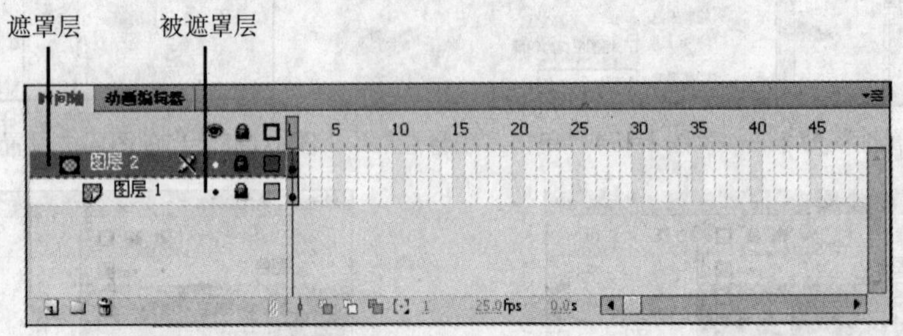

图1-179　使用“遮罩层”命令创建遮罩层

2．使用“图层属性”对话框创建遮罩层

在“图层属性”对话框中除了可以设置运动引导层，还可以设置遮罩层和被遮罩层，具体操作步骤如下。

1）选择时间轴面板中需要设置为遮罩层的图层，然后执行菜单中的“修改|时间轴|图层属性”命令（或者在该图层处单击右键，从弹出的快捷菜单中选择“属性”命令），弹出“图层属性”对话框。

2）在“图层属性”对话框中单击“类型”下的“遮罩层”选项，如图1-180所示，然后单击“确定”按钮，即可将当前图层设为遮罩层。此时，时间轴分布如图1-181所示。

提示：在“图层属性”对话框中要勾选“锁定”复选框，否则最终不会有遮罩效果。

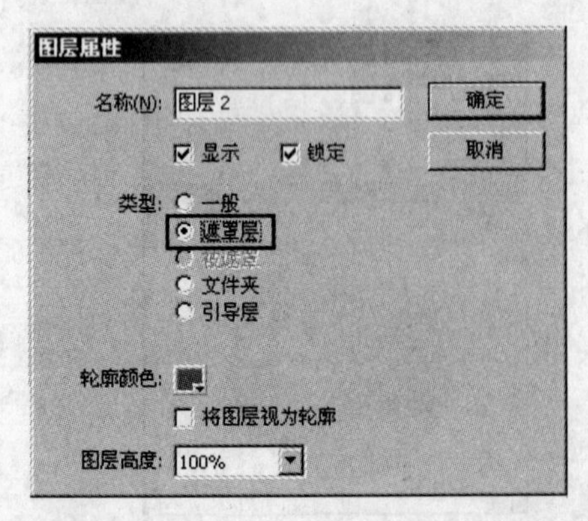

图1-180　单击“类型”下的“遮罩层”选项

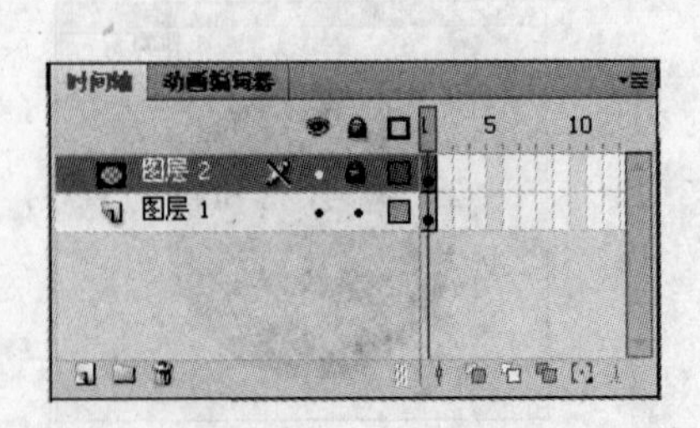

图1-181　时间轴分布

3）同理，在时间轴面板中选择需要设置为被遮罩层的图层，然后单击右键，从弹出的快捷菜单中选择“属性”命令，接着在弹出的“图层属性”对话框中单击“类型”中的“被遮罩”选项，如图 1-182 所示，即可将当前图层设置为被遮罩层，如图 1-183 所示。

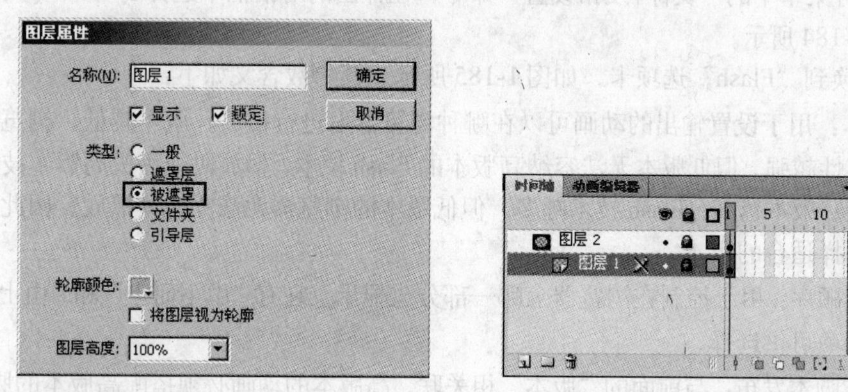

图 1-182　单击“类型”中的“被遮罩”选项

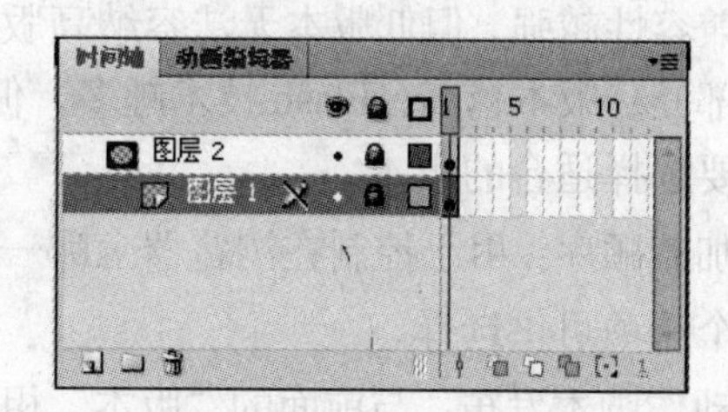

图 1-183　时间轴分布

1.6.3　创建骨骼动画

骨骼动画也称为反向运动（IK）动画，是一种使用骨骼的关节结构对一个对象或彼此相关的一组对象进行动画处理的方法。在 Flash CS4 中要创建骨骼动画，必须首先确定当前是 Flash 文件（ActionScript 3.0），而不能是 Flash 文件（ActionScript 2.0）。创建骨骼动画的对象分为两种，一种是元件对象；另一种是图形形状。

1. 创建基于元件的骨骼动画

在 Flash CS4 中可以对图形形状创建骨骼动画，也可以对元件对象创建骨骼动画。元件对象可以是影片剪辑、图形和按钮中的任意一种。如果是文本，则需要将文本转换为元件。当创建基于元件的骨骼时，可以使用工具箱中的 （骨骼工具）将多个元件进行骨骼绑定，骨骼绑定后，移动其中一个骨骼会带动相邻的骨骼进行运动。

2. 创建基于图形的骨骼动画

在 Flash CS4 中不仅可以对元件创建骨骼动画，还可以对图形形状创建骨骼动画。与创建基于元件的骨骼动画不同，基于图形形状的骨骼动画对象可以是一个图形形状，也可以是多个图形形状，在向单个形状或一组形状添加第一个骨骼之前必须选择所有形状。将骨骼添加到所选内容后，Flash 会将所有的形状和骨骼转换为骨骼形状对象，并将该对象移动到新的骨架图层，在某个形状转换为骨骼形状后，它将无法再与其他形状进行合并操作。

1.7　动画发布

在 Flash 动画制作完成后，可以根据播放环境的需要将其输出为多种格式。例如，可以输出为适合网络播放的.swf 和.html 格式，也可以输出为非网络播放的.avi 和.mov 格式，还可以输出为.exe 的 Windows 放映格式。

1.7.1 发布为网络上播放的动画

Flash 主要用于网络动画，因此，默认发布为.swf 的动画文件，具体发布步骤如下：

1）执行菜单中的“文件|发布设置”命令，在弹出的对话框中选择“Flash（.swf)”复选框，如图 1-184 所示。

2）切换到“Flash”选项卡，如图 1-185 所示，其参数含义如下：

- 版本：用于设置输出的动画可以在哪种浏览器上进行播放。版本越低，浏览器对其的兼容性越强，但低版本无法容纳高版本的 Flash 技术，播放时会丢失高版本技术创建的部分。版本越高，Flash 技术越多，但低版本的浏览器无法支持其播放。因此要根据需要选择适合的版本。
- 加载顺序：用于控制在浏览器上哪一部分先显示。它有“由下而上”和“由上而下”两个选项可供选择。
- 动作脚本发布：与前面的“版本”相关联，高版本的动画必须搭配高版本的脚本程序，否则高版本动画中的很多新技术无法实现。它有“动作脚本 1.0”和“动作脚本 2.0”两个选项可供选择。

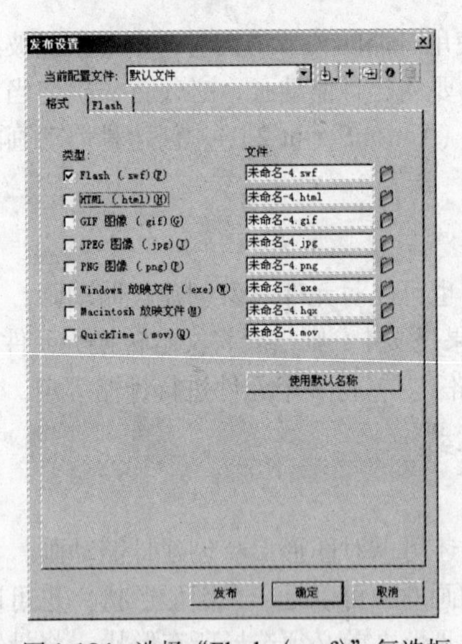

图 1-184 选择“Flash（.swf)”复选框

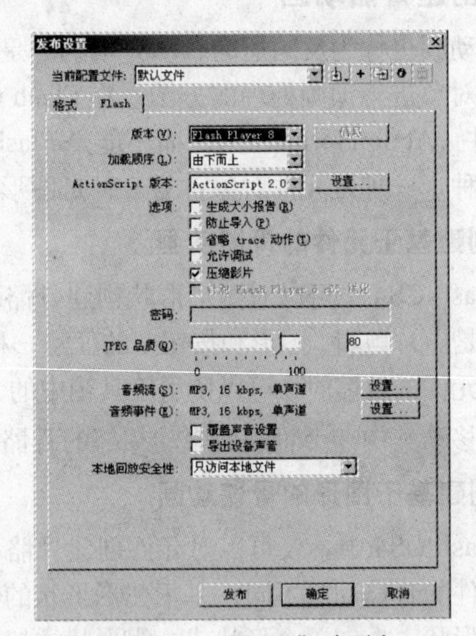

图 1-185 “Flash”选项卡

- 选项：常用的有“防止导入”和“压缩影片”两个功能。选中“防止导入”，可以防止别人引入自己的动画文件，并将其编译成 Flash 源文件。当选中该项后，其下的“密码”文本框将激活，此时可以输入密码，此后导入该.swf 文件将弹出如图 1-186 所示的对话框，只有输入正确密码后才可以导入影片，否则将弹出如图 1-187 所示的对话框。“压缩影片”与下面的“JPEG 品质”相结合，用于控制动画的压缩比。
- 音频流：是指声音只要前面几帧有足够的数据被下载就可以开始播放了，它与网上播放动画的时间线是同步的。可以通过单击其右侧的“设置”按钮，来设置音频流的压缩方式。

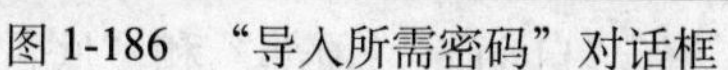
图 1-186　“导入所需密码”对话框　　图 1-187　提示对话框

● 音频事件：是指声音必须完全下载后才能开始播放或持续播放。可以通过单击其右侧的“设置”按钮，来设置音频事件的压缩方式。

3）设置完成后，单击“确定”按钮，即可将文件进行发布。

提示：执行菜单中的“文件 | 导出 | 导出影片”命令，也可以发布.swf 格式的文件。

1.7.2　发布为非网络上播放的动画

Flash 动画除了能发布成.swf 动画外，还能直接输出为.mov 和.avi 视频格式的动画。

1. 发布为.mov 格式的视频文件

发布.mov 格式的视频文件的具体操作步骤如下：

1）执行菜单中的“文件 | 发布设置”命令，在弹出的对话框中选择“格式”选项卡，然后选中“QuickTime（.mov）”复选框，如图 1-188 所示。

2）选择“QuickTime”选项卡，如图 1-189 所示，其参数含义如下：

● 尺寸：用于设置输出的视频尺寸。当选中“匹配影片”后，Flash 会令输出的.mov 动画文件与动画的原始尺寸保持一致，并能确保所指定的视频尺寸的宽高比与原始动画的宽高比保持一致。

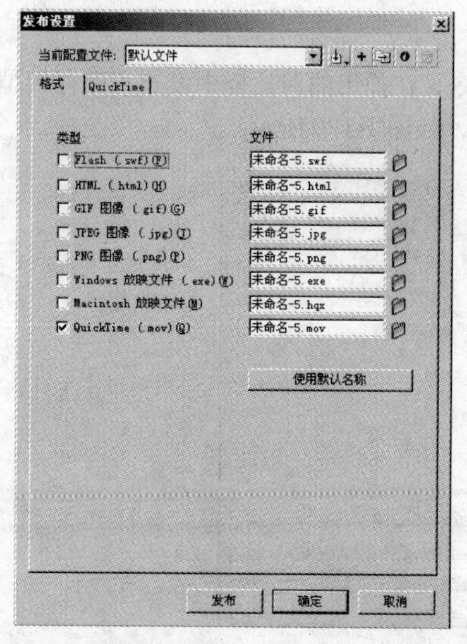

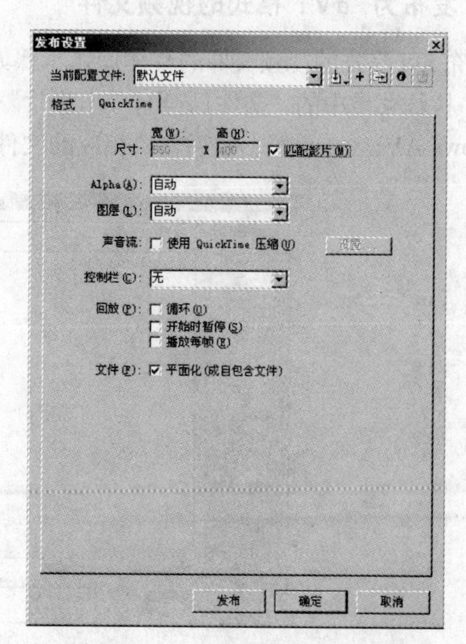

图 1-188　选中“QuickTime（.mov）”复选框　　图 1-189　“QuickTime”选项卡

- Alpha：用于设置 Flash 动画的透明属性。它有“自动”、“Alpha 透明”和“复制”3 个选项可供选择。选择“自动”，则 Flash 动画位于其他动画的上面时，变为透明，Flash 动画位于其他动画的最下面或只有一个 Flash 动画时，变为不透明；选择“Alpha透明”，则 Flash 动画始终透明；选择“复制”，则 Flash 动画始终不透明。
- 图层：用于设置 Flash 动画的位置属性。它有“自动”、“顶部”和“底部”3 个选项可供选择。选择“自动”，则在当前 Flash 动画中有部分 Flash 动画位于视频影像之上时，Flash 动画放在其他影像之上，否则将放在其他影像之下；选择“顶部”，则 Flash 动画始终放在其他影像之上；选择“底部”，则 Flash 动画始终放在其他影像之下。
- 声音流：选中“使用 QuickTime 压缩”复选框，则在输出时程序会用标准的 QuickTime 音频设置将输入的声音进行重新压缩。
- 控制栏：用于设置播放输出的.mov 文件的 QuickTime 控制器类型。
- 回放：用于设置 QuickTime 的播放方式。选中“循环”复选框，则.mov 文件将持续循环播放；选中“开始时暂停”复选框，则.mov 文件在打开后不自动开始播放；选中“播放每帧”，则.mov 文件在显示动画时，要播放其每一帧。
- 文件：选中“平面化（成自包含文件）”复选框，则 Flash 的内容和输入的视频内容将合并到新的 QuickTime 文件中；如果未选中该复选框，则新的 QuickTime 文件就会从外面引用输入文件，而这些文件必须正常出现，.mov 文件才能正常工作。

3）设置完成后，单击“确定”按钮，即可将文件发布为.mov 格式的视频文件。

提示：执行菜单中的“文件|导出|导出影片”命令，也可以将文件发布为.mov 格式的视频文件。

2. 发布为.avi 格式的视频文件

发布.avi 格式的视频文件的具体操作步骤如下：

1）执行菜单中的“文件|导出|导出影片”命令，在弹出的对话框中设置“保存类型”为“Windows AVI（*.avi）”，然后输入相应的文件名，如图 1-190 所示。

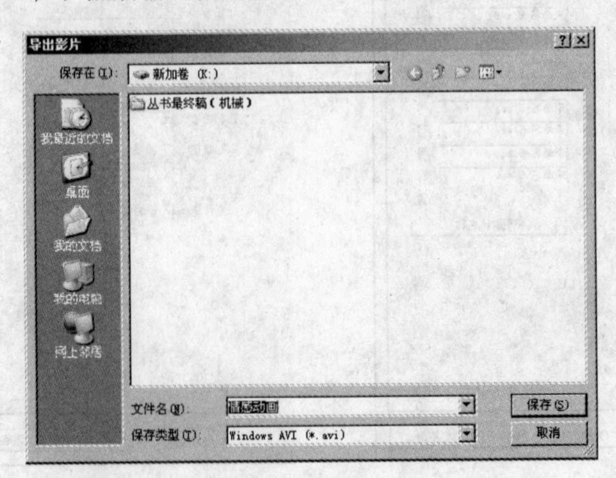

图 1-190　选择文件类型并输入文件名

2）单击“保存”按钮，在弹出的如图1-191所示的对话框中设置相应参数，然后单击“确定”按钮，即可将文件发布为.avi格式的视频文件。

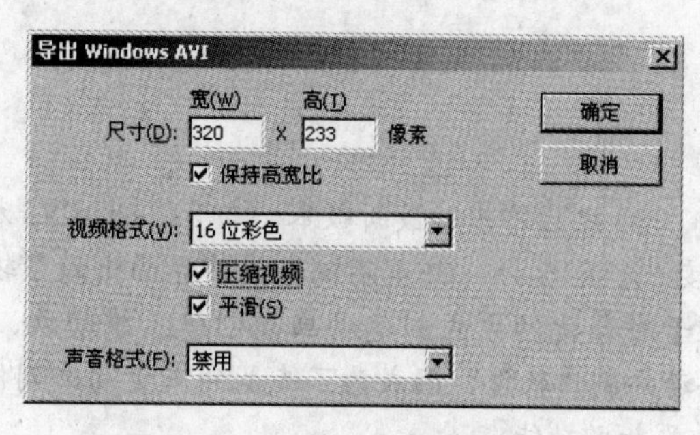

图1-191 设置导出影片的属性

1.8 课后练习

1. 填空题

（1）Flash基本动画分为________、________、________、________和________5部分。

（2）Flash CS4中橡皮擦共有5种模式，它们分别是：________、________、________和________。

（3）Flash CS4中的元件共分为3种，它们分别是：______、______和______。

（4）创建骨骼动画的对象分为两种，一种是________；另一种是________。

（5）使用________工具可以在3D空间中旋转影片剪辑元件；使用________工具可以将影片剪辑元件在X、Y、Z轴方向上进行平移。

2. 选择题

（1）在Flash CS4中可以设置多种笔触类型，下列哪些属于可以设置的笔触类型？（ ）

A. 虚线　B. 点状线　C. 矩形线　D. 斑马线

（2）对于创建传统补间动画，可以在属性面板中设置动画的哪些属性？（ ）

A. 运动速度　B. 运动路径　C. 旋转次数　D. 旋转方向

（3）下列哪些属于Flash能导出的动画类型？（ ）

A. *.avi　B. .swf　C. .mov　D. .mpg

3. 问答题

（1）简述矢量图形的特点。

（2）简述补间动画和传统补间动画的区别。

（3）简述引导层和遮罩层的使用方法。

第2章 Flash CS4的新增功能

本章重点

Flash CS4是继Flash CS3之后推出的最新版本，与Flash CS3相比不只是简单版本的升级，而是功能上革命性的变化。Flash CS4不仅在工作界面上做了较大的调整，而且增加了很多实用性的功能，如基于对象化的方式创建动画、创建三维动画、创建骨骼动画等，使得Flash不再是简单的网页动画制作软件，而成为了专业的矢量动画创作工具。通过本章的学习，应掌握Flash CS4的主要新增功能。

2.1 工作界面

Flash CS4的工作界面与Flash CS3相比有了很大的变化，同Adobe公司的其他动画、视频、图像软件的工作界面类似，这样可以使设计者更好地跨越多个软件进行创作。为方便不同用户的工作习惯，Flash CS4还提供了“动画”、“传统”、“调试”、“设计人员”、“开发人员”和“基本功能”6种工作界面方式供用户选择，如图2-1所示，用户可以根据自己的习惯选择适合自己的工作界面布局。

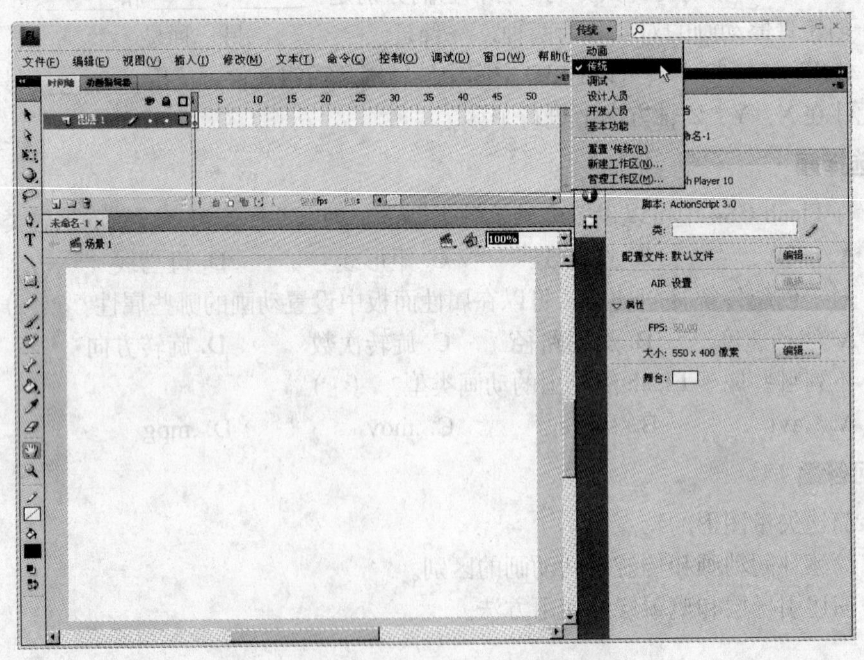

图2-1 Flash CS4工作界面

2.2 创建基于对象的动画

Flash之前的版本都是基于关键帧来创建动画的，而Flash CS4引入了基于对象创建动画的形式，这种创新的动画形式可以直接将动画补间效果应用于对象本身，而对象的移动轨迹可以很方便地使用贝塞尔曲线进行细微调整，并且移动轨迹的加入简化了引导层的操作，大大提高了工作效率。该部分内容详见1.5.4节。

2.3　新增工具

2.3.1　3D旋转工具和3D平移工具

Flash CS4增加了对对象进行三维编辑的功能，可以使用工具箱中的(3D旋转工具）和(3D平移工具）对对象进行3D旋转与平移，从而通过2D对象创建3D动画，让对象沿着X、Y和Z轴运动。该部分内容详见1.2.13节。

2.3.2　骨骼动画工具

Flash CS4革命性的引入了(绑定工具）和(骨骼工具）两种骨骼动画工具，骨骼动画工具可以大大提高动画制作的效率。它不但可以控制元件的联动，更可以控制单个形状的扭曲及变化。该部分内容详见1.6.3节。

2.3.3　Deco工具和喷涂刷工具

Flash CS4的工具箱中新增了(Deco工具）和(喷涂刷工具)。使用(Deco工具）可以快速创建类似于万花筒的效果，如图2-2所示；使用(喷涂刷工具）可以在指定区域随机喷涂元件，特别适合添加一些特殊效果，比如星光、雪花、落叶和细胞分布等画面元素，如图2-3所示，从而大大扩展了Flash的表现力。该部分内容详见1.2.11节和1.2.12节。

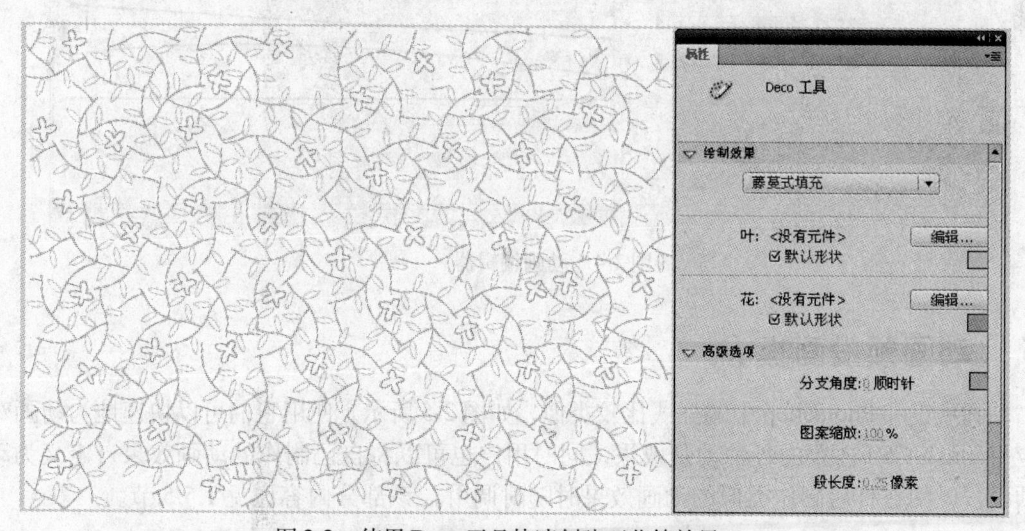

图2-2　使用Deco工具快速创建万花筒效果

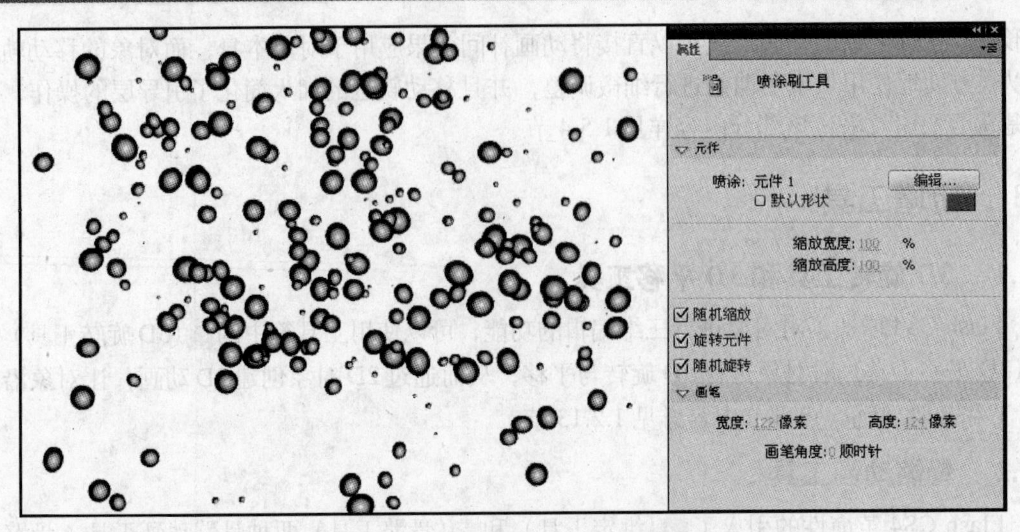

图 2-3　使用喷涂刷工具快速创建细胞效果

2.4　动画编辑器

动画编辑器是一个面板，如图2-4所示。利用动画编辑器可以对动画元件的属性实现全面控制，并可对动画属性的各个细节进行细致调整。该部分内容详见 1.5.4 节。

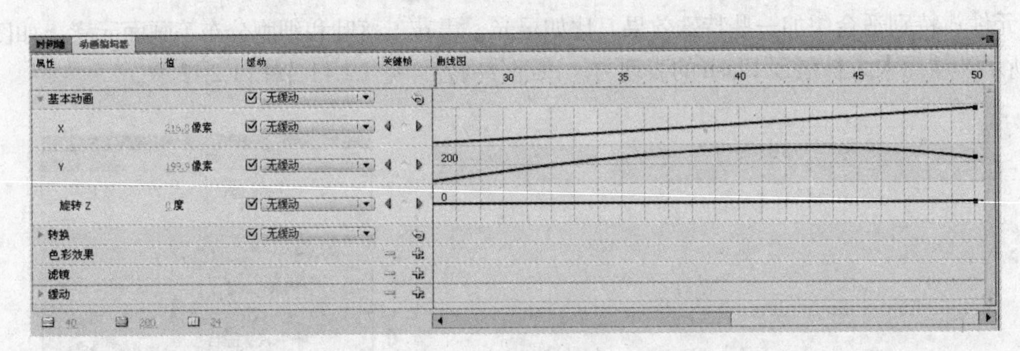

图 2-4　动画编辑器

2.5　动画预设面板

动画预设和Photoshop中的样式比较类似，如图2-5所示。使用它们可以快速地为动画对象应用 Flash CS4 内置的各种动画效果，同时用户也可以将自己制作的动画效果自定义为动画预设，以便在日后制作类似的动画效果时随时调用。该部分内容详见 1.5.5 节。

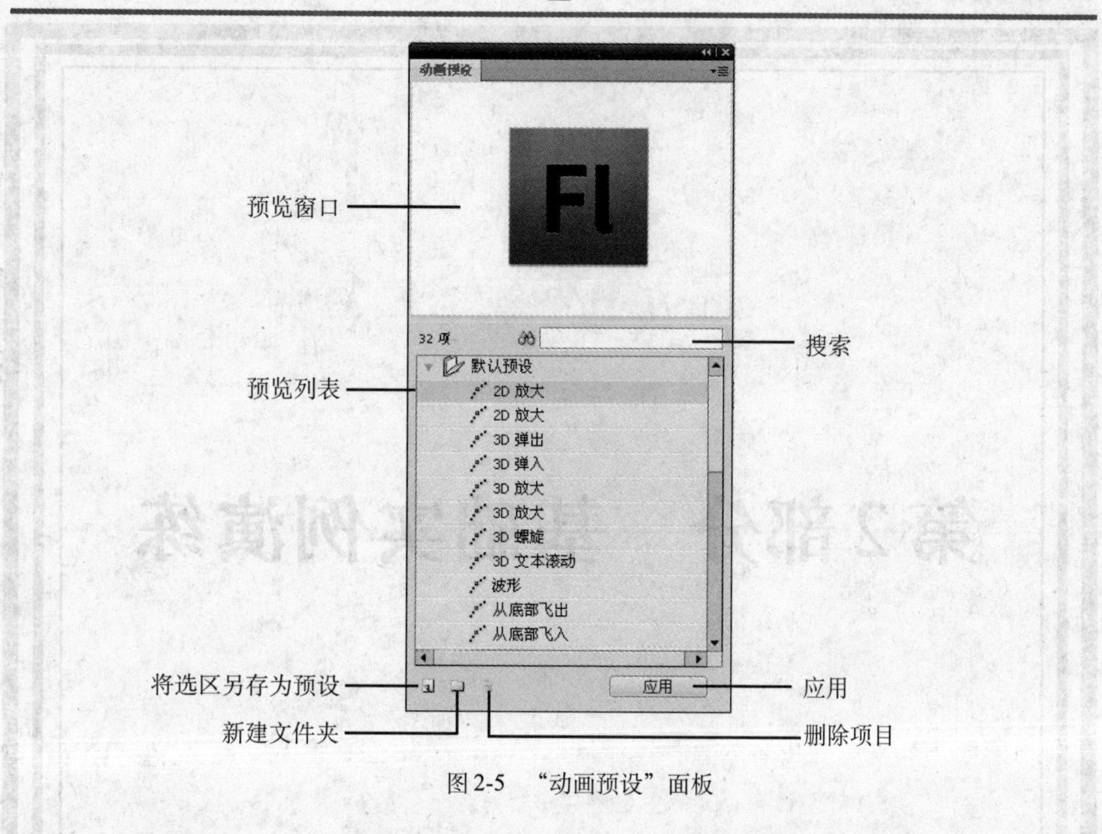

图 2-5　“动画预设”面板

2.6　课后练习

简述 Flash CS4 的主要新增功能。

第2部分　基础实例演练

第3章 基础实例

本章重点

通过本章的学习，应掌握逐帧动画、形状补间动画和运动补间动画的制作方法，以及遮罩层和引导层的使用，并能够制作出简单的动画。

3.1 线框文字

目标：

制作红点线框勾边的中空文字，如图3-1所示。

图3-1 线框文字

要点：

掌握如何改变文档大小，以及T（文字工具）和（墨水瓶工具）的使用方法。

操作步骤：

1）启动Flash CS4软件，新建一个Flash文件（ActionScript 2.0）。

2）改变文档大小。方法：执行菜单中的“修改|文档”（快捷键〈Ctrl+J〉）命令，在弹出的“文档属性”对话框中设置背景色为蓝色（#000066），文档尺寸为300像素×75像素，如图3-2所示，然后单击“确定”按钮。

3）选择工具箱上的T（文字工具），设置参数如图3-3所示，然后在工作区中单击鼠标，输入文字Flash。

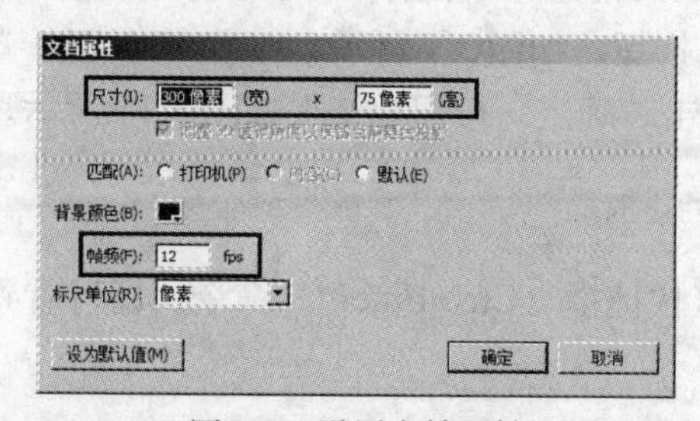

图3-2 设置文档属性

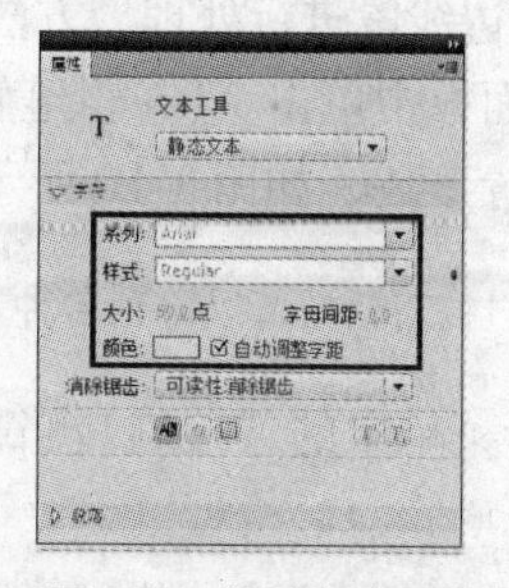

图3-3 设置文本属性

4）单击工具栏上的（对齐）按钮，调出“对齐”面板，然后单击（对齐/相对舞台分布）按钮，接着单击（水平中齐）和（垂直中齐）按钮，如图3-4所示，将文字中心对齐，结果如图3-5所示。

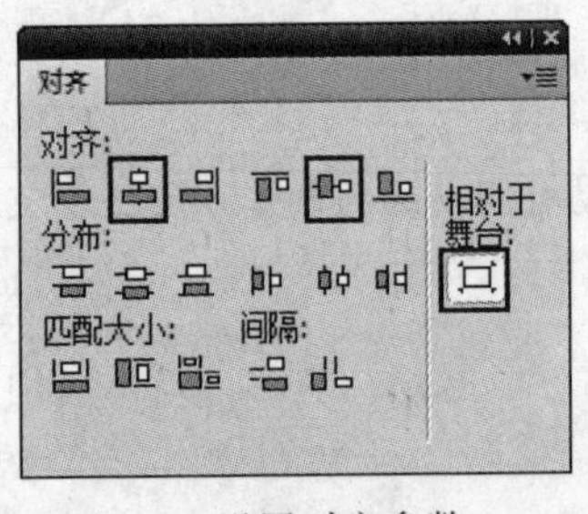

图3-4　设置对齐参数

图3-5　对齐效果

5）执行菜单中的“修改|分离”（快捷键〈Ctrl+B〉）命令两次，将文字分离为图形。

提示：第1次执行“分离”命令，将整体文字分离为单个字母，如图3-6所示；第2次执行“分离”命令，将单个字母分离为图形，如图3-7所示。

图3-6　将整体文字分离为单个字母

图3-7　将单个字母分离为图形

6）对文字进行描边处理。方法：单击工具栏上的（墨水瓶）工具，将颜色设为绿色(#00CC00)，然后对文字进行描边。最后按键盘上的〈Delete〉键删除填充区域，结果如图3-8所示。

提示：字母a的内边界也需要单击，否则内部边界将不会被加上边框。

图3-8　对文字描边后删除填充区域

7）对描边线段进行处理。方法：选择工具箱上的（选择工具），框选所有的文字，然后在“属性”面板中单击（编辑笔触样式）按钮，如图3-9所示。接着在弹出的“笔触样式”对话框中设置参数，如图3-10所示，再单击“确定”按钮，结果如图3-11所示。

提示：通过该对话框可以得到多种不同线型的边框。

8）执行菜单中的“控制|测试影片”（快捷键〈Ctrl+Enter〉）命令，即可看到效果。

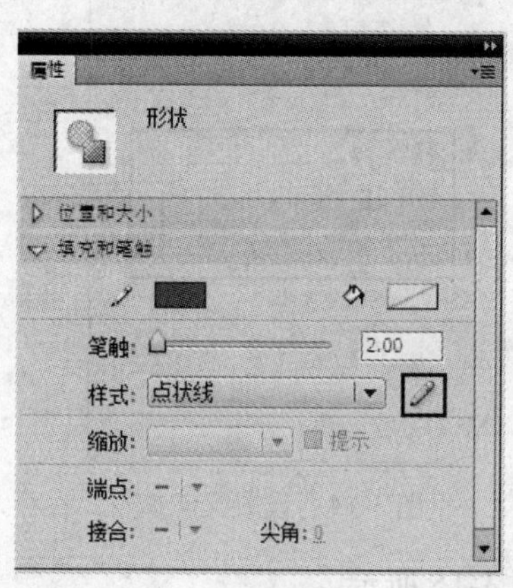

图 3-9　单击“编辑笔触样式”按钮

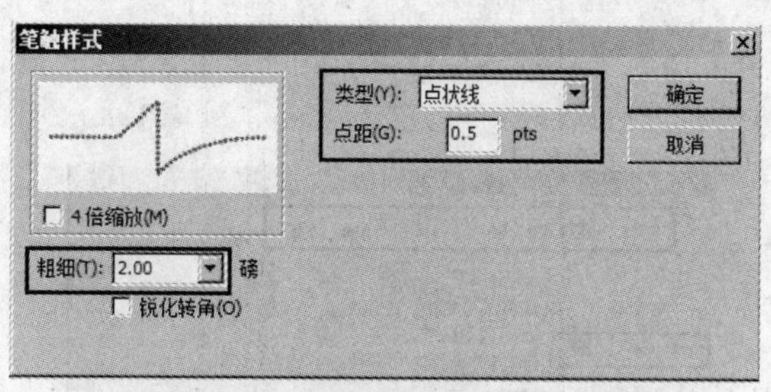

图 3-10　对描边线段进行处理

图 3-11　对描边线段处理后的效果

3.2　彩虹文字

目标：

制作色彩渐变的文字，如图 3-12 所示。

图 3-12　彩虹文字

要点：

掌握如何改变背景颜色，以及 T（文字工具）和（颜料桶工具）的使用方法。

操作步骤：

1）启动 Flash CS4 软件，新建一个 Flash 文件（ActionScript 2.0）。

2）改变文档大小。方法：执行菜单中的“修改 | 文档”（快捷键〈Ctrl+J〉）命令，在弹出的“文档属性”对话框中设置背景色为蓝色（#000066），文档尺寸为 450 像素 × 75 像素，如图 3-13 所示，然后单击“确定”按钮。

提示：如果需要以后新建文件的背景色继承深蓝色的属性，可以单击“设为默认值”按钮。

3）选择工具箱上的 T（文字工具），设置参数如图 3-14 所示，然后在工作区中单击鼠标，输入文字“超级模仿秀”。

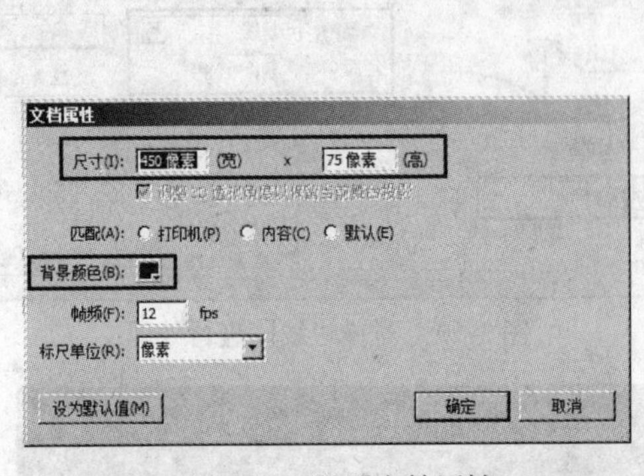

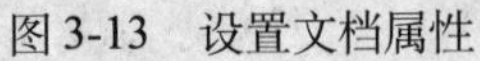

图 3-13 设置文档属性

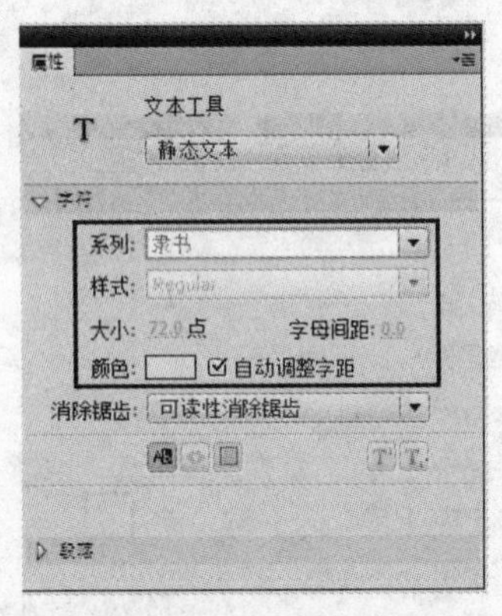

图 3-14 设置文本属性

4）利用“对齐”面板，将文字中心对齐，结果如图 3-15 所示。

图 3-15 将文字中心对齐

5）执行菜单中的“修改 | 分离”（快捷键〈Ctrl+B〉）命令两次，将文字分离为图形。

6）选择工具箱上的（颜料桶工具），设置填充色为，然后对文字进行填充，结果如图 3-16 所示。

图 3-16 填充文字

7）此时，填充是针对每一个字母进行的，这是不正确的。为了解决这个问题，需要选择（颜料桶工具）对文字进行再次填充，结果如图 3-17 所示。

图 3-17 对文字进行再次填充

8）调整渐变色的方向。方法：选择工具箱上的（渐变变形工具），在工作区中单击文字，这时，在文字左、右两方将出现两条竖线，如图 3-18 所示。

图 3-18　利用渐变变形工具单击文字

9）将鼠标拖动到下方横线右端的圆圈处，光标将变成 4 个旋转的小箭头，按住鼠标并将它向上拖动，如图 3-19 所示。

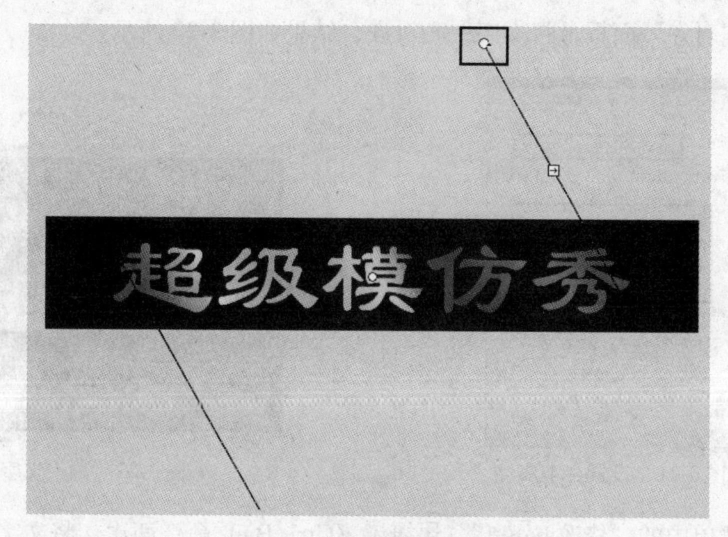

图 3-19　调整文字渐变方向

10）执行菜单中“控制 | 测试影片”（快捷键〈Ctrl+Enter〉）命令，即可看到效果。

3.3　霓虹灯文字

目标：

制作具有霓虹灯效果的文字，如图 3-20 所示。

图 3-20　霓虹灯文字

要点：

掌握将线条转换为可填充区域和柔化填充边缘的方法。

操作步骤：

1）启动 Flash CS4 软件，新建一个 Flash 文件（ActionScript 2.0）。

2）执行菜单中的“修改 | 文档”（快捷键〈Ctrl+J〉）命令，在弹出的“文档属性”对话框中设置背景色为深蓝色（#000066），然后单击“确定”按钮。

3）选择工具箱上的 T（文字工具），设置参数如图 3-21 所示，然后在工作区中单击鼠标，输入文字“HELLO”。

4）利用“对齐”面板，将文字中心对齐，结果如图 3-22 所示。

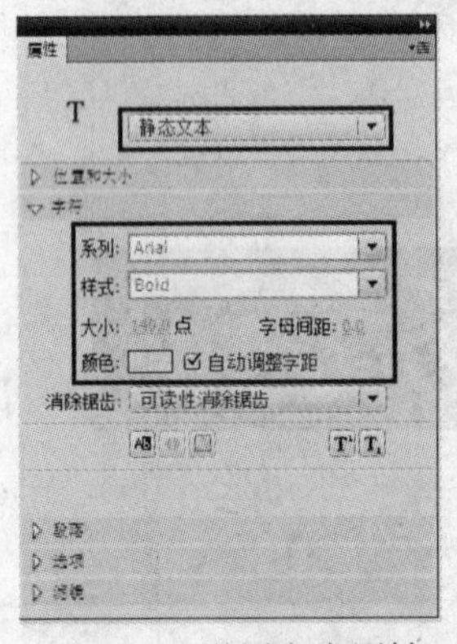

图 3-21　设置文本属性

图 3-22　输入文字

5）执行菜单中的“修改 | 分离”（快捷键〈Ctrl+B〉）命令两次，将文字分离为图形。

6）对文字进行描边处理。方法：选择工具箱上的（墨水瓶工具），设置笔触颜色为明黄色（#FFFF00），然后对文字进行描边，如图 3-23 所示。接着按键盘上的〈Delete〉键删除填充区域，结果如图 3-24 所示。

提示：默认情况下笔触高度为 1，此时使用的是默认高度。

图 3-23　对文字进行描边处理

图 3-24　删除填充区域

7）选择工具箱上的（选择工具），框选所有明黄色外框。然后将线宽设为 2，实线。接着执行菜单中的“修改|形状|将线条转换为填充”命令，将明黄色边框转换为可填充的区域。

8）执行菜单中的“修改|形状|柔化填充边缘”命令，在弹出的“柔化填充边缘”对话框中设置参数，如图3-25所示，使其向外模糊，然后单击“确定”按钮，结果如图3-26所示。

提示：在对直线、图形线框和文字边框等线条进行柔化处理前，必须先执行菜单中的“修改|形状|将线段转换为填充”命令，将线条转换为可填充的区域。

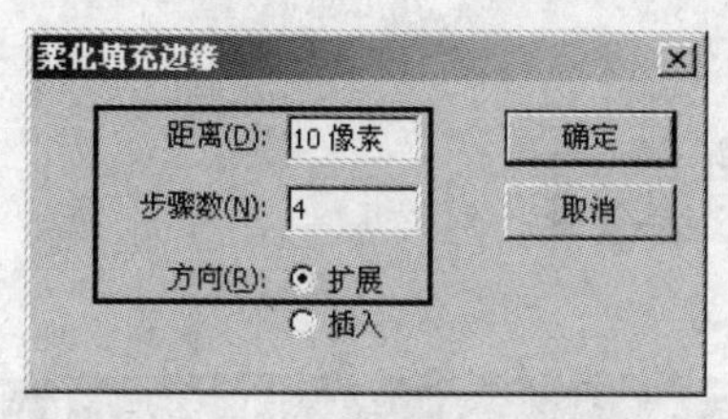

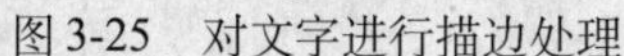

图3-25　对文字进行描边处理

图3-26　删除填充区域

9）执行菜单中“控制|测试影片”（快捷键〈Ctrl+Enter〉）命令，即可看到文字效果。

3.4　彩图文字

目标：

用图片制作文字中的填充部分，且使文字外围是柔化的边框，如图3-27所示。

图3-27　彩图文字

要点：

掌握如何将文档与导入的图片相匹配，以及柔化填充边缘的使用方法。

操作步骤：

1）启动Flash CS4软件，新建一个Flash文件（ActionScript 2.0）。

2）执行菜单中的“文件|导入|导入到舞台”（快捷键〈Ctrl+R〉）命令，在弹出的“导入”对话框中选择配套光盘中的“素材及结果\3.4 彩图文字\背景.bmp”图片，如图3-28所示，然后单击“打开”按钮。

3）此时，填充图片比场景要大，为了使场景与填充图片等大，需执行菜单中的“修改|文档”（快捷键〈Ctlr+J〉）命令，在弹出的如图3-29所示的“文档属性”对话框中，单击“内容”单选按钮。

4）执行菜单中的“修改|分离”（快捷键〈Ctrl+B〉）命令，将图片分离成图形，如图3-30所示。

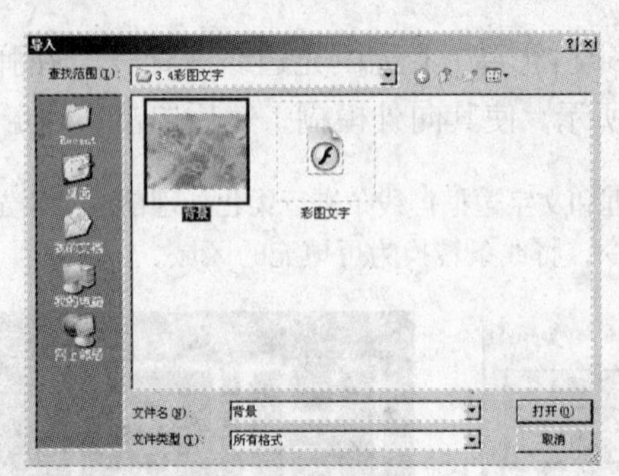

图3-28 选择导入图片

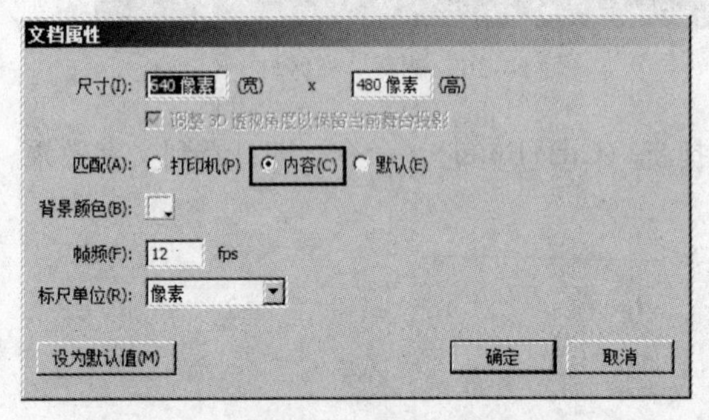

图3-29 单击“内容”

图3-30 分离后效果

5）选择工具箱上的T（文本工具），设置参数如图3-31所示，然后在工作区中单击鼠标。输入文字Flower，如图3-32所示。

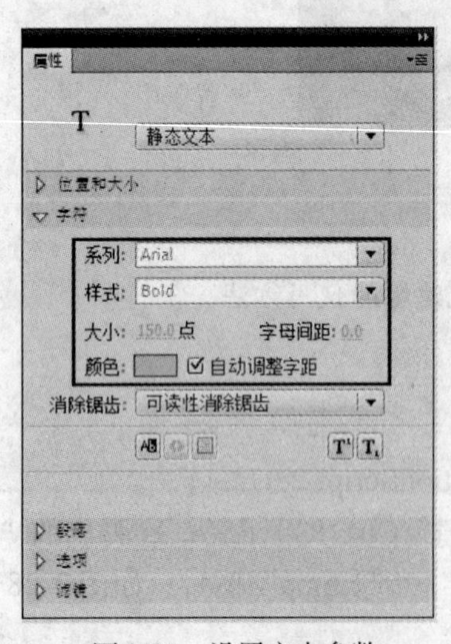

图3-31 设置文本参数

图3-32 输入文字

6）将文字移到图片以外，然后执行菜单中的“修改|分离”（快捷键〈Ctrl+B〉）命令两次，将文字分离为图形，结果如图3-33所示。

提示：将文字分离成图形的目的是为了与分离成图形的图片进行计算，以便删除不需要的部分。

图3-33　将文字分离为图形

7）执行菜单中的“修改|形状|柔化填充边缘”命令，在弹出的“柔化填充边缘”对话框中设置参数，如图3-34所示，使其向外模糊，然后单击“确定”按钮。

8）配合键盘上的〈Shift〉键，选中所有文字中的填充部分，然后按键盘上的〈Delete〉键删除，结果如图3-35所示。

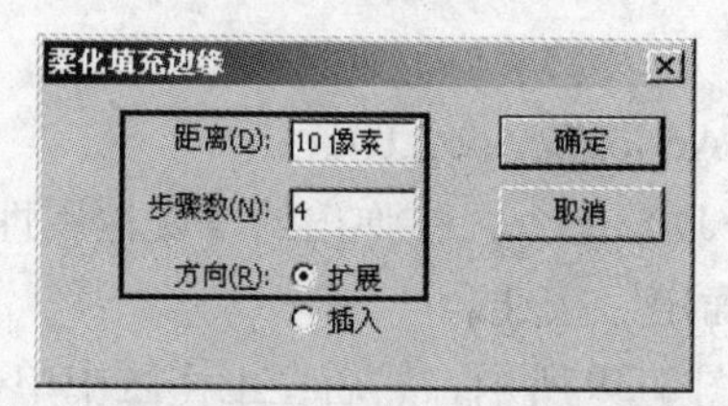

图3-34　设置“柔化填充边缘”参数

图3-35　删除填充部分

9）将文字移到图片中，如图3-36所示。然后按住键盘上的〈Shift〉键，点选图片文字外围部分和字母O的中心部分，将它们删除，最终结果如图3-37所示。

提示：在将文字线框移到图片中之前，必须先将图片分离成图形，否则文字将被放置到图片的下层，从而无法看到。另外，文字不能直接写入图片中，如果直接在图片中编辑文字，则文字的填充部分被删除后将显示蓝色的背景，而不显示彩色图片。

图3-36　将文字移到图片中

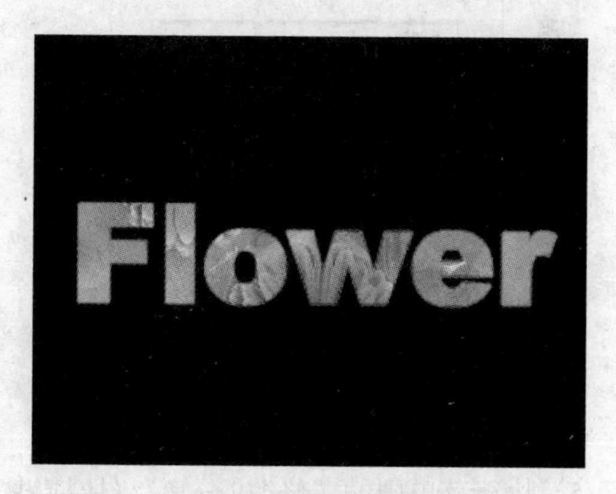

图3-37　删除多余部分

3.5　铬金属文字

目标：

制作边线和填充具有不同填充色的铬金属文字，如图3-38所示。

图 3-38　铬金属文字

要点：

掌握对文字边线和填充施加不同渐变色的方法。

操作步骤：

1）启动 Flash CS4 软件，新建一个 Flash 文件（ActionScript 2.0）。

2）执行菜单中的“修改 | 文档”（快捷键〈Ctrl+J〉）命令，在弹出的“文档属性”对话框中设置背景色为深蓝色（#000066），然后单击“确定”按钮。

3）选择工具箱上的 T（文本工具），设置参数如图 3-39 所示，然后在工作区中单击鼠标，输入文字 CHROME。

4）调出“对齐”面板，将文字中心对齐，结果如图 3-40 所示。

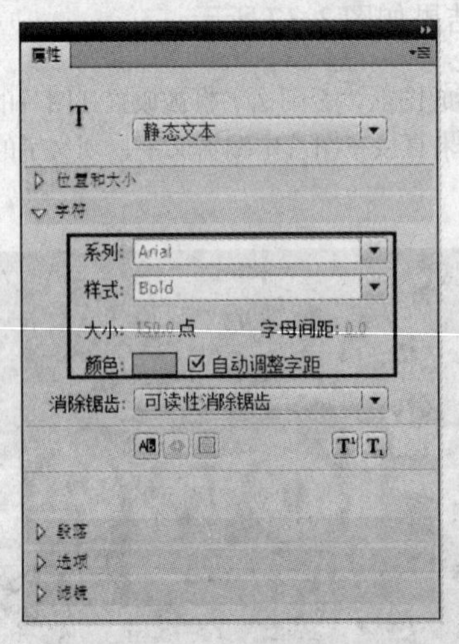

图 3-39　设置文字属性

图 3-40　输入文字

5）执行菜单中的“修改 | 分离”（快捷键〈Ctrl+B〉）命令两次，将文字分离为图形。

6）对文字进行描边处理。方法：单击工具栏上的（墨水瓶工具），将笔触颜色设置为，然后依次单击文字边框，使文字周围出现黑白渐变边框，如图 3-41 所示。

图 3-41　对文字进行描边处理

7）此时选中的为文字填充部分，为便于对文字填充和线条区域分别进行操作，下面将填充区域转换为元件。方法：执行菜单中的“修改|转换为元件”（快捷键〈F8〉）命令，在弹出的“转换为元件”对话框中输入元件名称 fill，如图 3-42 所示，然后单击“确定”按钮，进入 fill 元件的影片剪辑编辑模式，如图 3-43 所示。

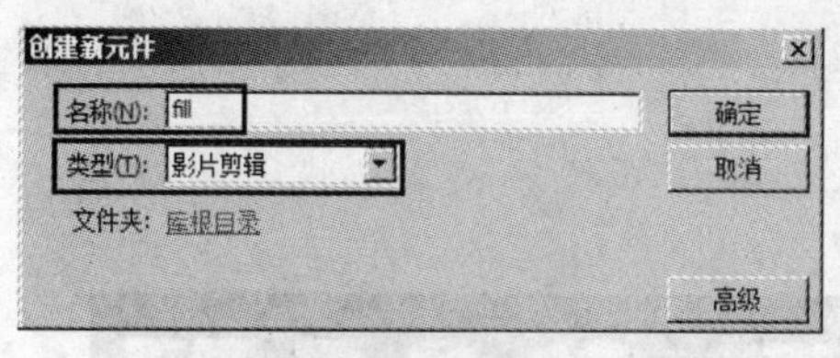

图 3-42　输入元件名称

图 3-43　转换为元件

8）对文字边框进行处理。方法：按键盘上的〈Delete〉键删除 fill 元件，然后利用（选择工具），框选所有的文字边框，并在“属性”面板中将笔触高度改为 5，结果如图 3-44 所示。

提示： 由于将文字填充区域转换为了元件，因此虽然暂时删除了它，但以后还可以从库中随时调出 fill 元件。

图 3-44　将笔触高度改为 5

9）此时黑 - 白渐变是针对每一个字母的，这是不正确的。为了解决这个问题，下面选择工具栏上的（墨水瓶工具），在文字边框上单击，从而对所有的字母边框进行一次统一的黑 - 白渐变填充，如图 3-45 所示。

图 3-45　对字母边框进行统一渐变填充

10）此时渐变方向为从左到右，而我们需要的是从上到下，为了解决这个问题，需要使用工具箱上的（渐变变形工具）处理渐变方向，结果如图 3-46 所示。

图 3-46　调整文字边框渐变方向

11）对文字填充部分进行处理。方法：执行菜单中的“窗口|库”（快捷键〈Ctrl+L〉）命令，调出“库”面板，如图3-47所示。然后双击fill元件，进入影片剪辑编辑状态。接着选择工具箱上的（颜料桶工具），设置填充色为，对文字进行填充，如图3-48所示。

12）利用工具栏上的（颜料桶工具），对文字进行统一的渐变颜色填充，如图3-49所示。

图3-47 调出“库”面板

图3-48 对文字进行填充

CHROME

图3-49 对文字进行统一渐变颜色填充

13）利用工具箱上的（渐变变形工具）处理文字渐变，如图3-50所示。

图3-50 调整填充渐变方向

14）单击场景1按钮（快捷键〈Ctrl+E〉），返回场景编辑模式。

15）将库中的fill元件拖到工作区中。

16）选择工具箱上的（选择工具），将调入的fill元件拖动到文字边框的中间，结果如图3-51所示。

图3-51 将文字填充和边框部分进行组合

17）执行菜单中“控制|测试影片”（快捷键〈Ctrl+Enter〉）命令，即可看到效果。

3.6 盛开的花朵

目标：

制作花朵盛开的效果，如图 3-52 所示。

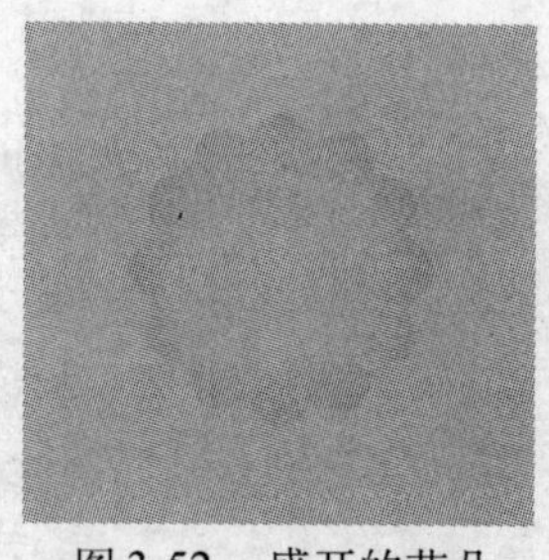

图 3-52 盛开的花朵

要点：

掌握对图形制作变形过渡动画的方法。

操作步骤：

1）启动 Flash CS4 软件，新建一个 Flash 文件（ActionScript 2.0）。

2）执行菜单中的“修改 | 文档”（快捷键〈Ctrl+J〉）命令，在弹出的“文档属性”对话框中设置背景色为浅绿色（#00ff00），然后单击“确定”按钮。

3）选择工具箱上的（椭圆工具），设置笔触颜色为，填充为深蓝色（#000066），然后按住键盘上的〈Shift〉键，在工作区中创建正圆形。

提示：不用激活“图形绘制”按钮。

4）执行菜单中的“窗口 | 对齐”（快捷键〈Ctrl+K〉）命令，调出“对齐”面板，将圆形中心对齐工作区中心，结果如图 3-53 所示。

5）右击时间轴的第 20 帧，在弹出菜单中选择“插入关键帧”（快捷键〈F6〉）命令，在第 20 帧插入一个关键帧，时间轴如图 3-54 所示。

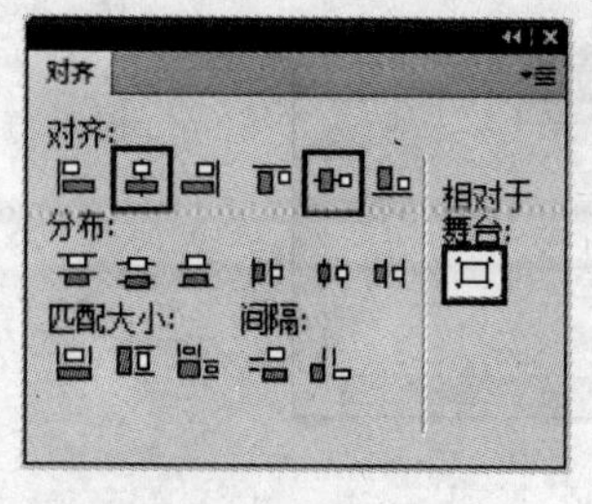

图 3-53 设置对齐参数

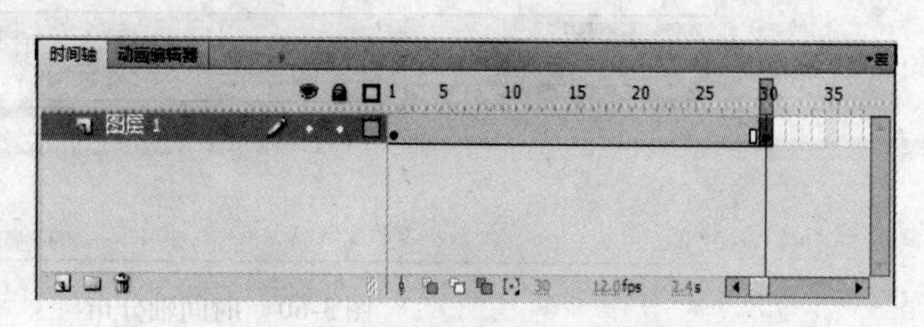

图 3-54 在第 20 帧插入一个关键帧

6）选择工具箱上的 (任意变形工具)，调整工作区中的圆形，结果如图 3-55 所示。

7）将变形后的圆形轴心点移到下方，如图 3-56 所示。

8）执行菜单中的“窗口 | 变形”命令，调出“变形”面板，确定水平和垂直的比例均为 100%，设置旋转角度为 30°，然后单击 (重制选区和变形) 按钮 11 次，如图 3-57 所示，制作出盛开的花朵。

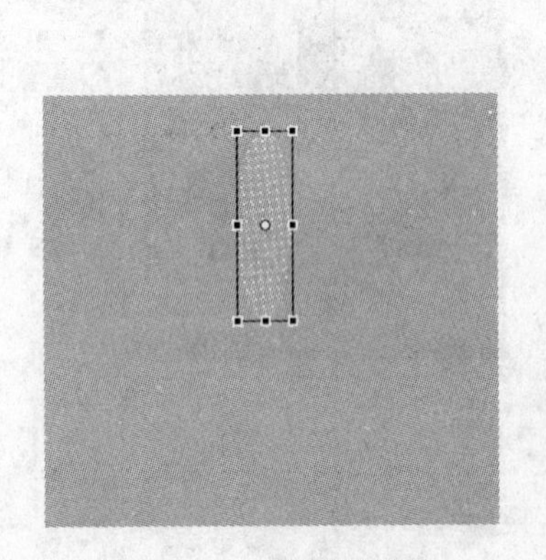

图 3-55 调整圆形形状

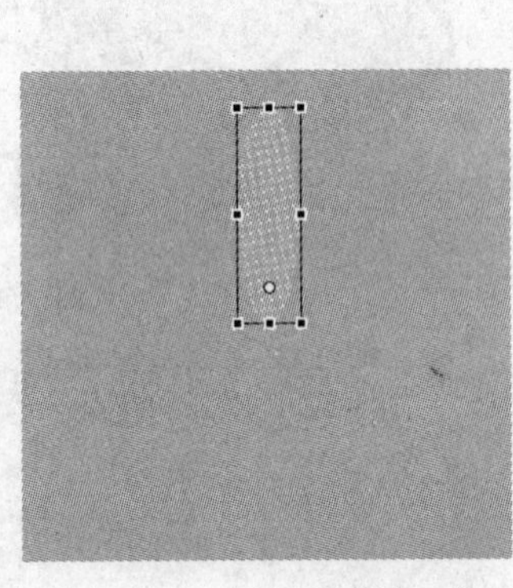

图 3-56 调整圆形轴心点

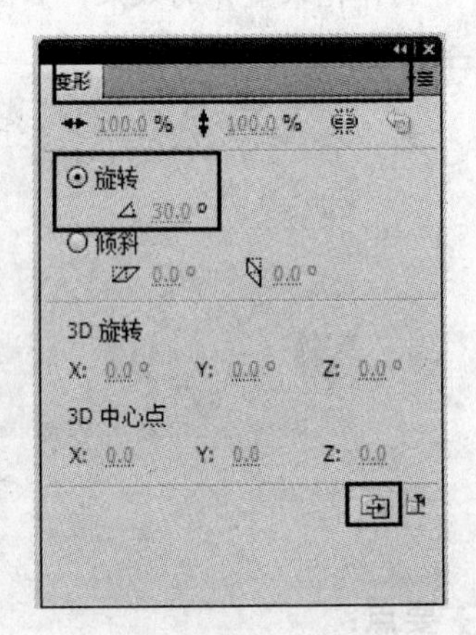

图 3-57 设置变形参数

9）调出红 - 黄放射状渐变如图 3-58 所示，填充旋转变形的花朵，结果如图 3-59 所示。

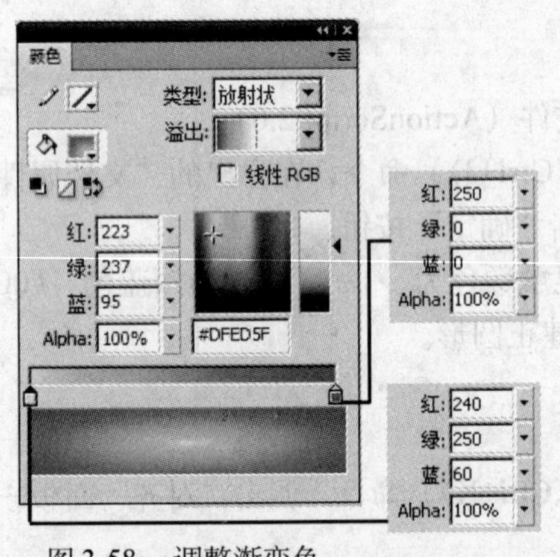

图 3-58 调整渐变色

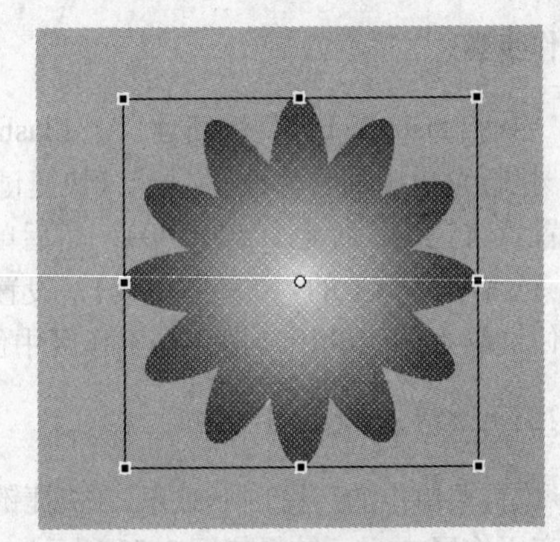

图 3-59 填充旋转变形的花朵

10）右击时间轴的第 1 帧，从弹出的快捷菜单中选择“创建补间形状”命令，此时时间轴如图 3-60 所示。

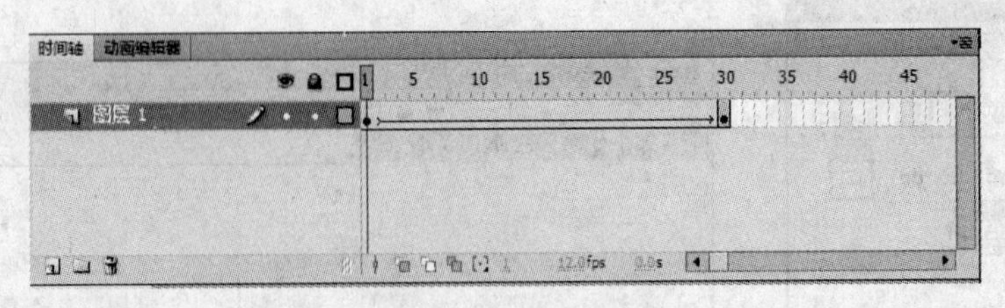

图 3-60 时间轴分布

11）执行菜单中的“控制|测试影片”（快捷键〈Ctrl+Enter〉）命令，打开播放器窗口，可以看到花朵盛开的效果。

3.7　运动的文字

目标：

制作彩虹文字从左旋转着运动到右方消失，然后再从右方运动到左方重现的效果，如图 3-61 所示。

图 3-61　运动的文字

要点：

掌握对元件制作运动过渡动画的方法。

操作步骤：

1）启动 Flash CS4 软件，新建一个 Flash 文件（ActionScript 2.0）。

2）执行菜单中的“修改|文档”（快捷键〈Ctrl+J〉）命令，在弹出的“文档属性”对话框中设置背景色为深蓝色(#000066)，然后单击“确定”按钮。

3）选择工具箱上的 T（文本工具），设置参数如图 3-62 所示，然后在工作区中单击鼠标，输入文字“中国数码视频网！”，结果如图 3-63 所示。

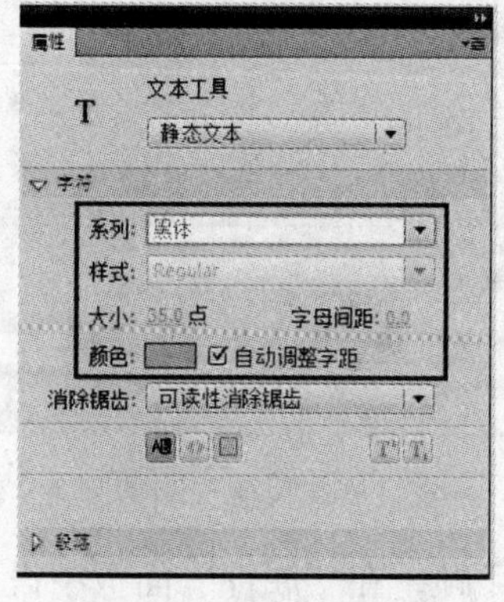

图 3-62　设置文本属性

图 3-63　输入文字

4）执行菜单中的“修改|分离”（快捷键〈Ctrl+B〉）命令两次，将文字分离为图形。

5）选择工具箱上的（颜料桶工具），设置填充色为，对文字进行填充，结果如图 3-64 所示。

图 3-64　将文字分离为图形

6）执行菜单中的“修改|转换为元件”（快捷键〈F8〉）命令，在弹出的“转换为元件”对话框中设置参数，如图 3-65 所示，然后单击“确定”按钮，结果如图 3-66 所示。

提示：将文字转换为元件的目的是为了便于以后调用。

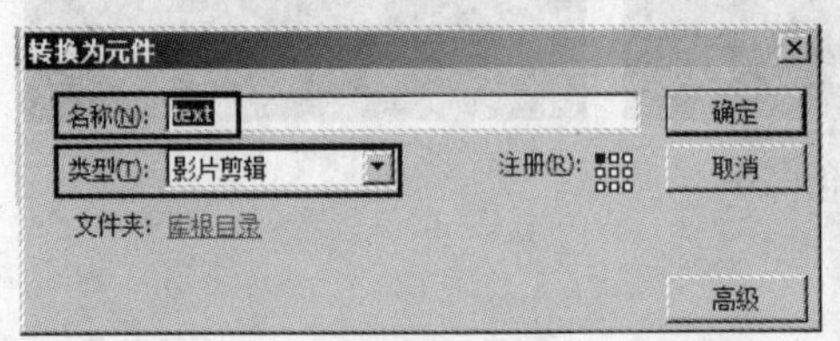

图 3-65　“转换为元件”对话框

图 3-66　转换为元件效果

7）右击“图层 1”的第 30 帧，从弹出的菜单中选择“插入关键帧”（快捷键〈F6〉）命令，插入一个关键帧。

8）利用（选择工具）向右移动 text 元件，如图 3-67 所示。

9）单击“图层 1”，从而选中“图层 1”中的所有帧。然后用鼠标右键单击其中的任意一帧，从弹出菜单中选择“创建传统补间”命令，如图 3-68 所示。此时按键盘上的〈Enter〉键预览动画，可以看到文字从左向右运动。

图 3-67　在第 30 帧向右移动文本

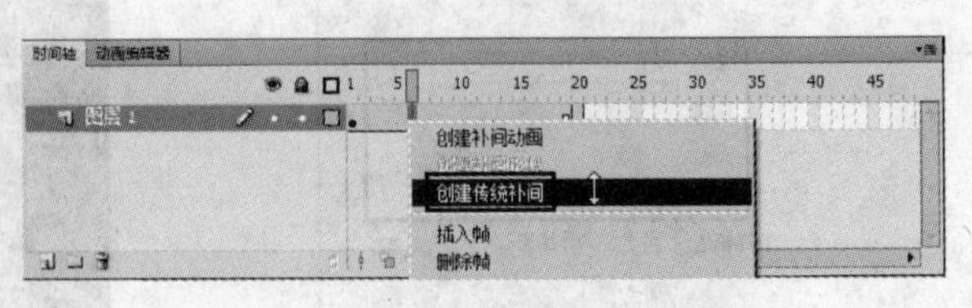

图 3-68　创建传统补间动画

10）制作文字旋转效果。方法：单击“图层 1”的第 1 帧，在“属性”面板中设置参数，如图 3-69 所示。

11）制作文字在 30 帧消失效果。方法：单击"图层 1"的第 30 帧，然后选择工作区中的文字，在"属性"面板中设置 Alpha 的数值为 0%，如图 3-70 所示。

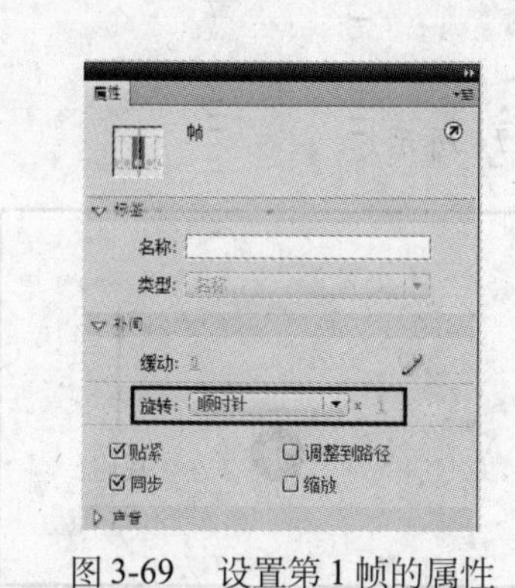

图 3-69　设置第 1 帧的属性

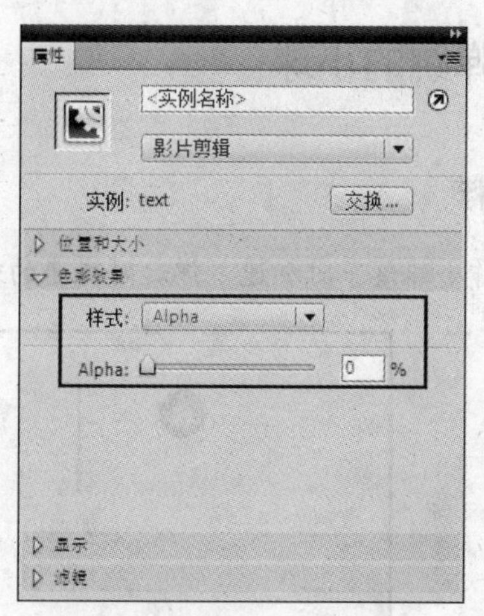

图 3-70　设置第 30 帧的属性

12）制作文字从右向左运动。方法：单击时间轴中的 （插入图层）按钮，新建一个"图层 2"，然后将库面板中的 text 元件拖入"图层 2"，并调整位置如图 3-71 所示。

13）在时间轴中"图层 2"的第 30 帧单击右键，在弹出菜单中选择"插入关键帧"（快捷键〈F6〉）命令，然后移动文字位置如图 3-72 所示，接着右击"图层 2"的第 1 帧，在弹出菜单中选择"创建传统补间"命令。

图 3-71　将库面板中的 text 元件拖入"图层 2"

图 3-72　在第 30 帧放置文字位置

14）制作文字在从右向左运动的过程中逐渐显现的效果。方法：单击时间轴"图层 2"的第 1 帧，然后选择工作区中的文字，在"属性"面板中设置 Alpha 为 0%。

15）选择"图层 2"，将第 1～30 帧移到第 30～59 帧，结果如图 3-73 所示。

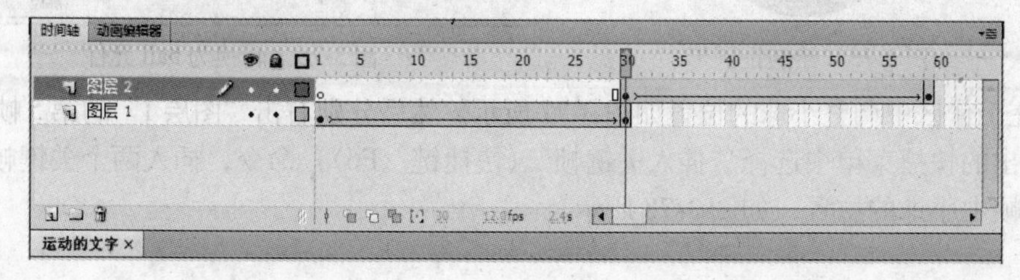

图 3-73　时间轴分布

16）执行菜单中的“控制|测试影片”（快捷键〈Ctrl+Enter〉）命令，打开播放器窗口，可以看到文字从左旋转着向右运动并逐渐消失，然后又从右向左运动并逐渐显现的效果。

3.8 弹跳的小球

目标：

制作小球落下时加速，弹起时减速的效果，如图 3-74 所示。

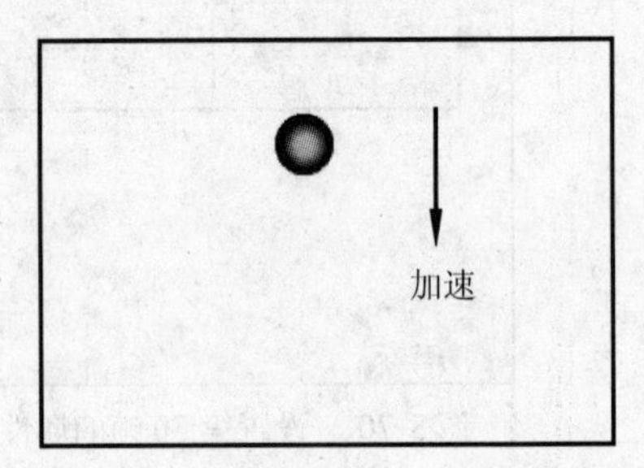

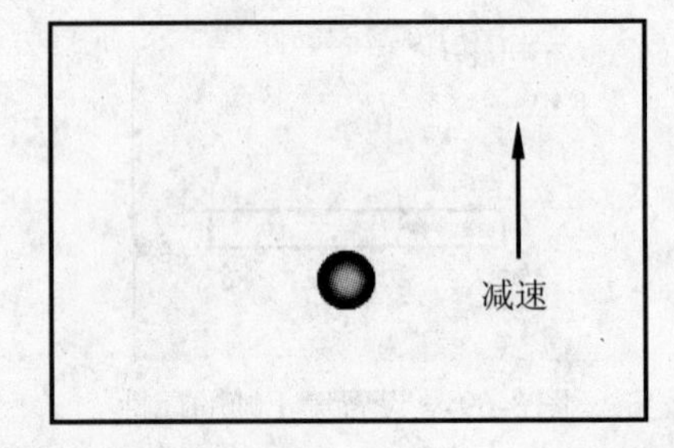

图 3-74　弹跳的小球

要点：

掌握利用“缓动”值来调整动画中加速和减速的方法。

操作步骤：

1）启动 Flash CS4 软件，新建一个 Flash 文件（ActionScript 2.0）。

2）选择工具箱上的 (椭圆工具)，设置笔触颜色为 ，填充色为绿 - 黑放射状渐变，然后配合键盘上的〈Shift〉键在工作区中绘制一个正圆形，如图 3-75 所示。

3）选中小球，执行菜单中的“修改|转换为元件”（快捷键〈F8〉）命令，在弹出的“转换为元件”对话框中设置参数，如图 3-76 所示，然后单击“确定”按钮。

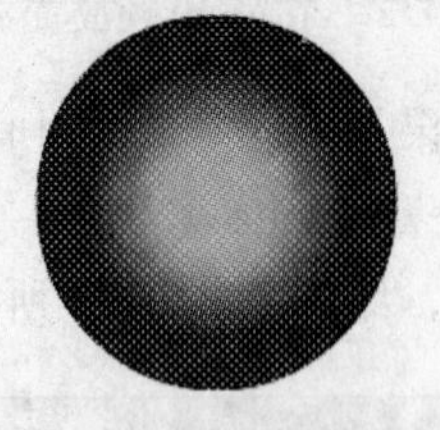

图 3-75　绘制正圆形

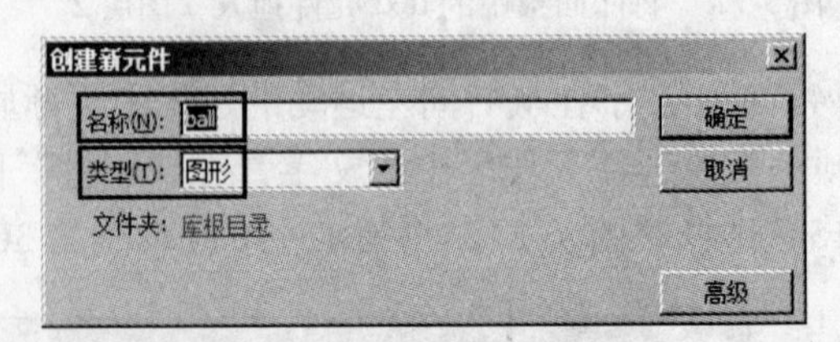

图 3-76　转换为 ball 元件

4）在工作区中调整小球的位置如图 3-77 所示。然后分别右击“图层 1”的第 5 帧和第 10 帧，从弹出的快捷菜单中选择“插入关键帧”（快捷键〈F6〉）命令，插入两个关键帧。接着调整第 5 帧中小球的位置，如图 3-78 所示。

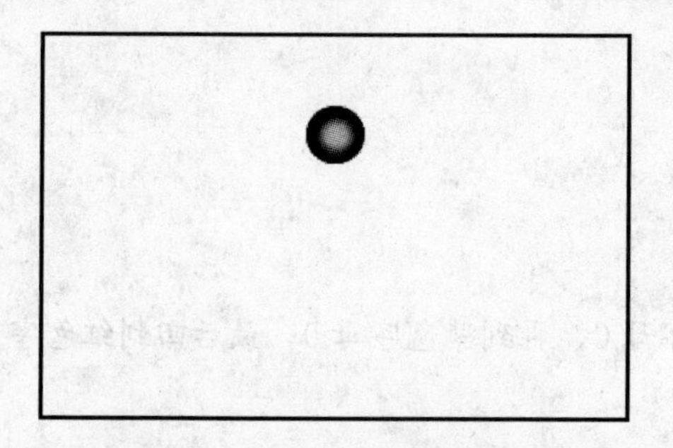
图3-77　调整小球的位置

图3-78　调整第5帧中小球的位置

5）选择时间轴中的“图层1”，然后在右侧帧控制区中单击右键，从弹出的快捷菜单中选择“创建传统补间”命令，此时时间轴分布如图3-79所示。

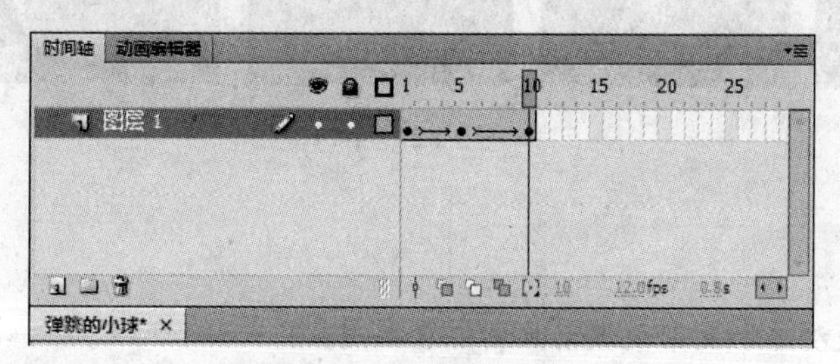

图3-79　时间轴分布

6）按键盘上的〈Enter〉预览动画，会发现此时小球的运动是匀速的，不符合“落下时加速，弹起时减速”的自然规律，下面就来解决这个问题。方法：单击第1帧，在“属性”面板中设置“缓动”值为 –100，如图3-80所示；然后单击第5帧，在“属性”面板中设置“缓动”值为100，如图3-81所示。

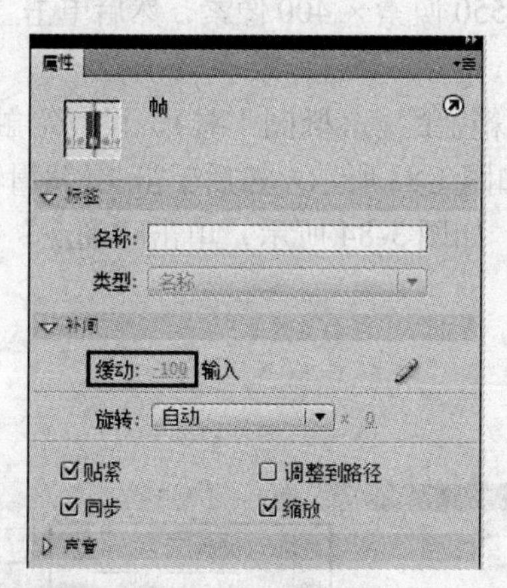

图3-80　在第1帧设置缓动值为 –100

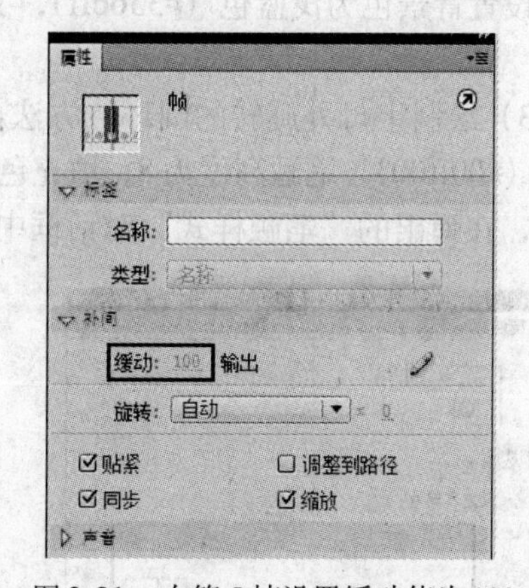

图3-81　在第5帧设置缓动值为100

7）至此，整个动画制作完成。执行菜单中的“控制|测试影片”（快捷键〈Ctrl+Enter〉）命令打开播放器，即可看到小球落下时加速，弹起时减速的动画效果。

3.9 字母变形

目标：

制作红色字母A到黄色字母B，再到蓝色字母C，再到紫色字母D，最后回到红色字母A的字母变形动画，如图3-82所示。

图3-82　字母变形

要点：

掌握运动过渡动画和变形过渡动画的综合应用。

操作步骤：

1）启动Flash CS4软件，新建一个Flash文件（ActionScript 2.0）。

2）执行菜单中的“修改|文档”（快捷键〈Ctrl+J〉）命令，在弹出的“文档属性”对话框中设置背景色为浅蓝色（#3366ff），文档尺寸为550像素×400像素，然后单击“确定”按钮。

3）绘制字母外旋转的圆环。方法：选择工具箱上的（椭圆工具），设置笔触颜色为嫩绿色（#00ff00），笔触高度为8，填充色为无色，如图3-83所示。然后单击（编辑笔触样式）按钮，在弹出的“笔触样式”对话框中设置参数，如图3-84所示，单击“确定”按钮。

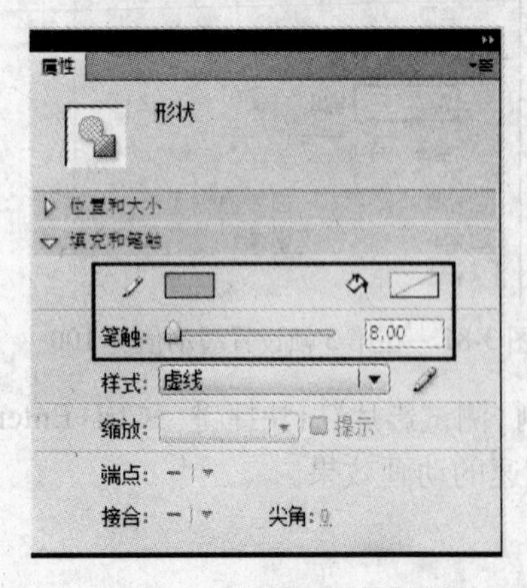

图3-83　设置填充和笔触颜色

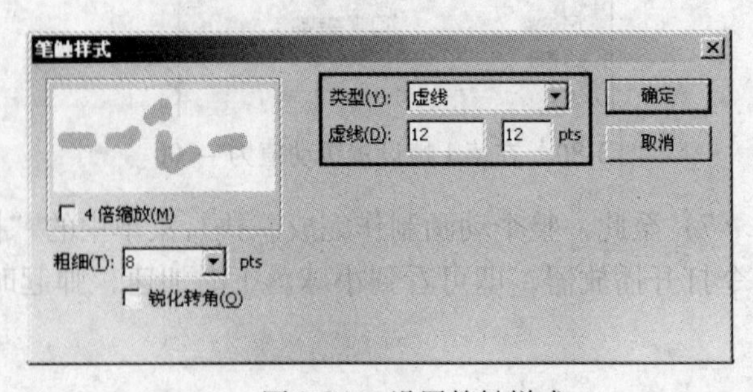

图3-84　设置笔触样式

4）在工作区中拖动出一个圆形，然后选中圆形，在“属性”面板设置大小如图3-85所示。接着利用“对齐”面板将圆形中心对齐，结果如图3-86所示。

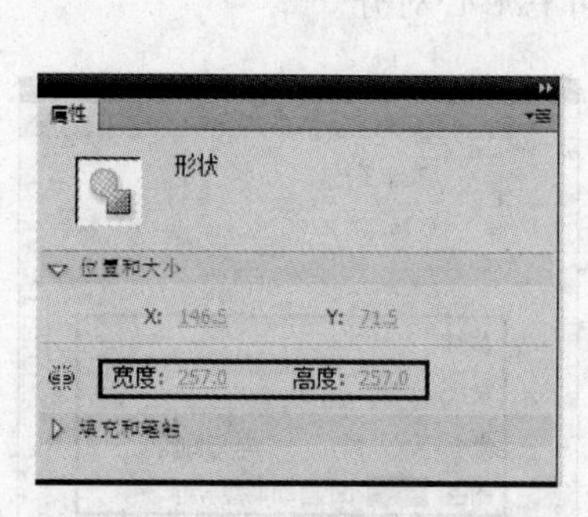

图3-85 设置圆形大小

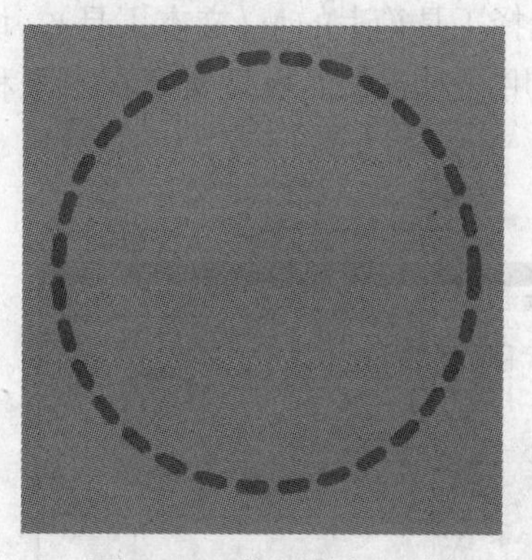

图3-86 将圆形中心对齐

5）选中圆形，执行菜单中的“修改|形状|将线条转换为填充”命令，然后执行菜单中的“修改|形状|柔化填充边缘”命令，在弹出的对话框中设置参数，如图3-87所示，再单击“确定”按钮，结果如图3-88所示。

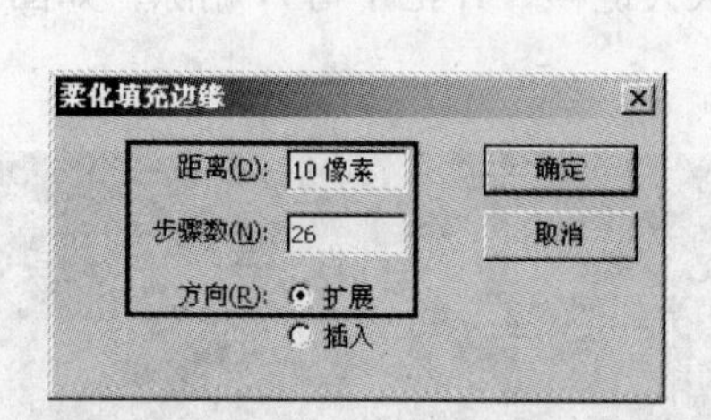

图3-87 设置“柔化填充边缘”参数

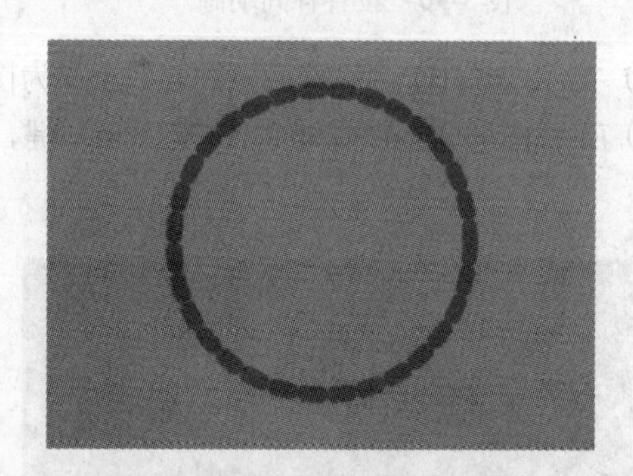

图3-88 “柔化填充边缘”效果

6）选中柔化后的圆圈，执行菜单中的“修改|转换为元件”（快捷键〈F8〉）命令，在弹出的对话框中输入元件的名称为“环”，如图3-89所示，接着单击“确定”按钮，这时圆形和柔化边框被转换成了“环”图形元件。

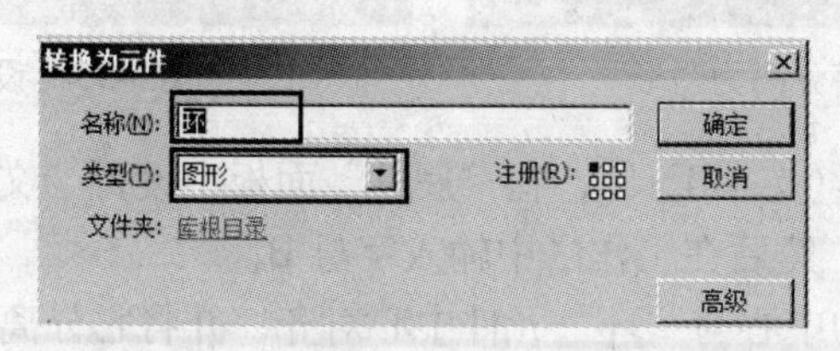

图3-89 设置圆形大小

7）右击时间轴中“图层1”的第40帧，在弹出菜单中选择“插入关键帧”（快捷键是〈F6〉）命令，插入关键帧。然后右击第1帧，在弹出的快捷菜单中选择“创建传统补间”命令。接着在属性面板中设置“旋转”为“顺时针”，次数为1，如图3-90所示。

8）按键盘上的〈Enter〉键预览动画，此时圆环会顺时针旋转一周。

9）制作字母变形的动画。方法：单击时间轴下方的 (插入图层）按钮，在“图层 1”的上方增加一个“图层 2”。

10）选择工具箱上的 T (文本工具)，设置属性如图 3-91 所示，然后在工作区中输入字母 A，接着使用“对齐”面板将文字在水平和垂直方向上中心对齐。

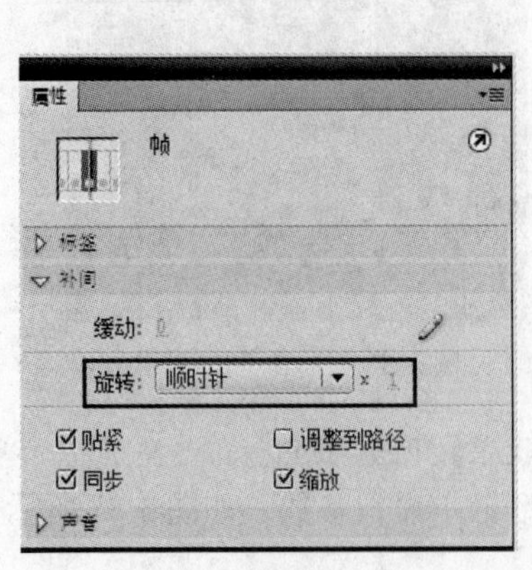

图 3-90 设置补间动画

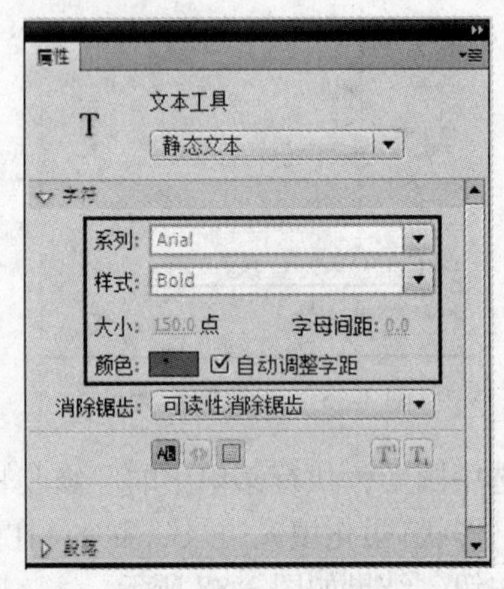

图 3-91 设置文本属性

11）按〈Ctrl+B〉组合键，将文字分离为图形，如图 3-92 所示。

12）在“图层 2”的第 10 帧处按〈F6〉键，插入关键帧，并把字母 A 删除，如图 3-93 所示。

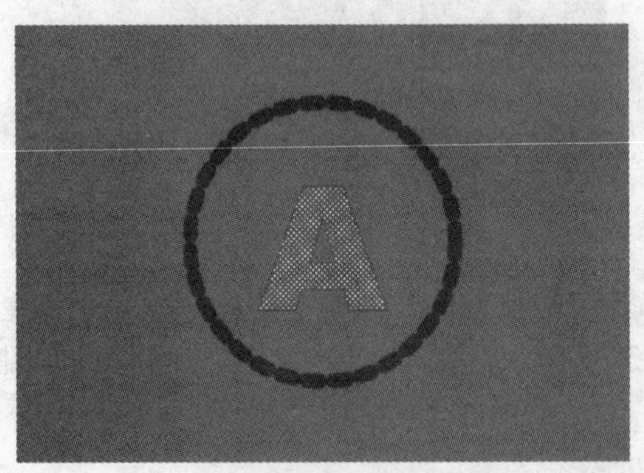
图 3-92 将文字分离为图形

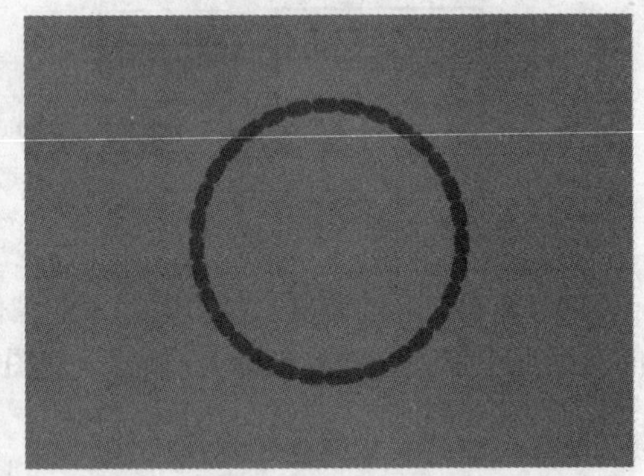
图 3-93 设置补间为动画

13）选择工具箱上的 T (文本工具)，在“属性”面板中设置“文本颜色”为明黄色，设置其他参数与字母 A 相同，然后在工作区中输入字母 B。

14）同理，将字母 B 的中心与“环”元件中心对齐，并将它分离为图形，结果如图 3-94 所示。

15）在“图层 2”的第 20、30 帧加入蓝色的字母 C 和紫色的字母 D，并将它们与“环”元件的中心对齐，然后将它们分离为图形。

16）在“图层 2”的第 40 帧输入与第 1 帧中相同的红色字母 A，并将其分离为图形，结果如图 3-95 所示。

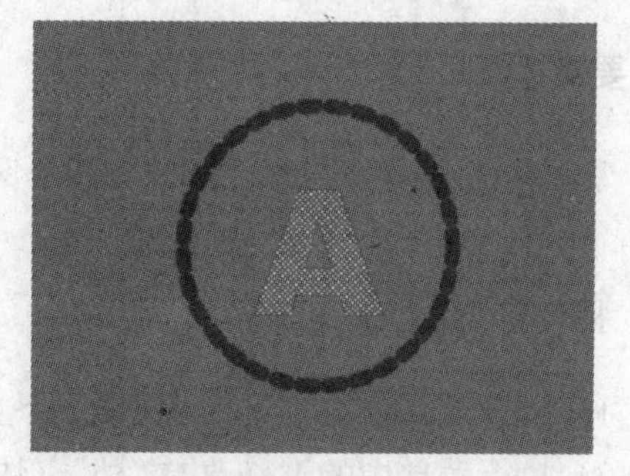

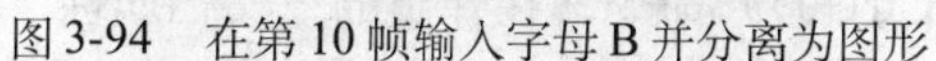

图 3-94　在第 10 帧输入字母 B 并分离为图形　　图 3-95　在第 40 帧输入字母 A 并分离为图形

17）单击“图层 2”，选中该层的所有帧，然后在右侧帧操作区中单击右键，从弹出的快捷菜单中选择“创建补间形状”命令，此时时间轴分布如图 3-96 所示。

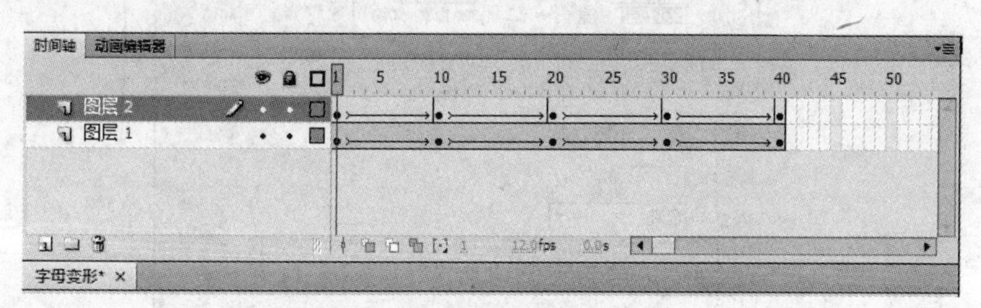

图 3-96　创建形状补间

18）执行菜单中的“控制 | 测试影片”（快捷键〈Ctrl+Enter〉）命令，打开播放器窗口，即可看到字母变形的效果。

提示：绿色的圆环必须转换为元件后才能加入旋转效果。另外，变形必须在图形之间进行，所以所有字母都必须打碎成图形。

3.10　光影文字

目标：

制作动感十足的光影文字效果，如图 3-97 所示。

图 3-97　光影文字

要点：

掌握包含15个以上颜色渐变控制点图形的创建方法以及蒙版的使用。

操作步骤：

1）启动 Flash CS4 软件，新建一个 Flash 文件（ActionScript 2.0）。

2）执行菜单中的"修改|文档"（快捷键〈Ctrl+J〉）命令，在弹出的"文档属性"对话框中设置背景色为深蓝色（#000066），设置其余参数如图3-98所示，然后单击"确定"按钮。

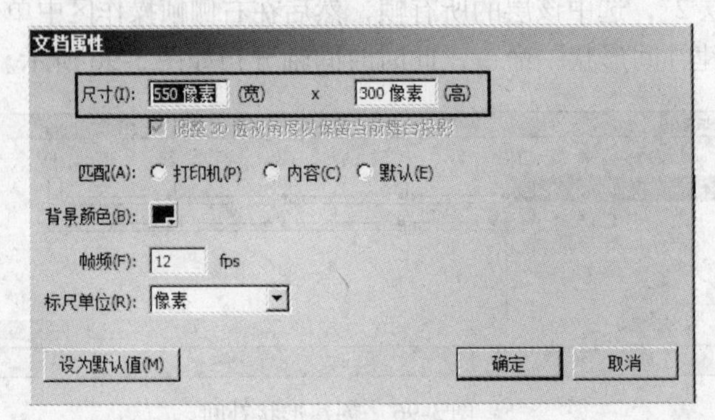

图3-98 设置文档属性

3）选择工具箱上的口（矩形工具），设置笔触颜色为☐，并设置填充为黑－白线性渐变，如图3-99所示，然后在工作区中绘制一个矩形，如图3-100所示。

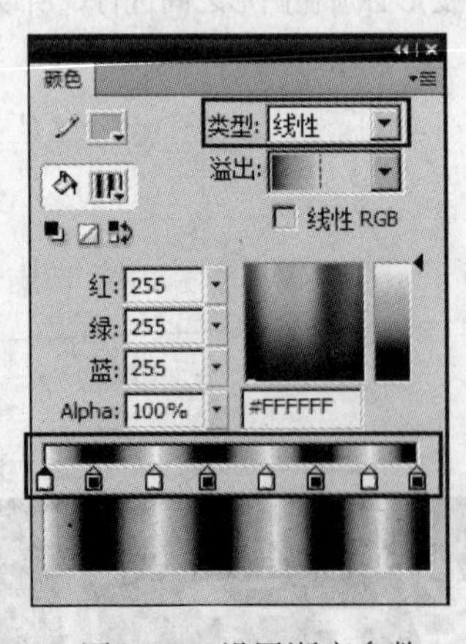

图3-99 设置渐变参数

图3-100 绘制矩形

4）选择工具箱上的（选择工具）选取绘制的矩形，然后同时按住键盘上的〈Shift〉键和〈Alt〉键，用鼠标向左拖动选取的矩形，这时将复制出一个新矩形，如图3-101所示。

5）执行菜单中的"修改｜变形|水平翻转"命令，将复制后的矩形水平翻转，然后使用（选择工具）将翻转后的矩形与原来的矩形相接，结果如图3-102所示。

图3-101　复制矩形

图3-102　水平翻转矩形

6）框选两个矩形，执行菜单中的“修改|转换为元件”（快捷键〈F8〉）命令，在弹出的对话框中设置参数，如图3-103所示，然后单击“确定”按钮。此时连在一起的两个矩形被转换为“矩形”元件。

7）单击时间轴下方的（插入图层）按钮，在“图层1”的上方添加一个“图层2”，如图3-104所示。

图3-103　转换为“矩形”元件

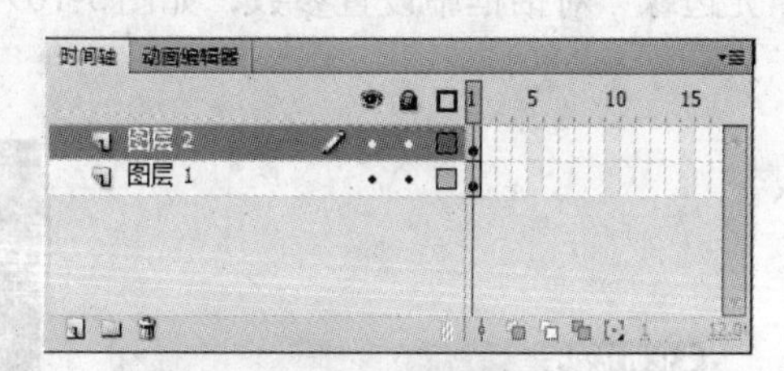

图3-104　添加“图层2”

8）选择工具箱上的T（文本工具），设置参数如图3-105所示，然后在工作区中单击鼠标，输入文字“数码”。

9）按快捷键〈Ctrl+K〉，调出“对齐”面板，将文字中心对齐，结果如图3-106所示。

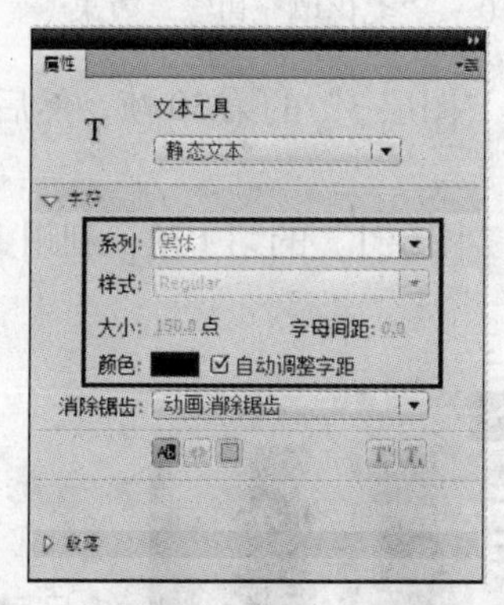

图3-105　设置文本属性

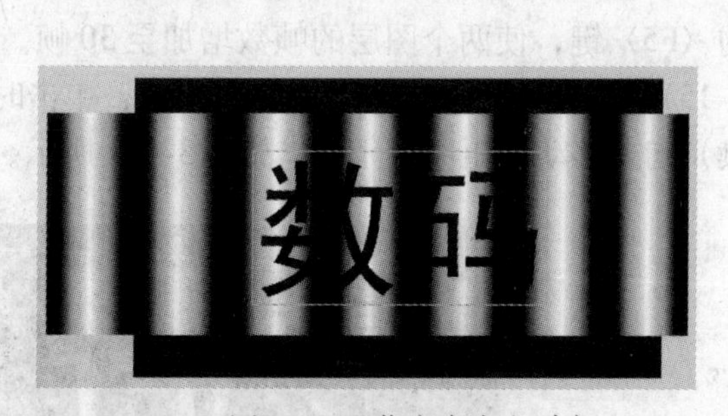

图3-106　将文字中心对齐

10）单击时间轴下方的（插入图层）按钮，在“图层2”的上方添加“图层3”，如图3-107所示。

11）返回到“图层2”，选中文字，然后执行菜单中的“修改|分离”（快捷键〈Ctrl+B〉）命令两次，将文字分离为图形，如图3-108所示。接着执行菜单中的“编辑|复制”（快捷键〈Ctrl+C〉）命令。

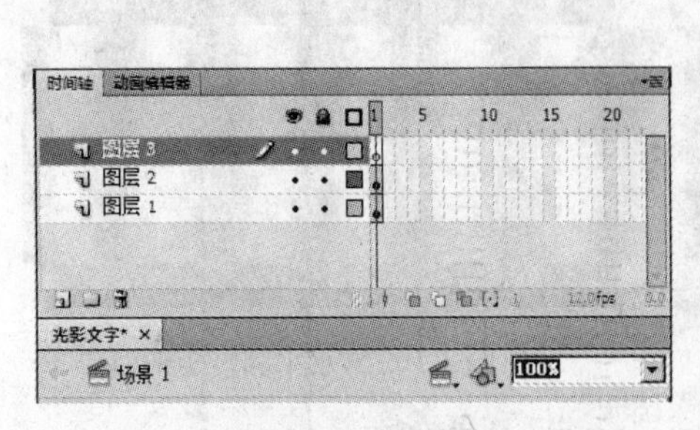

图 3-107　添加“图层 3”

图 3-108　将文字分离为图形

12）回到“图层 3”，执行菜单中的“编辑|粘贴到当前位置”（快捷键〈Ctrl+Shift+ V〉）命令，此时“图层 3”将复制“图层 2”中的文字图形。

13）回到“图层 2”，执行菜单中的“修改|形状|柔化填充边缘”命令，在弹出的“柔化填充边缘”对话框中设置参数，如图 3-109 所示，然后单击“确定”按钮，结果如图 3-110 所示。

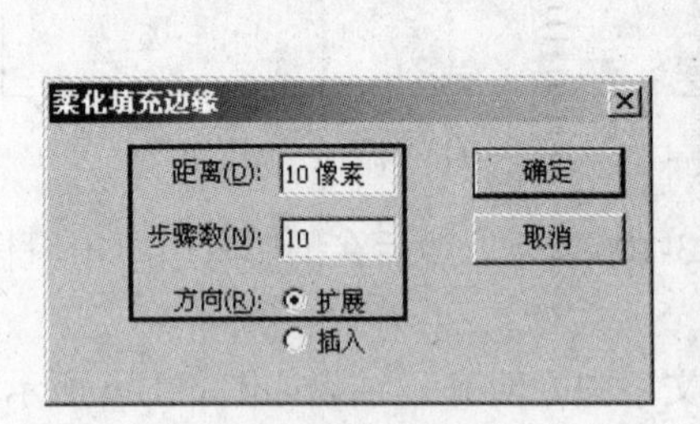

图 3-109　设置“柔化填充边缘”参数

图 3-110　“柔化填充边缘”效果

14）按住〈Ctrl〉键，依次单击时间轴中“图层 2”和“图层 3”的第 30 帧，然后按键盘上的〈F5〉键，使两个图层的帧数增加至 30 帧。

15）制作“矩形”元件的运动。方法：单击时间轴中“图层 1”的第 1 帧，利用（选择工具）向左移动“矩形”元件，如图 3-111 所示。

图 3-111　在第 1 帧移动“矩形”元件

16）右击“图层 1”的第 30 帧，从弹出的菜单中选择“插入关键帧”（快捷键〈F6〉）命令，在第 30 帧处插入一个关键帧。然后利用（选择工具）向右移动“矩形”元件，如

图3-112所示。

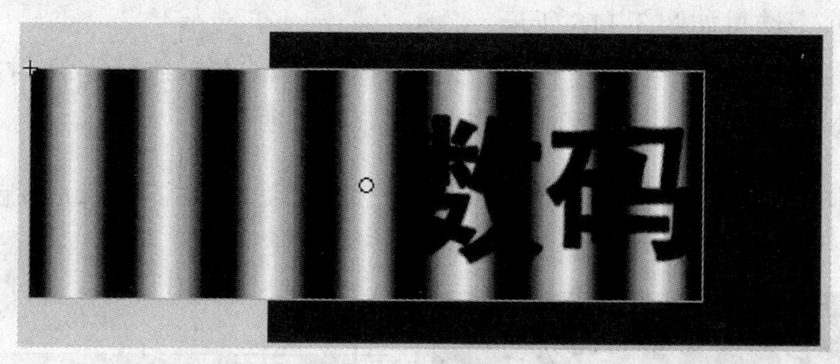

图3-112　在第30帧移动“矩形”元件

17）选择时间轴中的“图层1”，然后在右侧帧控制区中单击右键，从弹出的快捷菜单中选择“创建传统补间”命令。这时，矩形将产生从左到右的运动变形。

18）单击时间轴中“图层3”的名称，从而选中该图层的文字图形。然后选择工具箱上的（颜料桶工具），设置填充色为与前面矩形相同的黑－白线性渐变色，接着在“图层3”的文字图形上单击鼠标，这时文字图形将被填充为黑－白线性渐变色，如图3-113所示。

图3-113　对“图层3”上的文字进行黑-白线性填充

19）选择工具箱上的（渐变变形工具）单击文字图形，这时文字图形的左右将出现两条竖线。然后将鼠标拖动到右方竖线上端的圆圈处，光标将变成4个旋转的小箭头，按住鼠标并将它向左方拖动，两条竖线将绕中心旋转，在将它们旋转到图3-114所示的位置时，释放鼠标。此时，文字图形的黑－白渐变色填充将被旋转一个角度。

图3-114　调整文字渐变方向

20）制作蒙版。方法：用鼠标右键单击“图层 2”的名称栏，然后从弹出的菜单中选择“遮罩层”命令，结果如图 3-115 所示。

21）执行菜单中的“控制|测试影片”（快捷键〈Ctrl+Enter〉）命令，打开播放器窗口，可以看到文字光影变幻的效果。此时时间轴如图 3-116 所示。

提示：在“图层 3”复制“图层 2”中的文字图形，是为了使“图层 2”转换成蒙版层后，“图层 3”中的文字保持显示状态，从而产生文字边框光影变换的效果。

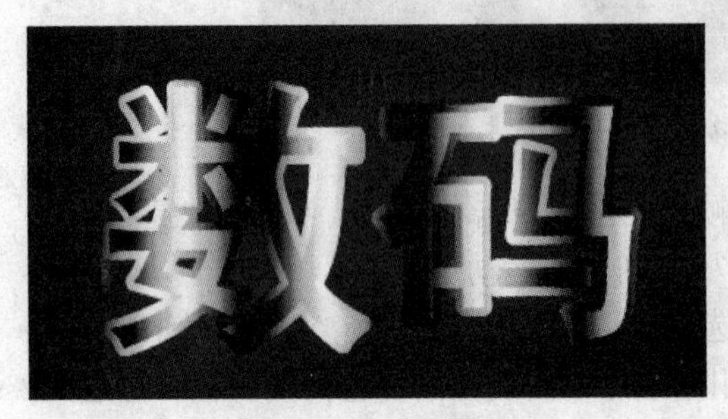

图 3-115　遮罩效果

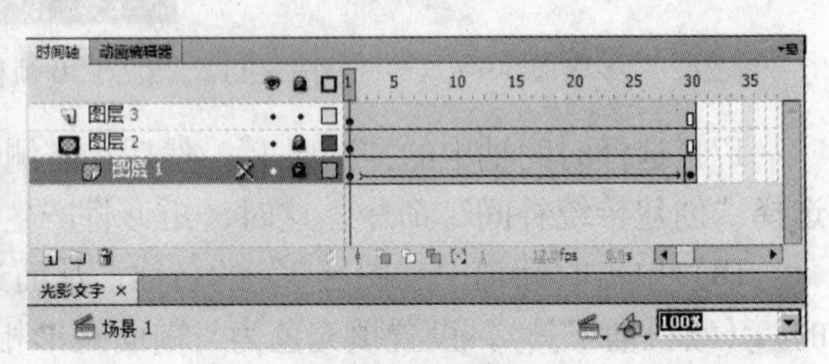

图 3-116　时间轴分布

3.11　镜面反射

目标：

制作一排跳跃的文字，并使它的镜像阴影也随之相应跳跃，如图 3-117 所示。

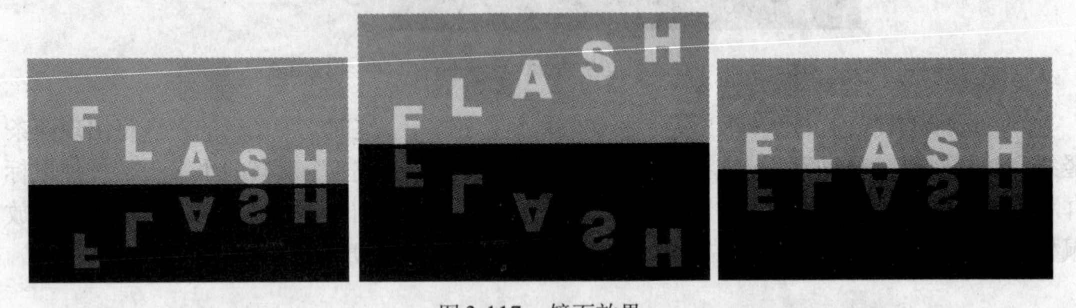

图 3-117　镜面效果

要点：

掌握将字母实例复制并垂直翻转，再将翻转后的字母实例变成半透明，从而产生倒影效果的方法。

操作步骤：

1）启动 Flash CS4 软件，新建一个 Flash 文件（ActionScript 2.0）。

2）执行菜单中的“修改|文档”（快捷键〈Ctrl+J〉）命令，在弹出的“文档属性”对话

框中设置背景色为浅蓝色（#00ccff），文档尺寸为550像素×400像素，然后单击“确定”按钮。

3) 选择工具箱中的□(矩形工具)，设置笔触颜色为╱☒，并在填充色选项中选择深蓝色(#0066cc)，然后在工作区的下半部分绘制一个矩形，如图3-118所示。

图3-118 绘制矩形

4）制作字母F跳动的动画。方法：执行菜单中的“插入|新建元件”（快捷键〈Ctrl+F8〉）命令，新建一个影片剪辑元件，输入元件的名称为F，然后单击“确定”按钮，进入F元件的编辑模式。

5）选择工具箱上的T（文本工具），在“属性”面板中设置文本类型为静态文本，字体为Arial Black，字体大小为72，文本颜色为黄色（#FFFF00），如图3-119所示。然后在工作区中输入字母F。

6）选中字母F，在“属性”面板中设置字母的X和Y坐标为（0，0），然后执行“修改|转换为元件”（快捷键〈F8〉）命令，将字母F转换为图形元件，并命名为F_G。

7）按住〈Ctrl〉键，分别单击时间轴“图层1”的第10帧和第20帧，然后按快捷键〈F6〉，在第10帧和第20帧处插入关键帧。

8）选中“图层1”第10帧的字母元件，然后在“属性”面板中设置字母的X和Y坐标为（0，–120），如图3-120所示，将字母F垂直向上移动120个像素。

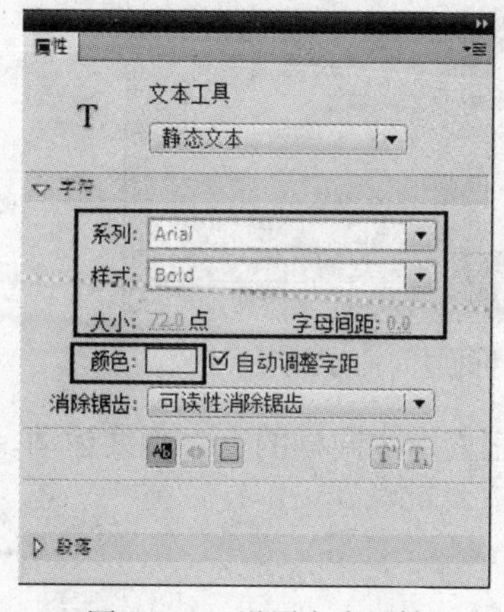

图3-119 设置文本属性

图3-120 设置第10帧字母坐标

提示：用户可以使用“属性”面板来精确地设定对象各坐标。

9）分别右击“图层1”的第1帧和第10帧，在弹出的快捷菜单中选择“创建传统补间”命令，此时，这3个关键帧中的字母F将产生上下直线运动。

10）单击“图层1”的第30帧，按快捷键〈F5〉，插入普通帧，使该图层的帧数增加至30帧。此时，F影片剪辑元件的时间轴分布如图3-121所示。

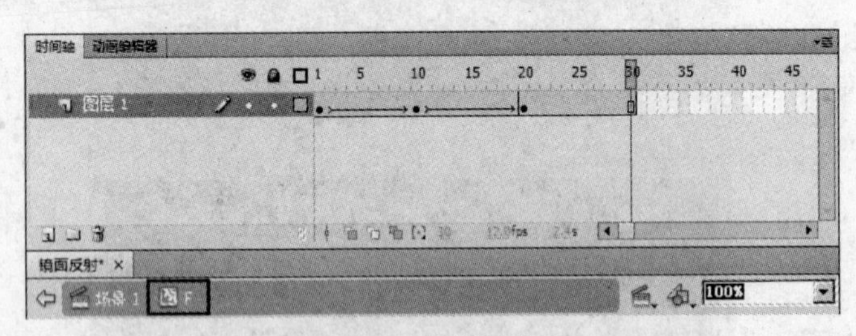

图3-121　时间轴分布

11）制作字母L跳动的动画。执行菜单中的“插入|新建元件”（快捷键〈Ctrl+F8〉）命令，新建一个影片剪辑元件，输入元件的名称为L，单击“确定”按钮，进入L影片剪辑元件的编辑模式。

12）选择工具箱中的T（文本工具），保持参数不变，在工作区中输入字母L。

13）选择工作区中的字母L，在“属性”面板中设置字母的X和Y坐标为（0，0），然后执行“修改|转换为元件”（快捷键〈F8〉）命令，将字母L转换图形元件，并命名为L_G。

14）按住〈Ctrl〉键，分别单击“图层1”的第3帧、第13帧和第23帧，然后按〈F6〉键，在这3帧处插入关键帧。

15）选中“图层1”的第13帧的字母实例，然后在“属性”面板中设置字母的X和Y坐标为（0，－120），将字母L垂直向上移动120个像素。

16）分别右击“图层1”的第3帧和第13帧，在弹出的快捷菜单中选择“创建传统补间”命令，此时这3个关键帧中的字母L将产生上下直线运动。

17）单击“图层1”的第30帧，按快捷键〈F5〉，插入普通帧，使该图层的帧数增加至30帧。这时L影片剪辑元件的时间轴如图3-122所示。

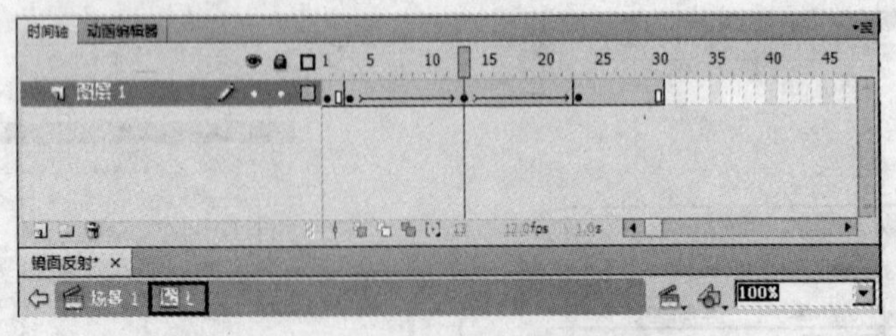

图3-122　L影片剪辑元件的时间轴分布

18）同理，制作影片剪辑元件A、S和H，使它们产生同样的上下直线运动，各影片剪辑元件的时间轴如图3-123～图3-125所示。

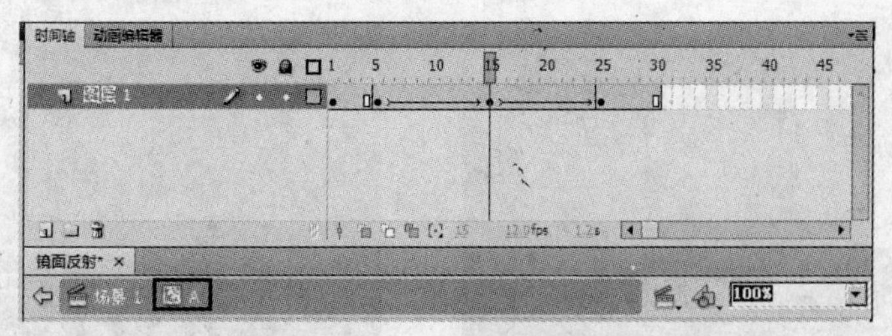

图 3-123　A 影片剪辑元件的时间轴分布

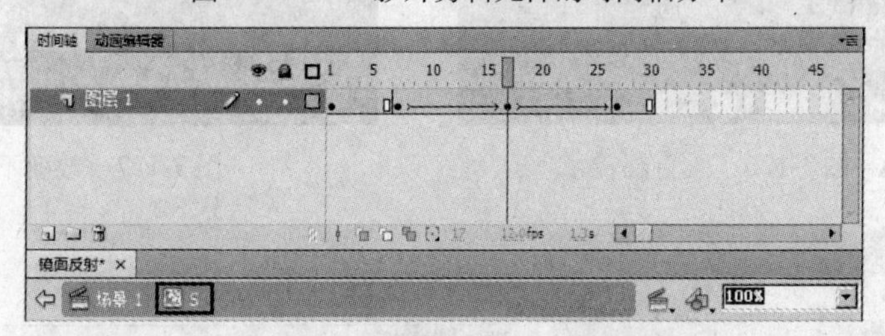

图 3-124　S 影片剪辑元件的时间轴分布

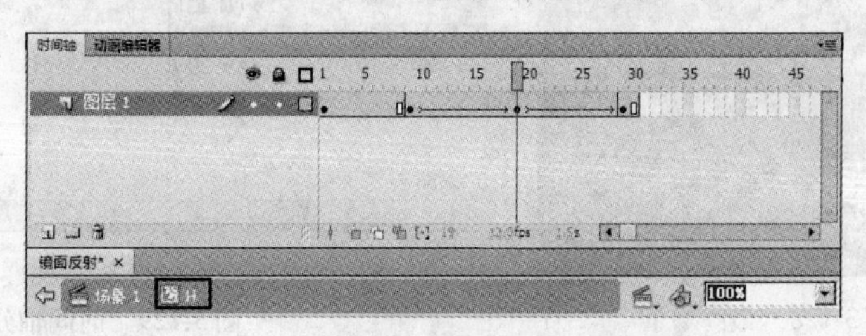

图 3-125　H 影片剪辑元件的时间轴分布

19）按快捷键〈Ctrl+E〉，回到“场景 1”，单击时间轴面板下方的（插入图层）按钮，添加“图层 2”。

20）执行菜单中的“窗口|库”（快捷键〈Ctrl+L〉）命令，打开库面板，将F影片剪辑元件拖动到工作区的左方。

21）按住〈Shift〉和〈Alt〉键，向下拖动F影片剪辑元件，将复制出一个新的F影片剪辑实例。然后执行菜单中的“修改|变形|垂直翻转”命令，将复制后的F影片剪辑实例垂直翻转，并将它移动到如图 3-126 所示的位置。

提示：在 Flash CS4 中，可以通过执行菜单中的“修改|变形|垂直翻转”或“修改|变形|水平翻转”命令来翻转图形。

22）选中所复制的F影片剪辑实例，在“属性”面板的“颜色”下拉列表框中选择 Alpha 选项，并设置其值为 40%，使之成为半透明状态，结果如图 3-127 所示。

23）同理，依次调入L、A、S和H影片剪辑元件，并分别复制翻转一个倒影，最后的场景如图 3-128 所示，此时时间轴如图 3-129 所示。

24）执行菜单中的“控制|测试影片”（快捷键〈Ctrl+Enter〉）命令，打开播放器窗口，即可看到跳动的文字效果。

图 3-126　垂直翻转

图 3-127　改变不透明度

图 3-128　最终场景

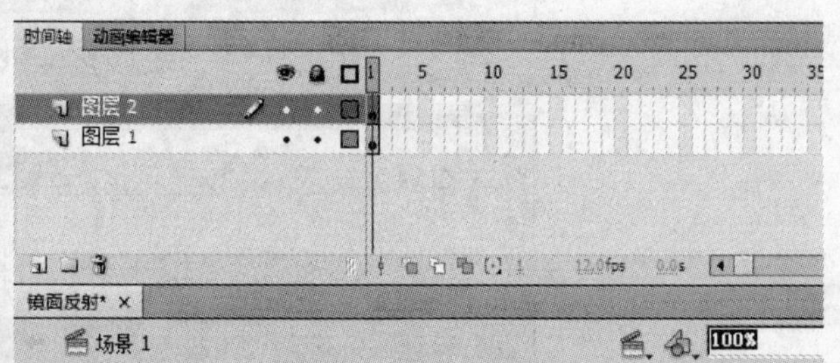

图 3-129　时间轴分布

3.12　探照灯动画

目标：

在制作灯光照射时，被照到的地方会出现鲜亮的色彩，如图 3-130 所示。

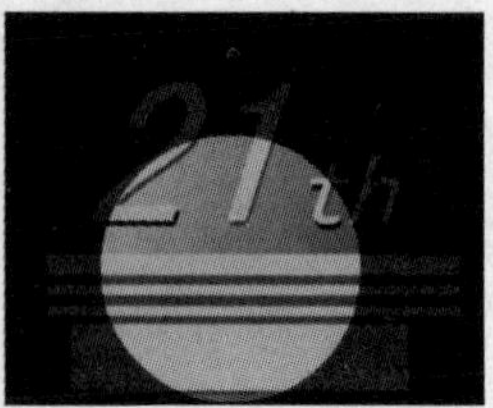

图 3-130　探照灯动画

要点：

掌握利用 Flash CS4 中的蒙版层功能，制造出一种物体被强光照亮的效果。

操作步骤：

1）启动Flash CS4软件，新建一个Flash文件（ActionScript 2.0）。

2）执行菜单中“修改|文档”（快捷键〈Ctrl+J〉）命令，在弹出的“文档属性”对话框中设置背景色为深蓝色（#1B2954），其余参数如图3-131所示，然后单击“确定”按钮。

3）制作此例共需4个图层，因此先增加3个图层。方法：单击时间轴中的（插入图层）按钮3次，增加3个图层，然后单击层操作区中的“图层4”，使其处于当前状态，结果如图3-132所示。

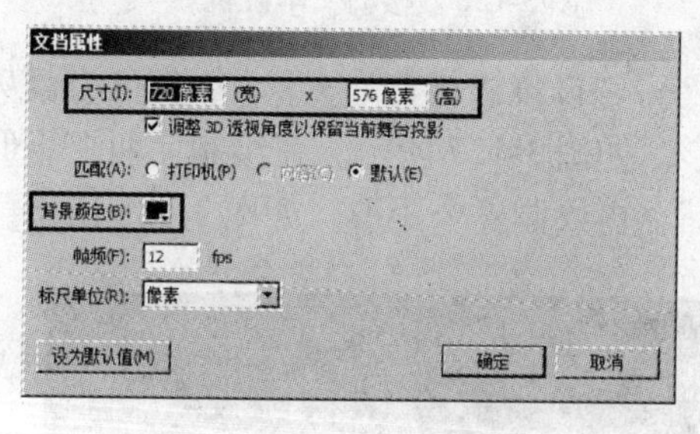

图3-131　设置文档属性

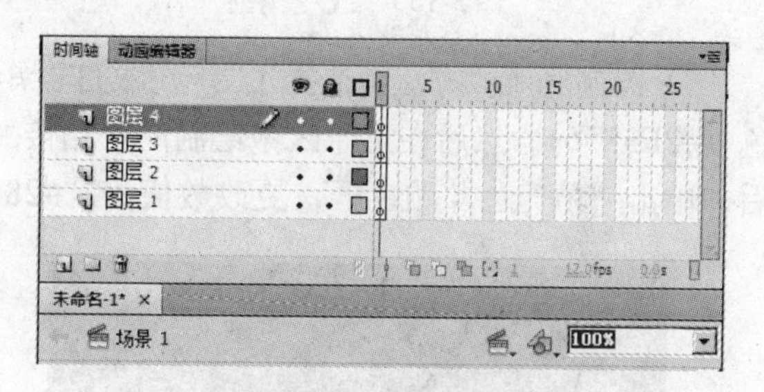

图3-132　时间轴分布

4）在“图层1”上制作整个物体被光照前的效果。方法：单击工具箱中的A（文字工具），在“属性”面板中设置字体为“黑体”，大小为300，再单击文本颜色框，输入数值“#2E3856”，调出一种深蓝色。此时，“属性”面板如图3-133所示，最后在工作区中输入文字“21”。

5）同理，输入文字th，字体为黑体，字号为150。然后选择工具箱中的（选择工具）将“21”和“th”拖动到合适位置，结果如图3-134所示。

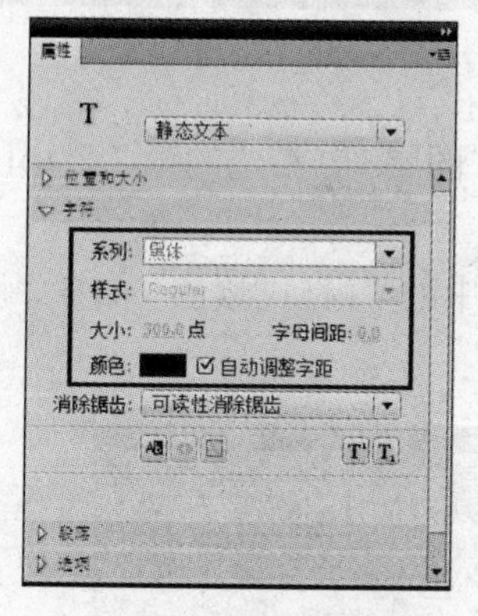

图3-133　设置文本属性

图3-134　输入文字

6）选择工具箱中的（选择工具），框选文字“21”和“th”，然后执行菜单中的“编辑|复制”命令，再执行菜单中的“编辑|粘贴到当前位置”命令（快捷键〈Ctrl+Shift+V〉）命令。此时，粘贴后的新文字自行处于蓝色外框状态，下面直接在“属性”面板中单击文本颜色框，输入数值“#000099”，按〈Enter〉键，结果如图3-135所示。接着选择工具箱中的（选择工具），将粘贴的文字拖到原文字左上方的合适位置，如图3-136所示。

图3-135　改变颜色

图3-136　移动文本位置

7）绘制底座。方法：选择工具箱上的□（矩形工具），设置边线色为⁄☒，填充色为蓝灰色（#2E3856），然后在工作区中绘制两个相接的矩形，如图3-137所示。在绘制完两个矩形后，单击"填充色"颜色框，更改数值为"#284082"，再绘制4个矩形，如图3-138所示。

图3-137　绘制大矩形

图3-138　绘制小矩形

8）至此，图层上的绘制已经完成。单击层操作区中"图层1"右边的第2个小圆点，锁定"图层1"，如图3-139所示。

9）单击"图层2"，使其处于当前状态。然后执行菜单中的"窗口|颜色"命令，调出"颜色"面板，设置参数如图3-140所示。

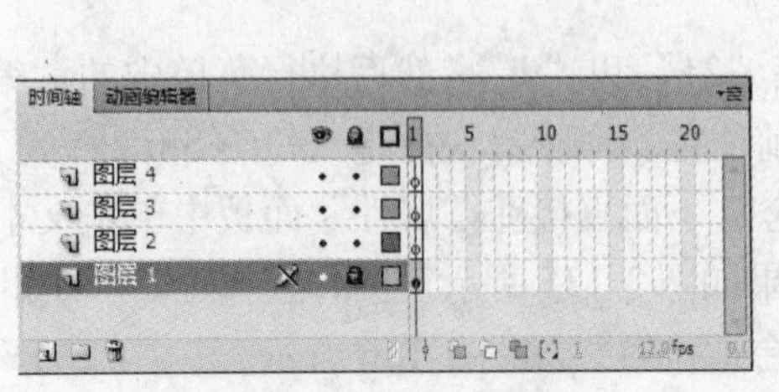

图3-139　锁定"图层1"

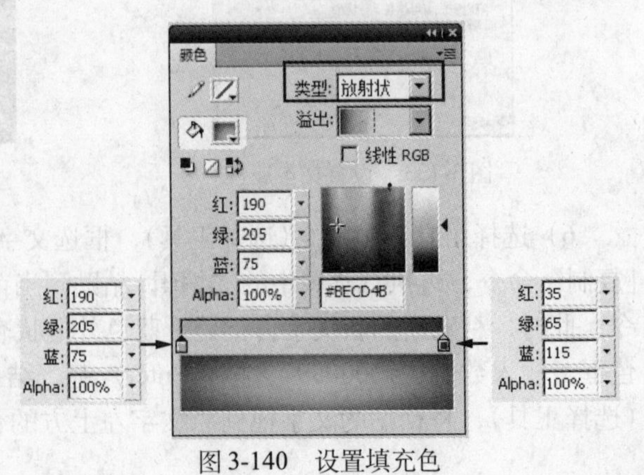

图3-140　设置填充色

10）选择工具箱中的（椭圆工具），设置笔触颜色为，然后在工作区中绘制一个椭圆，在“属性”面板中设置椭圆参数如图 3-141 所示，结果如图 3-142 所示。

提示：有两种方法。一是选择工具箱中的（颜料桶工具）直接在椭圆左上角单击；二是选择工具箱中的（渐变变形工具），在椭圆上任意位置单击，出现一个圆形控制环，同时移动控制环中心点的位置来确定填充中心点。

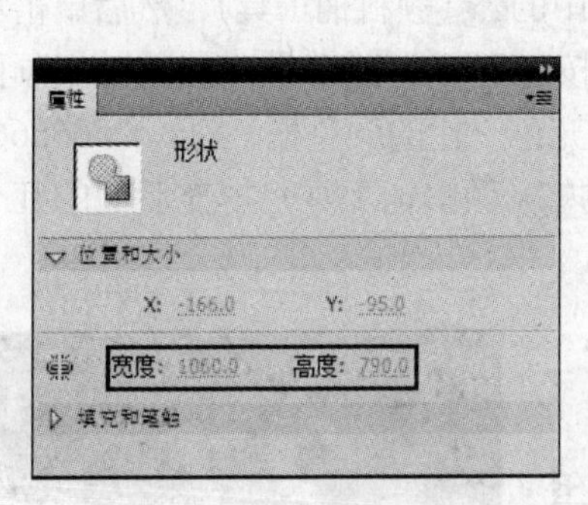

图 3-141　设置椭圆大小

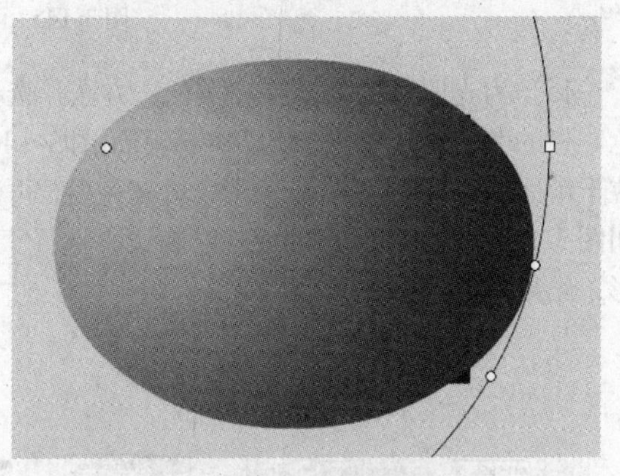

图 3-142　椭圆形状

11）单击“图层 2”右边的第 1 个小圆点，使其变成，从而使椭圆也隐藏不见。然后单击“图层 1”右边的（锁），解除对“图层 1”的锁定，如图 3-143 所示。

12）执行菜单中的“编辑|全选”（快捷键〈Ctrl+A〉）命令，然后执行菜单中的“修改|分离”（快捷键〈Ctrl+B〉）命令两次，将文字分离成图形，如图 3-144 所示。

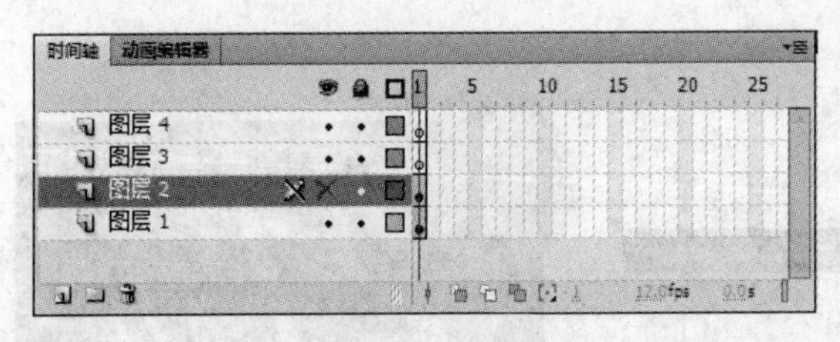

图 3-143　解除“图层 1”的锁定

图 3-144　将文字分离成图形

13）执行菜单中的“编辑|复制”（快捷键〈Ctrl+C〉）命令，再单击“图层 1”右边的第 2 个小圆点，从而重新锁定“图层 1”。

14）单击“图层 3”使其处于当前状态，如图 3-145 所示。然后执行菜单上的“编辑|粘贴到当前位置”（快捷键〈Ctrl+Shift+V〉）命令，接着执行“编辑|取消全选”命令取消选择状态。

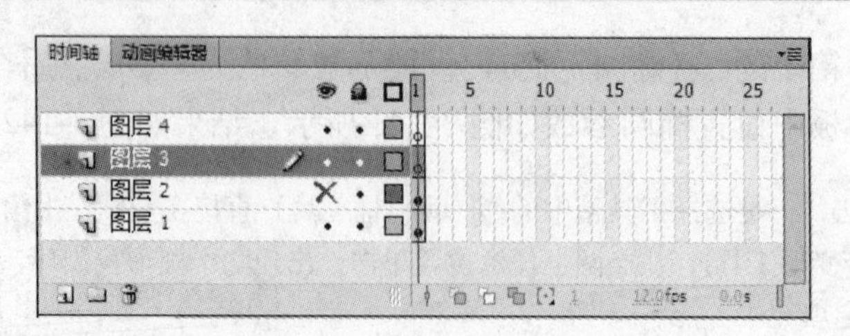

图3-145　选择“图层3”

15）为光照后的物体施加颜色。方法：选择工具箱中的（颜料桶工具），然后单击填充色一栏的颜色框，输入“#FF9966”，如图3-146所示，按〈Enter〉键确认。接着单击画面中位于前面的“21th”和4个矩形。填充完后，再次单击填充色一栏的颜色框，输入“#666666”，如图3-147所示，按〈Enter〉键确认。选择工具箱上的（颜料桶工具）填充后面的几个图形，结果如图3-148所示。

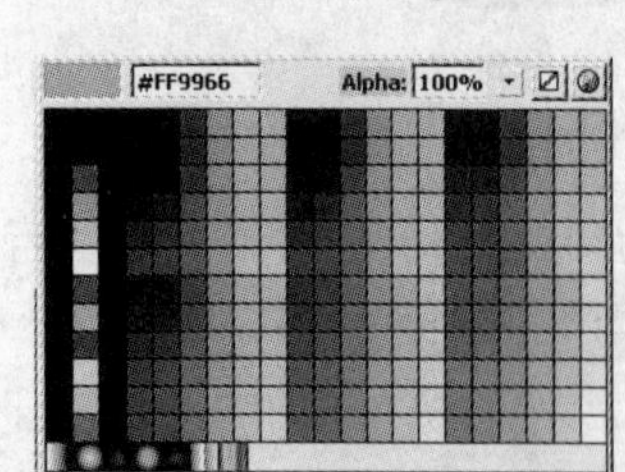

图3-146　设置颜色为#FF9966

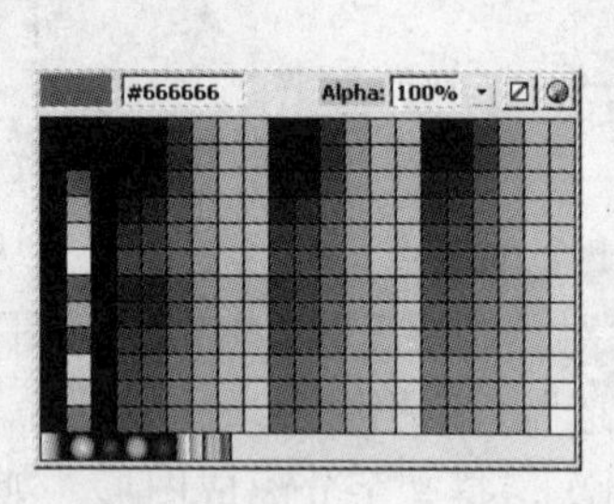

图3-147　设置颜色为#666666

图3-148　填充图形效果

16）单击“图层3”右边的第2个小圆点，锁定“图层3”，接着单击“图层4”，使其处于当前状态，如图3-149所示。

17）选择工具箱中的（椭圆工具），在按住〈Shift〉键的同时在画面上拖动，绘制出一个正圆形，并设置参数如图3-150所示。然后利用工具箱上的（选择工具），将圆形移到画面左上角，如图3-151所示。

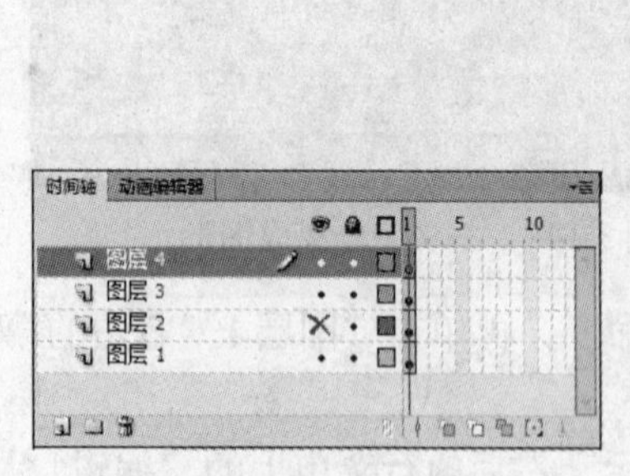

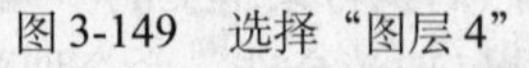

图3-149　选择“图层4”

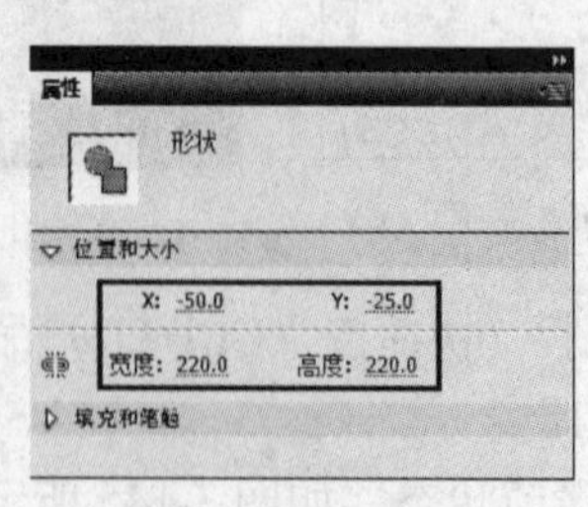

图3-150　设置圆形大小

图3-151　将圆形移到画面左上角

18）制作灯光移动的动画。方法：首先将时间轴的滑块向右拖动，然后单击“图层4”的第140帧，按快捷键〈F5〉，插入普通帧，使“图层4”延长到140帧，此时时间轴如图3-152所示。

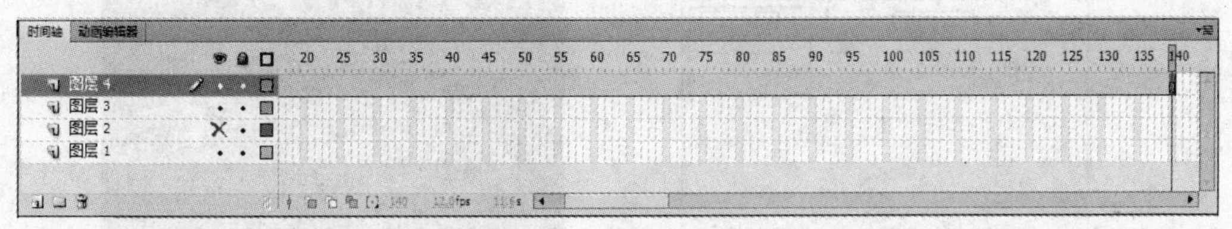

图3-152　时间轴分布

19）灯光的移动路线可以通过精确定义圆形的位置实现。方法：单击“图层4”的第50帧，按快捷键〈F6〉，插入关键帧。然后在画面中单击圆形，在“属性”面板中输入数值，如图3-153所示，结果如图3-154所示。

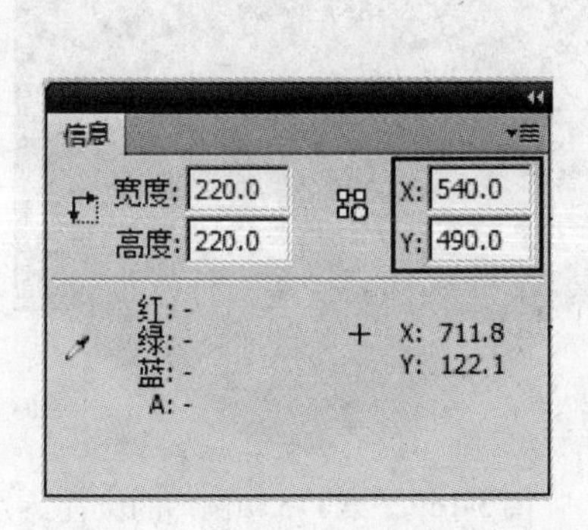

图3-153　设置第50帧圆形的坐标

图3-154　第50帧圆形的位置

单击“图层4”的第75帧，按快捷键〈F6〉，插入关键帧。然后在画面中单击圆形，在“属性”面板中输入数值，如图3-155所示，结果如图3-156所示。

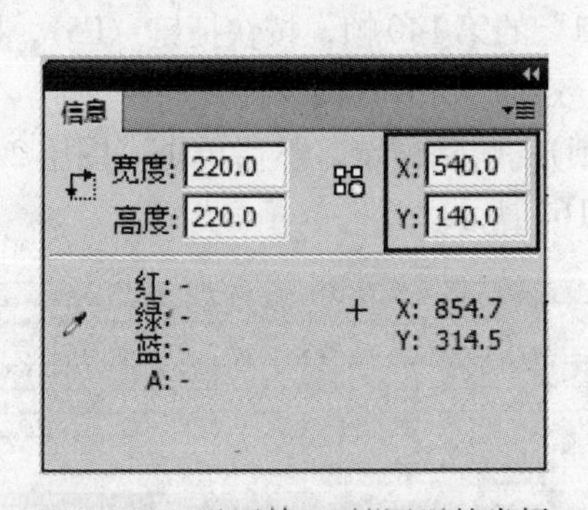

图3-155　设置第75帧圆形的坐标

图3-156　第75帧圆形的位置

单击“图层4”的 第100帧，按快捷键〈F6〉，插入关键帧。然后在画面中单击圆形，在“属性”面板中输入数值，如图3-157所示，结果如图3-158所示。

单击“图层4”的第115帧，按快捷键〈F6〉，插入关键帧。然后在画面中单击圆形，在“属性”面板中输入数值，如图3-159所示，结果如图3-160所示。

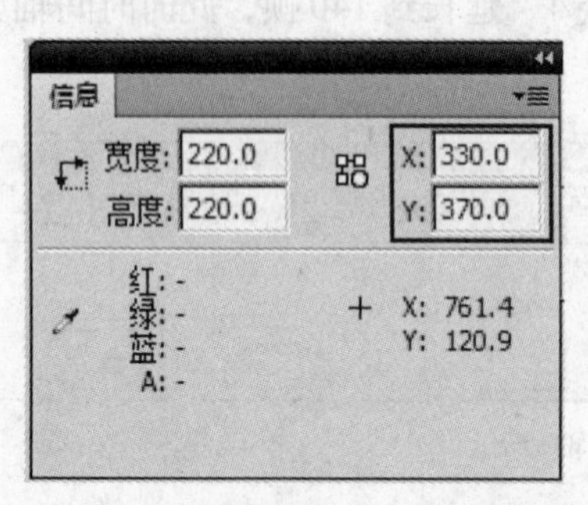

图3-157 设置第100帧圆形的坐标

图3-158 第100帧圆形的位置

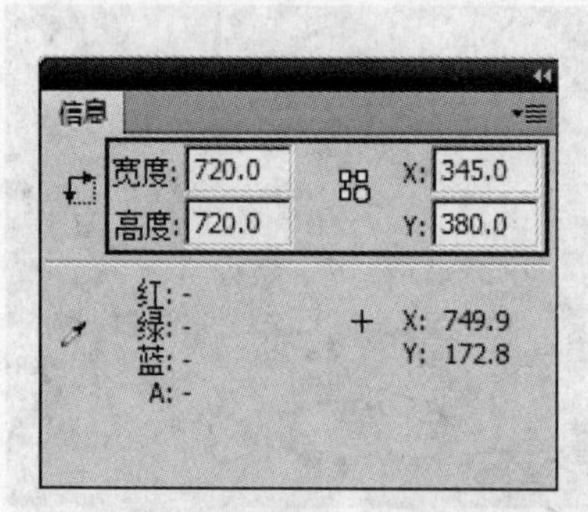

图3-159 设置第115帧圆形的坐标

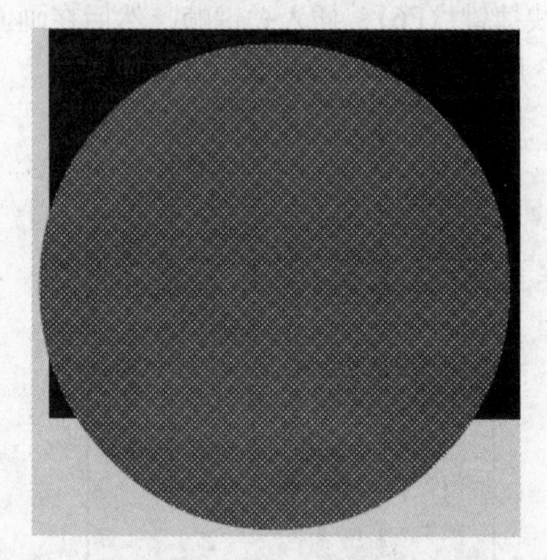

图3-160 第115帧圆形的位置

20）在“图层4”的第1～115帧创建传统补间。

提示：虽然没有将圆形转换为元件，但在创建补间动画后，Flash CS4会自动将其转换为图形元件。

21）同时选择“图层3”、“图层2”和“图层1”的第140帧，按快捷键〈F5〉，插入普通帧，使“图层3”、“图层2”和“图层1”的总帧数延长到140帧。

22）单击“图层1”和“图层3”右边的🔒(锁)，解除锁定，然后单击“图层2”右边的✕，使其回到可视状态，此时时间轴分布如图3-161所示。

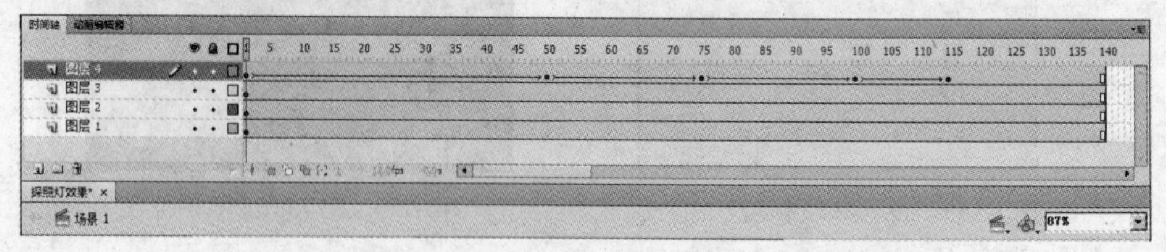

图3-161 显现“图层2”以及解锁“图层1”和“图层3”

23）施加蒙版效果。右击“图层4”，在弹出菜单中选择“遮罩层”命令，此时时间轴分布如图3-162所示。

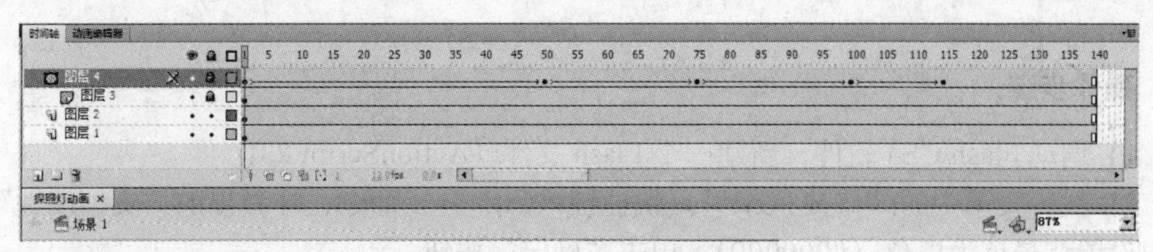

图3-162 时间轴分布

24）选择“图层2”，执行菜单中的“修改|时间轴|图层属性”命令，在弹出的“图层属性”对话框中设置参数，如图3-163所示，然后单击“确定”按钮。接着将其锁定，此时时间轴分布如图3-164所示。

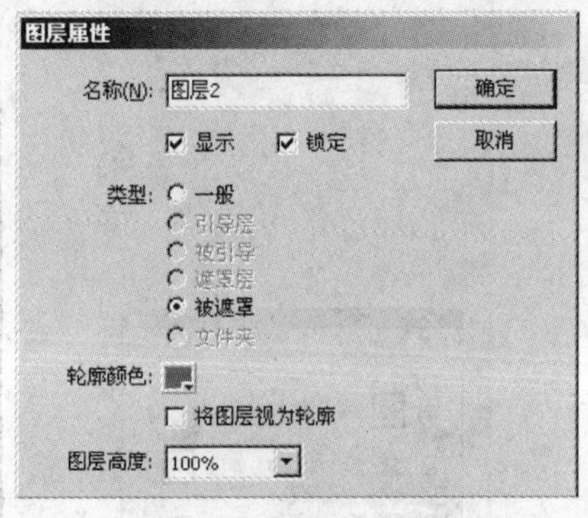

图3-163 设置“图层属性”

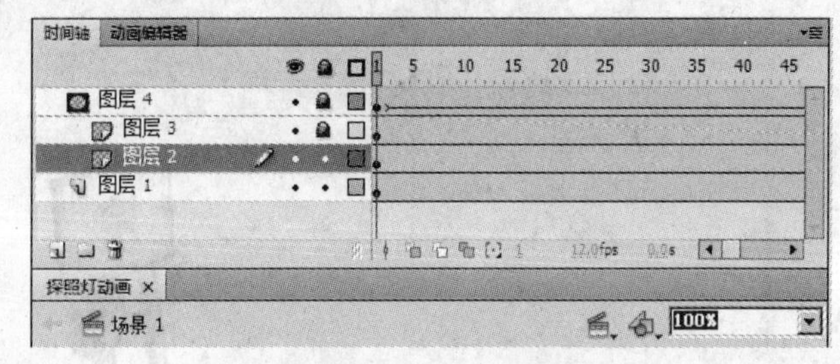

图3-164 时间轴分布

25）至此，本例制作完成。执行菜单中的“控制|测试影片”（快捷键〈Ctrl+Enter〉）命令，即可观看到遮罩动画效果。

3.13 结尾黑场动画

目标：

制作结尾黑场动画，如图3-165所示。

图3-165 结尾黑场动画

要点：

掌握利用“遮罩层”制作结尾黑场动画的方法。

操作步骤：

1）启动Flash CS4软件，新建一个Flash文件（ActionScript 2.0）。

2）执行菜单中的"修改|文档"（快捷键〈Ctrl+J〉）命令，在弹出的"文档属性"对话框中设置背景色为黑色（#000000），单击"确定"按钮。

3）执行菜单中的"文件|导入|导入到舞台"命令，导入配套光盘中的"3.13 结尾黑场动画\背景.jpg"文件，并利用"对齐"面板将其居中对齐，如图3-166所示。

图3-166　将图片居中对齐

4）选择"图层1"的第60帧，按快捷键〈F5〉，插入普通帧，此时时间轴分布如图3-167所示。

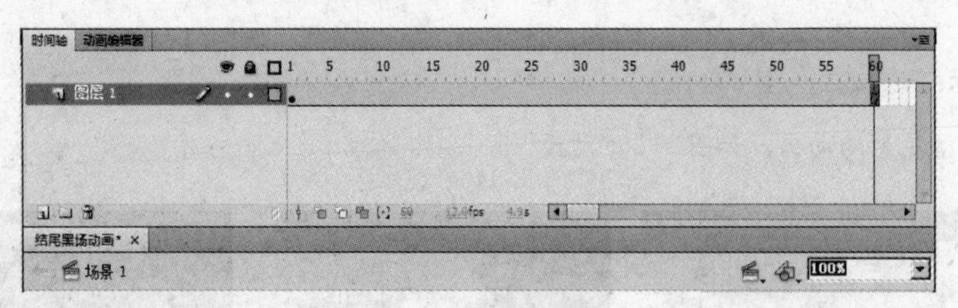

图3-167　时间轴分布

5）单击时间轴下方的（插入图层）按钮，新建"图层2"。然后利用工具箱中的（椭圆工具），配合〈Shift〉键，绘制一个笔触颜色为（无色），填充色为绿色的正圆形，并调整位置如图3-168所示。

提示：为了便于观看圆形所在位置，可以单击"图层2"后面的颜色框，将圆形以线框的方式进行显示，如图3-169所示。

图3-168　绘制圆形

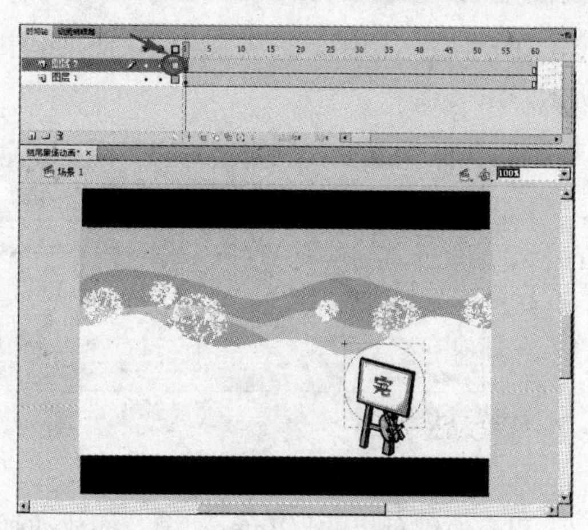

图3-169　线框显示

6）执行菜单中的“修改|转换为元件（快捷键〈F8〉)”命令，将其转换为元件，结果如图3-170所示。

7）选择“图层2”的第35帧，按快捷键〈F6〉，插入关键帧。

8）利用工具箱中的（任意变形工具），将第1帧的圆形元件放大，如图3-171所示。

图3-170　将圆形转换为元件

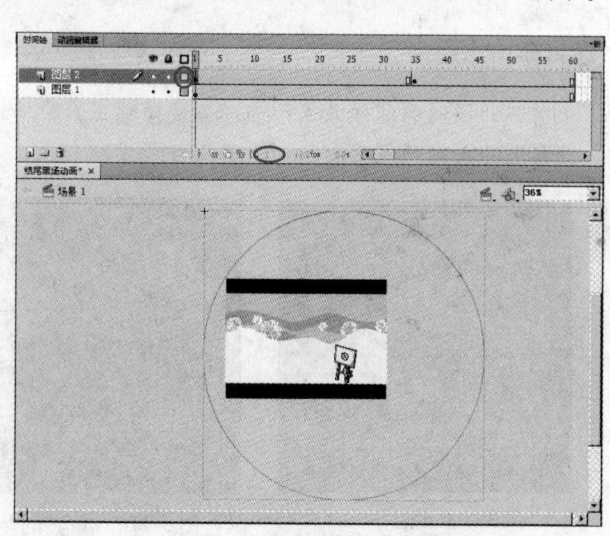

图3-171　将圆形元件放大

9）在“图层2”的第1帧和10帧之间单击右键，从弹出的快捷菜单中选择“创建传统补间”命令，此时时间轴分布如图3-172所示。然后按键盘上的〈Enter〉键，播放动画，即可看到圆形从大变小的动画。

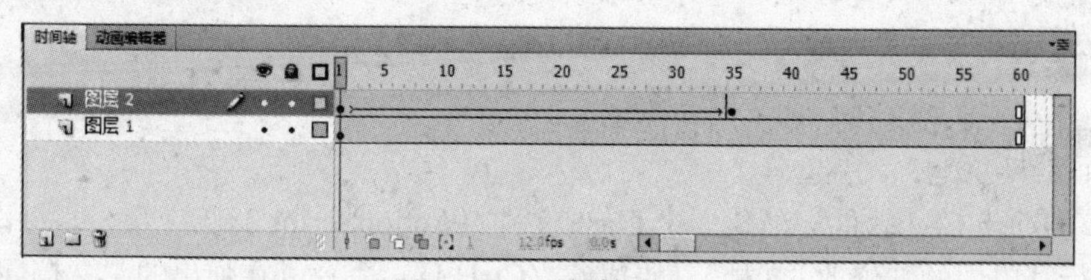

图3-172　时间轴分布

10）右击“图层 2”，从弹出的快捷菜单中选择“遮罩层”命令，此时时间轴分布如图 3-173 所示。

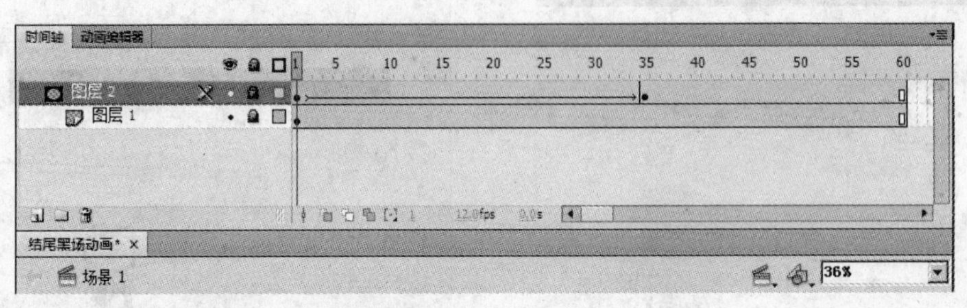

图 3-173　时间轴分布

11）按键盘上的〈Enter〉键，播放动画，即可看到图片可视区域逐渐变小的效果。

12）至此，本例制作完成。执行菜单中的“控制 | 测试影片”（快捷键〈Ctrl+Enter〉）命令，即可观看到遮罩动画效果。

3.14　旋转的球体

目标：

制作三维旋转的球体效果。当球体旋转到正面时，球体上的图案的颜色加深；当旋转到后面时，球体上的图案颜色变浅，如图 3-174 所示。

 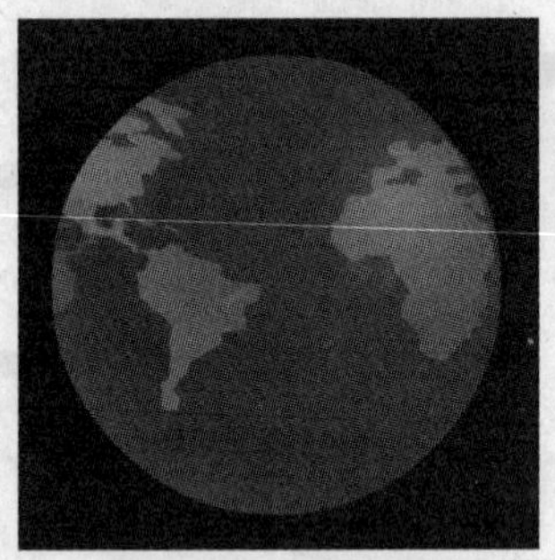 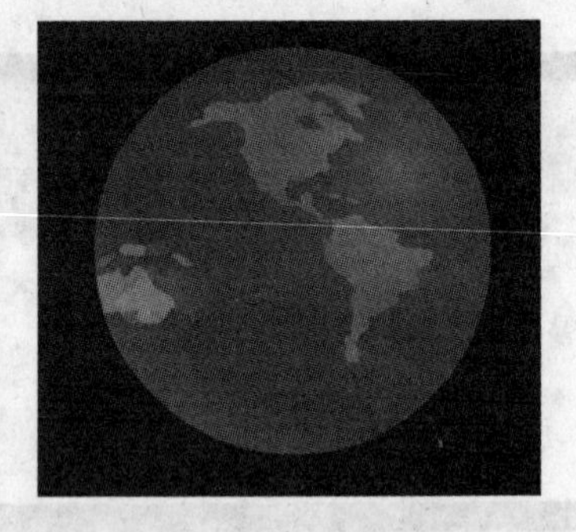

图 3-174　旋转的球体

要点：

掌握利用 Alpha 控制图像的不透明度的方法，以及蒙版的应用。

操作步骤：

1. 新建文件

1）启动 Flash CS4 软件，新建一个 Flash 文件（ActionScript 2.0）。

2）执行菜单中的“修改 | 文档”（快捷键〈Ctrl+J〉）命令，在弹出的“文档属性”对话

框中设置参数，如图3-175所示，然后单击“确定”按钮。

2. 创建“图案”元件

1）执行菜单中的“插入|新建元件”（快捷键〈Ctrl+F8〉）命令，在弹出的“创建新元件”对话框中设置参数，如图3-176所示，然后单击“确定”按钮，进入“图案”元件的编辑模式。

2）在“图案”元件中使用工具箱上的(刷子工具）绘制图形，结果如图3-177所示。

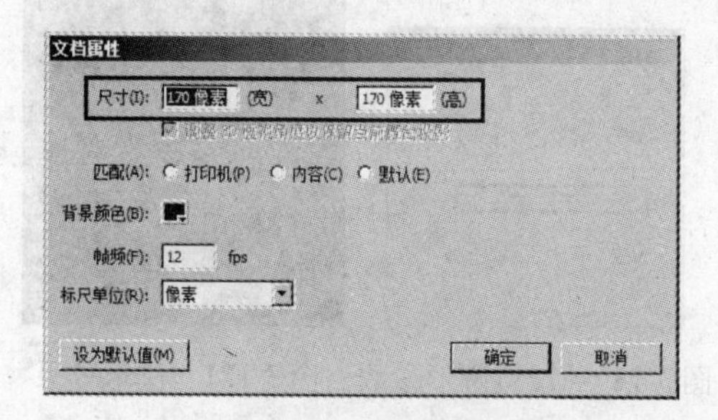

图3-175 设置文档属性

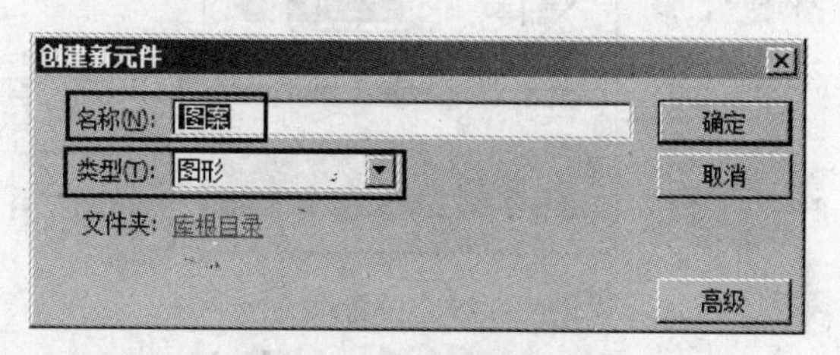

图3-176 创建“图案”元件

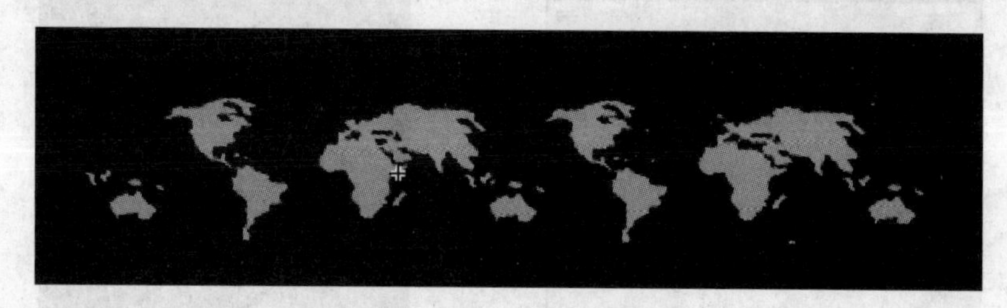

图3-177 绘制图形

3. 创建“球体”元件

1）执行菜单中的“插入|新建元件”（快捷键〈Ctrl+F8〉）命令，在弹出的“创建新元件”对话框中设置参数，如图3-178所示，然后单击“确定”按钮，进入“球体”元件的编辑模式。

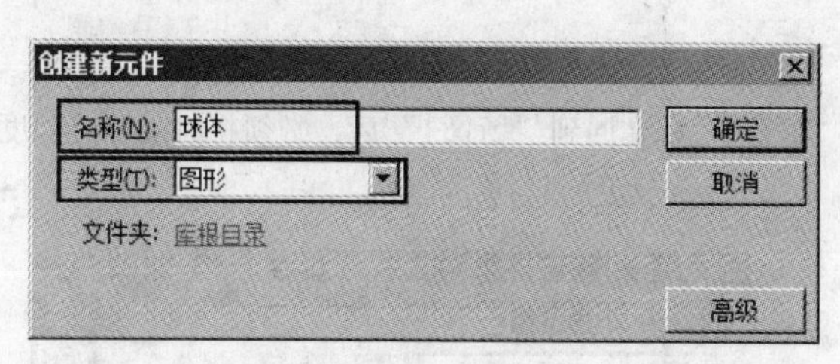

图3-178 创建“球体”元件

2）选择工具箱上的(椭圆工具)，设置笔触为，在“颜色”面板中设置填充如图3-179所示。然后按住〈Shift〉键，在工作区中绘制一个正圆形，参数设置如图3-180所示，结果如图3-181所示。

3）单击工具箱上的(对齐）按钮，在弹出的“对齐”面板中单击(对齐/相对舞台分布）按钮，然后再单击(垂直中齐）和(水平中齐）按钮，如图3-182所示，将正圆形中心对齐。

4）制作球体立体效果。选择工具箱上的 (渐变变形工具)，单击工作区中的圆形，调整渐变色方向如图3-183所示，从而形成向光面和背光面。

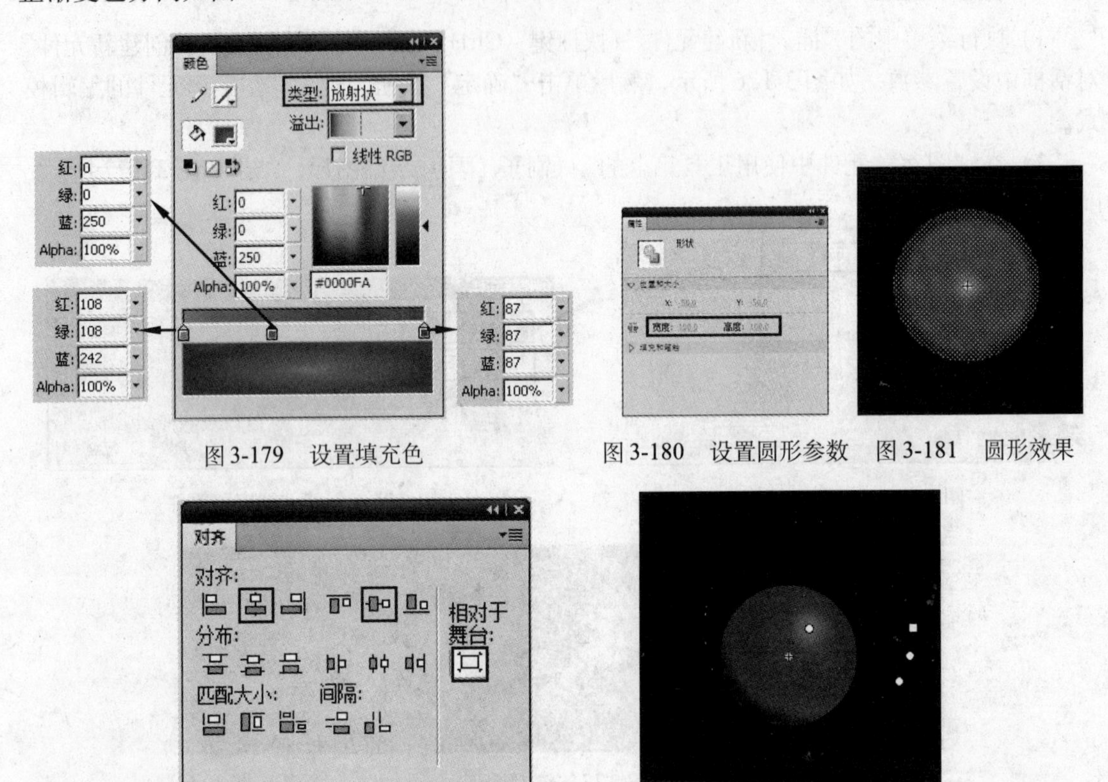

图3-179　设置填充色　　图3-180　设置圆形参数　图3-181　圆形效果

图3-182　设置填充色　　图3-183　设置圆形参数

4. 创建"旋转的球体"元件

1）执行菜单中的"插入|新建元件"（快捷键〈Ctrl+F8〉）命令，在弹出的"创建新元件"对话框中设置参数，如图3-184所示，然后单击"确定"按钮，进入"旋转的球体"元件的编辑模式。

提示：如果此时类型选"图形"，则在回到"场景1"后，必须将时间轴总长度延长到第35帧，否则不能产生动画效果。

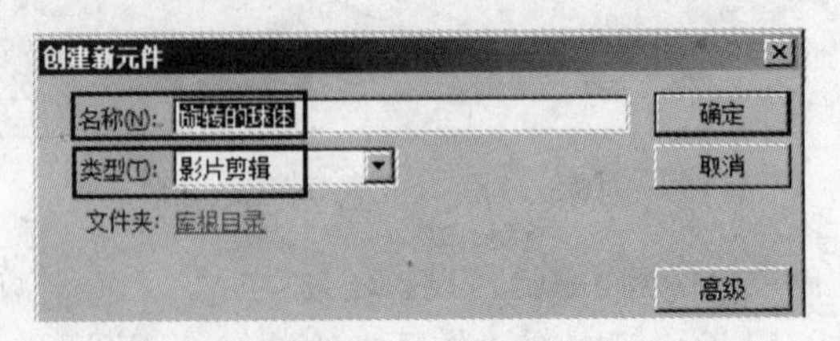

图3-184　创建"旋转的球体"元件

2）将库中的"球体"元件拖入"旋转的球体"元件中，并将图层命名为"球体1"，如图3-185所示。

3）新建“图案1”层，将“图案”元件拖入“旋转的球体”元件中，并调整位置如图3-186所示。

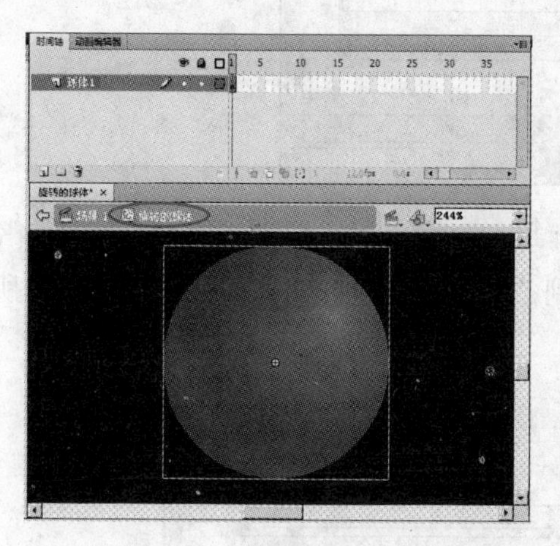

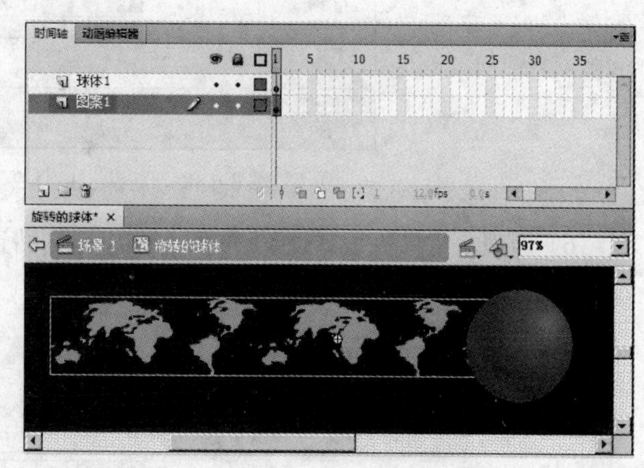

图3-185　将“球体”元件拖入“旋转的球体”元件　　图3-186　“图案”元件拖入“旋转的球体”元件

4）右击“球体1”层的第35帧，在弹出菜单中选择“插入关键帧”（快捷键〈F6〉）命令。然后右击“图案1”层的第35帧，在弹出菜单中选择“插入关键帧”（快捷键〈F6〉）命令，接着将“图案1”元件中心对齐。最后在“图案1”层创建传统补间动画，结果如图3-187所示。

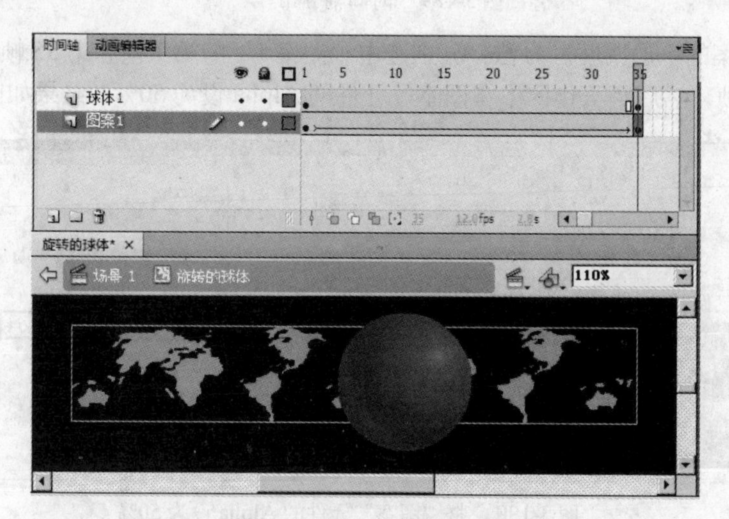

图3-187　在第35帧将“图案1”元件中心对齐

5）新建“球体2”和“图案2”层，如图3-188所示。选择“球体1”层，单击右键，在弹出的快捷菜单中选择“复制帧”（快捷键〈Ctrl+Alt+C〉）命令，然后选择“球体2”层，在弹出的快捷菜单中选择“粘贴帧”（快捷键〈Ctrl+Alt+V〉）命令，将“球体1”层上的所有帧原地粘贴到“球体2”上。接着调整“图案2”上“图案”元件的位置，使其从右往左运动。

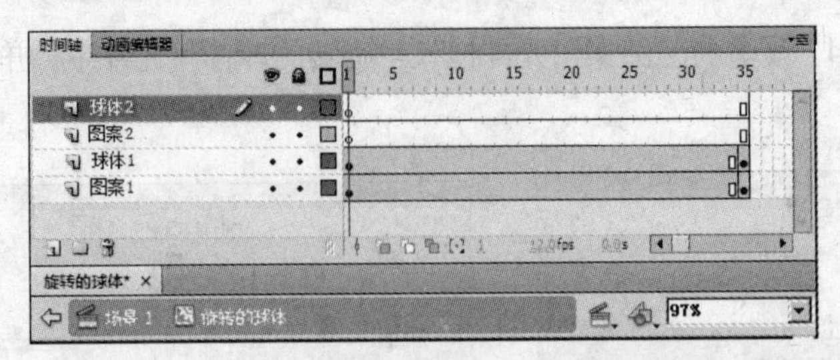

图3-188 新建“球体2”和“图案2”层

6）同理，将“图案1”层上的所有帧原地粘贴到“图案2”上，此时时间轴如图3-189所示。

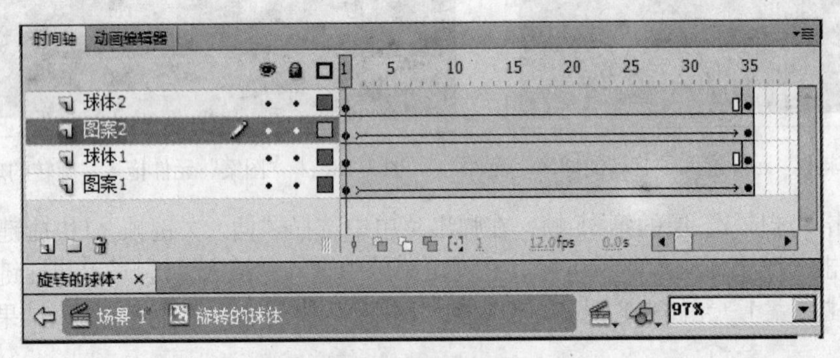

图3-189 时间轴分布

7）降低图案的不透明度。方法：分别选中“图案1”的第1帧和第35帧，“图案2”的第1帧和第35帧，然后将工作区中“图案”元件的Alpha设为50%，结果如图3-190所示。

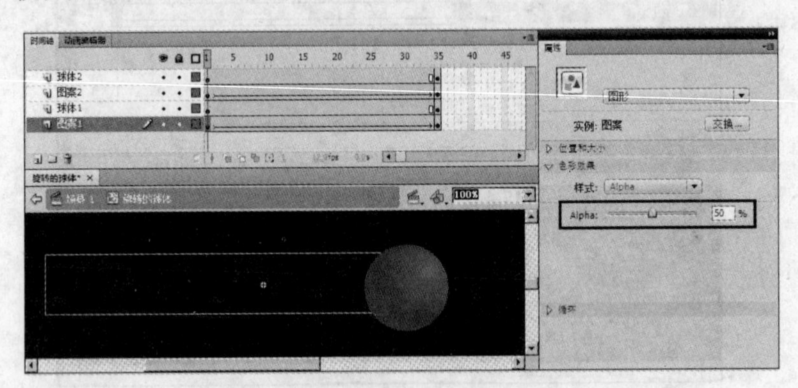

图3-190 将“图案”元件的Alpha设为50%

8）制作蒙版。方法：分别在时间轴中“球体1”和“球体2”的名称上单击右键，在弹出的快捷菜单中选择“遮罩层”命令，此时时间轴分布如图3-191所示。

9）在“球体1”层的上方新建“球体3”层，然后从库中将“球体”元件拖入到“旋转的球体”元件中，并调整中心对齐。再将其Alpha值设为70%。接着重新锁定“球体1”层，结果如图3-192所示。至此，“旋转的球体”元件制作完毕。

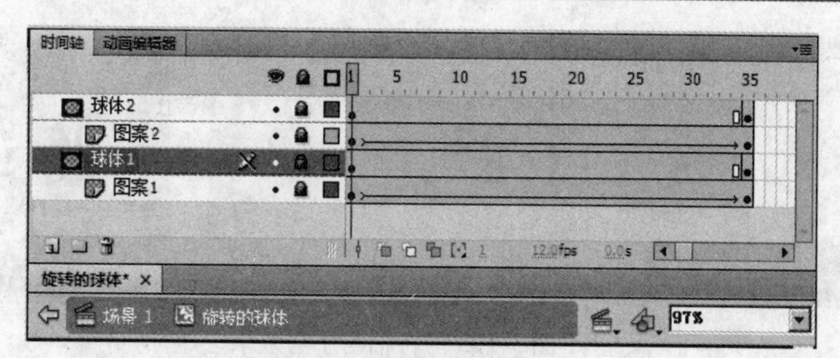

图 3-191　时间轴分布

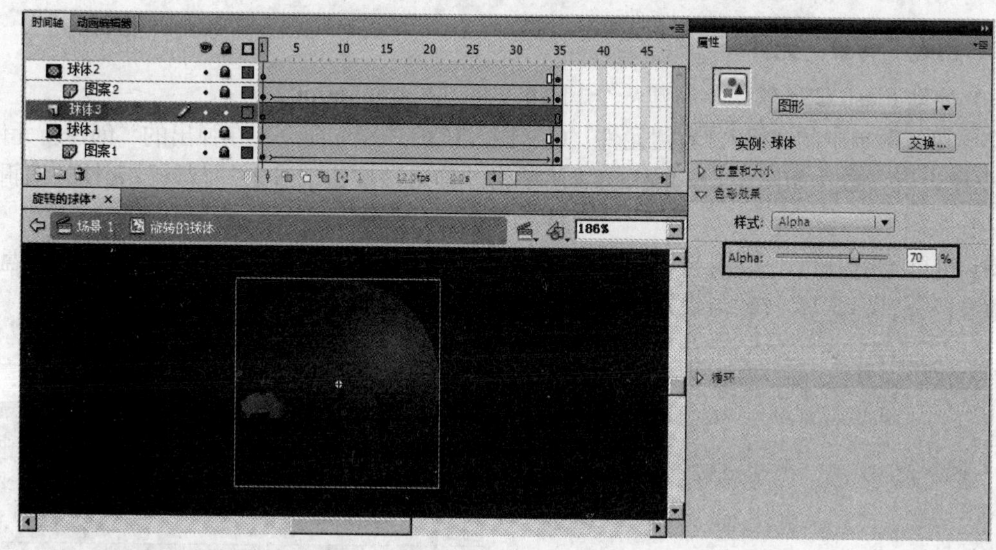

图 3-192　最终效果

5. 合成场景

1）单击时间轴上方的 场景 1 按钮，回到“场景 1”，从库中将“旋转的球体”元件拖入到场景中心。

2）至此，整个动画制作完成。执行菜单中的“控制 | 测试影片”（快捷键〈Ctrl+Enter〉）命令打开播放器，即可观看效果。

3.15　转轴与手写效果

目标：

制作在音乐声中逐渐展开的画卷，当画卷完全展开后出现逐笔手写的文字效果，如图 3-193 所示。

要点：

掌握图片和声音文件的导入、运动补间动画的创建及蒙版的使用方法。

图 3-193　转轴与手写效果

操作步骤：

1. 创建“背景”元件

1）启动 Flash CS4 软件，新建一个 Flash 文件（ActionScript 2.0）。

2）执行菜单中的“插入|新建元件”（快捷键〈Ctrl+F8〉）命令，在弹出的“创建新元件”对话框中设置参数，如图 3-194 所示，然后单击“确定”按钮，进入“背景”元件的编辑状态。

3）执行菜单中的“文件|导入|导入到舞台”（快捷键〈Ctrl+R〉）命令，导入配套光盘中的“素材及结果\3.15 转轴与手写效果\背景.jpg”图片，结果如图 3-195 所示。

提示：创建“背景”元件的目的是为了以后改变“背景”图片的颜色。

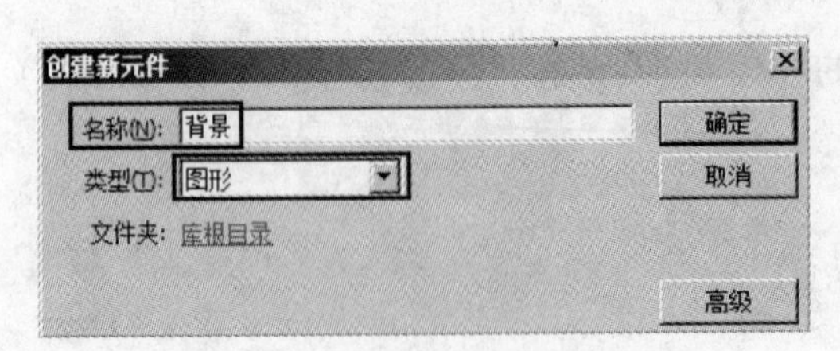

图 3-194　创建“背景”元件

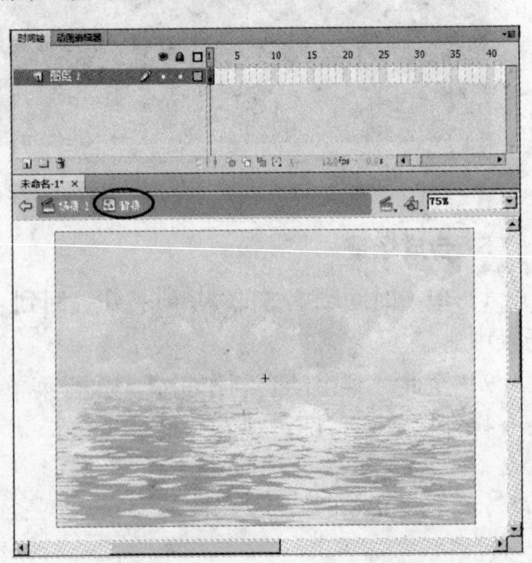

图 3-195　导入图片

2. 创建“转轴”元件

1）执行菜单中的“插入|新建元件”（快捷键〈Ctrl+F8〉）命令，在弹出的“创建新元件”对话框中设置参数，如图 3-196 所示，然后单击“确定”按钮，进入“转轴”元件的编辑状态。

2）在“转轴”元件中，利用工具箱上的□（矩形工具）和○（椭圆工具）绘制转轴，转轴两端填充如图 3-197 所示，中间填充如图 3-198 所示，结果如图 3-199 所示。

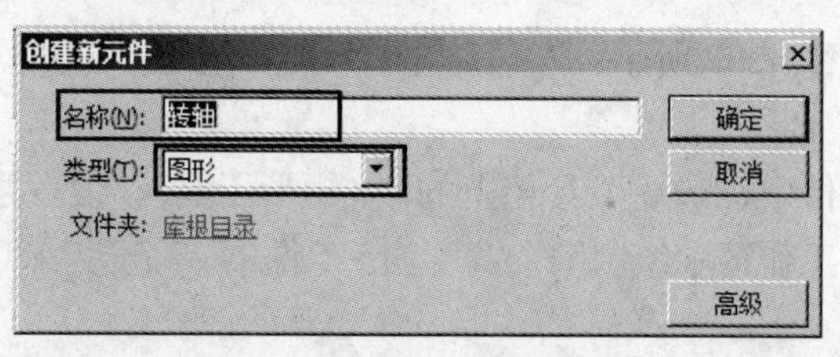

图3-196 创建"转轴"元件

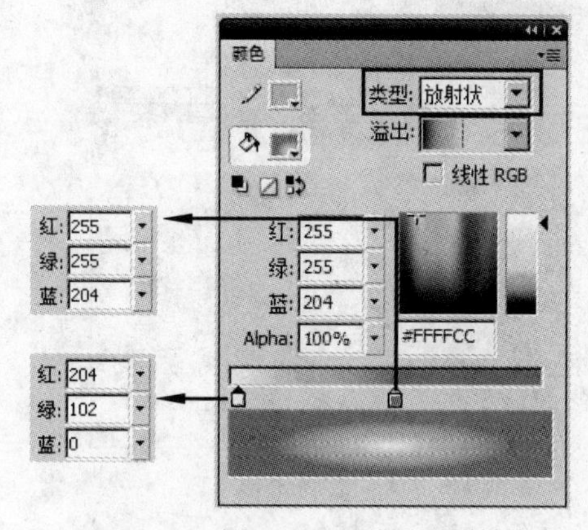

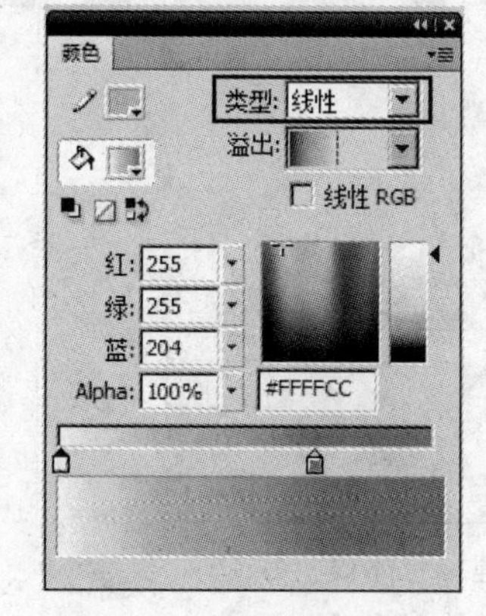

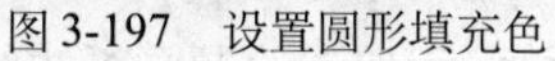

图3-197 设置圆形填充色　　图3-198 设置矩形填充色　　图3-199 转轴效果

3. 创建"蒙版"元件

1）执行菜单中的"插入|新建元件"（快捷键〈Ctrl+F8〉）命令，在弹出的"创建新元件"对话框中设置参数，如图3-200所示，然后单击"确定"按钮，进入"蒙版"元件的编辑状态。

2）在"蒙版"元件中，利用工具箱上的 (线条工具) 绘制线段（颜色不限），参数设置及结果如图3-201所示。

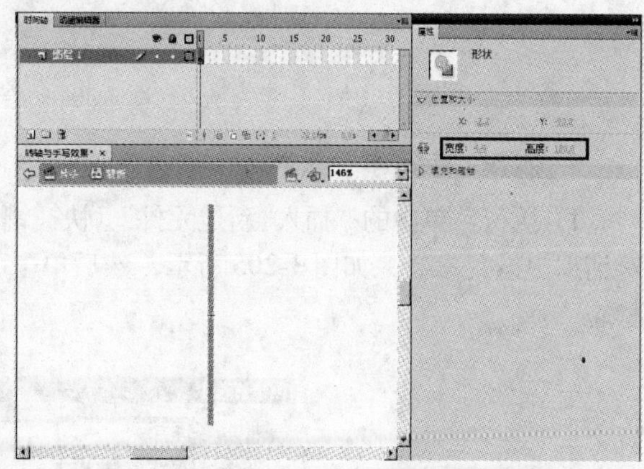

图3-200 创建"蒙版"元件　　图3-201 绘制线条

4. 制作"卷标C"元件

1）执行菜单中的"插入|新建元件"（快捷键〈Ctrl+F8〉）命令，在弹出的"创建新元件"

对话框中设置参数，如图3-202所示，然后单击“确定”按钮，进入“卷标C”元件的编辑状态。

2）在“卷标C”元件中，选择工具箱上的□（矩形工具），设置笔触颜色为无，填充为黄褐色（#FFCC99），在工作区中绘制一个宽度为375像素，高度为180像素的矩形，如图3-203所示。

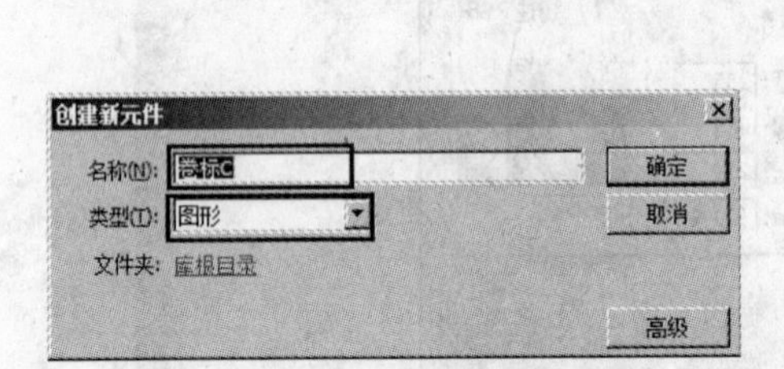

图3-202 创建“卷标C”元件

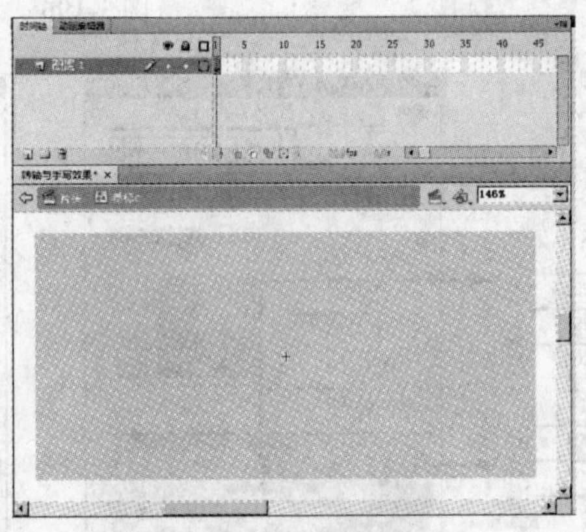

图3-203 绘制矩形

3）新建“图层2”层，然后利用工具箱上的╲（线条工具），绘制画纸边缘的装饰线，结果如图3-204所示。

图3-204 绘制线条

5. 制作“手写字”元件

1）执行菜单中的“插入|新建元件”（快捷键〈Ctrl+F8〉）命令，在弹出的“创建新元件”对话框中设置参数，如图3-205所示，然后单击“确定”按钮，进入“手写字”元件的编辑状态。

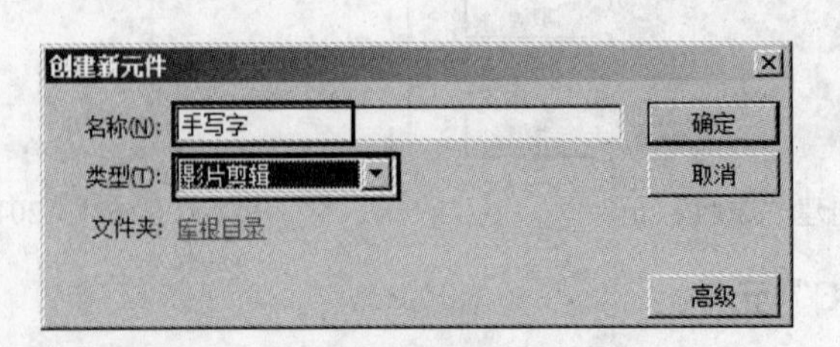

图3-205 创建“手写字”元件

2）在“手写字”元件中，选择工具箱上的 A（文本工具），输入文字“将进酒”，然后执行菜单中的“修改|分离”（快捷键〈Ctrl+B〉）命令两次，将文字分离为图形。接着利用工具箱上的（橡皮擦工具）逐帧处理文字，从而形成文字逐笔手写显现的效果，结果如图3-206所示。

图3-206 制作文字逐笔手写显现的效果

6. 制作“卷标”元件

1）执行菜单中的“插入|新建元件”（快捷键〈Ctrl+F8〉）命令，在弹出的“创建新元件”对话框中设置参数，如图3-207所示，然后单击“确定”按钮，进入“卷标”元件的编辑状态。

2）从库中将“卷标”元件拖入到“卷标C”元件中，将“图层1”命名为“画纸”。然后在“画纸”层的第50帧单击右键，在弹出的快捷菜单中选择“插入帧”（快捷键〈F5〉）命令，将“画纸”层延长到第50帧，结果如图3-208所示。

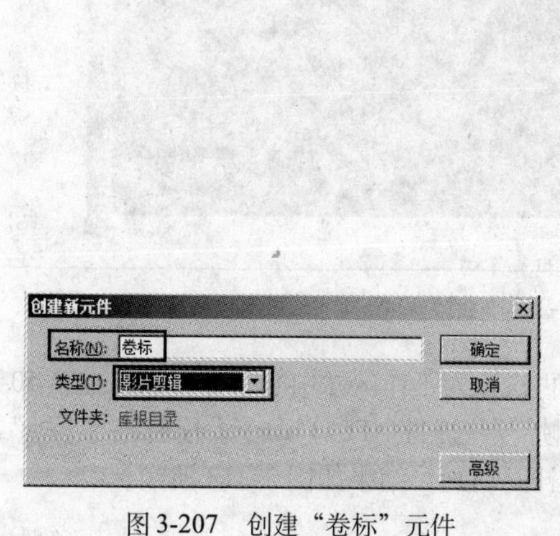

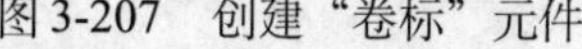
图3-207 创建“卷标”元件

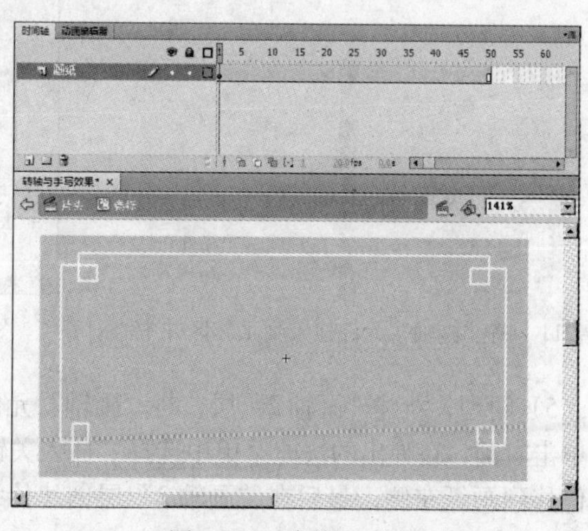

图3-208 在第50帧插入帧

3）新建“蒙版”层，将“蒙版”元件拖入到工作区并中心对齐，如图3-209所示。然后在第50帧单击右键，在弹出的快捷菜单中选择“插入关键帧”命令。接着利用工具箱上的

(任意变形工具）将拖入的“蒙版”元件缩放到与画纸等大。最后在“蒙版”层创建传统补间动画，结果如图3-210所示。

图3-209 将“蒙版”元件拖入到工作区并中心对齐

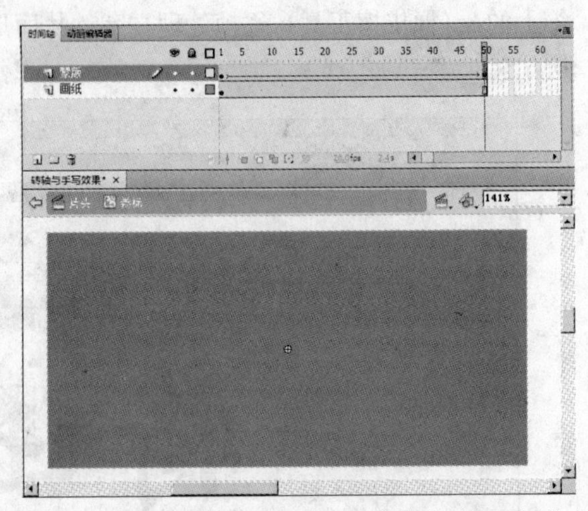

图3-210 在第50帧将“蒙版”元件缩放到与画纸等大

4）新建“画轴1”层，将“画轴”元件拖入到工作区并中心对齐，如图3-211所示。然后在第50帧单击右键，在弹出的快捷菜单中选择“插入关键帧”(快捷键〈F6〉)命令。接着将“画轴”元件移到画纸右侧。最后在“画轴1”层创建传统补间动画，结果如图3-212所示。

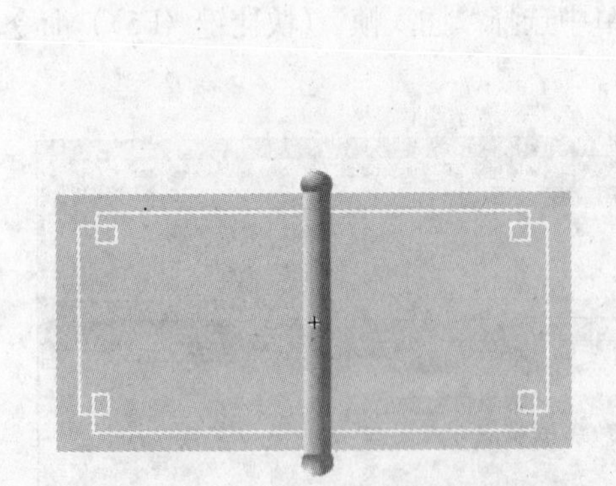

图3-211 将“画轴”元件拖入到工作区并中心对齐

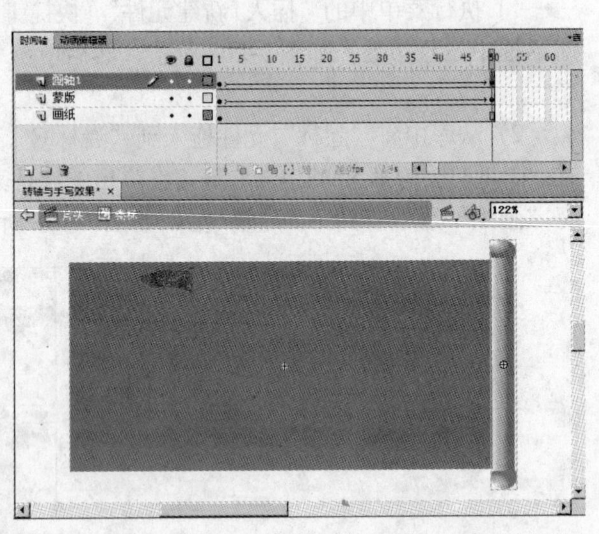

图3-212 在第50帧将“画轴”元件移到画纸右侧

5）同理，新建“画轴2”层，将“画轴”元件再次拖入工作区并中心对齐。然后在第50帧单击右键，在弹出的快捷菜单中选择“插入关键帧”（快捷键〈F6〉）命令。接着将“画轴”元件移到画纸左侧。最后在“画轴2”层创建传统补间动画，结果如图3-213所示。

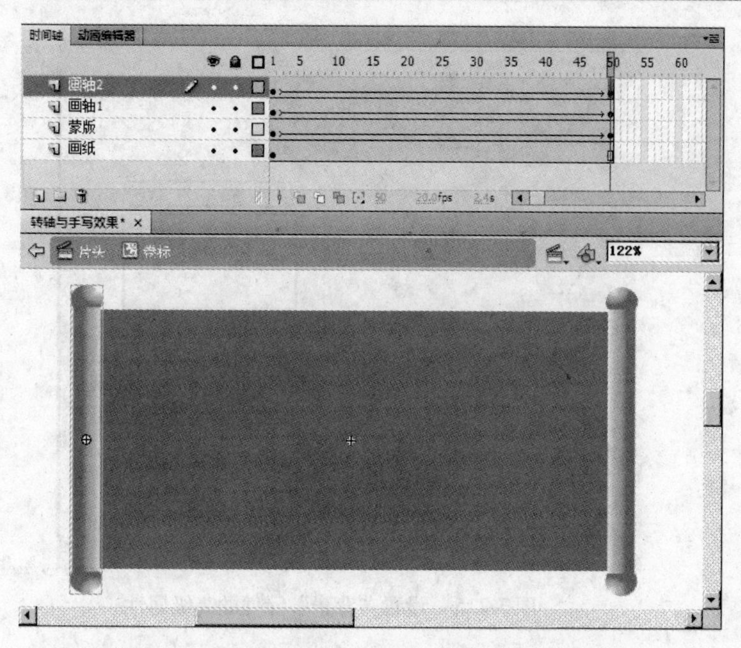

图3-213　在第50帧将“画轴”元件移到画纸左侧

6）为了使画轴展开后原地停止，下面单击“画轴2”的第50帧，在“动作”面板中输入语句：

```
stop();
```

7）右击“蒙版”层，从弹出的快捷菜单中选择“遮罩层”命令，此时时间轴分布如图3-214所示。

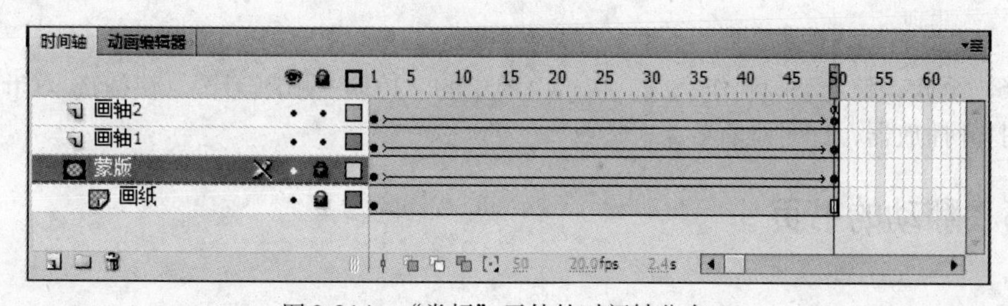

图3-214　“卷标”元件的时间轴分布

7. 合成场景

1）单击时间轴上方的场景1按钮，回到“场景1”。从库中将“背景”元件拖入场景，然后利用工具箱上的（任意变形工具），将其充满画面。接着在图层的第235帧单击右键，在弹出的快捷菜单中选择“插入帧”命令，将该层的帧数延长到第235帧。

2）改变背景的颜色。方法：选中场景中的“背景”元件，在“属性”面板中设置“背景”元件的参数如图3-215所示，此时“背景”元件的颜色发生了变化。

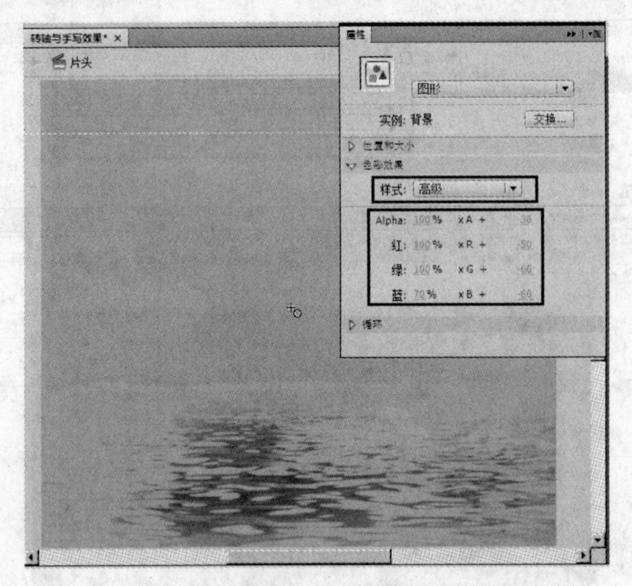

图 3-215 设置“背景”元件的高级属性

3）执行菜单中的“文件 | 导入 | 导入到舞台”（快捷键〈Ctrl+R〉）命令，导入配套光盘中的“3.15 转轴与手写效果 \ 片头音乐.wav”音乐文件。然后新建 music 图层，将库中的“片头音乐.wav”拖入场景。

4）新建“卷标”层，将“卷标”元件拖入场景并中心对齐。

5）新建“手写字”图层，在第 51 帧单击右键，在弹出的快捷菜单中选择“插入空白关键帧”（快捷键〈F7〉）命令。然后将库中的“手写字”元件拖入场景。

提示：在第 51 帧插入空白的关键帧后，再将“手写字”元件拖入场景，是为了使手写字在画卷展开后出现。

6）至此，整个动画制作完成。执行菜单中的“控制 | 测试影片”（快捷键〈Ctrl+Enter〉）命令打开播放器，即可观看效果。

3.16 翻动的书页

**目标**：

制作书页从左到右翻动的效果，如图 3-216 所示。

图 3-216 翻动的书页

要点：

掌握利用添加形状提示点来控制书页翻动的方法。

操作步骤：

1. 制作书页翻动的效果

1）启动Flash CS4软件，新建一个Flash文件（ActionScript 2.0）。

2）选择工具箱上的（矩形工具），设置笔触颜色为黑色，笔触高度为1，填充色为任意颜色，然后在工作区中拖曳出一个矩形。

3）在“属性”面板中设置矩形参数如图3-217所示，结果如图3-218所示。

4）选择工具箱上的（选择工具），在工作区中将矩形的上下两条边线向上拖曳成弧形，如图3-219所示。

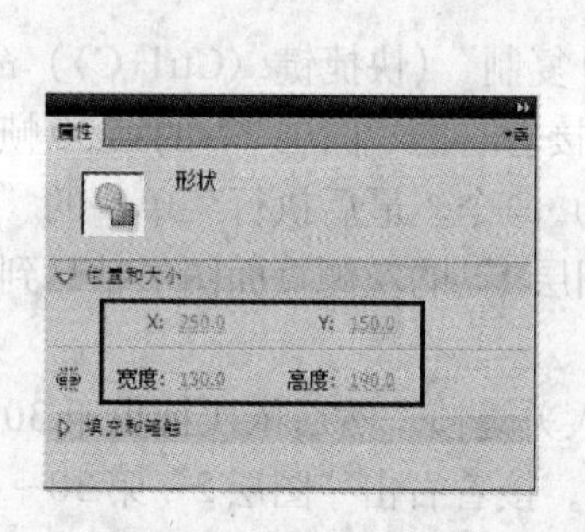

图3-217　设置矩形参数

图3-218　绘制矩形

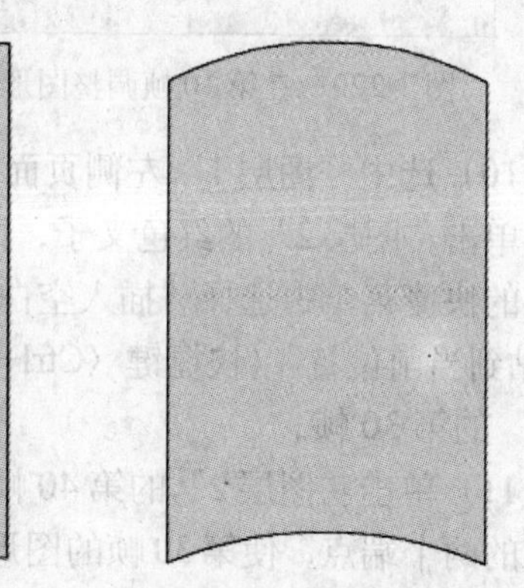

图3-219　调整矩形形状

5）执行菜单中的“编辑|全选”（快捷键〈Ctrl+A〉）命令，选中所有图形，然后执行菜单中的“编辑|复制”（快捷键〈Ctrl+C〉）命令，复制所有的图形。

6）单击时间轴下方的（插入图层）按钮，新建“图层2”，然后执行菜单中的“编辑|粘贴到当前位置”（快捷键〈Ctrl+Shift+V〉）命令，在“图层2”上复制一个与“图层1”相同的图形。

提示： 因为页面翻起后，水平位置还保留书本的图形，所以在“图层1”上方增加“图层2”，并在“图层2”中复制与“图层1”相同的图形。这样，当“图层2”的页面翻动时，“图层1”的页面保持不动，从而形成书本翻页的效果。

7）右击“图层2”的第10帧，从弹出的快捷菜单中选择“插入关键帧”（快捷键〈F6〉）命令，然后取消对第10帧中图形的选择，依次拖曳矩形右侧的两个端点，使第10帧中的图形变成向右上方倾斜的页面形状，如图3-220所示。

8）右击“图层2”第1～10帧中的任意一帧，从弹出的快捷菜单中选择“创建补间形状”命令。然后单击“图层2”（眼睛）图标下的圆点，使其出现红色叉子，表示隐藏该图层。

9）单击“图层 1”的第 1 帧，从而选中该帧的所有图形，然后按住键盘上的〈Shift〉和〈Alt〉键向左拖动选中的图形，从而复制出一个新的图形。接着将它的右边线与原图形的左边线重合，结果如图 3-221 所示。

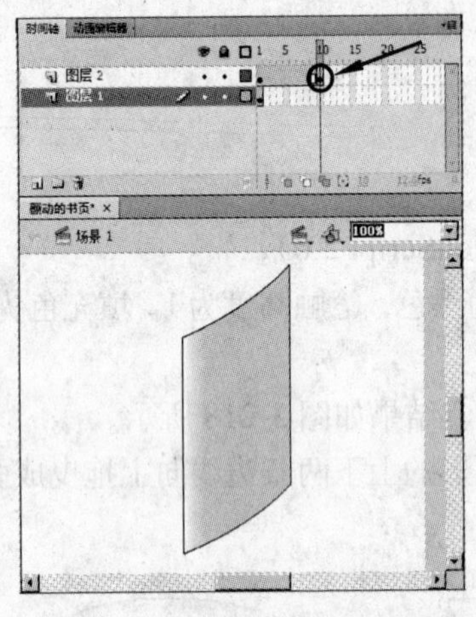

图 3-220　在第 10 帧调整图形

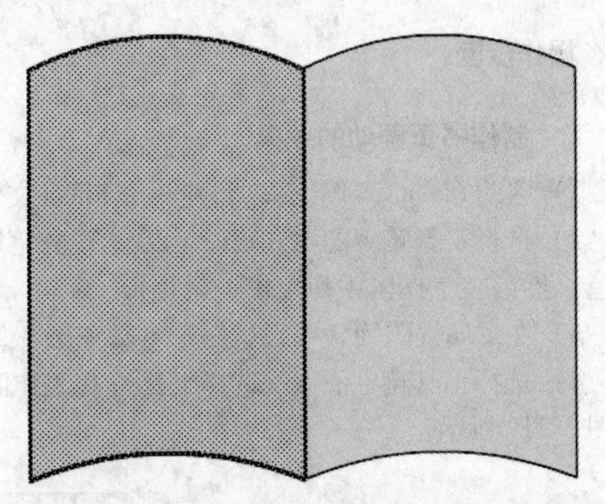

图 3-221　在第 1 帧复制图形

10）选中“图层 1”左侧页面，执行菜单中的“编辑 | 复制”（快捷键〈Ctrl+C〉）命令，然后单击“图层 2”的红色叉子，恢复“图层 2”的显示。接着右击“图层 2”的第 30 帧，从弹出的快捷菜单中选择“插入空白关键帧”（快捷键〈F7〉）命令。最后执行菜单中的“编辑 | 粘贴到当前位置”（快捷键〈Ctrl+Shift+V〉）命令，将“图层 1”的左侧页面图形粘贴到“图层 2”的第 30 帧。

11）单击“图层 2”的第 40 帧，按快捷键〈F6〉，插入关键帧。然后依次拖曳第 30 帧中左侧的两个端点，使第 30 帧的图形变成左上方倾斜的页面。接着右击“图层 2”第 30～40 帧中的任意一帧，从弹出的快捷菜单中选择“创建补间形状”命令，结果如图 3-222 所示。

12）右击“图层 2”的第 20 帧，从弹出的快捷菜单中选择“插入关键帧”（快捷键〈F6〉）命令，然后利用（选择工具）依次拖曳矩形右侧的两个端点，如图 3-223 所示。

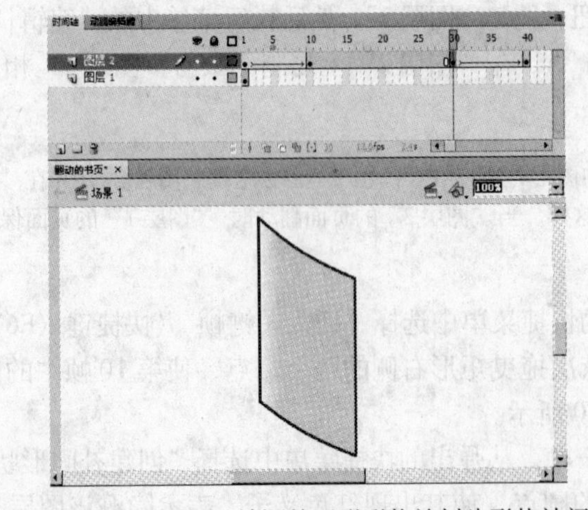

图 3-222　在第 30 帧调整图形形状并创建形状补间

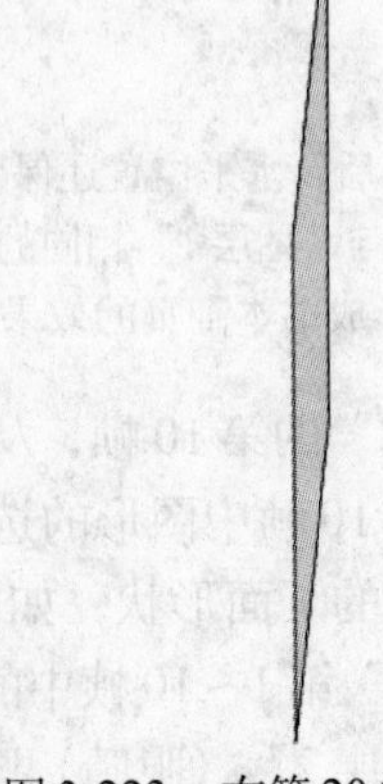

图 3-223　在第 20 帧调整矩形形状

13）在第 11~19 帧之间创建补间形状动画。

14）此时按键盘上的〈Enter〉键预览，发现在书页翻开过程中会出现跳动的现象，下面就来解决这个问题。方法：单击“图层 2”的第 10 帧，执行菜单中的“修改 | 形状 | 添加形状提示”（快捷键〈Ctrl+H〉）命令，添加一个名称为“a”的形状提示点。然后，同理添加“b”、“c”、“d” 3 个形状提示点。接着激活工具栏中的 （贴紧至对象）按钮，分别将它们移动到图形的 4 个端点上，如图 3-224 所示。

15）单击“图层 2”的第 20 帧，利用 （选择工具）将 4 个形状提示点拖动到相应的 4 个端点上，如图 3-225 所示。

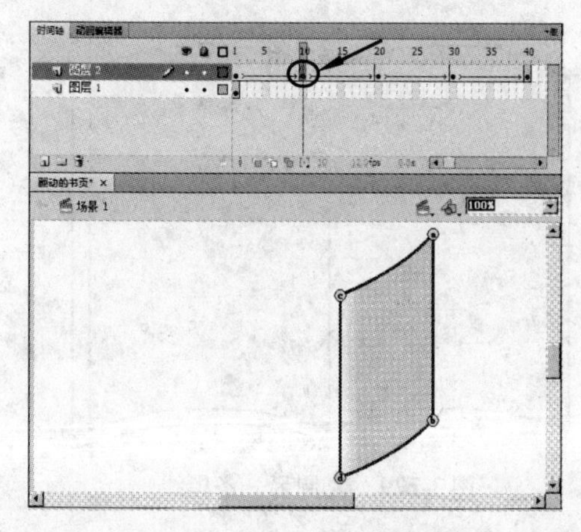

图 3-224　在第 10 帧将形状提示点移动到 4 个端点上

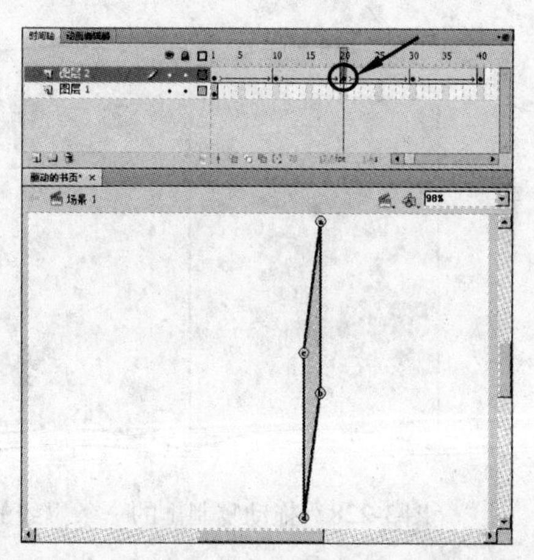

图 3-225　在第 20 帧移动形状提示点的位置

提示：这 4 个形状提示点控制了从右上方倾斜页面到垂直页面的翻动过程，当页面翻动时，第 10 帧中的 a、b、c、d 点会相应地移动到第 20 帧的 a、b、c、d 点处。

16）为了控制第 20～30 帧的翻页效果，需要在第 20 帧重新添加形状提示点，如图 3-226 所示。单击“图层 2”的第 30 帧，利用 （选择工具）将 4 个形状提示点拖动到相应的 4 个端点上，如图 3-227 所示。

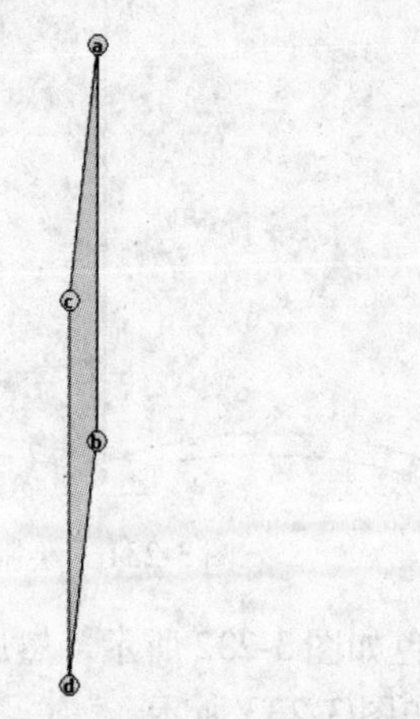

图 3-226　在第 20 帧重新添加形状提示点

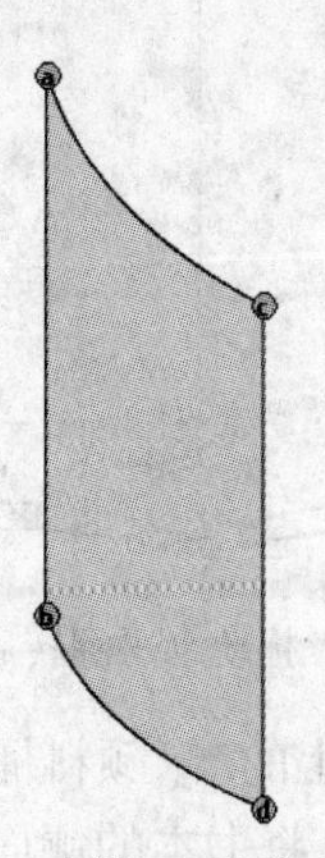

图 3-227　在第 30 帧移动 4 个形状提示点

2. 制作书页的厚度

1）单击“图层 2”名称栏中 (眼睛) 图标下的圆点，出现红色叉子，使之处于不可见状态。

2）单击“图层 1”的第 1 帧，取消对图形的选择，然后单击右侧书页下方的一条黑线，将它选中。

3）按住键盘上的〈Alt〉键，向下拖曳选中的黑线，将复制出的黑线拖动到如图 3-228 所示的位置。

4）同理，复制出另一条黑线，如图 3-229 所示。

图 3-228 拖动复制出的一条黑线的位置

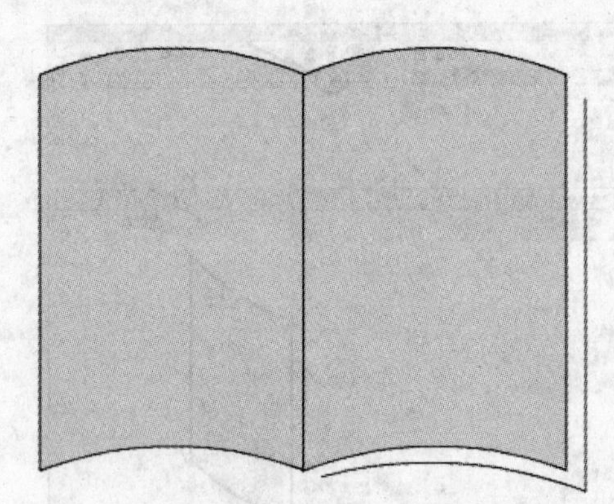

图 3-229 复制另一条黑线

5）选中复制后的两条直线，执行菜单中的“编辑 | 复制”（快捷键〈Ctrl+C〉）命令，然后执行菜单中的“编辑 | 粘贴到当前位置”（快捷键〈Ctrl+Shift+V〉）命令，在原地复制两条黑线。

6）执行菜单中的“修改 | 变形 | 水平翻转”命令，将水平翻转后的图形拖动到如图 3-230 所示的位置。然后选择工具箱上的 (线条工具)，在工作区中绘制直线，如图 3-231 所示。

图 3-230 拖动水平翻转后的图形

图 3-231 绘制直线

7）选择工具箱上的 (颜料桶工具)，设置填充色如图 3-232 所示。然后在书本图形侧面的空白处单击鼠标，将书本的侧面填充成渐变色，如图 3-233 所示。

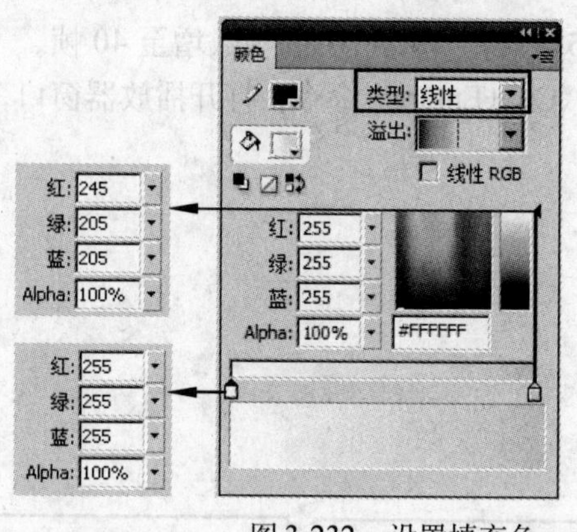

图 3-232　设置填充色

图 3-233　填充侧面

8）调整渐变色如图 3-234 所示，然后对“图层 1”书本左右两侧的页面进行填充，结果如图 3-235 所示。

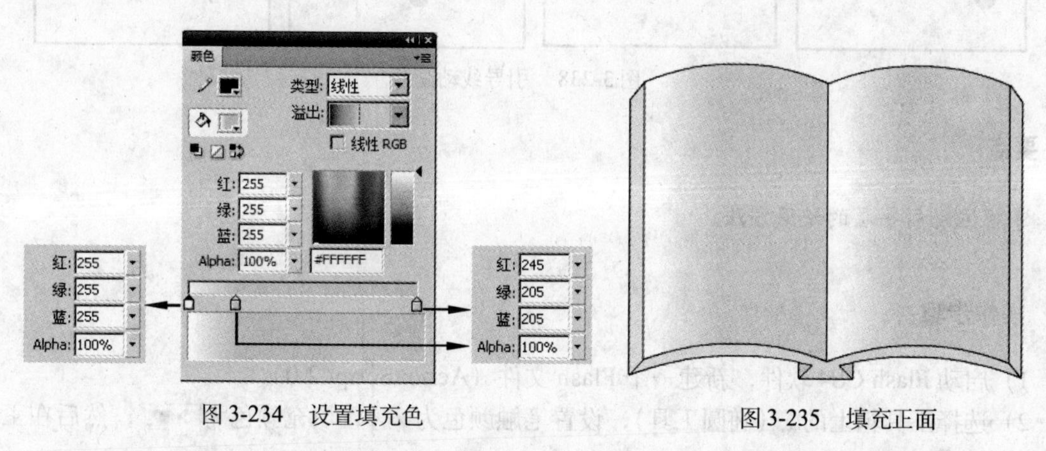

图 3-234　设置填充色　　　　图 3-235　填充正面

9）单击“图层 2”名称栏中的红色叉子，使“图层 2”处于选择状态。

10）选择工具箱上的(颜料桶工具)，在“图层 2”的第 1 帧对书本右侧页面进行填充；在第 40 帧对书本左侧页面进行填充；在第 10 帧对翻起的右上方倾斜页面进行填充，如图 3-236 所示；在第 30 帧对翻起的左上方倾斜页面进行填充，如图 3-237 所示。

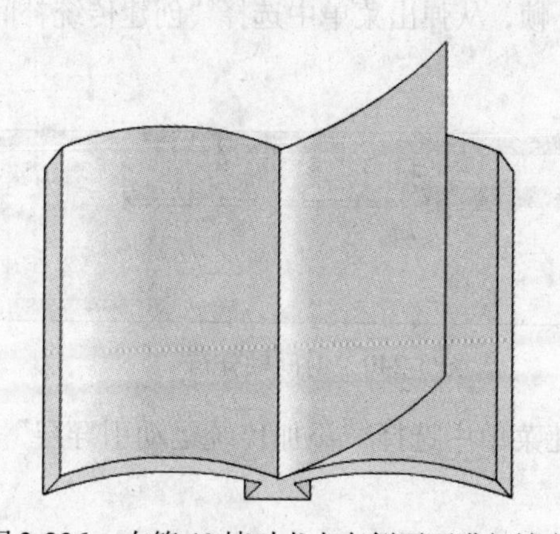

图 3-236　在第 40 帧对书本左侧页面进行填充

图 3-237　在第 30 帧对翻起的左上方倾斜页面进行填充

11）选择“图层 1”的第 40 帧，按快捷键〈F5〉，将“图层 1”的帧数增至 40 帧。

12）执行菜单中的“控制|测试影片”（快捷键〈Ctrl+Enter〉）命令，打开播放器窗口，即可看到翻动的书页效果。

3.17 引导线动画

目标：

制作一个沿路径运动的小球，如图 3-238 所示。

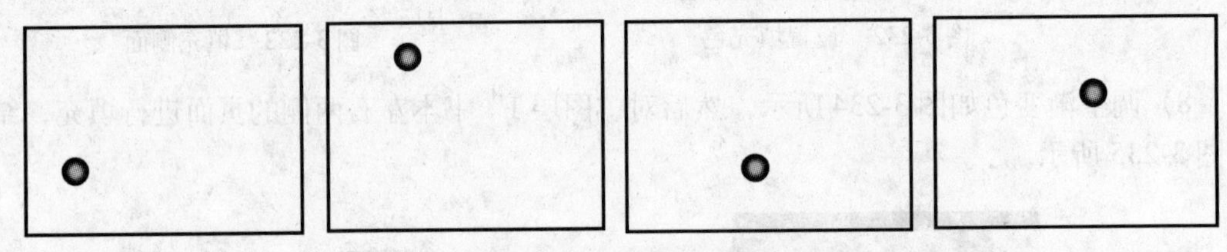

图 3-238 引导线动画

要点：

掌握运动引导层的使用方法。

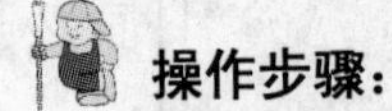

操作步骤：

1）启动 Flash CS4 软件，新建一个 Flash 文件（ActionScript 2.0）。

2）选择工具箱上的 （椭圆工具），设置笔触颜色为 ，填充颜色为 ，然后在工作区中绘制正圆形。

3）执行菜单中的“修改|转换为元件”命令，在弹出的“转换为元件”对话框中设置参数，如图 3-239 所示，然后单击“确定”按钮。

4）右击时间轴的第 30 帧，在弹出的快捷菜单中选择“插入关键帧”（快捷键〈F6〉）命令，从而在第 30 帧处插入一个关键帧。然后右击第 1 帧，从弹出菜单中选择“创建传统补间”命令，此时时间轴分布如图 3-240 所示。

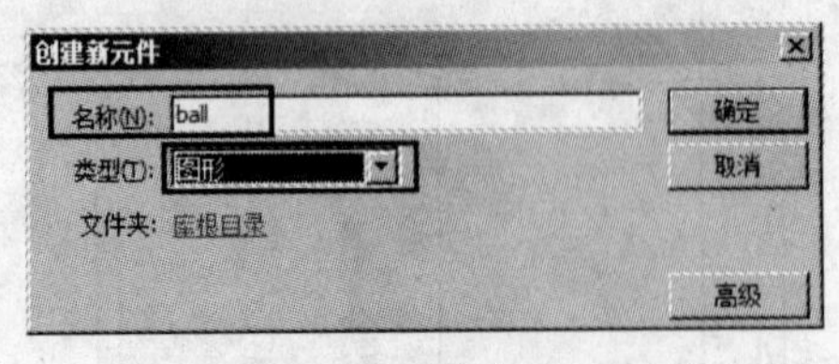

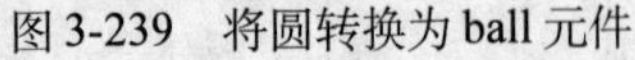

图 3-239 将圆转换为 ball 元件

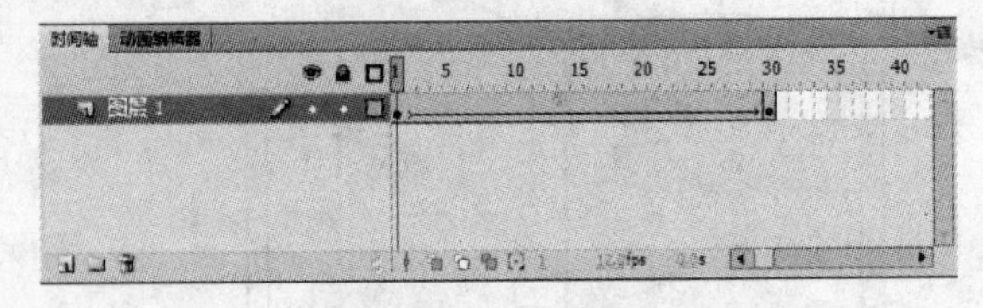

图 3-240 时间轴分布

5）右击时间轴左侧的“图层 1”，从弹出的快捷菜单中选择“添加传统运动引导层”命令，添加引导线，如图 3-241 所示。

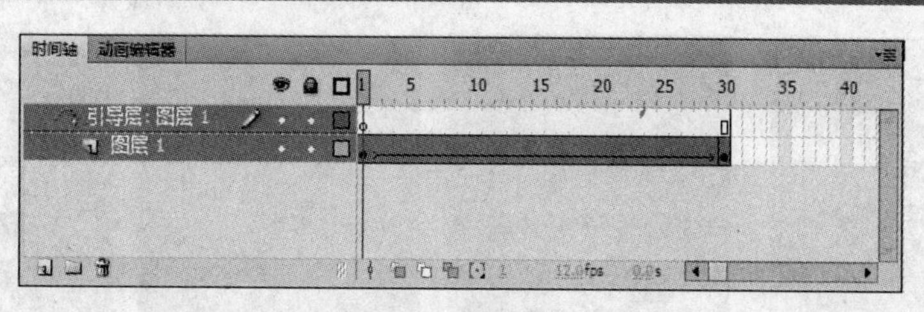

图 3-241　添加引导层

6）选择工具箱上的○（椭圆工具），设置笔触颜色为，填充颜色为，然后在工作区中绘制椭圆形，结果如图 3-242 所示。

7）选择工具箱上的（选择工具），框选椭圆的下方部分，然后按键盘上的〈Delete〉键将其删除，结果如图 3-243 所示。

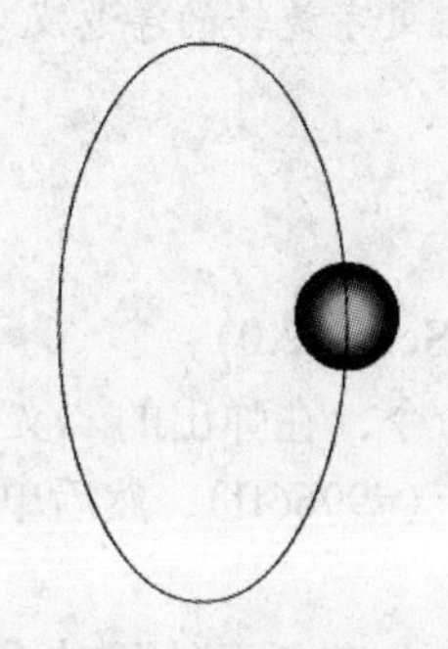

图 3-242　绘制椭圆形

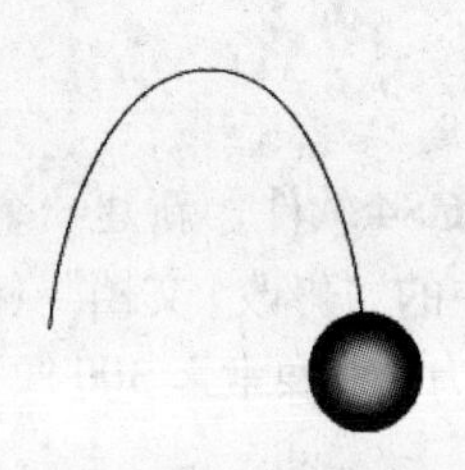

图 3-243　删除椭圆形下方部分

8）同理，绘制其余的 3 个椭圆并删除下半部分。

9）利用工具箱上的（选择工具），将 4 个圆相接。然后回到“图层 1”，在第 1 帧放置小球，如图 3-244 所示。接着在第 30 帧放置小球，如图 3-245 所示。

提示：每两个椭圆间只能有一个点相连接，如果相接的不是一个点而是一条线，则小球会沿直线运动而不是沿圆形路径运动。

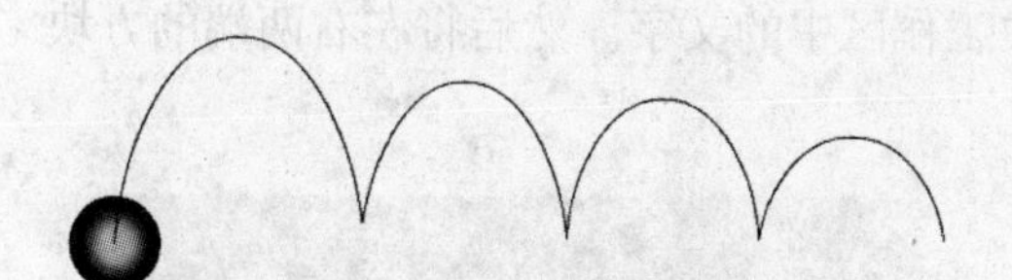

图 3-244　在第 1 帧放置小球

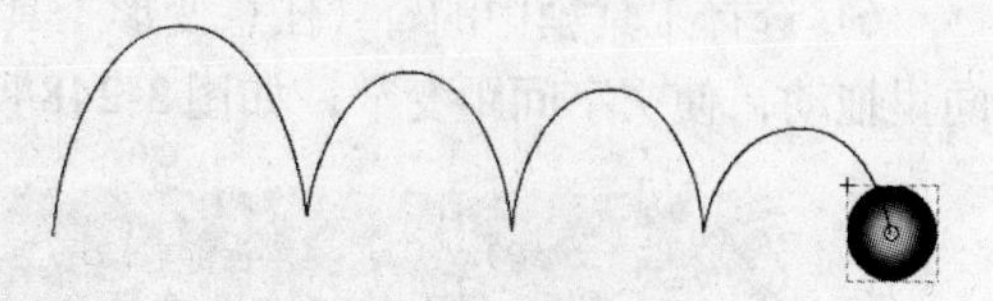

图 3-245　在第 30 帧放置小球

10）执行菜单中的“控制 | 测试影片”（快捷键〈Ctrl+Enter〉）命令，即可看到小球依次沿 4 个椭圆运动的效果。

3.18　洋葱皮效果的旋转文字

目标：

制作旋转的文字，在文字旋转的过程中会出现洋葱皮效果，如图 3-246 所示。

图 3-246　洋葱皮效果的旋转文字

要点：

制作一个文字图形元件，然后将这个元件调入场景中复制，使它们依次排列、依次出现、再依次消失，并将文字实例的透明度依次增大，这样即可制作出文字旋转的洋葱皮效果。

操作步骤：

1）启动 Flash CS4 软件，新建一个 Flash 文件（ActionScript 2.0）。

2）执行菜单中的“修改 | 文档”（快捷键〈Ctrl+J〉）命令，在弹出的“文档属性”对话框中设置文档尺寸为 400 像素 × 300 像素，背景色为淡紫色（#9966ff），然后单击“确定”按钮。

3）执行菜单中的“插入 | 新建元件”命令，在弹出的“创建新元件”对话框中输入图形元件的名称为 skin。然后单击“确定”按钮，进入 skin 图形元件的编辑模式。

4）选择工具箱中的 T（文本工具），在“属性”面板中设置文本类型为静态文本，字体为“Arial”，字号为 36，文本颜色为黑色，样式为“Bold Italic”，然后在工作区中输入文字 ChinaDV.com.cn。

5）按快捷键〈Ctrl+K〉，调出“对齐”面板，将文字在水平和垂直方向上中心对齐，结果如图 3-247 所示。

6）选择工具箱中的 （任意变形工具），选中工作区中的文字。然后将左右两端的方块向里拖动，使文字间距变窄，如图 3-248 所示。

图 3-247　将文字中心对齐

图 3-248　使文字间距变窄

7）执行菜单中的“修改|分离”（快捷键〈Ctrl+B〉）命令两次，将文字分离为图形。然后选择工具箱上的（颜料桶工具），将填充颜色设置成深蓝色和浅蓝色相间的渐变色。其中，深蓝色的RGB值为（30，90，230），浅蓝色的RGB值为（120，250，240），如图3-249所示，然后填充文字。

8）选择工具箱上的（渐变变形工具），选中工作区中的文字，这时文字的左右两侧将出现两条竖线，将鼠标移到右方竖线的上端处，光标将变成4个旋转的小箭头，按住鼠标并将它向下拖动，两条竖线将绕中心旋转，这时所有的文字都变成倾斜的渐变色，如图3-250所示。

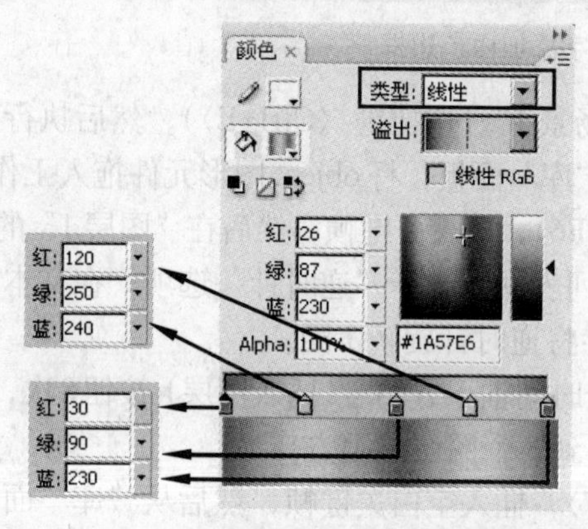

图3-249　设置渐变色

图3-250　对文字进行处理

9）选中工作区中的文字，按〈Ctrl+C〉组合键，将“图层1”的文字复制到剪贴板中。然后执行菜单中的“插入|新建元件”（快捷键〈Ctrl+F8〉）命令，在其中输入图形元件的名称为object，单击“确定”按钮，进入object图形元件的编辑模式，再执行菜单中的“编辑|粘贴到当前位置”（快捷键〈Ctrl+Shift+V〉）命令，粘贴前面复制的彩色渐变字。

10）选择工具箱中的（墨水瓶工具），在“属性”面板中设置笔触颜色为深蓝色(#0000ff)，笔触高度为2，然后依次单击文字的外围，使文字出现边框，结果如图3-251所示。

图3-251　给文字添加蓝色边框

11）依次双击文字外围的边框，将所有的边框选中，然后执行“修改|形状|将线条转换为填充”（快捷键〈F8〉）命令，将文字边框转变成填充区域。

12）选择工具箱中的（墨水瓶工具），在“属性”面板中设置笔触颜色为白色，笔触高度为 1，然后依次单击文字的内侧，使文字出现白色内边框，结果如图 3-252 所示。

图 3-252　给文字添加白色边框

13）单击工作区左上方的 场景 1，返回“场景 1”（快捷键〈Ctrl+E〉）。然后执行菜单中的“窗口 | 库”（快捷键〈Ctrl+L〉）命令，打开“库”面板，将 object 图形元件拖入工作区中。

14）单击“图层 1”的第 50 帧，按快捷键〈F6〉，插入关键帧，然后在“图层 1”的第 1～50 帧创建传统补间动画。接着在“旋转”下拉列表框中选择“逆时针”选项，在文本框中输入 1，如图 3-253 所示。设置后在两帧间的文字将逆时针旋转 1 圈。

15）制作模仿洋葱皮效果的旋转文字。单击时间轴下方的（插入图层）按钮 8 次，在“图层 1”的上面添加 8 个图层，再将“图层 1”移到 8 个图层的上方。

16）在“图层 9”的第 3 帧处按快捷键〈F7〉，插入空白关键帧，然后从“库”面板中选择 skin 图形元件，将它拖到工作区中，并与“图层 1”的中心重合，如图 3-254 所示。

图 3-253　设置逆时针旋转一次

图 3-254　在第 3 帧将 skin 图形元件中心对齐

17）在“图层 9”的第 53 帧处按快捷键〈F6〉，插入一个关键帧。单击第 3 帧，在“属性”面板的“补间”下拉列表框中选择“动画”选项，在“旋转”下拉列表框中选择“逆时针”选项，并在文本框中输入 1。

18）按住〈Shift〉键，单击“图层 8”和“图层 2”，将“图层 2”到“图层 8”中的所有帧选中。右击其中任意一帧，在弹出的快捷菜单中选择“删除帧”命令，将它们全部删除。

19）将“图层 9”两个关键帧之间的所有帧选中，然后右击其中任意一帧，在弹出的快捷菜单中选择“复制帧”命令。

20）在“图层8”的第5帧处按快捷键〈F7〉，插入空白关键帧，然后右击第5帧，在弹出的快捷菜单中选择“粘贴帧”命令。

21）同理，依次在“图层7”的第7帧，“图层6”的第9帧，“图层5”的第11帧，“图层4”的第13帧，“图层3”的第15帧，“图层2”的第17帧按快捷键〈F7〉，分别插入空白关键帧，并复制“图层9”中的所有帧，这时将产生文字依次出现并旋转、消失的动画效果。

22）为了产生洋葱皮的渐变透明效果，还需要使图层透明。方法：选择“图层9”的第3帧，在“属性”面板的“色彩效果”下的“样式”下拉列表框中选择“Alpha”，并设置数值为89%，如图3-255所示。再单击第53帧，将skin实例的Alpha设置成89%。

23）同理，将“图层8”~“图层2”中skin实例的Alpha依次设置成78%、67%、56%、45%、34%、23%和12%，使它们的透明度依次增大。

24）为了使“图层1”保持可见，单击“图层1”的第68帧，按快捷键〈F5〉，插入普通帧，此时时间轴如图3-256所示。

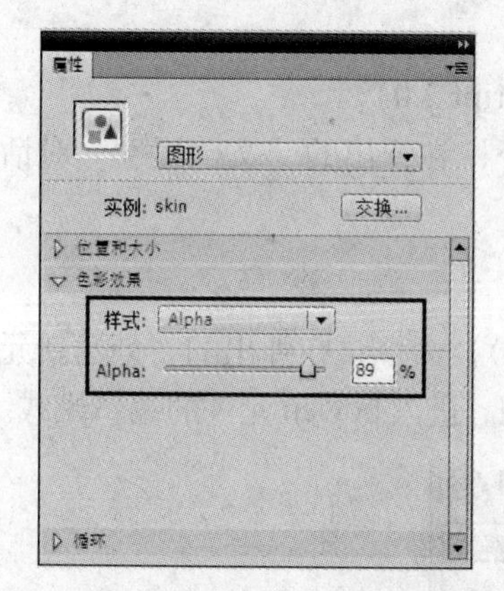

图3-255　设置Alpha为89%

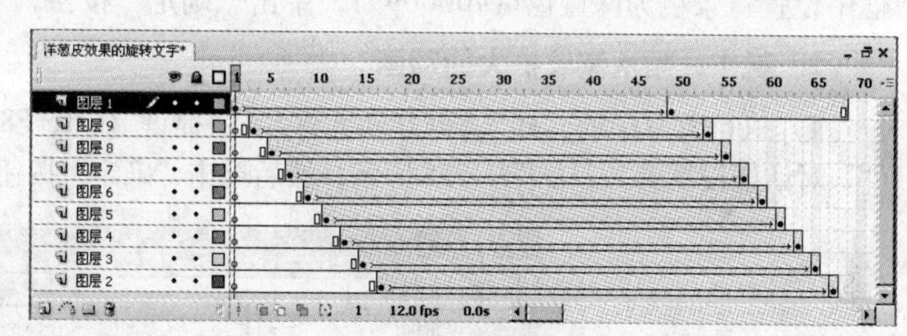

图3-256　时间轴分布

25）执行菜单中的“控制|测试影片”（快捷键〈Ctrl+Enter〉）命令，打开播放器窗口，即可看到旋转的洋葱皮效果。

3.19　水滴落水动画

目标：

制作水滴滴到水面，溅起水花并出现水波纹的效果，如图3-257所示。

要点：

掌握如何利用Alpha值来控制元件的不透明度、如何将线条转换为填充并柔化填充边缘，以及加入声音的方法。

图 3-257 水滴落水动画

操作步骤：

1. 新建文件

1）启动 Flash CS4 软件，新建一个 Flash 文件（ActionScript 2.0）。

2）执行菜单中的“修改|文档”（快捷键〈Ctrl+J〉）命令，在弹出的“文档属性”对话框中设置背景色为深蓝色（#000099），单击“确定”按钮。

2. 制作一圈水波纹扩大的动画

1）执行菜单中的“插入|创建新元件”（快捷键〈Ctrl+F8〉）命令，在弹出的“创建新元件”对话框设置参数，如图 3-258 所示，然后单击“确定”按钮，进入 bowen 元件的编辑模式。

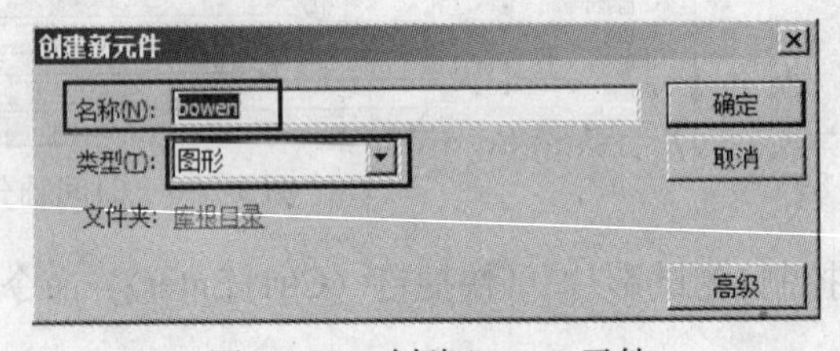

图 3-258 创建 bowen 元件

2）选择工具箱上的（椭圆工具），设置笔触高度为 2，笔触颜色为蓝 - 白渐变，填充为无色，如图 3-259 所示，然后在工作区中绘制一个椭圆。接着在“信息”面板中设置椭圆大小为 30 像素 × 6 像素，结果如图 3-260 所示。

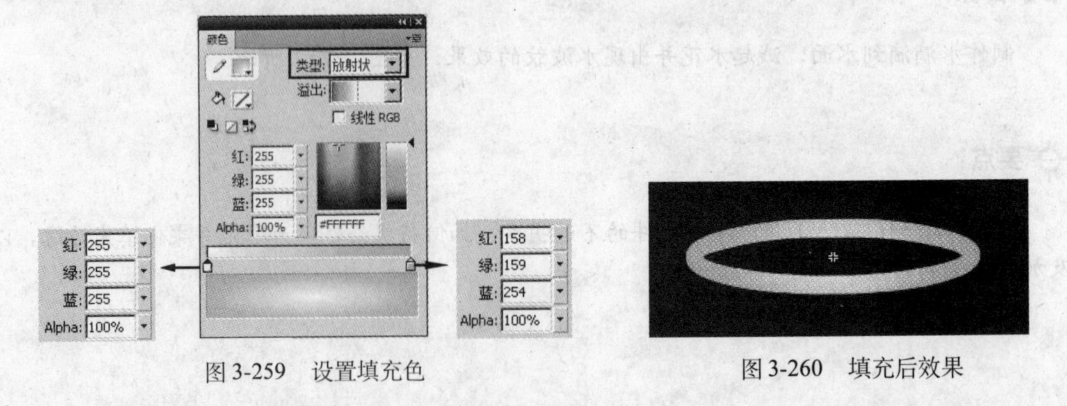

图 3-259 设置填充色　　图 3-260 填充后效果

3）选中椭圆线条，执行菜单中的“修改|形状|将线条转换为填充”命令，将其转换为填充区域。然后执行菜单中的“修改|形状|柔化填充边缘”命令，在弹出的“柔化填充边缘”对话框中设置参数，如图3-261所示，再单击“确定”按钮，结果如图3-262所示。

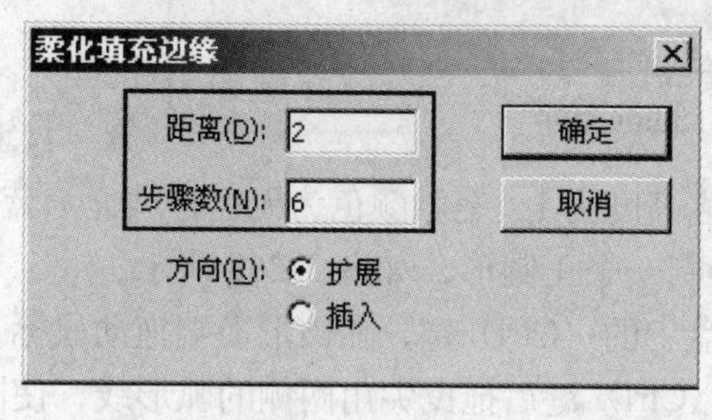

图3-261 设置“柔化填充边缘”参数

图3-262 “柔化填充边缘”效果

4）右击时间轴的第30帧，从弹出的快捷菜单中选择“插入空白关键帧”（快捷键〈F7〉）命令，插入一个空白的关键帧。

5）选择工具箱上的（椭圆工具），设置笔触高度为2，填充色为蓝-白渐变，然后在第30帧绘制一个椭圆，接着在“属性”面板中设置椭圆大小为300像素×70像素，如图3-263所示。

6）选中第30帧的椭圆线条，执行菜单中的“修改|形状|将线条转换为填充”命令，将其转换为填充区域。然后执行菜单中的“修改|形状|柔化填充边缘”命令，在弹出的“柔化填充边缘”对话框中设置参数，如图3-264所示，单击“确定”按钮，结果如图3-265所示。

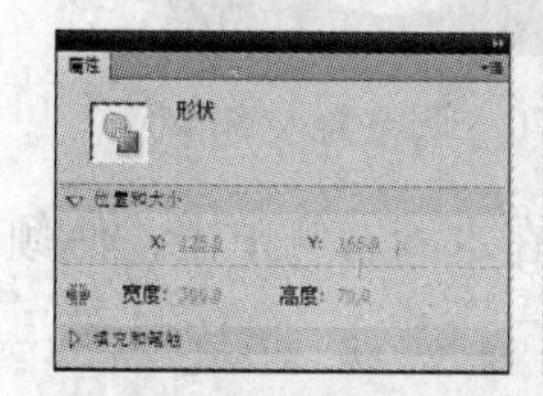

图3-263 设置椭圆大小

柔化填充边缘
距离(D): 12 px
步骤数(N): 6
确定
取消
方向(R): 扩展
插入

图3-264 设置参数

图3-265 “柔化填充边缘”效果

7）右击第1~30帧中的任意一帧，从弹出的快捷菜单中选择“创建补间形状”命令。

8）按键盘上的〈Enter〉键，即可看到水波由小变大的效果，如图3-266所示。

图3-266 水波由小变大的效果

3. 制作水滴图形

1）执行菜单中的“插入|创建新元件”（快捷键〈Ctrl+F8〉）命令，在弹出的“创建新元件”对话框设置参数，如图3-267所示，然后单击“确定”按钮，进入shuidi元件的编辑模式。

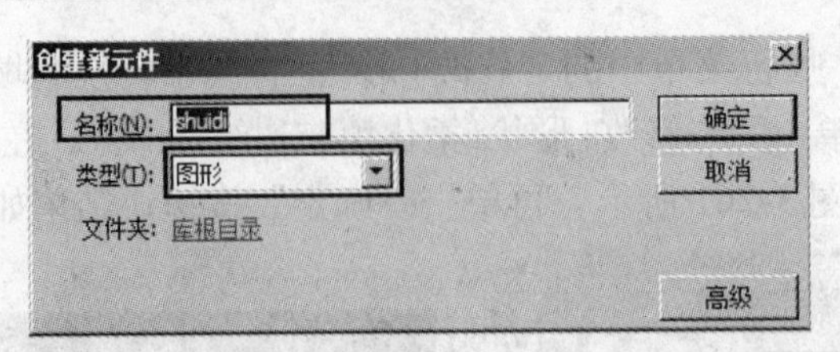

图 3-267　创建 shuidi 元件

2）选择工具箱上的（椭圆工具），设置笔触高度为 1，笔触颜色为无色，填充为蓝 - 白放射状渐变，然后按住〈Shift〉键在工作区中绘制一个正圆形，如图 3-268 所示。

3）选择工具箱上的（选择工具），按住键盘上的〈Ctrl〉键，在圆形上端拖动鼠标，使圆形上方出现一个尖角，如图 3-269 所示。释放〈Ctrl〉键后拖曳尖角两侧的弧形线，使圆形变为水滴形，如图 3-270 所示。

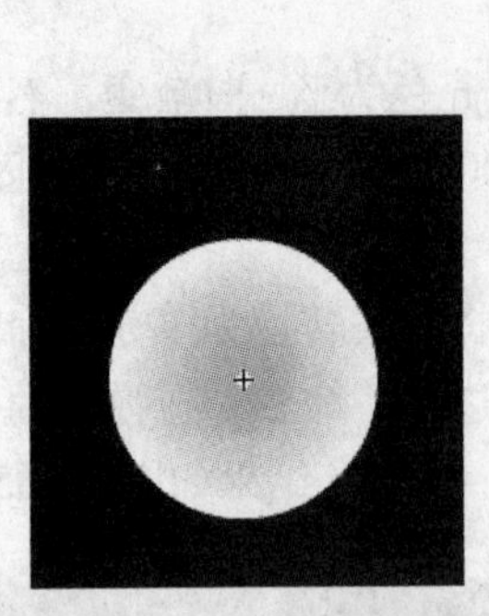

图 3-268　绘制正圆形

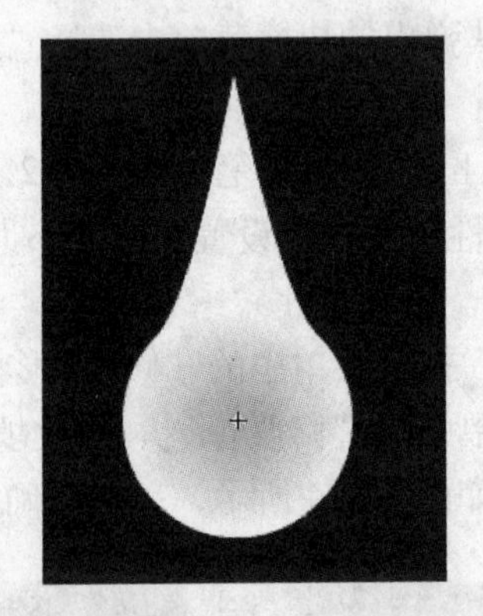

图 3-269　制作出尖角

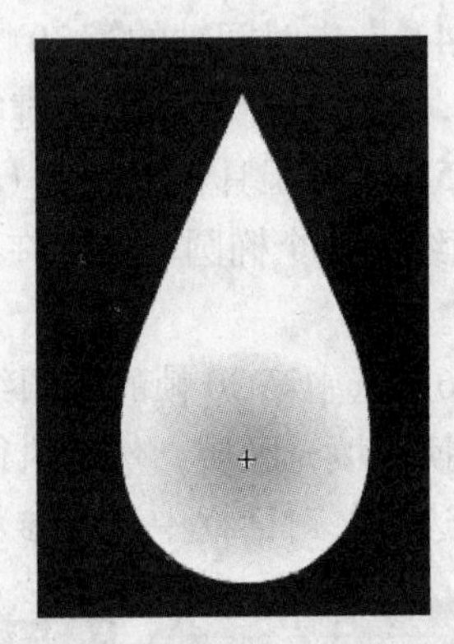

图 3-270　调整为水滴形状

4）为了使水滴更形象，下面选择工具箱上的（颜料桶工具），在水滴右侧单击，使颜色渐变偏离中心，如图 3-271 所示。至此，水滴制作完毕。

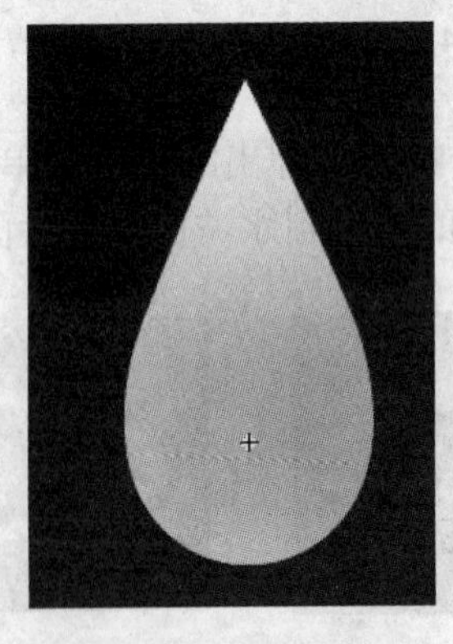

图 3-271　使颜色渐变偏离中心

4. 合成场景

1）单击 场景 1 按钮回到“场景 1”，执行菜单中的“窗口 | 库”命令，调出“库”面板，然后将 shuidi 元件拖到工作区中，如图 3-272 所示。

2）右击第 7 帧，从弹出的快捷菜单中选择“插入关键帧”（快捷键〈F6〉）命令，插入一个关键帧。然后配合键盘上的〈Shift〉键，向下拖动 shuidi 元件，如图 3-273 所示。

图 3-272　将 shuidi 元件拖到工作区中

图 3-273　在第 7 帧将 shuidi 元件向下拖动

3）右击第 1~7 帧的任意一帧，从弹出的快捷菜单中选择“创建传统补间”命令。

4）单击 (插入图层）按钮，新建“图层 2”。然后右击“图层 2”的第 7 帧，从弹出的快捷菜单中选择“插入空白关键帧”（快捷键〈F7〉）命令。接着从库中将 bowen 元件拖入到工作区中，并调整位置如图 3-274 所示。

5）右击“图层 2”的第 36 帧，从弹出的快捷菜单中选择“插入关键帧”（快捷键〈F6〉）命令，插入一个关键帧。然后单击第 36 帧中的 bowen 元件，在“属性”面板中将其 Alpha 值设置为 0%，如图 3-275 所示。

图 3-274　将 bowen 元件拖入工作区

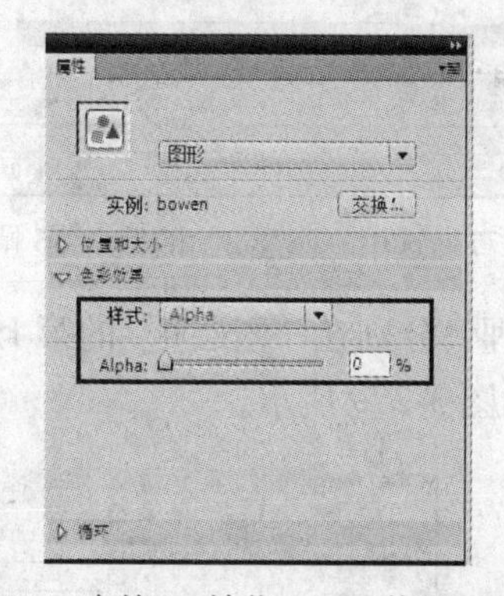

图 3-275　在第 36 帧将 Alpha 值设置为 0%

6）右击第 7~36 帧的任意一帧，从弹出的快捷菜单中选择“创建补间动画”命令。此时，水波在放大的同时逐渐消失。

提示： 由于 bowen 元件中的动画一共有 30 帧，所以“图层 2”的第 7~36 帧也有 30 帧，这样可以使 bowen 元件的动画正好播完，从而避免在后面的制作中会产生水波纹重叠或跳动的现象。

7）连续单击 (插入图层）按钮 4 次，新建 4 个图层。然后按住键盘上的〈Shift〉键，同时选中这 4 个图层。接着单击右键，从弹出的快捷菜单中选择“删除帧”（快捷键〈Shift+F5〉），如图 3-276 所示。

提示： 此时如果不删除这些帧，在后面复制“图层 2”第 7~36 帧中的内容后，还要一一删除不必要的帧。为了方便，建议最好在这里先将不必要的帧删除。

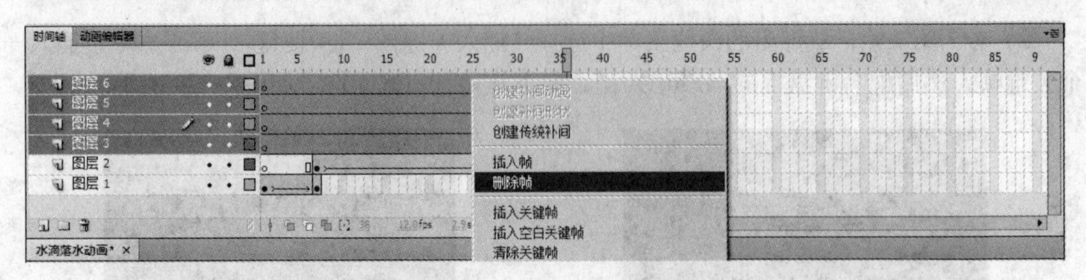

图 3-276　选择“删除帧”命令

8）在“图层 2”的第 7~36 帧拖动鼠标，从而选中这 30 帧，如图 3-277 所示。然后单击右键，从弹出的快捷菜单中选择“复制帧”命令，接着右击“图层 3”的第 13 帧，从弹出的快捷菜单中选择“粘贴帧”命令，结果如图 3-278 所示。

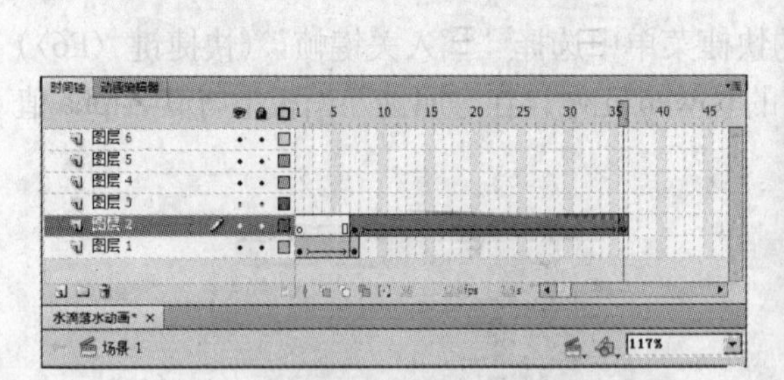

图 3-277　选中“图层 2”的第 7~36 帧

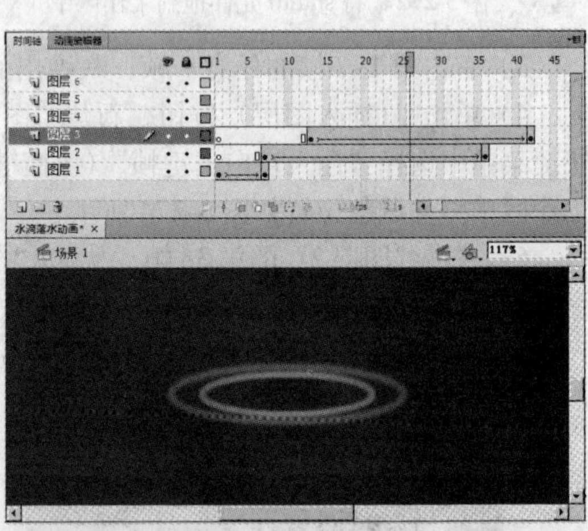

图 3-278　粘贴帧

9）同理，分别在“图层 4”的第 19 帧，“图层 5”的第 25 帧和“图层 6”的第 31 帧粘贴帧，结果如图 3-279 所示。

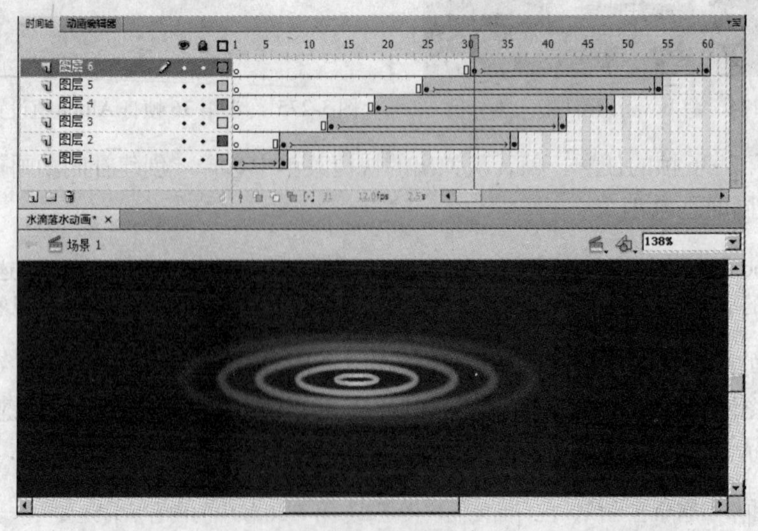

图 3-279　图层分布

10）按快捷键〈Enter〉键预览动画，即可看到水滴下落，并荡开涟漪的动画。

11）为了使水滴下落更真实，下面制作水滴落到水面后溅起水珠的效果。方法：执行菜单中的“插入|创建新元件”（快捷键〈Ctrl+F8〉）命令，在弹出的“创建新元件”对话框设置参数，如图3-280所示，然后单击“确定”按钮，进入di元件的编辑模式。

12）选择工具箱上的○（椭圆工具），设置笔触颜色为无色，填充色为蓝－白的放射状渐变色，然后在工作区中绘制一个圆形。

13）单击“场景1”按钮，回到“场景1”，然后单击（插入图层）按钮，新建“图层7”，并删除所有帧。接着右击“图层7”的第8帧，从弹出的快捷菜单中选择“插入空白关键帧”（快捷键〈F7〉）命令，插入一个空白的关键帧。最后从库中将di元件拖动到工作区中，位置如图3-281所示。

图3-280 创建di元件

图3-281 将di元件拖动到工作区中

14）分别在“图层7”的第12帧和第14帧按快捷键〈F6〉，插入关键帧。然后单击第12帧，选中工作区中的di元件，在“属性”面板中将Alpha值调为50%。接着将其向斜上方移动，并利用工具箱上的（任意变形工具）适当放大，结果如图3-282所示。

15）单击“图层7”的第14帧，然后选中工作区中的di元件，在“属性”面板中将Alpha值调为0%。接着将其向斜下方移动，结果如图3-283所示。

图3-282 在第12帧调整di元件

图3-283 在第14帧处将di元件的Alpha值设为0%

16）分别在“图层7”的第8~12帧，第12~14帧创建补间动画。

17）单击（插入图层）按钮，新建“图层8”，并删除所有帧。然后右击“图层8”的第8帧，从弹出的快捷菜单中选择“插入空白关键帧”（快捷键〈F7〉）命令，插入一个空白关键帧，再从库中将di元件拖动到工作区中，位置如图3-284所示。

图3-284　将di元件拖动到工作区中

18）分别在“图层8”的第13帧和第16帧按快捷键〈F6〉，插入关键帧。然后单击第13帧，选中工作区中的di元件，在“属性”面板中将Alpha值调为50%，再将其向斜上方移动，并利用工具箱上的 (任意变形工具）适当放大，结果如图3-285所示。接着单击“图层8”的第16帧，选中工作区中的di元件，在“属性”面板中将Alpha值调为0%。最后将其向斜下方移动，结果如图3-286所示。

图3-285　在“图层8”的第13帧调整di元件

图3-286　将“图层8”第16帧di元件的Alpha值设为0%

19）分别在“图层8”的第8~13帧，第13~16帧创建传统补间动画。

20）单击 (插入图层）按钮，新建“图层9”，删除所有帧。右击“图层9”的第8帧，从弹出的快捷菜单中选择“插入空白关键帧”（快捷键〈F7〉）命令，插入一个关键帧。再从库中将di元件拖动到工作区中，位置如图3-287所示。

图3-287　将di元件拖入“图层9”的第8帧

21）分别在“图层9”的第13帧和第16帧按快捷键〈F6〉，插入关键帧。然后将“图层9”第13帧中的di元件移动到如图3-288所示的位置，并将它的Alpha值设为50%，使之半透明。接着将“图层9”第16帧中的di元件移动到如图3-289所示的位置，并将它的Alpha值设为0%，使之全透明。

图 3-288　在“图层 9”的第 13 帧调整 di 元件　　图 3-289　将“图层 9”第 16 帧中 di 元件的 Alpha 值设为 0%

22）分别在“图层 9”的第 8~13 和第 3~16 帧创建传统补间动画，此时时间轴如图 3-290 所示。

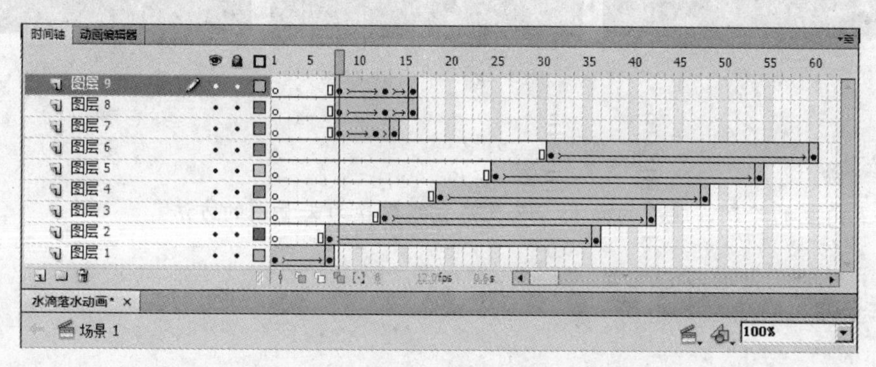

图 3-290　时间轴分布

23）导入水滴下落时的声音。方法：执行菜单中的“文件 | 导入到库”命令，从弹出的“导入到库”对话框中选择配套光盘中的“素材及结果\3.19 水滴落水动画\滴水声\02.WAV”文件，如图 3-291 所示。然后单击“打开”按钮，接着单击“图层 9”的第 9 帧，从库中将“02.wav”拖入工作区，此时时间轴如图 3-292 所示。

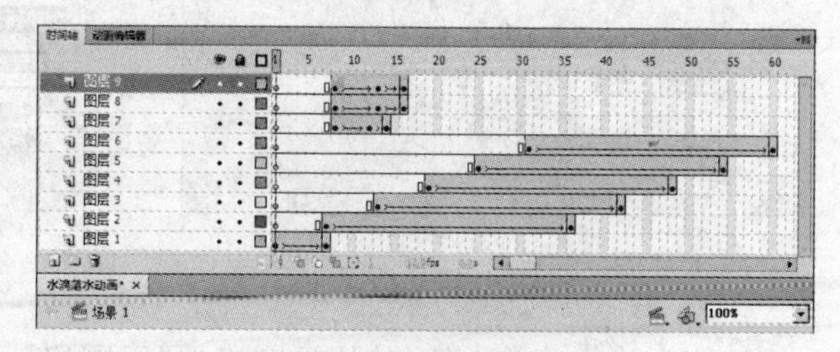

图 3-291　选择要导入的声音　　　　图 3-292　时间轴分布

24）至此，整个动画制作完成。执行菜单中的“控制 | 测试影片”（快捷键〈Ctrl+Enter〉）命令打开播放器，即可观看到水滴下落并溅起水花荡开涟漪的动画效果。

3.20 闪闪的红星

目标：

制作在屏幕中央的五角星，从小变大，然后放射出夺目光芒的效果，如图 3-293 所示。

图 3-293　闪闪的红星

要点：

掌握五角星的绘制，遮罩的设置，以及将直线转换为矢量图的方法。

操作步骤：

1．制作五角星

1）启动 Flash CS4 软件，新建一个 Flash 文件（ActionScript 2.0）。

2）执行菜单中的“修改 | 文档”（快捷键〈Ctrl+J〉）命令，在弹出的“文档属性”对话框中设置背景色为黑色（#000000），其余参数如图 3-294 所示，然后单击“确定”按钮。

3）执行菜单中的“插入 | 新建元件”（快捷键〈Ctrl+F8〉）命令，在弹出的“创建新元件”对话框中设置参数，如图 3-295 所示，然后单击“确定”按钮，进入 star 元件的编辑模式。

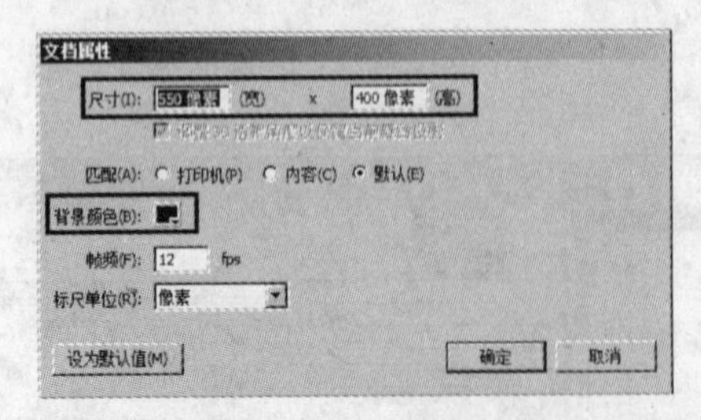

图 3-294　设置文档属性

图 3-295　新建 star 元件

4）依次执行菜单中的“视图 | 网格 | 显示网格”、“视图 | 贴紧 | 贴紧至网格”和“视图 | 贴紧 | 贴紧至对象”命令。然后选择工具箱上的（矩形工具），设置矩形填充为，线条为，在工作区中绘制矩形如图 3-296 所示。

提示：如果视图中没有工具栏可以通过执行菜单中的“窗口 | 工具栏 | 主工具栏”命令，调出工具栏。

5）选择工具箱上的 （选择工具），调节矩形形状如图 3-297 所示，然后选中三角形底边，按住键盘上的〈Delete〉键将其删除，结果如图 3-298 所示。

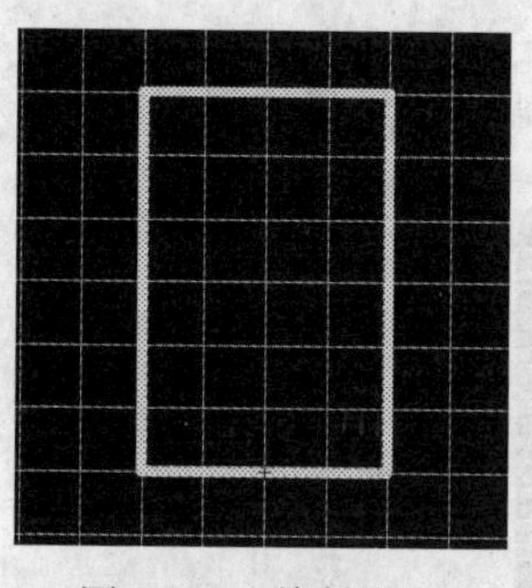
图 3-296　绘制矩形

图 3-297　调整矩形形状

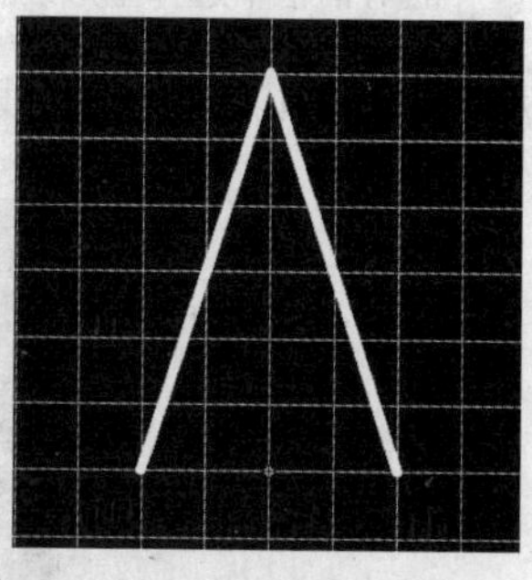
图 3-298　删除三角形底边

6）利用工具箱中的 （选择工具）选中两条斜边，然后在“变形”面板中设置旋转为 0°，单击 （重制选区和变形）按钮，从而原地复制一个图形。接着在“变形”面板中设置“旋转”为 72°，如图 3-299 所示，单击 （重制选区和变形）按钮，结果如图 3-300 所示。

7）利用工具箱中的 （选择工具）拖动旋转后的两条斜边，使它与原来位置上的斜边相接，结果如图 3-301 所示。

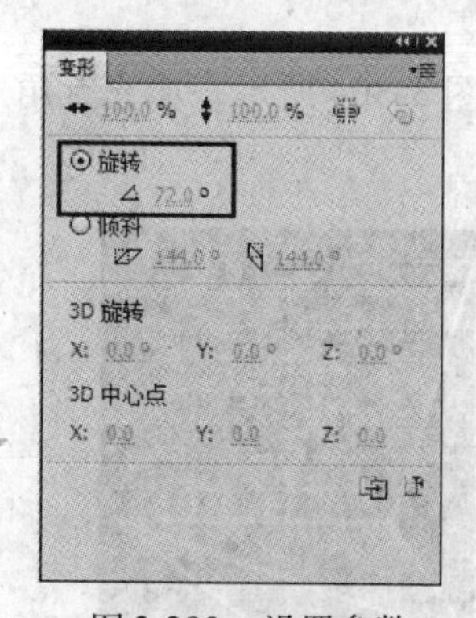

图 3-299　设置参数

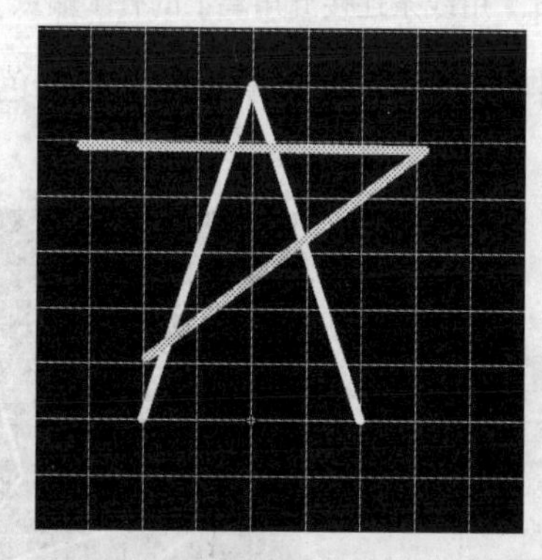
图 3-300　复制并应用变形效果

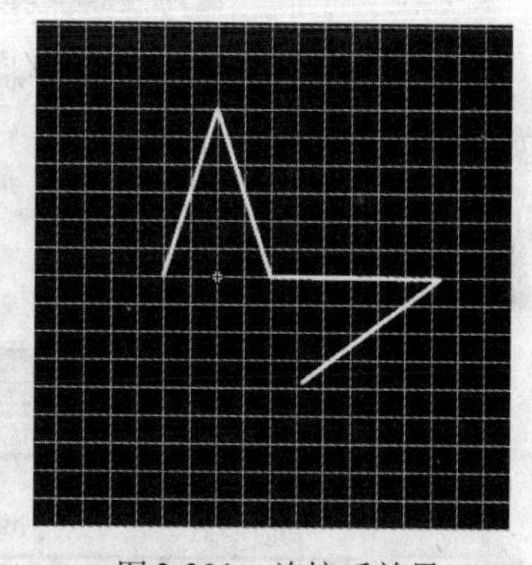
图 3-301　连接后效果

8）再单击 （重置选区和变形）按钮 3 次，复制并旋转出五角星的另外三个角，然后将其放置到适当的位置，结果如图 3-302 所示。

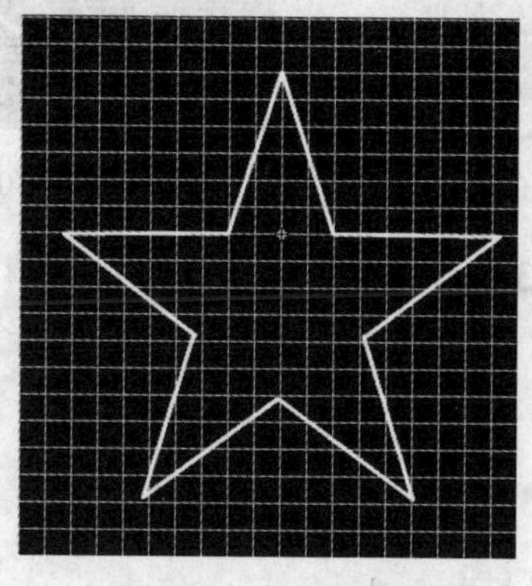
图 3-302　复制并旋转出五角星的另外三个角

提示：通过这种方法制作五角星主要是让大家掌握旋转复制和贴紧功能的使用。如果要快速绘制五角星，可以选择工具箱上的 (多边形工具)，然后在“属性”面板上单击 选项... 按钮，接着在弹出的对话框中选择星形绘制五角星。

9）选择工具箱上的 (线条工具)，连接五角星上的各个端点，结果如图 3-303 所示。

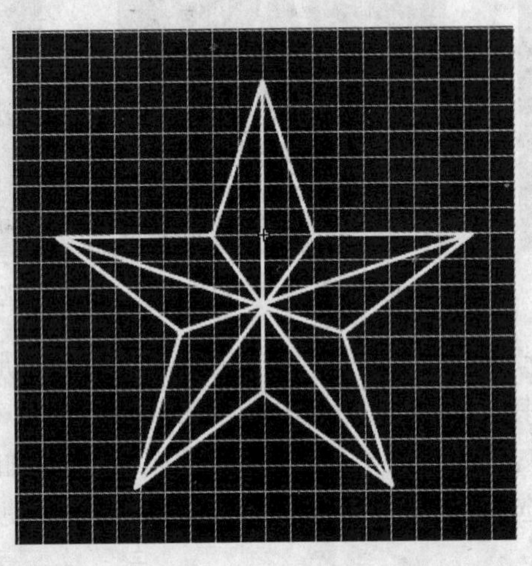

图 3-303　用线条连接五角星上的各个端点

10）选择工具箱上的 (颜料桶工具)，设置填充类型和颜色如图 3-304 所示，填充五角星如图 3-305 所示。

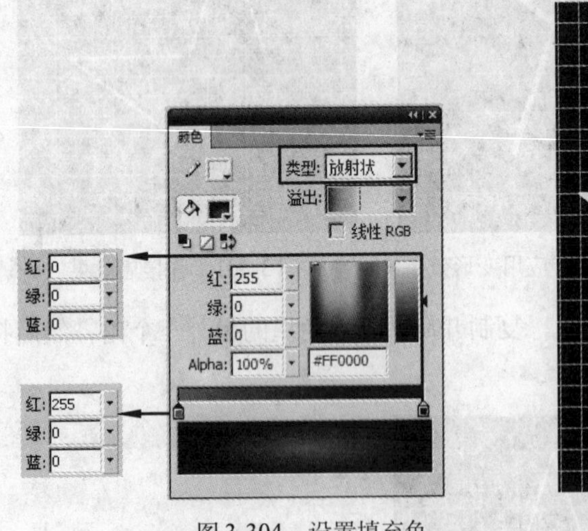

图 3-304　设置填充色

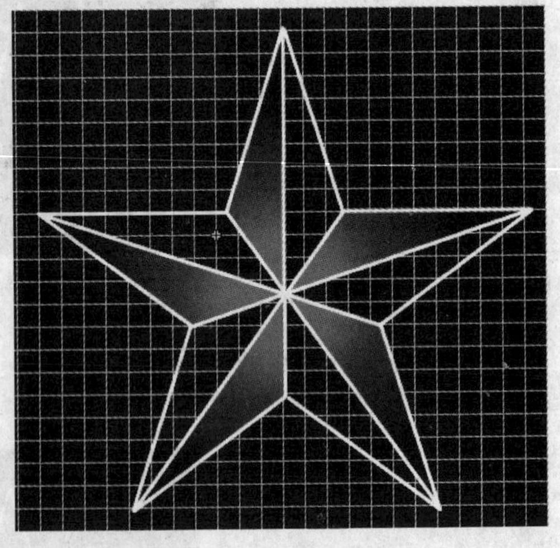

图 3-305　填充后效果

11）同理，设置填充色如图 3-306 所示，对五角星进行填充，结果如图 3-307 所示。

12）选择工具箱上的 (选择工具)，选中五角星的所有边线，按键盘上的〈Delete〉键进行删除，结果如图 3-308 所示。

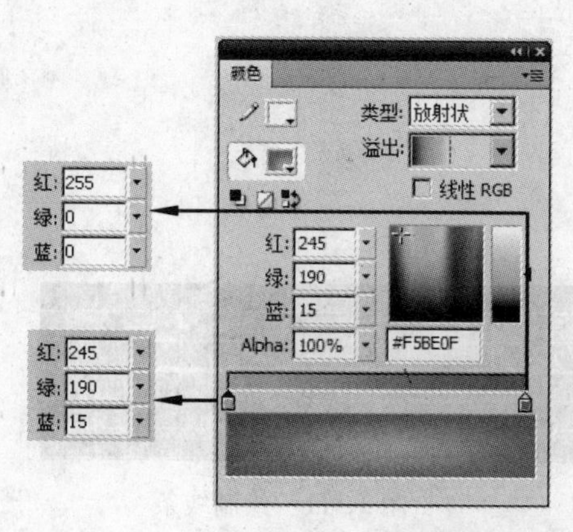

图 3-306　设置填充色

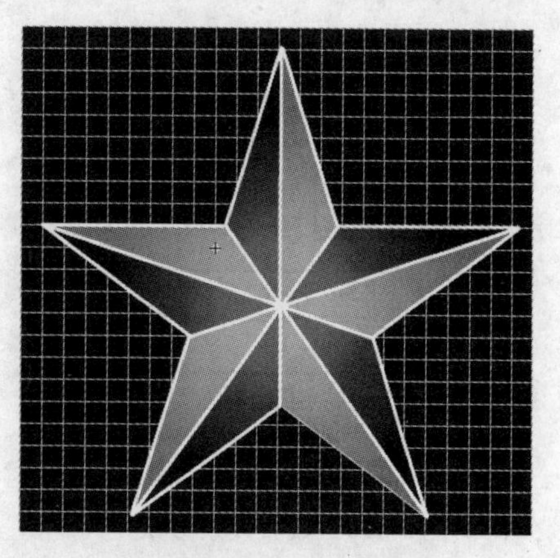

图 3-307　填充后的效果

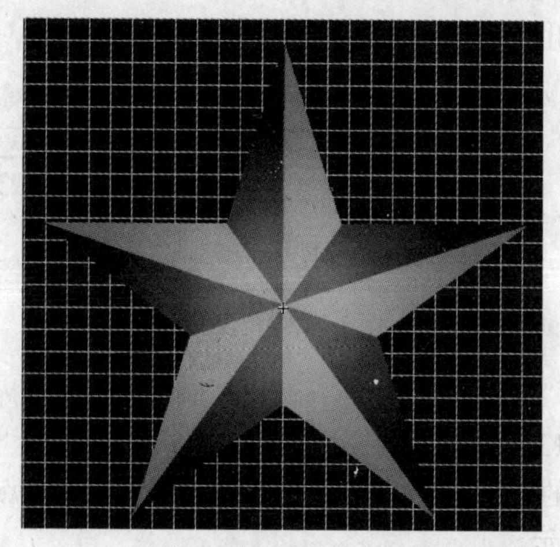

图 3-308　删除边线效果

2. 制作射线

1）执行菜单中的“插入|新建元件”（快捷键〈Ctrl+F8〉）命令，在弹出的“创建新元件”对话框中设置参数，如图 3-309 所示，然后单击“确定”按钮，进入 line 元件的编辑模式。

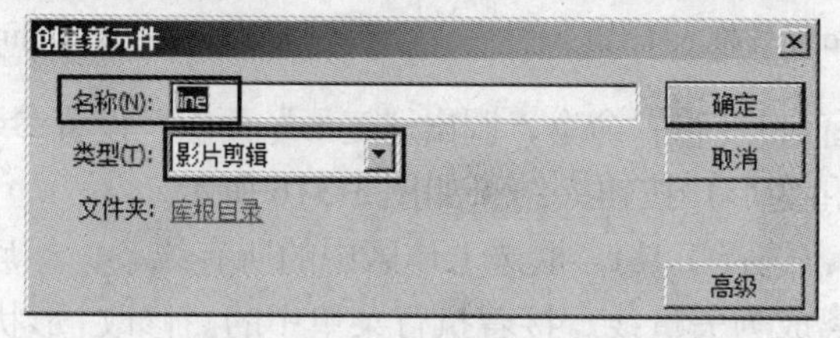

图 3-309　创建 line 元件

2）选择工具箱上的 (线条工具)，绘制直线，然后在属性面板中设置参数如图 3-310 所示，结果如图 3-311 所示。

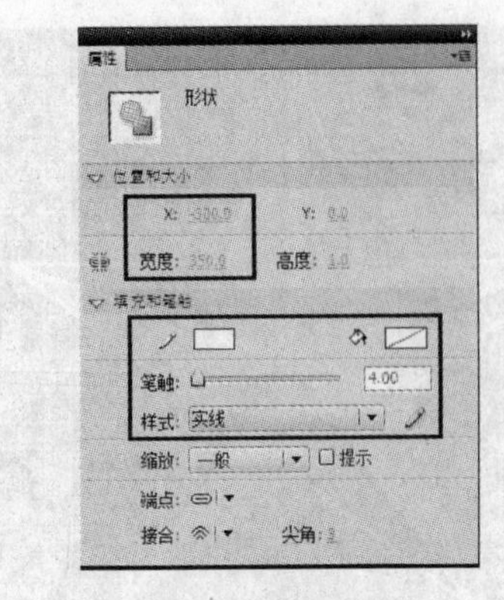

图 3-310 设置线条参数

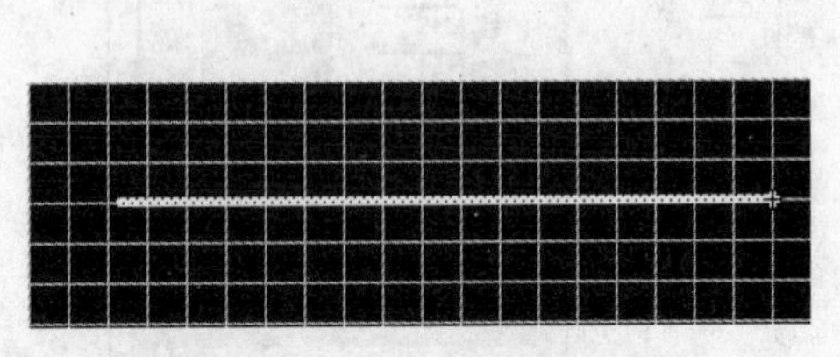

图 3-311 绘制线条

3）执行菜单中的“插入|新建元件”（快捷键〈Ctrl+F8〉）命令，在弹出的“创建新元件”对话框中设置参数，如图 3-312 所示，然后单击“确定”按钮，进入 line1 元件的编辑模式。

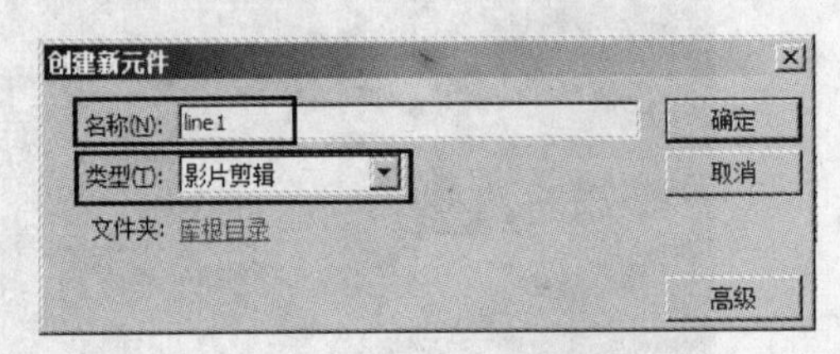

图 3-312 创建 line1 元件

4）执行菜单中的“窗口|库”命令，调出“库”面板。在库中选择 line 元件，将其拖入工作区，位置如图 3-313 所示。

5）选择工具栏上的（任意变形工具），调整 line 的中心点，使其与工作区的中心点重合，结果如图 3-314 所示。

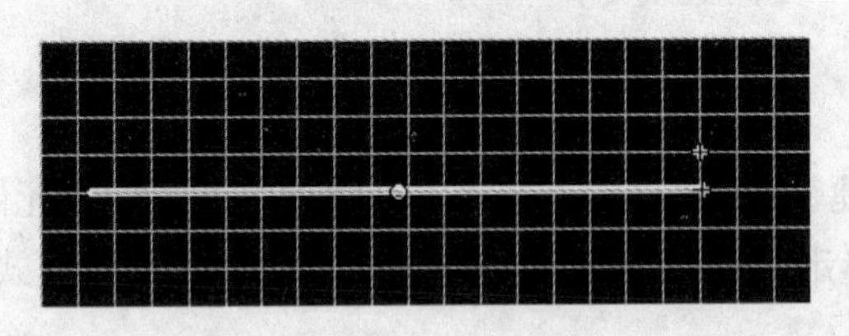

图 3-313 将 line 元件拖入工作区

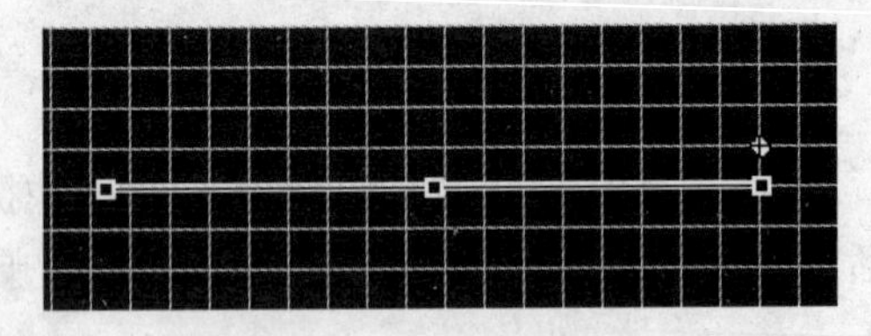

图 3-314 调整 line 的中心点

6）执行菜单中的“窗口|变形”命令，调出“变形”面板，设置参数如图 3-315 所示，然后多次单击（重制选区和变形）按钮，结果如图 3-316 所示。

7）选择工具箱上的（选择工具），框选工作区中的所有线条，然后执行菜单中的“修改|分离”命令，将线段分离成为矢量线。接着执行菜单中的“修改|形状|将线条转换为填充”命令，将矢量线转换为矢量图，结果如图 3-317 所示。

提示：如果此时不执行“将线条转换为填充”命令，最终不会出现光芒四射的效果。

8）执行菜单中的“插入|新建元件”（快捷键〈Ctrl+F8〉）命令，在弹出的“创建新元件”对话框中设置参数，如图 3-318 所示，然后单击“确定”按钮，进入 line2 元件的编辑模式。

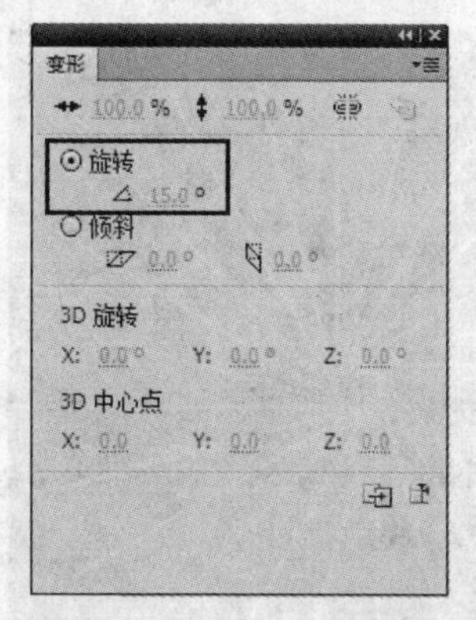

图3-315　设置变形参数

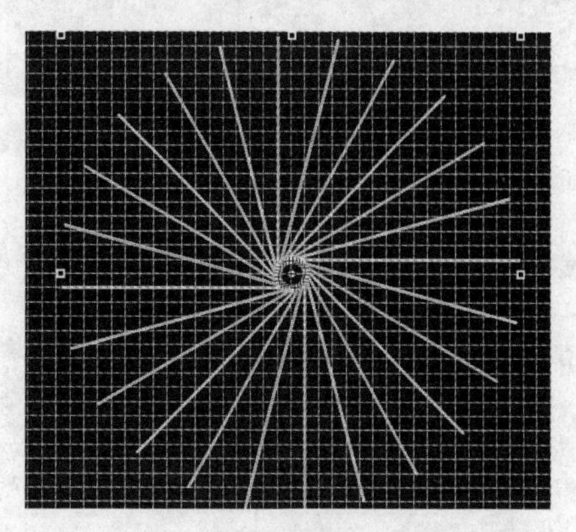

图3-316　复制并应用变形效果

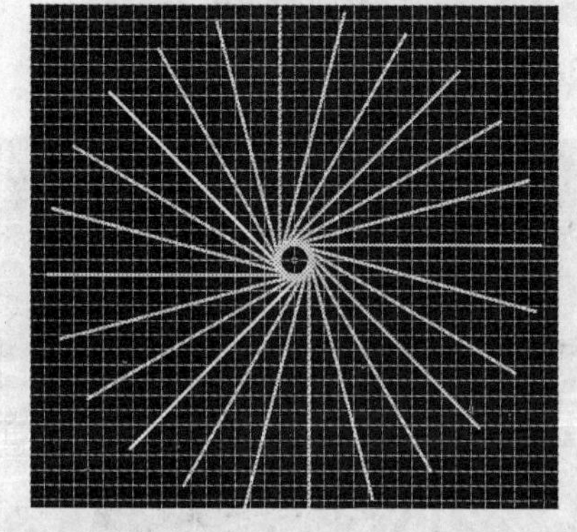

图3-317　将矢量线转换为矢量图

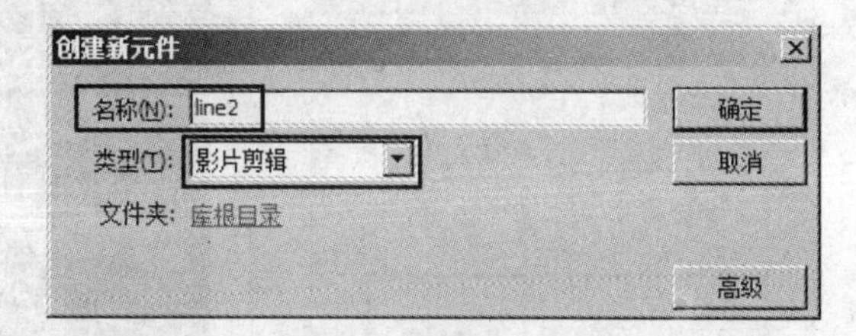

图3-318　创建line2元件

9）从库中将line元件拖入工作区，位置如图3-319所示。然后选择工具栏上的 (任意变形工具)，调整line的中心点，使其与工作区的中心点重合，结果如图3-320所示。

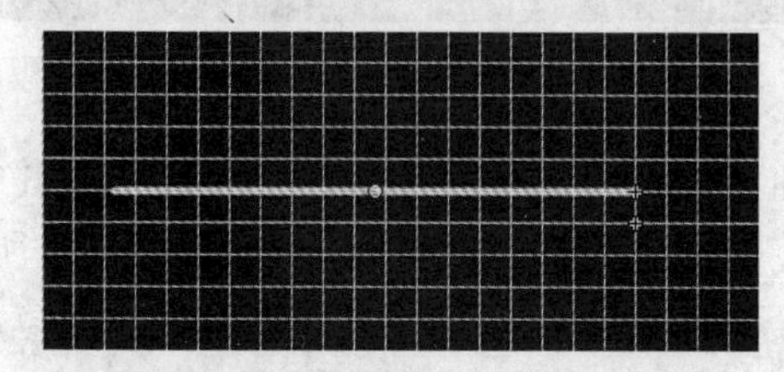

图3-319　将line元件拖入工作区

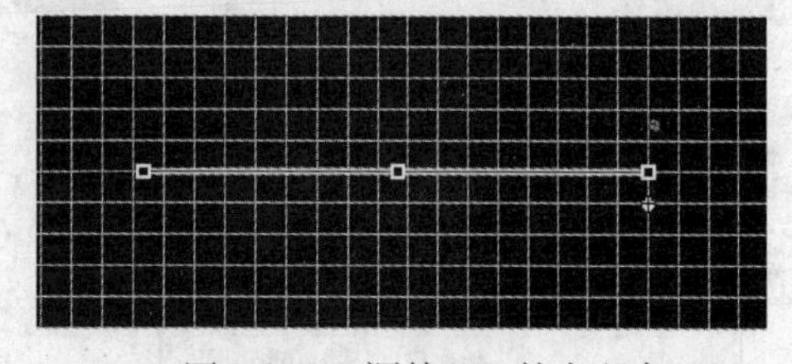

图3-320　调整line的中心点

10）在“变形”面板中设置参数如图3-321所示，然后数次单击 (重制选区和变形）按钮，结果如图3-322所示。

3. 制作运动的射线

1）回到场景1（快捷键〈Ctrl+E〉)，从库中将line2拖入“场景1”。然后执行菜单中“窗口|对齐”（快捷键〈Ctrl+K〉）命令，调出“对齐”面板，将line2中心对齐。接着在“属性”面板中调节颜色如图3-323所示，结果如图3-324所示。

2）单击图层1的第89帧，按快捷键〈F5〉，插入普通帧，使“图层1”的长度延长为89帧。

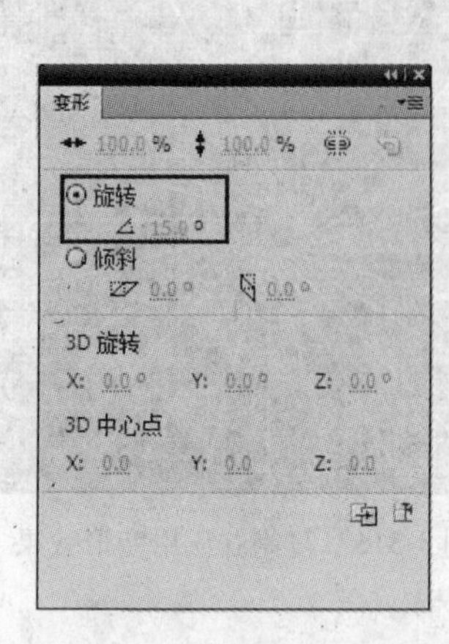

图3-321 设置变形参数

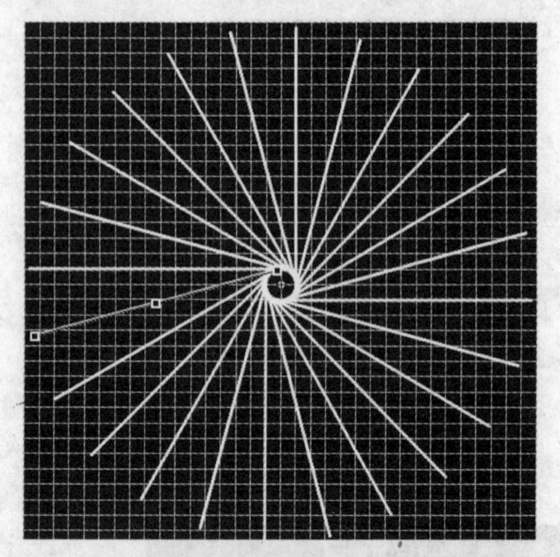

图3-322 复制并应用变形效果

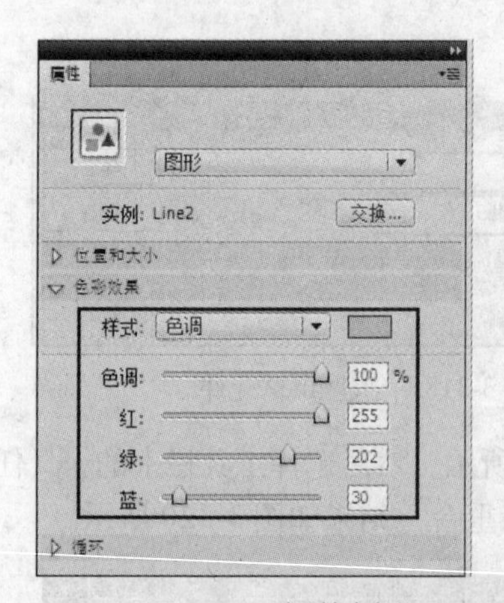

图3-323 调整色调

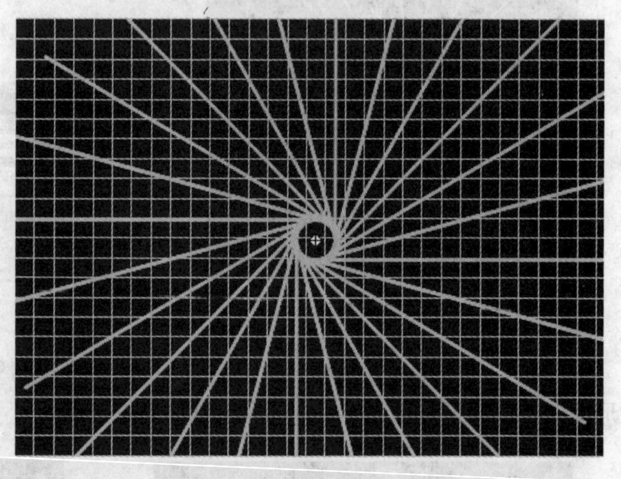

图3-324 调整色调后的效果

3）单击时间轴下的（插入图层）按钮，增加“图层2”，然后从库中将line1拖入并中心对齐。接着在“图层2”的第89帧按快捷键〈F6〉，插入关键帧，此时时间轴如图3-325所示。

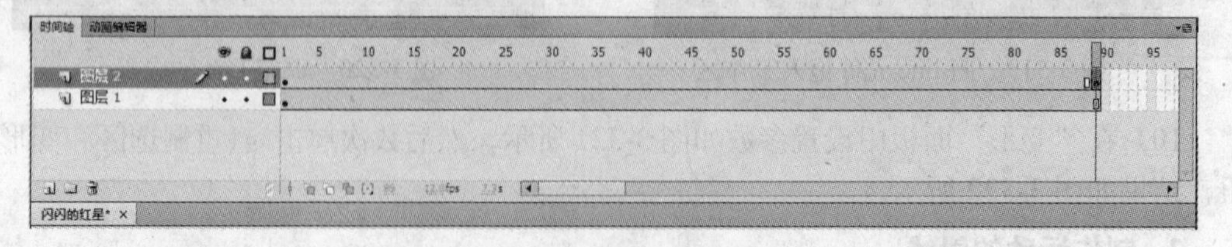

图3-325 时间轴分布

4）单击“图层2”的第89帧，在“变形”面板中设置参数，如图3-326所示。

提示：由于动画是循环播放的，因此从第1帧到89帧再到第1帧，也就是90帧中，符号line1应该完成360°的旋转，这样就能使符号line1产生连续的旋转变化。对于第89帧来说，它与第1帧有4°的角度差别。

5）在“图层2”创建传统补间动画。然后选择“图层2”的第1帧，在“属性”面板中设置参数，如图3-327所示。

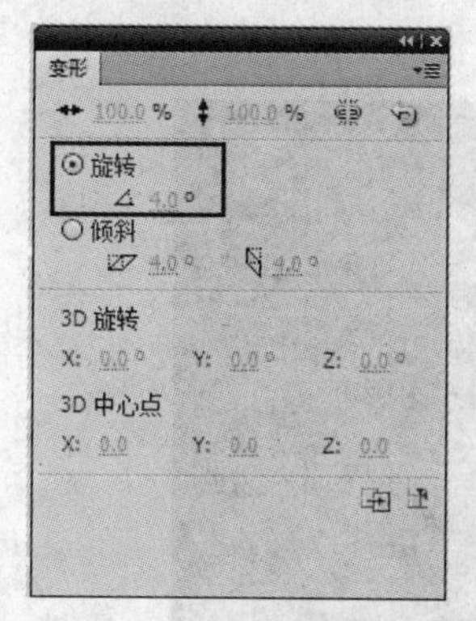

图3-326　设置变形参数

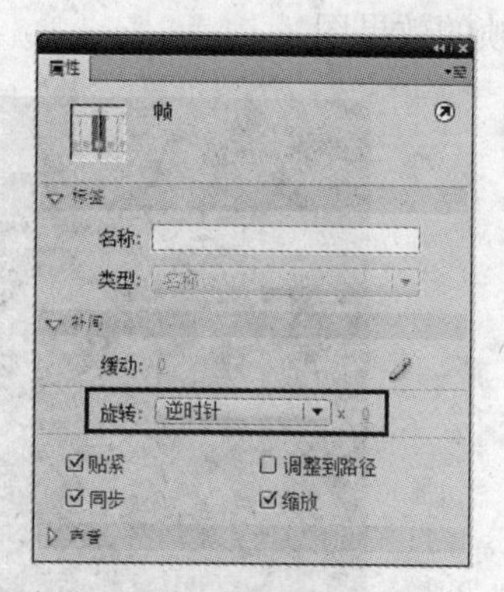

图3-327　设置旋转参数

6）右击“图层2”，从弹出菜单中选择“遮罩层”命令，结果如图3-328所示。此时时间轴如图3-329所示。

图3-328　遮罩效果

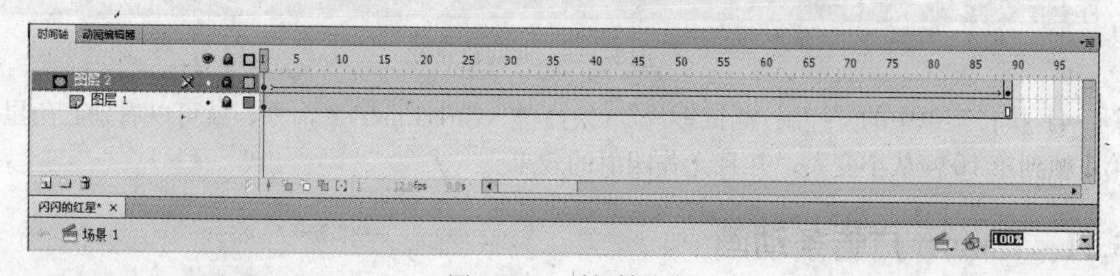

图3-329　时间轴分布

4．制作五角星从小变大效果

1）单击时间轴下方的 （插入图层）按钮，增加“图层3”，然后从库中将star拖入并中心对齐。

2）单击“图层 3”的第 10 帧，按快捷键〈F6〉，插入关键帧，然后将第 1 帧中的 star 元件缩放为 0%，将第 10 帧中的 star 元件缩放为 50%，接着在“图层 3”创建补间动画。图 3-330 所示为第 25 帧的效果图。

图 3-330　第 25 帧的效果图

3）将“图层 1”和“图层 2”的第 1 帧移动到第 10 帧。然后在“图层 3”的第 99 帧按快捷键〈F5〉，插入普通帧，从而将“图层 3”的总帧数延长到第 99 帧。此时时间轴分布如图 3-331 所示。

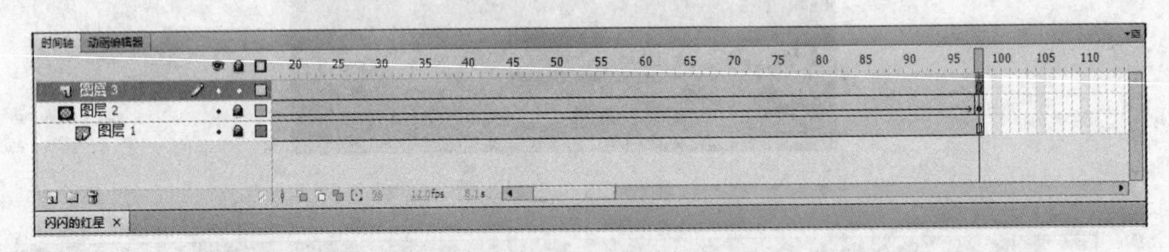

图 3-331　时间轴分布

4）执行菜单中的“控制 | 测试影片”（快捷键〈Ctrl+Enter〉）命令，就可以看到五角星在第 1 帧到第 10 帧从小变大，并且光芒四射的效果。

3.21　Banner 广告条动画

目标：

本例制作一个 Banner 广告条动画，如图 3-332 所示。

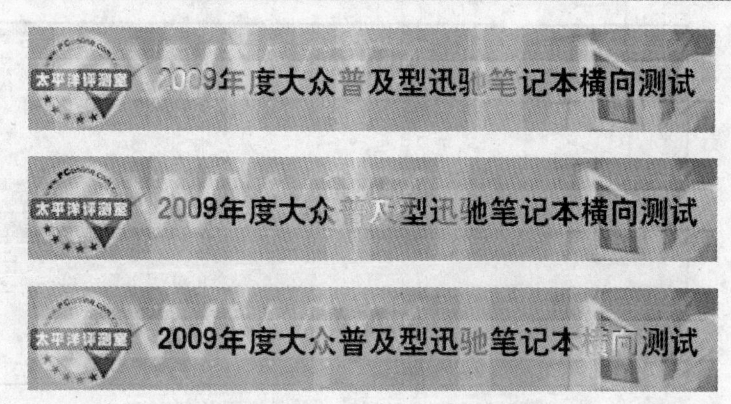

图3-332　Banner广告条动画

要点：

掌握半透明线条效果和遮罩层动画的综合应用。

操作步骤：

1. 制作静态背景

1）启动Flash CS4软件，新建一个Flash文件（ActionScript 2.0）。

2）制作背景。方法：执行菜单中的“文件｜导入｜导入到舞台”命令，导入配套光盘中的“素材及结果\3.21Banner广告条动画\背景素材.jpg”。然后执行菜单中的“修改|文档”命令，在弹出的对话框中单击“内容”，如图3-333所示，再单击“确定”按钮，从而创建一个与素材背景等大的文档，结果如图3-334所示。

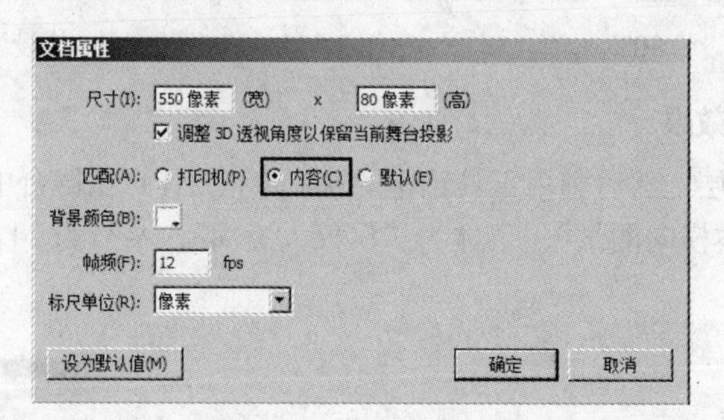

图3-333　单击“内容”

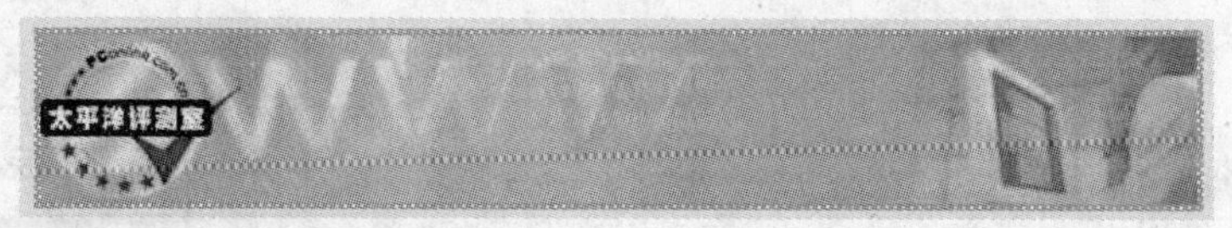

图3-334　创建一个与素材背景等大的文档

3）将“图层1”重命名为“背景”，然后在第30帧按快捷键〈F5〉，插入普通帧，从而使时间轴的总长度延长到第30帧，如图3-335所示。

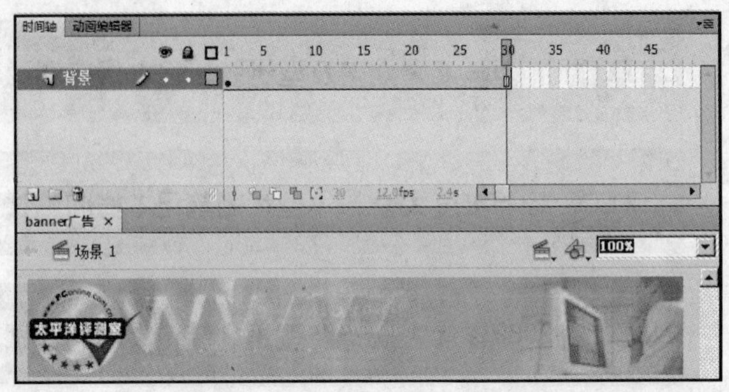

图 3-335　将时间轴的总长度延长到第 30 帧

4）制作半透明线条。方法：新建“半透明”层，然后选择工具箱中的▭（矩形工具），设置笔触颜色为无色，填充色为白色，在舞台中绘制一个550像素×29像素的矩形。接着在“颜色”面板中将其Alpha值设为30%，如图3-336所示，结果如图3-337所示。

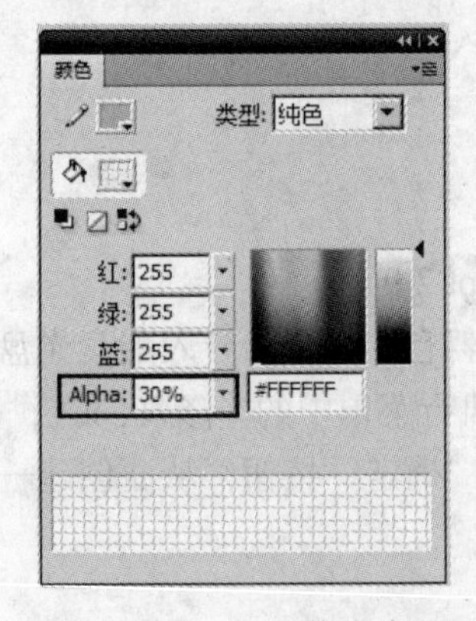

图 3-336　将 Alpha 值设为 30%

图 3-337　将矩形 Alpha 值设为 30% 的效果

2. 制作文字扫光效果

1）新建“文字”层，然后利用工具箱中的T（文字工具）在舞台中输入文字“2009年度大众普及型迅驰笔记本横向测试”，字体为“汉仪大黑简”，字号为24，颜色为黑色，效果如图3-338所示。

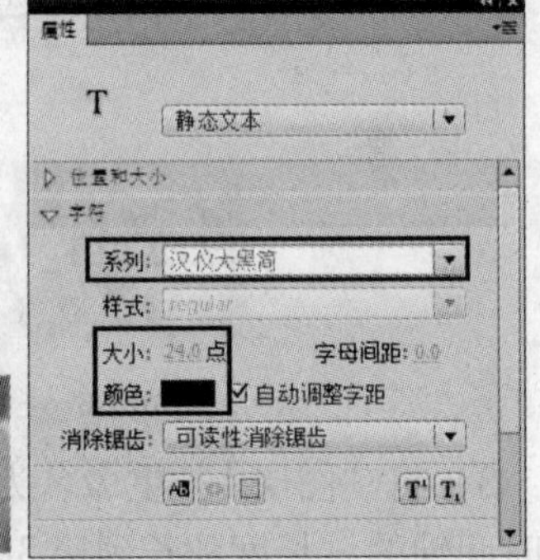

图 3-338　输入文字

2）选择输入的文字，按快捷键〈Ctrl+C〉进行复制，然后隐藏“文字”层。接着新建“遮罩”层，按快捷键〈Ctrl+Shift+V〉进行原地粘贴。再按快捷键〈Ctrl+ B〉两次，将文字分离为图形。最后执行菜单中的“修改｜形状｜扩展填充”命令，在弹出的“扩展填充”对话框中设置参数，如图3-339所示，单击“确定”按钮，结果如图3-340所示。

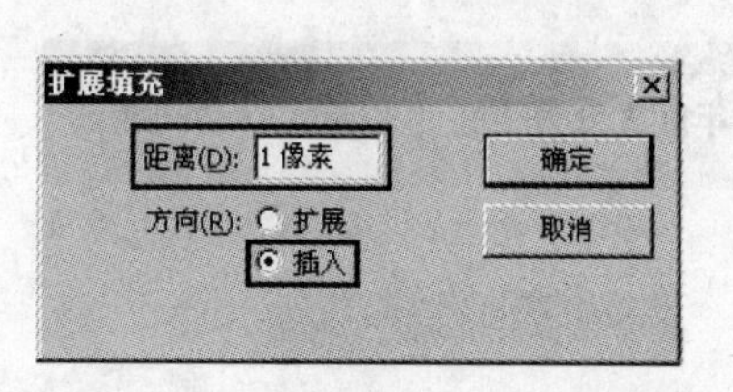

图3-339 设置“扩展填充”参数

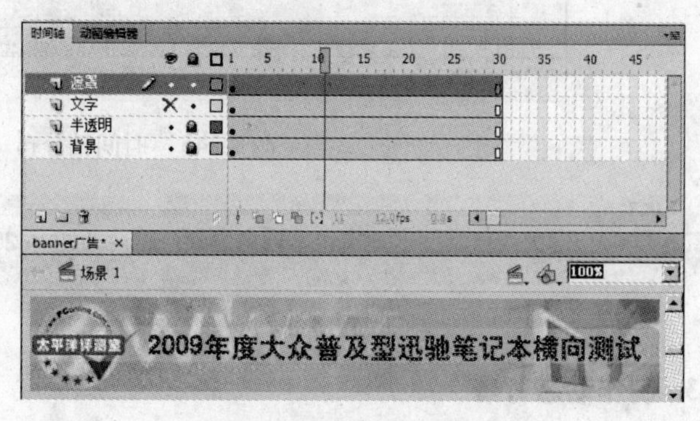

图3-340 “扩展填充”效果

3）按快捷键〈Ctrl+F8〉，新建“扫光”影片剪辑元件。然后选择工具箱中的（矩形工具），设置笔触颜色为无色，在舞台中绘制一个58像素×125像素的矩形，并在颜色面板中设置矩形渐变色为“白色（Alpha=0%）－白色（Alpha=100%）－白色（Alpha=0%）”，如图3-341所示，结果如图3-342所示。

4）在“遮罩”层下方新建“扫光”层，然后从库中将“扫光”元件拖入舞台。再利用（任意变形工具）对其进行适当旋转，如图3-343所示。接着分别在第15帧和第30帧按快捷键〈F6〉，插入关键帧，再将第15帧中的“光芒”元件移动到如图3-344所示的位置。最后在“光芒”层创建传统补间动画。

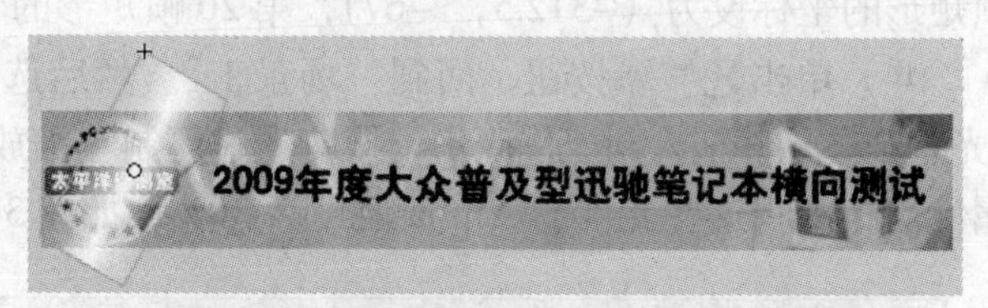

图3-343 对“扫光”元件进行适当旋转

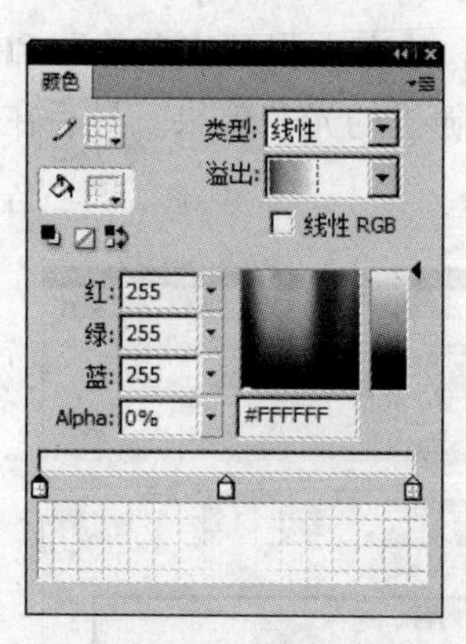

图3-341 设置填充渐变色

图3-342 填充效果

图3-344 在第15帧移动“扫光”元件的位置

5）右击“遮罩”层，从弹出的快捷菜单中选择“遮罩层”命令。然后重新显现“文字”层，此时时间轴分布如图3-345所示。

6）按键盘上的〈Ctrl+Enter〉键打开播放器，即可看到文字扫光效果，如图3-346所示。

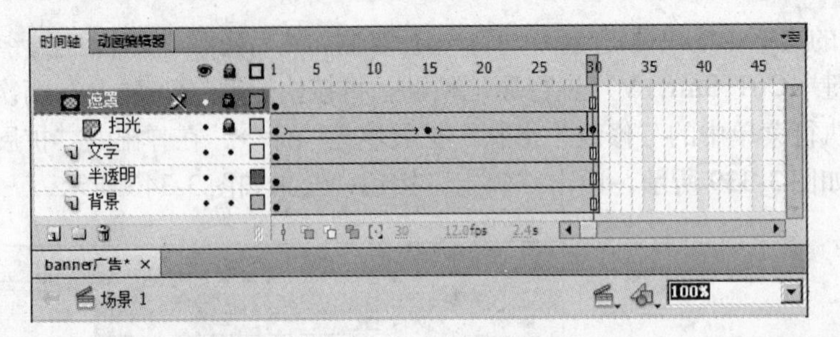

图 3-345　时间轴分布

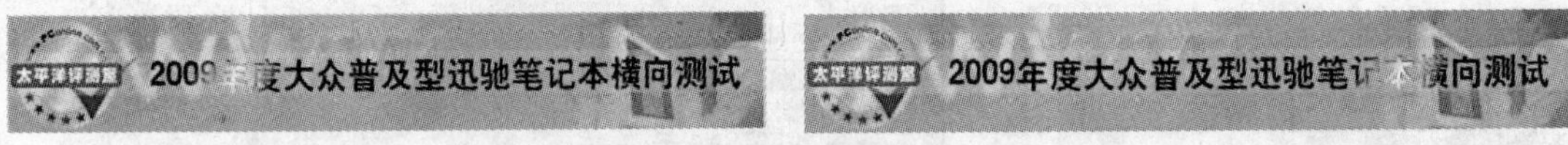

图 3-346　文字扫光效果

3. 制作动态背景

1）为便于观看效果，下面在属性栏中将背景颜色改为黑色。

2）创建“光芒 1”元件。方法：按快捷键〈Ctrl+F8〉，新建“光芒 1”影片剪辑元件。然后选择工具箱中的（矩形工具），设置笔触颜色为无色，填充色为白色，在工作区中绘制一个 25 像素 × 135 像素的矩形，并在属性面板中将其坐标值设为（–12.5，–67）。接着分别在第 10 帧、第 20 帧和第 30 帧按快捷键〈F6〉，插入关键帧，再将第 10 帧中矩形的坐标设为（217.5，–67），第 20 帧中矩形的坐标设为（357.5，–67）。最后在第 1~30 帧创建补间形状动画。

3）创建“光芒 2”元件。方法：在库中右击“光芒 1”元件，然后在弹出的快捷菜单中选择“直接复制”命令，从而复制一个元件，并将其命名为“光芒 2”。接着分别将第 10 帧矩形的坐标设为（–312.5，–67），第 20 帧矩形的坐标设为（–122.5，–67）。

4）单击 场景 1 按钮，回到“场景 1”。然后选择“光芒”层，从库中将“光芒 1”和“光芒 2”元件拖入到工作区中，接着通过复制和缩放的方法制作出随机的光芒效果。最后在属性面板中将这些元件的 Alpha 值设为 30%，如图 3-347 所示。

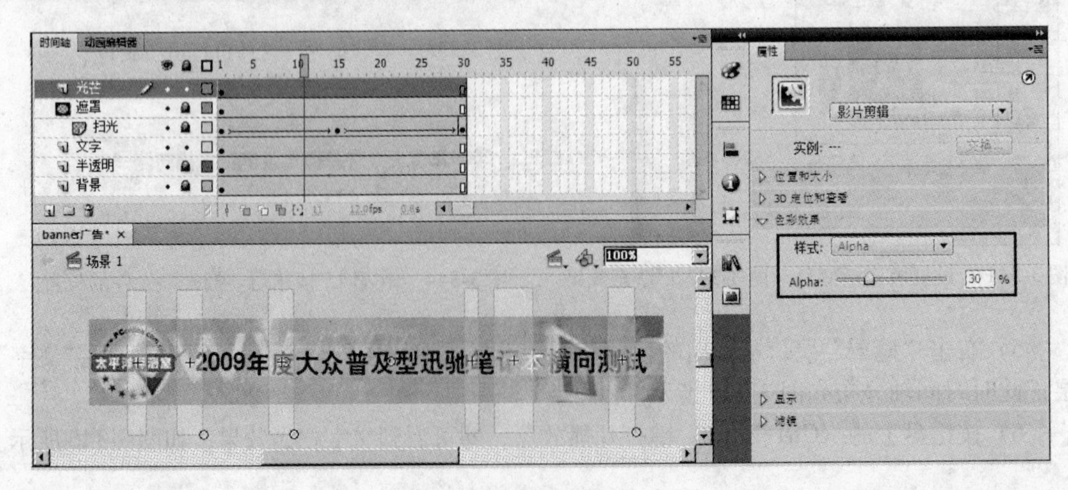

图 3-347　时间轴分布

5）至此，整个动画制作完毕。执行菜单中的“控制|测试影片”（快捷键〈Ctrl+Enter〉）命令，打开播放器窗口，即可看到动画效果。

3.22　手机产品广告动画

目标：

本例将制作一个手机产品的宣传广告动画，如图3-348所示。

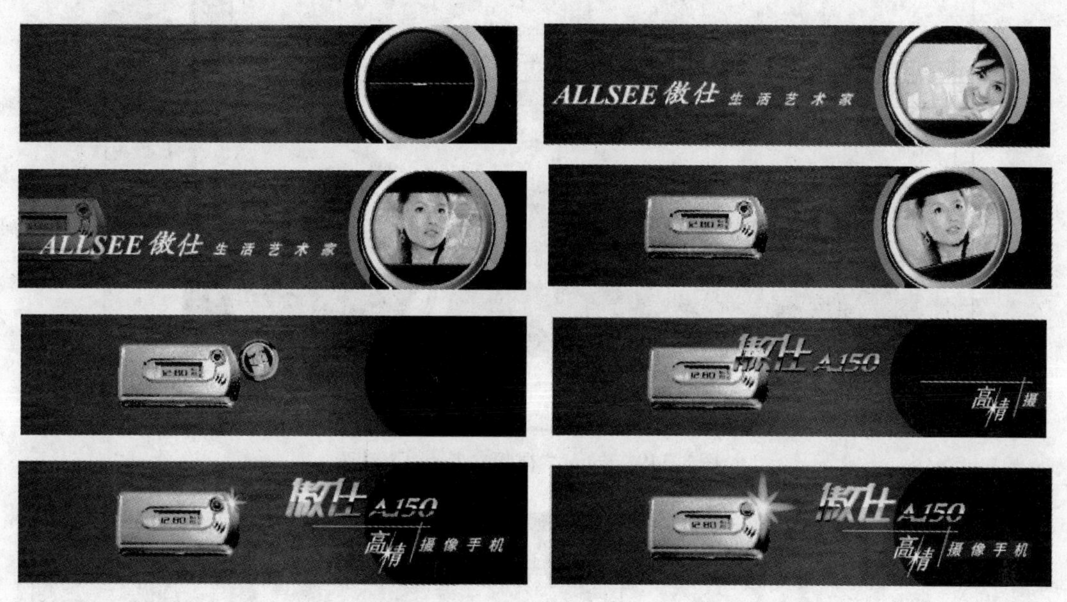

图3-348　手机产品广告动画

要点：

掌握图片的处理、淡入淡出动画、引导层动画和遮罩动画的综合应用。

操作步骤：

1. 制作背景

1）启动Flash CS4软件，新建一个Flash文件（ActionScript 2.0）。

2）导入动画文件进行参考。方法：执行菜单中的“文件|导入|导入到舞台”命令，导入配套光盘中的“素材及结果\3.22　手机产品广告动画\视频参考.swf ”动画文件，此时，“视频参考”动画会以逐帧的方式进行显示，如图3-349所示。

3）执行菜单中的“文件|保存”命令，将其保存为“参考.fla”。

4）创建一个尺寸与“视频参考.swf ”背景图片等大的Flash文件。方法：在第1帧中选中背景图片，然后执行菜单中的“编辑|复制”命令，进行复制。

5）新建一个Flash文件（ActionScript 2.0），然后执行菜单中的“编辑|粘贴到当前位置”

命令，进行粘贴。接着执行菜单中的“修改 | 文档”命令，在弹出的对话框中单击“内容”，如图 3-350 所示，再单击“确定”按钮，即可创建一个尺寸与“视频参考.swf ”背景图片等大的Flash文件，最后将“图层1”重命名为“背景”，并将其保存为“手机产品广告动画.fla”，结果如图 3-351 所示。

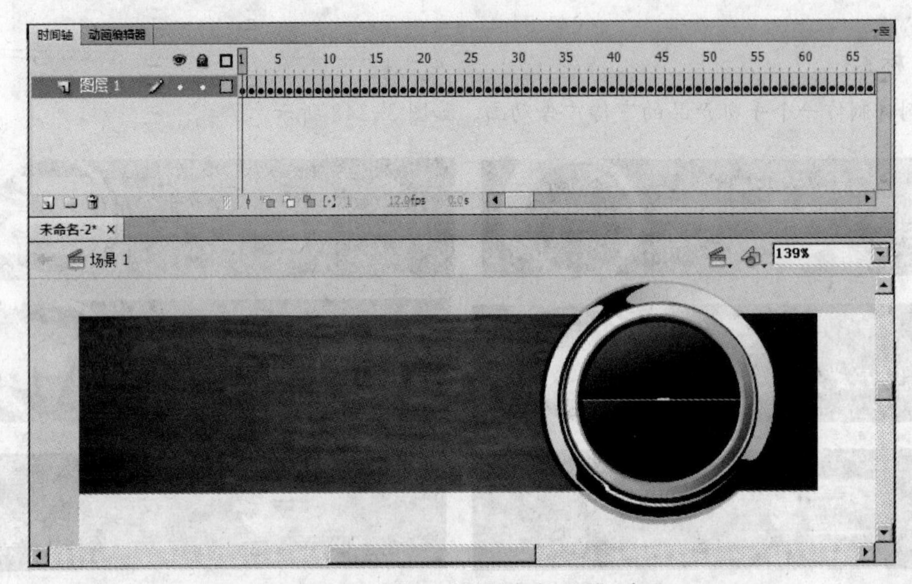

图 3-349　导入“视频参考.swf”动画

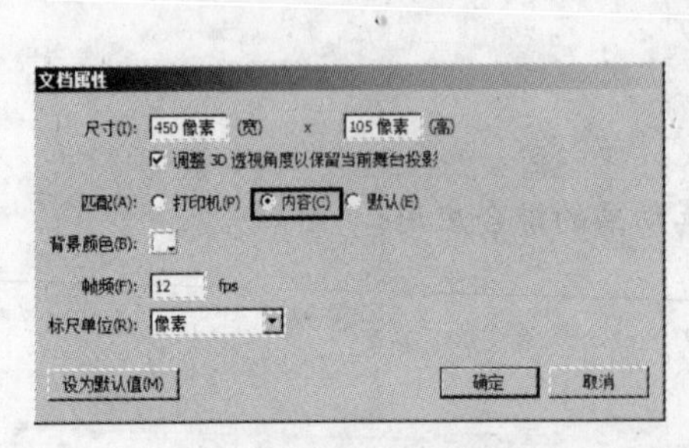

图 3-350　单击“内容”

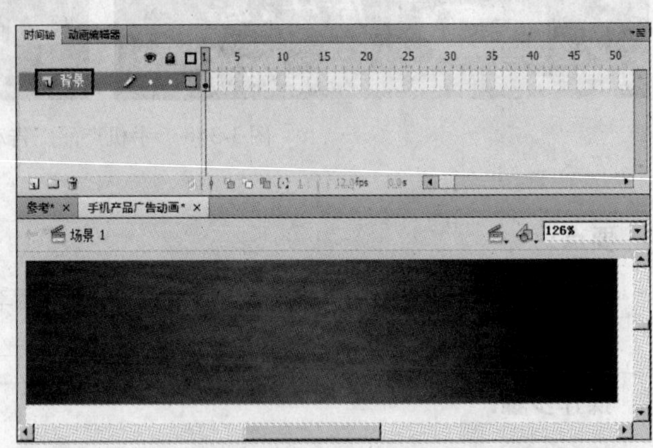

图 3-351　创建一个尺寸与背景图片等大的 Flash 文件

2. 制作镜头盖打开动画

1）新建“镜头”元件。方法：在“手机产品广告动画.fla”中执行菜单中的“插入 | 新建元件”（快捷键〈Ctrl+F8〉）命令，在弹出的“创建新元件”对话框中设置参数，如图 3-352 所示，然后单击“确定”按钮，进入“镜头”元件的编辑模式。

2）回到“参考.fla”文件，利用工具箱中的 （选择工具）选中所有的镜头图形，如图 3-353 所示。然后执行菜单中的“编辑 | 复制”命令，进行复制。回到“手机产品广告动画.fla”中，执行菜单中的“编辑 | 粘贴到中心位置”命令，进行粘贴。

图 3-352　新建“镜头”元件

图 3-353　选中所有的镜头图形

3）提取所需镜头部分。方法：右击粘贴后的一组镜头图形，从弹出的快捷菜单中选择“分散到图层”命令，从而将组成镜头的每个图形分配到不同图层上，如图 3-354 所示。然后将“元件 5”层重命名为“上盖”、“元件 4”层重命名为“下盖”、“元件 7”层重命名为“外壳”、“元件 6”层重命名为“内壳”。接着删除其余各层，并对“外壳”层中对象的颜色进行适当修改，结果如图 3-355 所示。

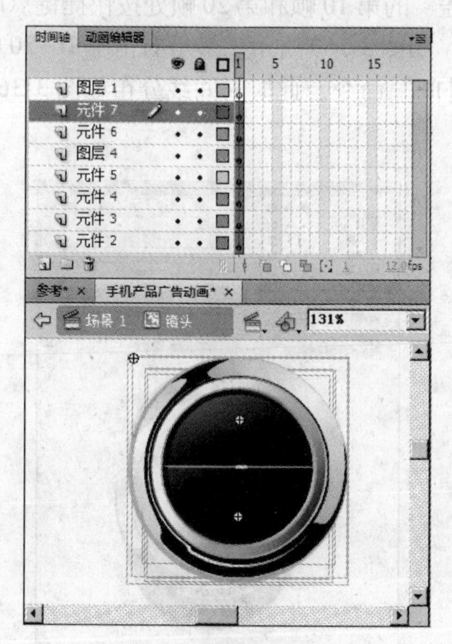

图 3-354　新建“镜头”元件

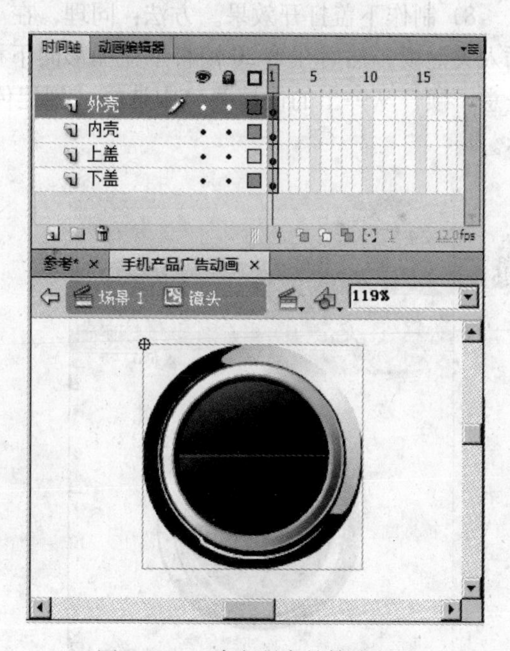

图 3-355　选中所有的镜头图形

4）选中所有图层的第 10 帧，按快捷键〈F5〉，插入普通帧，从而将时间轴的总长度延长到第 10 帧。

5）制作镜头盖打开前的线从短变长的动画。方法：单击时间轴左下方的 (插入图层) 按钮，新建“线”层，然后利用工具箱中的 (线条工具) 绘制一条白色线条，如图 3-356 所示。接着在“线”层的第 10 帧按快捷键〈F6〉，插入关键帧。再回到第 1 帧，利用工具箱中的 (任意变形工具) 将线条进行缩短，如图 3-357 所示。最后在“线”层的第 1~10 帧创建形状补间动画，此时时间轴分布如图 3-358 所示。

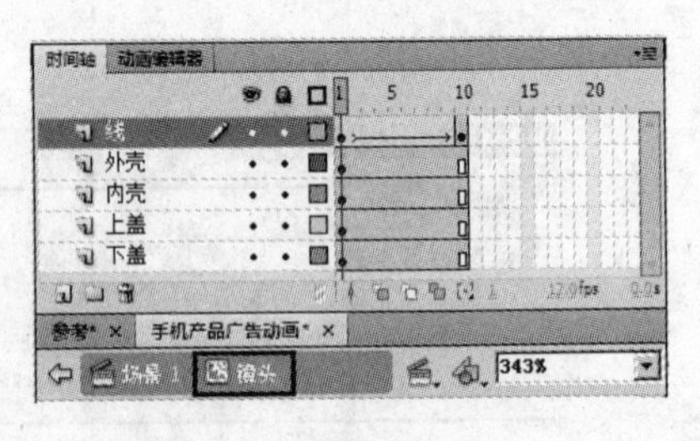

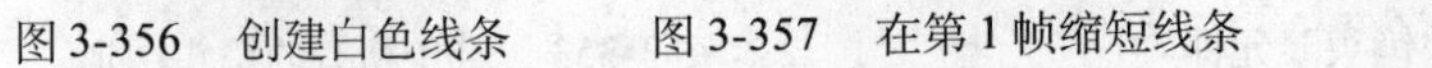

图 3-356　创建白色线条　　图 3-357　在第 1 帧缩短线条　　图 3-358　时间轴分布

6）选中“上盖”、“下盖”、“内壳”和“外壳”的第 100 帧，按快捷键〈F5〉，插入普通帧，从而将这 4 个层的总长度延长到第 100 帧。

7）制作上盖打开效果。方法：选中“上盖”的第 10 帧和第 20 帧，按快捷键〈F6〉，插入关键帧，然后在第 20 帧将上盖图形向上移动，如图 3-359 所示。接着右击第 10~20 帧的任意一帧，从弹出的快捷菜单中选择“创建传统补间”命令。

8）制作下盖打开效果。方法：同理，在“下盖”的第 10 帧和第 20 帧处按快捷键〈F6〉，插入关键帧，然后在第 20 帧将下盖图形向下移动，如图 3-360 所示。最后右击第 10~20 帧的任意一帧，从弹出的快捷菜单中选择“创建传统补间”命令。此时时间线分布如图 3-361 所示。

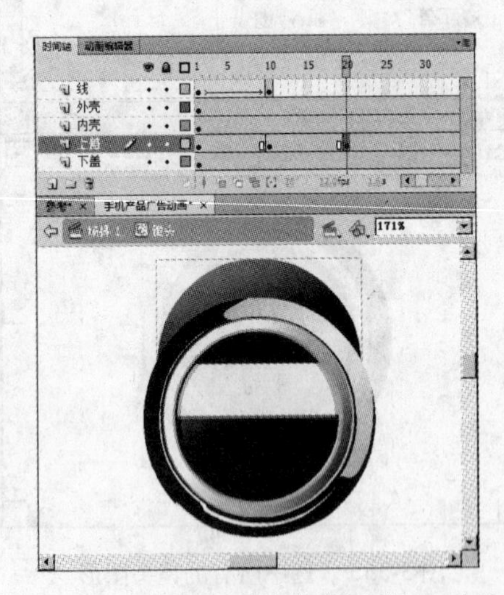

图 3-359　在第 20 帧将上盖图形向上移动

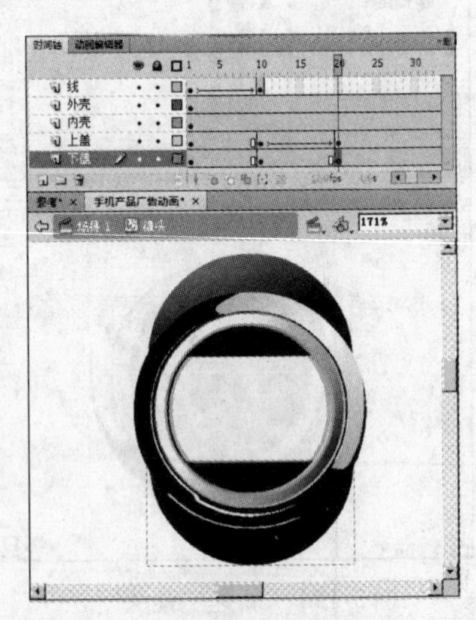

图 3-360　在第 20 帧将下盖图形向下移动

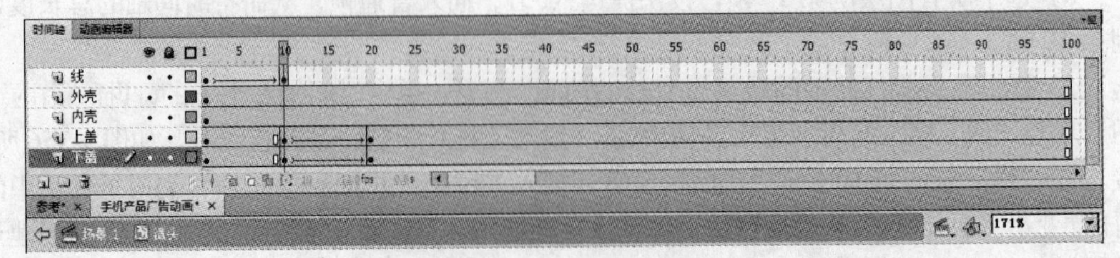

图 3-361　时间轴分布

3. 优化所需素材图片

1）启动Photoshop CS3，新建一个大小为640像素×480像素，分辨率为72像素/英寸的文件。然后执行菜单中的“文件|置入”命令，置入配套光盘中的“素材及结果\3.22 手机产品广告动画\素材1.jpg”图片，再在属性栏中将图像尺寸更改为150像素×116像素，如图3-362所示，最后按键盘上的〈Enter〉键进行确定。

2）按住键盘上的〈Ctrl〉键单击“素材1”层，从而创建“素材1”选区，如图3-363所示。然后执行菜单中的“文件|新建”命令，此时Photoshop会默认创建一个与复制图像等大的150像素×116像素的文件，如图3-364所示。接着单击“确定”按钮，执行菜单中的“编辑|粘贴”命令，将复制后的图像进行粘贴，结果如图3-365所示。

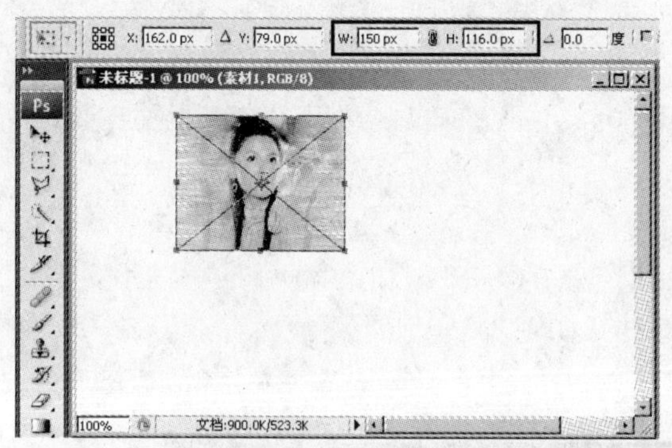

图3-362　设置图像大小

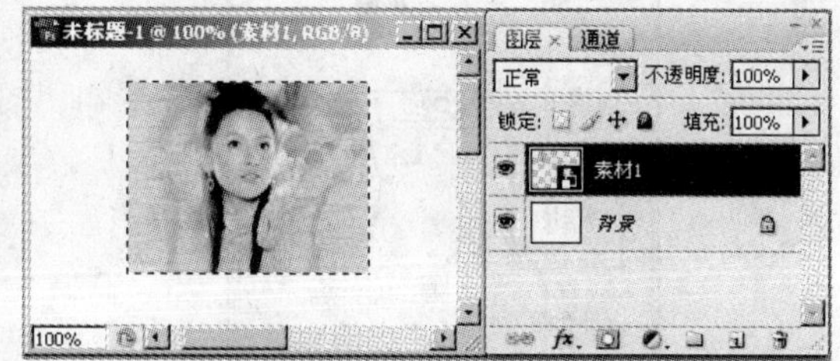

图3-363　创建选区

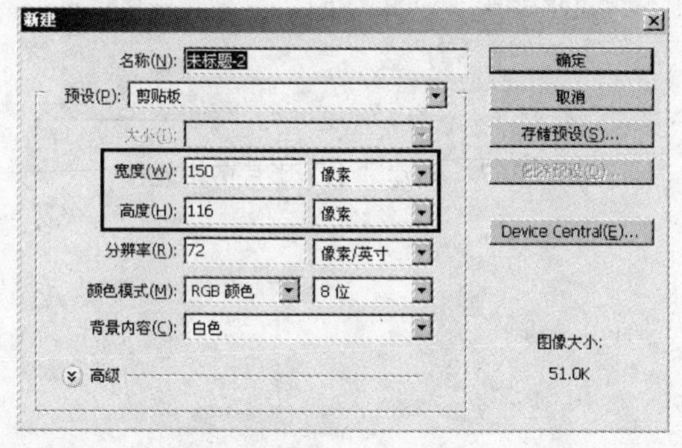

图3-364　新建图像

图3-365　粘贴效果

3）执行菜单中的“文件|保存”命令，将其存储为“1.jpg”。

4）同理，置入配套光盘中的“素材及结果\3.22手机产品广告动画\素材2.jpg”和“素材3.jpg”图片，然后将它们的大小也调整为150像素×116像素，再将它们存储为“2.jpg”和“3.jpg”。

4. 制作镜头中的淡入淡出图片动画

1）回到“手机广告动画.fla”中，执行菜单中的“文件|导入|导入到库”命令，导入配套光盘中的“素材及结果\3.22手机产品广告动画\1.jpg”、“2.jpg”和“3.jpg”图片，此时，“库”面板中会显示出导入的图片，如图3-366所示。

2）执行菜单中的“插入|新建元件”（快捷键〈Ctrl+F8〉）命令，在弹出的“创建新元件”对话框中设置参数，如图3-367所示，然后单击“确定”按钮，进入“1”元件的编辑模式。从库中将“1.jpg”元件拖入到舞台中，并使其中心对齐，结果如图3-368所示。

3）同理，创建“2”影片剪辑元件，然后分别将库中“2.jpg”元件拖入舞台，并中心对齐。

4）同理，创建“3”影片剪辑元件，然后分别将库中“3.jpg”元件拖入舞台，并中心对齐。

5）执行菜单中的“插入|新建元件”（快捷键〈Ctrl+F8〉）命令，在弹出的“创建新元件”对话框中设置参数，如图3-369所示，单击“确定”按钮，进入“动画”元件的编辑模式。

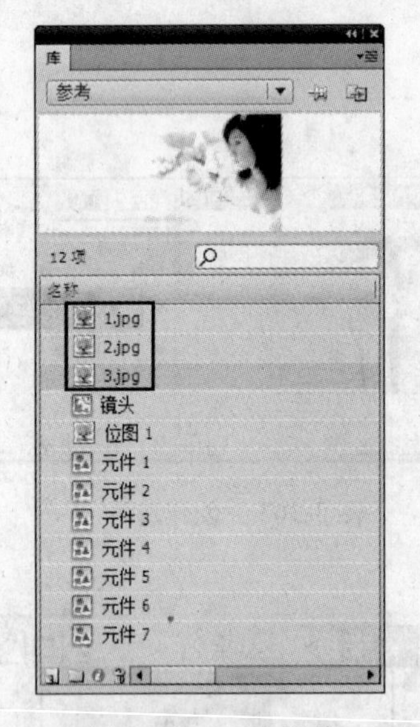

图3-366 导入图片

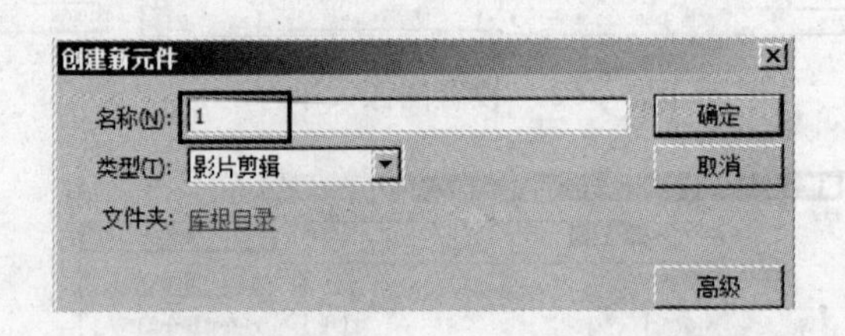

图3-367 创建“1”影片剪辑元件

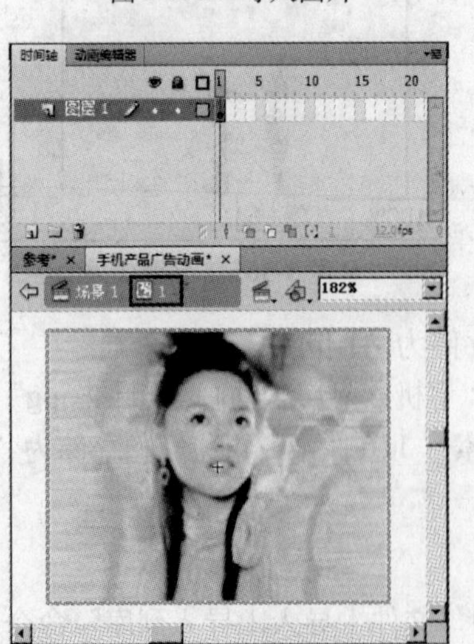

图3-368 将“1.jpg”拖入到“1”元件并中心对齐

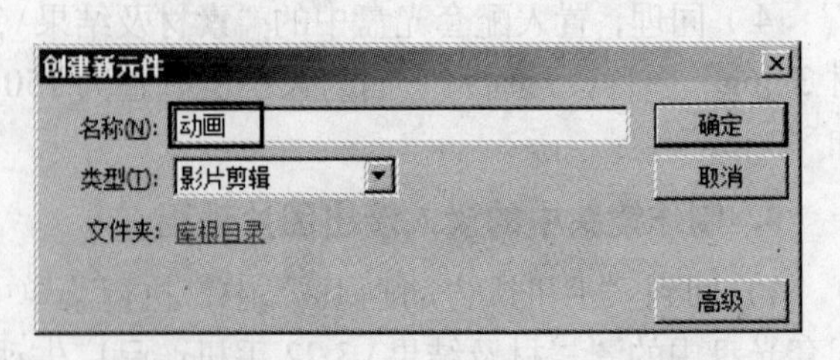

图3-369 创建“动画”影片剪辑元件

6）从库中将“1”元件拖入舞台，并中心对齐。然后在第50帧按快捷键〈F5〉，插入普通帧，从而将时间轴的总长度延长到第50帧。

7）创建“2”元件的淡入淡出效果。方法：新建“图层2”，在第10帧按快捷键〈F7〉，插入空白关键帧，然后从库中将“2”元件拖入舞台，并中心对齐。再在“图层2”的第20帧按快捷键〈F6〉，插入关键帧。接着单击第10帧，将舞台中“2”元件的Alpha值设为0%，最后右击“图层2”第10~20帧的任意一帧，从弹出的快捷菜单中选择“创建传统补间”命令，结果如图3-370所示。

图3-370　将第10帧“2”元件的Alpha设为0%

8）创建“3”元件的淡入淡出效果。方法：同理，新建“图层3”，在第25帧按快捷键〈F7〉，插入空白关键帧，然后从库中将“3”元件拖入舞台，并中心对齐。再在“图层3”的第35帧按快捷键〈F6〉，插入关键帧。接着单击第25帧，将舞台中“3”元件的Alpha值设为0%，最后在“图层3”的第25~35帧中创建传统补间动画。

9）创建“1”元件的淡入淡出效果。方法：同理，新建“图层4”，在第40帧按快捷键〈F7〉，插入空白关键帧，然后从库中将“1”元件拖入舞台，并中心对齐。再在“图层4”的第50帧按快捷键〈F6〉，插入关键帧。接着单击第40帧，将舞台中“1”元件的Alpha值设为0%，最后在“图层4”的第40~50帧中创建补间动画，此时时间轴分布如图3-371所示。

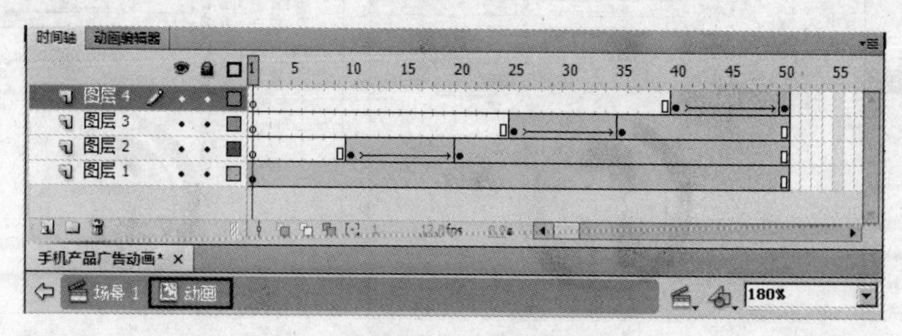

图3-371　时间轴分布

5. 制作镜头盖打开后显示出图片过渡动画的效果

1）双击库面板中的“镜头”元件，进入编辑模式。然后在“上盖”层上方新建“动画”层，再从库中将“动画”元件拖入舞台，并放置到如图 3-372 所示的位置。

2）在“动画”层上方新建“遮罩”层，然后利用工具箱中的 (椭圆工具) 绘制一个 105 像素 × 105 像素的正圆形，并调整位置如图 3-373 所示。此时，时间轴分布如图 3-374 所示。

图 3-372　将“动画”元件拖入舞台

图 3-373　绘制正圆形

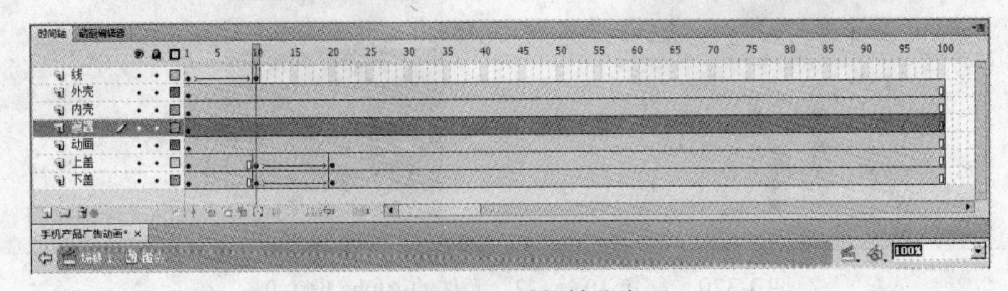

图 3-374　时间轴分布

3）制作遮罩效果。方法：右击“遮罩”层，从弹出的快捷菜单中选择“遮罩层”命令，如图 3-375 所示，此时，只有圆形以内的图像被显现出来了，效果如图 3-376 所示。

4）为了使镜头盖打开过程中所在区域内的图像不进行显现，下面将“上盖”和“下盖”层拖入遮罩，并进行锁定，结果如图 3-377 所示。

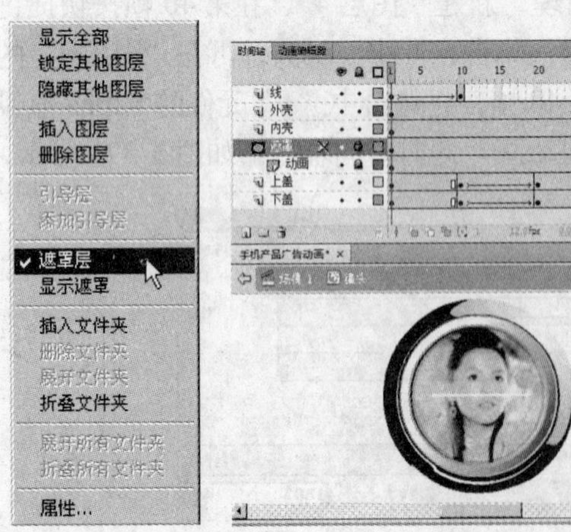

图 3-375　选择“遮罩层”

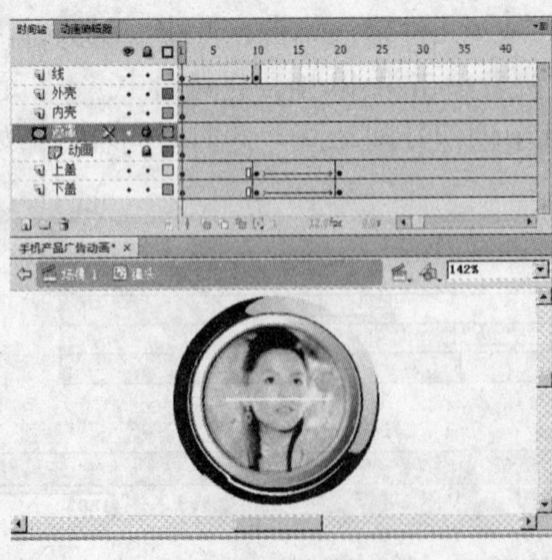

图 3-376　遮罩效果

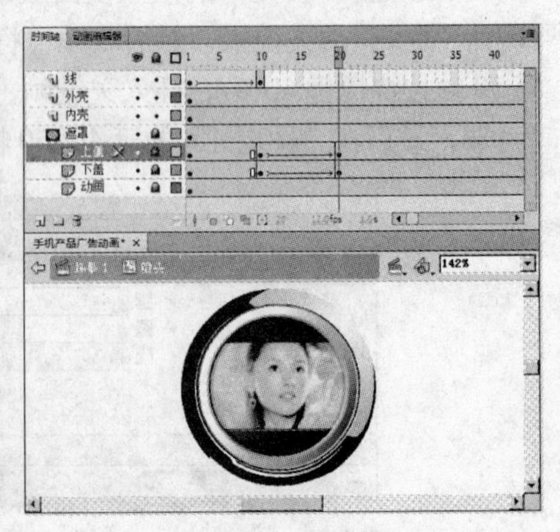

图 3-377　最终遮罩效果

6. 制作文字“ALLSEE 傲仕 生活艺术家”的淡入淡出效果

1）单击 场景 1 按钮，回到“场景 1”。然后新建“镜头”层，从库中将“镜头”元件拖入舞台，位置如图 3-378 所示。

2）新建“生活艺术家”层，利用工具箱中的 T（文本工具）输入文字“ALLSEE 傲仕 生活艺术家”。然后框选所有的文字，按快捷键〈F8〉，将其转换为“生活艺术家”影片剪辑元件，效果如图 3-379 所示。

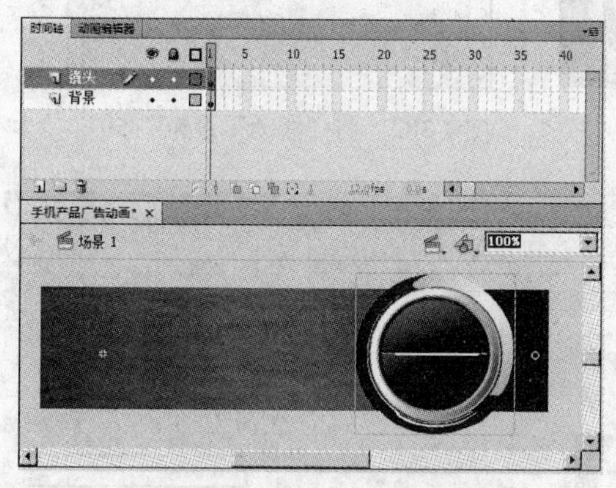

图 3-378　将“镜头”元件拖入舞台放置到适当位置　　图 3-379　输入文字

3）同时选择“生活艺术家”、“镜头”和“背景”层，然后在第 130 帧按快捷键〈F5〉，插入普通帧，从而将时间轴的总长度延长到第 130 帧。

4）将“生活艺术家”层的第 1 帧移动到第 20 帧，然后分别在第 22、53 和 55 帧按快捷键〈F6〉，插入关键帧。最后将第 20 帧和第 55 帧中的“生活艺术家”元件的 Alpha 值设为 0%，并在第 20~22 帧、第 53~55 帧之间创建传统补间动画。此时，时间轴分布如图 3-380 所示。

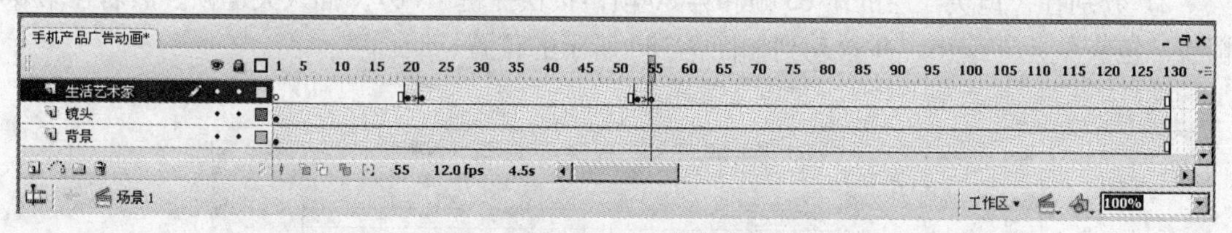

图 3-380　时间轴分布

7. 制作手机飞入舞台的动画

1）回到“参考.fla”，选中“手机”图形，执行菜单中的“编辑 | 复制”命令进行复制。接着回到“手机产品广告动画.fla”，新建“手机”层，在第 50 帧按快捷键〈F7〉，插入空白关键帧。再执行菜单中的“编辑 | 粘贴到当前位置”命令，进行粘贴，效果如图 3-381 所示。

2）在“手机”层的第 60 帧中按快捷键〈F6〉，插入关键帧。然后在第 50 帧将“手机”移动到左侧，并将其 Alpha 值设为 0%。接着在第 50~60 帧之间创建传统补间动画，最后在属性面板中将“缓动”设为“−50”，如图 3-382 所示，从而使手机产生加速飞入舞台的效果。此时，时间轴分布如图 3-383 所示。

图3-381 粘贴手机图形

图3-382 将“缓动”设为“-50”

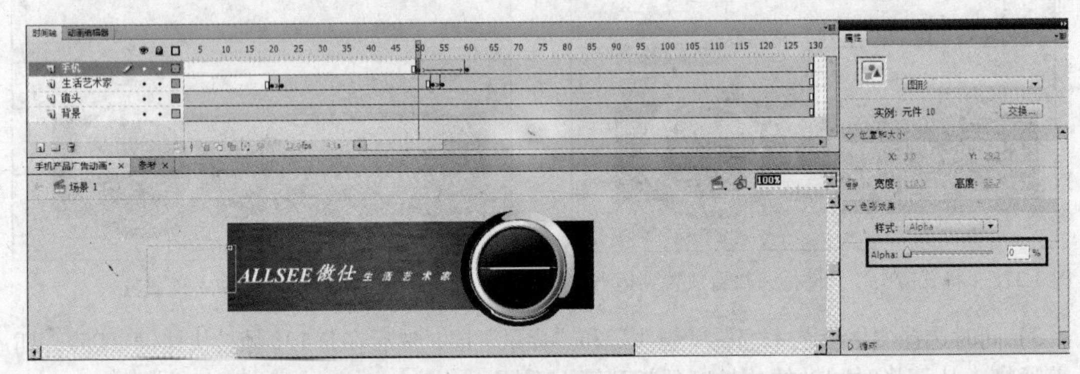

图3-383 时间轴分布

8. 制作镜头缩小后移动到手机右上角的动画

1）将“镜头”层移动到“手机”层的上方。

2）分别在“镜头”层的第65帧和第80帧，按快捷键〈F6〉，插入关键帧。然后在第80帧将“镜头”元件缩小，并移动到如图3-384所示的位置。

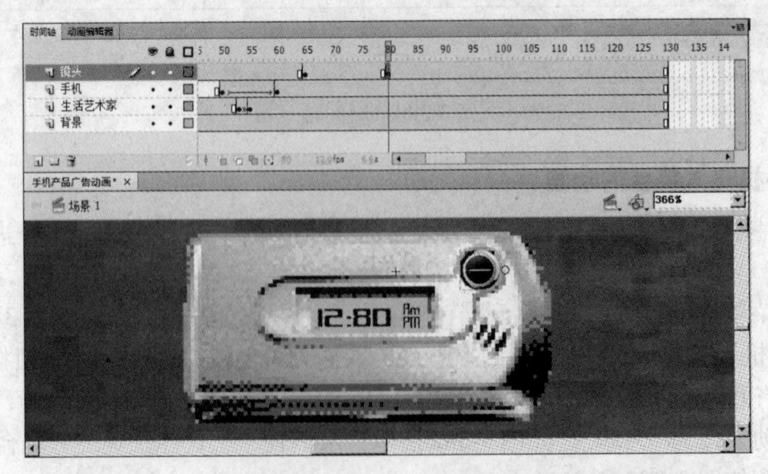

图3-384 在第80帧将“镜头”元件缩小并移动到适当位置

3）制作镜头移动过程中进行逆时针旋转并加速的效果。方法：在“手机”层的第 50~60 帧之间创建传统补间动画，然后在属性面板中将“旋转”设置为“逆时针”，将“缓动”设置为“-50”，如图 3-385 所示。此时，时间轴分布如图 3-386 所示。

图 3-385　设置旋转和加速参数

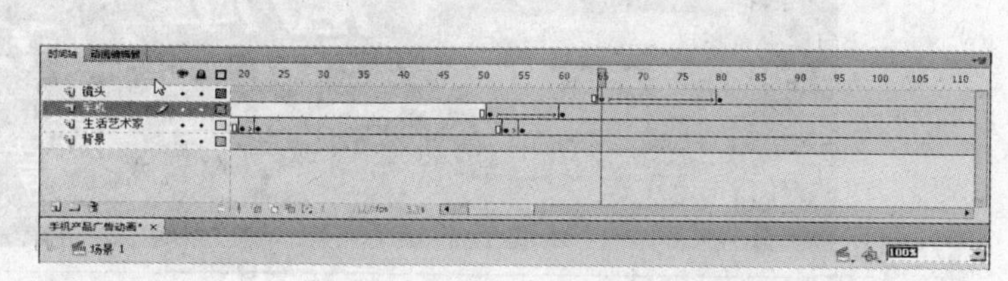

图 3-386　时间轴分布

4）制作镜头移动后原地落下的深色阴影效果。方法：在“镜头”层的下方新建“背景圆形”层，然后利用工具箱中的（椭圆工具）绘制一个笔触颜色为无色，填充色为黑色，大小为 120 像素 × 120 像素的正圆形。接着按快捷键〈F8〉，将其转换为“背景圆形”影片剪辑元件。最后在属性面板中将其 Alpha 值设为 20%，结果如图 3-387 所示。

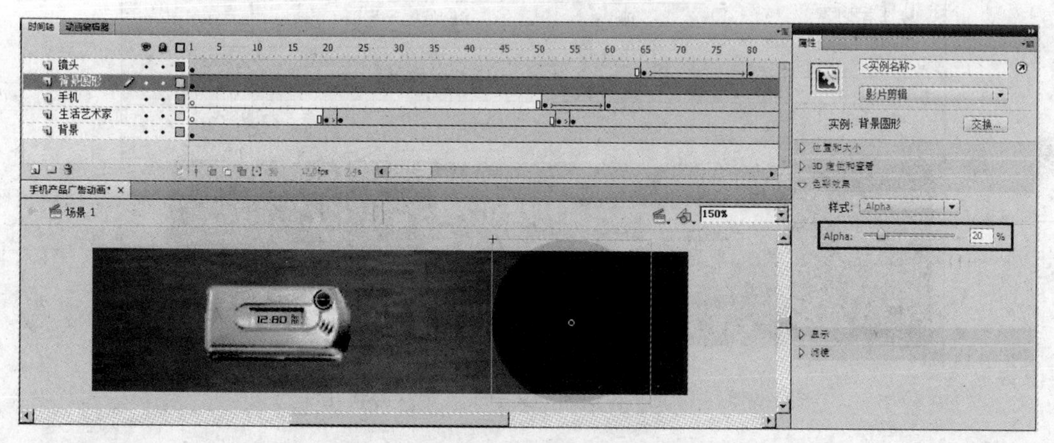

图 3-387　将“背景圆形”影片剪辑元件的 Alpha 值设为 20%

9. 制作不同文字分别飞入舞台的效果

1）回到“参考.fla”，选中文字“傲仕 A150”，如图 3-388 所示，执行菜单中的“编辑 | 复制”命令，进行复制。接着回到“手机产品广告动画.fla”，新建“文字 1”层，在第 85 帧按快捷键〈F7〉，插入空白关键帧。最后执行菜单中的“编辑 | 粘贴到当前位置”命令，进行粘贴。再按快捷键〈F8〉，将其转换为“文字 1”影片剪辑元件，结果如图 3-389 所示。

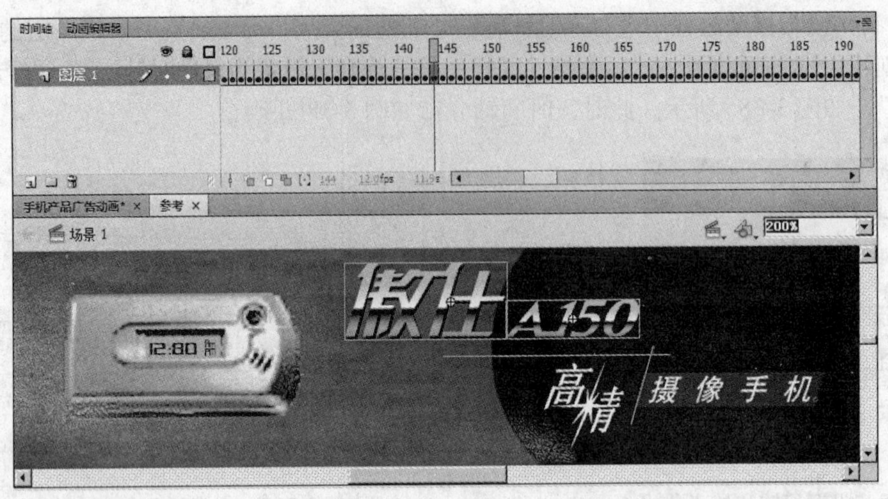

图 3-388　选中文字

图 3-389　将文字转换为“文字 1”影片剪辑元件

2）制作文字“傲仕 A150”从左向右运动的效果。方法：在“文字 1”层的第 90 帧按快捷键〈F6〉，插入关键帧。然后在第 85 帧将“文字 1”元件移动到如图 3-390 所示的位置。接着在第 85~90 帧之间创建传统补间动画。

3）同理，回到“参考.fla”，然后选中文字“高清摄像手机”，执行菜单中的“编辑|复制”命令，进行复制。接着回到“手机产品广告动画.fla”，新建“文字 2”层，在第 85 帧按快捷键〈F7〉，插入空白关键帧。再执行菜单中的“编辑|粘贴到当前位置”命令，进行粘贴。最后按快捷键〈F8〉，将其转换为“文字 2”影片剪辑元件，结果如图 3-391 所示。

4）制作文字“高清摄像手机”从右向左运动的效果。方法：在“文字 2”层的第 90 帧按快捷键〈F6〉，插入关键帧。然后在第 85 帧将“文字 2”元件移动到如图 3-392 所示的位置。接着在第 85~90 帧之间创建传统补间动画。

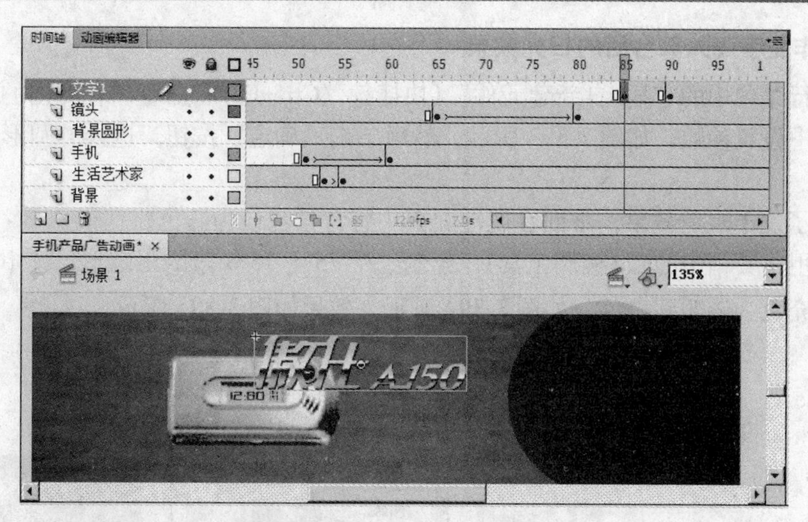

图3-390　在第85帧将“文字1”元件移动到适当位置

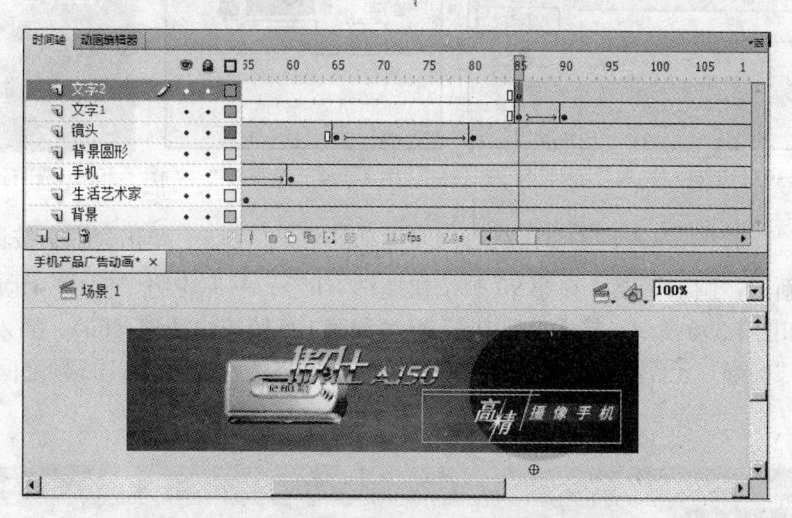

图3-391　将文字转换为“文字2”影片剪辑元件

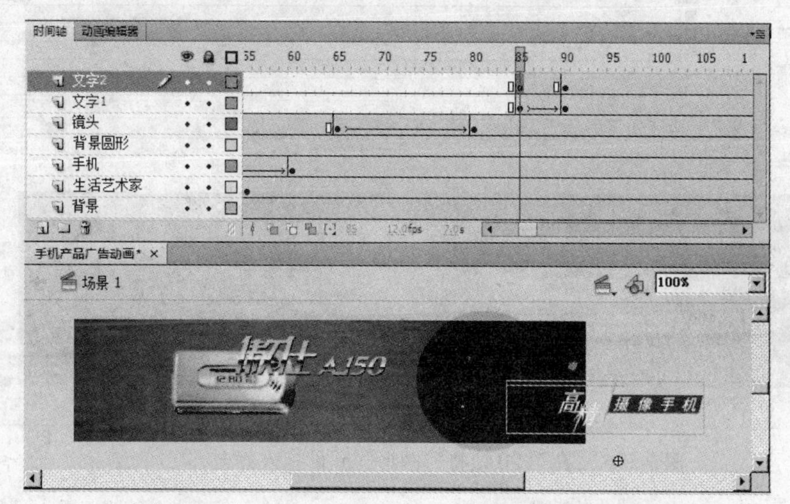

图3-392　在第85帧将“文字2”元件移动到适当位置

10. 制作文字飞入舞台后的扫光效果

1）执行菜单中的“插入|新建元件”（快捷键〈Ctrl+F8〉）命令，在弹出的“创建新元件”对话框中设置参数，如图3-393所示，然后单击“确定”按钮，进入“圆形”元件的编辑模式。

2）为了便于观看效果，下面在属性面板中将背景色设为红色。

3）利用工具箱中的（椭圆工具），绘制一个75 × 75像素的正圆形，并中心对齐，然后设置其填充色为透明到白色，如图3-394所示，效果如图3-395所示。

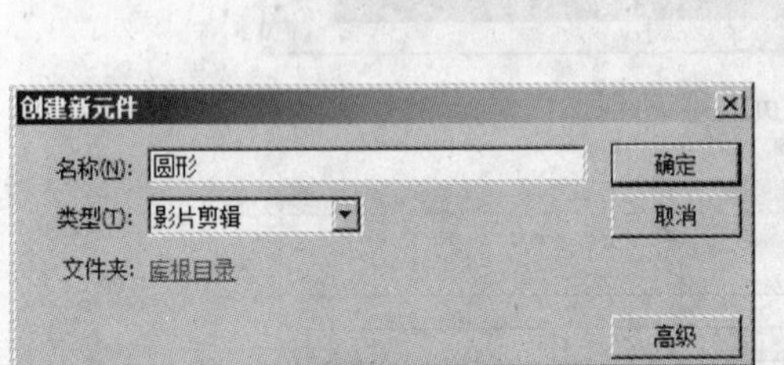

图3-393 新建“圆形”元件

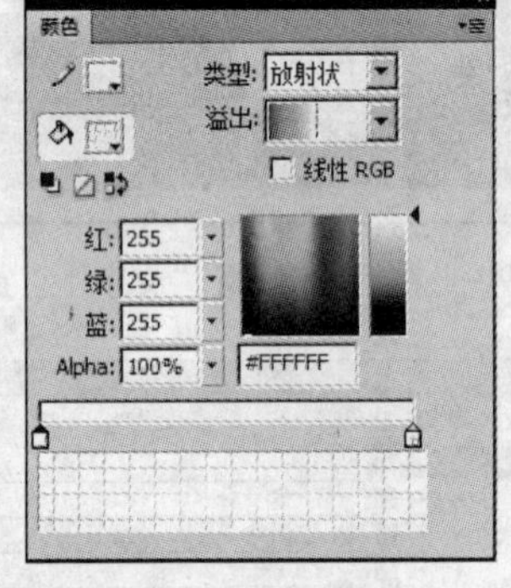

图3-394 设置渐变

图3-395 透明到白色的填充效果

4）制作“圆形”先从左向右，再从右向左运动的效果。方法：单击场景1按钮，回到“场景1”，然后新建“圆形”层，在第90帧按快捷键〈F7〉，从库中将“圆形”元件拖入舞台，并调整位置如图3-396所示。接着分别在第97帧和第105帧按快捷键〈F6〉，插入关键帧。再将第97帧的“圆形”元件移动到如图3-397所示的位置。最后在第90~105帧之间创建传统补间动画。

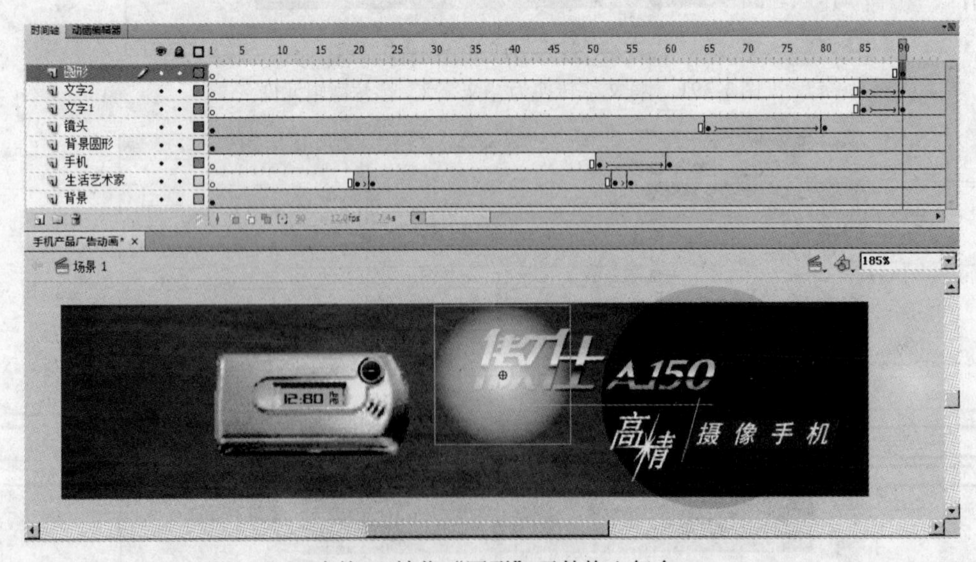

图3-396 在第90帧将“圆形”元件拖入舞台

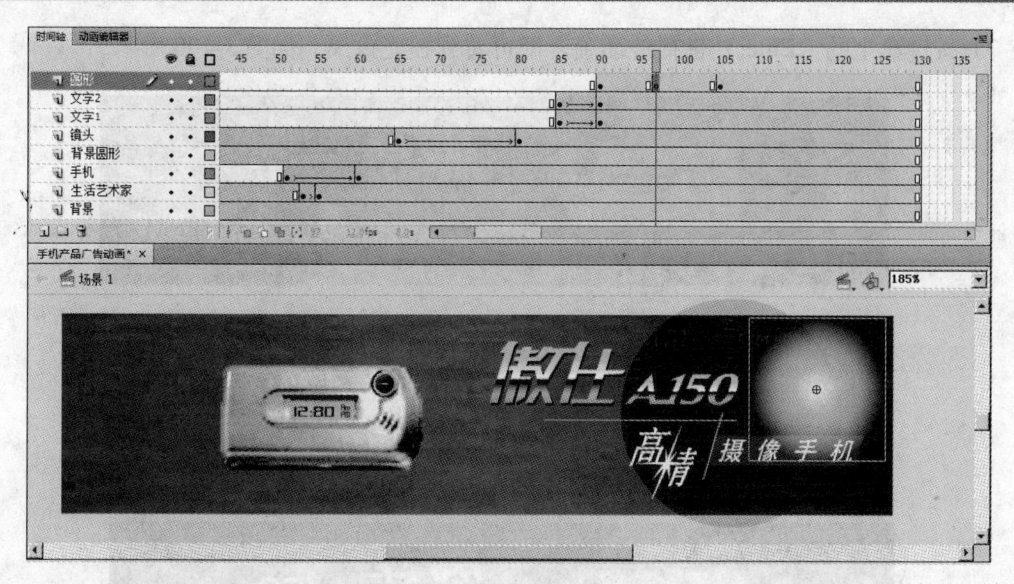

图3-397　第97帧中的“圆形”元件

5）制作扫光时的遮罩。方法：选中舞台中的“文字1”元件，执行菜单中的“编辑|复制”命令。然后在“圆形”层的上方新建“遮罩”层，执行菜单中的“编辑|粘贴到当前位置”命令，最后执行菜单中的“修改|分离”命令，将“文字1”元件打散为图形，效果如图3-398所示。

图3-398　在“遮罩”层将“文字1”元件打散为图形

6）利用遮罩制作扫光效果。方法：右击“遮罩”层，从弹出的快捷菜单中选择“遮罩层”命令，此时，时间轴分布如图3-399所示。

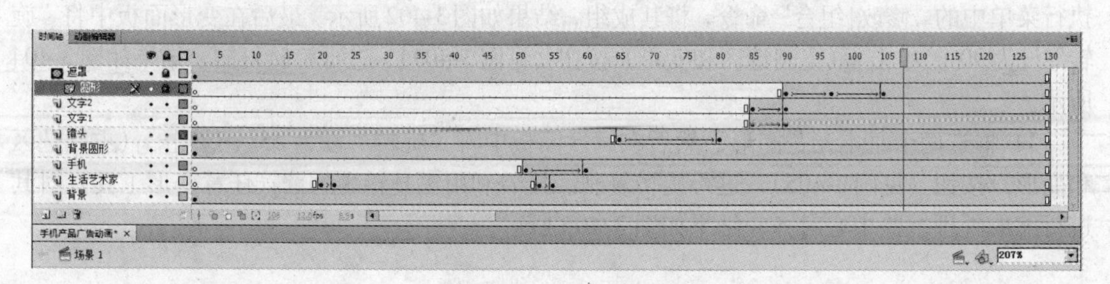

图3-399　时间轴分布

7）按键盘上的〈Enter〉键播放动画，即可看到扫光效果，如图3-400所示。

图3-400　预览扫光效果

11．制作环绕手机进行旋转的光芒效果

1）执行菜单中的“插入|新建元件”（快捷键〈Ctrl+F8〉）命令，在弹出的“创建新元件”对话框中设置参数，如图3-401所示，然后单击“确定”按钮，进入“圆形”元件的编辑模式。

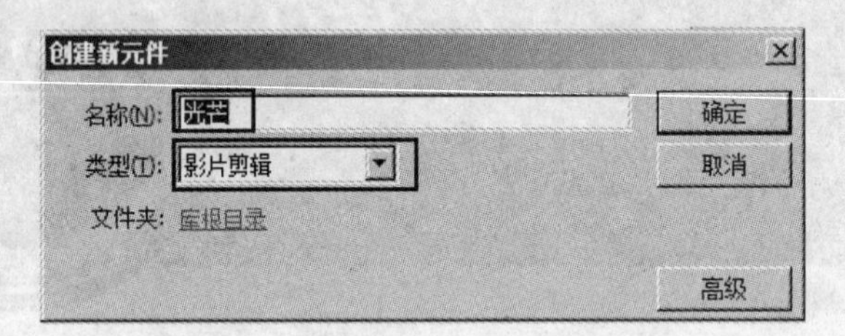

图3-401　新建“光芒”影片剪辑元件

2）利用工具箱中的（椭圆工具）绘制一个75像素×75像素的正圆形，并中心对齐，然后设置其填充色为透明到白色。接着利用工具箱中的（任意变形工具）对其进行处理，再执行菜单中的“修改|组合”命令，将其成组，结果如图3-402所示。最后在变形面板中将“旋转”设为90°，单击（重制选区和变形）按钮（见图3-403），进行旋转复制，结果如图3-404所示。

3）框选两个基本光芒图形，然后在属性面板中将“旋转”设为45°，单击（重制选区和变形）按钮（见图3-405），进行旋转复制。接着利用工具箱中的（任意变形工具）对其进行缩放处理，并中心对齐，结果如图3-406所示。

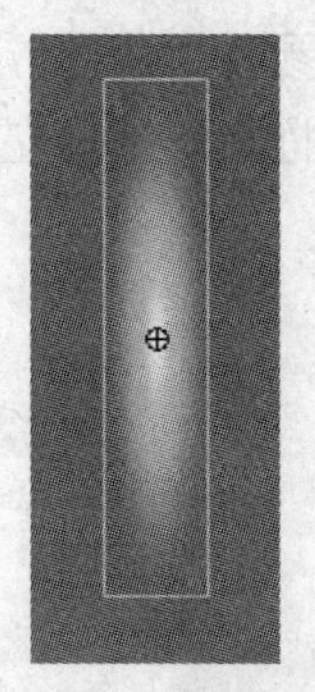

图3-402　成组效果

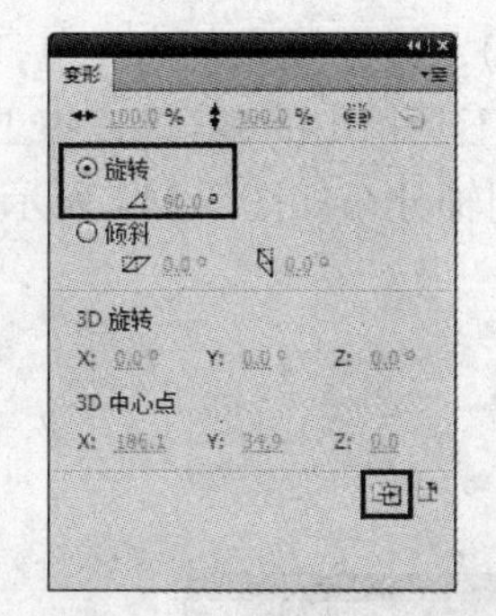

图3-403　设置旋转复制参数

图3-404　旋转复制效果

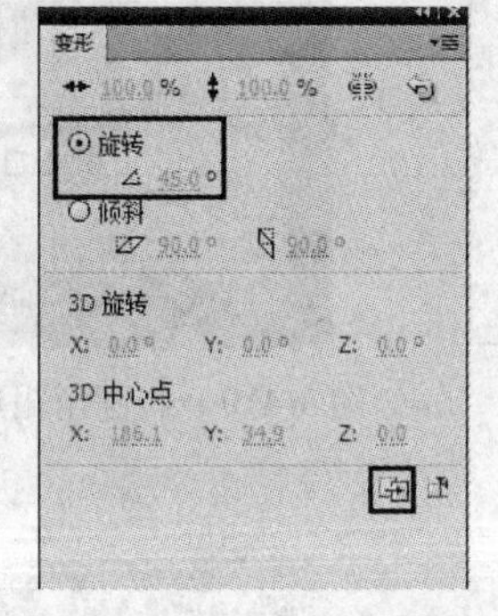

图3-405　设置旋转复制参数

图3-406　光芒效果

4）单击“场景 1”按钮，回到“场景1”。然后新建“光芒”层，在第85帧按快捷键〈F7〉，插入空白关键帧。接着从库中将“光芒”元件拖入舞台并适当缩放，结果如图3-407所示。

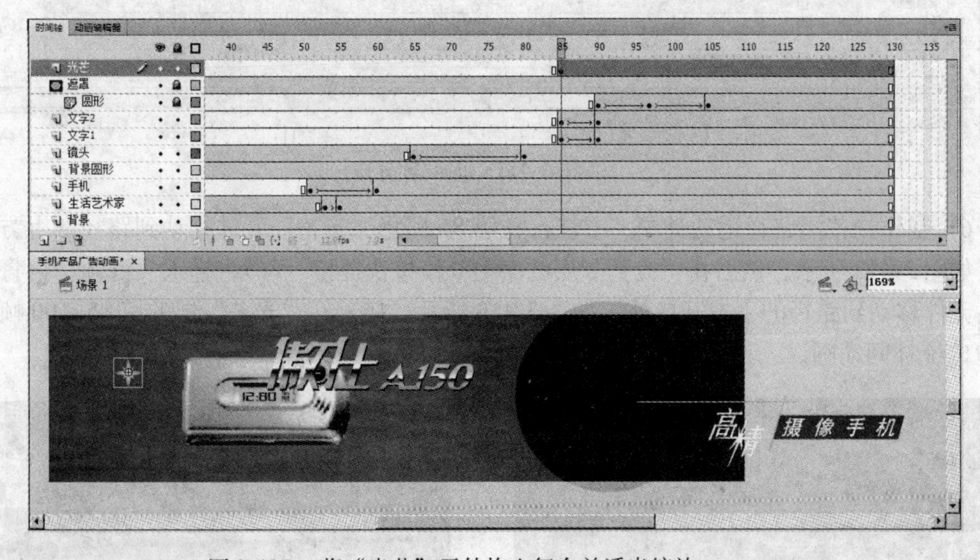

图3-407　将“光芒”元件拖入舞台并适当缩放

5）制作光芒运动的路径。方法：右击时间轴左侧的图层名称，从弹出的快捷菜单中选择“添加传统运动引导层”命令，如图3-408所示。然后在第85帧按快捷键〈F7〉，插入空白关键帧。接着选择工具箱中的 (矩形工具)，设置填充色为无色，笔触颜色为蓝色，矩形边角半径为 100，如图 3-409 所示。最后利用工具箱中的 (橡皮擦工具) 将圆角矩形左上角进行擦除，结果如图 3-410 所示，此时，时间轴分布如图 3-411 所示。

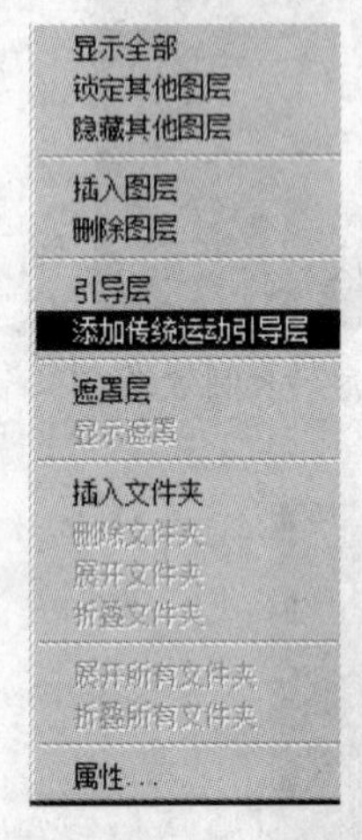

图 3-408　选择“添加传统运动引导层”命令

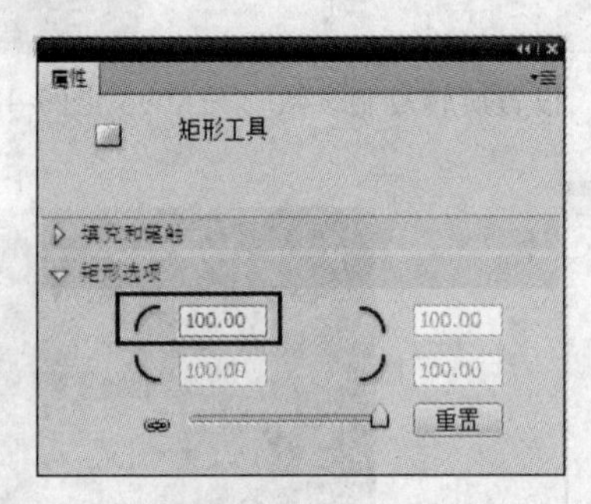

图 3-409　设置矩形参数

图 3-410　将圆角矩形左上角进行擦除

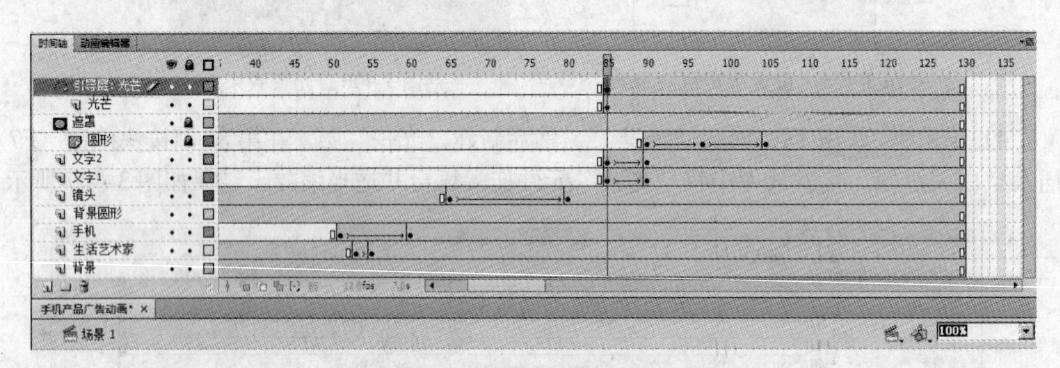

图 3-411　时间轴分布

6）制作光芒沿路径运动动画。方法：在第 85 帧将“光芒”元件移动到路径的上方开口处，如图 3-412 所示。然后在“光芒”层的第 100 帧按快捷键〈F6〉，插入关键帧，再将“光芒”元件移动到路径的下方开口处，如图 3-413 所示。接着在“光芒”层的第 85~100 帧之间创建传统补间动画。

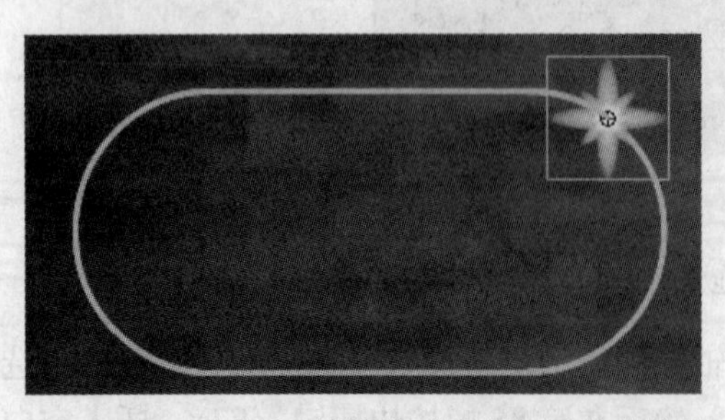

图 3-412　在第 85 帧调整“光芒”元件的位置

图 3-413　在第 100 帧调整“光芒”元件的位置

提示：为了便于观看，可以将“光芒”层和“引导层”以外的层进行隐藏。

7）制作光芒在第100帧后的闪动效果。方法：在“光芒”层的第101~106帧按快捷键〈F6〉，插入关键帧。然后将第101、103、105帧的“光芒”元件放大，如图3-414所示。

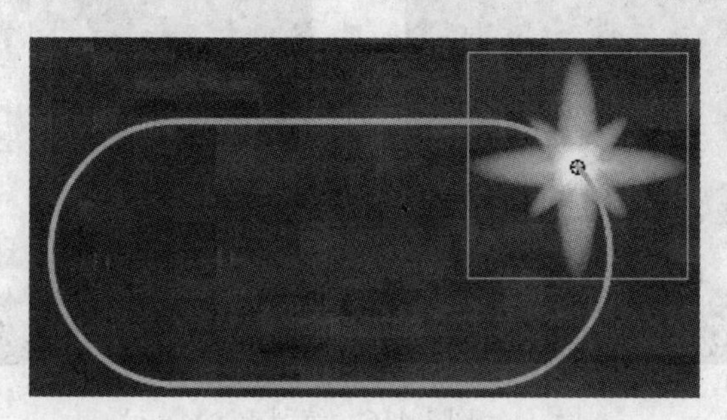

图3-414　将第101、103、105帧的“光芒”元件放大

8）至此，整个动画制作完毕，时间轴分布如图3-415所示。执行菜单中的“控制|测试影片”（快捷键〈Ctrl+Enter〉）命令，打开播放器窗口，即可看到动画效果。

提示：此时当动画再次播放时会发现缺少了镜头打开的效果，这是因为“镜头”元件的总帧数（100帧）与整个动画的总帧数（130帧）不等长的原因，将“镜头”元件的总帧数延长到第130帧即可。

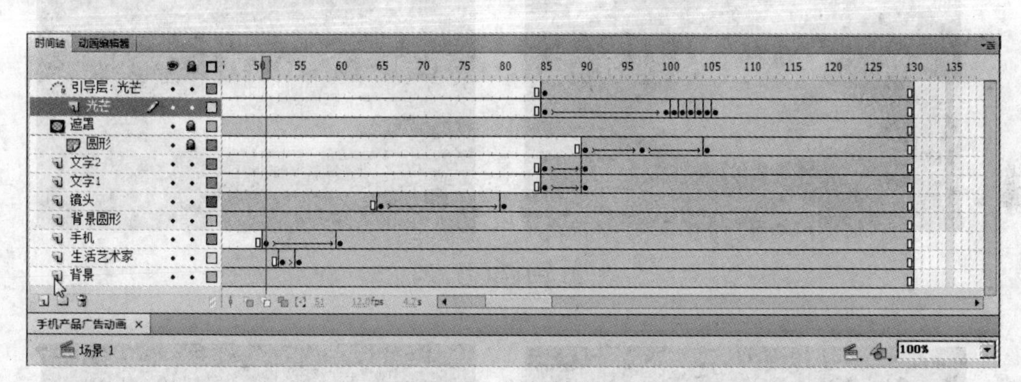

图3-415　时间轴分布

3.23　课后练习

（1）制作探照灯的照射效果，如图3-416所示。参数可参考配套光盘中的“课后练习\3.23课后练习\练习1\探照灯效果.fla”文件。

（2）制作工作区上跳动的文字效果，如图3-417所示。参数可参考配套光盘中的“课后练习\3.23课后练习\练习2\舞台效果.fla”文件。

（3）制作一个由滑块控制放大和缩小的显示系统时间的时钟效果，如图3-418所示。参数可参考配套光盘中的“课后练习\3.23课后练习\练习3\闪烁的烛光.fla”文件。

图3-416　练习1

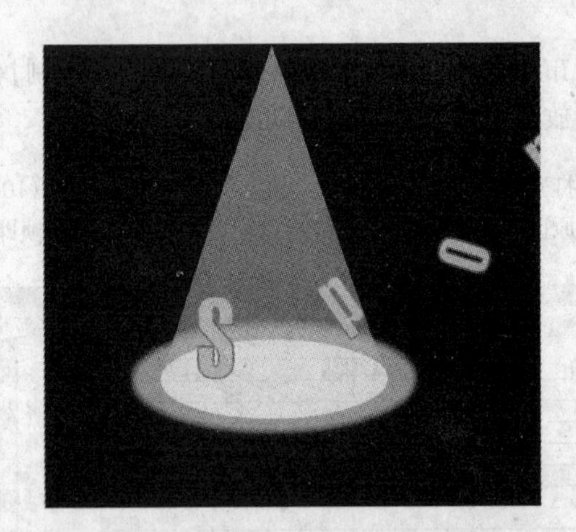

图3-417　练习2

图3-418　练习3

第4章　脚本实例

本章重点

通过本章的学习，应掌握Flash CS4中常用脚本语言的使用方法。

4.1　鼠标跟随效果

目标：

制作鼠标跟随效果，如图4-1所示。

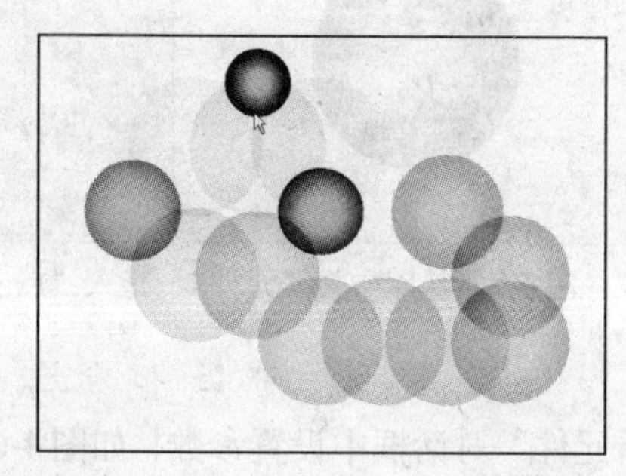

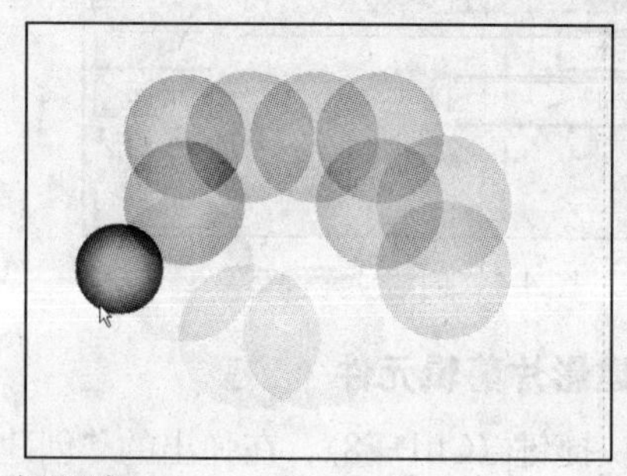

图4-1　鼠标跟随

要点：

掌握stop、on(roll0ver)和gotoAndPlay等常用语句的应用。

操作步骤：

1. 创建图形元件

1）启动Flash CS4软件，新建一个Flash文件（ActionScript 2.0）。按快捷键〈Ctrl+F8〉，在弹出的“创建新元件”对话框中设置参数，如图4-2所示，然后单击“确定”按钮，进入“元件1”的编辑模式。

2）选择工具箱上的（椭圆工具），设置填充色为黑-绿放射状渐变色，笔触颜色为，然后配合键盘上的〈Shift〉键，绘制一个正圆形，并中心对齐，如图4-3所示。

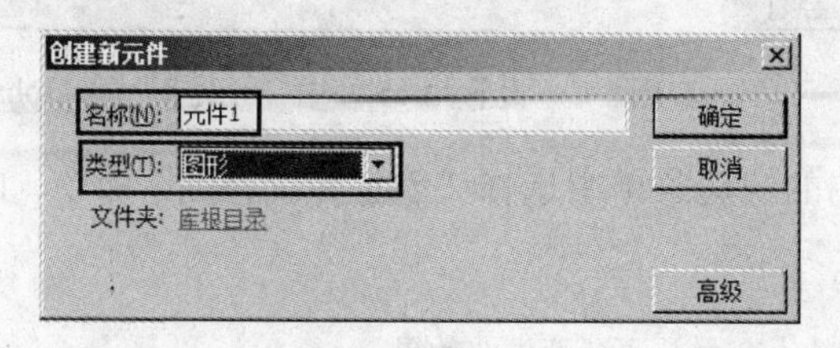

图4-2　创建“元件1”

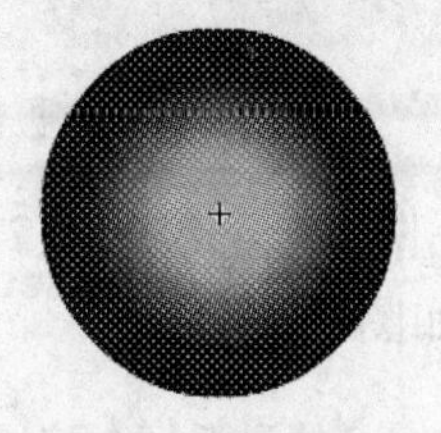

图4-3　绘制正圆形

2. 创建按钮元件

1）按快捷键〈Ctrl+F8〉，在弹出的“创建新元件”对话框中设置参数，如图 4-4 所示，然后单击“确定”按钮，进入“元件 2”的编辑模式。

2）在时间轴的“点击”帧处按快捷键〈F7〉，插入空白关键帧，然后从库中将“元件 1”拖到“点击”帧中，如图 4-5 所示，并中心对齐。

提示：这样做的目的是为了让鼠标敏感区域与图形元件等大。

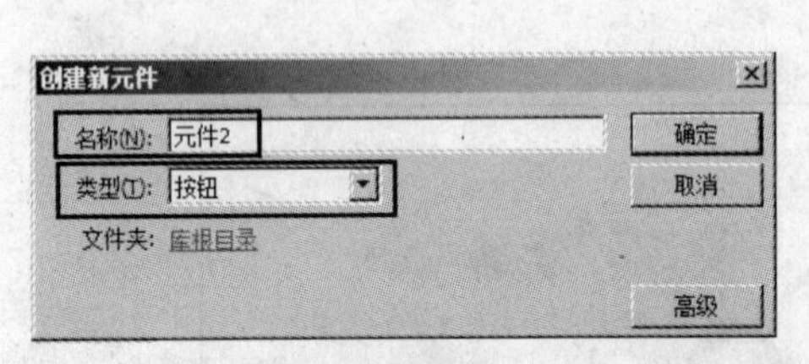

图 4-4　创建“元件 2”

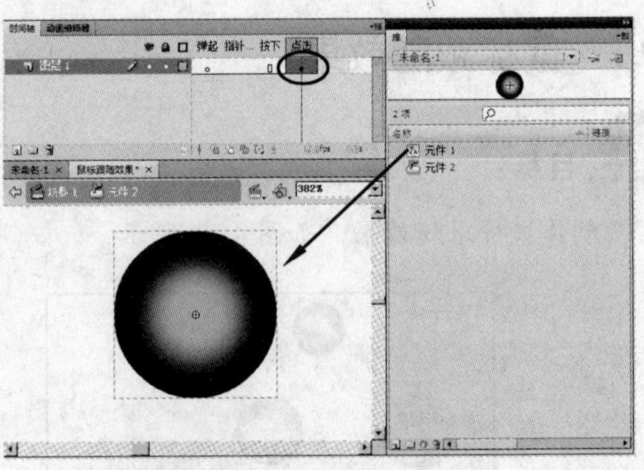

图 4-5　从库中将“元件 1”拖入“点击”帧

3. 创建影片剪辑元件

1）按快捷键〈Ctrl+F8〉，在弹出的“创建新元件”对话框中设置参数，如图 4-6 所示，然后单击“确定”按钮，进入“元件 3”的编辑模式。

2）单击第 1 帧，从库中将“元件 2”拖入工作区，并中心对齐。

3）单击第 2 帧，按快捷键〈F7〉，插入空白关键帧，然后从库中将“元件 1”拖入工作区并中心对齐。接着在第 15 帧按快捷键〈F6〉，插入关键帧，用工具箱上的 (任意变形工具)将其放大，并在“属性”面板中将其 Alpha 值设为 0%，如图 4-7 所示。

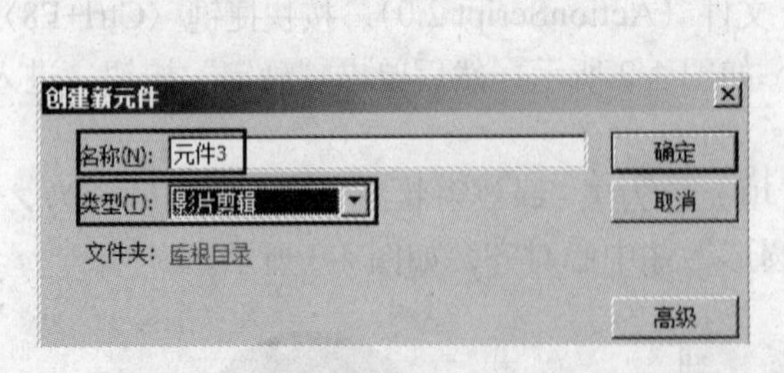

图 4-6　创建“元件 3”

图 4-7　设置第 15 帧中“元件 1”的 Alpha 值为 0%

4）右击“图层 1”的第 2 帧，从弹出的快捷菜单中选择“创建传统补间”命令，此时，时间轴分布如图 4-8 所示。

提示：在第 2 帧到第 15 帧之间会形成小球从小变大并逐渐消失的效果。

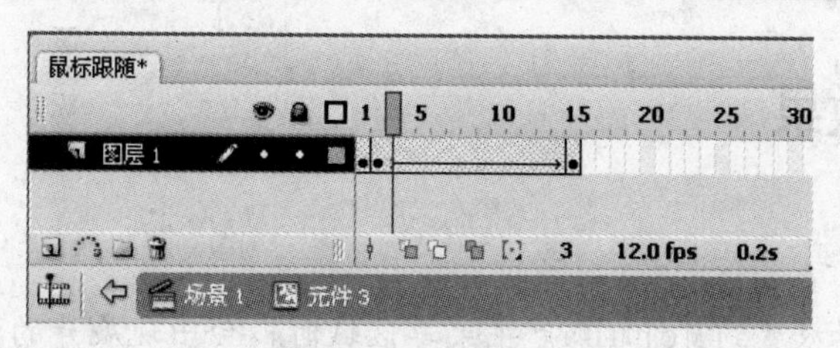

图 4-8　时间轴分布

5）单击时间轴的第1帧，然后在“动作”面板中输入：

```
stop();
```

提示：这段语句用于控制动画不自动播放。

6）选中第1帧中的按钮元件，然后在“动作”面板中输入：

```
on (rollOver) {
    gotoAndPlay(2);
}
```

提示：这段语句用于控制当鼠标划过的时候开始播放时间轴的第2帧，即小球从小变大并逐渐消失的效果。

4. 合成场景

1）单击“场景1”按钮，回到“场景1”，从库中将“元件3”拖入场景，然后配合键盘上的〈Alt〉键复制“元件3”，并利用“对齐”将它们进行对齐，结果如图4-9所示。

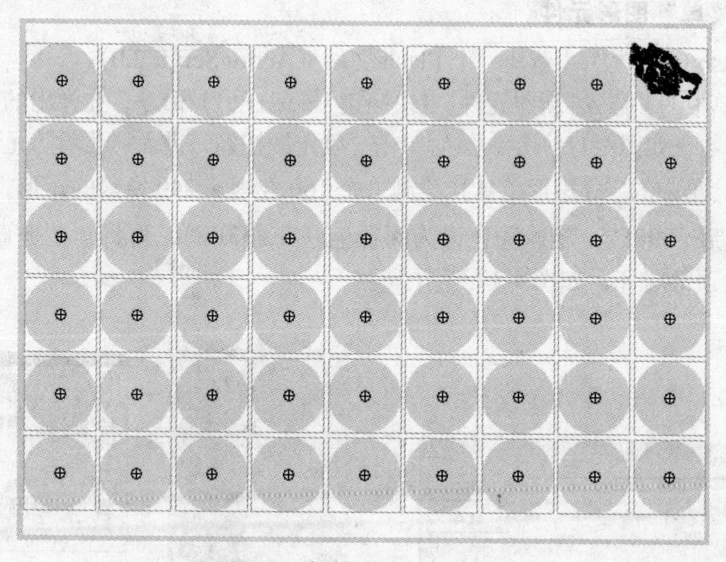

图 4-9　复制并对齐“元件3”

2）按快捷键〈Ctrl+Enter〉打开播放器，即可测试效果。

4.2 卷展菜单效果

目标：

本例将制作当光标放置到MenuBar主菜单区域时，会出现展开的菜单效果；当光标离开MenuBar主菜单区域时，弹出菜单又会卷起的效果，如图4-10所示。

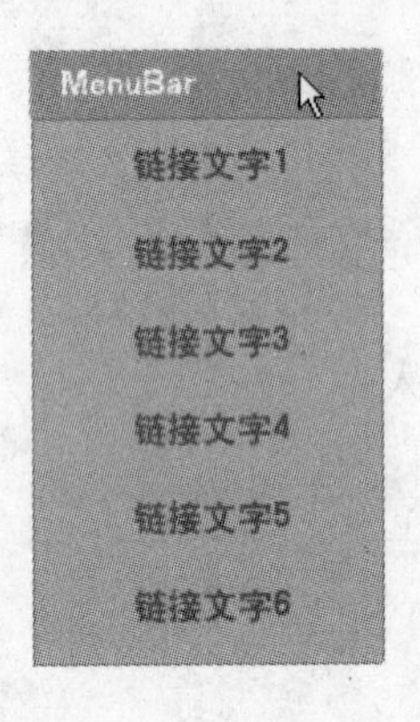

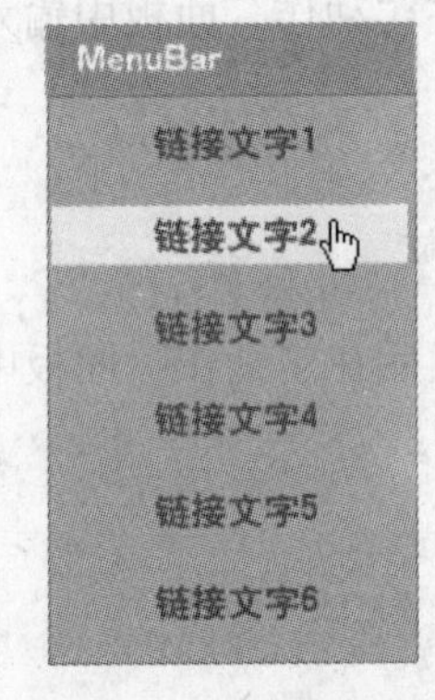

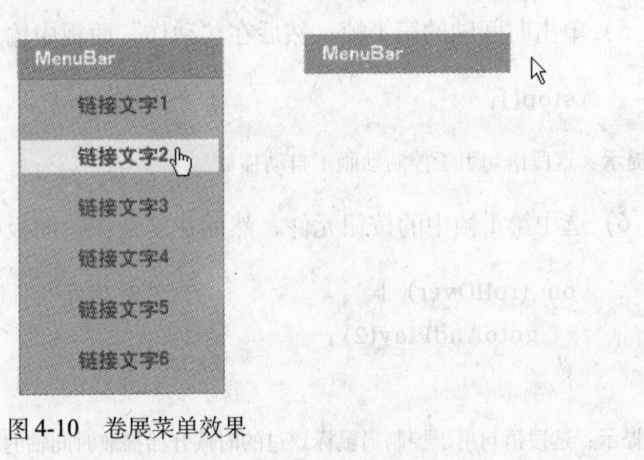

图4-10 卷展菜单效果

要点：

掌握制作变色按钮，学会利用按钮触发事件和play( )语句的综合应用。

操作步骤：

1. 创建“菜单”图形元件

1）启动Flash CS4软件，新建一个Flash文件（ActionScript 2.0）。

2）执行菜单中的“插入|新建元件”（快捷键〈Ctrl+F8〉）命令，在弹出的“创建新元件”对话框中设置参数，如图4-11所示，然后单击“确定”按钮，进入“菜单”元件的编辑模式。

3）利用工具箱中的（矩形工具）绘制一个160像素×240像素的矩形，并将矩形填充色设为浅粉色（#FF99FF），笔触颜色设为深粉色（#FF33FF），再将其在垂直方向上居中对齐，水平方向上顶部对齐，如图4-12所示。

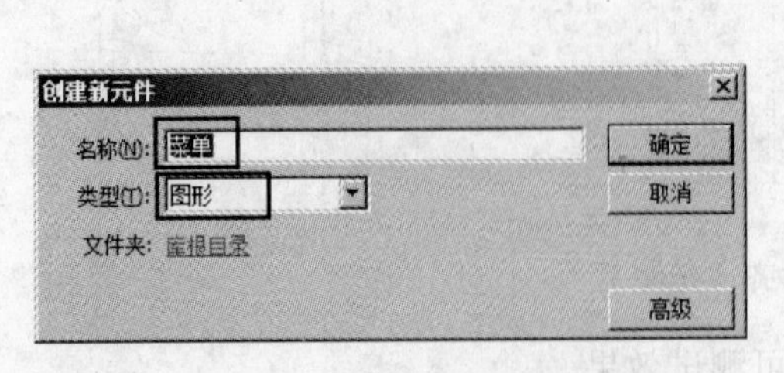

图4-11 创建“菜单”图形元件

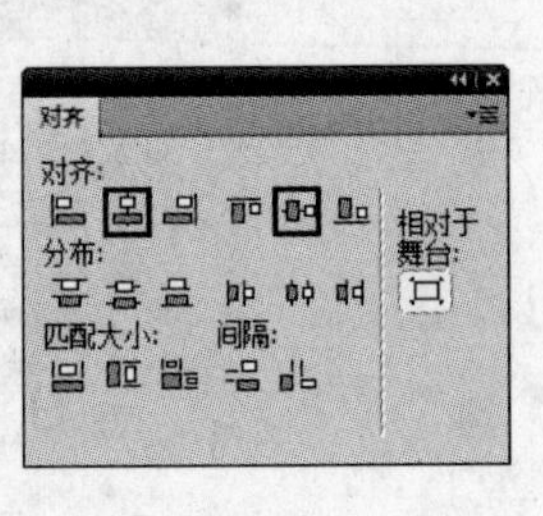

图4-12 绘制矩形

2．创建"链接1"到"链接6"按钮元件

1）执行菜单中的"插入|新建元件"（快捷键〈Ctrl+F8〉）命令，在弹出的"创建新元件"对话框中设置参数，如图4-13所示，然后单击"确定"按钮，进入"按钮"元件的编辑模式。接着利用工具箱中的T（文本工具）输入红色文字"链接1"，字号设为16。再在时间轴的"点击"帧中按快捷键〈F5〉，插入普通帧，如图4-14所示。

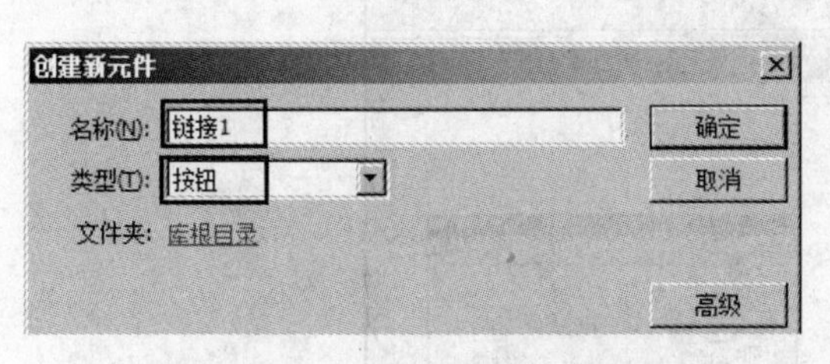

图4-13　创建"链接1"按钮元件

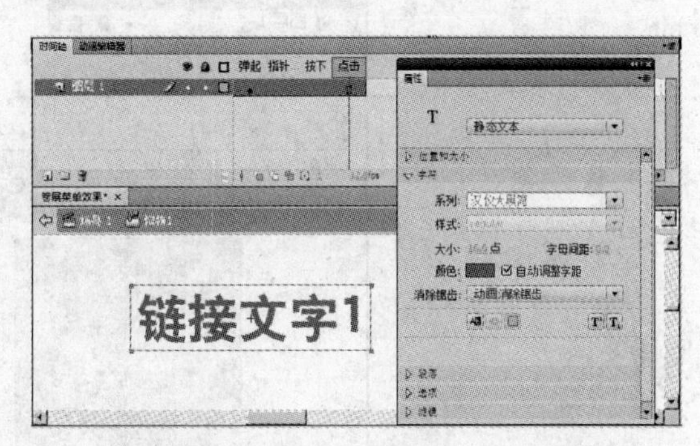

图4-14　在"点击"帧中插入普通帧

2）制作变色的按钮底纹效果。方法：新建"图层2"，然后在"指针经过"帧中按快捷键〈F7〉，插入空白关键帧，再利用工具箱中的▭（矩形工具）绘制一个155像素×25像素的矩形，并将其填充色设为浅黄色（#FFFFCC），笔触颜色设为无色，如图4-15所示。接着在"按下"帧中按快捷键〈F6〉，插入关键帧，并将其填充色改为浅粉色（#FF99FF），如图4-16所示。

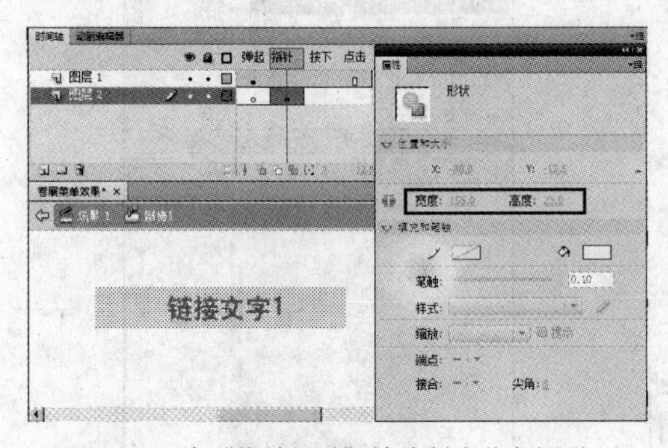

图4-15　在"指针经过"帧绘制浅黄色矩形

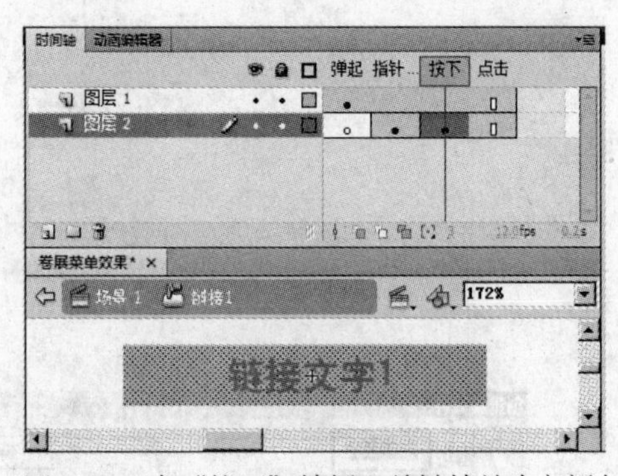

图4-16　在"按下"帧插入关键帧并改变颜色

3）同理，制作出"链接2"~"链接6"按钮元件。

4）回到"菜单"图形元件，然后新建"图层2"，从库中将"链接1"~"链接6"按钮元件拖入舞台，并将它们垂直居中分布，如图4-17所示。

3．创建"动态菜单"影片剪辑元件

1）执行菜单中的"插入|新建元件"（快捷键〈Ctrl+F8〉）命令，在弹出的"创建新元件"对话框中设置参数，如图4-18所示，然后单击"确定"按钮，进入"动态菜单"元件的编辑模式。

2）从库中将“菜单”元件拖入舞台，并中心对齐。然后将“图层 1”重命名为“菜单”。

3）新建“顶部”层，然后利用工具箱中的 (矩形工具) 和 T (文本工具) 制作出顶部菜单效果，如图 4-19 所示。

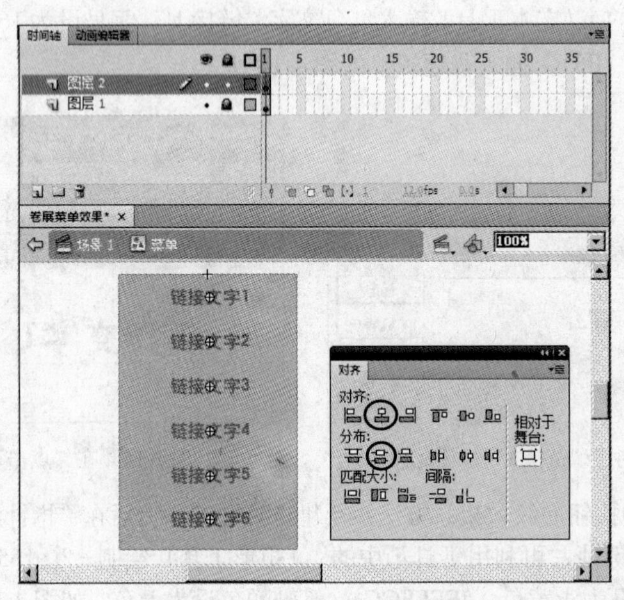

图 4-17　将按钮垂直居中分布

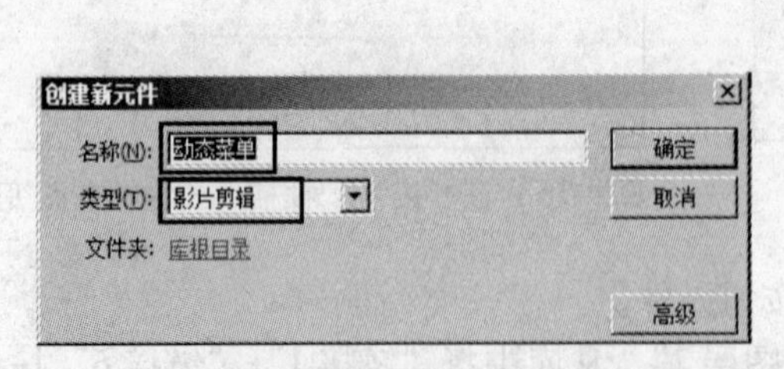

图 4-18　创建“动态菜单”元件

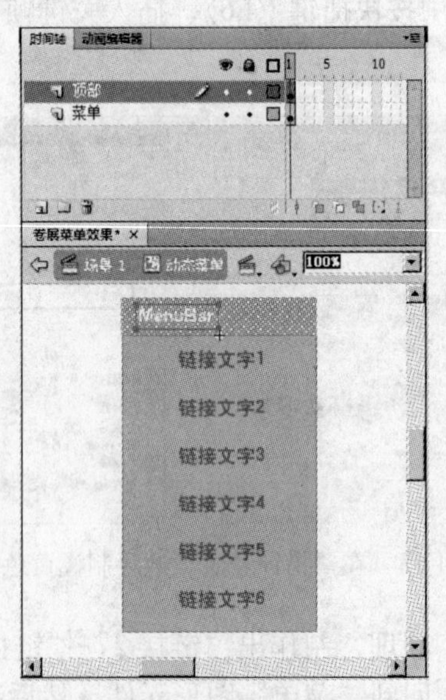

图 4-19　制作出顶部菜单效果

4）制作菜单卷展效果。方法：分别在“菜单”层的第 10 帧和第 20 帧按快捷键〈F6〉，插入关键帧。然后在“顶部”层的第 20 帧按快捷键〈F5〉，插入普通帧。接着分别将第 1 帧和第 20 帧的“菜单”元件移动到如图 4-20 所示的位置。最后在“菜单”层创建传统补间动画，此时，时间轴分布如图 4-21 所示。

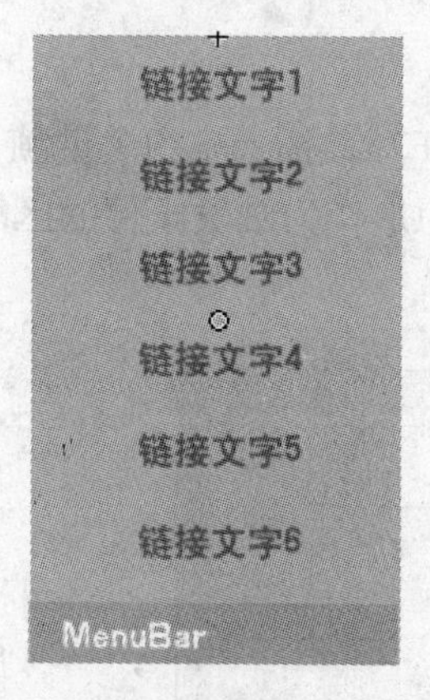

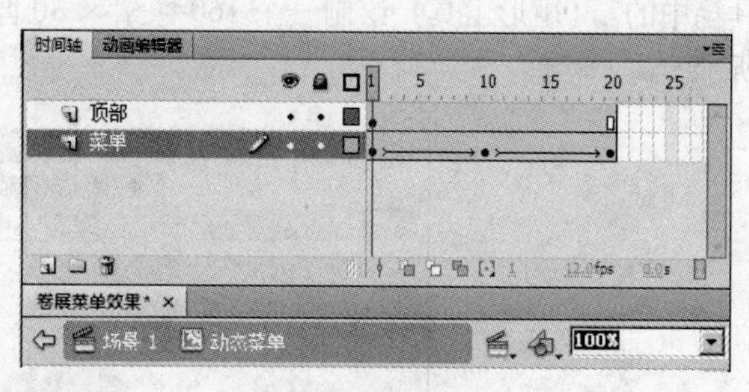

图4-20　在第1帧和第20帧调整“菜单”元件的位置　　　　图4-21　时间轴分布

5）按键盘上的〈Enter〉键，即可看到菜单自动卷展的效果。而我们需要的是菜单默认为静止状态，由按钮来触发菜单卷展的效果。下面分别右击“菜单”层的第1帧和第10帧，从弹出的快捷菜单中选择“动作”命令，然后在动作面板中输入语句：

```
stop ();
```

此时，时间轴分布如图4-22所示。

6）通过制作遮罩来实现只有滑动到MenuBar以下的区域才进行显示的效果。方法：在“菜单”层上方新建“遮罩”层，然后利用工具箱中的▭（矩形工具）绘制一个161像素×241像素的矩形（笔触颜色为无色，填充色为任意颜色），并调整位置，如图4-23所示。接着右击“遮罩”层，从弹出的快捷菜单中选择“遮罩层”命令，结果如图4-24所示。

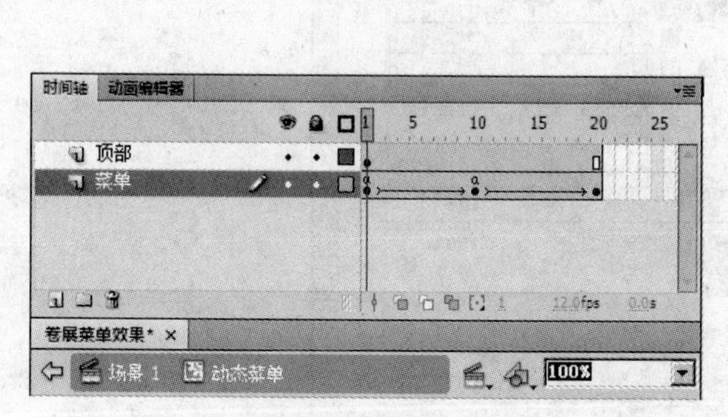

图4-22　时间轴分布

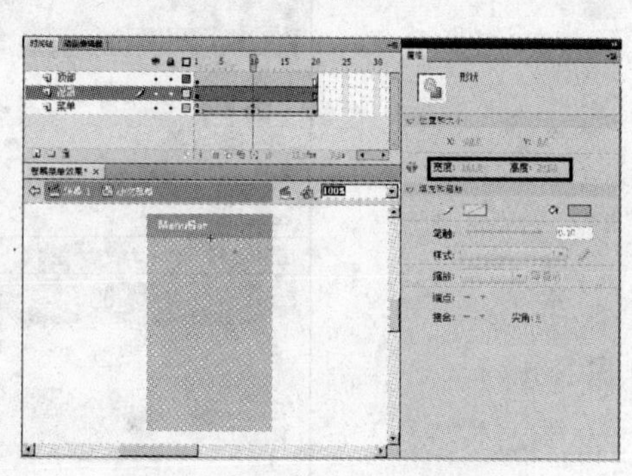

图4-23　绘制矩形

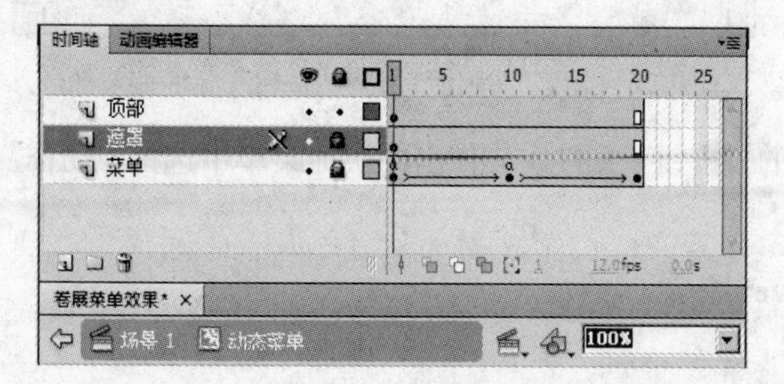

图4-24　时间轴分布

4．制作由按钮触发的事件效果

1）新建“按钮”元件，在“点击”帧中按快捷键〈F7〉，插入空白关键帧，接着利用工具箱中的 (矩形工具）绘制一个160像素×30像素的矩形作为触发事件的区域，如图4-25所示。

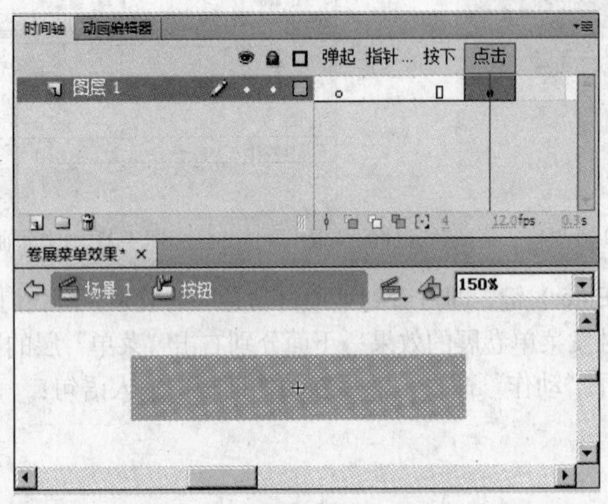

图4-25　绘制矩形作为触发事件的区域

2）回到“动态菜单”元件，新建“按钮”层。然后从库中将“按钮”元件拖入舞台，位置如图4-26所示。

图4-26　新建“按钮”层将“按钮”元件拖入舞台

3）右击舞台中的“按钮”元件，从弹出的快捷菜单中选择“动作”命令，然后在“动作”面板中输入语句：

```
on (rollOver){
   play ();
   }
```

提示： 这段语句用于控制当光标放置到 MenuBar 上时开始第 1～10 帧的展开菜单操作。

4）在“按钮”层的第 10 帧按快捷键〈F6〉，插入关键帧，然后复制舞台中已经设置了脚本语句的“按钮”元件，并调整大小如图 4-27 所示。

提示： 在第 10 帧复制“按钮”元件，是为了当光标放置到这些区域时，开始第 10～20 帧的卷起菜单操作。

5）在“按钮”层的第 2 帧按快捷键〈F7〉，插入空白关键帧。此时，时间轴分布如图 4-28 所示。

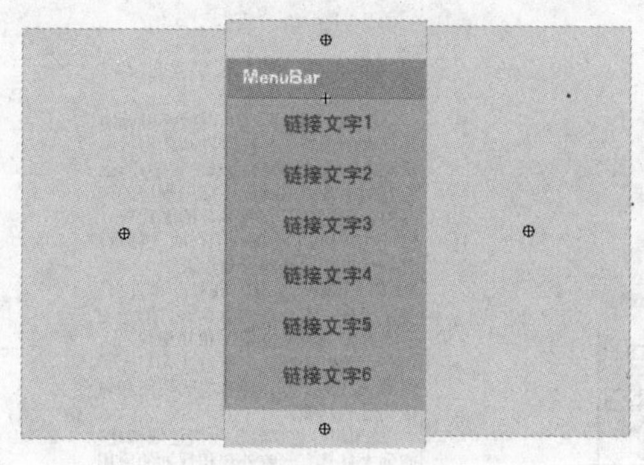

图 4-27　复制按钮元件并调整大小

图 4-28　时间轴分布

6）单击 场景 1 按钮，回到场景 1。然后从库中将“动态菜单”元件拖入舞台。

7）至此，卷展菜单效果制作完毕。按快捷键〈Ctrl+Enter〉打开播放器，即可测试效果。

4.3　由按钮控制的文本上下滚动效果

目标：

本例制作单击按钮可控制文本的上下滚动、停在按钮上时可控制文本的上下滚动，以及由滚动条组件控制文本的上下滚动 3 种效果，如图 4-29 所示。

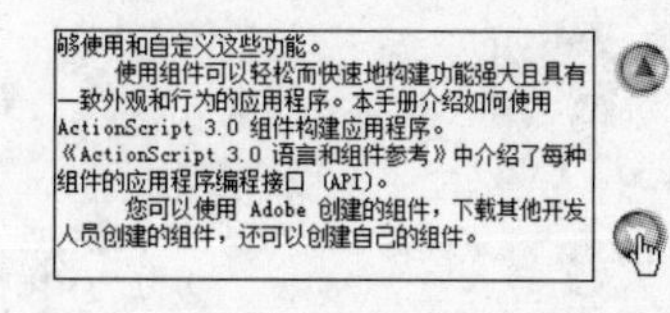

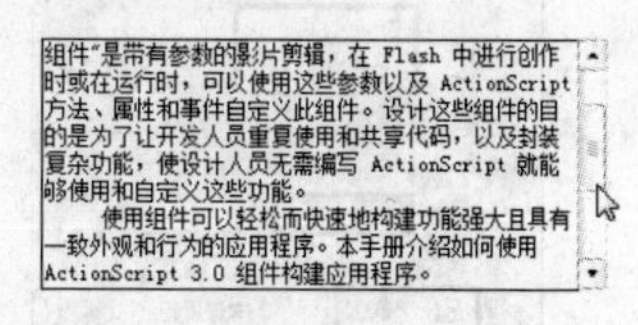

图 4-29　由按钮控制的文本上下滚动效果

要点：

掌握 this 和 _root 语句的区别，了解通过 scroll 语句控制文本上下滚动的方法和滚动条组件的应用。

操作步骤：

1. 制作单击按钮可控制文本的上下滚动效果

1）启动Flash CS4软件，新建一个Flash文件（ActionScript 2.0）。

2）打开配套光盘中的“素材及结果\4.3 由按钮控制的文本上下滚动效果.fla\文字.txt”文件，如图4-30所示。然后执行菜单中的“编辑|复制”命令。接着回到Flash中，利用工具箱中的T（文本工具）在舞台中创建一个文本框，再执行菜单中的“编辑|粘贴到当前中心位置”命令，结果如图4-31所示。

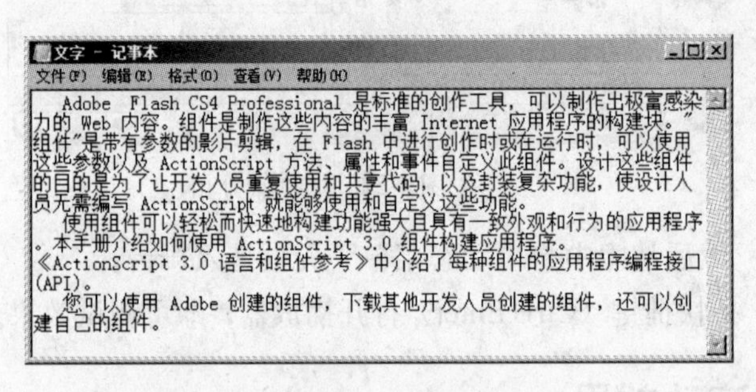

图4-30 文字.txt

Adobe Flash CS4 Professional是标准的创作工具，可以制作出极富感染力的 Web 内容。组件是制作这些内容的丰富 Internet 应用程序的构建块。"组件"是带有参数的影片剪辑，在 Flash 中进行创作时或在运行时，可以使用这些参数以及ActionScript 方法、属性和事件自定义此组件。设计这些组件的目的是为了让开发人员重复使用和共享代码，以及封装复杂功能，使设计人员无需编写 ActionScript 就能够使用和自定义这些功能。

使用组件可以轻松而快速地构建功能强大且具有一致外观和行为的应用程序。本手册介绍如何使用ActionScript 3.0 组件构建应用程序。《ActionScript 3.0 语言和组件参考》中介绍了每种组件的应用程序编程接口（API）。

您可以使用 Adobe 创建的组件，下载其他开发人员创建的组件，还可以创建自己的组件。

图4-31 粘贴后的效果

3）调整文本框。方法：在属性面板中将文本属性设置为“动态文本”，名称为“tt”，如图4-32所示，然后右击舞台中的文本框，从弹出的快捷菜单中选择“可滚动”命令，如图4-33所示，接着利用工具箱中的（选择工具）调整文本框的大小，结果如图4-34所示。

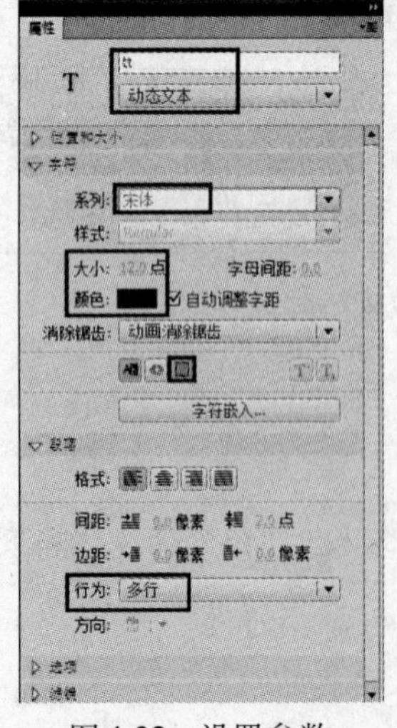

图4-32 设置参数

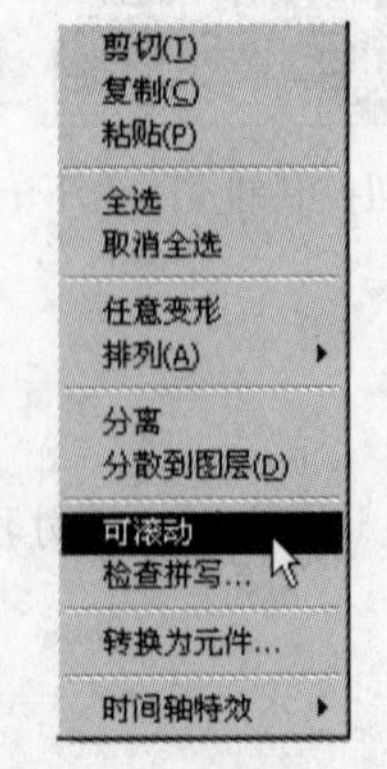

图4-33 选择“可滚动”

Adobe Flash CS4 Professional 是标准的创作工具，可以制作出极富感染力的 Web 内容。组件是制作这些内容的丰富 Internet 应用程序的构建块。"组件"是带有参数的影片剪辑，在 Flash 中进行创作时或在运行时，可以使用这些参数以及 ActionScript 方法、属性和事件自定义此组件。设计这些组件的目的是为了让开发人员重复使用和共享代码，以及封装复杂功能，使设计人员无需编写 ActionScript 就能够使用和自定义这些功能。

图4-34 调整后的文本框大小

4）制作向上滚动的按钮。方法：执行菜单中的“窗口 | 公用库 | 按钮”命令，调出系统自带的按钮面板，然后选择 “classic buttons | playback | get Left”按钮，如图4-35所示，将其拖入舞台。接着在“变形”面板中设置“旋转”为“90°”，如图4-36所示，结果如图4-37所示。

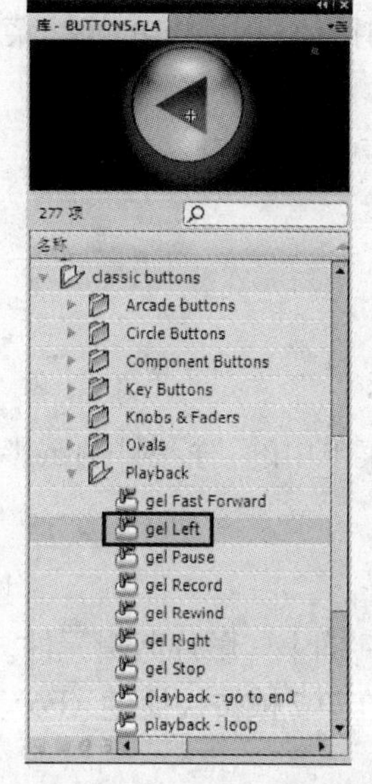

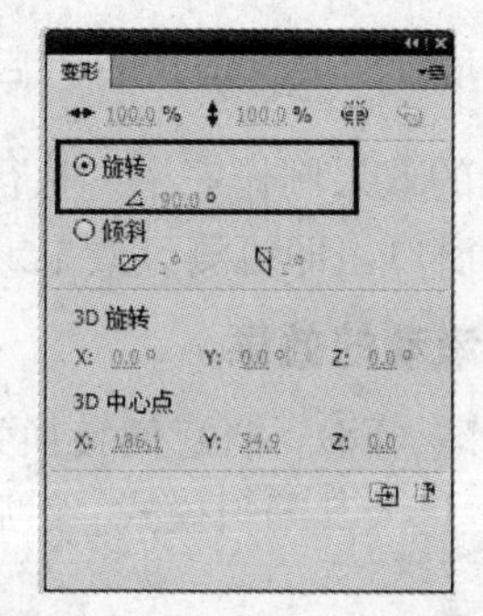

Adobe Flash CS4 Professional 是标准的创作工具，可以制作出极富感染力的 Web 内容。组件是制作这些内容的丰富 Internet 应用程序的构建块。"组件"是带有参数的影片剪辑，在 Flash 中进行创作时或在运行时，可以使用这些参数以及 ActionScript 方法、属性和事件自定义此组件。设计这些组件的目的是为了让开发人员重复使用和共享代码，以及封装复杂功能，使设计人员无需编写 ActionScript 就能够使用和自定义这些功能。

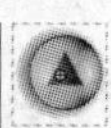

图4-35　选择“get Left”　图4-36　设置“旋转”为“90°”　图4-37　将按钮旋转90°的效果

5）制作向下滚动的按钮。方法：利用工具箱中的（选择工具），配合键盘上的〈Alt+Shift〉组合键垂直向下移动，从而复制出一个按钮。然后在“变形”面板中设置“旋转”为“-90°”，如图4-38所示，结果如图4-39所示。

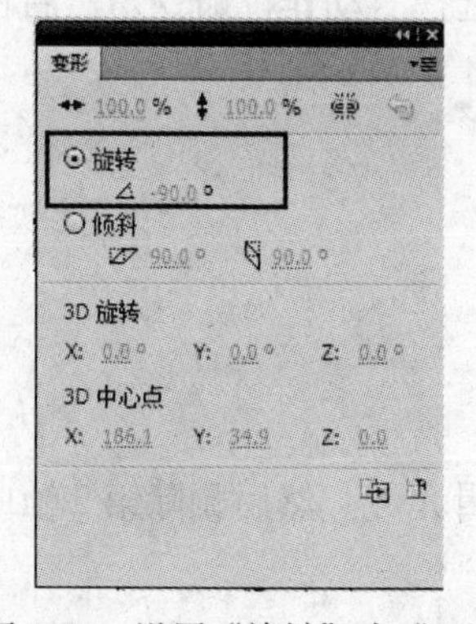

Adobe Flash CS4 Professional 是标准的创作工具，可以制作出极富感染力的 Web 内容。组件是制作这些内容的丰富 Internet 应用程序的构建块。"组件"是带有参数的影片剪辑，在 Flash 中进行创作时或在运行时，可以使用这些参数以及 ActionScript 方法、属性和事件自定义此组件。设计这些组件的目的是为了让开发人员重复使用和共享代码，以及封装复杂功能，使设计人员无需编写 ActionScript 就能够使用和自定义这些功能。

图4-38　设置“旋转”为“-90°”　　图4-39　向上滚动的按钮

6）设置向上滚动按钮的动作脚本。方法：右击舞台中向上滚动的按钮，从弹出的快捷菜单中选择“动作”命令，然后在动作面板中输入语句：

```
on (release){
```

```
    this.tt.scroll-=1;
    }
```

提示：this 表示在当前位置调用 tt 动态文本。由于在文本向上滚动时，标尺的数值逐渐减小，因此 this.tt.scroll 后为“-”。

7）设置向下滚动按钮的动作脚本。方法：右击舞台中向下滚动的按钮，从弹出的快捷菜单中选择“动作”命令，然后在动作面板中输入语句：

```
on (release){
    this.tt.scroll+=1;
    }
```

提示：由于在文本向下滚动时，标尺的数值逐渐增加，因此 this.tt.scroll 后为“+”。

8）至此，单击按钮可控制文本上下滚动的效果制作完毕。执行菜单中的“控制|测试影片”（快捷键〈Ctrl+Enter〉）命令打开播放器窗口，即可测试效果。

2．制作放到按钮上时可控制文本上下滚动的效果

1）分别选择舞台中的向上按钮，按快捷键〈F8〉，将它们转换为“向上”影片剪辑元件。

2）双击舞台中的“向上”影片剪辑元件，进入其编辑模式。然后在第 2 帧按快捷键〈F6〉，插入关键帧。

3）在第 2 帧右击舞台中的按钮，从弹出的快捷菜单中选择“动作”命令，然后在动作面板中删除脚本语句。

提示：这一步的目的是为了使光标放置到按钮上时滚动效果能够延续。

4）在第 1 帧右击舞台中的按钮，从弹出的快捷菜单中选择“动作”命令，然后在动作面板中修改语句为：

```
on (rollOver){
    _root.tt.scroll-=1;
    }
```

提示：此时，利用 _root 调用 tt 原来所在位置的参数。

5）同理，将舞台中的向下按钮转换为“向下”影片剪辑元件。然后删除第 2 帧中按钮元件的动作，再将第 1 帧中按钮元件的动作修改为：

```
on (rollOver){
    _root.tt.scroll+=1;
    }
```

6）至此，当将光标放到按钮上时可控制文本上下滚动的效果制作完毕。下面执行菜单中的“控制|测试影片”（快捷键〈Ctrl+Enter〉）命令，打开播放器窗口，即可测试效果。

3．制作由滚动条组件控制文本的上下滚动效果

1）单击场景 1按钮，回到场景 1，然后删除向上和向下两个按钮。

2）执行菜单中的“窗口 | 组件”命令，调出组件面板。然后从中选择“UIScrollBar”组件，如图 4-40 所示。接着将其拖动到舞台中动态文本框的右侧，此时，滚动条会自动吸附到动态文本框上，如图 4-41 所示。

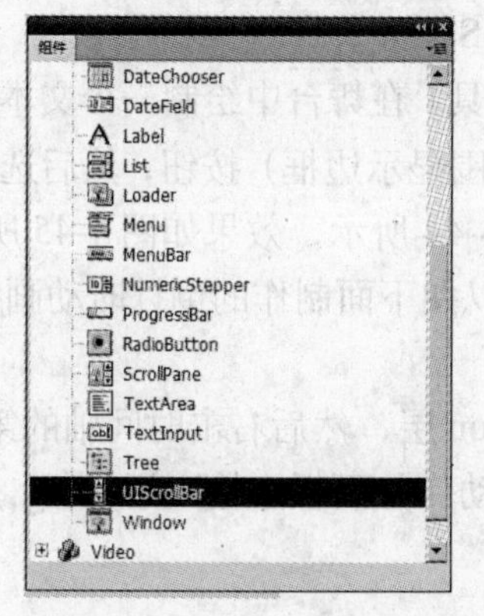

图 4-40　选择“UIScrollBar”组件

Adobe　Flash CS4 Professional 是标准的创作工具，可以制作出极富感染力的 Web 内容。组件是制作这些内容的丰富 Internet 应用程序的构建块。"组件"是带有参数的影片剪辑，在 Flash 中进行创作时或在运行时，可以使用这些参数以及 ActionScript 方法、属性和事件自定义此组件。设计这些组件的目的是为了让开发人员重复使用和共享代码，以及封装复杂功能，使设计人员无需编写 ActionScript 就能够使用和自定义这些功能。

图 4-41　滚动条自动吸附到动态文本框上

3）至此，由滚动条组件控制文本的上下滚动效果制作完毕。下面执行菜单中的“控制 | 测试影片”（快捷键〈Ctrl+Enter〉）命令，打开播放器窗口，即可测试效果，如图 4-42 所示。

Adobe　Flash CS4 Professional 是标准的创作工具，可以制作出极富感染力的 Web 内容。组件是制作这些内容的丰富 Internet 应用程序的构建块。"组件"是带有参数的影片剪辑，在 Flash 中进行创作时或在运行时，可以使用这些参数以及 ActionScript 方法、属性和事件自定义此组件。设计这些组件的目的是为了让开发人员重复使用和共享代码，以及封装复杂功能，使设计人员无需编写 ActionScript 就能够使用和自定义这些功能。

复杂功能，使设计人员无需编写 ActionScript 就能够使用和自定义这些功能。
使用组件可以轻松而快速地构建功能强大且具有一致外观和行为的应用程序。本手册介绍如何使用 ActionScript 3.0 组件构建应用程序。《ActionScript 3.0 语言和组件参考》中介绍了每种组件的应用程序编程接口（API）。
您可以使用 Adobe 创建的组件，下载其他开发人员创建的组件，还可以创建自己的组件。

图 4-42　由滚动条组件控制文本的上下滚动效果

4.4　倒计时效果

目标：

本例制作一个由 10 秒开始倒计时，当数字变为 0 时跳转到下一个场景的效果，如图 4-43 所示。

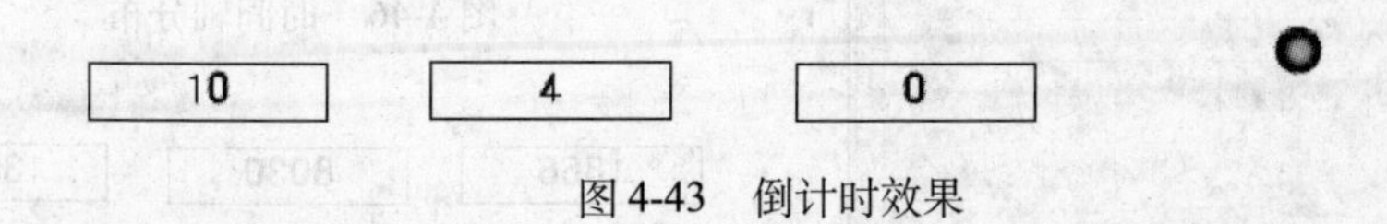

图 4-43　倒计时效果

要点：

掌握动态文本，学会运用 getTimer ( ) 语句、int ( ) 语句和 if ( ) 语句的综合应用。

操作步骤：

1. 制作倒计时动态显示效果

1）启动 Flash CS4 软件，新建一个 Flash 文件（ActionScript 2.0）。

2）绘制动态文本框。方法：利用工具箱中的 T（文本工具）在舞台中绘制一个文本框，然后将其设置为“动态文本”，并命名为 tt。激活（在文本周围显示边框）按钮，然后选择“单行”，再设置字体为宋体，字号为 12，颜色为黑色，如图 4-44 所示，效果如图 4-45 所示。

3）在时间轴的第 2 帧按快捷键〈F5〉，插入普通帧，以便下面制作的倒计时动画能够延续，而不会停留在一个固定的数值上。

4）制作以毫秒进行动态显示的效果。方法：新建 action 层，然后右击时间轴的第 1 帧，从弹出的快捷菜单中选择“动作”命令，接着在弹出的“动作”面板中输入语句：

```
var n=getTimer()；
this.tt.text=n；
```

5）此时，时间轴分布如图 4-46 所示。按键盘上的〈Ctrl+Enter〉组合键打开播放器，即可看到以毫秒进行动态显示的效果，如图 4-47 所示。

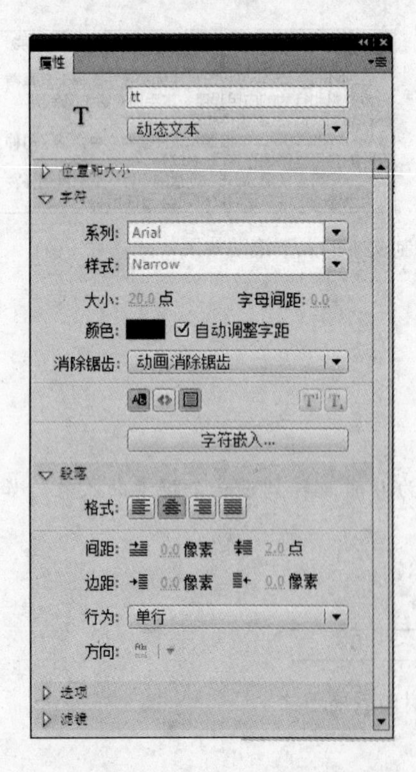

图 4-44 设置动态文本参数

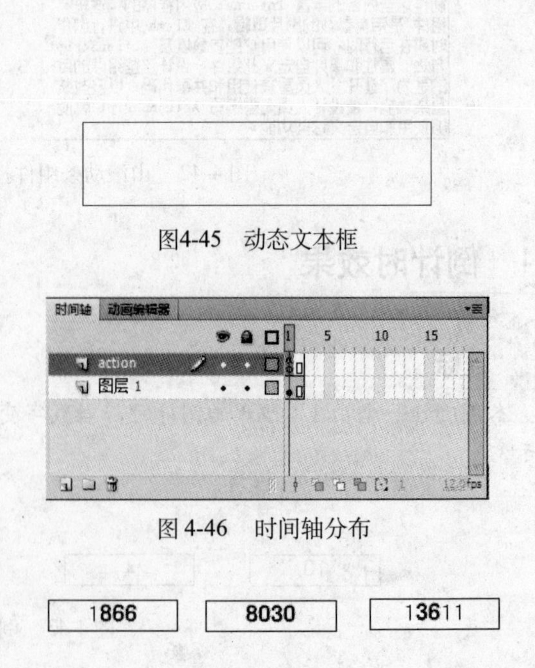

图4-45 动态文本框

图 4-46 时间轴分布

图 4-47 以毫秒进行动态显示的效果

6）制作以秒进行动态显示的效果。方法：将 action 层中第 1 帧的语句改为：

```
var n=getTimer() / 1000;
this.tt.text=n;
```

提示：这段语句用于控制将毫秒除以 1000，从而以秒的方式进行显示。

然后按键盘上的〈Ctrl+Enter〉组合键打开播放器，即可看到以秒进行动态显示的效果，如图 4-48 所示。

7）制作以整数秒进行动态显示的效果。方法：将 action 层中第 1 帧的语句改为：

```
var n=int (getTimer ( ) / 1000);
this.tt.text=n;
```

提示：这段语句中的“int”参数用于对秒进行取整处理。

然后按键盘上的〈Ctrl+Enter〉组合键打开播放器，即可看到以整数秒进行动态显示的效果，如图 4-49 所示。

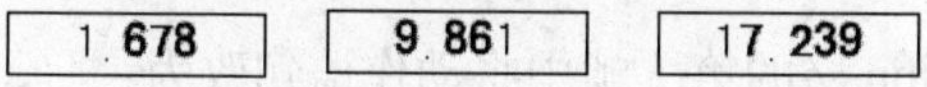

1.678　　9.861　　17.239

图 4-48　以秒进行动态显示的效果

2　　8　　15

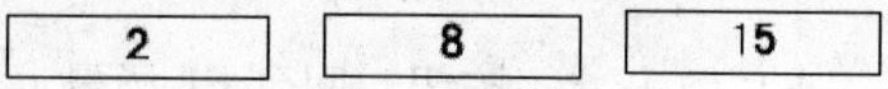

图 4-49　以整数秒进行动态显示的效果

8）制作从 10 开始进行倒计时，并以整数秒进行动态显示的效果。方法：将 action 层中第 1 帧的语句改为：

```
var n=10-int (getTimer ( ) / 1000);
this.tt.text=n;
```

提示：这段语句中用 10 减去取整后的数值，从而产生从 10 开始的倒计时效果。

然后按键盘上的〈Ctrl+Enter〉组合键打开播放器，即可看到从 10 开始进行倒计时，并以整数秒进行动态显示的效果，如图 4-50 所示。

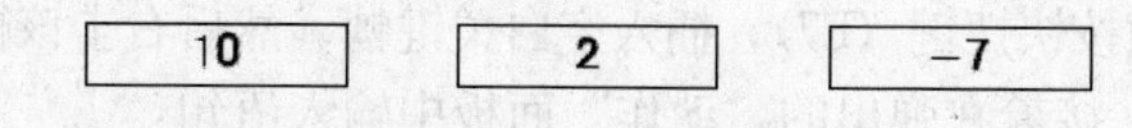

图 4-50　以倒计时整数秒进行动态显示的效果

2．制作从倒计时动态显示效果

1）执行菜单中的“插入｜场景”命令，插入一个新的场景。然后执行“窗口｜场景”命令，调出“场景”面板，将“场景 1”重命名为 c1，将“场景 2”重命名为 c2，如图 4-51 所示。

2）进入 c2 场景，制作一个以引导线为路径进行运动的小球效果，如图 4-52 所示。

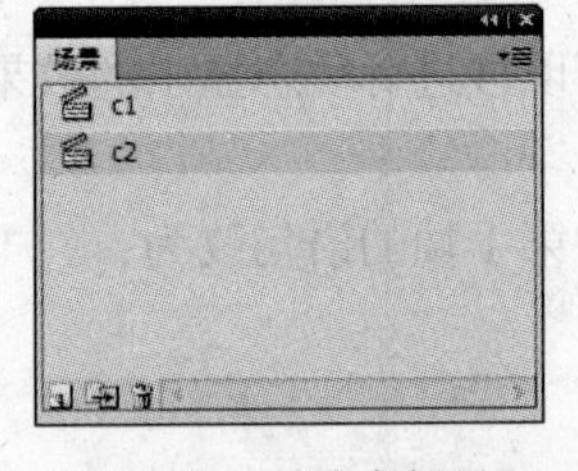

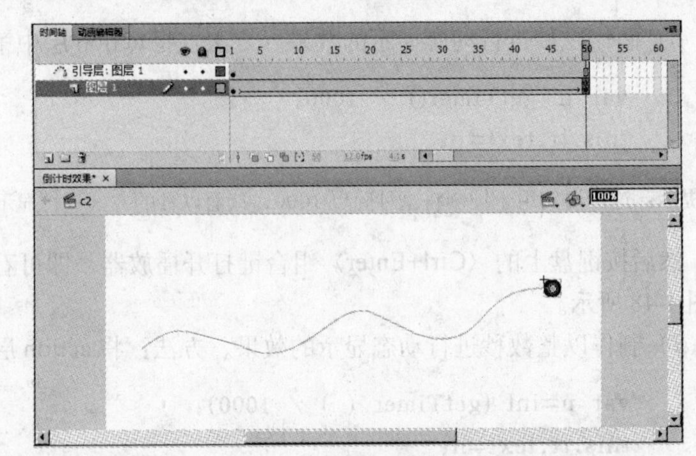

图 4-51　重命名场景　　　　图 4-52　制作以引导线为路径进行运动的小球效果

3）为了使倒计时动画跳转到 c2 场景后不会重新回到倒计时状态，下面在 c2 场景的最后一帧（第 50 帧）输入语句：

```
gotoAndPlay (1);
```

4）单击 c1 按钮，回到 c1 场景，然后在 action 层的第 1 帧中将动作语句改为：

```
var n=10 - int ( getTimer ( ) / 1000);
if ( n<0){
    gotoAndPlay ( "c2",1);
    }
```

提示：这段语句用于控制当倒计时数字显示为 0 后，跳转到 c2 场景的第 1 帧。

```
this.tt.text = n;
```

5）此时，按键盘上的〈Ctrl+Enter〉组合键打开播放器，会发现倒计时一闪就进入了 c2 场景。而我们需要的是倒计时动画从 10 变为 0 后才进入 c2 场景，下面就来解决这个问题。方法：在 action 层的第 2 帧按快捷键〈F7〉，插入空白关键帧，然后右击该帧，从弹出的快捷菜单中选择“动作”命令，接着在弹出的“动作”面板中输入语句：

```
gotoAndPlay (1);
```

6）至此，整个倒计时动画制作完毕，下面执行菜单中的“控制 | 测试影片”（快捷键〈Ctrl+Enter〉）命令打开播放器窗口，测试效果。

4.5　载入条动画效果

目标：

本例制作一个能够实时显示的载入条，并且当载入条完全显示后会自动跳转到相关页面的效果，如图 4-53 所示。

Loading . . .　　Loading　　Loading . . .

图 4-53　载入条动画效果

要点：

掌握 Var ( )、if ( ) 和 gotoAndPlay ( ) 语句，以及声音和多场景的综合应用。

操作步骤：

1. 制作 c2 场景

1）启动 Flash CS4 软件，新建一个 Flash 文件（ActionScript 2.0）。

2）执行菜单中的“插入 | 场景”命令，插入一个新场景。然后执行菜单中的“窗口 | 其他面板 | 场景”命令，调出场景面板，如图 4-54 所示。接着双击场景名称，将两个场景分别命名为 c1 和 c2，如图 4-55 所示。

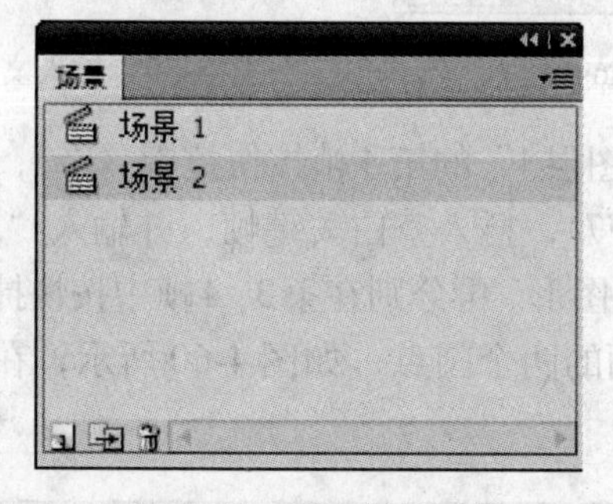

图 4-54　调出场景面板

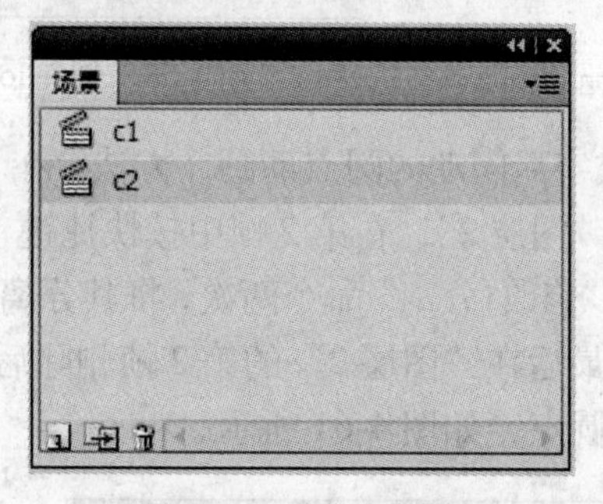

图 4-55　重命名场景

3）在“场景 2”中创建一个引导线动画，使小球沿曲线进行运动。

4）新建“图层 3”，然后执行菜单中的“文件 | 导入 | 导入到库”命令，导入配套光盘中的“素材及结果 \4.5 载入条动画效果 \1.mp3”声音文件。然后选择“图层 3”，在属性面板的“声音”列表框中选择“1”，并在“同步”列表框中选择“数据流”，如图 4-56 所示，以便音乐对动画逐帧进行播放。

2. 制作 c1 场景

1）单击 按钮，从弹出的下拉列表中选择 c1，如图 4-57 所示，从而切换到 c1 场景。

2）执行菜单中的“插入 | 新建元件”（快捷键〈Ctrl+F8〉）命令，在弹出的“创建新元件”对话框中设置参数，如图 4-58 所示，单击“确定”按钮，进入“loading”元件的编辑模式。然后利用工具箱中的 T（文本工具）输入文字 Loading。接着执行菜单中的“修改 | 分离”命令，将文字进行分离，结果如图 4-59 所示。

提示：将文字进行分离，是为了防止在没有安装相关字体的计算机中打开时，文字字体出现替换的情况。

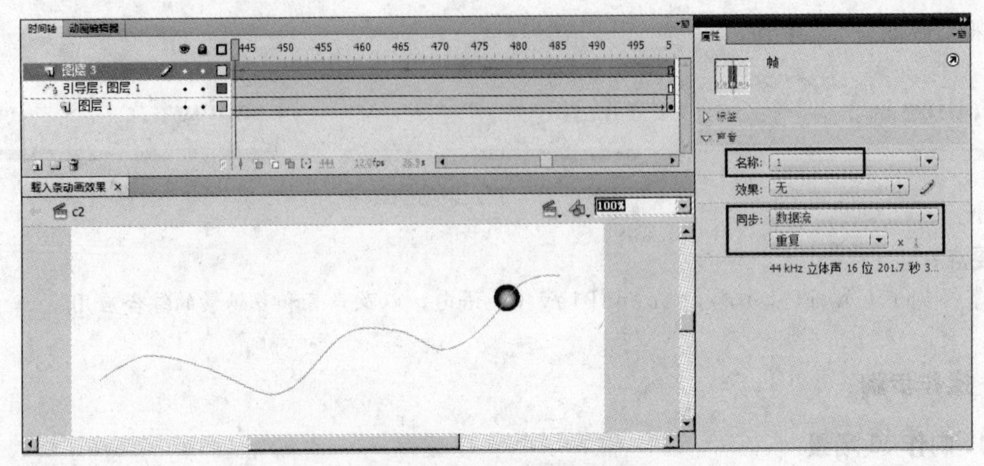

图 4-56　选择“数据流”

图 4-57　选择 c1

图 4-58　创建 loading 元件

Loading

图 4-59　输入文字

3）制作文字后闪动的圆点动画。方法：在“图层 1”的第 4 帧按快捷键〈F5〉，插入普通帧。然后新建“图层 2”，在第 2 帧中按快捷键〈F7〉，插入空白关键帧，并输入“...”。接着执行菜单中的“修改|分离”命令两次，将其分离为图形。再分别在第 3、4 帧中按快捷键〈F6〉，插入关键帧。最后在“图层 2”的第 2 帧删除后面的两个圆点，如图 4-60 所示，在第 3 帧删除后面的一个圆点，如图 4-61 所示。

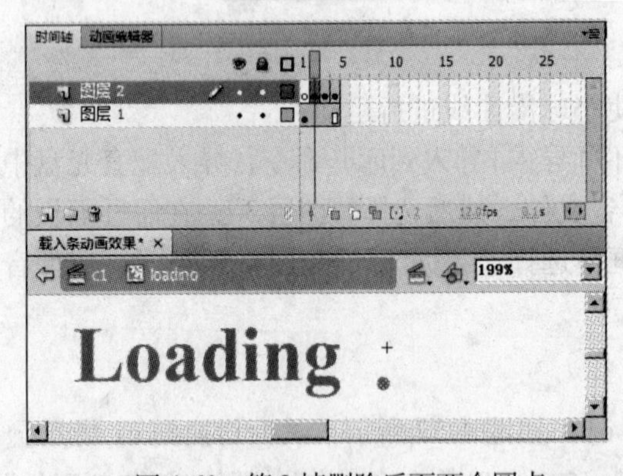

图 4-60　第 2 帧删除后面两个圆点

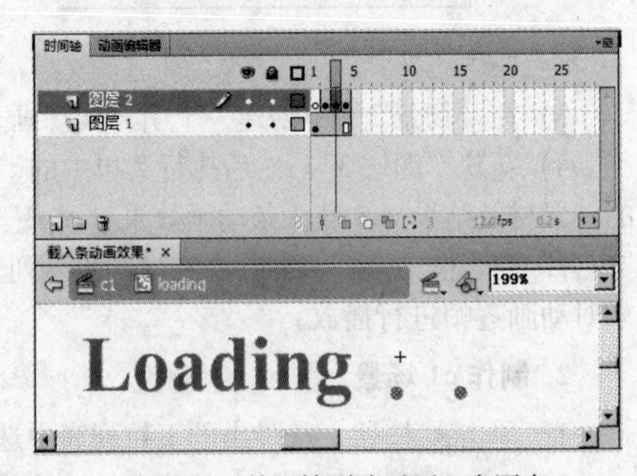

图 4-61　第 3 帧删除后面一个圆点

4）按键盘上的〈Enter〉键播放动画，即可看到文字后的 3 个红色圆点不断闪动的效果，图 4-62 所示为第 4 帧的状态。

5）单击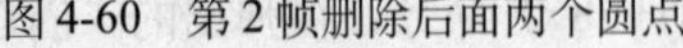按钮，回到 c1 场景，然后从库中将 loading 元件拖入舞台并中心对齐。接着将“图层 1 ”重命名为 loading，并在第 2 帧按快捷键〈F5〉，插入普通帧，从而将时间轴的总长度延长到第 2 帧。

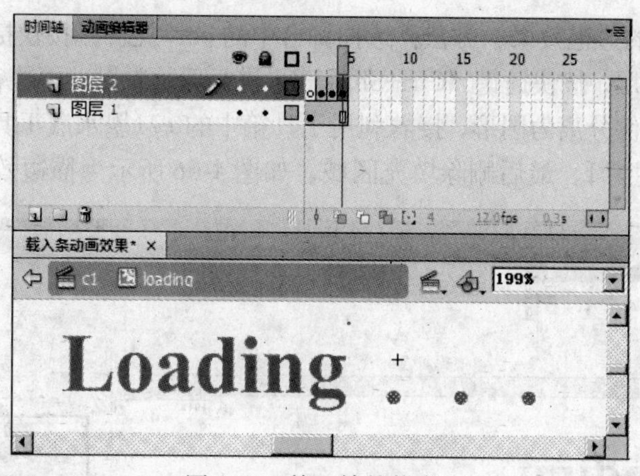

图 4-62　第 4 帧的状态

6）制作滚动条图形。方法：执行菜单中的“插入|新建元件”（快捷键〈Ctrl+F8〉）命令，在弹出的“创建新元件”对话框中设置参数，如图 4-63 所示，然后单击“确定”按钮，进入“pmv”元件的编辑模式。选择工具箱中的 (矩形工具)，设置填充色为桔黄色，笔触颜色为无色，绘制一个 300 像素 × 10 像素的矩形，如图 4-64 所示。

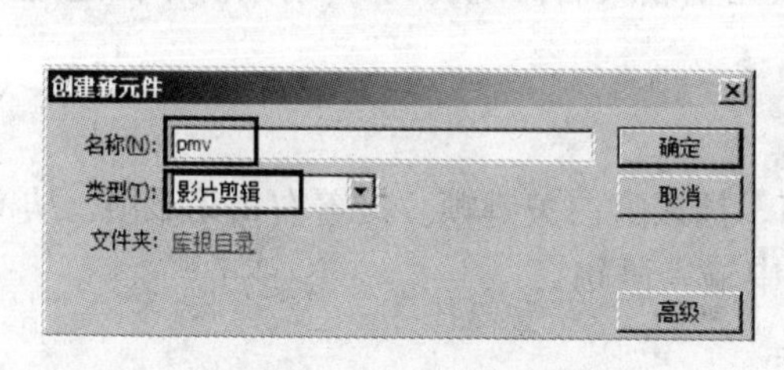

图 4-63　创建“pmv”元件

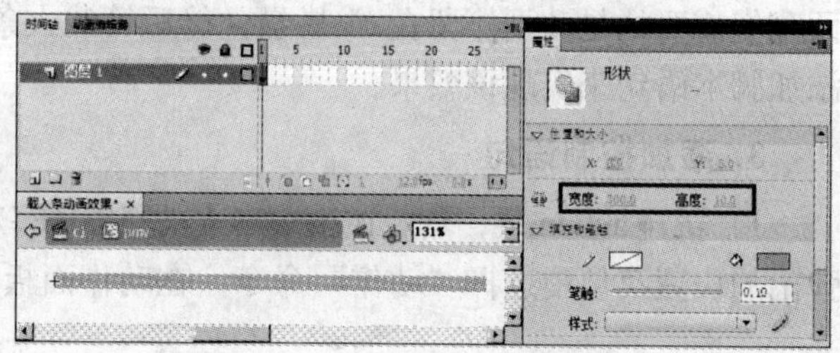

图 4-64　绘制矩形

7）单击 c1 按钮，回到 c1 场景，然后新建 pmv 层，从库中将 pmv 元件拖入舞台，放置到 loading 元件的下方，并在属性面板中将其实例名设为 pmv，如图 4-65 所示。

提示：将 pmv 元件的实例名设为 pmv 的目的是为了下面在语句中进行调用。

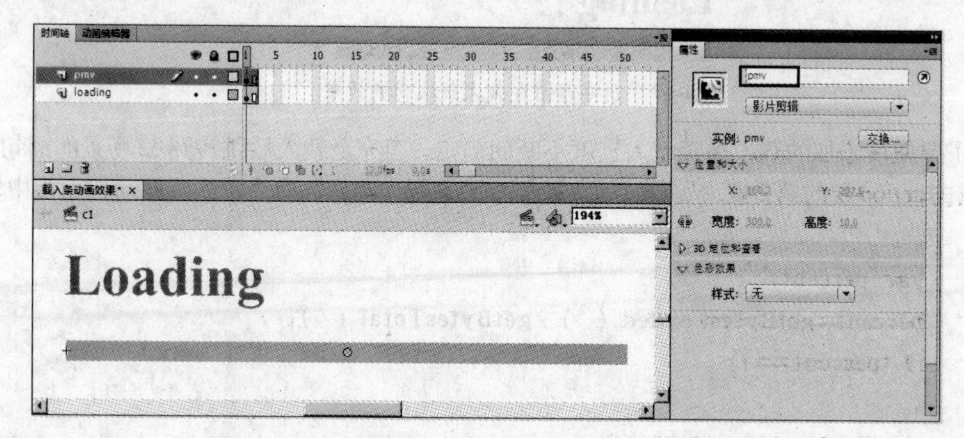

图 4-65　将 pmv 元件拖入舞台并将实例名设为 pmv

8）制作载入条的边框效果。方法：选择舞台中的 pmv 元件，按快捷键〈Ctrl+C〉进行复制，然后新建 border 层，按快捷键〈Ctrl+Shift+V〉进行原地粘贴。再执行菜单中的“修改|分离”命令，将 pmv 元件分离为图形，接着利用工具箱中的（墨水瓶工具）对其进行描边，描边颜色为红色，宽度为 1，最后删除填充区域，如图 4-66 所示为描边效果。

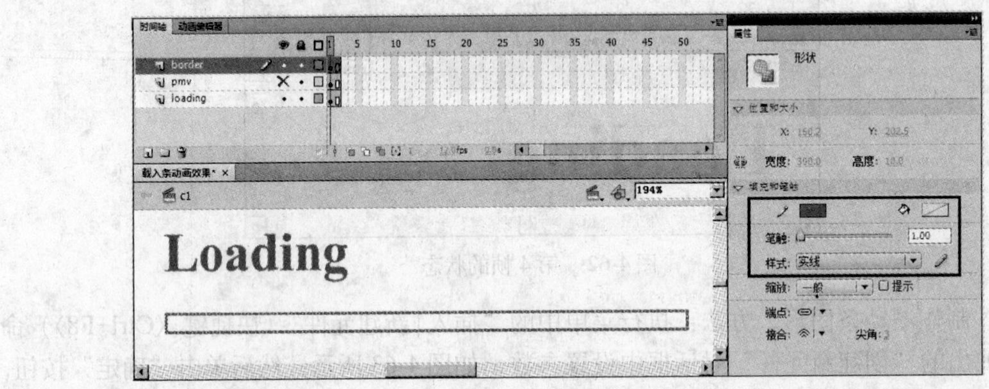

图 4-66　描边效果

9）此时按快捷键〈Ctrl+Enter〉打开播放器，会发现 c1 场景一闪就直接进入了 c2 场景。而我们需要的是动画停留在 c1 场景，然后等载入条完全载入后再跳转到 c2 场景。下面通过添加脚本语句来实现该效果。

3. 添加控制语句

1）新建 action 层，然后在第 2 帧按快捷键〈F7〉，插入空白关键帧。接着右击第 2 帧，从弹出的快捷菜单中选择“动作”命令，在动作面板中输入语句：

```
gotoAndPlay(1);
```

2）此时，按快捷键〈Ctrl+Enter〉打开播放器，会看到动画始终停留在载入条状态的效果，如图 4-67 所示。

Loading . .

图 4-67　始终停留在载入条状态的效果

3）要使所添加的载入条随载入进度不断向前走，当完全载入后跳转到 c2 场景的语句。方法：右击 action 层的第 2 帧，从弹出的快捷菜单中选择“动作”命令，然后在动作面板中输入语句：

```
var percent;
percent=getBytesLoaded ( ) /getBytesTotal ( );
if (percent==1)
{
   gotoAndPlay ("c2",1);
```

```
    }
else
{
    this.pmv._width=300*percent;
    }
```

4）此时，时间轴分布如图4-68所示。下面按快捷键〈Ctrl+Enter〉打开播放器，然后执行菜单中的“视图｜模拟下载”命令，即可看到实时显示的载入条，并且当载入条完全载入后自动跳转到c2场景。

提示：按快捷键〈Ctrl+Enter〉两次，也可进行模拟下载效果。

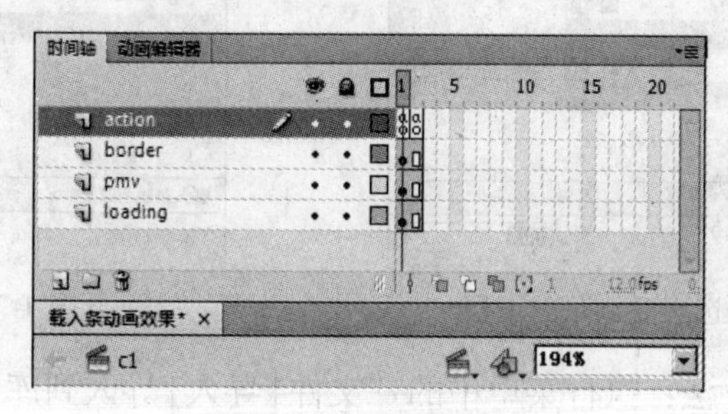

图4-68 时间轴分布

4.6 过渡载入动画效果

目标：

本例制作一个由灰色图片逐渐过渡为红色图片，并在下方显示进度百分比，当完全过渡到红色图片，动态进度显示为100后，会自动跳转到相关页面的效果，如图4-69所示。

22 %

66 %

100 %

图4-69 过渡载入动画效果

要点：

掌握根据简单载入条动画制作出过渡载入动画的方法。

操作步骤：

1. 制作由灰色图片逐渐过渡为红色图片的效果

1）启动 Flash CS4 软件，执行菜单中的“文件｜打开”命令，打开配套光盘中的“素材及结果\4.5 载入条动画效果\载入条动画效果．fla”文件。

2）删除多余图层。方法：同时选中 border 和 loading 层，如图 4-70 所示，单击时间轴下方的 （删除图层）按钮进行删除，结果如图 4-71 所示。

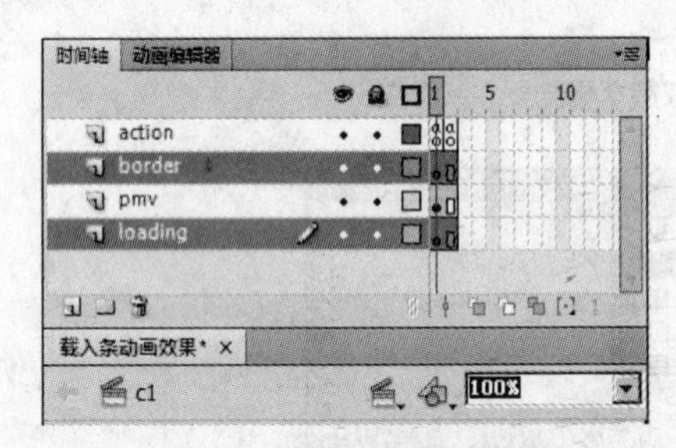

图 4-70　选中要删除的图层

图 4-71　删除多余图层

3）导入图片。方法：执行菜单中的“文件|导入|导入到库”命令，导入配套光盘中的“素材及结果\4.6 过渡载入动画效果\素材图.bmp”文件。

4）执行菜单中的“插入|新建元件”（快捷键〈Ctrl+F8〉）命令，在弹出的“创建新元件”对话框中设置参数，如图 4-72 所示，然后单击“确定”按钮，进入“pic”元件的编辑模式。最后从库中将“素材图.bmp”拖入舞台，并中心对齐，如图 4-73 所示。

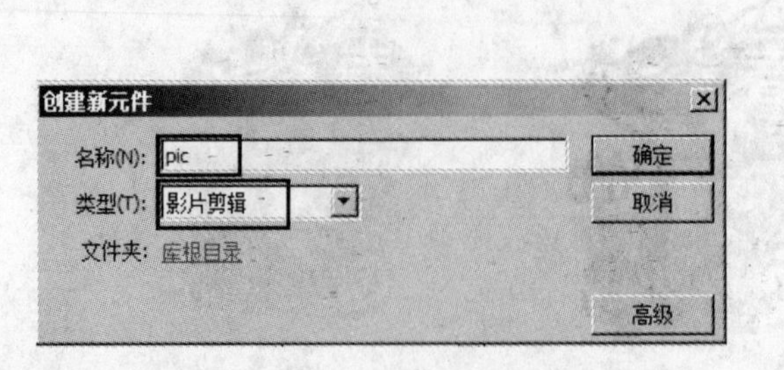

图 4-72　新建“pic”影片剪辑元件

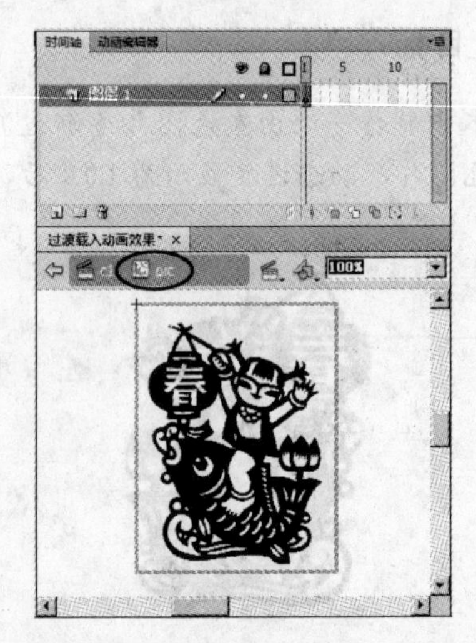

图 4-73　将“素材图.bmp”拖入舞台并中心对齐

5）单击 按钮，回到 c1 场景。然后新建 pic1 层，从库中将 pic 元件拖入舞台并中心对齐。接着选择舞台中的 pic 元件，按快捷键〈Ctrl+C〉进行复制，再新建 pic2 层，按快捷键〈Ctrl+Shift+V〉进行原地粘贴。最后在属性面板中设置色彩效果的样式为“高级”，如图 4-74

所示，单击“确定”按钮，结果如图4-75所示。

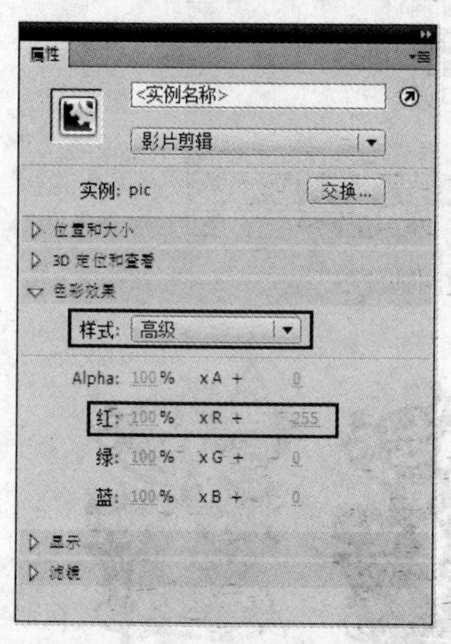
图4-74　设置色彩效果的样式

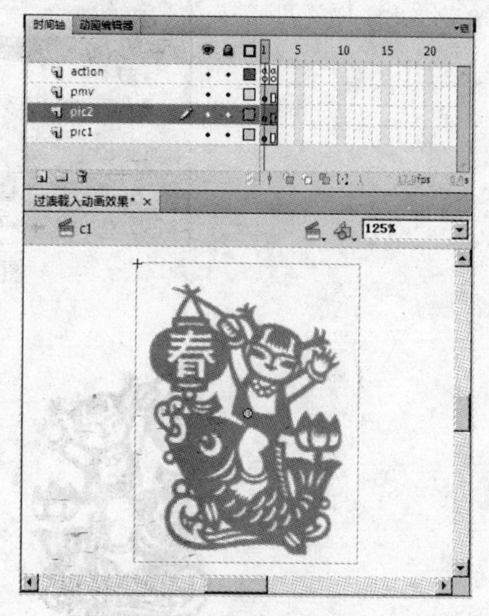
图4-75　调色后的效果

提示：为便于观看效果，此时，可以将舞台中pmv元件的Alpha值设为0%。

6）为便于精确定位pmv与图片的位置关系，下面将舞台中pmv元件的Alpha值设为65%，并调整其大小，使其能够完全遮住pic图片，如图4-76所示。

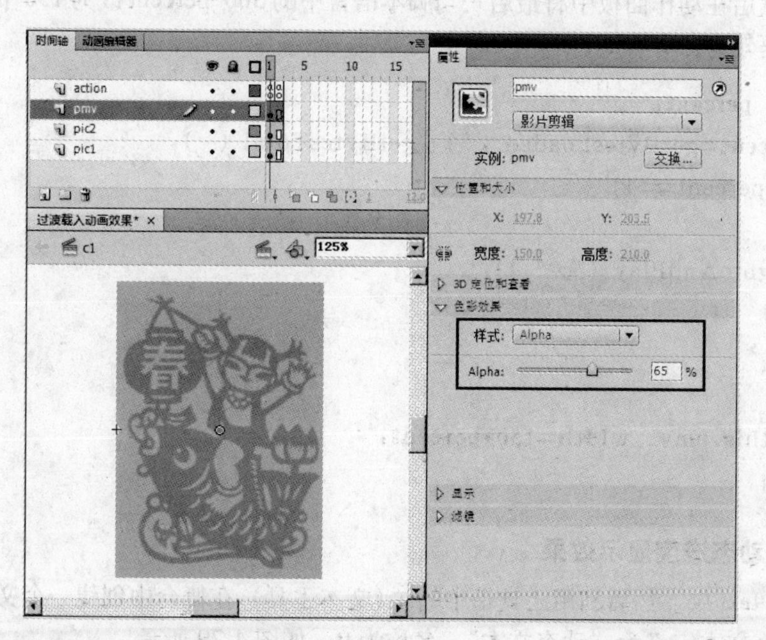
图4-76　调整作为遮罩的pmv元件的大小和位置

7）右击“pmv”层，从弹出的快捷菜单中选择“遮罩层”命令，此时，时间轴分布如图4-77所示。然后按键盘上的〈Ctrl+Enter〉组合键播放动画，可以看到由灰色图片逐渐过渡为红色图片（见图4-78），并且当图片全部变为红色后跳转到c2场景的效果。

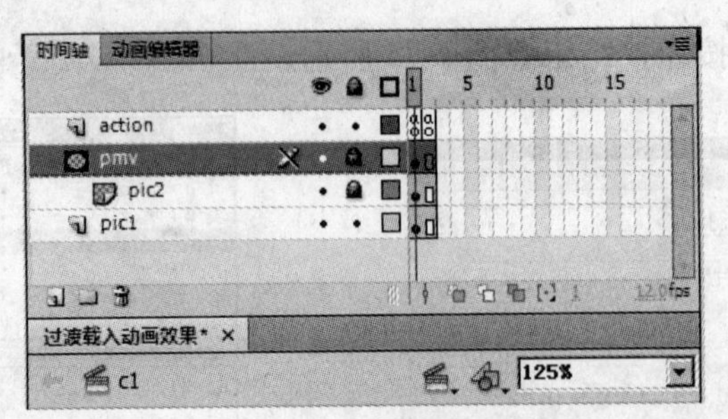

图 4-77　时间轴分布

图 4-78　由灰色图片逐渐过渡为红色图片效果

8）由于对遮罩的大小进行了调整，由原来的 300 像素改为了 150 像素。为了保证图片完全变为红色后正好跳转到 c2 场景，下面右击 action 层的第 1 帧，从弹出的快捷菜单中选择“动作”命令，然后在动作面板中将最后一句脚本语言中的 300*percent 改为 150*percent，此时，完整的脚本语句为：

```
var percent;
percent=getBytesLoaded ( ) /getBytesTotal ( );
if (percent==1)
{
   gotoAndPlay ("c2",1);
   }
else
{
   this.pmv._width=150*percent;
   }
```

2. 制作动态进度显示效果

1）新建 text 层，然后利用工具箱中的 T（文本工具）在舞台中创建一个文本区域，并在属性面板中将文本定义为“动态文本”，名称为 tt，如图 4-79 所示。

2）右击 action 层的第 1 帧，从弹出的快捷菜单中选择“动作”命令，然后在动作面板中脚本的最后添加以下一行脚本：

```
this.tt.text=int (percent*100);
```

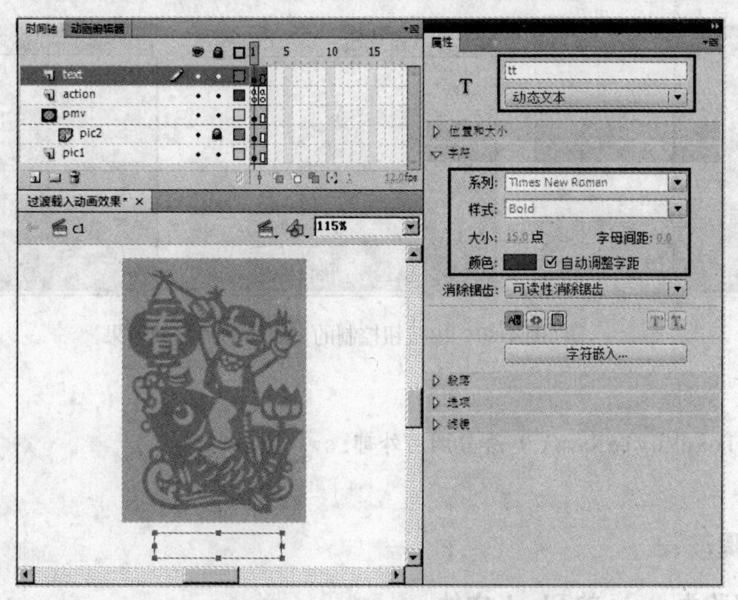

图4-79　将文本定义为“动态文本”，名称为tt

3）至此，整个动画制作完毕。此时，action层第1帧的完整脚本为：

```
var percent;
percent=getBytesLoaded( )/getBytesTotal( );
if (percent==1)
{
   gotoAndPlay ("c2",1);
   }
else
{
   this.pmv._width=150*percent;
   this.tt.text=int (percent*100);
   }
```

提示：为了美观，可以利用的T（文本工具）在动态文本框后面输入静态文本类型的%。

4）按快捷键〈Ctrl+Enter〉打开播放器，然后执行菜单中的“视图｜模拟下载”命令，即可看到由灰色图片逐渐过渡为红色图片，并在下方显示进度百分比，当完全过渡到红色图片，动态进度显示为100后，会自动跳转到相关页面的效果，

4.7　由按钮控制的多媒体动画播放效果

目标：

本例制作由按钮控制的多媒体动画播放效果，如图4-80所示。

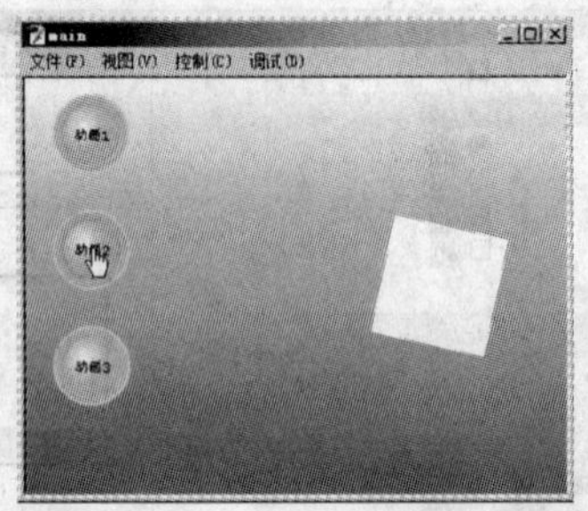

图 4-80　由按钮控制的多媒体动画播放效果

要点：

掌握利用 loadMovieNum ( ) 语句调用外部.swf 动画的方法。

操作步骤：

1. 制作名称为 main 的 Flash 文件

1）在硬盘中新建一个名称为“由按钮控制的多媒体动画播放效果”的文件夹。

2）启动 Flash CS4 软件，新建一个 Flash 文件（ActionScript 2.0）。然后将其保存在“由按钮控制的多媒体动画播放效果”文件夹中，名称为 main。

3）制作背景。方法：利用工具箱中的 (矩形工具）绘制一个矩形，并设置笔触颜色为无色，填充色为白－紫的线性渐变，如图 4-81 所示，然后在属性面板中设置其大小为 400 像素 × 300 像素，结果如图 4-82 所示。

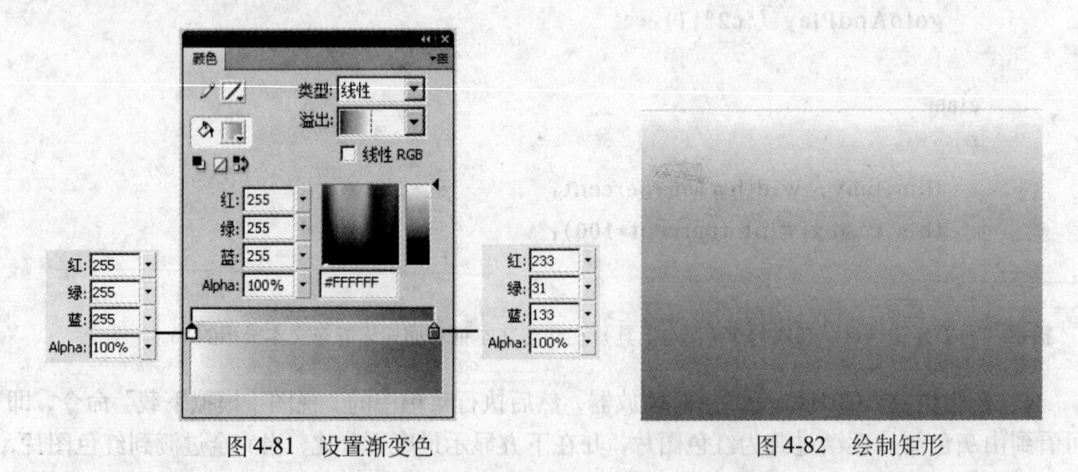

图 4-81　设置渐变色　　　　图 4-82　绘制矩形

4）执行菜单中的“修改 | 文档”命令，在弹出的“文档属性”对话框中单击“内容”，如图 4-83 所示，然后单击“确定”按钮，从而创建一个与矩形尺寸等大的文件。

5）制作按钮。方法：新建“图层 2”，然后执行菜单中的“窗口 | 公用库 | 库”命令，从库中选择“buttons bubble 2 | bubble 2 orange”按钮，如图 4-84 所示。接着将其拖入舞台，再双击该按钮进入按钮编辑模式，如图 4-85 所示，最后删除 text 层。

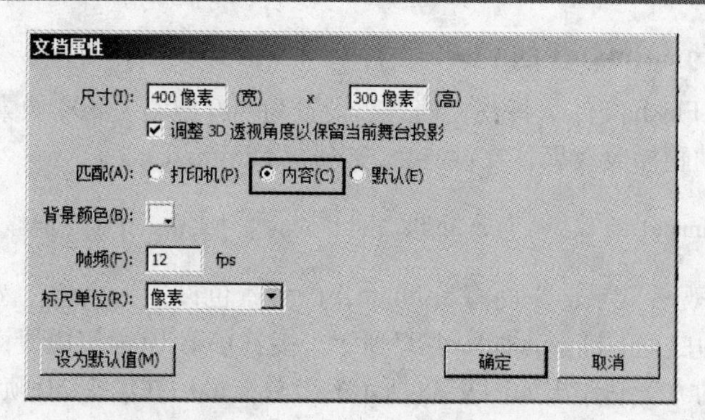

图4-83　单击“内容”

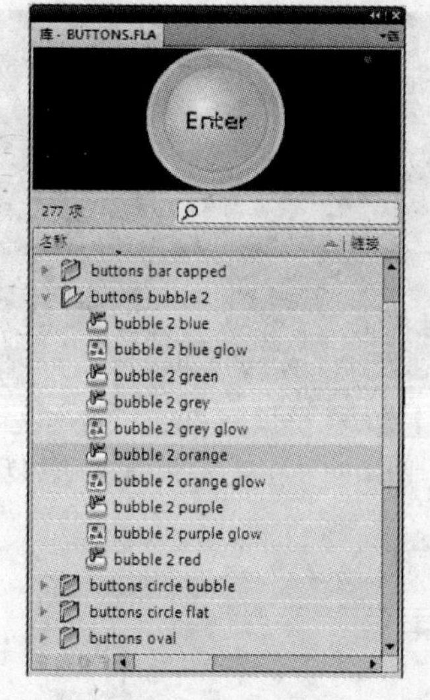

图4-84　选择“bubble 2 orange”按钮

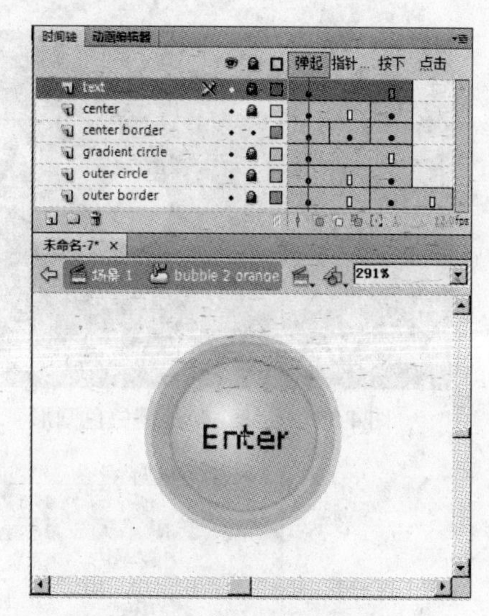

图4-85　进入按钮编辑模式

6）复制按钮。方法：单击场景1按钮，回到场景1。然后配合键盘上的〈Alt〉键向下复制两个按钮，接着在对齐面板中单击（左对齐）和（垂直平均间隔）按钮，结果如图4-86所示。

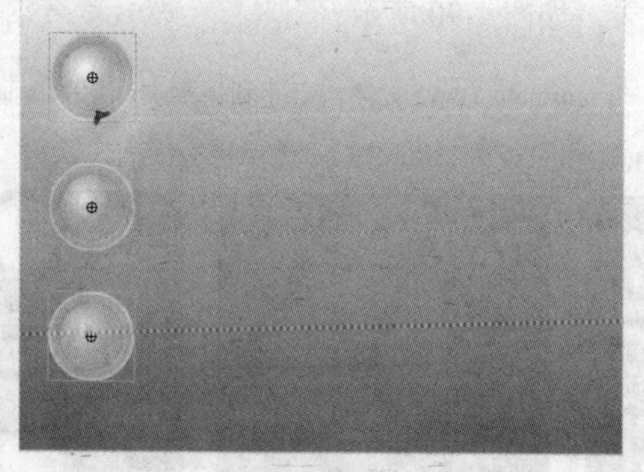

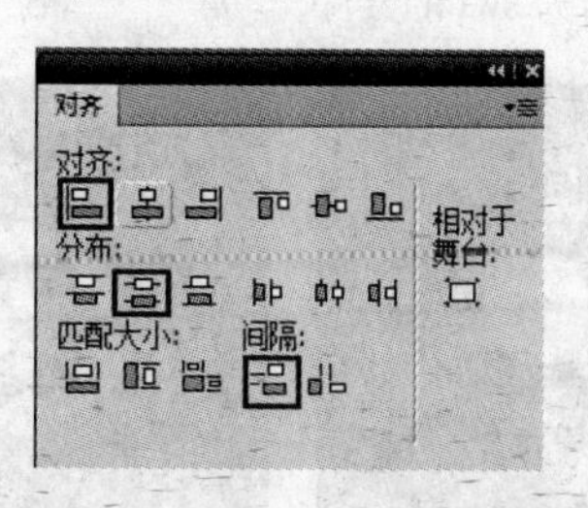

图4-86　对齐效果

2. 制作名称为 animate1 的 Flash 文件

1）新建一个 Flash 文件，将其文档大小设置为 400 像素 × 300 像素，然后保存在“由按钮控制的多媒体动画播放效果”文件夹中，名称为 animate 1。

提示：只有将 animate1.fla 保存在与 main.fla 文件相同的文件夹中，下面才能够在脚本中进行调用。

2）为了便于观看效果，下面将 animate 1 的背景色设置为黑色，然后创建一个笔触颜色为无色，填充色为白色的圆形，如图 4-87 所示。接着在第 30 帧按快捷键〈F6〉，插入关键帧，再利用旋转复制的方法制作出如图 4-88 所示的效果。最后在第 1~30 帧创建补间形状，此时，时间轴分布如图 4-89 所示。

图 4-87　在第 1 帧绘制白色圆形

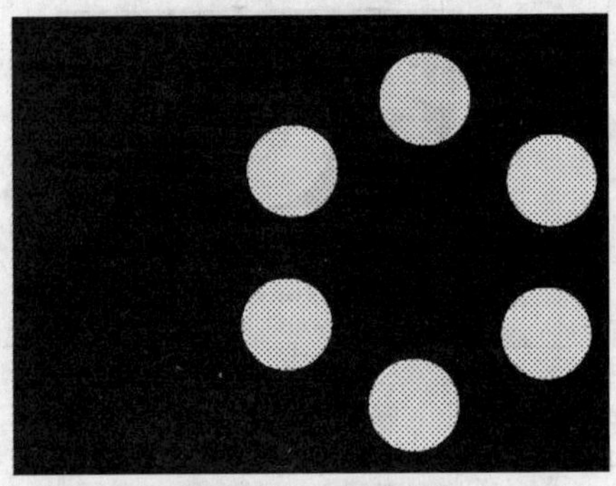

图 4-88　在第 30 帧创建旋转复制图形

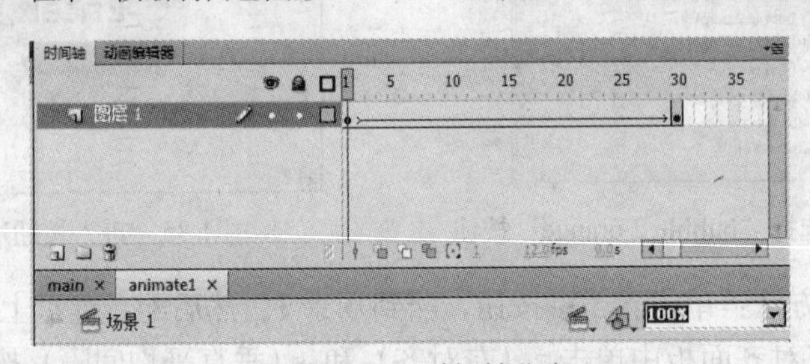

图 4-89　时间轴分布

3）按快捷键〈Ctrl+S〉将文件进行保存。然后按快捷键〈Ctrl+Enter〉打开播放器，即可看到由一个圆形逐渐扩散为多个圆形的效果，如图 4-90 所示。

提示：按快捷键〈Ctrl+Enter〉，会自动生成一个 animate 1.swf 文件。下面利用脚本调用的动画即为后缀名为.swf的文件。

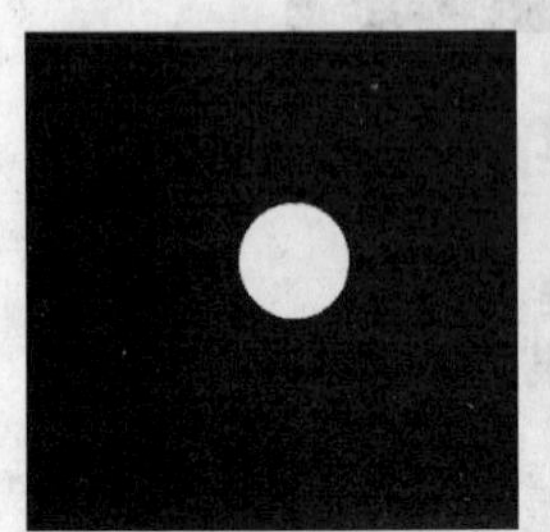
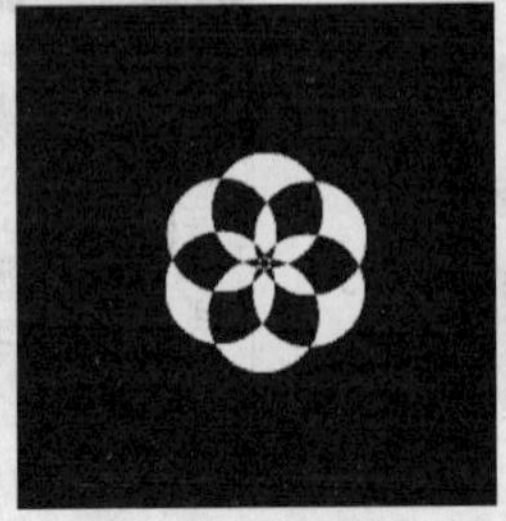

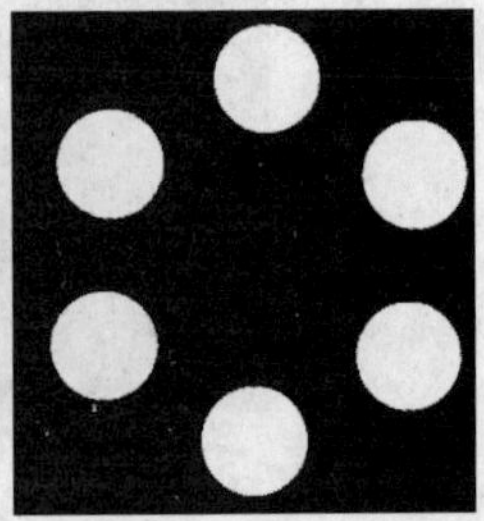

图 4-90　由一个圆形逐渐扩散为多个圆形的效果

3. 制作名称为 animate2 的 Flash 文件

1）新建一个 Flash 文件，将其文档大小设置为 400 像素 × 300 像素，然后保存在“由按钮控制的多媒体动画播放效果”文件夹中，名称为 animate 2。

2）为了便于观看效果，下面将 animate 2 的背景色设置为黑色，然后创建一个笔触颜色为无色，填充色为白色的正方形，如图 4-91 所示。再按快捷键〈F8〉，将其转换为元件。接着在第 30 帧按快捷键〈F6〉，插入关键帧。最后单击第 1 帧，在属性面板中设置参数，如图 4-92 所示，从而在第 1~30 帧创建传统补间动画。

图 4-91　创建白色正方形

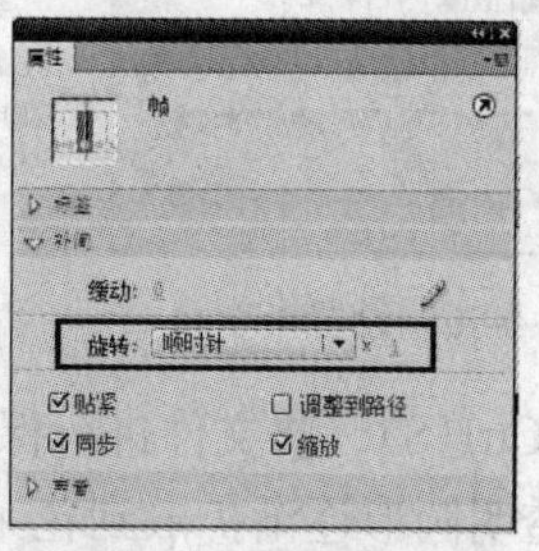

图 4-92　创建补间动画

3）按快捷键〈Ctrl+S〉，将文件进行保存。然后按快捷键〈Ctrl+Enter〉打开播放器，即可看到正方形旋转一周的效果，如图 4-93 所示。

图 4-93　正方形旋转一周的效果

4. 制作名称为 animate3 的 Flash 文件

1）新建一个 Flash 文件，将其文档大小设置为 400 像素 × 300 像素，然后保存在“由按钮控制的多媒体动画播放效果”文件夹中，名称为 animate 3。

2）为了便于观看效果，下面将 animate 3 的背景色设置为黑色，然后创建一个笔触颜色为无色，填充色为白色，Alpha 为 0% 的圆形，如图 4-94 所示。再在第 30 帧按快捷键〈F6〉，插入关键帧，利用旋转复制的方法制作出如图 4-95 所示的效果，最后在第 1~30 帧创建补间形状。

图 4-94　绘制圆形

图 4-95　旋转复制效果

3）调整第30帧图形的渐变色如图4-96所示，结果如图4-97所示。

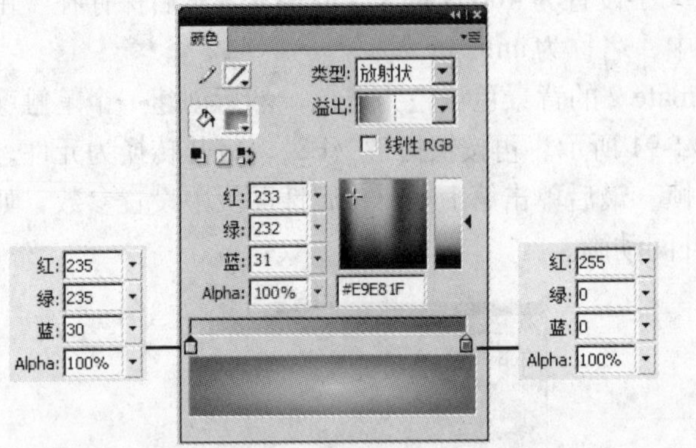

图4-96　设置渐变色

图4-97　设置渐变色的效果

4）按快捷键〈Ctrl+S〉，将文件进行保存。然后按快捷键〈Ctrl+Enter〉打开播放器，即可看到一个由白色透明圆形逐渐扩散到花朵形状的效果，如图4-98所示。

图4-98　由一个白色透明圆形逐渐扩散到花朵形状的效果

5．制作由按钮控制的动画播放效果

1）回到main.fla中，然后分别在3个按钮上输入文字“动画1”~“动画3”，如图4-99所示。

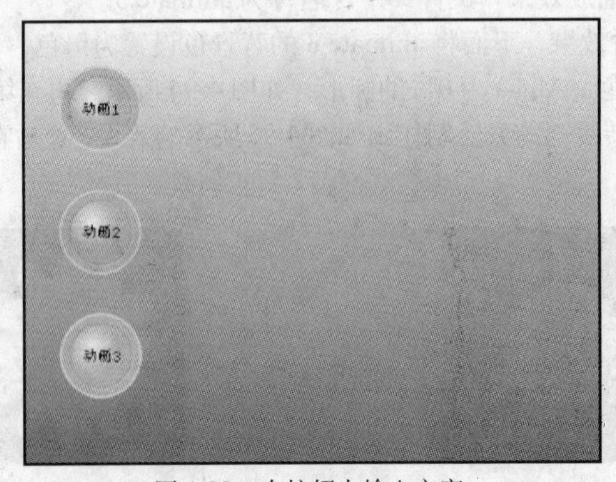

图4-99　在按钮上输入文字

2）右击舞台中最上方的按钮，从弹出的快捷菜单中选择“动作”命令，然后在动作面板中输入语句：

```
on (release) {
    loadMovieNum ("animate1.swf", 1);
}
```

提示：animate1.swf为前面创建animate1.fla后，按快捷键〈Ctrl+Enter〉自动生成的文件。

3）同理，右击舞台中间的按钮，从弹出的快捷菜单中选择“动作”命令，然后在动作面板中输入语句：

```
on (release) {
    loadMovieNum ("animate2.swf", 1);
}
```

4）同理，右击舞台中最下方的按钮，从弹出的快捷菜单中选择“动作”命令，然后在动作面板中输入语句：

```
on (release) {
    loadMovieNum ("animate3.swf", 1);
}
```

5）至此，整个动画制作完毕。执行菜单中的“控制|测试影片”（快捷键〈Ctrl+Enter〉）命令打开播放器窗口，即可测试效果。

4.8　交互式按钮控制的广告效果

目标：

本例制作由交互式按钮控制的广告效果，当将光标放置到某个小图上时，其上方将显示出相应的大图，如图4-100所示。

   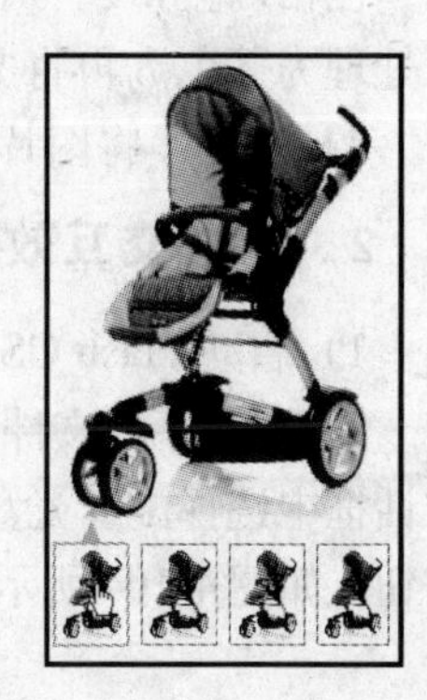

图4-100　交互式按钮控制的广告效果

要点：

掌握 stop ( )、gotoAndstop ( ) 语句的使用。

操作步骤：

1．制作素材图片

1）启动 Phothop CS3，然后执行菜单中的“文件 | 打开”命令，打开配套光盘中的“素材及结果\4.8 交互式按钮控制的广告效果\素材图.jpg”图片。再利用工具箱中的 (矩形选框工具) 创建小推车选区，如图 4-101 所示。接着按快捷键〈Ctrl+C〉进行复制，再执行菜单中的“文件 | 新建”命令，新建一个文件。最后按快捷键〈Ctrl+V〉进行粘贴，结果如图 4-102 所示。

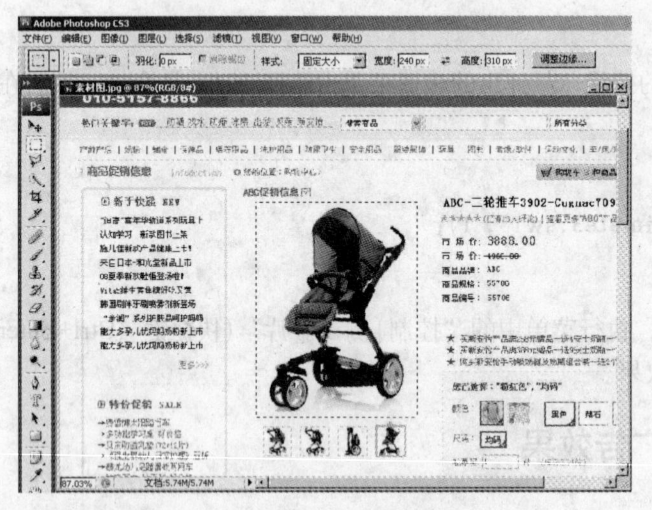

图 4-101　创建小推车选区

图 4-102　粘贴后的图片效果

2）执行菜单中的“文件 | 存储为”命令，将文件存储为“1.jpg”。

3）将图片处理为蓝色。方法：执行菜单中的“图像 | 调整 | 色相 / 饱和度”命令，在弹出的“色相 / 饱和度”对话框中设置参数，如图 4-103 所示，然后单击“确定”按钮，从而将图片处理为蓝色。再将文件存储为“2.jpg”。

4）同理，将图片处理为黄色和紫红色，然后将它们存储为“3.jpg”和“4.jpg”。

2．制作交互效果

1）启动 Flash CS4 软件，新建一个 Flash 文件（ActionScript 2.0）。

2）导入序列文件。方法：执行菜单中的“文件 | 导入 | 导入到舞台”命令，然后在弹出的对话框中选择配套光盘中的“素材及结果\4.8 交互式按钮控制的广告效果\1.jpg”，单击“是”按钮，如图 4-104 所示，此时“1.jpg”~“4.jpg”会被导入到时间轴的不同帧中，如图 4-105 所示。

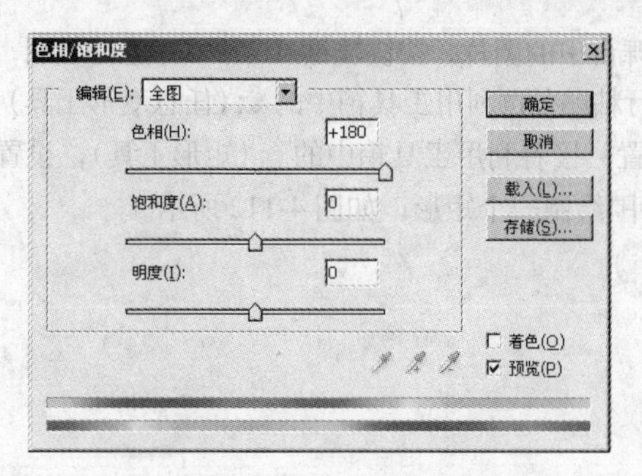

图4-103　设置"色相/饱和度"参数

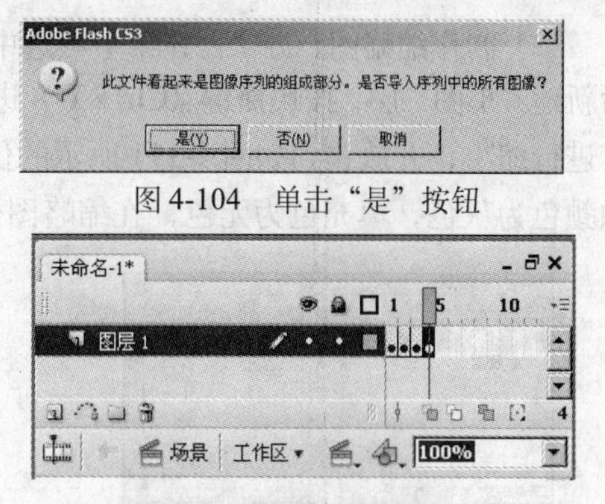

图4-104　单击"是"按钮

图4-105　不同图片被放置到不同帧中

3）修改文档尺寸。方法：执行菜单中的"修改|文档"命令，在弹出的对话框中单击"内容"，如图4-106所示，然后单击"确定"按钮，使文档大小与图片等大，如图4-107所示。

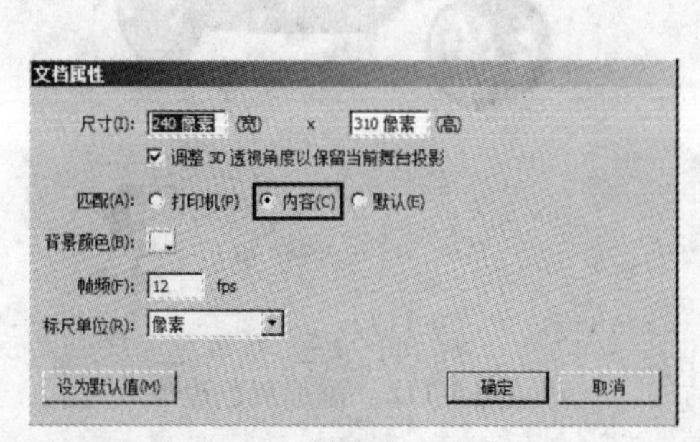

图4-106　单击"内容"

图4-107　文档大小与图片等大

4）为了在大图下面放置小图，下面在属性面板中单击[编辑...]按钮，如图4-108所示，在弹出的"文档属性"对话框中将文档高度修改为400像素，如图4-109所示，结果如图4-110所示。

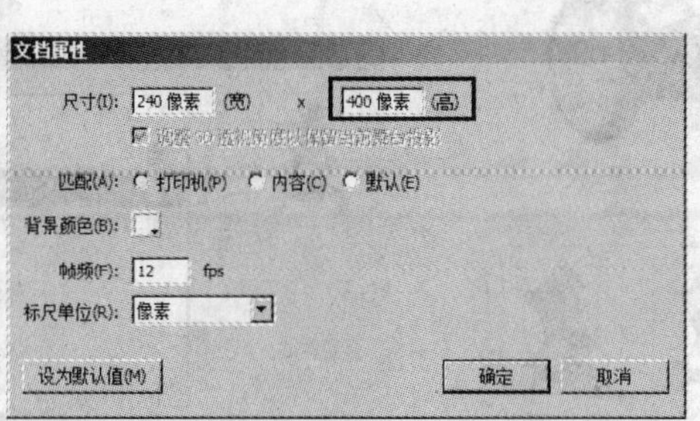

图4-108　单击"编辑"按钮　　图4-109　将文档高度改为400像素　　图4-110　将高度设为400像素的效果

5）制作缩略图。方法：在第1帧选中舞台中的图片，按快捷键〈Ctrl+C〉进行复制，然后新建“小图”层，按快捷键〈Ctrl+V〉进行粘贴。再利用工具箱中的（任意变形工具）将其进行缩小，并放置到如图4-111所示的位置。接着利用工具箱中的（矩形工具），设置笔触颜色为灰色，填充色为无色，在缩略图外围绘制一个矩形，如图4-112所示。

图4-111　将图片进行缩小并放置到适当位置

图4-112　添加灰色边框

6）制作其余缩略图。方法：利用工具箱中的（选择工具）框选缩略图及其边框，然后配合键盘上的〈Alt〉键向左移动，复制出3个副本，如图4-113所示。接着从左到右分别右击复制后的图片，从弹出的快捷菜单中选择“交换位图”命令，再在弹出的“交换位图”对话框中分别选择“2.jpg”~“4.jpg”图片，如图4-114所示，单击“确定”按钮，将复制后的图片进行替换，结果如图4-115所示。

图4-113　复制出3个副本

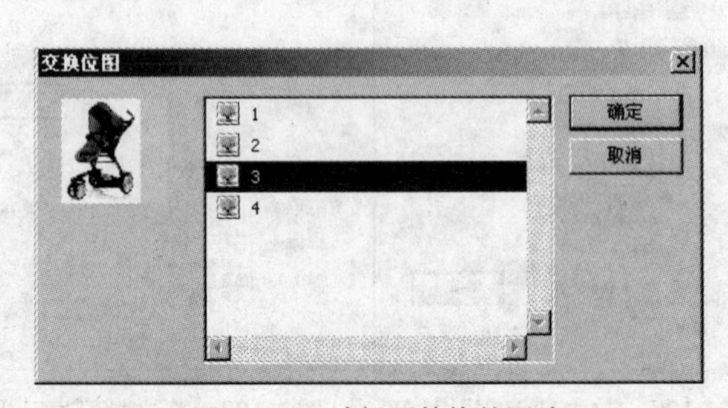

图4-114　选择要替换的图片

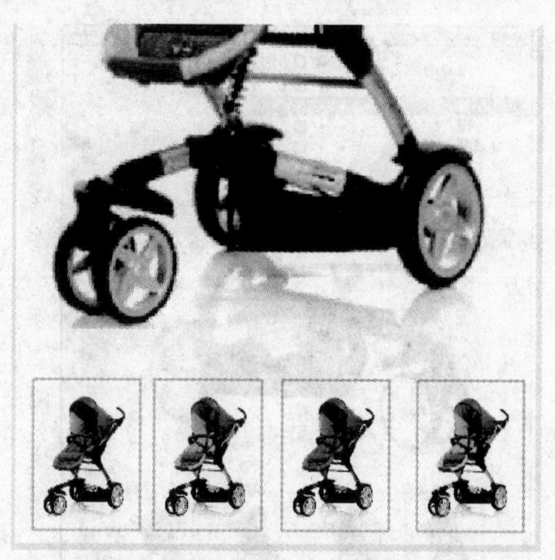

图4-115　替换图片后的效果

7）对齐缩略图。方法：框选如图4-116所示的缩略图及其边框，然后执行菜单中的“修改｜组合”命令，将它们进行成组。接着对其余3个缩略图及其边框也进行成组。最后框选成组后的4个图形，在对齐面板中取消激活□（对齐/相对舞台分布）按钮，然后单击▭（上对齐）和▭（水平居中分布）按钮，将它们进行对齐，结果如图4-117所示。

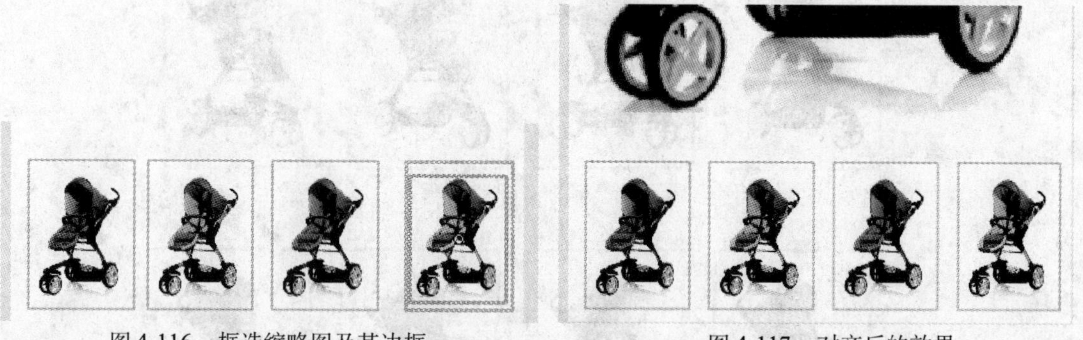

图4-116　框选缩略图及其边框　　　　图4-117　对齐后的效果

8）此时，按快捷键〈Ctrl+Enter〉打开播放器窗口，会发现画面是自动播放的，而我们需要的是画面为停止状态，由交互式按钮进行控制，下面就来解决这个问题。方法：新建Action层，然后右击第1帧，从弹出的快捷菜单中选择“动作”命令，接着在“动作”面板中输入语句：

```
stop ()；
```

9）按快捷键〈Ctrl+Enter〉打开播放器窗口，即可看到画面静止在第1帧的效果。

10）制作黄色边框和箭头效果。方法：新建“边框”层，然后利用工具箱中的□（矩形工具）绘制黄色矩形，并利用▶（选择工具）调整出箭头形状，如图4-118所示。接着分别在“边框”层的第2～4帧按快捷键〈F6〉，插入关键帧，并移动黄色边框和箭头的位置，如图4-119所示。

图 4-118 绘制黄色边框和箭头

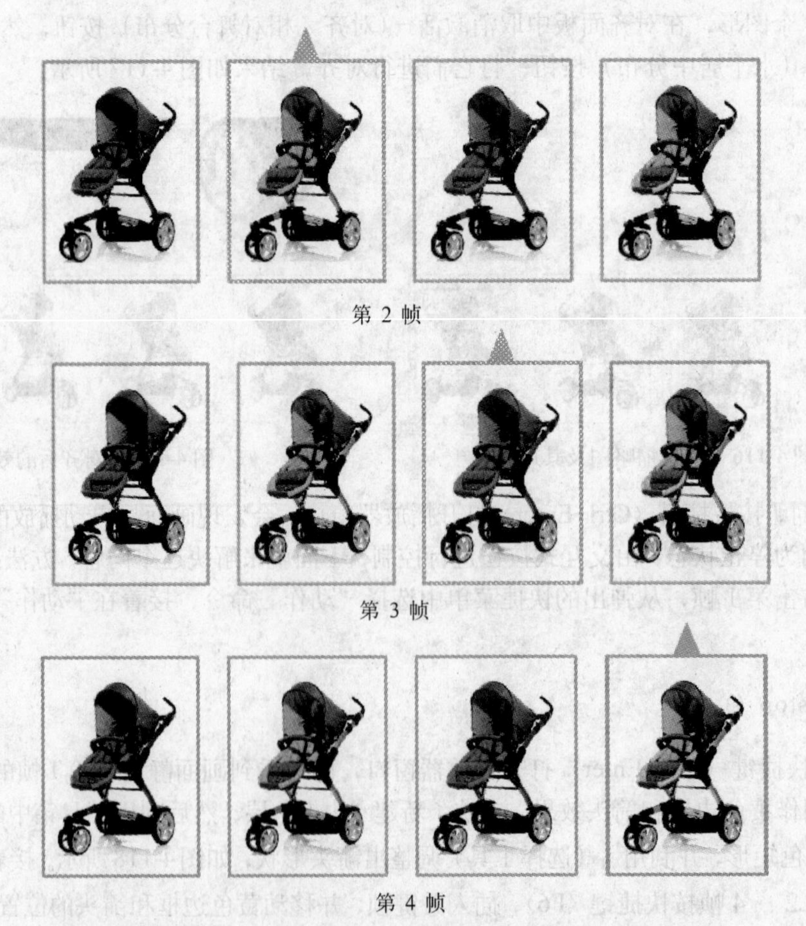

第 2 帧

第 3 帧

第 4 帧

图 4-119 分别在第 2 ~ 4 帧调整黄色边框和箭头的位置

11）创建按钮元件。方法：选中任意一个成组后的图形，按快捷键〈Ctrl+C〉进行复制，然后执行菜单中的“插入|新建元件”（快捷键〈Ctrl+F8〉）命令，在弹出的“创建新元件”对话框中设置参数，如图4-120所示，单击“确定”按钮，进入“按钮”元件的编辑模式。接着在“点击”帧按快捷键〈F7〉，插入空白关键帧，再按快捷键〈Ctrl+V〉进行粘贴，结果如图4-121所示。最后执行菜单中的“修改|分离”命令，将成组后的图形进行分离，然后删除图片，并使用（颜料桶工具）对矩形填充，结果如图4-122所示。

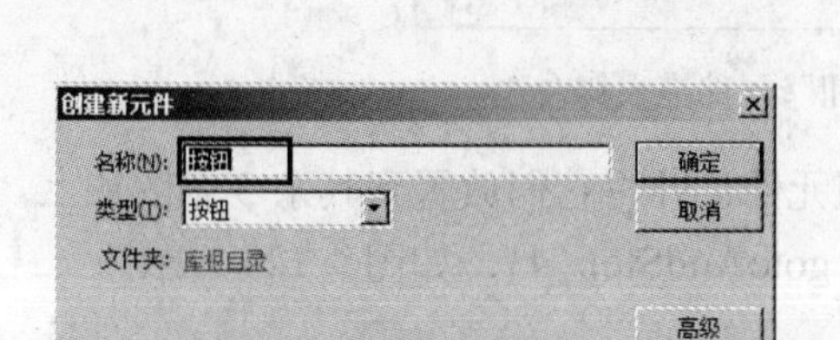

图4-120　新建“按钮”元件

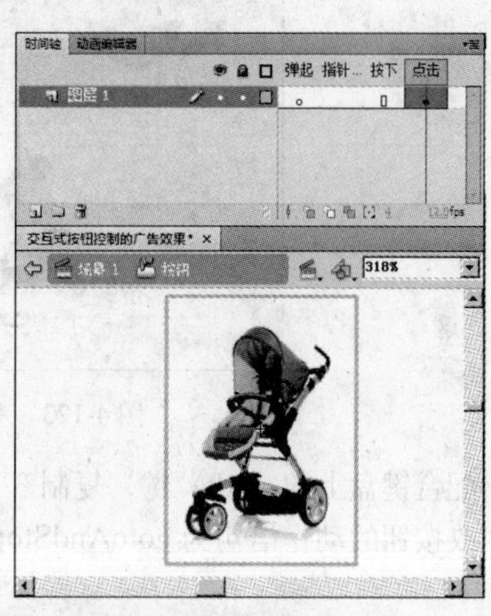

图4-121　粘贴后的效果

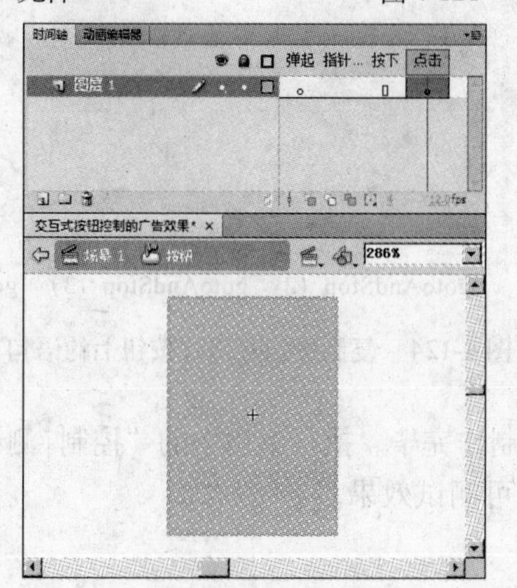

图4-122　使用颜料桶工具对矩形进行填充

12）制作交互式按钮效果。方法：单击 场景1 按钮，回到场景1，然后新建“按钮”层，从库中将“按钮”元件拖入舞台，并放置到如图4-123所示的位置。接着右击舞台中的按钮，从弹出的快捷菜单中选择“动作”命令，在动作面板中输入语句：

```
on (release) {
    gotoAndStop (1);
}
```

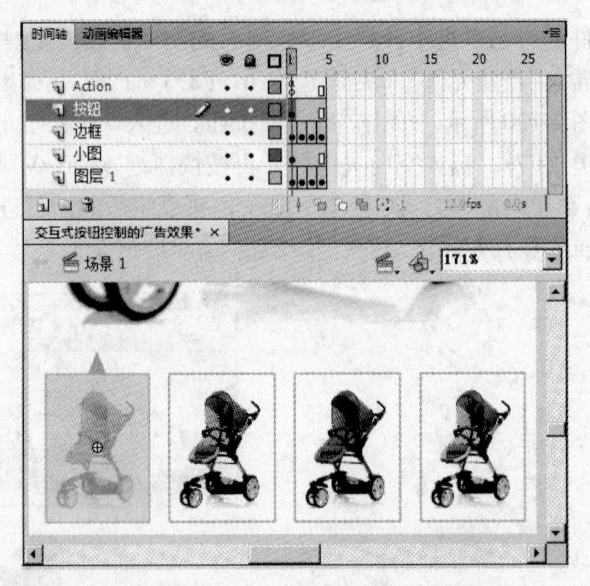

图4-123 将"按钮"元件拖入舞台

13）配合键盘上的〈Alt〉键，复制3个按钮元件，并将它们放置到其余3张图片上，然后分别修改按钮的动作语句为gotoAndStop(2)～gotoAndStop(4)，如图4-124所示。

图4-124 复制按钮并修改按钮上的语句

14）至此，整个动画制作完毕。执行菜单中的"控制|测试影片"（快捷键〈Ctrl+Enter〉）命令打开播放器窗口，即可测试效果。

4.9 下雪效果

目标：

制作漫天飘落的雪花效果，如图4-125所示。

要点：

掌握利用random()语句的正负值来制作初始状态就出现雪花和初始状态没有雪花的效果。

图4-125　下雪效果

操作步骤：

1. 制作初始状态就有雪花的效果

1）启动Flash CS4软件，新建一个Flash文件（ActionScript 2.0）。

2）改变文档大小。方法：执行菜单中的“修改|文档”（快捷键〈Ctrl+J〉）命令，在弹出的“文档属性”对话框中设置背景色为黑色（#000000），文档尺寸为550像素×400像素，如图4-126所示，然后单击“确定”按钮。

3) 执行菜单中的“插入|新建元件”（快捷键〈Ctrl+F8〉）命令，在弹出的“创建新元件”对话框中设置参数，如图4-127所示，然后单击“确定”按钮，进入“snow”元件的编辑模式。

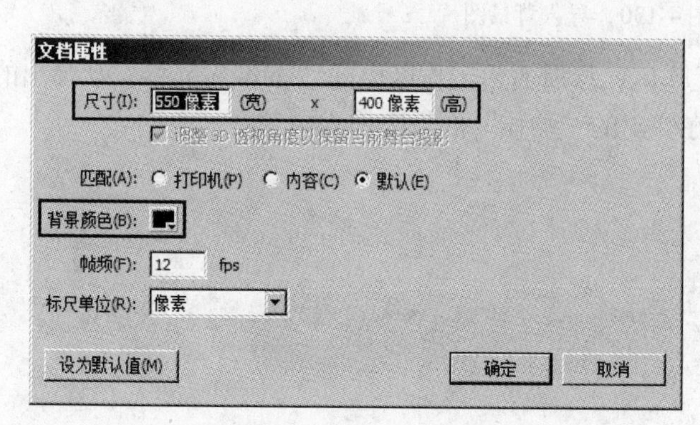

图4-126　设置文档属性

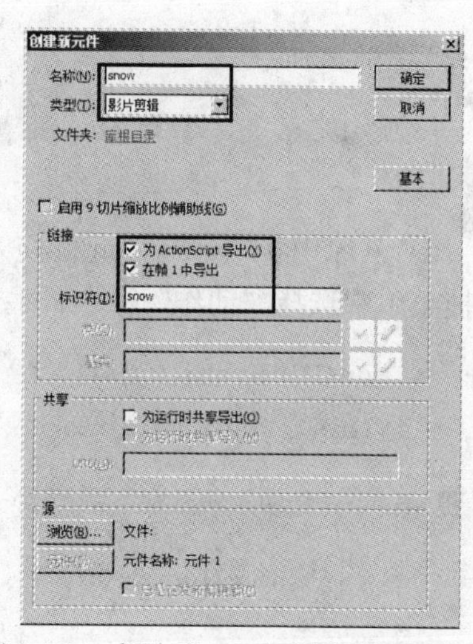

图4-127　新建“snow”影片剪辑元件

4）选择工具箱中的（椭圆工具），在工作区中绘制一个宽度和高度均为16.4像素，笔触颜色为无色，填充色如图4－128所示的椭圆，并将其中心对齐，结果如图4－129所示。

5）制作背景。方法：单击 场景 1 按钮，回到场景1，然后执行菜单中的“文件|导入|导入到舞台”命令，导入配套光盘中的“素材及结果\4.9 下雪效果\背景.jpg”文件，结果如图4-130所示。

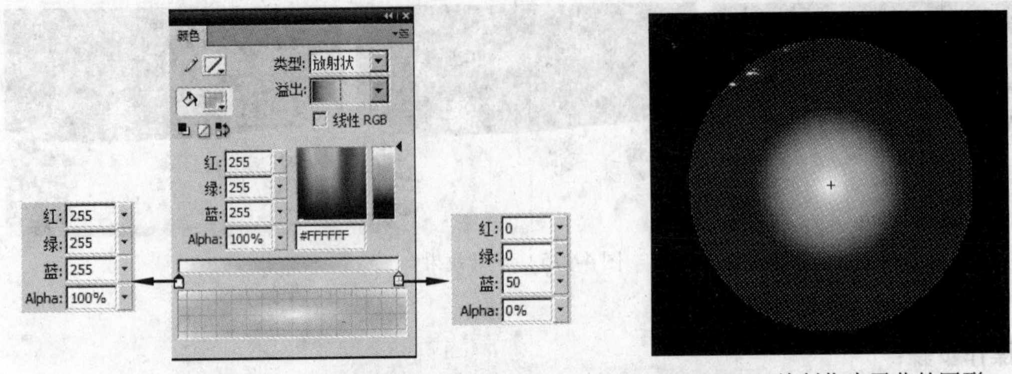

图 4-128 设置填充色　　　　图 4-129 绘制作为雪花的圆形

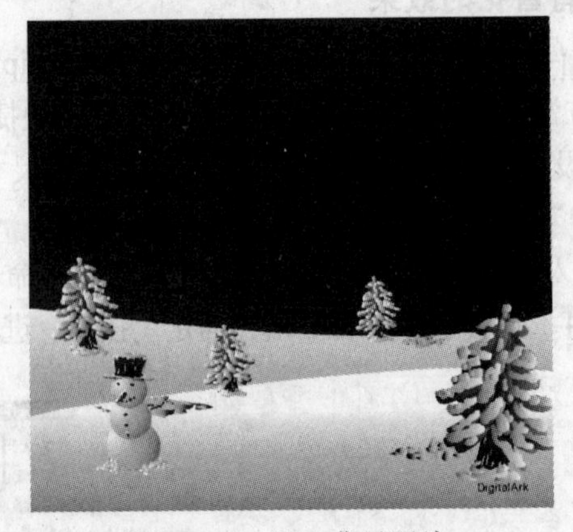

图 4-130 导入背景图片

6）从库中将“snow”元件拖入工作区，接着右击工作区中的“snow”元件，从弹出的快捷菜单中选择“动作”命令，最后在弹出的“动作”面板中输入语句：

```
onClipEvent(load){
this._visible=false;
```

提示：当开始的时候没有雪花。

```
var snowNum=100;
```

提示：设置雪花的数量。

```
for(i=1;i<=snowNum;i++)
```

提示：若数值初始值为 1，在 1～100 的范围内循环下列语句。

```
{    _root.attachMovie("snow","snow"+i,i);
     snowSize=random(40)+60;
     _root["snow"+i]._xscale=snowSize;
     _root["snow"+i]._yscale=snowSize;
     _root["snow"+i]._rotation=random(360);
```

```
_root["snow"+i]._x=random(550);
_root["snow"+i]._y=random(400);
_root["snow"+i].path=-random(180);
_root["snow"+i].speed=random(3)+3;
    }
}
onClipEvent(enterFrame){
    for(i=1;i<=snowNum;i++)
```

提示：若数值初始值为1，在1～100的范围内循环下列语句。

```
    {
        _root["snow"+i]._x+=Math.cos(_root["snow"+i].path);
```

提示：获取"snow"+i在水平方向上的位移变化。

```
        _root["snow"+i]._y+=_root["snow"+i].speed;
```

提示：获取"snow"+i在垂直方向上下降的速度。

```
        if(_root["snow"+i]._y>400)
         _root["snow"+i]._y=0;
```

提示：当雪花垂直坐标值超过400时赋予垂直坐标值为0。

```
        if(_root["snow"+i]._x>550)
         _root["snow"+i]._x=0;
```

提示：当雪花水平坐标值超过550时赋予水平坐标值为0。

```
        if(_root["snow"+i]._x<0)
         _root["snow"+i]._x=550;
```

提示：当雪花水平坐标值小于0的时赋予水平坐标值值为550。

```
    }
}
```

7）执行菜单中的“控制|测试影片”（快捷键〈Ctrl+Enter〉）命令，即可看到初始状态就有漫天飘动的雪花效果。

2．制作初始状态无雪花的效果

1）将上面添加给snow动作中的“_root["snow"+i]._y=random(400)”改为“_root["snow"+i]._y=-random(400)”。

2）执行菜单中的“控制|测试影片”（快捷键〈Ctrl+Enter〉）命令，即可看到初始状态没有雪花，而后雪花逐渐飘落的效果。

4.10 下雨效果

目标：

通过将动作加载在元件和帧上两种方法，制作在动画片中常见的下雨效果，如图4-131所示。

图4-131 下雨效果

要点：

掌握利用onClipEvent(load)命令给舞台中元件添加动作，以及直接给时间轴的帧添加动作的两种方法。

操作步骤：

1. 制作加载在元件上的下雨效果

1）启动Flash CS4软件，新建一个Flash文件（ActionScript 2.0）。

2）改变文档大小。方法：执行菜单中的“修改|文档”（快捷键〈Ctrl+J〉）命令，在弹出的“文档属性”对话框中设置背景色为黑色（#000000），文档尺寸为550像素×400像素，如图4-132所示，然后单击“确定”按钮。

3）执行菜单中的“插入|新建元件”（快捷键〈Ctrl+F8〉）命令，在弹出的“创建新元件”对话框中设置参数，如图4-133所示，然后单击“确定”按钮，进入“雨点”元件的编辑模式。

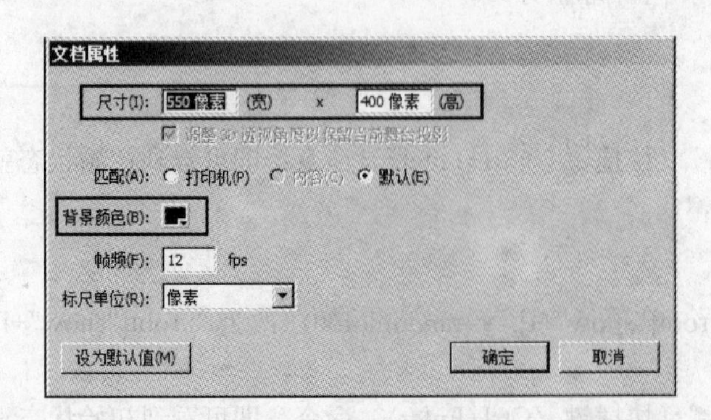

图4-132 设置文档属性

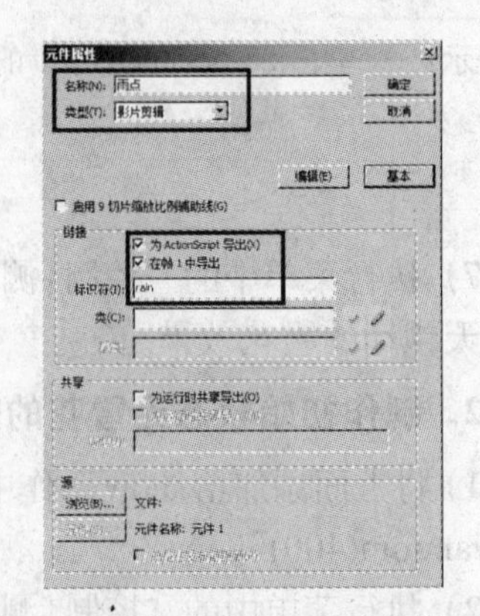

图4-133 新建“雨点”影片剪辑元件

4）选择工具箱中的（椭圆工具），然后激活工具箱下部的（对象绘制）按钮，接着在工作区中绘制一个宽度为 2.1 像素，高度为 7.8 像素，笔触颜色为无色，填充色如图 4-134 所示的椭圆，并将其中心对齐，结果如图 4-135 所示。

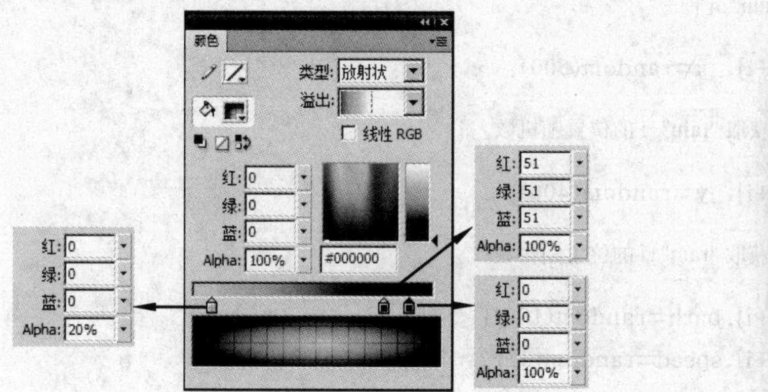

图 4-134　设置填充色

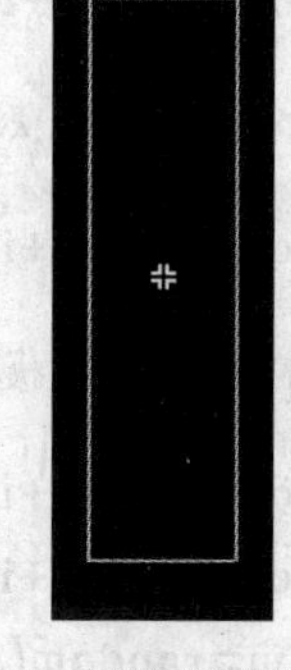

图 4-135　创建半透明的椭圆

5）同理，在工作区中再绘制一个宽度为 2 像素，高度为 6.5 像素，笔触颜色为无色，填充色如图 4-136 所示的椭圆，并将其中心对齐，结果如图 4-137 所示。

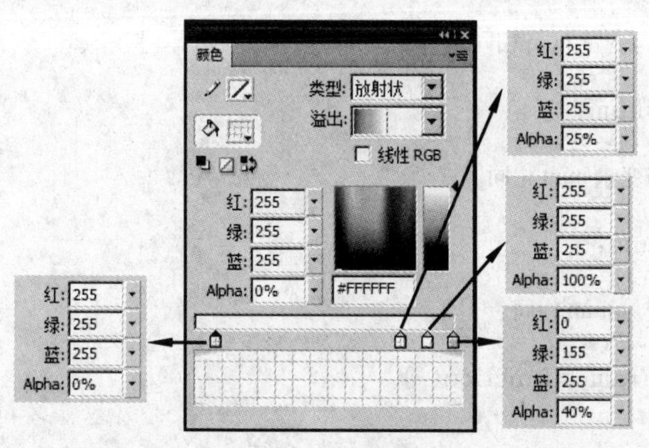

图 4-136　设置填充色

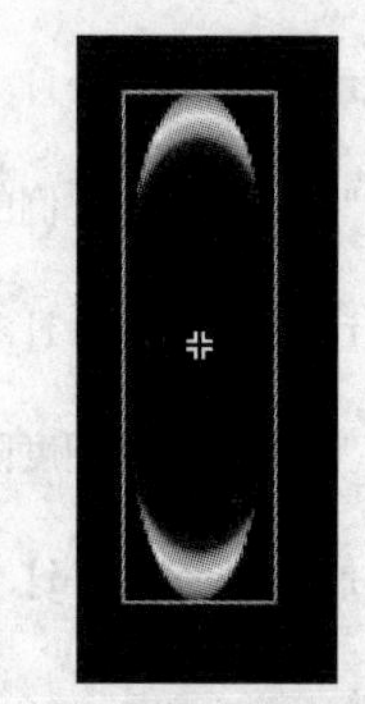

图 4-137　创建半透明的椭圆

6）单击 场景 1 按钮，回到场景 1，然后从库中将“雨点”元件拖入工作区。接着右击工作区中的“雨点”元件，从弹出的快捷菜单中选择“动作”命令，最后在“动作”面板中输入语句：

```
onClipEvent (load) {
    var num;
```

提示：生成一个 num 的变量。

```
for (i=1;i<=500;i++)
```

提示：若数值初始值为 1，则在 1～200 的范围内循环下列语句。

```
{
  _root.attachMovie("rain","rain"+i,i) ;
```

提示：不断获取库中的 "rain" 元件。

```
    _root["rain"+i]._x=random(500);
```

提示：在舞台水平范围内获取 "rain"+i 的位置随机数。

```
    _root["rain"+i]._y=random(400);
```

提示：在舞台垂直范围内获取 "rain"+i 的位置随机数。

```
    _root["rain"+i].path=random(180);
    _root["rain"+i].speed=random(3)+3;
    num=random(80)+20  ;
```

提示：获取变量 num 的随机数。

```
    _root["rain"+i]._xscale=num;
```

提示：获取 "snow"+i 水平比例的随机数与变量 num 相同。

```
    _root["rain"+i]._yscale=num;
```

提示：获取 "rain"+i 垂直比例的随机数与变量 num 相同。

```
    _root["rain"+i].alpha=num;
```

提示：获取 "rain"+i 的透明度随机数与变量 num 相同。

```
    _root["rain"+i].onEnterFrame=function( )
    {
```

提示：使 "rain"+i，循环执行下列函数。

```
   this._y=this._y+30*this._xscale/100;
```

提示：控制雨点下降的速度，雨点越大，下降速度越快。

```
    if (this._y>400)
    {
     this._y=random(10)-10;
     this._x=random(550);
    }
```

提示：让雨点自始至终在舞台中进行显现。

```
        }
    }
}
```

提示：onClipEvent (load) 语句是专门添加在元件上的动作。

7）执行菜单中的“控制 | 测试影片”（快捷键〈Ctrl+Enter〉）命令，即可看到下雨效果。

2．制作加载在帧上的下雨效果

1）制作“雨点”元件，方法与上面创建“雨点”元件的方法相同。

2）在场景1中，右击时间轴上的第1帧，从弹出的快捷菜单中选择“动作”命令，然后在弹出的“动作”面板中输入语句：

```
var num;
```

提示：生成一个num的变量。

```
for (i=1;i<=500;i++)
```

提示：若数值初始值为1，则在1～200的范围内循环下列语句。

```
{
_root.attachMovie("rain","rain"+i,i);
```

提示：不断获取库中的"rain"元件。

```
_root["rain"+i]._x=random(500);
```

提示：在舞台水平范围内获取"rain"+i的位置随机数。

```
_root["rain"+i]._y=random(400);
```

提示：在舞台垂直范围内获取"rain"+i的位置随机数。

```
_root["rain"+i].path=random(180);
_root["rain"+i].speed=random(3)+3;
num=random(80)+20;
```

提示：获取变量num的随机数。

```
_root["rain"+i]._xscale=num;
```

提示：获取"snow"+i水平比例的随机数与变量num相同。

```
_root["rain"+i]._yscale=num;
```

提示：获取"rain"+i垂直比例的随机数与变量num相同。

```
_root["rain"+i].alpha=num;
```

提示：获取 "rain"+i 的透明度随机数与变量 num 相同。

```
_root["rain"+i].onEnterFrame=function( )
{
```

提示：使 "rain"+i，循环执行下列函数。

```
this._y=this._y+30*this._xscale/100;
```

提示：控制雨点下降的速度，雨点越大，下降速度越快。

```
if (this._y>400)
{
this._y=random(10)-10;
this._x=random(550);
    }
```

提示：让雨点自始至终在舞台中进行显现。

```
    }
}
```

提示：本例由于是加载在帧上的下雨效果，因此不需要使用 onClipEvent (load) 语句对元件进行控制。

3）执行菜单中的“控制 | 测试影片”（快捷键〈Ctrl+Enter〉）命令，即可看到下雨效果。

4.11 逐个打碎的文字效果

目标：

制作逐个打碎的文字效果，如图 4-138 所示。

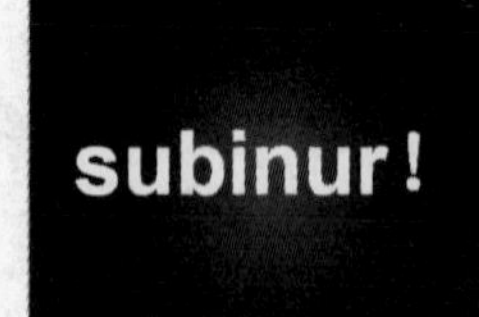

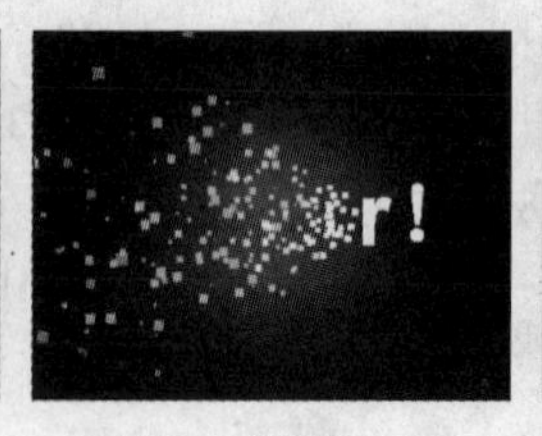

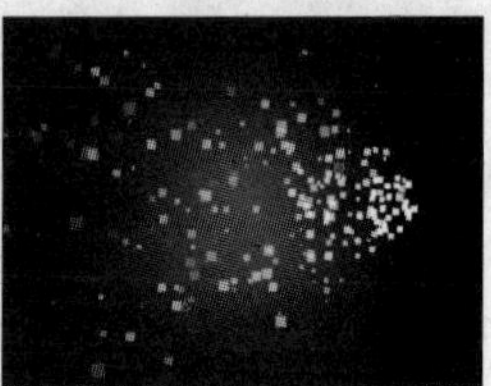

图 4-138 逐个打碎的文字效果

要点：

掌握 setProperty ( )、random ( ) 和 if ( ) 等常用语句的应用。

操作步骤：

1．创建逐个消失的文字效果

1）启动Flash CS4软件，新建一个Flash文件（ActionScript 2.0）。

2）按快捷键〈Ctrl+J〉，在弹出的“文档属性”对话框中设置参数，如图4-139所示，然后单击“确定”按钮。

提示：由于最后要添加一个渐变色的背景，因此此时可以不考虑背景颜色。

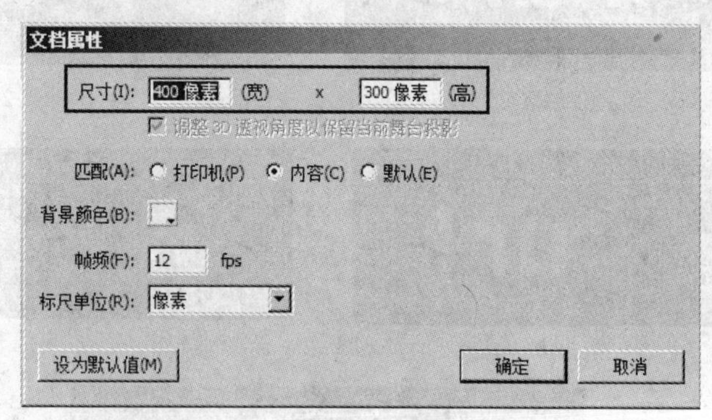

图4-139　设置文档属性

3）选择工具箱上的T(文本工具)，在场景中输入文字subinur!，文字参数设置及效果如图4-140所示。

图4-140　输入文字

4）分别在时间轴的第5帧，第10帧，第15帧，第20帧，第35帧按快捷键〈F6〉，插入关键帧，然后输入文字，结果如图4-141所示。

5）在时间轴的第40帧按快捷键〈F7〉，插入空白关键帧，这样做的目的是该帧以后不存在文字，此时，时间轴如图4-142所示。

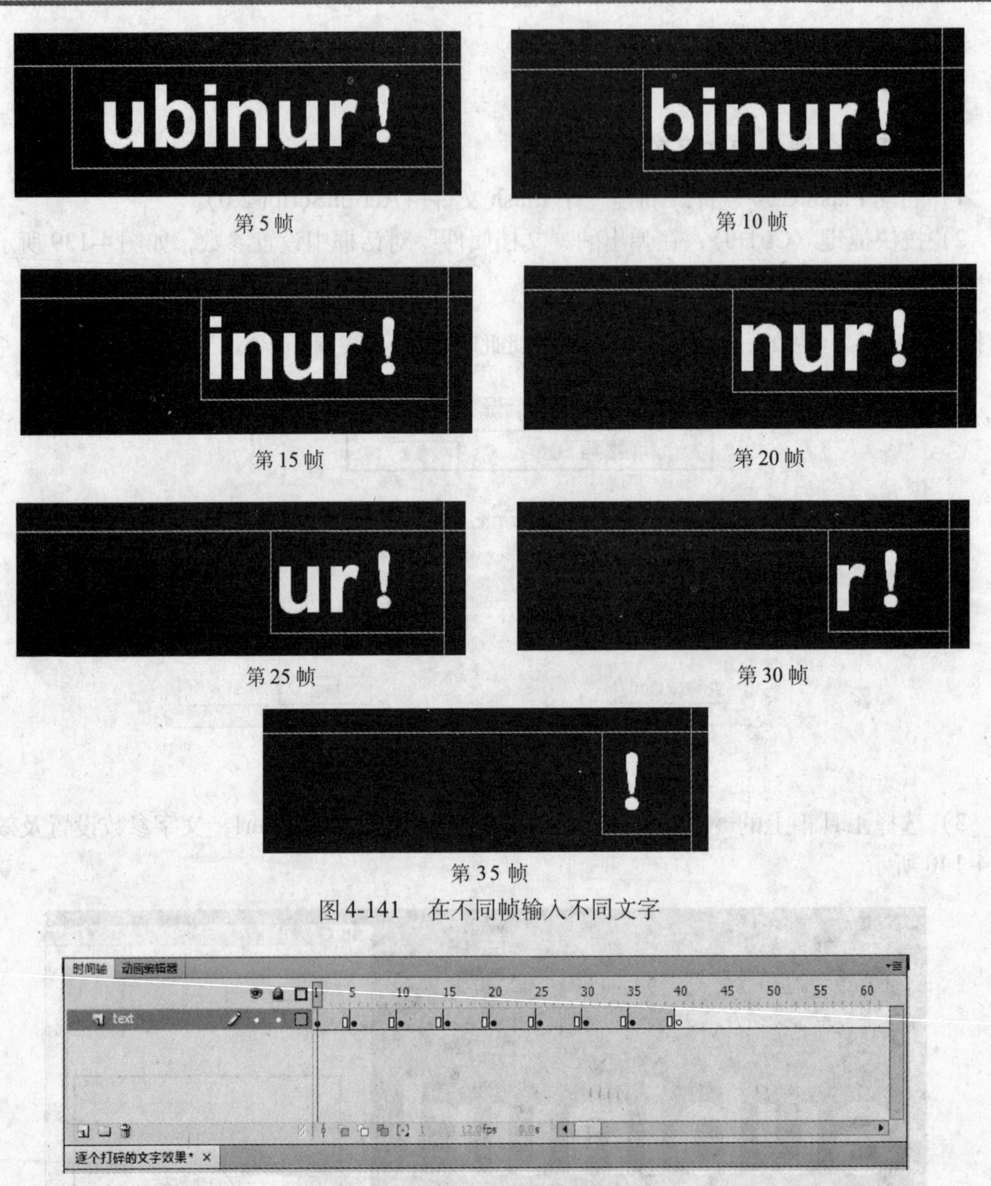

图 4-141　在不同帧输入不同文字

图 4-142　时间轴分布

2. 创建“碎块”元件

1）按快捷键〈Ctrl+F8〉，在弹出的“创建新元件”对话框中设置参数，如图 4-143 所示，然后单击“确定”按钮，进入“碎块”元件的编辑模式。

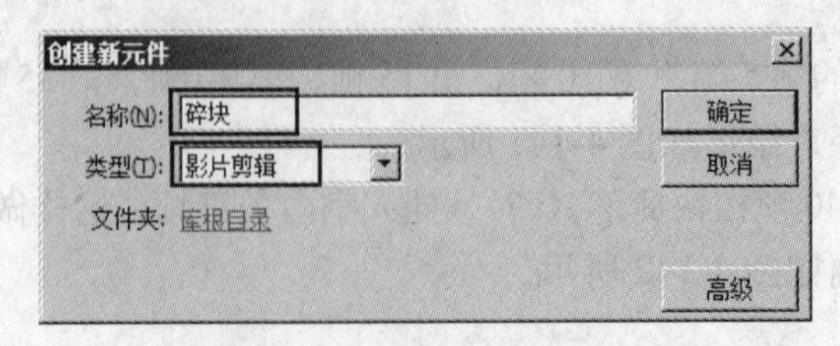

图 4-143　创建“碎块”元件

2）利用工具箱上的□（矩形工具），在“碎块”元件中绘制一个白色的矩形，然后将其中心对齐。矩形参数设定及效果如图4-144所示。

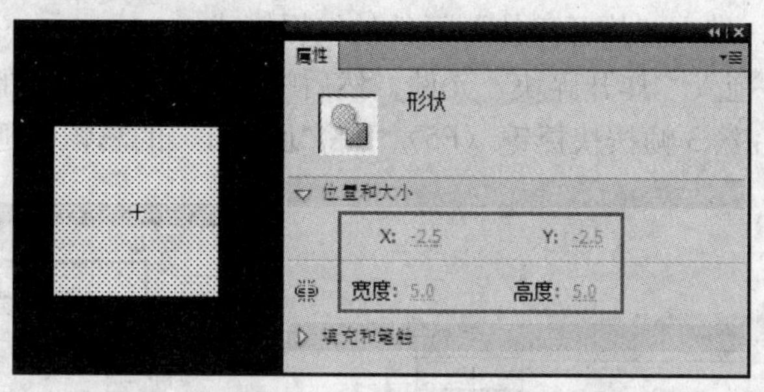

图4-144　矩形参数设置及效果

3. 创建碎块组成的文字元件

1）按快捷键〈Ctrl+F8〉，在弹出的“创建新元件”对话框中设置参数，如图4-145所示，然后单击“确定”按钮，进入a元件的编辑模式。

2）将“碎块”元件拖入a元件中，并组成字母a的形状，结果如图4-146所示。

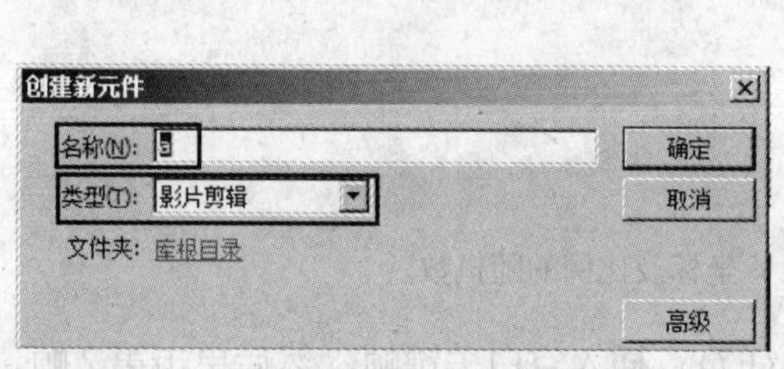

图4-145　创建a元件

图4-146　用“碎块”元件组成字母a

3）同理，创建t，o，n，y，g，m，e元件，并利用“碎块”元件组成相应的字母，结果如图4-147所示。

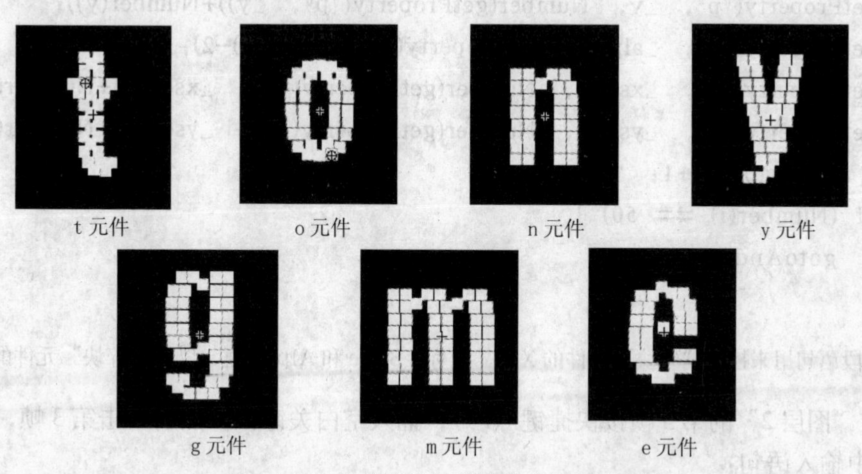

图4-147　用“碎块”元件组成相应的字母

4. 创建“炸开碎块”元件

1）按快捷键〈Ctrl+F8〉，在弹出的“创建新元件”对话框中设置参数，如图 4-148 所示，然后单击“确定”按钮，进入“炸开碎块”元件的编辑模式。

2）将“碎块”元件拖入“炸开碎块”元件，然后中心对齐，并将它的实例名设置为 p，如图 4-149 所示。接着在第 3 帧按快捷键〈F5〉，将“图层 1”的总帧数延长到第 3 帧。

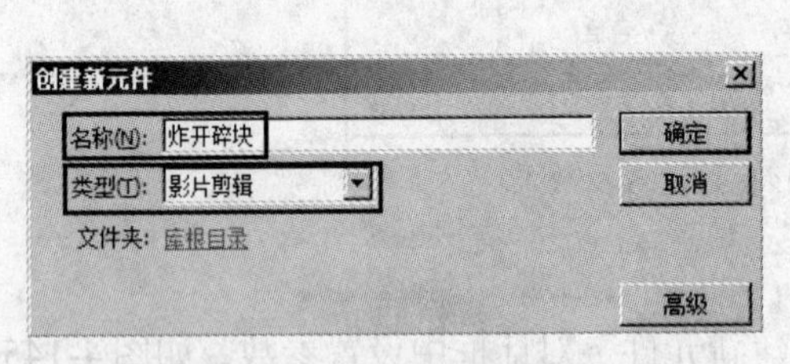

图 4-148 创建“炸开碎块”元件

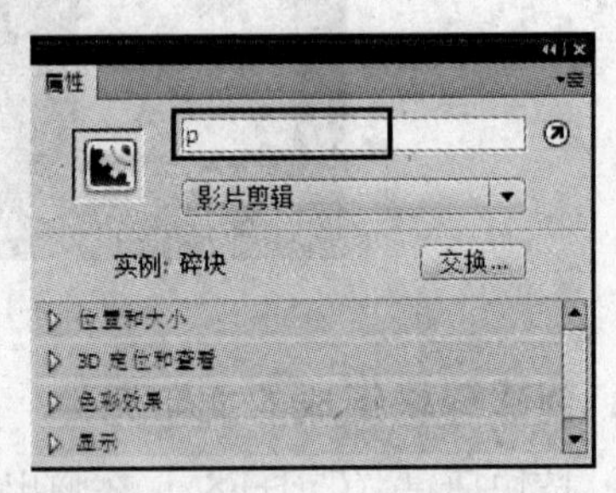

图 4-149 命名实例名

3）新建“图层 2”，然后单击第 1 帧，在“动作”面板中输入语句：

```
x = random(10)-5;
y = random(10)-5;
scale = random(10)-5;
```

提示：这段语句可获得“碎块”元件的 X，Y 坐标及比例的随机数。

4）在“图层 2”的第 2 帧按快捷键〈F7〉，插入空白关键帧。然后单击第 2 帧，在“动作”面板中输入语句：

```
setProperty("p", _x, Number(getProperty("p", _x))+Number(x));
setProperty("p", _y, Number(getProperty("p", _y))+Number(y));
setProperty("p", _alpha, getProperty("p", _alpha)-2);
setProperty("p", _xscale, Number(getProperty("p", _xscale))+Number(scale));
setProperty("p", _yscale, Number(getProperty("p", _yscale))+Number(scale));
i = Number(i)+1;
if (Number(i) == 50) {
    gotoAndStop(3);
}
```

提示：这段语句用来控制“碎块”元件的 X，Y 坐标，Scale 和 Alpha 值，以及“碎块”元件的数目。

5）在“图层 2”的第 3 帧按快捷键〈F7〉，插入空白关键帧。然后单击第 3 帧，在“动作”面板中输入语句：

```
gotoAndPlay(2);
```

提示：这段语句的作用是当时间轴到达第3帧后返回第2帧。

5. 合成场景

1）按快捷键〈Ctrl+E〉，回到“场景”。新建t图层，在第4帧按快捷键〈F7〉，插入空白关键帧。然后将元件t拖入场景，并调整其与图4-72所示的text图层的第1个字母s重合。

2）同理新建图层o，n，y，g，a，m和e。然后在o图层的第9帧将元件o拖入场景，并调整位置，使其与text图层的第2个字母u重合；在n图层的第14帧将元件n拖入场景，并调整位置，使其与text图层的第3个字母b重合；在y图层的第19帧将元件y拖入场景，并调整位置，使其与text图层的第4个字母i重合；在g图层的第24帧将元件g拖入场景，并调整位置，使其与text图层的第5个字母n重合；在a图层的第29帧将元件a拖入场景，并调整位置，使其与text图层的第6个字母u重合；在m图层的第34帧将元件m拖入场景，并调整位置，使其与text图层的第7个字母r重合；在e图层的第39帧将元件e拖入场景，并调整位置，使其与text层的标点符号“!”重合。

3）同时选择图层t，o，u，r，g，a，m和e的第95帧，按快捷键〈F5〉，将它们的帧数延长到第95帧，此时，时间轴如图4-150所示。

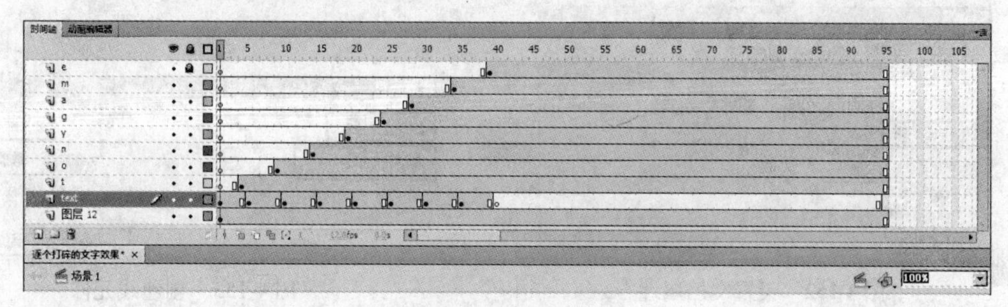

图4-150　时间轴分布

4）至此，整个动画制作完成，为了美观，下面利用工具箱上的□(矩形工具）绘制一个带有放射状渐变色的矩形作为背景。然后按快捷键〈Ctrl+Enter〉，打开播放器，即可观看效果。

4.12　立体阴影

目标：

制作当用光标旋转立方体时，立方体的阴影随之旋转的效果，如图4-151所示。

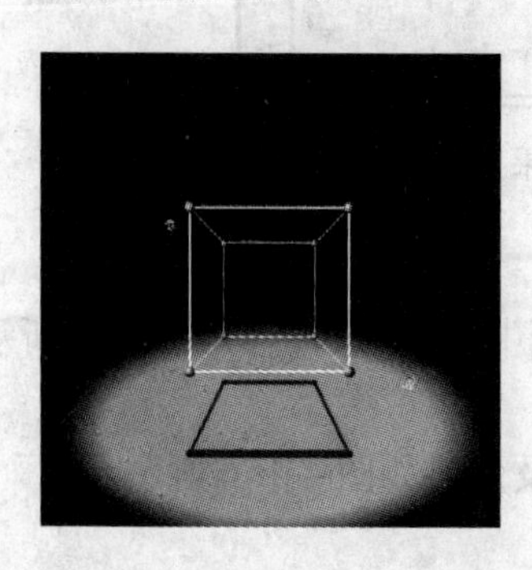
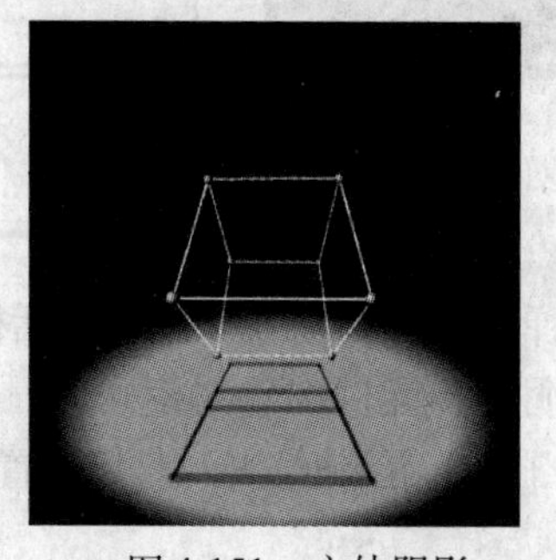
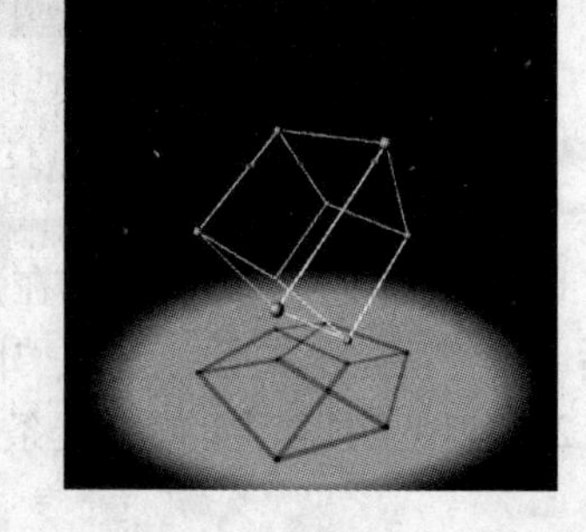

图4-151　立体阴影

要点：

掌握for ( )、duplicateMovieClip ( )、startDrag ( ) 和new Array ( ) 等常用语句的应用。

操作步骤：

1. 新建文件

1）启动 Flash CS4 软件，新建一个 Flash 文件（ActionScript 2.0）。

2）按快捷键〈Ctrl+J〉，在弹出的“文档属性”对话框中设置背景色为深灰色（#333333），其余参数如图 4-152 所示，然后单击“确定”按钮。

2. 创建“线”元件

1）按快捷键〈Ctrl+F8〉，在弹出的“创建新元件”对话框中设置参数，如图 4-153 所示，然后单击“确定”按钮，进入“线”元件的编辑模式。

2）利用 (线条工具) 绘制直线，参数设置及效果如图 4-154 所示。

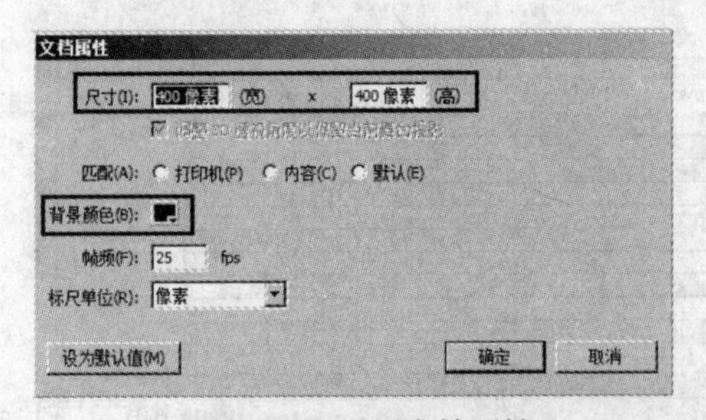

图 4-152　设置文档属性

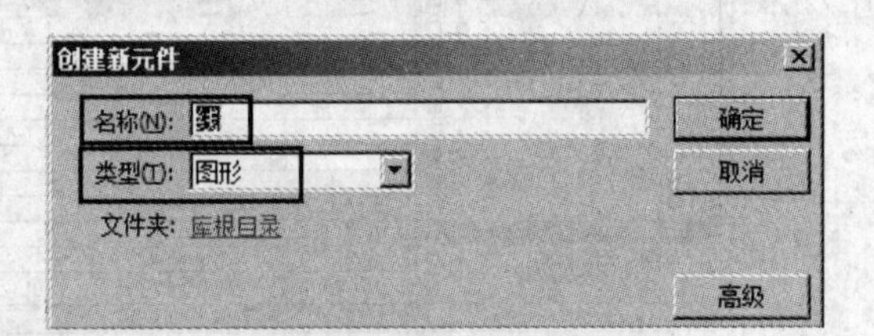

图 4-153　创建线元件

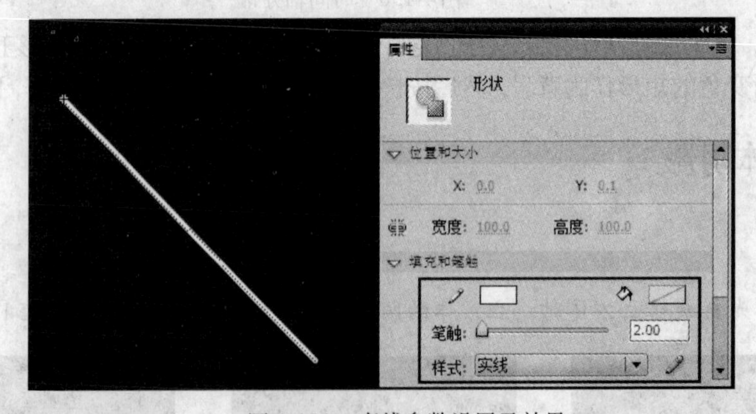

图 4-154　直线参数设置及效果

3. 创建“阴影”元件

1）按快捷键〈Ctrl+F8〉，在弹出的“创建新元件”对话框中设置参数，如图 4-155 所示，然后单击“确定”按钮，进入“阴影”元件的编辑模式。

2）利用工具箱上的 (线条工具) 绘制直线，参数设置及效果如图 4-156 所示。

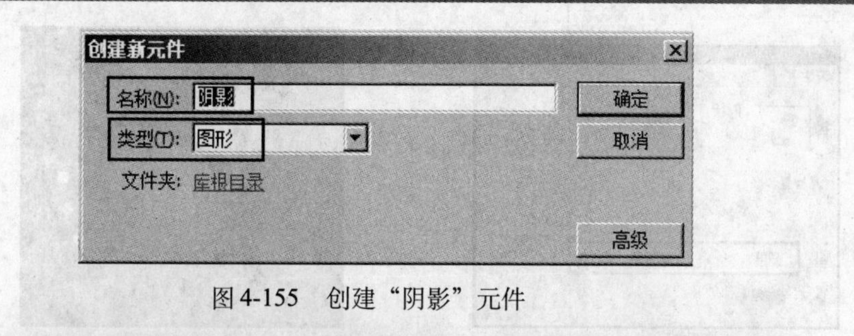

图 4-155　创建“阴影”元件

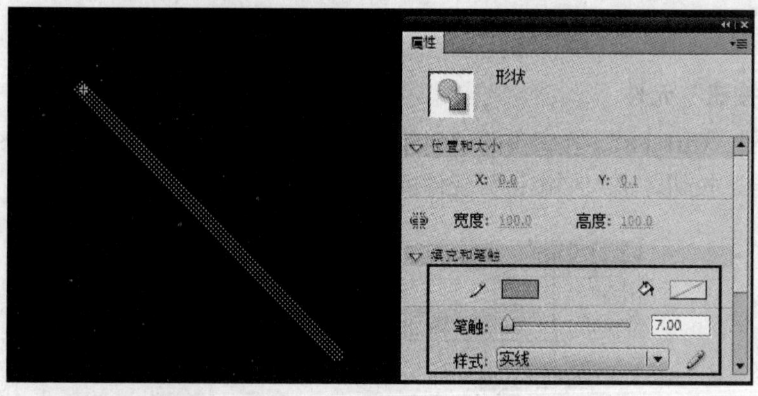

图 4-156　直线参数设置及效果

4. 创建“连接点”元件

1）按快捷键〈Ctrl+F8〉，在弹出的“创建新元件”对话框中设置参数，如图 4-157 所示，然后单击“确定”按钮，进入“连接点”元件的编辑模式。

2）选择工具箱上的 (椭圆工具)，设置笔触颜色为 ，并在“颜色”面板中设置填充色，如图 4-158 所示，然后在工作区中绘制一个正圆形并中心对齐，参数设置如图 4-159 所示。最后用工具箱上的 (渐变变形工具) 处理渐变色的方向，如图 4-160 所示。

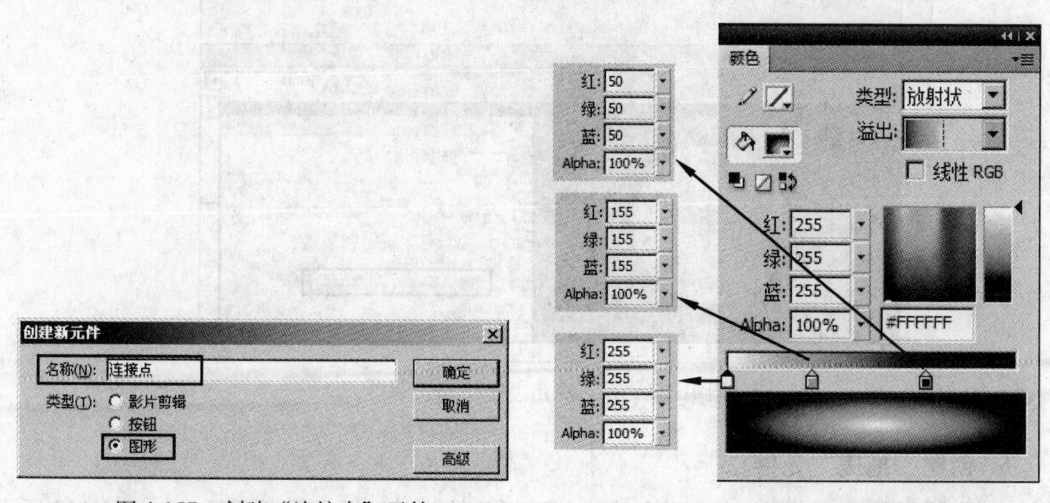

图 4-157　创建“连接点”元件　　　　图 4-158　设置填充色

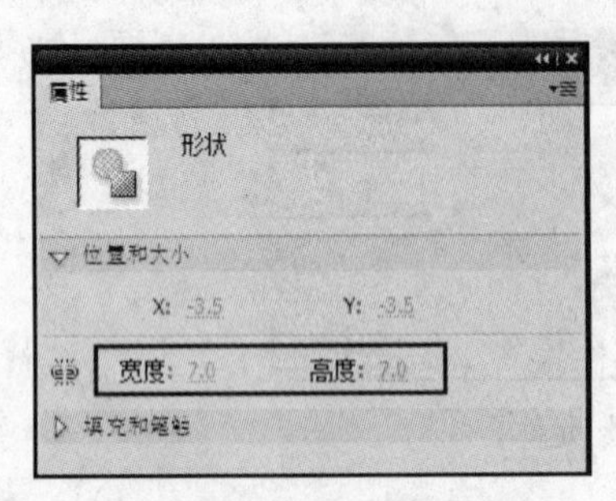

图4-159 设置圆形大小

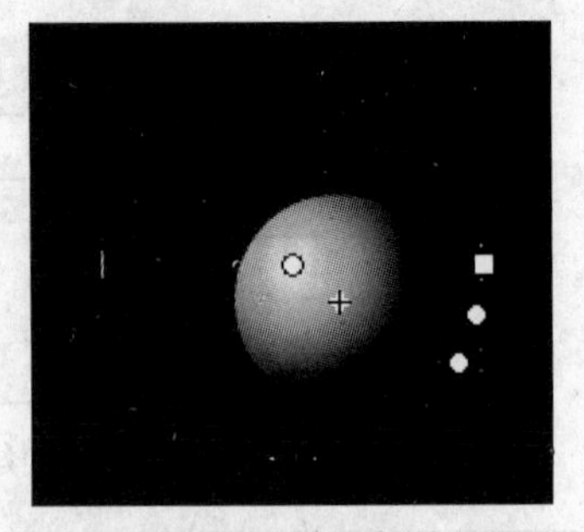

图4-160 处理渐变色方向

5. 创建“按钮”元件

1）按快捷键〈Ctrl+F8〉，在弹出的“创建新元件”对话框中设置参数，如图4-161所示，然后单击“确定”按钮，进入“按钮”元件的编辑模式。

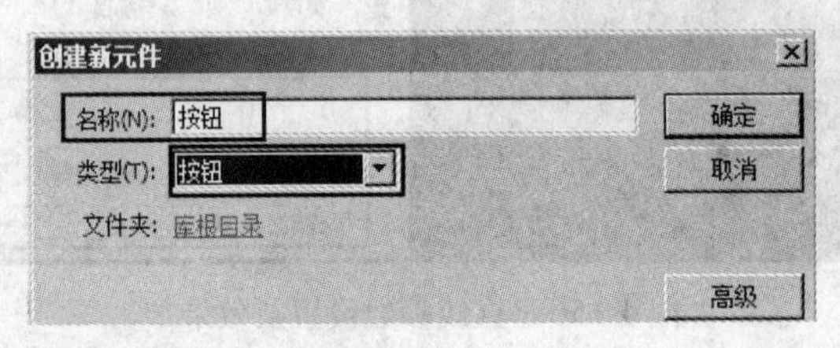

图4-161 创建“按钮”元件

2）右击“点击”帧，在弹出的快捷菜单中选择“插入空白关键帧”（快捷键〈F7〉）命令。然后选择工具箱上的（椭圆工具）绘制一个圆形，并中心对齐，结果如图4-162所示。

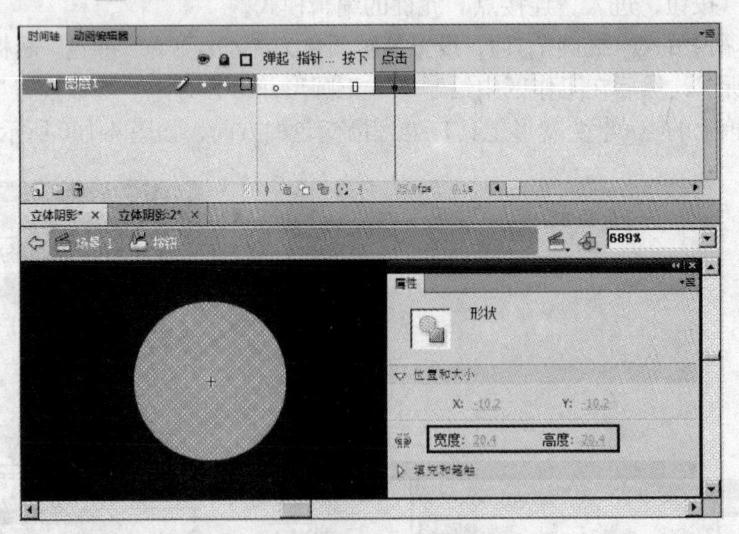

图4-162 在“点击”帧绘制正圆形

6. 创建“拖曳”元件

1）按快捷键〈Ctrl+F8〉，在弹出的“创建新元件”对话框中设置参数，如图4-163所示，然后单击“确定”按钮，进入“拖曳”元件的编辑模式。

图4-163　创建“拖曳”元件

2）从库中将“按钮”元件拖入“拖曳”元件，并中心对齐。

7. 合成场景

1）按快捷键〈Ctrl+E〉，回到“场景1”。然后选择工具箱上的（椭圆工具），设置笔触颜色为，并在“颜色”面板中设置填充色，如图4-164所示。接着在场景中绘制一个椭圆，结果如图4-165所示。

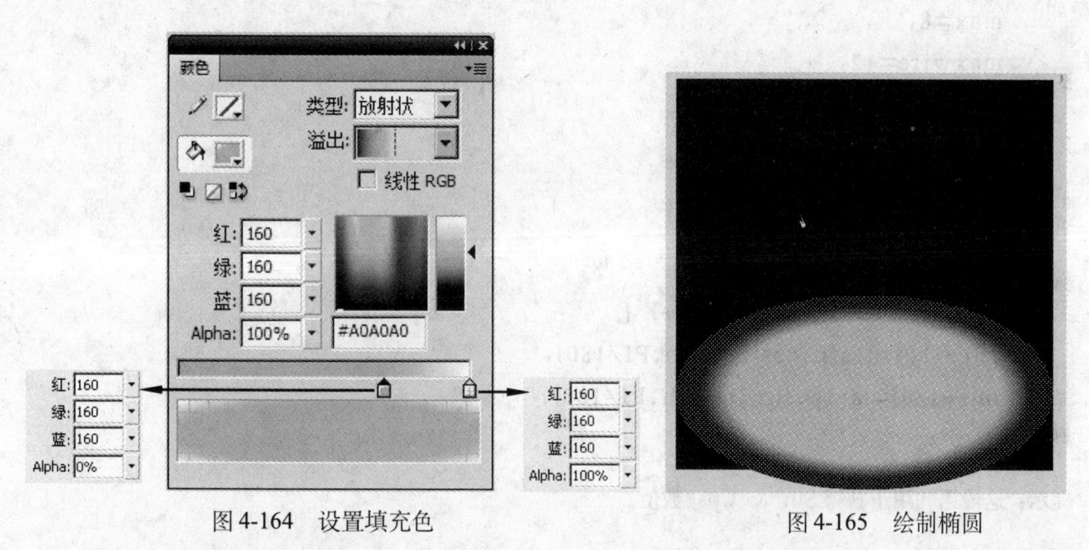

图4-164　设置填充色　　图4-165　绘制椭圆

2）新建“线和阴影”图层，从库中将“线”和“阴影”元件拖入场景，并将它们的实例命名为wire和shadow，如图4-166所示。

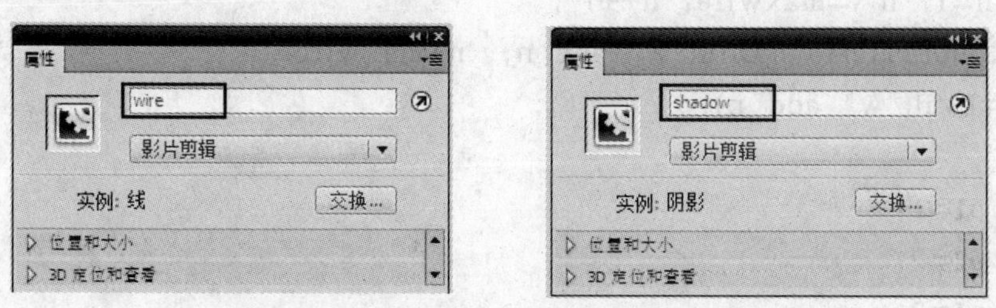

图4-166　命名wire和shadow实例名

3）新建“连接点”图层，从库中将“连接点”元件拖入场景，并将它的实例名命名为vert，如图4-167所示。

4）新建“鼠标拖曳”图层，从库中将“拖曳”元件拖入场景中，并将它的实例名命名为trail，如图4-168所示。

图4-167 命名vert实例名

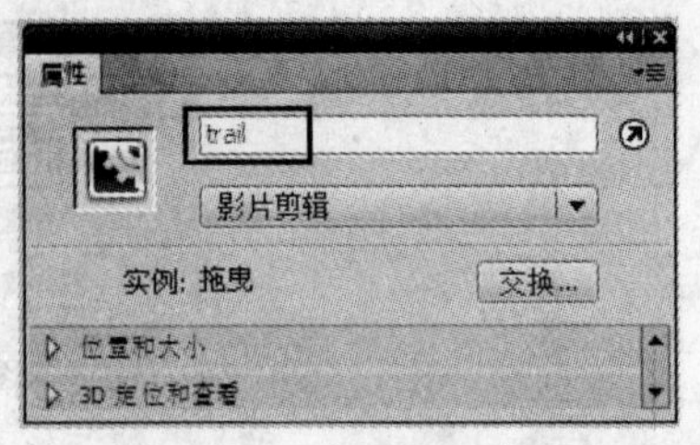

图4-168 命名trail实例名

提示：将元件在“属性”面板中命名的目的是为了在语句中调用。

5）选择所有图层的第3帧，按快捷键〈F5〉，插入普通帧。

6）新建action图层，然后单击第1帧，在“动作”面板中输入语句：

```
max=8;
maxwire=12;
fov=180;
rotx=0;
roty=0;
cs = new Array(360);
sn = new Array(360);
for (i=-180; i <=180; i++) {
cs[i+180]=Math.cos(i*Math.PI/180);
sn[i+180]=Math.sin(i*Math.PI/180);
}
```

提示：这段语句用于获得Sin & Cos 数值。

```
wire._visible=false;
w = new Array(maxwire);
for (n=1; n <=maxwire; n++) {
wire.duplicateMovieClip("w" add n,  n+maxwire);
w[n]=Eval("w" add n);
}
w[1].p1=1;
w[1].p2=2;
w[2].p1=2;
w[2].p2=3;
w[3].p1=3;
w[3].p2=4;
w[4].p1=4;
w[4].p2=1;
```

```
w[5].p1=5;
w[5].p2=6;
w[6].p1=6;
w[6].p2=7;
w[7].p1=7;
w[7].p2=8;
w[8].p1=8;
w[8].p2=5;
w[9].p1=1;
w[9].p2=5;
w[10].p1=2;
w[10].p2=6;
w[11].p1=3;
w[11].p2=7;
w[12].p1=4;
w[12].p2=8;
```

提示：这段语句用于阵列线条。

```
shadow._visible=false;
s = new Array(maxwire);
for (n=1; n <=maxwire; n++) {
shadow.duplicateMovieClip("s" add n,  n);
s[n]=Eval("s" add n);
}
```

提示：这段语句用于阵列阴影。

```
vert._visible=false;
v = new Array(max);
sv = new Array(max);
for (n=1; n <=max; n++) {
vert.duplicateMovieClip("v" add n,  n+maxwire*2);
v[n]=Eval("v" add n);
}
v[1].px=-50;
v[1].py=-50;
v[1].pz=50;
v[2].px=50;
v[2].py=-50;
```

```
v[2].pz=50;
v[3].px=50;
v[3].py=50;
v[3].pz=50;
v[4].px=-50;
v[4].py=50;
v[4].pz=50;
v[5].px=-50;
v[5].py=-50;
v[5].pz=-50;
v[6].px=50;
v[6].py=-50;
v[6].pz=-50;
v[7].px=50;
v[7].py=50;
v[7].pz=-50;
v[8].px=-50;
v[8].py=50;
v[8].pz=-50;
```

提示：这段语句用于阵列连接点。

```
trail.startDrag(true);
```

7）在 action 图层的第 2 帧按快捷键〈F7〉，插入空白关键帧，然后在“动作”面板中输入语句：

```
for (n=1; n <=max; n++) {
tz=v[n].pz;
ty=v[n].py;
rotx2=int(rotx)+180;
v[n].pz=tz*cs[rotx2]-ty*sn[rotx2];
v[n].py=ty*cs[rotx2]+tz*sn[rotx2];
```

提示：这段语句用于设置 X 轴的旋转角度。

```
tx=v[n].px;
tz=v[n].pz;
roty2=int(roty)+180;
v[n].px=tx*cs[roty2]-tz*sn[roty2];
v[n].pz=tz*cs[roty2]+tx*sn[roty2];
```

提示：这段语句用于设置Y轴的旋转角度。

```
with (v[n]) {
k=_root.fov/(_root.fov-pz);
_x=200+px*k;
_y=200-py*k;
_xscale=100*k;
_yscale=100*k;
}
}
```

提示：这段语句用于绘制连接点。

```
for (n=1; n <=maxwire; n++) {
w[n]._x=v[w[n].p1]._x;
w[n]._y=v[w[n].p1]._y;
w[n]._xscale=v[w[n].p2]._x-v[w[n].p1]._x;
w[n]._yscale=v[w[n].p2]._y-v[w[n].p1]._y;
s[n]._x=w[n]._x;
s[n]._xscale=w[n]._xscale;
s[n]._y=200+100*(fov/(fov-v[w[n].p1].pz));
s[n]._yscale=100*(fov/(fov-v[w[n].p2].pz)-fov/(fov-v[w[n].p1].pz));
}
if (pr) {
rotx=(oldy-_ymouse)/2;
roty=(oldx-_xmouse)/2;
} else
{
rotx*=0.9;
roty*=0.9;
}
oldx=_xmouse;
oldy=_ymouse;
```

提示：这段语句用于绘制线段。

8）在action图层的第3帧，按快捷键〈F7〉，插入空白关键帧，然后在"动作"面板中输入语句：

```
gotoAndPlay (2);
```

9）至此，整个动画制作完成，按快捷键〈Ctrl+Enter〉打开播放器，即可测试效果。

4.13 可以拖曳的放大镜

目标：

制作可以拖曳的放大镜，当拖曳画面上的放大镜时，放大镜下面的内容就会被放大。图4-169所示的是放大镜在画面上不同位置时的放大效果。

图4-169 可以拖曳的放大镜

要点：

掌握startDrag ( )、stopDrag ( )、setProperty ( ) 和on (release) 等常用语句的应用。

操作步骤：

1）启动Flash CS4软件，新建一个Flash文件（ActionScript 2.0）。

2）按快捷键〈Ctrl+J〉，在弹出的“文档属性”对话框中将工作区的宽度设置成585像素，高度设置成438像素，单击“确定”按钮。

3）执行菜单中的“文件|导入|导入到舞台”（快捷键〈Ctrl+R〉）命令，在弹出的“导入”对话框中选择配套光盘中的“素材及结果\4.13可以拖曳的放大镜\Pic.jpg”图片，然后单击“确定”按钮。

4）选中图片Pic.jpg，然后按快捷键〈F8〉，在弹出的“转换为元件”对话框中输入元件名称di，并选择影片剪辑模式，如图4-170所示，然后单击“确定”按钮。

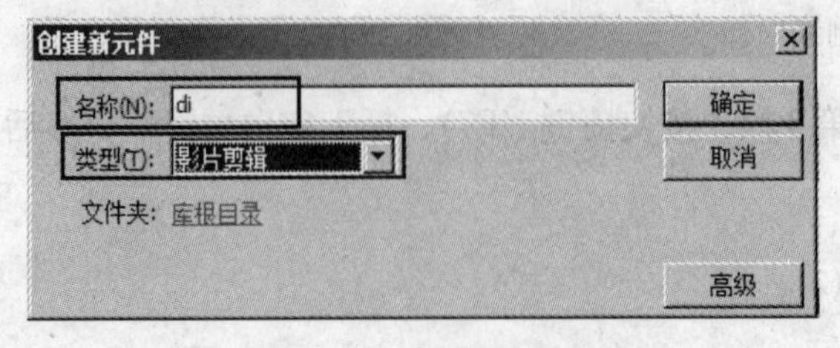

图4-170 创建di元件

5）按快捷键〈Ctrl+F8〉，在弹出的“元件属性”对话框中输入元件名称mengban，并选择影片剪辑模式，然后单击“确定”按钮，进入mengban的编辑模式。

提示：这个影片剪辑将包括底图和蒙版两层，当放大镜移动后，这个影片剪辑将跟随移动。

6）按快捷键〈Ctrl+L〉，打开库面板。从中选择di影片剪辑，将它拖动到工作区，并中心对齐。

7）选择工作区中的di电影实例，在“属性”面板中将其命名为ditu，如图4-171所示。

8）增加一个“图层2”。选择工具箱中的（椭圆工具），在工作区中绘制一个圆形，并设置其宽和高都为80，再调整中心对齐，结果如图4-172所示。

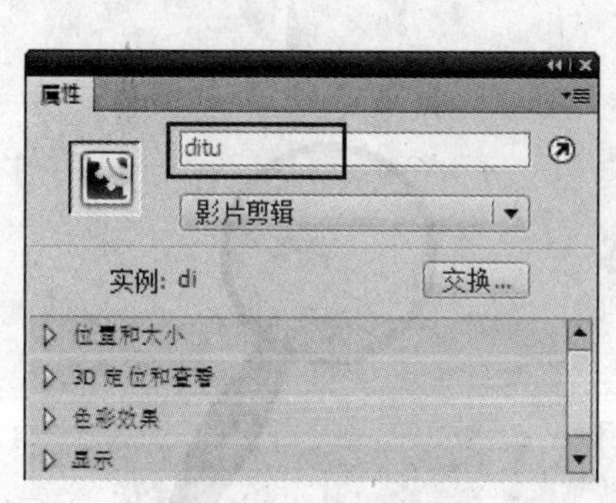

图4-171　命名ditu实例名

图4-172　将圆形中心对齐

9）在“图层2”单击鼠标右键，从弹出的菜单中选择“遮罩层”命令，则“图层2”变为遮罩层，时间轴如图4-173所示。

提示：因为单独的蒙版层不能做成影片剪辑，为了拖动蒙版层，必须将蒙版层和被遮罩层一起制作成影片剪辑。还必须注意，当这个影片剪辑被移动后，被遮罩层还应往回移动，从而达到只拖动蒙版的效果。

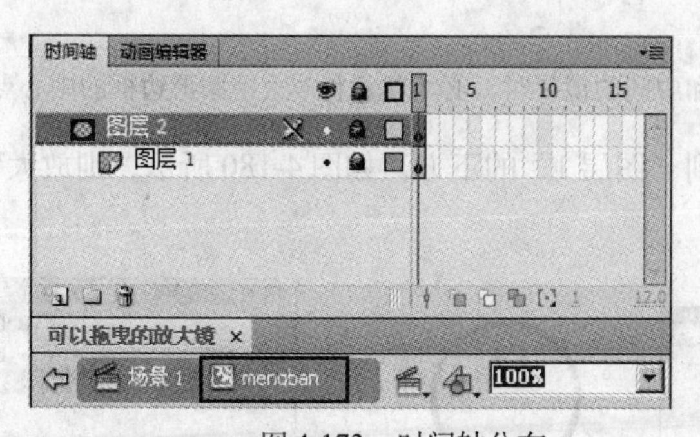

图4-173　时间轴分布

10）制作放大镜。按快捷键〈Ctrl+F8〉，在弹出的“创建新元件”对话框中输入元件名称button，并选择按钮类型，如图4-174所示，然后单击“确定”按钮，进入button按钮的编辑模式。

11）在“图层1”的第1帧制作放大镜的外框，如图4-175所示，放大镜的圆框直径为80。

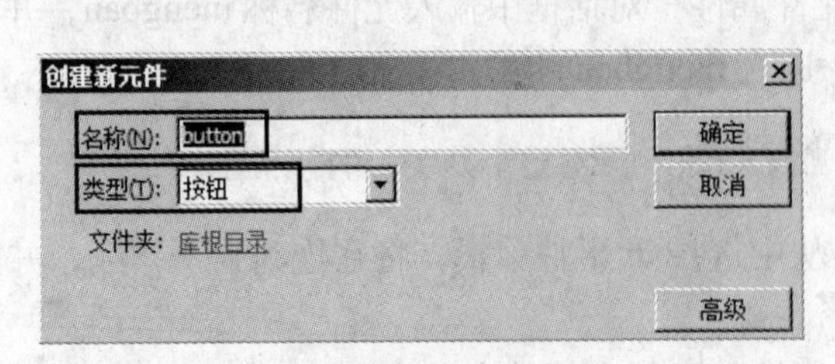

图 4-174 创建 button 元件

图 4-175 制作放大镜的外框

12）新建“图层 2”，选择工具箱上的(椭圆工具)，设置笔触颜色为，并在“颜色”面板中设置填充色如图 4-176 所示。然后在放大镜框中绘制一个圆形，结果如图 4-177 所示。

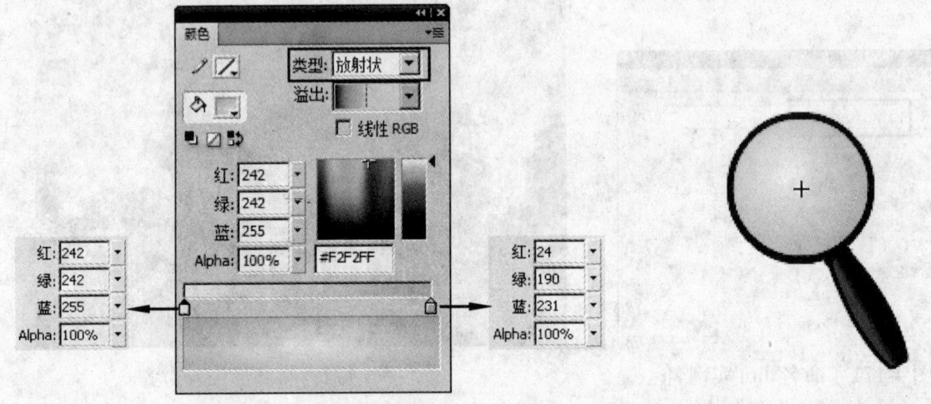

图 4-176 设置填充色

图 4-177 绘制圆形

13）选中这个圆形，按快捷键〈F8〉，在弹出的“转换为元件”对话框中输入元件名称 ball，并选择“图形”，然后单击“确定”按钮。

14）为了透过镜片看到下面的图片，需降低镜片的不透明度。方法：用鼠标选中工作区中的 ball 元件，然后在“属性”面板中将 Alpha 值设为 20%，如图 4-178 所示。结果如图 4-179 所示。

提示：在制作放大镜边框和中间的镜片时，必须注意将放大镜圆形边框的中心点与镜片的中心点重合。

15）将“图层 2”拖到“图层 1”的下方，如图 4-180 所示。则放大镜的镜片就不会挡住放大镜的外框了。

图 4-178 设置 ball 元件的 Alpha 值

图 4-179 放大镜效果

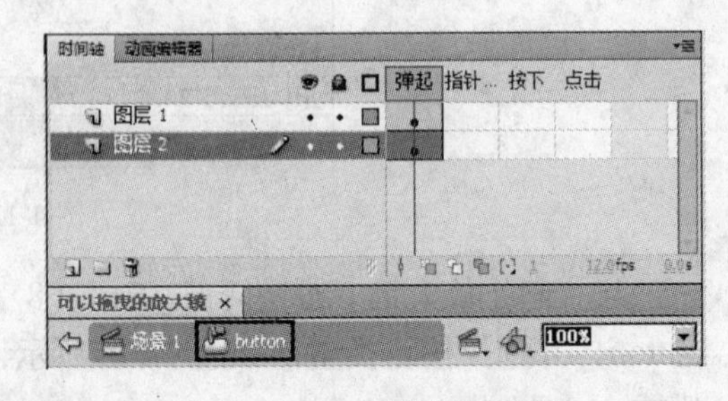

图 4-180 调整图层位置

16）按快捷键〈Ctrl+F8〉，在弹出的“创建新元件”对话框中输入名称为fangda，并选择影片剪辑类型，然后单击“确定”按钮，进入fangda的编辑模式。

17）在库面板中选择button按钮，然后将其拖动到工作区中并中心对齐。接着按快捷键〈Ctrl+E〉返回到“场景1”。

18）新建mengban层，然后从库面板中选择meng元件，将它拖动到工作区中，并中心对齐，如图4-181所示。此时，时间轴如图4-182所示。

图4-181　将meng元件拖入工作区中心对齐

图4-182　时间轴分布

19）选择工作区中的meng影片剪辑，在“属性”面板中将其命名为meng。

20）新建fangdajing层，然后从库面板中选择fangda元件，将它拖动到工作区中，并中心对齐，如图4-183所示。此时，时间轴如图4-184所示。

图4-183　将fangda元件拖入工作区中心对齐

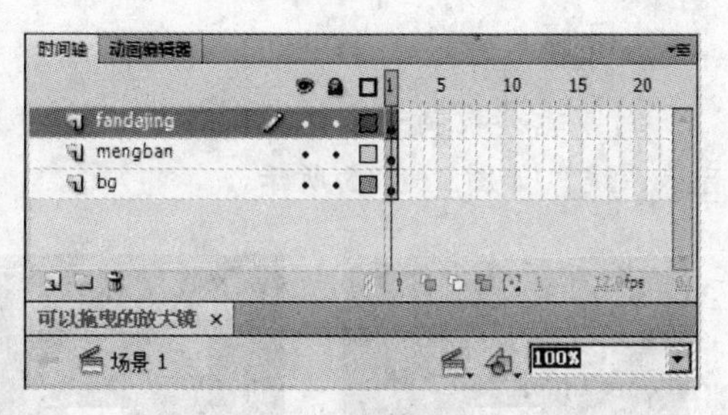

图4-184　时间轴分布

21）选择工作区中的fangda影片剪辑，在“属性”面板中将其命名为jing。

22）双击库面板中的fangda影片剪辑，进入其编辑模式。在工作区中选中button元件，在“动作”面板中输入语句：

```
on (press) {
    sx = /jing:_x;
    sy = /jing:_y;
```

提示：这段语句用于按下jing时获得它的X和Y坐标。

```
        startDrag("/jing", true);
```

提示：这段语句用于按下 jing 时可以开始拖曳它。

```
    }
    on (release) {
        stopDrag();
        setProperty("/meng", _x, /jing:_x);
```

提示：这段语句用于获得释放鼠标后 X 坐标的新位置。

```
        setProperty("/meng", _y, /jing:_y);
```

提示：这段语句用于获得释放鼠标后 Y 坐标的新位置。

```
        setProperty("/meng/ditu", _x, /meng/ditu:_x-5/3*(/jing:_x-sx));
        setProperty("/meng/ditu", _y, /meng/ditu:_y-5/3*(/jing:_y-sy));
    }
```

提示：这段语句用于产生放大效果。

23）按快捷键〈Ctrl+E〉返回到场景编辑模式。然后按快捷键〈Ctrl+Enter〉打开播放器窗口，此时拖动放大镜，放大镜下的图片将被放大。

4.14 音乐控制系统

目标：

制作能够控制音乐播放与停止、音量大小、音乐循环次数，以及暂停后再次播放音乐的音乐系统，如图 4-185 所示。

声音原大

音乐循环一次

暂停后从 30 秒处再次播放

音量降为原来的 70%

图 4-185　音乐控制系统

要点：

掌握利用脚本语言来控制音乐播放的方法。

操作步骤：

1）启动 Flash CS4 软件，新建一个 Flash 文件（ActionScript 2.0）。

2）按快捷键〈Ctrl+J〉，在弹出的“文档属性”对话框中设置背景色为蓝色（#000099），其余参数如图 4-186 所示，单击“确定”按钮。

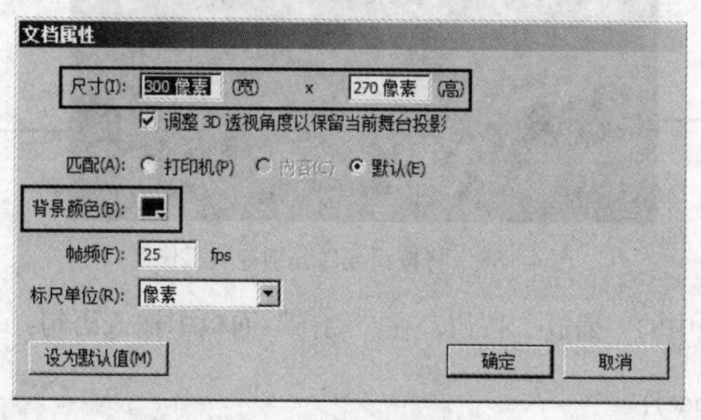

图 4-186　设置文档属性

3）按快捷键〈Ctrl+R〉，导入配套光盘中的“素材及结果 \ 4.14 音乐控制系统 \ beyond1. MP3”文件。

4）执行菜单中的“窗口 | 公用库 | 按钮”命令，调出按钮库，从中选择“Circle Button|Circle button-next”、“Circle Button|Circle button-previous”、“Circle Button|Circle button-next”、“playback rounded|rounded grey-stop”、“playback rounded|rounded grey-play”按钮，如图 4-187 所示，将它们放置到场景中，结果如图 4-188 所示。

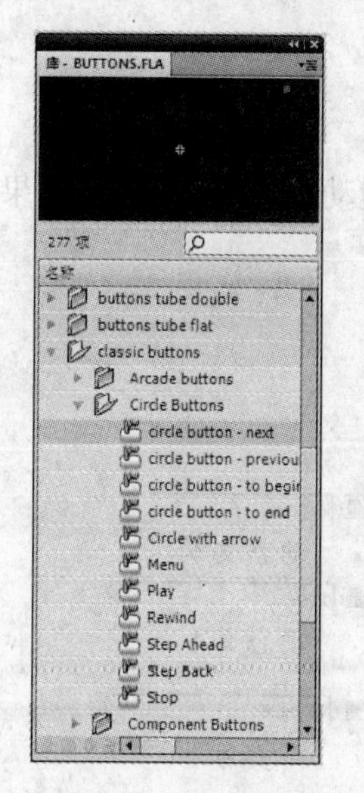

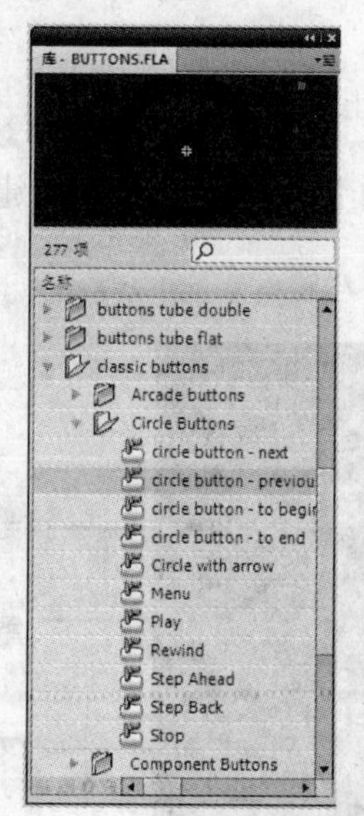

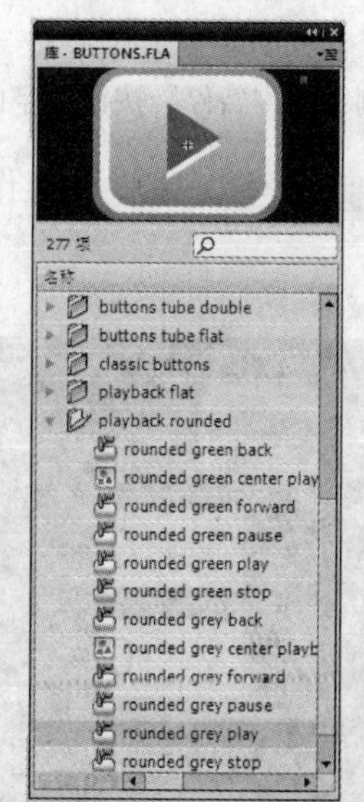

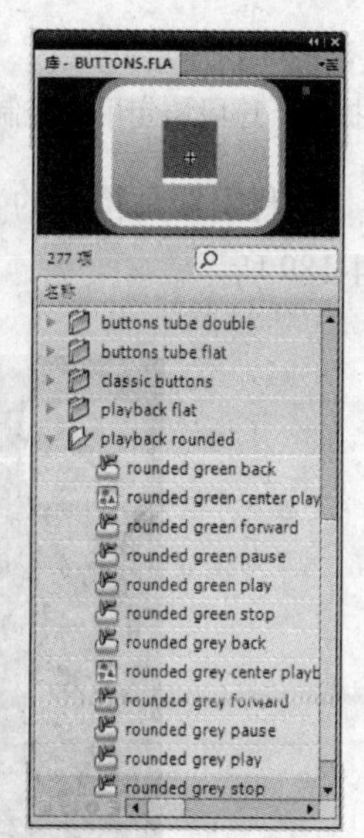

图 4-187　分别选择相应的按钮

图 4-188　将按钮元件分别拖入工作区

5）选择场景中的“播放”按钮，在“动作”面板中输入语句：

```
on(release){
   testsnd.start(offset, loopnum);
}
```

提示：这段语句用于控制单击“播放”按钮后开始。

6）选择场景中的“暂停”按钮，在“动作”面板中输入语句：

```
on(release){
   testsnd.stop();
}
```

提示：这段语句用于控制单击“暂停”按钮后停止。

7）利用工具箱上的 T（文本工具），在工作区中输入文字并创建动态文本和文本，结果如图 4-189 所示。

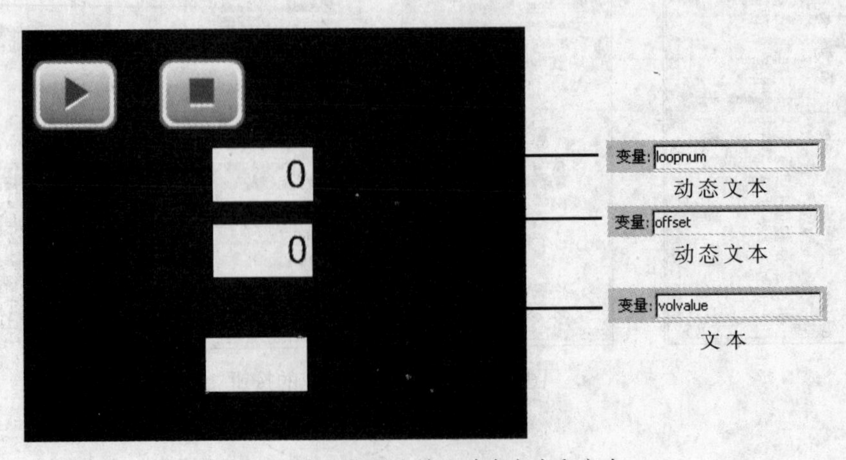

图 4-189　在工作区中输入动态文本和文本

8）选择场景中的“减小音量”按钮，在“动作”面板中输入语句：

```
on(release){
    curvol = testsnd.getVolume();
    if(curvol 〉 0){
        newvol = curvol - 10;
        testsnd.setVolume(newvol);
        volvalue = newvol;
    }
}
```

提示：这段语句控制当数值〉0时，单击“减小音量”按钮后数值减小10，并将数值与音量相对应。

9）选择场景中的“加大音量”按钮，在“动作”面板中输入语句：

```
on(release){
    curvol = testsnd.getVolume();
    if(curvol 〈 100){
        newvol = curvol + 10;
        testsnd.setVolume(newvol);
        volvalue = newvol;
    }
}
```

提示：这段语句控制当数值〈100时，单击“加大音量”按钮后数值增加10，并将数值与音量相对应。

10）右击库中的beyond1.mp3，从弹出的快捷菜单中选择“属性”命令，然后在“元件属性”对话框中设置参数，如图4-190所示。

11）新建action图层，在“动作”面板中输入语句：

```
testsnd = new Sound(this);
testsnd.attachSound("beyond");
volvalue = testsnd.getVolume();
stop();
```

提示：这段语句用于控制获取音乐和音量。

此时，时间轴如图4-191所示。

12）按快捷键〈Ctrl+Enter〉打开播放器，即可测试效果。

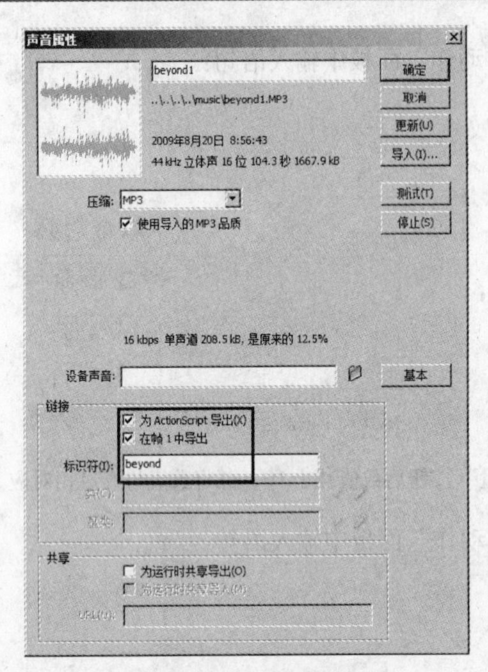

图 4-190　设置链接属性

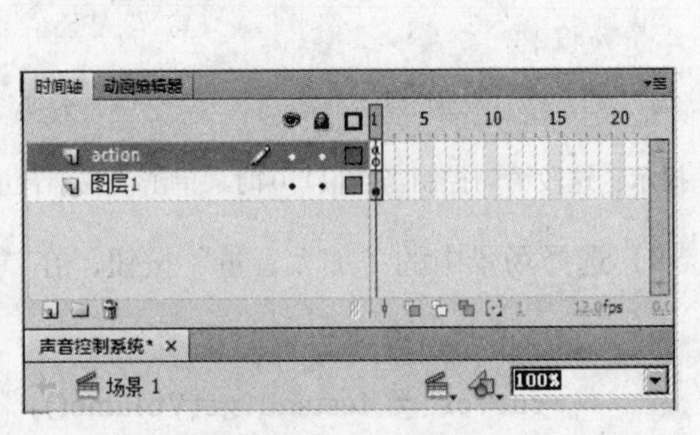

图 4-191　时间轴分布

4.15　爆竹声声除旧岁

目标：

制作燃烧的爆竹不断落下，然后伴随着爆炸声炸开的效果，如图 4-192 所示。

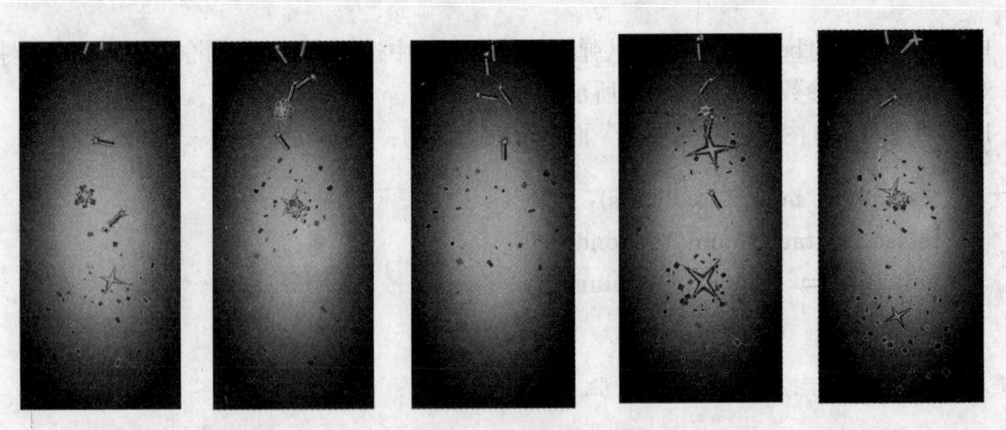

图 4-192　爆竹声声除旧岁

要点：

掌握 _rotation( )、_alpha( )、random( )、attachMovie( )、if( )和 gotoAndPlay( ) 等常用语句的应用。

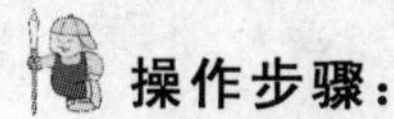

操作步骤：

1. 新建文件

1）启动Flash CS4软件，新建一个Flash文件（ActionScript 2.0）。

2）按快捷键〈Ctrl+J〉，在弹出的“文档属性”对话框中设置参数，如图4-193所示，然后单击“确定”按钮。

2. 创建“爆竹”元件

1）按快捷键〈Ctrl+F8〉，在弹出的“创建新元件”对话框中设置参数，如图4-194所示，然后单击“确定”按钮，进入“爆竹”元件的编辑模式。

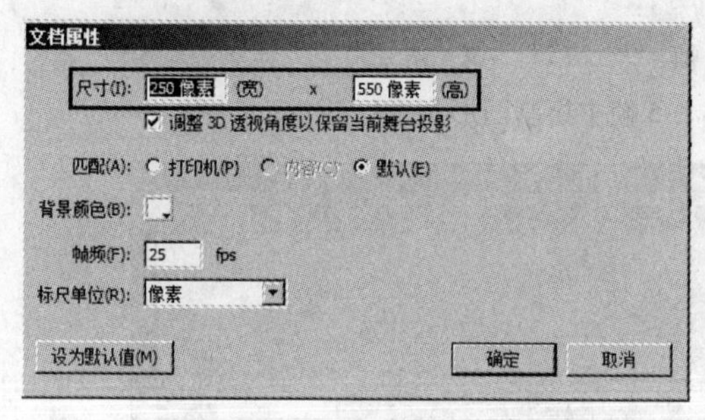

图4-193 设置文档属性

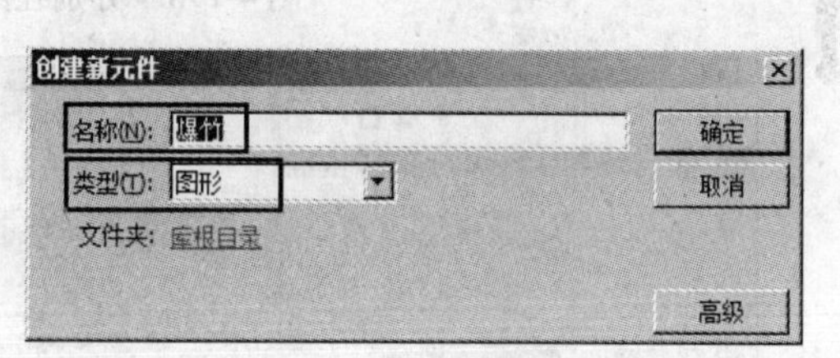

图4-194 创建“爆炸”元件

2）选择工具箱上的（矩形工具），设置笔触颜色为，并在“颜色”面板中设置填充色，如图4-195所示，然后在工作区中绘制矩形，结果如图4-196所示。

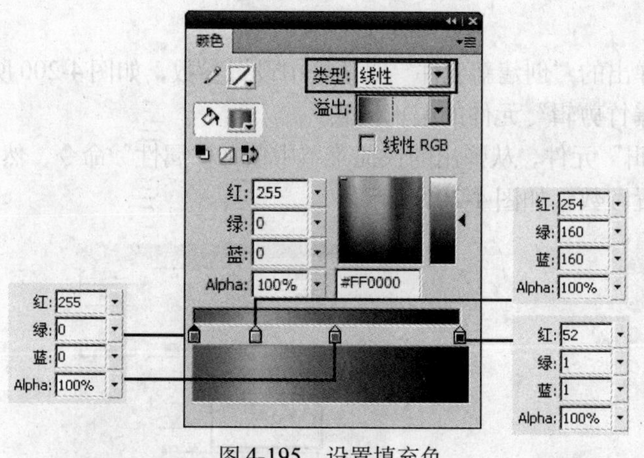

图4-195 设置填充色

图4-196 绘制矩形

3. 创建“火花”元件

1）按快捷键〈Ctrl+F8〉，在弹出的“创建新元件”对话框中设置参数，如图4-197所示，然后单击“确定”按钮，进入“火花”元件的编辑模式。

2）在时间轴的第2~5帧按快捷键〈F7〉，插入空白关键帧。然后分别在第1~5帧上绘制图形，结果如图4-198所示。此时，时间轴如图4-199所示。

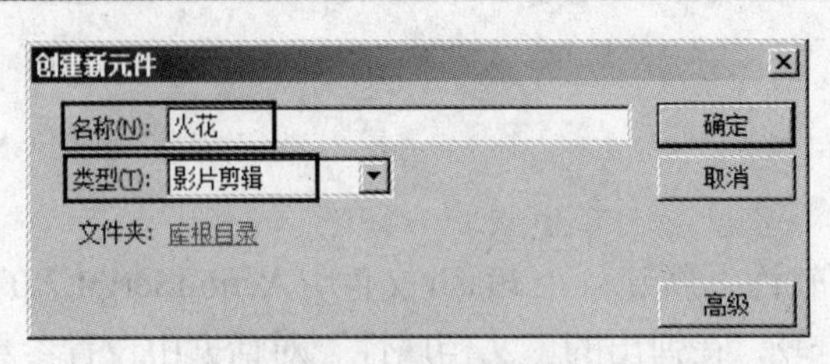

图 4-197 创建“火花”元件

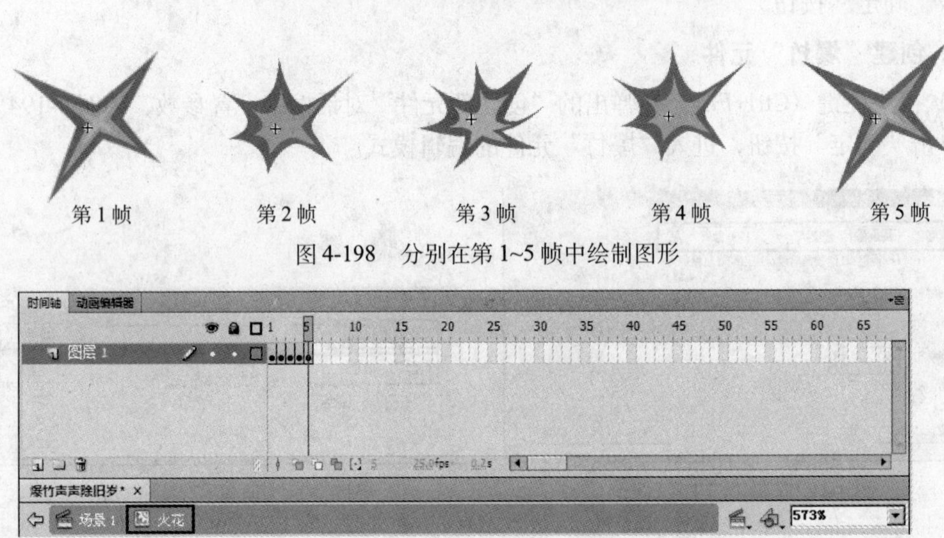

图 4-198 分别在第 1~5 帧中绘制图形

图 4-199 时间轴分布

4. 创建“爆竹剪辑”元件

1）按快捷键〈Ctrl+F8〉，在弹出的“创建新元件”对话框中设置参数，如图 4-200 所示，然后单击“确定”按钮，进入“爆竹剪辑”元件的编辑模式。

2）在库面板中右击“爆竹剪辑”元件，从弹出的快捷菜单中选择“属性”命令，然后在弹出的“元件属性”对话框中设置参数，如图 4-201 所示。

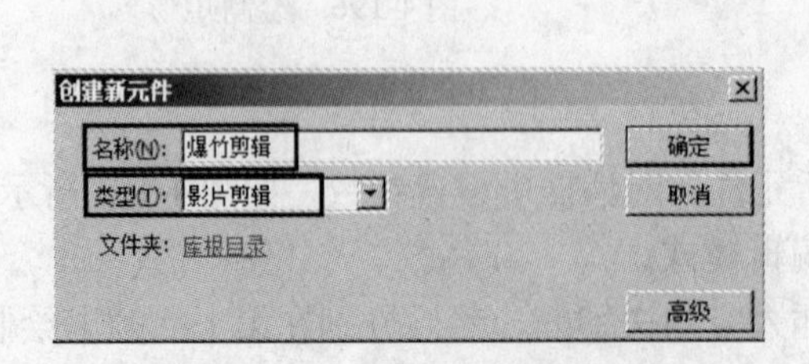

图 4-200 创建“爆竹剪辑”元件

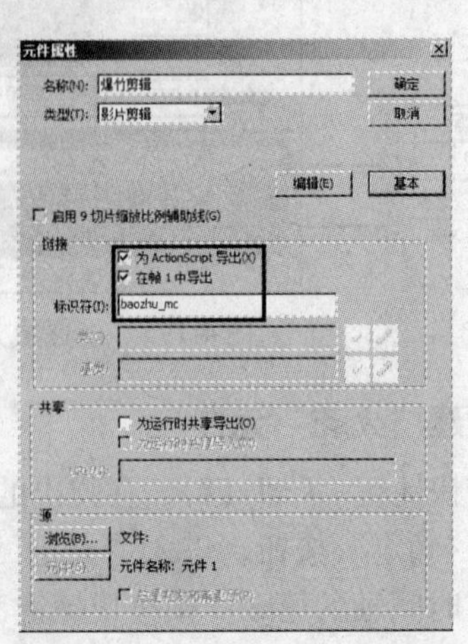

图 4-201 设置“链接属性”

提示：在“标识符”中设置的目的是为了在以后语句中调用。

3）将“爆竹”元件拖入“爆竹剪辑”元件中，然后分别在“图层1”的第4帧和第6帧按快捷键〈F6〉，插入关键帧。接着单击第6帧，选择视图中的“爆竹”元件，在“属性”面板中将Alpha设置为0%，如图4-202所示。最后在第4~6帧之间创建动画补间动画。

4）新建“图层2”，将“火花”元件拖入“爆竹剪辑”元件中，并将实例名命名为fire，如图4-203所示。然后选择“图层2”的第4~6帧，按快捷键〈Shift+F5〉删除它们，结果如图4-204所示。

图4-202　将Alpha值设为0

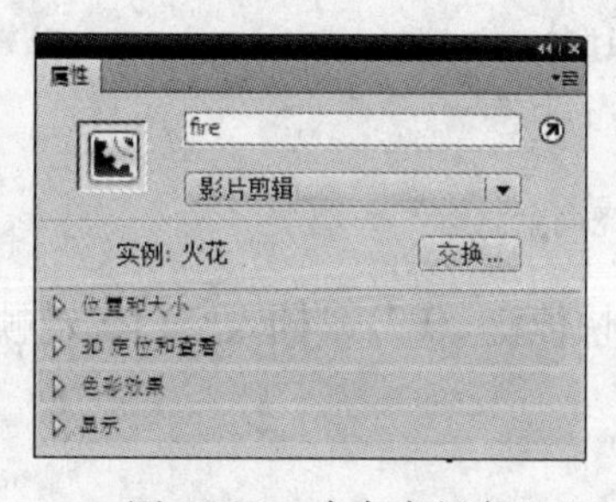

图4-203　命名实例名

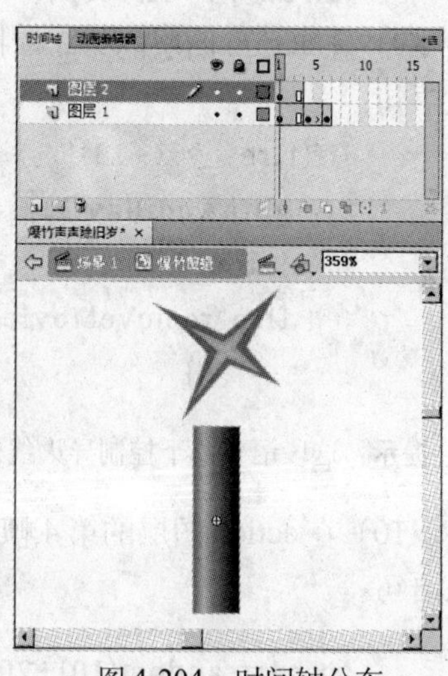

图4-204　时间轴分布

5）新建“图层3”，在第4帧按快捷键〈F7〉，插入空白关键帧，然后将“火花”元件拖入“爆竹剪辑”元件中，位置如图4-205所示。接着分别在第7帧和第10帧按快捷键〈F6〉，插入关键帧，并利用工具箱上的（任意变形工具）将第7帧的“火花”元件旋转放大，将第10帧中“火花”元件的Alpha值设为0%。最后在“图层3”的第4~10帧之间创建动画补间动画，此时，时间轴如图4-206所示。

6）新建“图层3”，在第5帧按快捷键〈F7〉，插入空白关键帧，然后按快捷键〈Ctrl+R〉，导入光盘中的“爆炸.wav”声音文件。接着将其拖入“图层3”，并在第20帧处按快捷键〈F5〉插入帧，此时，时间轴如图4-207所示。

图4-205　放置“火花”元件

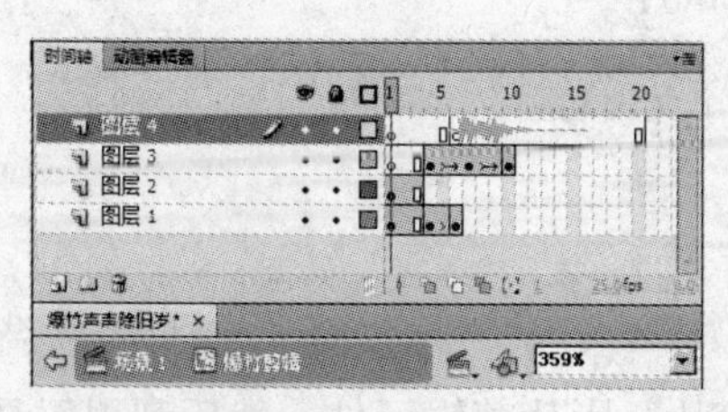

图4-206　时间轴分布

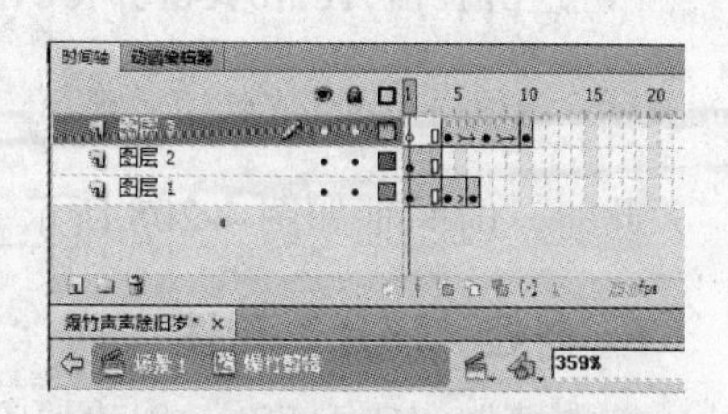

图4-207　添加声音后的时间轴分布

7）新建 action 图层，单击第 1 帧，在“动作”面板中输入语句：

```
fire.sp=random(2)+1;
```

提示：这段语句用于控制导火线的燃烧速度。

8）在 action 图层的第 2 帧按快捷键〈F7〉，插入空白关键帧，然后在“动作”面板中输入语句：

```
fire._y+=fire.sp;
```

9）在 action 图层的第 3 帧按快捷键〈F7〉，插入空白关键帧，然后在“动作”面板中输入语句：

```
if(fire._y <-23){
    gotoAndPlay(2);
    }else{
    fire.removeMovieClip();
        }
```

提示：这段语句用于控制导火线燃烧完全。

10）在 action 图层的第 4 帧按快捷键〈F7〉，插入空白关键帧，然后在“动作”面板中输入语句：

```
psn1=random(10)+20;
for(i=1;i <psn1;i++){
    attachMovie("piecemc", "psmc"+i, i+10);
    eval("psmc"+i)._rotation=i*360/psn1;
    eval("psmc"+i)._xscale=eval("psmc"+i)._yscale=80+random(71);
    }
```

提示：这段语句用于控制炸开的纸片动画复制。

11）在 action 图层的第 20 帧按快捷键〈F7〉，插入空白关键帧，然后在“动作”面板中输入语句：

```
stop();
_parent.removeMovieClip();
```

提示：这段语句用于在炸掉后删除整个父类动画。

此时，时间轴如图 4-208 所示。

5. 创建“碎片”元件

按快捷键〈Ctrl+F8〉，创建“碎片”影片剪辑元件，然后利用工具栏中的□(矩形工具)，在工作区中绘制正方形，如图4-209所示。

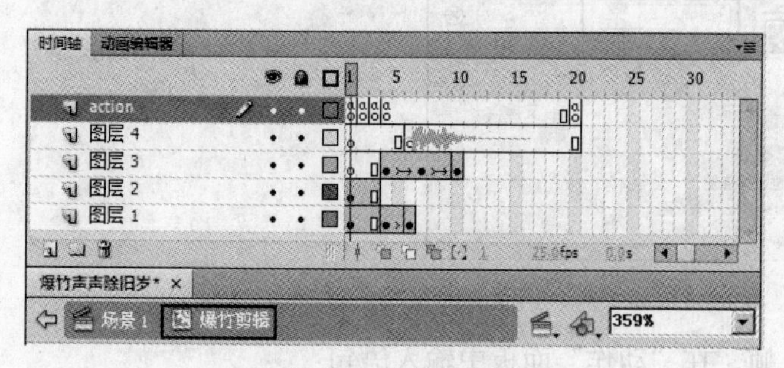

图4-208　时间轴分布

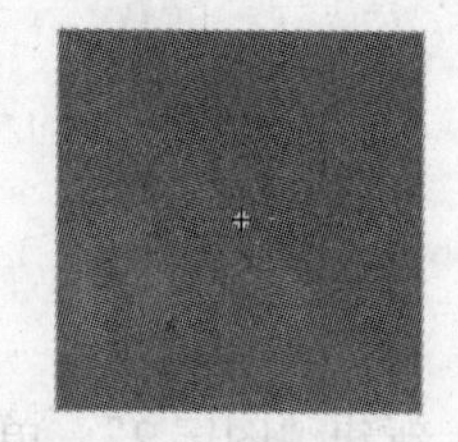

图4-209　绘制正方形

6. 创建“碎片剪辑”元件

1）按快捷键〈Ctrl+F8〉，在弹出的“创建新元件”对话框中设置参数，如图4-210所示，然后单击“确定”按钮，进入“碎片剪辑”元件的编辑模式。

2）在库面板中右击“碎片剪辑”元件，在弹出的快捷菜单中选择“链接属性”命令，然后在弹出的“链接属性”对话框中设置参数，如图4-211所示，再单击“确定”按钮。

提示：在“链接属性”中设置的目的是为了在语句中调用它。

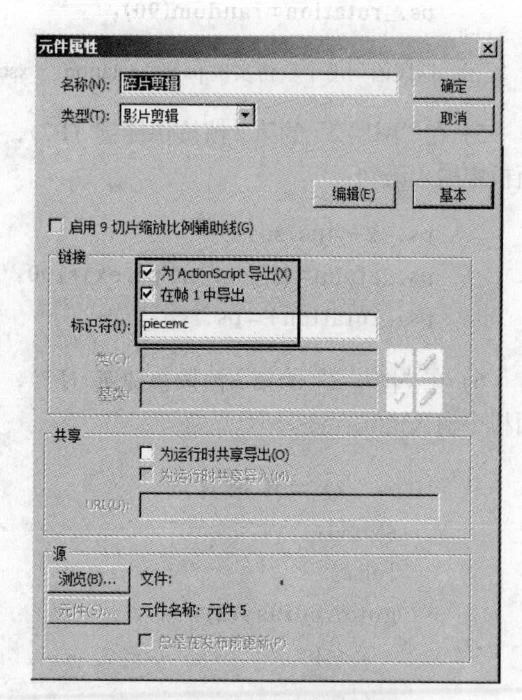

图4-210　创建“碎片剪辑”元件

图4-211　设置“链接属性”

3）将“碎片”元件拖入“碎片剪辑”元件中，并中心对齐。然后将实例名命名为ps，如图4-212所示。接着在第3帧按快捷键〈F5〉，将“图层1”的帧数延长到第3帧。

图 4-212　命名实例名

4）新建“图层 2”，单击第 1 帧，在“动作”面板中输入语句：

```
ps._x=0;
ps._rotation=random(90);
ps.ex=random(100)+100;
ps.sp=random(10)+10;
ps.rsp=random(20)-10;
ps._xscale=50+random(100);
ps._yscale=50+random(100);
ps._rotation=random(90);
```

提示：这段语句用于获得实例 ps 的 _rotation、_xscale 和 yscale 的随机数。

5）在“图层 2”的第 2 帧按快捷键〈F7〉，插入空白关键帧。然后单击第 2 帧，在“动作”面板中输入语句：

```
ps._x+=ps.sp;
ps._alpha=(1-ps._x/ps.ex)*100;
ps._rotation+=ps.rsp;
```

6）在“图层 2”的第 3 帧按快捷键〈F7〉，插入空白关键帧。然后单击第 3 帧，在“动作”面板中输入语句：

```
if(ps._x> =ps.ex){
   stop();
   }else{
   gotoAndPlay(2);
      }
```

此时，时间轴如图 4-213 所示。

7. 创建“坠落剪辑”元件

1）按快捷键〈Ctrl+F8〉，在弹出的“创建新元件”对话框中设置参数，如图 4-214 所示，然后单击“确定”按钮，进入“坠落剪辑”元件的编辑模式。

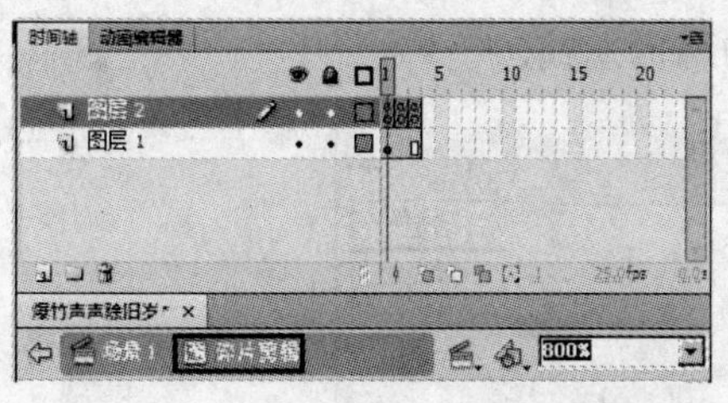

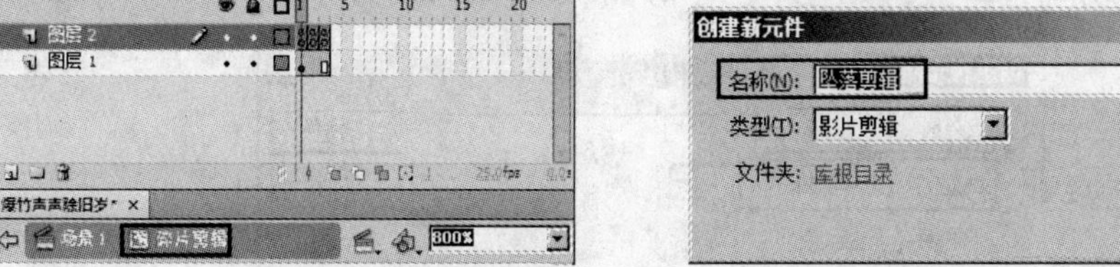

图4-213　“碎片剪辑”元件时间轴分布

图4-214　创建“坠落剪辑”元件

2）单击第1帧，然后在“动作”面板中输入语句：

```
attachMovie("baozhu_mc", "pao0", 10);
pao0._xscale=pao0._yscale=60;
pao0.rsp=random(20)-10;
pao0.sp=random(6)+6;
```

提示：这段语句用于控制爆竹下落的旋转和速度参数。

3）在第2帧按快捷键〈F7〉，插入空白关键帧。然后单击第2帧，在“动作”面板中输入语句：

```
pao0._y+=pao0.sp;
pao0.sp+=1;
pao0._rotation+=pao0.rsp;
```

提示：这段语句用于控制爆竹的加速下落。

4）在第3帧按快捷键〈F7〉，插入空白关键帧。然后单击第3帧，在“动作”面板中输入语句：

```
gotoAndPlay(2);
```

此时，时间轴如图4-215所示。

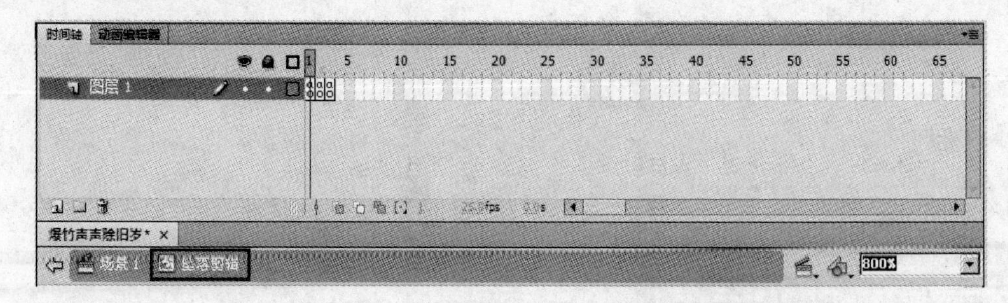

图4-215　“坠落剪辑”元件的时间轴分布

8. 创建“main_MC”元件

1）按快捷键〈Ctrl+F8〉，在弹出的“创建新元件”对话框中设置参数，如图4-216所示，然后单击“确定”按钮，进入“main_MC”元件的编辑模式。

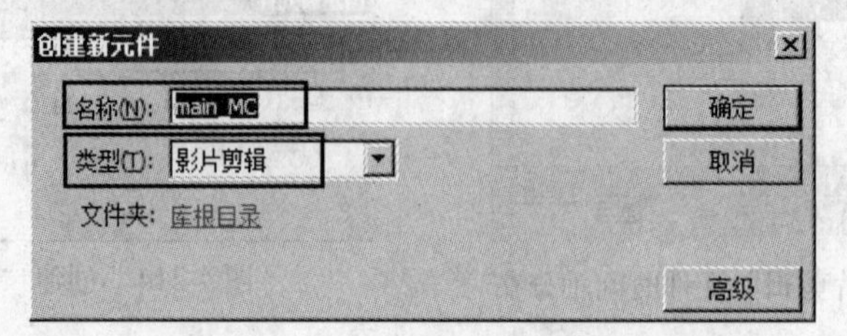

图 4-216 创建“main_MC”元件

2）单击第 1 帧，然后在“动作”面板中输入语句：

```
if(random(3)==1){
```

提示：这段语句用于产生 1/3 的出现率。

```
i++;
attachMovie("drop_mc", "dropp"+i, i+100);
eval("dropp"+i)._x=random(50)-25;
eval("dropp"+i)._y=0;
```

3）在第 2 帧按快捷键〈F7〉，然后在“动作”面板中输入语句：

```
gotoAndPlay(1);
```

9. 合成场景

1）按快捷键〈Ctrl+E〉，回到“场景 1”，然后将“main_MC”元件拖入场景，并调整位置如图 4-217 所示，以便使爆竹从上方落下。

图 4-217 在“场景 1”中放置“main_MC”元件

2）至此，整个动画制作完成，为了美观，下面利用工具箱上的□（矩形工具）绘制一个带有放射状渐变色的矩形作为背景。然后按快捷键〈Ctrl+Enter〉打开播放器，观看效果。

4.16　花样百叶窗

目标：

制作各种形状的、众多图像的百叶窗切换效果，如图4-218所示。当播放动画时，多幅图像依次以百叶窗方式切换；单击界面右侧的单选按钮，可以改变图像显示的形状。

图4-218　花样百叶窗

要点：

掌握for ( )、if ( )、duplicateMovieClip和setMask等基本语句的应用。

制作步骤：

1）启动Flash CS4软件，新建一个Flash文件（ActionScript 2.0）。

2）按快捷键〈Ctrl+J〉，在弹出的"文档属性"对话框中设置参数，如图4-219所示，单击"确定"按钮。

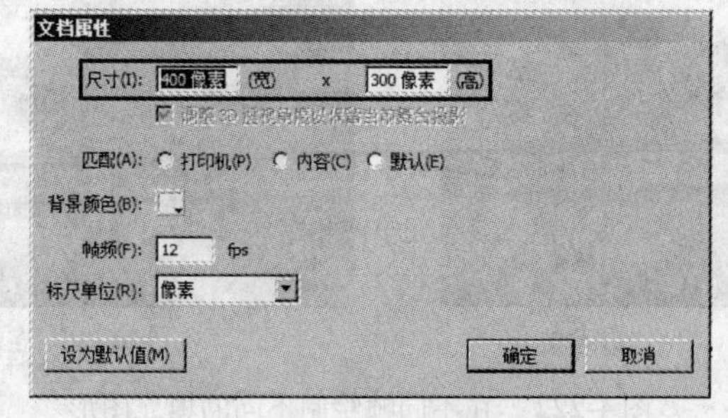

图4-219　设置"文档属性"

3）按快捷键〈Ctrl+F8〉，在弹出的“创建新元件”对话框中输入名称Image，并选择影片剪辑，然后单击“确定”按钮，进入影片剪辑Image的编辑模式。按快捷键〈Ctrl+R〉导入一系列JPG图像，它们自动分布在各关键帧中，如图4-220所示，此时，时间轴如图4-221所示。为了防止影片剪辑Image自动播放，这里选中第1帧，并在“动作”面板中输入语句：

```
stop();
```

图4-220　导入系列图片

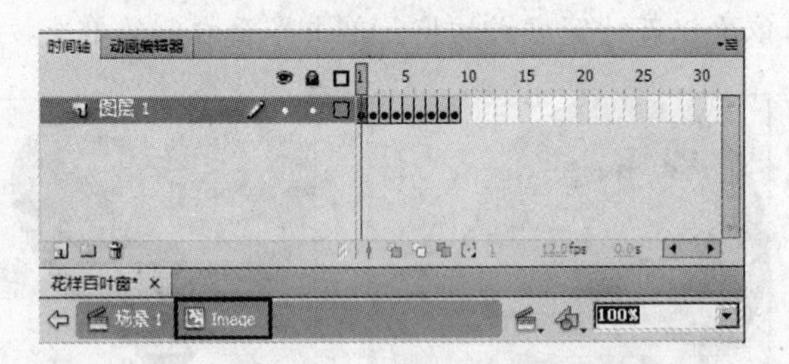

图4-221　时间轴分布

4）按快捷键〈Ctrl+F8〉，在弹出的“创建新元件”对话框中输入名称Shape，并选择影片剪辑，然后单击“确定”按钮，进入Shape元件的编辑模式。把“图层1”更名为Image，将“库”面板中的Image元件拖放到工作区中央，接着在第5帧按快捷键〈F5〉插入普通帧。

5）在Shape元件中添加Shape层，并分别在第1～5帧按快捷键〈F7〉，插入5个空白关键帧。然后在各帧中绘制不同的填充图形（如圆形、心形、风轮、菱形及雷形），如图4-222所示。接着右击Shape层，选择快捷菜单中的“遮罩层”命令，此时，时间轴如图4-223所示。

提示：在Shape层中的图形填充尺寸不要超过300像素×300像素，并且要在第1帧处设置帧脚本语句“Stop();”，以禁止影片剪辑Shape自动播放。

图4-222　在不同帧绘制不同的填充图形

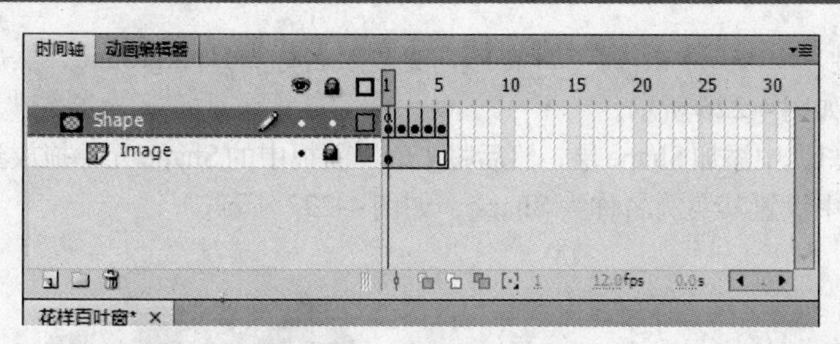

图 4-223　时间轴分布

6）按快捷键〈Ctrl+F8〉，在弹出的“创建新元件”对话框中输入名称Mask，并选择影片剪辑，然后单击“确定”按钮，进入Mask元件的编辑模式。选择工具箱中的□（矩形工具）在工作区中绘制矩形，并设置矩形尺寸为300像素×30像素，中心参考坐标为（0，0），如图4-224所示。接着在第15帧中按快捷键〈F6〉，插入关键帧，并调整矩形填充尺寸300像素×1像素，如图4-225所示。最后在第1～15帧之间创建形状补间动画。

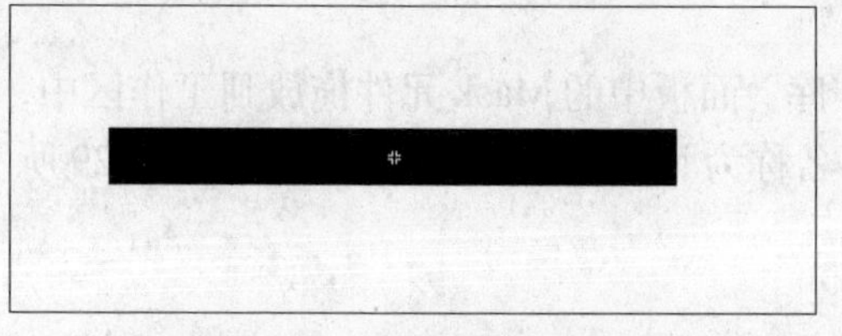

图 4-224　绘制矩形

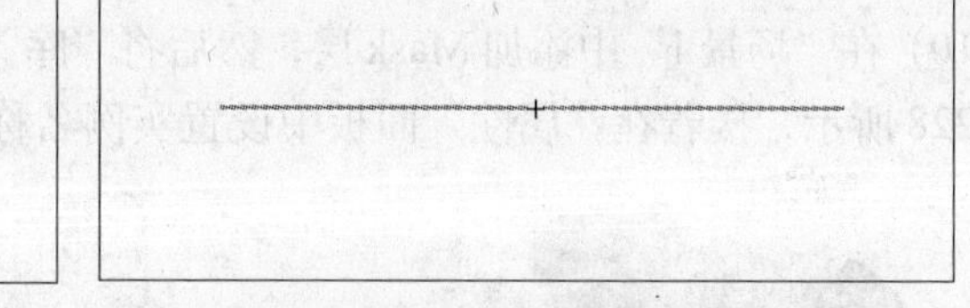

图 4-225　调整矩形大小

7）在第16帧处按快捷键〈F7〉，插入空白关键帧，并使之延长到第30帧。然后单击第1帧，在“动作”面板中输入语句：

```
name = this._name;
Num = name.substr(6, 1);
if (Num==0) {
    tmp = _root.shape.image._currentframe;
    tot = _root.shape.image._totalframes;
    for (i=0; i<10; i++) {
        tmpMC = _root["shape"+i].image;
        tmpMC.gotoAndStop(tmp);
    }
    if (tmp==tot) {
        _root.shape.image.gotoAndStop(1);
    } else {
_root.shape.image.gotoAndStop(tmp+1);
    }
}
```

8）按快捷键〈Ctrl+E〉，回到“场景 1”，更改层名称为 Background，然后从库中拖出作为背景的图案，如图 4-226 所示。

9）在“场景 1”中添加 Shape 层，然后将“库”面板中的 Shape 元件拖放到工作区中，并在“属性”面板中设置其实例名称为 Shape，如图 4-227 所示。

图 4-226　从库中拖出作为背景的图案

图 4-227　命名实例名

10）在“场景 1”中添加 Mask 层，然后将“库”面板中的 Mask 元件拖放到工作区中，如图 4-228 所示，接着在“属性”面板中设置实例名称为 Mask。此时，时间轴如图 4-229 所示。

图 4-228　将 Mask 元件拖放到工作区

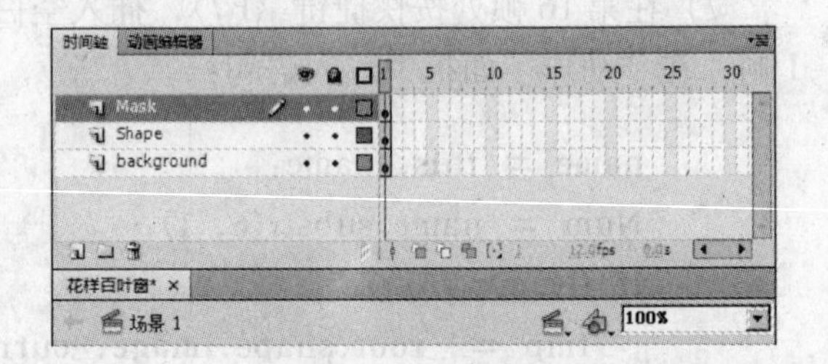

图 4-229　时间轴分布

11）在“场景 1”中添加 Radio 层，按快捷键〈Ctrl+F7〉，调出“组件”面板，如图 4-230 所示。将其中的 RadioButton 拖放到工作区右侧，结果如图 4-231 所示。

12）执行菜单中的“窗口|组件检查器”命令，调出“组件检查器”面板。然后单击工作区中的单选框组件实例，在“属性”面板中选择参数栏，更改其中的参数 Label 和 Data，如图 4-232 所示。

提示：参数 Label 为单选框中的显示文字；参数 Data 为单选框所携带的数值；参数 Change Handler 为单选框组改变后需要执行的函数。

13）同理，在工作区右侧放置多个同组（Group Name）的单选框：参数 Label 分别为“心形”、“五角星”、“苹果形”、“多边形”，相应的参数 Data 分别为“2”、“3”、“4”、“5”；而参数 Change Handler 均为“yxl”，如图 4-233 所示。

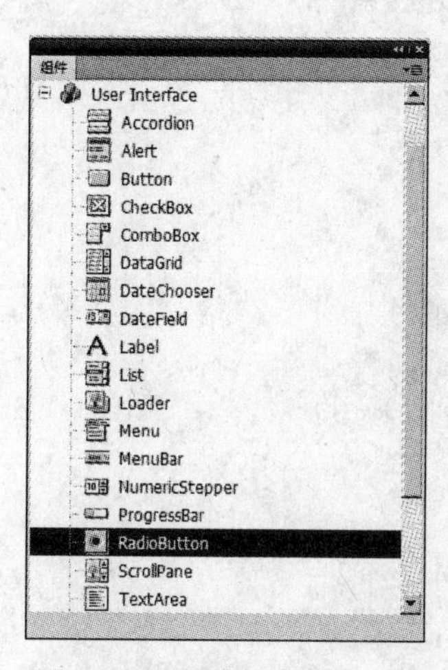

图 4-230　调出"组件"面板

图 4-231　将 RadioButton 拖放到工作区右侧

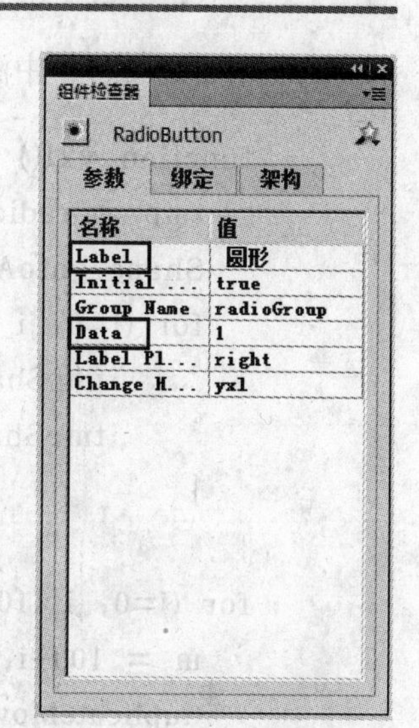

图 4-232　更改参数

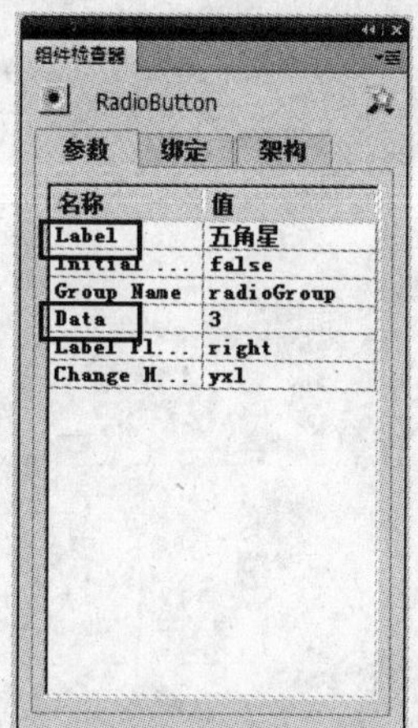

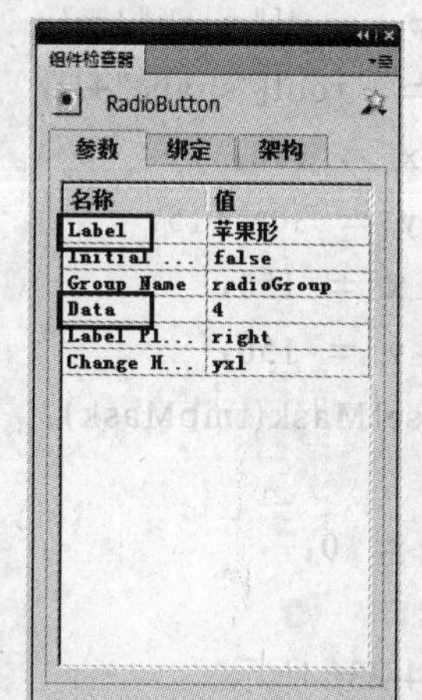

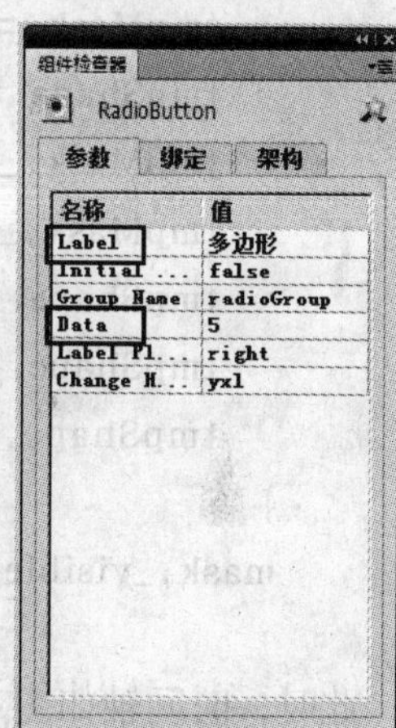

图 4-233　设置其他单选框参数

14）回到 Background 层，选择工具箱中的文字工具，在"属性"面板中设置参数，如图 4-234 所示，然后在工作区中输入文字"花样百叶窗"，结果如图 4-235 所示。

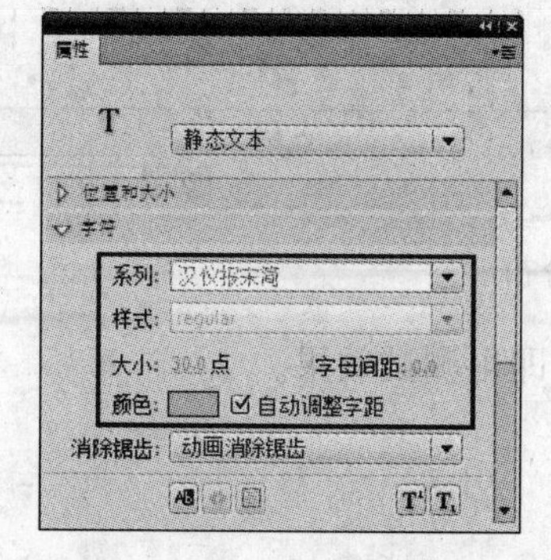

图 4-234　设置文本属性

图 4-235　画面效果

15）在“场景 1”中添加 Actions 层，然后在“动作”面板中输入语句：

```
function yxl() {
    tmp = radioGroup.getData();
    Shape.gotoAndStop(tmp);
    for (i=0; i <10; i++) {
        tmpShape = _root["shape"+i];
        tmpShape.gotoAndStop(tmp);
    }
}
for (i=0; i <10; i++) {
    m = 100+i;
    duplicateMovieClip("mask", "mask"+m, m);
    duplicateMovieClip("shape", "shape"+i, i);
    tmpMask = _root["mask"+m];
    tmpShape = _root["shape"+i];
    tmpMask._x = 150;
    tmpMask._y = 30*i+15;
    tmpShape._x = 150;
    tmpShape._y = 150;
    tmpShape.setMask(tmpMask);
}
mask._visible = 0;
```

此时，时间轴如图 4-236 所示。

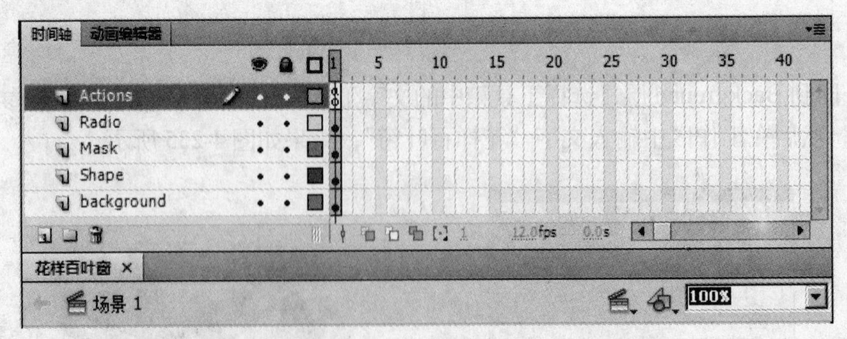

图 4-236 时间轴分布

16）按快捷键〈Ctrl+Enter〉打开播放器窗口，即可测试效果。

4.17 时尚汽车

目标：

制作给汽车对象上色的动画效果。界面中摆放着一辆别致的汽车，用户可以为汽车喷上自己喜欢的颜色。只要在R、G、B三原色中选择相应的色值，即可在方块中预览到设置的颜色，满意后只要单击“喷色”按钮，即可看到汽车颜色发生相应的变化，如图4-237所示。

图4-237 时尚汽车

要点：

掌握onClipEvent ( )、setRGB ( ) 等常用语言的应用。

制作步骤：

1）启动Flash CS4软件，新建一个Flash文件（ActionScript 2.0）。

2）按快捷键〈Ctrl+J〉，在弹出的“文档属性”对话框中将工作区的宽度设置为500像素，高度设置为400像素，背景颜色默认为黑色，帧频设置为30fps，如图4-238所示，单击“确定”按钮。

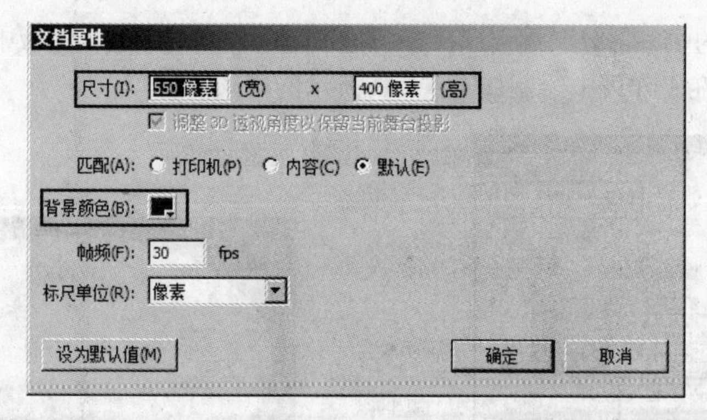

图4-238 设置文档属性

3）按快捷键〈Ctrl+F8〉，在弹出的“创建新元件”对话框中输入fader knob button，并选择按钮类型，然后单击“确定”按钮，进入元件fader knob button的编辑模式。

4）选择工具箱中的（椭圆工具），设置笔触颜色为，在“颜色”面板中设置填充色，如图 4-239 所示，然后在工作区中绘制如图 4-240 所示的椭圆。

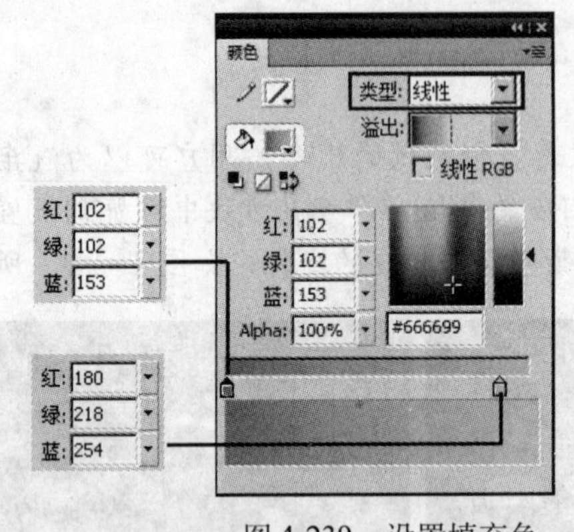

图 4-239 设置填充色

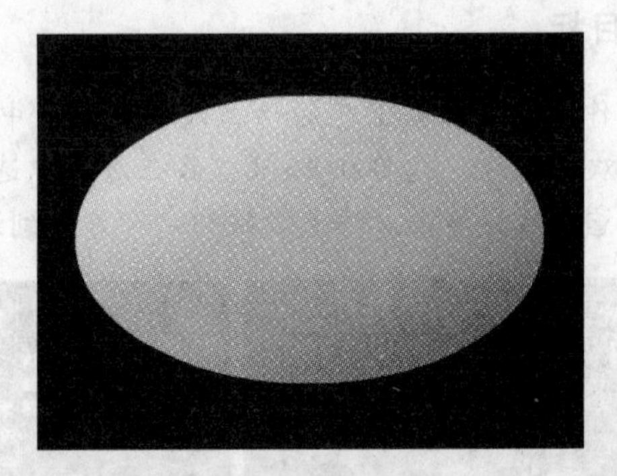

图 4-240 绘制椭圆

5）继续选择（椭圆工具），在“颜色”面板中设置参数，如图 4-241 所示，然后在工作区中绘制如图 4-242 所示的椭圆。

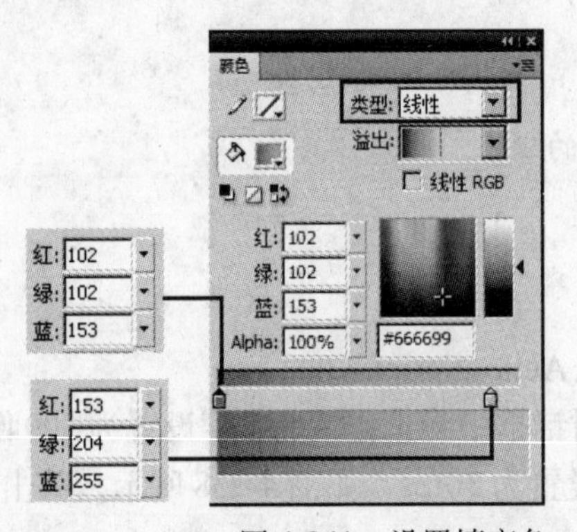

图 4-241 设置填充色

图 4-242 绘制椭圆

6）绘制按钮的中心部分。继续选择（椭圆工具），在“颜色”面板中的设置参数，如图 4-243 所示，然后在工作区中绘制如图 4-244 所示的椭圆。

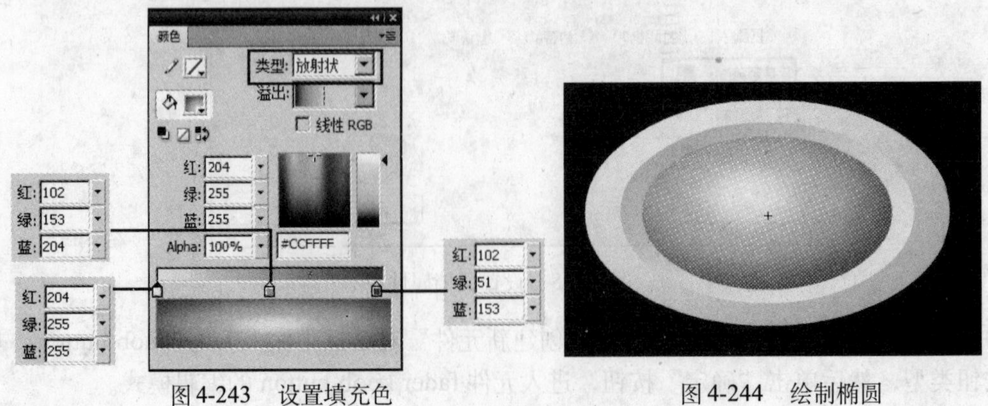

图 4-243 设置填充色　　图 4-244 绘制椭圆

7）按快捷键〈Ctrl+F8〉，在弹出的“创建新元件”对话框中输入 fader knob，并选择影片剪辑类型，然后单击“确定”按钮，进入元件 fader knob 的的编辑模式。

8）从“库”面板中将按钮元件 fader knob button 拖放到工作区中，然后选择元件 fader knob，在“动作”面板中输入语句：

```
on (press) {
    _root.dragging = true;
    startDrag("", false, left, top, right, bottom);
}
on (release, releaseOutside) {
    _root.dragging = false;
    stopDrag();
}
```

9）按快捷键〈Ctrl+F8〉，在弹出的“创建新元件”对话框中输入 Fader，并选择影片剪辑类型，然后单击“确定”按钮，进入元件 Fader 的编辑模式。

10）选择工具箱中的□（矩形工具），设置笔触颜色为#003366，在“颜色”面板中设置填充色，如图 4-245 所示。然后在工作区中绘制宽为 255 像素的细条矩形，如图 4-246 所示。注意矩形的左上角处于影片剪辑的十字中心线。接着将“库”面板中的 Fader knob 元件拖放到矩形的左上角，并定义实例名称为 knob。

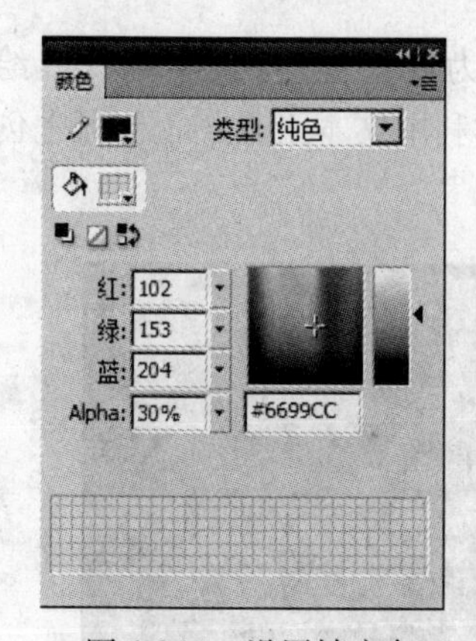

图 4-245　设置填充色

图 4-246　绘制细长矩形

在“动作”面板中输入语句：

```
onClipEvent (load) {
    top=_y;
    bottom=_y;
    left=_x;
    right=_x+255;
}
```

11）按快捷键〈Ctrl+F8〉，在弹出的“创建新元件”对话框中输入 proview_color，并选择影片剪辑类型，然后单击“确定”按钮，进入元件 proview_color 的编辑模式。

12）选择工具箱中的□（矩形工具），设置笔触颜色为 ☐，填充色为 #FFFCC，然后在工作区中绘制矩形，如图 4-247 所示。

13）按快捷键〈Ctrl+F8〉，在弹出的“创建新元件”对话框中输入 apply，并选择按钮类型，然后单击“确定”按钮，进入 apply 元件的编辑模式。

14）选择工具箱中的□（矩形工具），在工作区中绘制如图 4-248 所示的矩形，具体方法与前面的按钮元件相似。然后新建图层，选择工具箱中的 T（文本工具），在工作区中输入文字“喷色”，结果如图 4-249 所示。

图 4-247　在 proview_color 元件中绘制矩形

图 4-248　在 apply 元件中绘制矩形

图 4-249　输入文字

15）按快捷键〈Ctrl+F8〉，在弹出的“创建新元件”对话框中输入 car_color，并选择影片剪辑类型，然后单击“确定”按钮，进入元件 car_color 的编辑模式。

16）选择工具箱中的□（矩形工具），设置笔触颜色为 ☐，填充色为 #FF0000，然后在工作区中绘制矩形，如图 4-250 所示。

17）按快捷键〈Ctrl+E〉，回到“场景 1”，将图层名称更改为 Bg，然后利用矩形工具绘制与工作区大小相等的矩形，并以蓝-黑线性渐变色作为填充；再利用文本工具在工作区上创建文字块“Fashion 时尚汽车”，如图 4-251 所示。

图 4-250　绘制矩形

图 4-251　输入文字

18）添加新层 car_color。将“库”面板中的 car_color 元件拖放到工作区的左下角，并在属性面板中设置影片剪辑 car_color 的实例名称为 car。

19）添加 car 层，按快捷键〈Ctrl+R〉，导入配套光盘中的“素材及结果\4.17 时尚汽车\汽车.png”文件，并使之覆盖在 car_color 实例上，如图 4-252 所示。

提示：由于 PNG 图像 car 局部透明，因此将会看到下方 car_color 实例的颜色，这也是汽车能够成功完成喷色的重要途径。

20）添加 proview_color 层，然后将“库”面板中的 proview_color 元件拖放到工作区右侧，并在属性面板中定义实例名称为 proview。接着将“库”面板中的 apply 元件拖放到 proview_color 实例的下方，如图 4-253 所示，并设置实例名称为 applybtn。

图 4-252　导入图片

图 4-253　将元件拖入工作区并命名实例名

21）添加 color_picker 层。利用 T（文本工具）在工作区上创建文字块 R：、G：、B：，使之纵向排列，分别表示组成颜色的三原色红、绿、蓝。

22）创建具有一定宽度的动态文本域，输入数值 255，并置于文字块“R：”的右侧，然后在属性面板中定义该文本域的变量名称为 color_1，再将“库”面板中的 proview_color 元件拖放到文字域的下方，以衬托文本域中数值的显示。

23）将“库”面板中的 fader 元件拖放到文字域的右侧，并在属性面板中定义实例名称为 fader_1。

24）同理，在文字块 G：的右侧添加文本域，并设置变量名称为 color_2，影片剪辑实例名称为 fader_2；然后在文字块 B：右侧添加文本域，设置其变量名称为 color_3，影片剪辑实例名称为 fader_3，如图 4-254 所示。

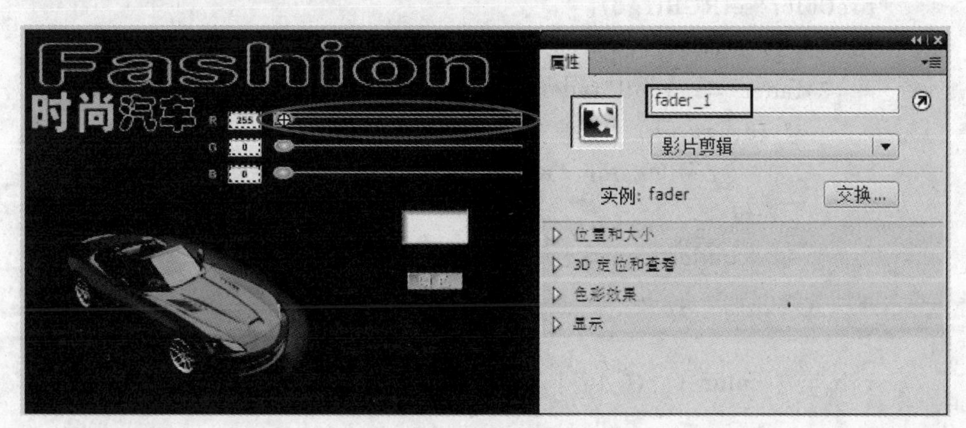

图 4-254　命名实例名

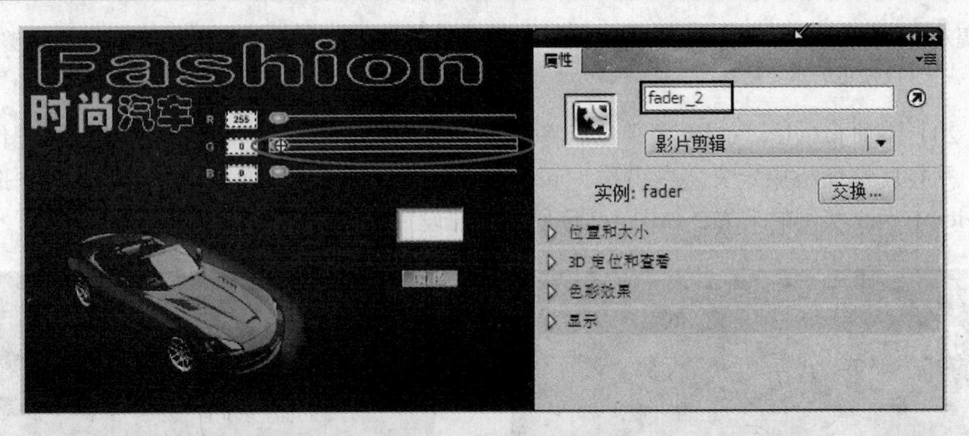

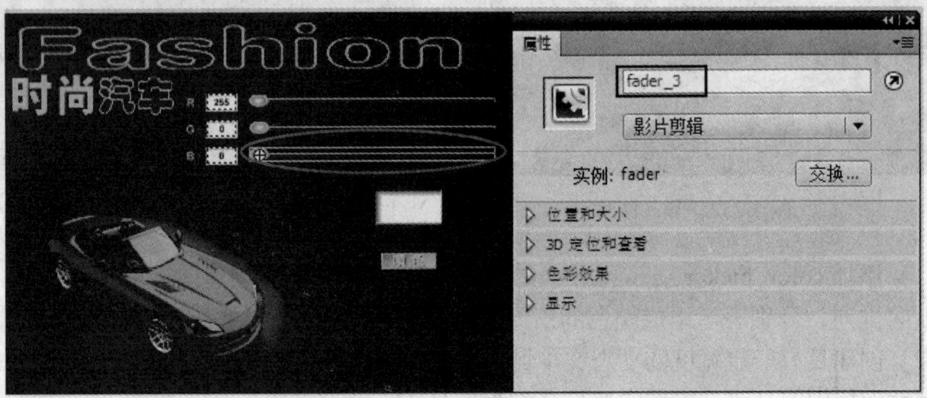

图 4-254　命名实例名（续）

25）添加 Actions 层，在“动作”面板中输入语句：

```
carColor = new Color( car );
preColor = new Color( preview );
_root.onEnterFrame = function() {
   preColor.setRGB(rgb);
   for (i=1; i <=3; i++) {
        fader = _root["fader_"+i].knob;
        if (dragging) {
             _root["color_"+i] = fader._x;
        } else {
             fader._x = _root["color_"+i];
        }
   }
   rgb = ( color_1  << 16 | color_2  << 8 | color_3 );
}
applybtn.onRelease = function() {
```

```
    carColor.setRGB(rgb);
}
```

26）按快捷键〈Ctrl+Enter〉打开播放器窗口，即可测试效果。

4.18 由按钮控制滑动定位的图片效果

目标：

本例制作由按钮控制滑动定位的图片效果，如图4-255所示。

图4-255 由按钮控制滑动定位的图片效果

要点：

掌握this和_root语句的区别，以及var、new Array ( )和onClipEvent (enterFrame)语句的综合应用。

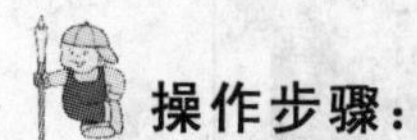

操作步骤：

1. 自动滑动定位的图片效果

1）启动Flash CS4软件，新建一个Flash文件（ActionScript 2.0）。

2）导入素材图片。方法：执行菜单中的“文件|导入|导入到库”命令，导入配套光盘中的“素材及结果\4.18 由按钮控制滑动定位的图片效果\image1.jpg”、“image2.jpg”、“image3.jpg”和“image4.jpg”图片，此时，在库面板中即可看到导入的素材图片，如图4-256所示。

3）创建“pic1”影片剪辑元件。方法：按快捷键〈Ctrl+F8〉，新建“pic1”影片剪辑元件。然后从库中将image1.jpg拖入舞台，并激活对齐面板中的（对齐/相对舞台分布）按钮，再单击（左对齐）和（垂直中齐）按钮，结果如图4-257所示。

4）同理，分别创建“pic 2”~“pic4”影片剪辑元件，然后分别从库中将“image2.jpg”~“image4.jpg”图片拖入，并左对齐和垂直中齐，如图4-258所示。此时，库面板如图4-259所示。

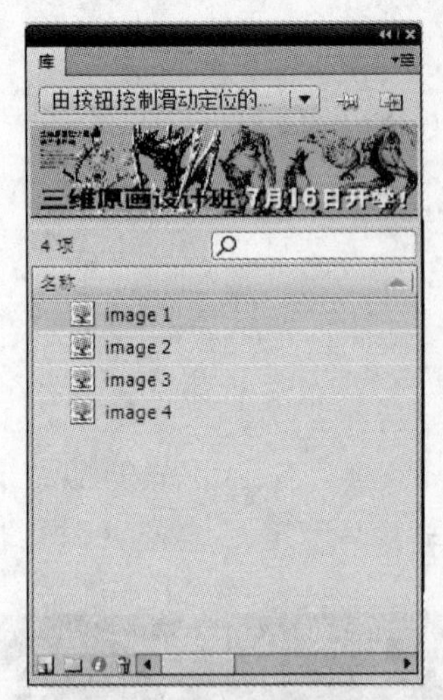

图 4-256 导入的素材图片

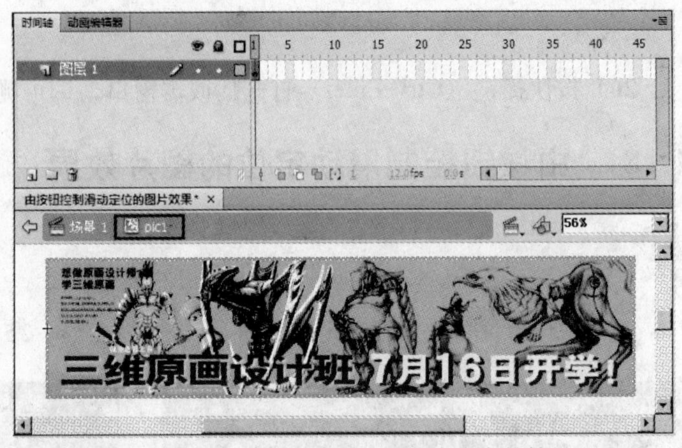

图 4-257 将图片左对齐和垂直中齐的效果

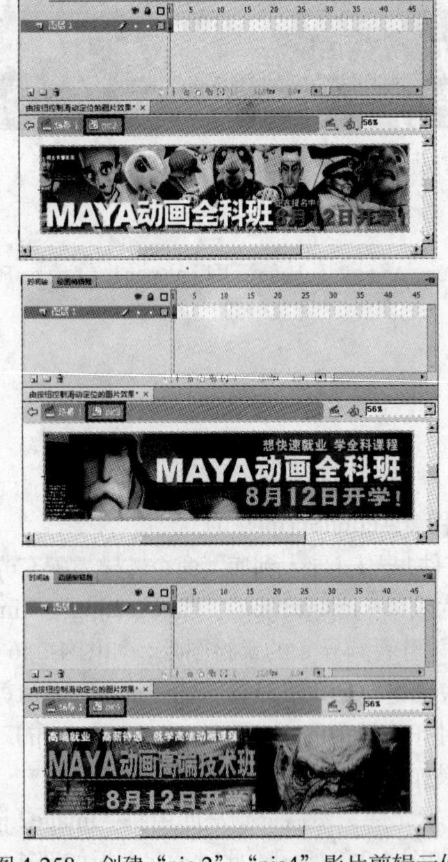

图 4-258 创建"pic 2"~"pic4"影片剪辑元件

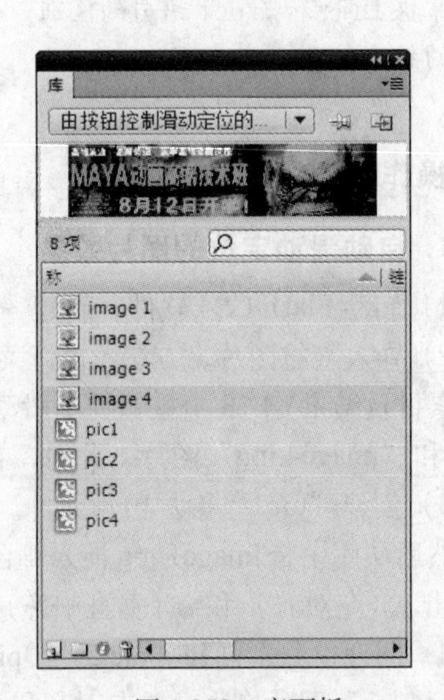

图 4-259 库面板

5）创建"picAll"影片剪辑元件。方法：按快捷键〈Ctrl+F8〉，新建"picAll"影片剪辑元件。然后将库中的"pic1"影片剪辑元件拖入舞台，并利用对齐面板将其左对齐和上对齐，如图 4-260 所示，结果如图 4-261 所示。

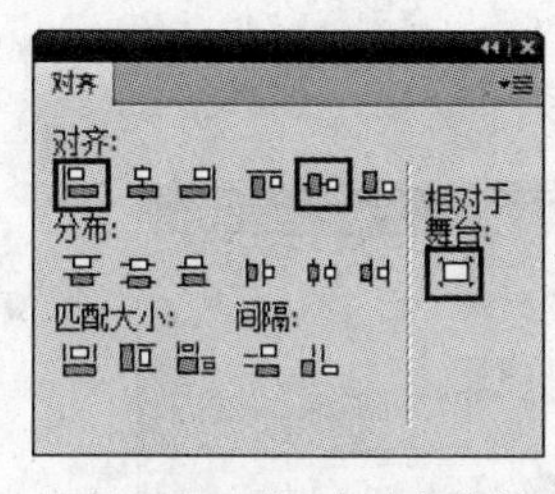

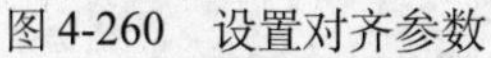

图4-260　设置对齐参数

图4-261　左对齐和上对齐的效果

6）从库中分别将“pic2”~“pic4”影片剪辑元件拖入舞台并前后相接，如图4-262所示。

图4-262　将“pic2”~“pic4”影片剪辑元件拖入舞台并前后相接

7）调整文档尺寸与单张图片等大。方法：在库面板中右击image1.jpg，从弹出的快捷菜单中选择“属性”命令，此时，可以看到其大小为960 × 218像素，如图4-263所示。然后单击![场景1]按钮，回到“场景1”，执行菜单中的“修改|文档”命令，在弹出的对话框中设置参数，如图4-264所示，单击“确定”按钮。接着从库中将“picAll”影片剪辑元件拖入舞台，并左对齐和上对齐。

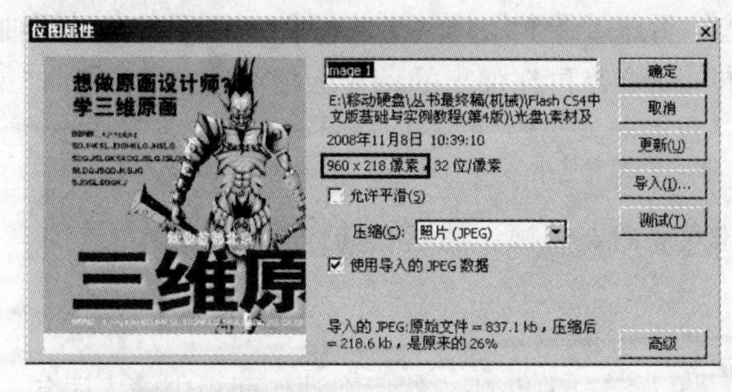

图4-263　查看图片大小

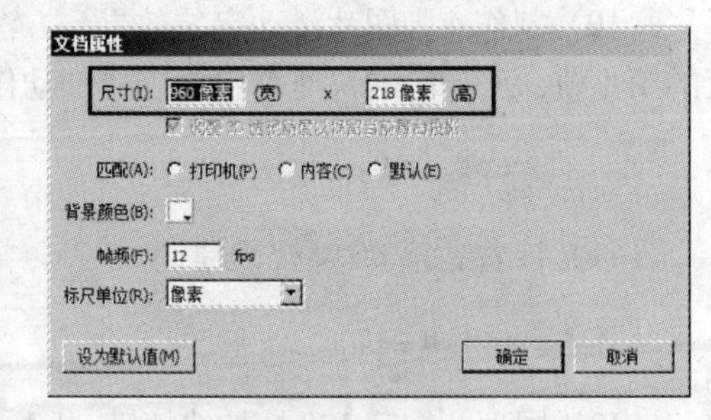

图4-264　调整文档尺寸

8）将“图层1”重命名为“图片”，然后新建action层。接着右击第1帧，从弹出的快捷菜单中选择“动作”命令，再在弹出的动作面板中输入语句：

```
var n；
var xpos=new Array（0，-960，-1920，-2880）；
```

提示：new Array为获得0，-960，-1920，-2880四个数值的数组。

此时，时间轴分布如图4-265所示。

图4-265　时间轴分布

9）右击舞台中的picAll元件，然后在弹出的快捷菜单中选择“动作”命令，再在弹出的动作面板中输入语句：

```
onClipEvent (enterFrame) {
    this._x+=（_root.xpos[_root.n]-this._x）/3；
}
```

提示：enterFrame语句的作用是重复执行命令；this._x+=（_root.xpos[_root.n]-this._x）/3语句的作用是控制图片移动的速度。

10）制作4张图片滑动定位效果。方法：新建“控制”影片剪辑元件，然后右击时间轴的第1帧，从弹出的快捷菜单中选择“动作”命令，再在弹出的动作面板中输入语句：

```
_root.n=0；
```

11）接着在第60帧按快捷键〈F7〉，插入空白关键帧，然后在动作面板中输入语句：

```
_root.n=1；
```

12）同理，在第120帧按快捷键〈F7〉，插入空白关键帧，然后在动作面板中输入语句：

```
_root.n=2；
```

13）同理，在第180帧按快捷键〈F7〉，插入空白关键帧，然后在动作面板中输入语句：

```
_root.n=3;
```

提示：分别在第60帧、第120帧、第180帧设置动作是为了让图片每隔60帧自动滑动一次。

14）最后在第240帧按快捷键〈F5〉，插入普通帧，此时，时间轴分布如图4-266所示。

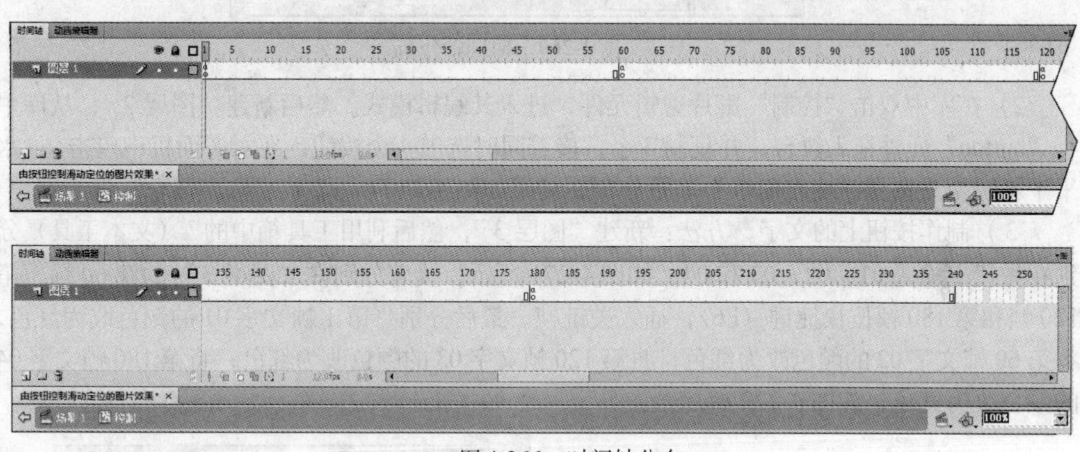

图4-266　时间轴分布

15）单击 场景1 按钮，回到“场景1”。然后新建“控制”层，从库中将“控制”影片剪辑元件拖入舞台。

16）至此，自动滑动定位的图片效果制作完毕。执行菜单中的“控制|测试影片”（快捷键〈Ctrl+Enter〉）命令，打开播放器窗口，即可看到效果。

2．制作由按钮控制滑动定位的图片效果

1）创建“button”按钮元件。方法：按快捷键〈Ctrl+F8〉，在弹出的“创建新元件”对话框中设置参数，如图4-267所示，单击“确定”按钮。为了便于观看效果，将背景色改为黑色，再利用工具箱中的（椭圆工具）绘制一个宽高均为20像素的圆形，并中心对齐，如图4-268所示。接着在时间轴的“点击”帧中按快捷键〈F5〉，插入普通帧。此时，时间轴分布如图4-269所示。

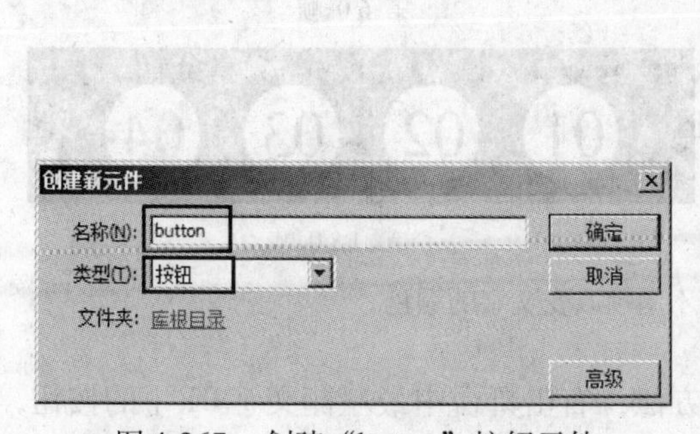

图4-267　创建“button”按钮元件

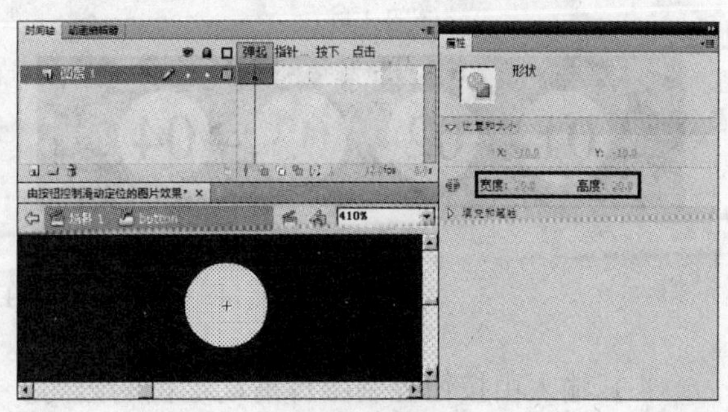

图4-268　绘制圆形

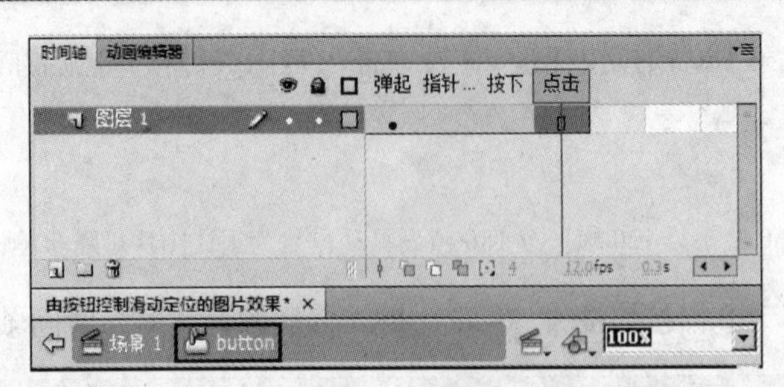

图 4-269　时间轴分布

2）在库中双击“控制”影片剪辑元件，进入其编辑模式。然后新建“图层 2”，从库中将“button”元件拖入舞台，并复制 3 个。接着同时选中 4 个按钮，在对齐面板中单击(水平平均间距）按钮，使它们水平等距分布，结果如图 4-270 所示。

3）制作按钮上的文字。方法：新建“图层 3”，然后利用工具箱中的T（文本工具）分别在按钮上输入 01，02，03 和 04，如图 4-271 所示。接着分别在“图层 3”的第 60 帧、第 120 帧和第 180 帧按快捷键〈F6〉，插入关键帧。最后分别将第 1 帧文字 01 的颜色改为红色，将第 60 帧文字 02 的颜色改为红色，将第 120 帧文字 03 的颜色改为红色，将第 180 帧文字 04 的颜色改为红色，如图 4-272 所示。

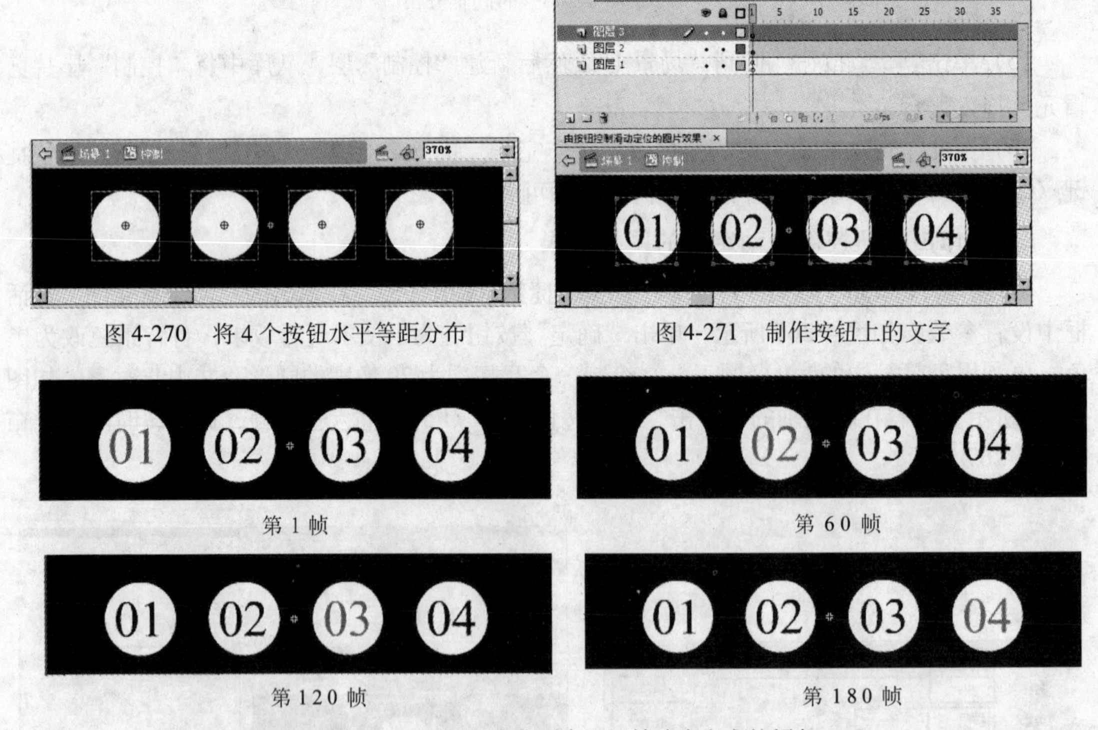

图 4-270　将 4 个按钮水平等距分布　　图 4-271　制作按钮上的文字

第 1 帧　　第 60 帧

第 120 帧　　第 180 帧

图 4-272　分别在不同帧改变文字的颜色

4）输入由按钮控制图片滑动定位的语句。方法：右击舞台中最左侧文字 01 下的按钮，从弹出的快捷菜单中选择“动作”命令，然后在弹出的“动作”面板中输入语句：

```
on (release){
  gotoAndPlay (1);
  }
```

同理，选中文字02下的按钮，从弹出的快捷菜单中选择“动作”命令，然后在弹出的“动作”面板中输入语句：

```
on (release){
  gotoAndPlay (60);
  }
```

同理，选中文字03下的按钮，从弹出的快捷菜单中选择“动作”命令，然后在弹出的“动作”面板中输入语句：

```
on (release){
  gotoAndPlay (120);
  }
```

同理，选中文字04下的按钮，从弹出的快捷菜单中选择“动作”命令，然后在弹出的“动作”面板中输入语句：

```
on (release){
  gotoAndPlay (180);
  }
```

此时，时间轴分布如图4-273所示。

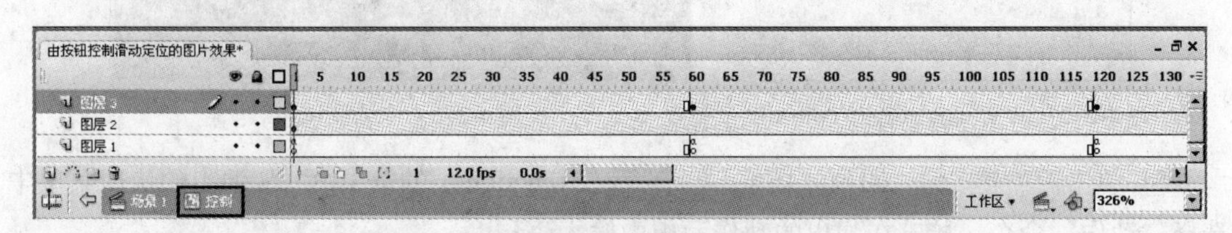

图4-273　时间轴分布

5）单击 场景1 按钮，回到“场景1”。然后将“控制”元件移动到舞台左下方，如图4-274所示。

图4-274　移动“控制”元件

6）至此，由按钮控制滑动定位的图片效果制作完毕。执行菜单中的“控制|测试影片”（快捷键〈Ctrl+Enter〉）命令，打开播放器窗口，即可测试当单击不同按钮会滑动不同图片的效果。

3．制作修改素材图片后Flash中会自动更新的效果

在上面制作完由按钮控制滑动定位的图片效果后，如果要对素材图片进行更改，Flash是无法进行自动更新的。下面来讲解解决这个问题的方法。

1）将文件另存为“自动更新素材的效果.fla”，保存路径与素材图片相同。

2）在库中删除导入的“image 1.jpg”～“image 4.jpg” 4 张素材图片。

3）将“场景1”中的“picAll”影片剪辑元件上对齐，然后在属性面板中将其实例名命名为“picAll”，如图4-275所示。

4）在库中双击“picAll”影片剪辑元件，进入其编辑模式。然后将舞台中的“pic1”的实例名命名为“pic1”，将舞台中的“pic 2”的实例名命名为“pic2”，将舞台中的“pic3”的实例名命名为“pic3”，将舞台中的“pic4”的实例名命名为“pic4”，如图4-276所示。

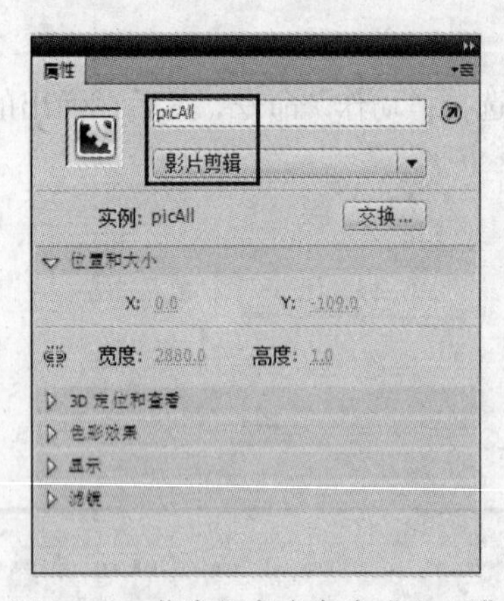

图4-275 将实例名命名为“picAll”

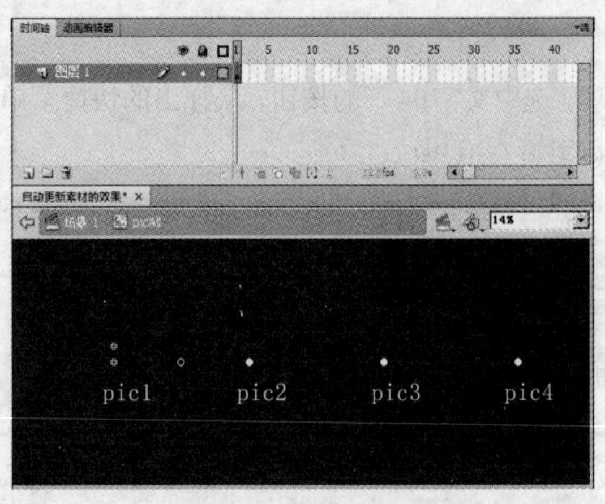

图4-276 命名实例名

5）单击“场景1”按钮，回到“场景1”。然后右击action层的第1帧，从弹出的快捷菜单中选择“动作”命令，接着在弹出的动作面板中输入语句：

```
var n;
var xpos=new Array(0,-960,-1920,-2880);
loadMovie("image 1.jpg",this.picAll.pic1);
loadMovie("image 2.jpg",this.picAll.pic2);
loadMovie("image 3.jpg",this.picAll.pic3);
loadMovie("image 4.jpg",this.picAll.pic4);
```

提示：“image 1.jpg”～“image 4.jpg”必须与“自动更新素材的效果.fla”处于一个目录中，否则无法在脚本语句中调用。

6）至此，自动更新图片素材的效果制作完毕。在对素材图片进行修改后，执行菜单中的“控制|测试影片”（快捷键〈Ctrl+Enter〉）命令，打开播放器窗口，即可看到素材图片实时更新的效果。

4.19　由鼠标控制图片左右移动的效果

目标：

制作一个由动态不断出现并上升的小水滴所取代的鼠标，来控制图片左右移动的效果，如图4-277所示。

图4-277　由鼠标控制图片左右移动的效果

要点：

掌握onClipEvent（enterFrame）语句、onClipEvent（load）语句、startDrag（）语句、duplicateMovieClip（）语句、if（）语句和控制图像方向移动语句的综合应用。

操作步骤：

1. 在Photoshop中将素材图片的大小处理为160像素×120像素

1）执行菜单中的“文件|新建”命令，在弹出的“新建”对话框中设置参数，如图4-278所示，单击“确定”按钮。

2）执行菜单中的“文件|打开”命令，打开配套光盘中的”素材及结果\4.19由鼠标控制图片左右移动的效果\素材1.jpg”图片。然后将“素材1.jpg”拖入新建的文件中，按快捷键〈Ctrl+T〉对其进行适当缩放，如图4-279所示，接着按〈Enter〉键确认。最后执行菜单中的“文件|存储为”命令，将其存储为“1.jpg”。

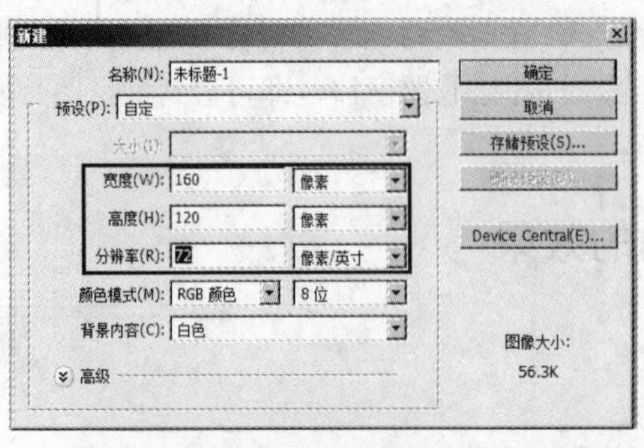

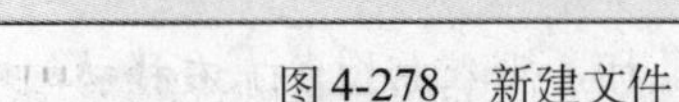
图 4-278　新建文件　　　　图 4-279　对图片进行适当缩放

3）同理，分别打开配套光盘中的“素材及结果\4.19 由鼠标控制图片左右移动的效果\素材 2.jpg”～“素材 6.jpg”图片，然后分别将它们拖入新建的文件中，并进行适当缩放。接着将它们存储为“2.jpg～6.jpg”。

2．在 Flash 中制作水平排列的图片序列

1）启动 Flash CS4 软件，新建一个 Flash 文件（ActionScript 2.0）。

2）执行菜单中的“文件 | 导入到库”命令，导入前面在 Photoshop 中所处理的“1.jpg～6.jpg”图片。

3）在属性面板中将背景的颜色改为黑色（#000000）。

4）创建“6 张图片”影片剪辑元件。方法：执行菜单中的“插入 | 新建元件”（快捷键〈Ctrl+F8〉）命令，在弹出的“创建新元件”对话框中设置参数，如图 4-280 所示，然后单击“确定”按钮，进入“6 张图片”元件的编辑模式。再从库中分别将“1.jpg～6.jpg”图片拖入舞台。

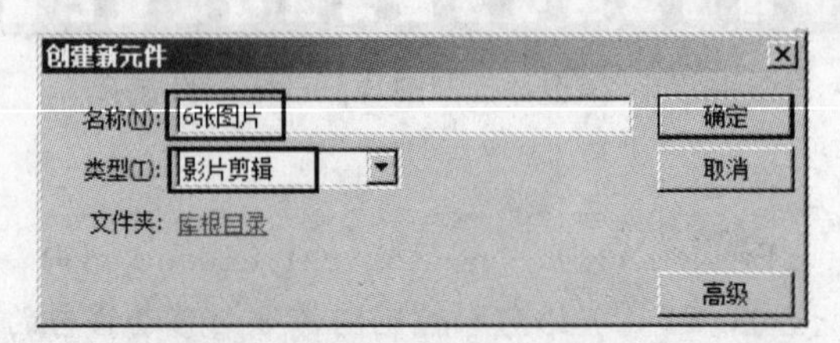

图 4-280　新建“6 张图片”影片剪辑元件

5）执行菜单中的“文件 | 全选”命令，选中舞台中的所有图片，然后在“对齐”面板中激活按钮后单击（垂直中齐）按钮。接着取消激活按钮，再单击（水平平均间隔）按钮，从而使 6 张图片水平等距分布，结果如图 4-281 所示。

图 4-281　对齐图片的效果

6）执行菜单中的“修改 | 组合”命令，将6张图片组合成一个整体，然后在“对齐”面板中激活按钮后单击（左对齐）按钮，将组合后的对象左对齐，结果如图4-282所示。

提示：将组合后的对象左对齐是为了使其左侧X坐标值为0，以便在下面脚本中进行调用。

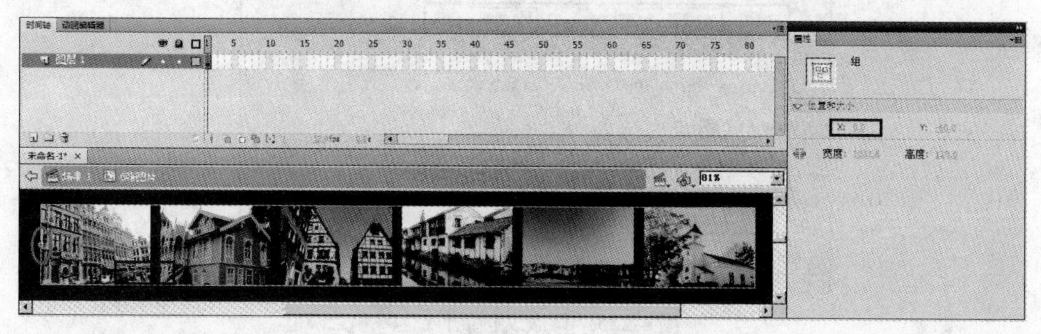

图4-282　将组合后的对象左对齐

7）为了使图片的长度加长以便左右滑动，下面创建“12张图片”影片剪辑元件。方法：执行菜单中的“插入|新建元件”（快捷键〈Ctrl+F8〉）命令，在弹出的“创建新元件”对话框中设置参数，如图4-283所示，单击“确定”按钮，进入“12张图片”元件的编辑模式。然后从库中将“6张图片”元件拖入舞台，接着在激活按钮后单击（垂直中齐）和（右对齐）按钮。最后按住键盘上的〈Alt〉键，将舞台中的“6张图片”元件水平向右复制，结果如图4-284所示。

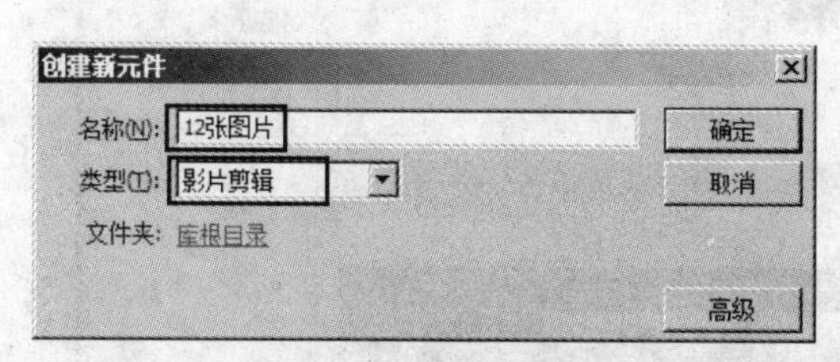

图4-283　新建“12张图片”影片剪辑元件

图4-284　将舞台中的“6张图片”元件水平向右复制

8）为了保证“12张图片”的最左侧X坐标为0，同时选择舞台中的两个“6张图片”元件，执行菜单中的“修改 | 组合”命令，将6张图片组合成一个整体。然后在“对齐”面板中激活按钮后单击（左对齐）按钮，将组合后的对象左对齐。

3．制作由鼠标控制的图片滑动效果

1）改变文件尺寸。方法：单击场景1按钮，回到“场景1”，然后执行菜单中的“修改 |

文档"命令，在弹出的对话框中将尺寸设置为760像素×180像素，如图4-285所示，单击"确定"按钮。

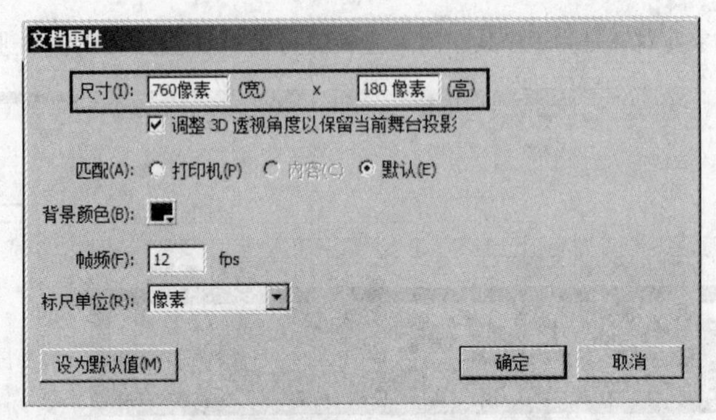

图4-285 修改文档属性

2）单击 场景 1 按钮，回到"场景1"，然后从库中将"12张图片"元件拖入"场景1"，接着进行中心对齐。

3）设置第1张和第7张图片移动到左侧的极限数值。方法：将"12张图片"元件左对齐，然后在属性面板中记下X坐标的数值为"0.0"，如图4-286所示。接着将图片移动到如图4-287所示的位置，记下此时X坐标的数值为"-1018.0"。

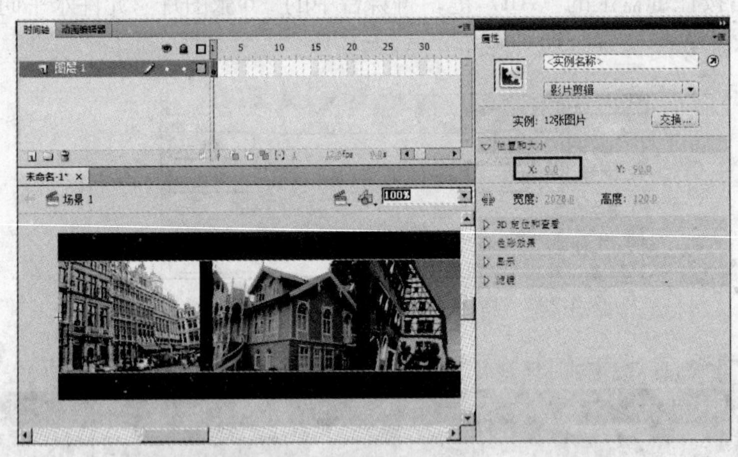

图4-286 将"12张图片"元件左对齐的效果

图4-287 移动图片的位置并记下X坐标"-1018.0"

4）设置第6张和第12张图片移动到右侧的极限数值。方法：将“12张图片”元件右对齐，然后在属性面板中记下X坐标的数值为“-1265.7”，如图4-288所示。接着将图片移动到如图4-289所示的位置，记下此时X坐标的数值为“-247.7”。

图4-288　将“12张图片”元件右对齐的效果

图4-289　移动图片的位置并记下X坐标“-247.7”

5）制作胶片上的小方块。方法：新建“方块”影片剪辑元件，然后利用工具箱中的（矩形工具）绘制一个大小为18像素×18像素、笔触颜色为无色、填充色为白色的正方形。

6）单击 场景1 按钮，回到“场景1”。然后新建“图层2”，从库中将“方块”元件拖入舞台。接着利用快捷键〈Alt+Shift〉水平复制多个正方形，再利用对齐面板将复制后的正方形进行等距分配。最后选中所有的正方形，执行菜单中的“修改|组合”命令，将它们组成一个整体。

7）将组合后的正方形向下复制，结果如图4-290所示。

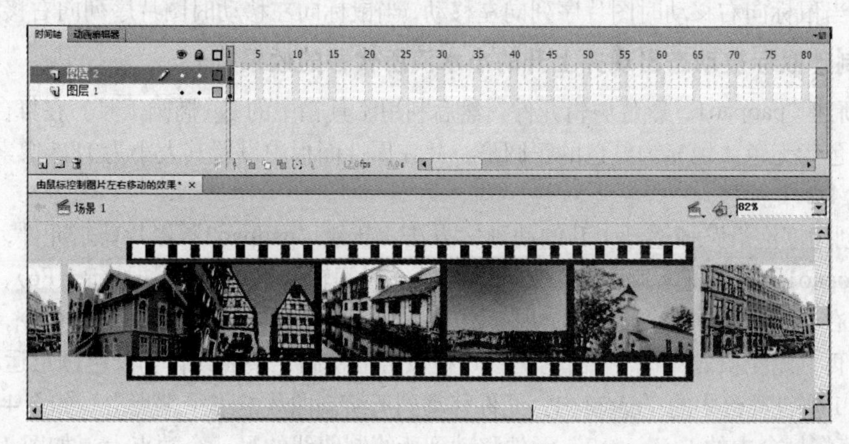

图4-290　制作出胶片上的小方块

8）添加控制图片左右移动的语句。方法：右击“场景 1”中的“12 张图片”元件，从弹出的快捷菜单中选择“动作”命令，然后在弹出的“动作”面板中输入语句：

```
onClipEvent (enterFrame){
```

提示：重复执行。

```
if (_root._xmouse<80){
    this._x + = (380-_root._xmouse) /20;
```

提示：当鼠标位置的水平坐标小于 380 时，整条图片序列向右移动，移动速度为"(380-_root._xmouse)/20"。

```
if (this._x>0){
    this._x = -1018.0;
        }
```

提示：当整个图片对象的 X 坐标大于 0 时，X 坐标的数值改为 -1018.0。

```
}
if (_root._xmouse>380){
    this._x - = (_root._xmouse-380) /20;
```

提示：当鼠标位置的水平坐标大于 380 时，整条图片序列向左移动，移动速度为"(_root._xmouse-380)/20"。

```
if (this._x<-1265.7){
        this._x = -247.7;
        }
```

提示：当整个图片对象的 X 坐标小于 -1265.7 时，X 坐标的数值改为 -247.7。

```
    }
}
```

9）执行菜单中的“控制 | 测试影片”（快捷键〈Ctrl+Enter〉）命令，打开播放器窗口，即可测试到当鼠标向右移动时图片序列向左移动，当鼠标向左移动时图片序列向右移动的效果。

4．制作鼠标被动态出现并上升的小水滴所代替的效果

1）新建“paopao1”影片剪辑元件，然后利用工具箱中的（椭圆工具）在舞台中绘制一个笔触颜色为无色、填充为红色的正圆形，并在属性面板中设置其大小为 18.5 像素 × 18.5 像素，如图 4-291 所示。

2）创建泡泡沿路径逐渐上升的动画。方法：新建“paopao2”影片剪辑元件，然后从库中将“paopao1”元件拖入舞台并中心对齐。再在时间轴的第 40 帧按快捷键〈F6〉，插入关键帧。接着右击“图层 1”，从弹出的快捷菜单中选择“添加传统运动引导层”命令，添加一个引导层，再利用工具箱中的（铅笔工具）在该层上绘制一条曲线作为红色圆形运动的路径。最后在第 1 帧将舞台中的“paopao1”元件移动到所绘制曲线的一个端点上，如图 4-292 所示；在第 40 帧将舞台中的“paopao2”元件移动到所绘制曲线的另一个端点上，如图 4-293 所示。

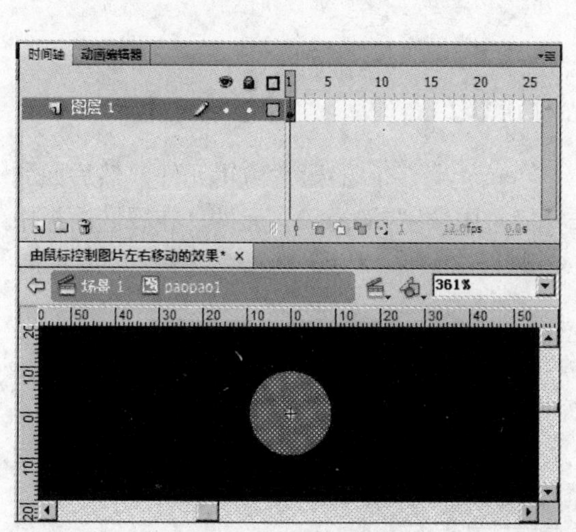

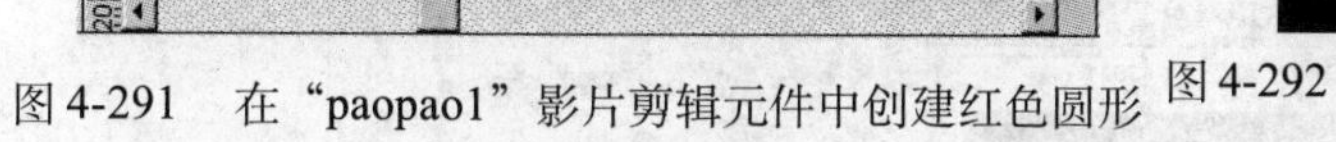
图4-291　在“paopao1”影片剪辑元件中创建红色圆形

图4-292　在第1帧移动“paopao1”的位置

图4-293　在第40帧移动“paopao1”的位置

3）创建小球沿路径运动并逐渐消失的动画。方法：在时间轴中“图层1”的第25帧按快捷键〈F6〉，插入关键帧。然后单击时间轴的第40帧，在属性面板中将Alpha值设为0%。接着在“图层1”创建传统补间动画，此时，时间轴分布如图4-294所示。

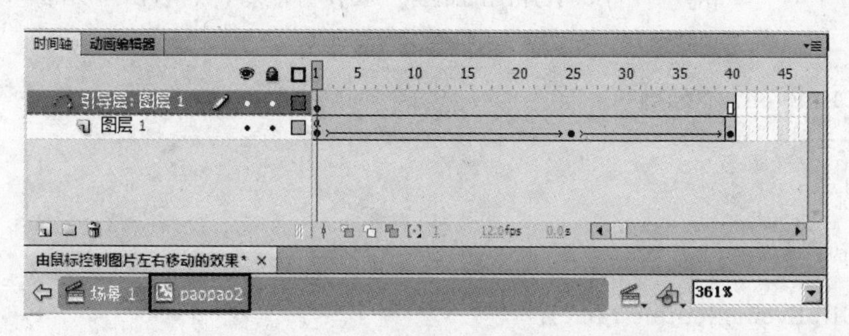

图4-294　在“图层1”创建传统补间动画

4）设置泡泡出现随机大小的语句。方法：右击时间轴中“图层1”的第1帧，然后从弹出的快捷菜单中选择“动作”命令，接着在弹出的“动作”面板中输入语句：

```
this._xscale=this._yscale=random(90)+10;
```

提示：获得大小比例的随机数。

5）制作光标被泡泡取代的效果。方法：新建“paopao3”影片剪辑元件，然后从库中将“paopao2”元件拖入舞台并中心对齐。接着右击舞台中的“paopao2”元件，从弹出的选择“动作”命令，最后在弹出的“动作”面板中输入语句：

```
onClipEvent(load){
    startDrag(this,true);
    }
```

提示：使 popo 实例与光标的位置相匹配，并取代光标的形状。

6）制作泡泡不断被复制的效果。方法：新建“empty”空白的影片剪辑元件，然后回到“paopao3”元件编辑状态中，将其拖入。接着选择舞台中的“paopao2”元件，在属性面板中将其实例名命名为“popo”，如图 4-295 所示。

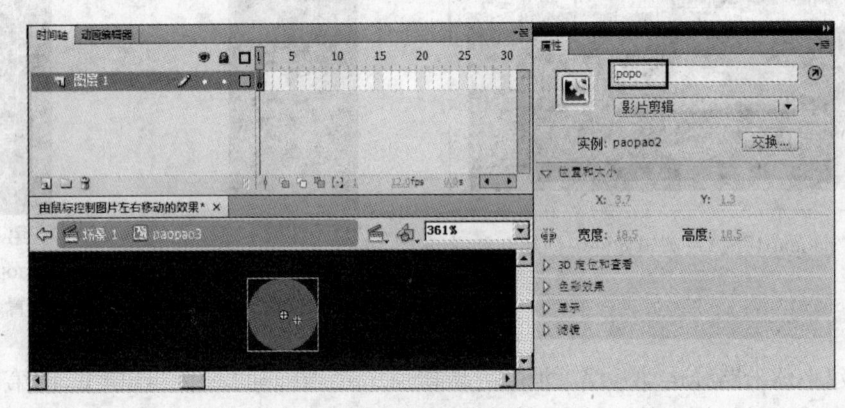

图 4-295　将其命名为“popo”

右击舞台中的“empty”元件，从弹出的选择“动作”命令，然后在弹出的“动作”面板中输入语句：

```
onClipEvent (load){
    n=1;
    }
```

提示：n 的初始值为 1。

```
onClipEvent (enterFrame){
    duplicateMovieClip (_parent.popo,"popo"+n,n);
    n=n+1;
```

提示：不断复制“popo”实例。

```
    if (n>40){
        n=1;
        }
```

提示：当 n>40 时，赋予 n 的数值为 1，从而避免复制的“popo”实例过多。

```
    }
```

7）单击 场景1 按钮，回到“场景1”。然后新建“图层3”，从库中将“paopao3”元件拖入舞台。

8）至此，整个动画制作完毕，下面执行菜单中的“控制|测试影片”（快捷键〈Ctrl+Enter〉）命令，打开播放器窗口，即可看到动画效果。

4.20 在水中跟随鼠标一起游动的金鱼效果

目标：

制作在水中跟随鼠标一起游动的金鱼效果，如图 4-296 所示。

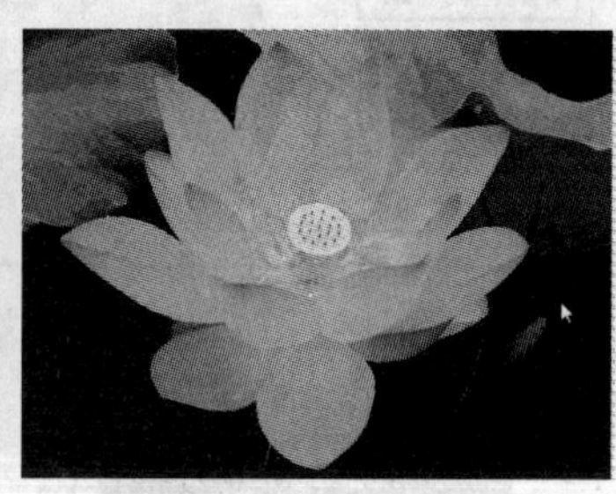

图 4-296 在水中跟随鼠标一起游动的金鱼效果

要点：

掌握如何定义元件链接属性，学会 attachMovie ( )、if ( )、for ( )、onEnterFrame = function ( ) 等语句的综合应用。

操作步骤：

1. 创建所需元件

1）启动 Flash CS4 软件，新建一个 Flash 文件（ActionScript 2.0）。

2）改变文档大小。方法：执行菜单中的“修改|文档”（快捷键〈Ctrl+J〉）命令，在弹出的“文档属性”对话框中设置背景色为黑色（#000000），文档尺寸为 550 像素 × 400 像素，如图 4-297 所示，然后单击“确定”按钮。

3) 制作金鱼的头部。方法：执行菜单中的“插入|新建元件”（快捷键〈Ctrl+F8〉）命令，在弹出的“创建新元件”对话框中设置参数，如图 4-298 所示，然后单击“确定”按钮，进入“head”元件的编辑模式。

4）在“head”元件中，利用工具箱中的 （椭圆工具）绘制一个笔触颜色为无色，填充为红色的椭圆作为金鱼头部的基础形状，如图 4-299 所示。然后选择工具箱中的 （选择工具）配合键盘上的〈Ctrl〉键对椭圆进行修改，结果如图 4-300 所示。接着利用对齐面板中的 （水平中齐）按钮，将其垂直居中对齐。最后利用工具箱中的 （画笔工具）绘制出金鱼的眼睛，结果如图 4-301 所示。

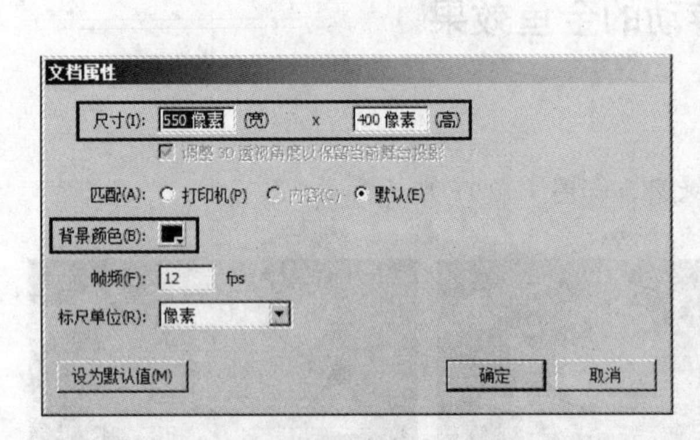

图 4-297 设置文档属性

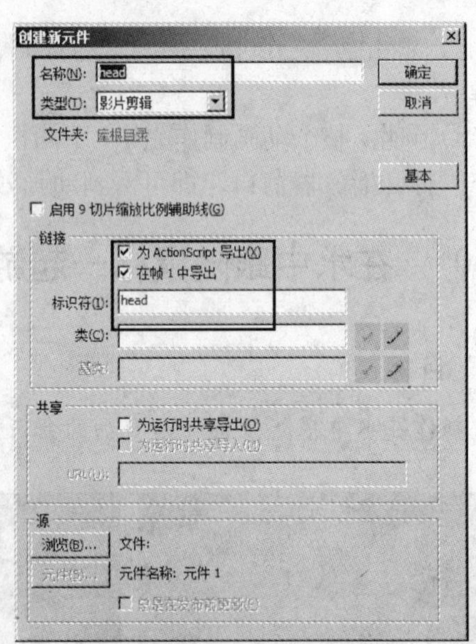

图 4-298 新建“head”影片剪辑元件

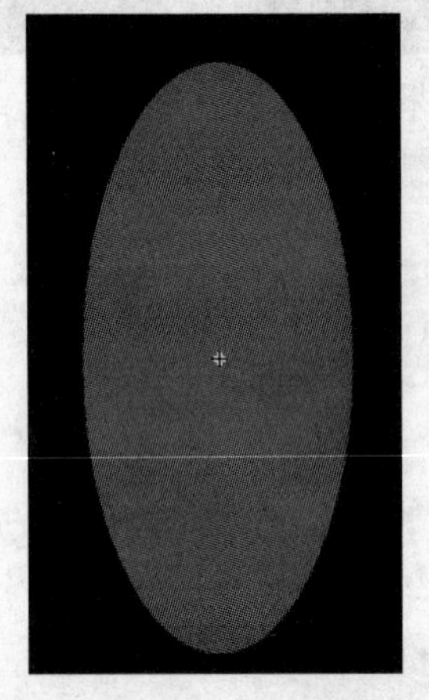

图 4-299 绘制椭圆

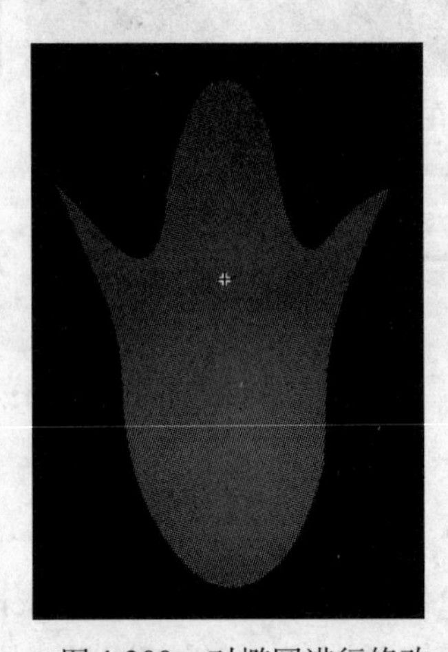

图 4-300 对椭圆进行修改

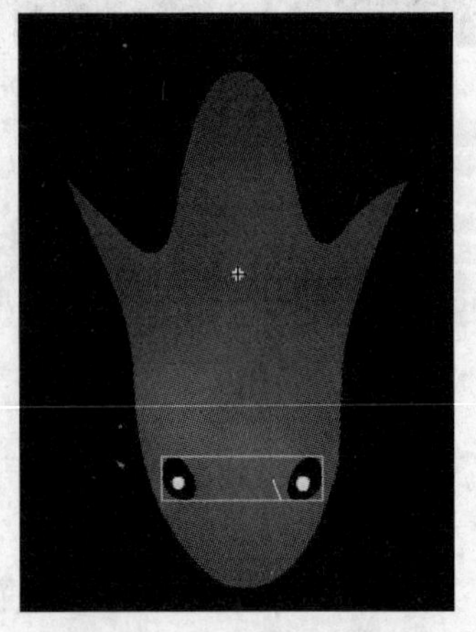

图 4-301 绘制出金鱼的眼睛

提示：在绘制金鱼眼睛的时候，为了与头部进行区分，一定要激活工具箱下部的 (对象绘制) 按钮。

5）制作金鱼的身体。方法：执行菜单中的“插入|新建元件”(快捷键〈Ctrl+F8〉) 命令，在弹出的“创建新元件”对话框中设置参数，如图 4-302 所示，然后单击“确定”按钮，进入“body”元件的编辑模式。

6）在“body”元件中，利用工具箱中的 (椭圆工具) 绘制一个笔触颜色为无色，填充为红色的椭圆作为金鱼身体的基础形状。然后 (选择工具) 对其进行适当修改，再利用对齐面板中的 (水平中齐) 按钮，将其垂直居中对齐，结果如图 4-303 所示。

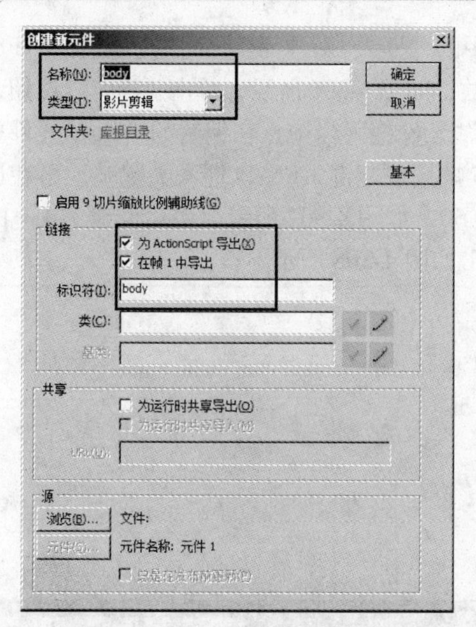

图 4-302　新建“body”影片剪辑元件

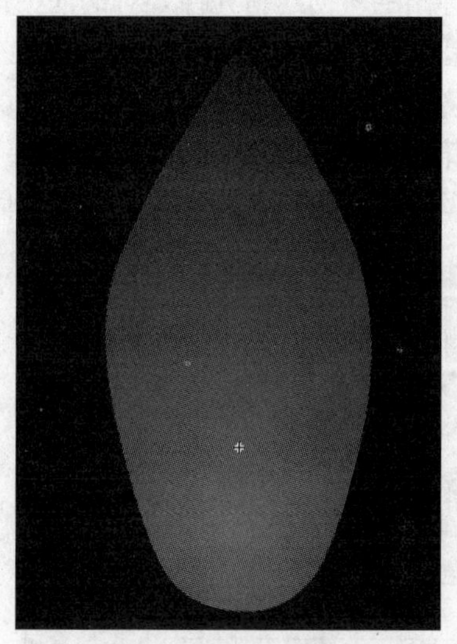

图 4-303　制作出金鱼的身体

7）制作金鱼的鱼鳍。方法：执行菜单中的“插入|新建元件”（快捷键〈Ctrl+F8〉）命令，在弹出的“创建新元件”对话框中设置参数，如图 4-304 所示，然后单击“确定”按钮，进入“picfin”元件的编辑模式。

提示：对于“picfin”元件不用指定链接属性。

8）在“picfin”元件中，利用 (椭圆工具) 绘制一个笔触颜色为无色，填充为红色的椭圆。然后利用 (选择工具) 对其进行适当修改，再利用对齐面板中的 (水平中齐) 按钮，将其垂直居中对齐，结果如图 4-305 所示。

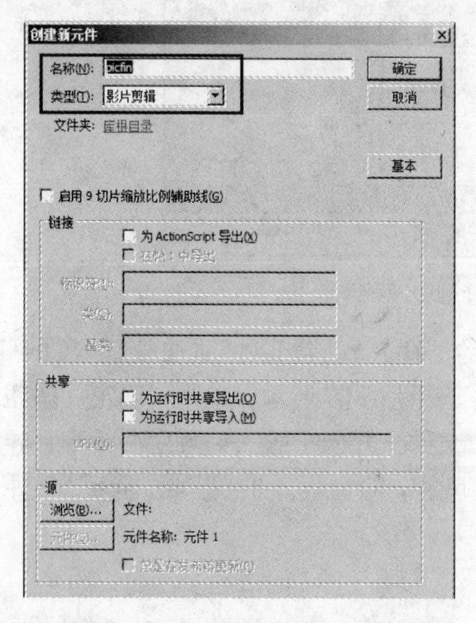

图 4-304　新建“picfin”影片剪辑元件

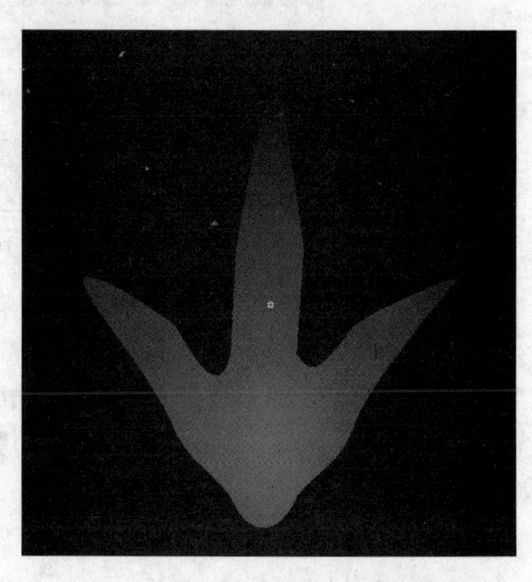

图 4-305　制作出金鱼的鱼鳍形状

9）制作鱼鳍的渐隐渐现动画。执行菜单中的“插入|新建元件”（快捷键〈Ctrl+F8〉）命令，在弹出的“创建新元件”对话框中设置参数，如图4-306所示，单击“确定”按钮，进入“fin”元件的编辑模式。然后从库中将“picfin”元件拖入当前正在编辑的“fin”元件中，并中心对齐。接着分别在时间轴的第8帧和第16帧按快捷键〈F6〉，插入关键帧。再在属性面板中将第8帧中“picfin”元件的Alpha值设为50，如图4-307所示。最后创建第1～16帧的传统补间动画，此时，“fin”元件的时间轴分布如图4-308所示。

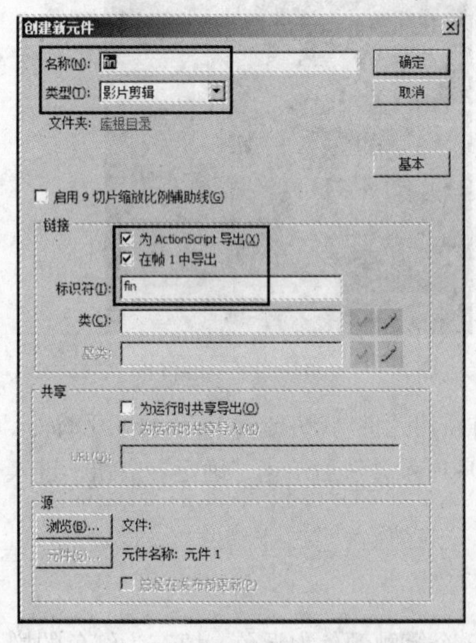

图4-306 新建“fin”影片剪辑元件

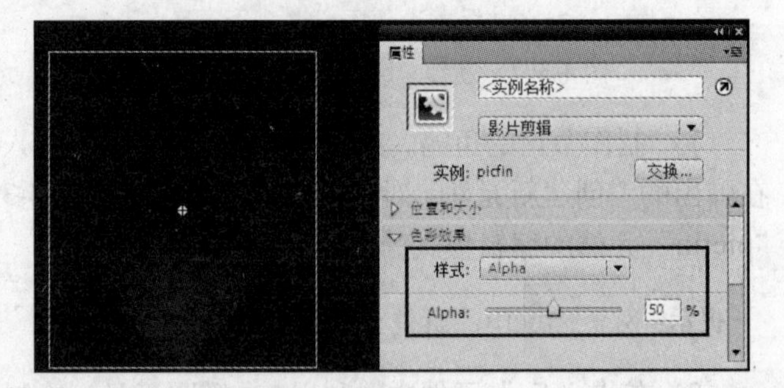

图4-307 将第8帧“picfin”元件的Alpha设为50

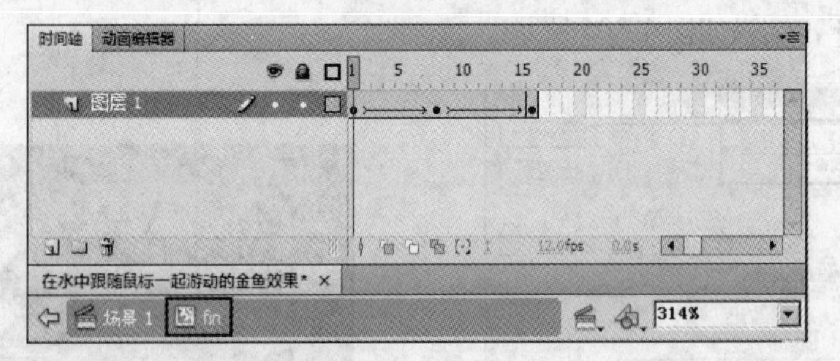

图4-308 “fin”元件的时间轴分布

10) 制作带有莲花的背景。方法：执行菜单中的“插入|新建元件”（快捷键〈Ctrl+F8〉）命令，在弹出的“创建新元件”对话框中设置参数，如图4-309所示，单击“确定”按钮，进入“picMC”元件的编辑模式。然后执行菜单中的“文件｜导入｜导入到舞台”命令，导入配套光盘中的“素材及结果\4.20 在水中跟随鼠标一起游动的金鱼效果\莲花．jpg”文件，结果如图4-310所示。

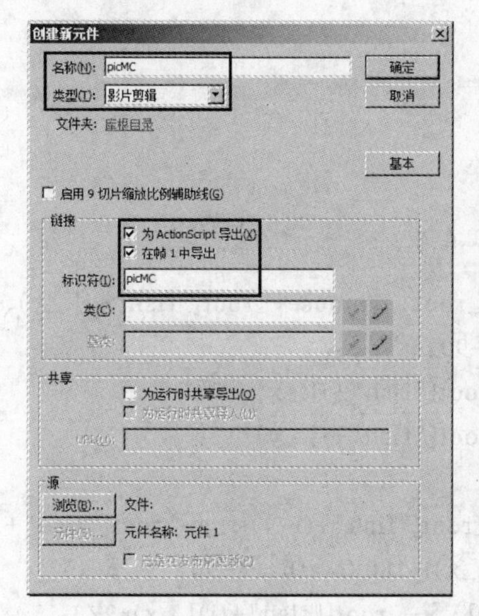

图4-309 新建“picMC”影片剪辑元件

图4-310 在“picMC”元件中导入“莲花.jpg”文件

2. 添加动作

1）单击“场景 1”按钮，回到场景1。右击时间轴的第1帧，从弹出的快捷菜单中选择“动作”命令，然后在弹出的“动作”面板中输入语句：

```
unit = 20;
for (i=1; i<=unit; i++) {
```

提示：数值初始值为1，在1~20的范围内循环下列语句。

```
if (i == 1) {
    attachMovie("head", "fish"+i, unit+1-i);
} else if ((i == 4) or (i == 13)) {
    attachMovie("fin", "fish"+i, unit+1-i);
} else {
    attachMovie("body", "fish"+i, unit+1-i);
}
    _root["fish"+i]._xscale = 50-3*(i-1);
    _root["fish"+i]._yscale = 60-3*(i-1);
```

提示：获取fish比例的随机数。

```
  _root["fish"+i]._alpha = 100-(100/unit)*i;
```

提示：获取fish透明度的随机数。

```
}
```

```
attachMovie("picMC", "picMC", 30);
```

提示：获取背景 picMC。

```
onEnterFrame = function () {
for (var i = 1; i<=unit; i++) {
if (i == 1) {
_root["fish"+i]._rotation = Math.atan2((_root._ymouse-_root["fish"+i]._y),
(_root._xmouse-_root["fish"+i]._x))*180/Math.PI-90;
_root["fish"+i]._x += (_root._xmouse-_root["fish"+i]._x)/12;
_root["fish"+i]._y += (_root._ymouse-_root["fish"+i]._y)/12;
        } else {
_root["fish"+i]._rotation = Math.atan2((_root["fish"+(i-1)]._y-_root["fish"+
(i)]._y), (_root["fish"+(i-1)]._x-_root["fish"+(i)]._x))*180/Math.PI-90;
_root["fish"+i]._x += (_root["fish"+(i-1)]._x-_root["fish"+(i)]._x)*2/3;
_root["fish"+i]._y += (_root["fish"+(i-1)]._y-_root["fish"+(i)]._y)*2/3;
        }
```

提示：获取 fish 的位置。

```
    }
}
```

2）执行菜单中的“控制 | 测试影片”（快捷键〈Ctrl+Enter〉）命令，即可看到跟随鼠标一起游动的金鱼效果。

4.21 课后练习

（1）制作一个单击按钮后会随机出现的图片效果，如图 4-311 所示。参数可参考配套光盘中的“课后练习 \ 4.21 课后练习 \ 练习 1\ 随机数的应用.fla”文件。

图 4-311 练习 1

（2）制作随鼠标运动的点燃的香烟效果，如图4-312所示。参数可参考配套光盘中的“课后练习\4.21课后练习\练习2\点燃的香烟效果.fla”文件。

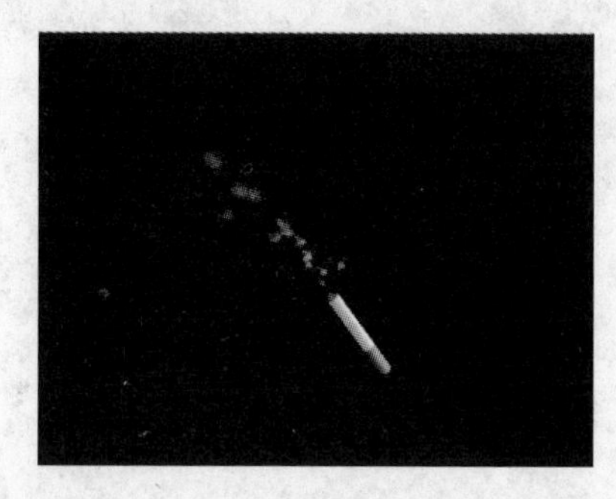

图4-312　练习2

（3）制作一个由滑块控制放大和缩小的显示系统时间的时钟效果，如图4-313所示。参数可参考配套光盘中的“课后练习\4.21课后练习\练习3\时钟.fla”文件。

图4-313　练习3

第3部分　综合实例演练

■第5章　综合实例

第5章 综合实例

本章重点

通过前面几章的学习，我们已经掌握了 Flash CS4 的基本操作。本章将综合利用前面几章的知识，制作目前流行的全 Flash 站点、Flash 游戏和动画片。

5.1 天津美术学院网页制作

目标：

制作一个 Flash 站点，如图 5-1 所示。

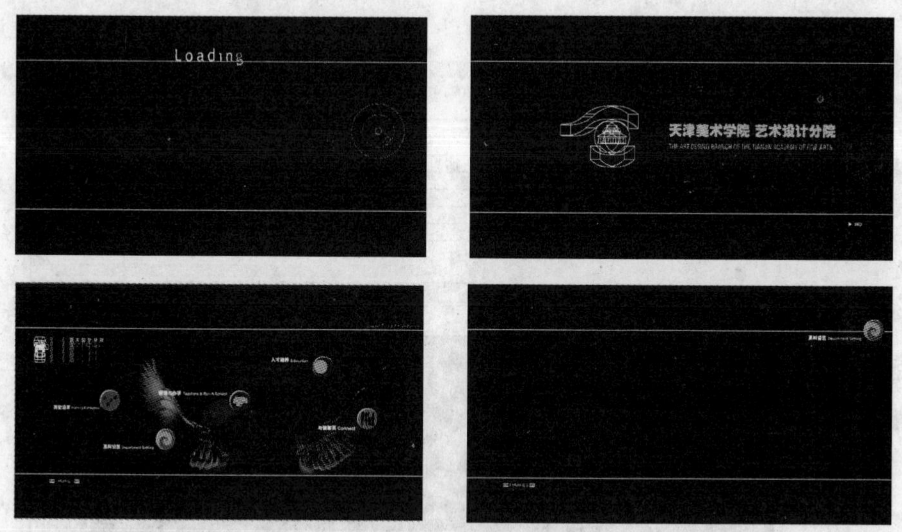

图 5-1 天津美术学院网页制作

要点：

掌握网页的架构和常用脚本的使用方法。

操作步骤：

整个网站共有 8 个场景。其中，“场景 1”和“场景 2”为 Loading 动画；“场景 3”为主页；“场景 4”~“场景 8”为单击“场景 3”中的按钮后进入的子页。

1. 制作“场景 1”

1）按快捷键〈Ctrl+F8〉，新建影片剪辑元件，名称为“泉动画”。然后单击“确定”按钮，进入其编辑模式。

2）选择工具箱上的（椭圆工具）绘制一个圆形，然后按快捷键〈F8〉将其转换为图形元件“泉”。接着在“泉动画”元件中制作放大并逐渐消失的动画。此时，时间轴如图 5-2 所示。

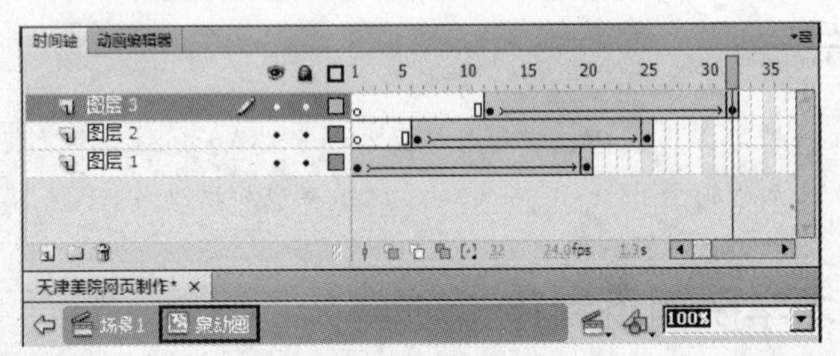

图 5-2　时间轴分布

3）按快捷键〈Ctrl+E〉，回到“场景 1”，新建 8 个图层。然后将“泉动画”元件复制到不同图层的不同帧上，从而形成错落有致的泉水放大并消失效果，时间轴及效果如图 5-3 所示。

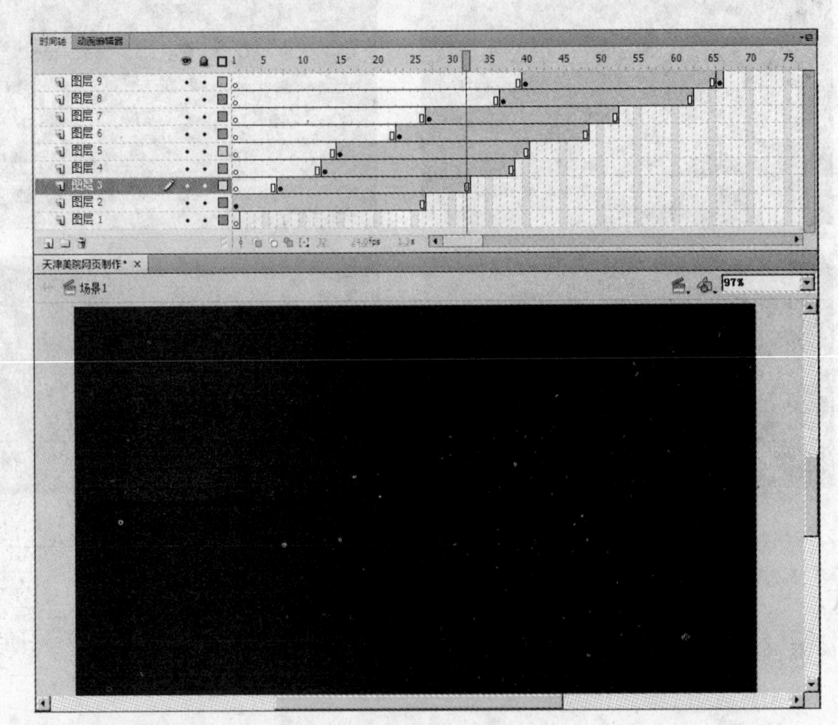

图 5-3　时间轴及效果

4）选择工具箱上的（线条工具），在“图层 1”上绘制一条白色直线，然后按快捷键〈F8〉将其转换为图形元件“线”。接着在工作区中复制一个“线”，并将两条白线放置到工作区的上方和下方。最后在“图层 1”的第 66 帧按快捷键〈F5〉，从而将该层的总长度延长到 66 帧，时间轴及效果如图 5-4 所示。

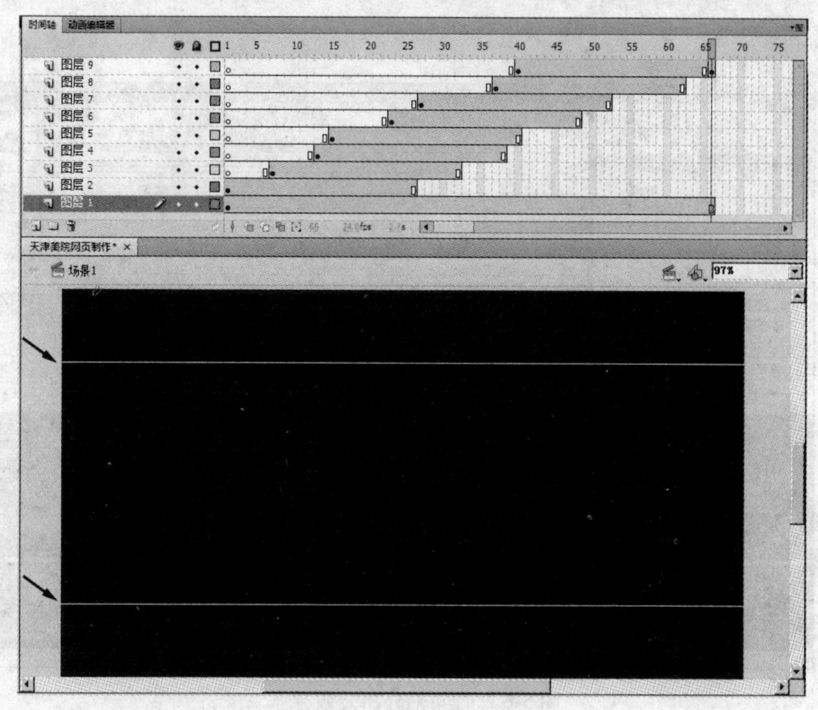

图5-4 绘制直线

5）新建7个图层L、o、a、d、i、n、g，分别制作字母L、o、a、d、i、n、g逐个显现，然后逐个消失的效果，如图5-5所示。

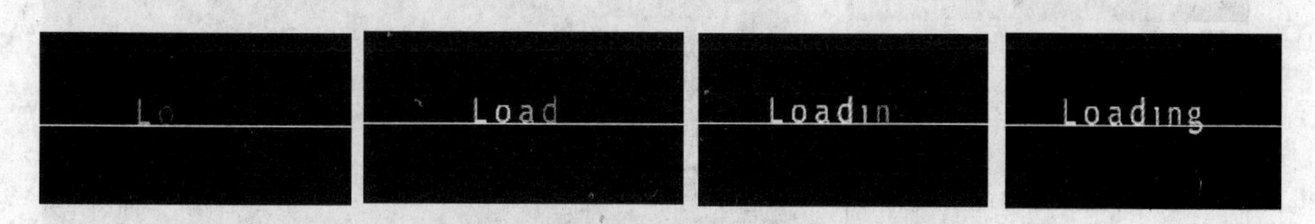

图5-5 制作字母逐个出现的效果

6）为了使文字Loading更加生动，下面分别选中字母g的上下两部分，然后按快捷键〈F8〉，将它们分别转换为“g上”和“g下”图形元件。接着新建“g下”层，将“g下”元件放置到该层，并制作字母g下半部分的摇摆动画，最终时间轴如图5-6所示。

7）为了使“场景1”播放完毕后能够直接跳转到下面即将制作的“场景2”的第1帧，单击“图层9”的最后1帧（第66帧），然后在“动作”面板中输入语句：

```
gotoAndPlay("场景2", 1);
```

2. 制作“场景2”

1）执行菜单中的“窗口|工作面板|场景”命令，调出“场景”面板。然后单击（添加场景）按钮，新建“场景2”，如图5-7所示。接着按快捷键〈Ctrl+R〉，导入配套光盘中的“素材及结果\5.1 天津美术学院网页制作\xiaoyuan.jpg”图片，作为“场景2”的背景，如

图 5-8 所示。

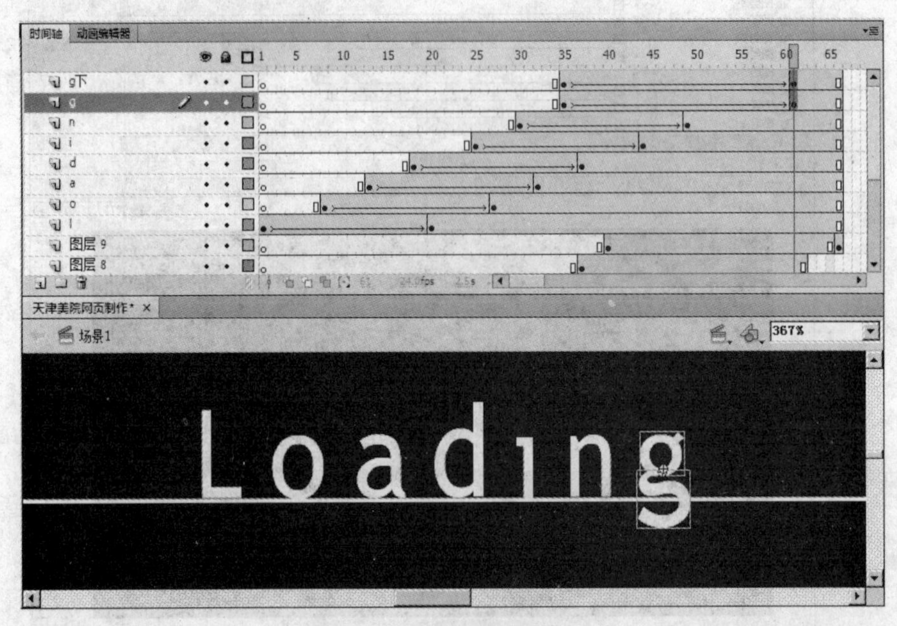

图 5-6 时间轴分布及效果

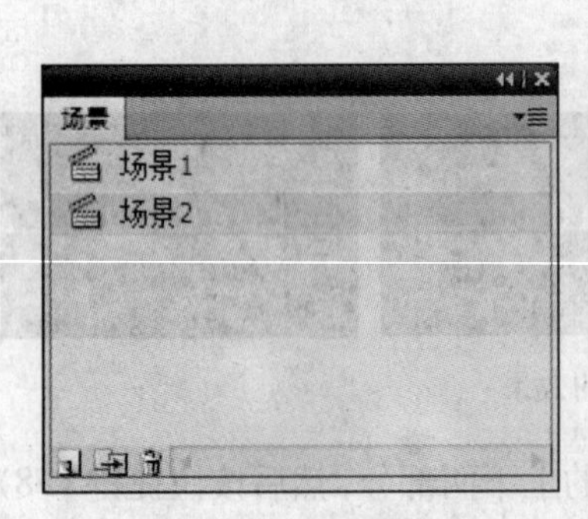

图 5-7 新建“场景2”

图 5-8 导入背景图片

2）新建 4 个图层，名称分别为 H、e、r、e，在其中制作文字从场景外飞入场景的效果，如图 5-9 所示。

图 5-9 制作文字从场景外飞入场景的效果

3）绘制图形如图5-10所示，然后利用遮罩层制作逐笔绘制图形的效果。此时，时间轴分布如图5-11所示。

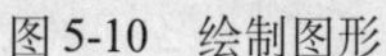

图5-10　绘制图形

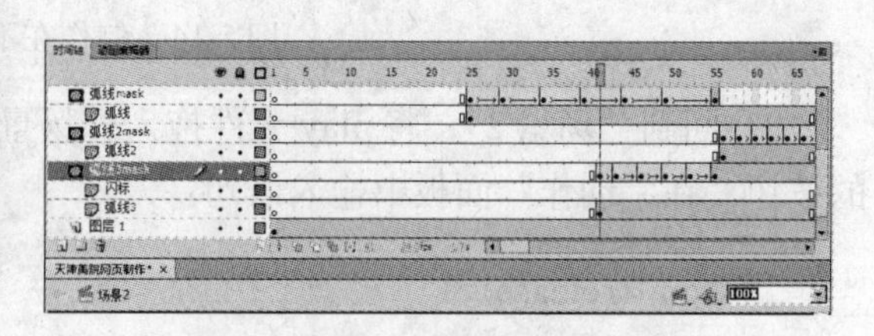

图5-11　时间轴分布

4）按快捷键〈Ctrl+F8〉，新建影片剪辑元件，名称为zhuan，然后单击“确定”按钮，进入元件的编辑模式。

5）按快捷键〈Ctrl+R〉，导入由Cool 3D软件制作的旋转动画图片，结果如图5-12所示。然后按快捷键〈Ctrl+E〉，回到“场景2”，将元件zhuan从库中拖入到舞台中。

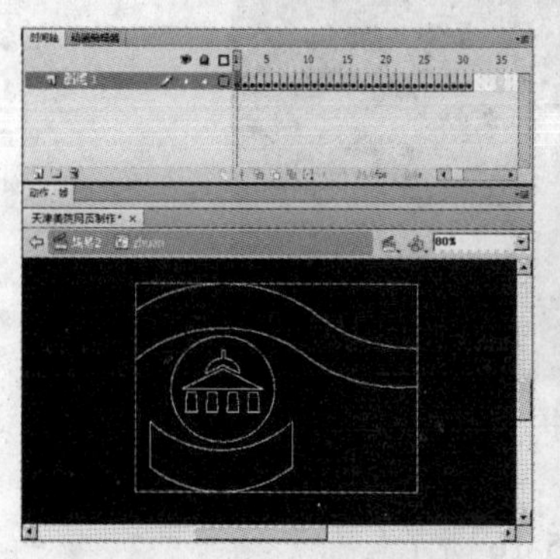

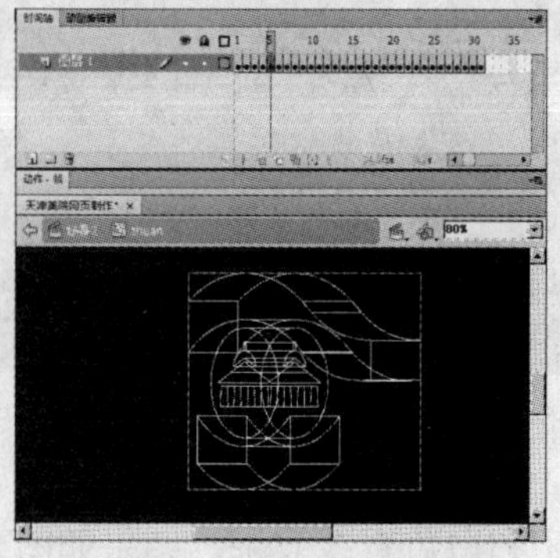

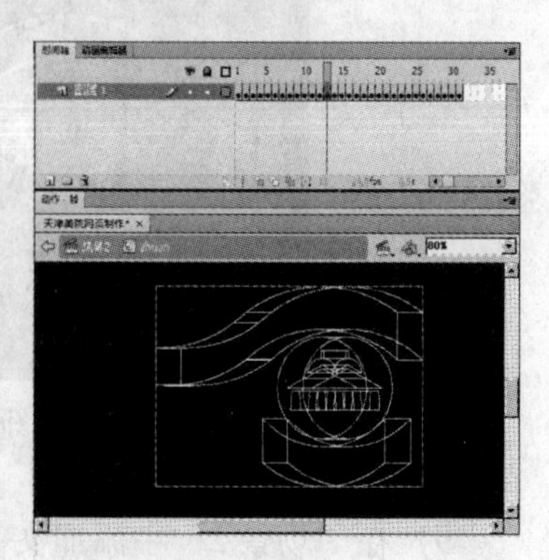

图5-12　导入序列图片

6）在“场景2”中制作其由小变大、由消失到显现，然后再由大变小开始旋转的效果，时间轴分布如图5-13所示。

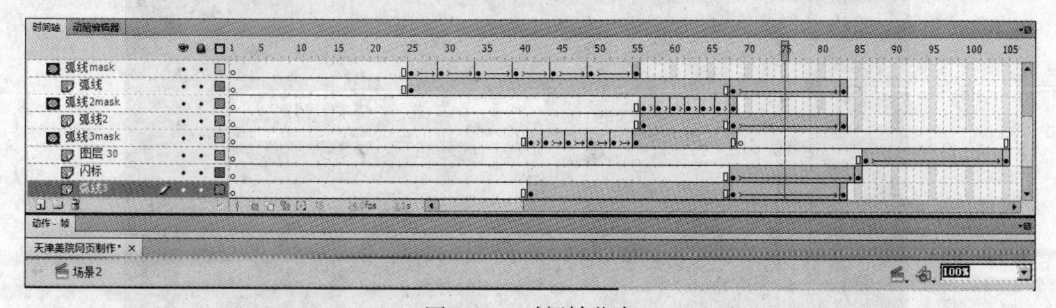

图5-13　时间轴分布

7）制作控制跳转的按钮。方法：按快捷键〈Ctrl+F8〉，新建按钮元件，名称为play，然后单击“确定”按钮，进入元件的编辑模式。接着制作不同状态下的按钮，结果如图5-14所示。

“弹起”帧　　“指针经过”帧　　“按下”帧　　“点击”帧

图5-14　制作在不同状态下的按钮

8）回到“场景2”，将play元件拖入“场景2”中，如图5-15所示。然后选择工作区中的按钮，在“动作”面板中输入语句：

```
on (release) {
    gotoAndPlay("场景3", 1);
}
```

图5-15　将play元件拖入“场景2”中

9）在“场景2”中添加文字和白色直线效果，结果如图5-16所示。

图5-16　在“场景2”中添加文字和白色直线效果

10）制作单击skip后，画面停止在“场景2”最后1帧的效果。方法：单击“图层30”的最后1帧（即第105帧），然后在“动作”面板中输入语句：

```
stop();
```

3. 制作“场景3”

1）新建“场景3”，然后将元件“线”拖入“场景3”。接着制作“线”元件从工作区下方运动到中央，再回到工作区下方的动画，如图5-17所示。

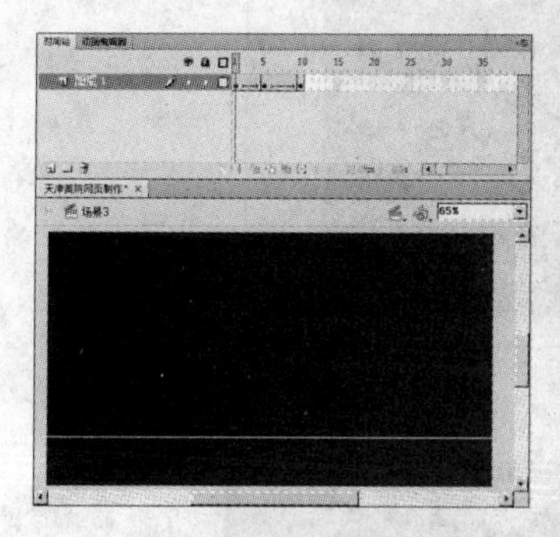
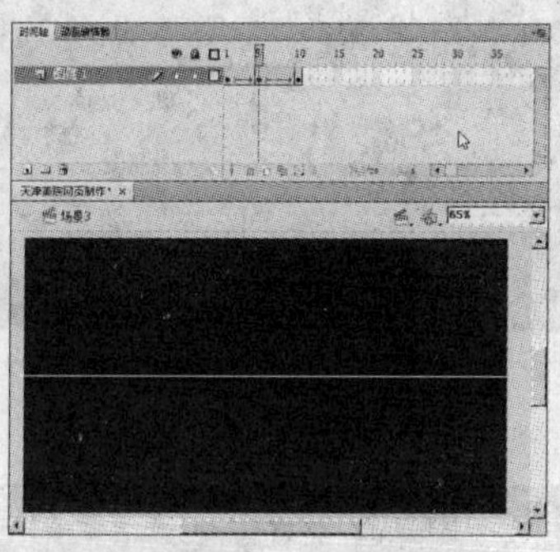
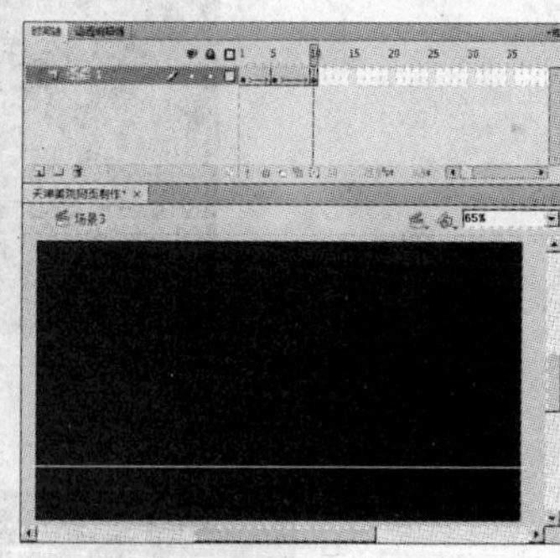

图5-17　在“图层1”中直线运动动画

2）新建“图层2”，再次将元件“线”拖入“场景3”，并调整位置如图5-18所示。然后制作“线”元件从工作区上方运动到中央，再回到工作区上方的动画。

图5-18　在“图层3”放置“线”元件

3）新建“图层3”，然后选择第9帧，按快捷键〈Ctrl+R〉，导入配套光盘中的“素材及结果\综合实例\5.1 天津美术学院网页制作\eye.jpg”图片作为背景图片，并将其置于底层。接着同时选择3个图层，在第74帧按快捷键〈F5〉，插入普通帧，结果如图5-19所示。

4）新建“图层4”，按快捷键〈F7〉插入空白关键帧，然后将元件zhuan拖入“场景3”的左上角，如图5-20所示。

5）按快捷键〈Ctrl+F8〉，新建一个按钮元件，名称为“按钮1”。然后制作一个按钮，如图5-21所示。

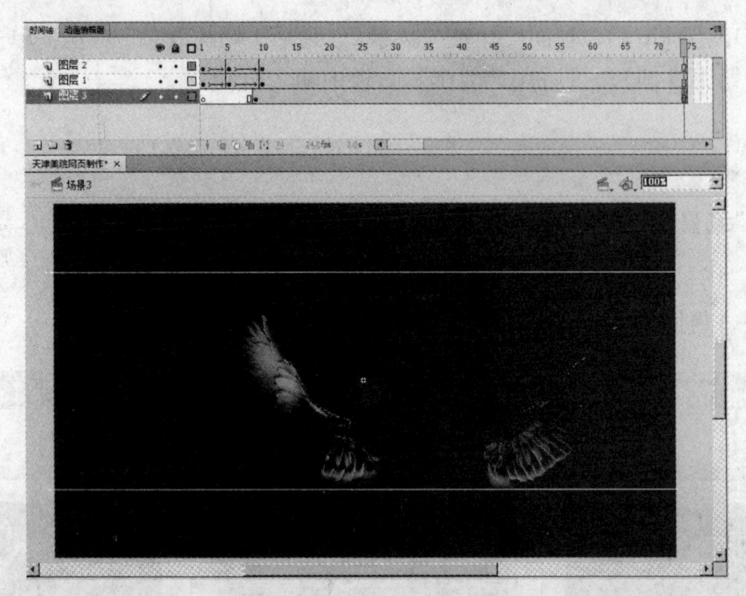

图 5-19　添加背景图片

图 5-20　将元件 zhuan 放置到“场景 3”的左上角

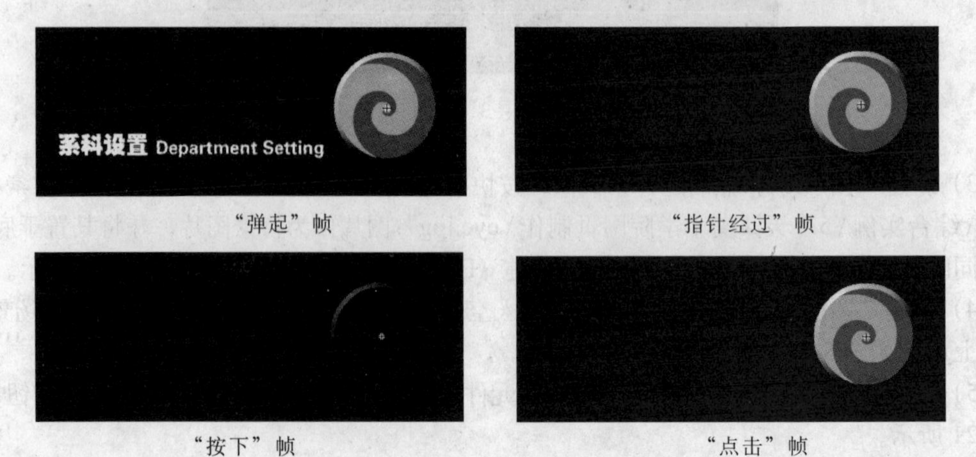

“弹起”帧　　“指针经过”帧

“按下” 帧　　“点击”帧

图 5-21　制作“按钮 1”按钮元件

6）回到“场景3”，新建“图层5”，然后将“按钮1”元件拖入工作区中，并调整位置如图5-22所示。

图5-22　将“按钮1”元件放置到工作区中

7）选中“按钮1”，在“动作”面板中输入语句：

```
on (release) {
    gotoAndPlay("场景5", 1);
}
```

8）同理，制作其余的按钮，分别把它们命名为“按钮2”~“按钮5”。然后把它们分别拖入“场景3”中，位置如图5-23所示。

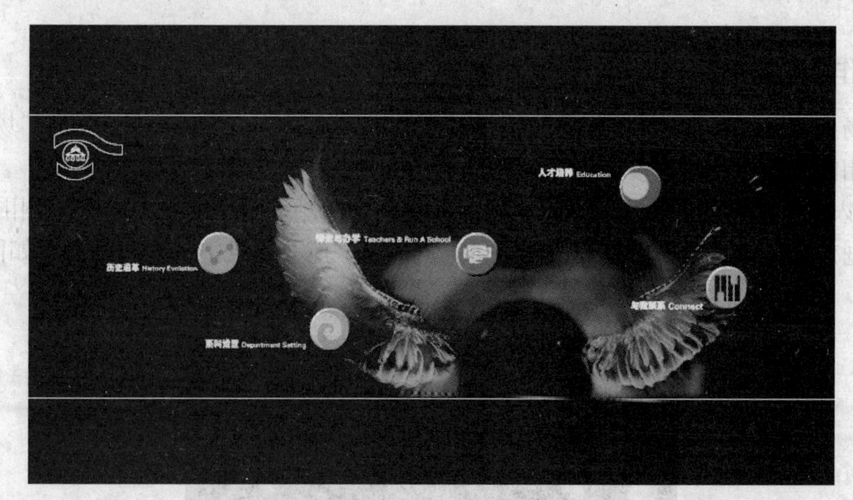

图5-23　将按钮元件分别放置到工作区中

9）选中“按钮2”，在“动作”面板中输入语句：

```
on (release) {
    gotoAndPlay("场景6", 1);
}
```

选中“按钮3”，在“动作”面板中输入语句：

```
on (release) {
    gotoAndPlay("场景4", 1);
}
```

选中“按钮4”，在“动作”面板中输入语句：

```
on (release) {
    gotoAndPlay("场景7", 1);
}
```

选中“按钮5”，在“动作”面板中输入语句：

```
on (release) {
    gotoAndPlay("场景8", 1);
}
```

10）制作单击按钮前，画面停止在“场景3”最后1帧的效果。方法：单击“图层30”的最后1帧（即第74帧），然后在“动作”面板中输入语句：

```
stop();
```

4. 制作“场景4”

1）“场景4”为单击主页上相应按钮跳转到的内容页面。由于“场景4”与“场景3”的结构大致相同，这里就不再多说，只讲它们不同的地方。

2）导入一张满意的图片作为背景。然后新建两个图层，创建出与“场景3”相同的“线”元件的动画效果。接着从库中把已制作好的“按钮3”拖入场景中，并调整位置如图5-24所示。

图5-24　将“按钮3”拖入“场景4”

3）在工作区中选中“按钮3”，在“动作”面板中输入语句：

```
on (release) {
    gotoAndPlay("场景3", 1);
}
```

4）按照“场景4”的结构，依次制作出“场景5”~“场景8”，然后在各场景中分别选中各自的按钮，在“动作”面板中输入语句：

```
on (release) {
    gotoAndPlay("场景3", 1);
}
```

使它们都可以回到“场景3”中。

5）按快捷键〈Ctrl+Enter〉，打开播放器，即可测试效果。

5.2　制作空战游戏

目标：

制作战斗机攻击敌机的空战游戏，如图5-25所示。启动游戏后，单击start按钮，游戏开始。用键盘的方向键控制战斗机，按空格键发射子弹摧毁敌机，每摧毁一架战斗机都会加上适当分数，如果分数大于500，则胜利完成游戏。游戏中要控制战斗机不能被敌机发射的炮弹击中，也不能与飞来的敌机碰撞，否则每碰撞或击中一次都会减少战斗机的生命值，当生命值小于0时，游戏失败，退到初始画面。

图5-25　空战游戏

要点：

掌握利用脚本来制作游戏的方法。

操作步骤：

1. 新建文件

1）启动Flash CS4软件，新建一个Flash文件（ActionScript 2.0）。

2）按快捷键〈Ctrl+J〉，在弹出的“文档属性”对话框中设置参数，如图 5-26 所示，然后单击“确定”按钮。

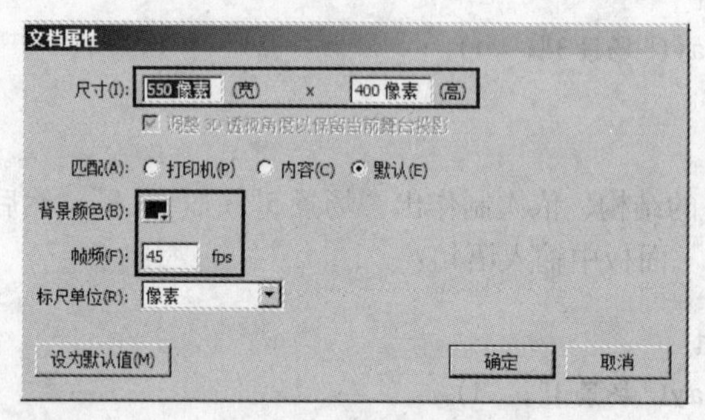

图 5-26　设置文档属性

2. 创建“我方飞机”元件

1）按快捷键〈Ctrl+F8〉，在弹出的“创建新元件”对话框中设置参数，如图 5-27 所示，然后单击“确定”按钮，进入“我方飞机”元件的编辑模式。

2）在“我方飞机”元件中绘制飞机造型，结果如图 5-28 所示。

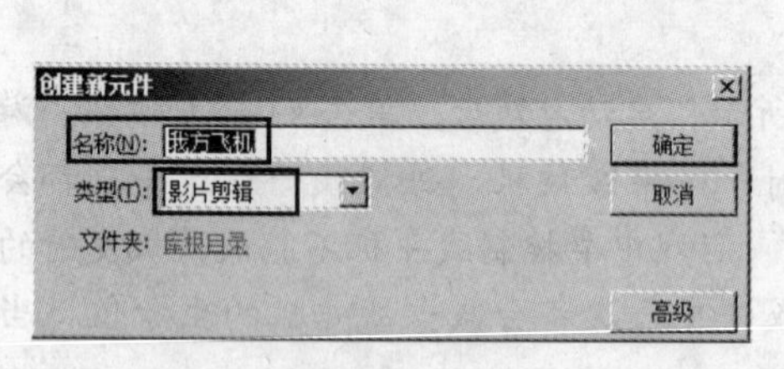

图 5-27　创建“我方飞机”元件

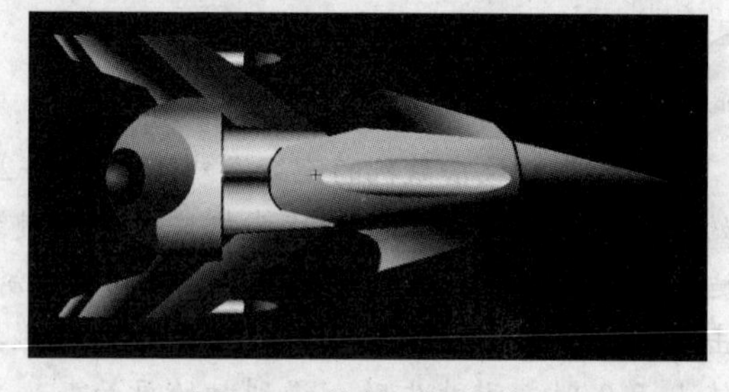

图 5-28　绘制飞机造型

3）单击第 1 帧，在“动作”面板中输入语句：

```
stop();
```

提示：这段语句用于控制时间轴开始处理停滞状态。

4）在第 2 帧按快捷键〈F7〉，插入空白关键帧，然后绘制图形如图 5-29 所示。

5）在第 6 帧按快捷键〈F6〉，插入关键帧，将图形调整为如图 5-30 所示的形状。

图 5-29　绘制矩形

图 5-30　调整图形形状

6）在第 2~6 帧创建形状补间动画。然后单击第 6 帧，在“动作”面板中输入语句：

```
gotoAndPlay(1);
```

此时，时间轴如图 5-31 所示。

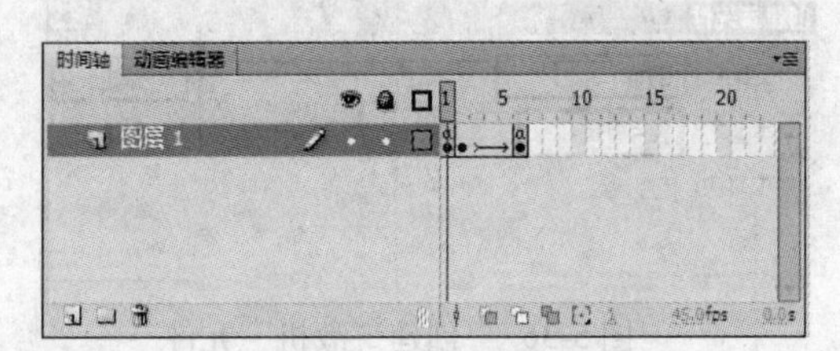

图 5-31　“我方飞机”元件的时间轴分布

3. 创建“敌机爆炸”元件

1）按快捷键〈Ctrl+F8〉，在弹出的“创建新元件”对话框中设置参数，如图 5-32 所示，然后单击“确定”按钮，进入“敌机爆炸”元件的编辑模式。

图 5-32　创建“敌机爆炸”元件

2）在第 1 帧绘制图形如图 5-33 所示，然后在第 5 帧按快捷键〈F6〉，插入关键帧，接着调整图形形状如图 5-34 所示。

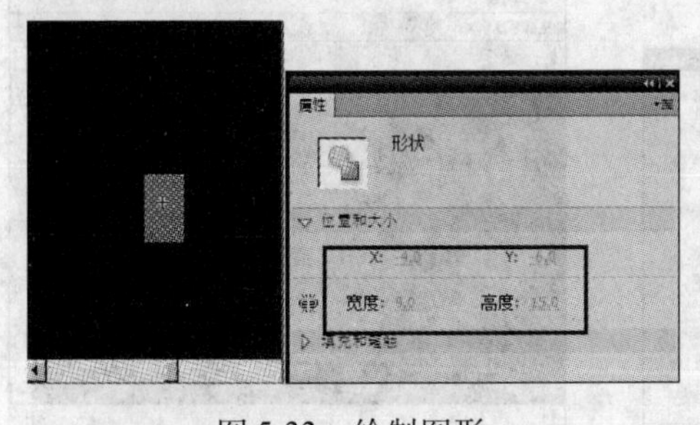

图 5-33　绘制图形

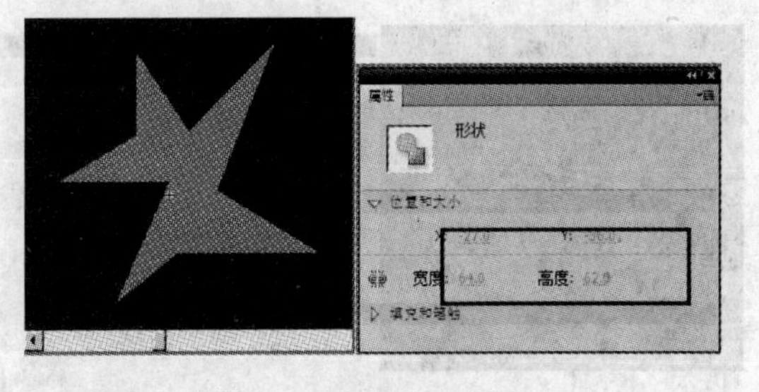

图 5-34　调整图形形状

3）按快捷键〈Ctrl+R〉，导入配套光盘中的“素材及结果 \ 5.2 制作空战游戏 \ 爆炸声音.wav”声音文件，然后从库中将“敌机爆炸.wav”拖入舞台，此时，时间轴如图 5-35 所示。

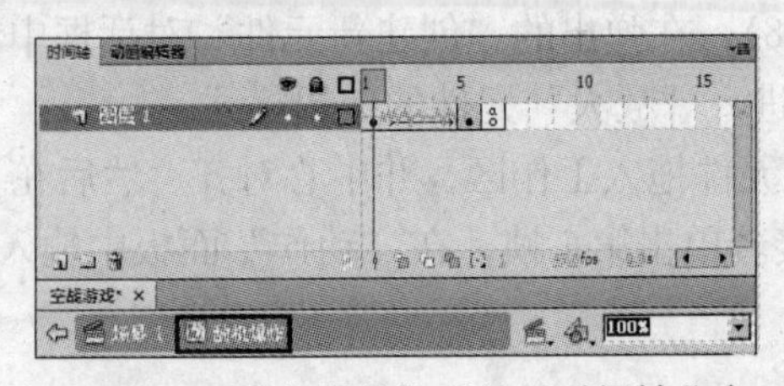

图 5-35　“敌机爆炸”元件的时间轴分布

4. 创建"敌机"元件

1）按快捷键〈Ctrl+F8〉，在弹出的"创建新元件"对话框中设置参数，如图5-36所示，然后单击"确定"按钮，进入"敌机"元件的编辑模式。

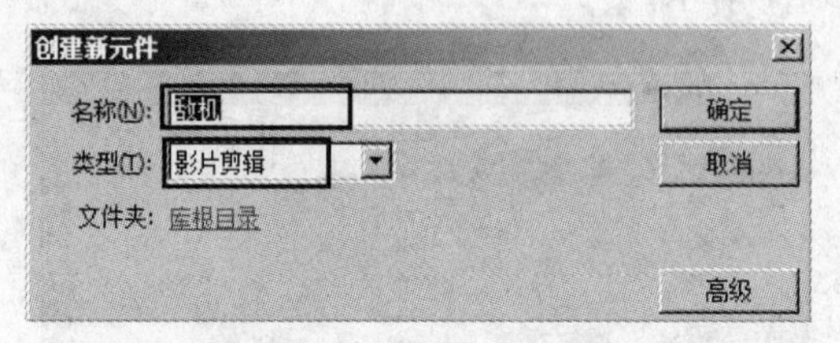

图5-36　创建"敌机"元件

2）在第1帧绘制敌机造型，如图5-37所示。然后在"动作"面板中输入语句：

```
stop();
```

3）在第2帧按快捷键〈F7〉，插入空白关键帧。然后从库中将"敌机爆炸"元件拖入工作区并中心对齐。接着在"动作"面板中输入语句：

```
stop();
```

此时，结果如图5-38所示。

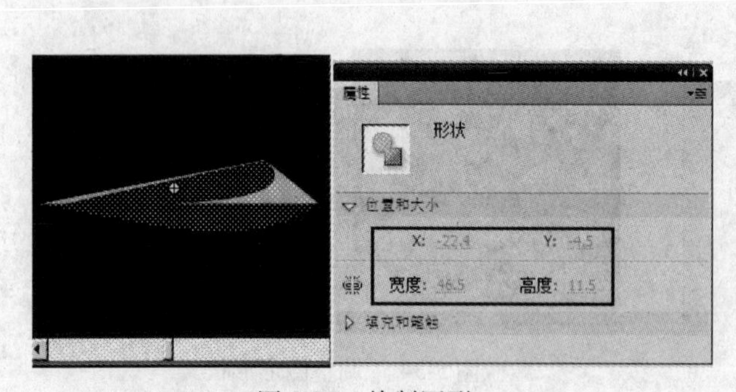

图5-37　绘制图形

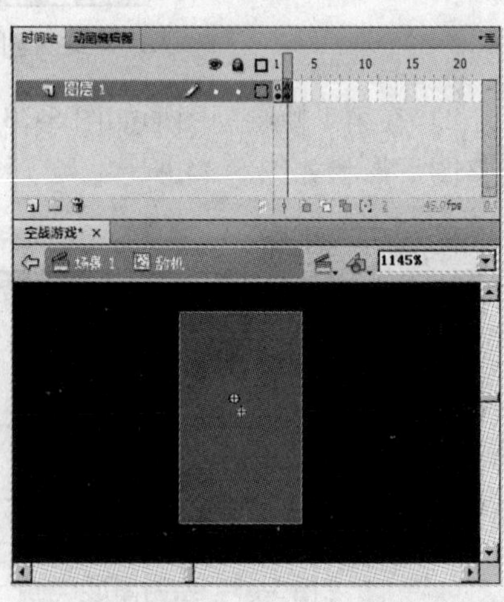

图5-38　在第2帧拖入"敌机爆炸"

5. 创建"敌人"元件

1）按快捷键〈Ctrl+F8〉，在弹出的"创建新元件"对话框中设置参数，如图5-39所示，然后单击"确定"按钮，进入"敌人"元件的编辑模式。

2）将库中的"敌机"元件拖入工作区，并中心对齐。然后在"属性"面板中将其命名为ship1，如图5-40所示。接着单击第1帧，在"动作"面板中输入语句：

```
stop();
```

图5-39 创建“敌人”元件

图5-40 命名实例名

6. 创建“我方反射的子弹”元件

1）按快捷键〈Ctrl+F8〉，在弹出的“创建新元件”对话框中设置参数，如图5-41所示，然后单击“确定”按钮，进入“我方发射的子弹”元件的编辑模式。

2）在第2帧按快捷键〈F7〉，插入空白关键帧。然后绘制图形如图5-42所示。接着单击第2帧，在“动作”面板中输入语句：

```
stop();
```

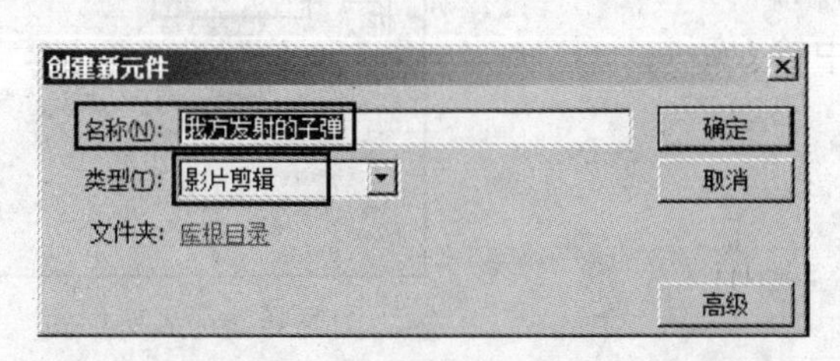

图5-41 创建“我方发射的子弹”

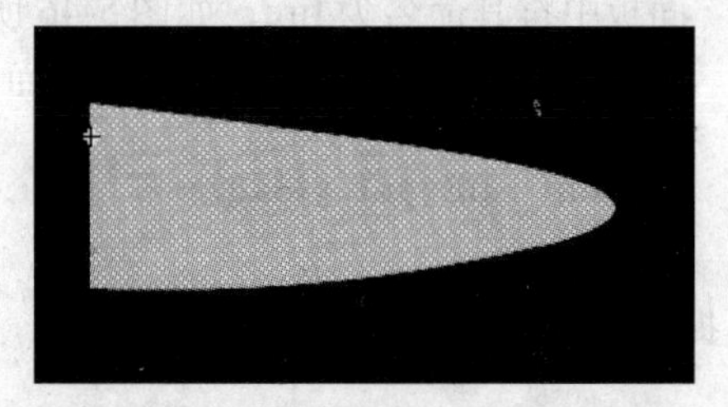

图5-42 绘制我方反射的子弹

3）按快捷键〈Ctrl+R〉，导入配套光盘中的“素材及结果\5.2 制作空战游戏\发射声音.wav”声音文件，然后从库中将其拖入工作区，此时，时间轴如图5-43所示。

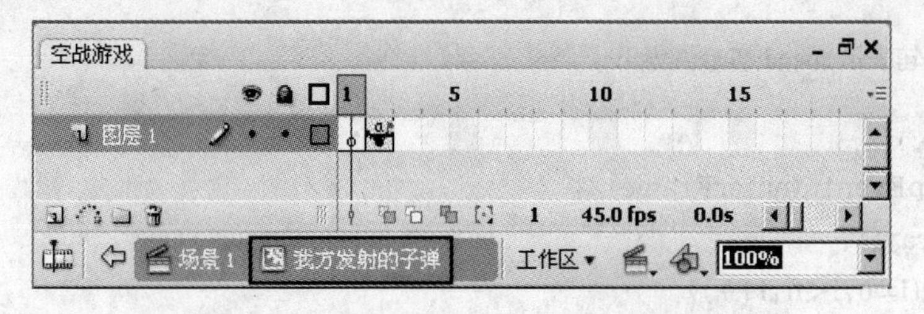

图5-43 “我方发射的子弹”元件的时间轴分布

7. 创建“子弹”元件

1）按快捷键〈Ctrl+F8〉，在弹出的“创建新元件”对话框中设置参数，如图5-44所示，然后单击“确定”按钮，进入“子弹”元件的编辑模式。

2）右击库中的laser元件，在弹出的快捷菜单中选择“链接”命令，然后在弹出的“链接属性”对话框中设置参数，如图5-45所示，单击“确定”按钮。

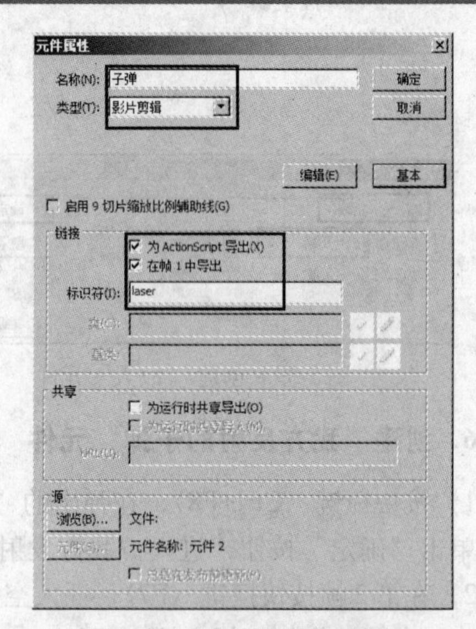

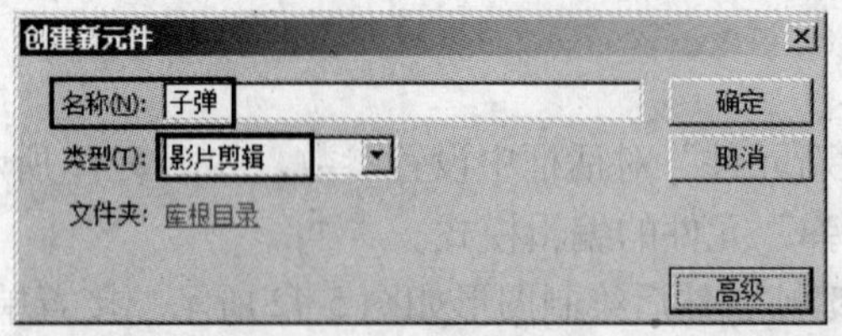

图 5-44　创建“子弹”元件　　　　图 5-45　设置“链接”属性

3）从库中将“我方发射的子弹”元件拖入工作区，然后在“属性”面板中将其命名为 fire，如图 5-46 所示。

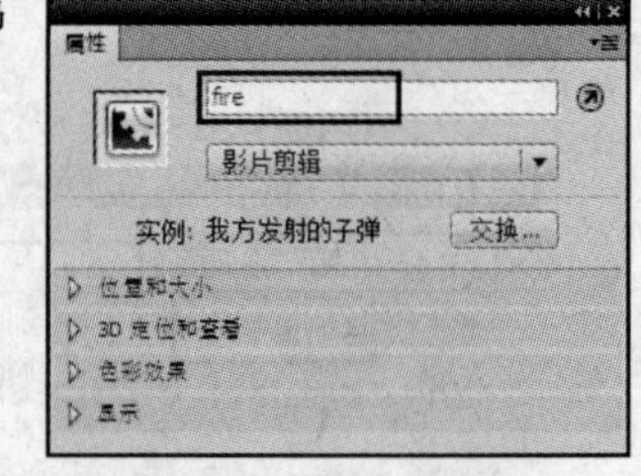

图 5-46　命名实例名

4）接着单击第 1 帧，在“动作”面板中输入语句：

```
onClipEvent (load) {
```

提示：这段语句表示载入时发生动作。

```
    n=_root.enemyNumber;
```

提示：这段语句表示画面中的敌人飞机数量赋值给 n。

```
    speed=10;
```

提示：这段语句表示 speed 初始值为 10。

```
}
onClipEvent (enterFrame) {
   Array();
   for(i=0;i<n;i++){
            if(_root["new"+i].ship1._currentframe==1){
```

提示：画面中的敌机是不是在其首帧。

```
            if(this.hitTest(_root["new"+i])){
              _root.score+=10;
```

提示：这段语句表示如果交迭，生命值加 10。

```
        _root["new"+i].ship1.gotoAndPlay(2);
```

提示：这段语句表示敌机爆炸。

```
            removeMovieClip (_parent);
        }
    }
}
```

提示:这段语句表示从场景中删除剪辑。

```
if (_parent._x<=550) {
        _parent._x += speed;
            }
```

提示：这段语句表示如果 x 坐标小于等于 550，x 坐标加变量 speed 的值。

```
else {
        removeMovieClip (_parent);
    }
}
```

提示：这段语句表示如果 x 坐标大于 550，则删除剪辑。

8. 创建“敌方子弹”元件

1）按快捷键〈Ctrl+F8〉，在弹出的“创建新元件”对话框中设置参数，如图 5-47 所示，然后单击“确定”按钮，进入“敌方子弹”元件的编辑模式。

2）在“敌方子弹”元件中绘制敌方发射的子弹造型，如图 5-48 所示。

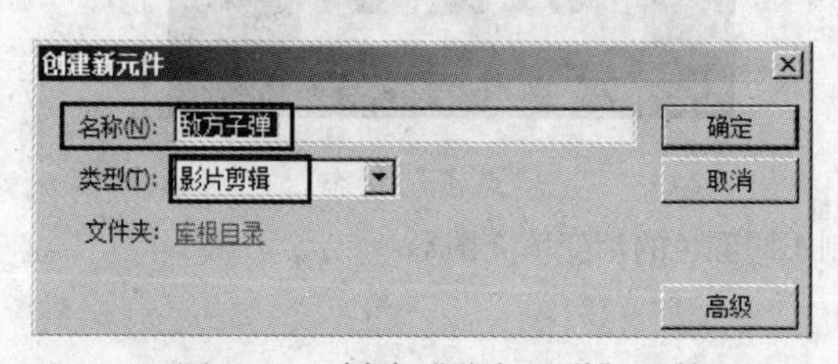

图 5-47　创建“敌方子弹”元件

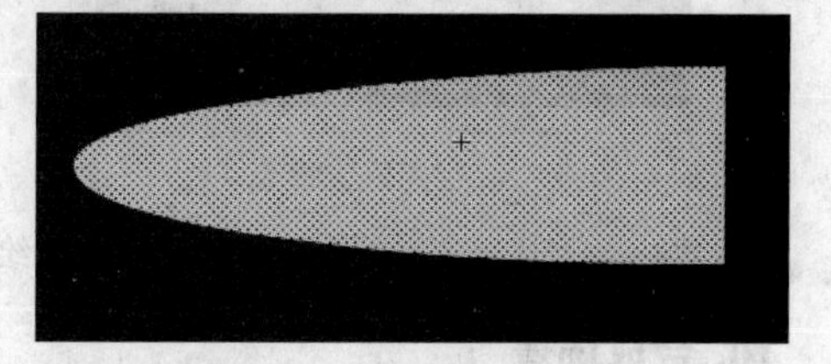

图 5-48　绘制敌方发射的子弹造型

3）按快捷键〈Ctrl+R〉，导入配套光盘中的“素材及结果 \ 5.2 制作空战游戏 \ 整个游戏声音.wav”声音文件，然后从库中将“整个游戏声音.wav”拖入舞台。

9. 创建“开始”元件

1）按快捷键〈Ctrl+F8〉，在弹出的“创建新元件”对话框中设置参数，如图 5-49 所示，然后单击“确定”按钮，进入“开始”元件的编辑模式。

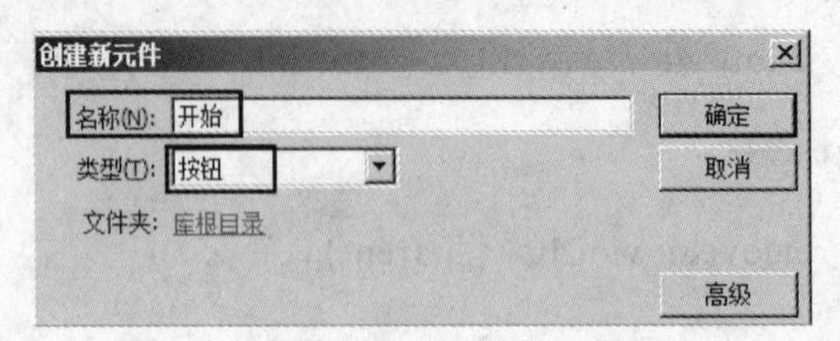

图5-49 创建"开始"元件

2）在"开始"元件的不同状态绘制不同颜色的渐变填充图形，如图5-50所示。

"弹起"状态 "指针经过"状态

"按下"状态 "点击"状态

图5-50 不同状态绘制不同颜色的渐变填充图形

10. 合成场景

1）按快捷键〈Ctrl+E〉，回到"场景1"。然后将"图层1"命名为start，接着单击第1帧，在"动作"面板中输入语句：

```
function clean() {
    for (i in _root) {
        _root[i].removeMovieClip();
    }
}
```

提示：这段语句用于控制游戏结束跳转到开始界面后清除敌机。

```
_root.clean();
   Mouse.show();
   stop();
```

提示:这段语句用于控制光标的显示。

2）从库中将“按钮”元件拖入场景，然后选择场景中的“按钮”元件，在“动作”面板中输入语句：

```
on(release){
   gotoAndPlay(3);
}
```

提示：这段语句用于控制当松开鼠标后跳转到游戏场景。

3）为了美观，下面在start图层添加一些文字，结果如图5-51所示。

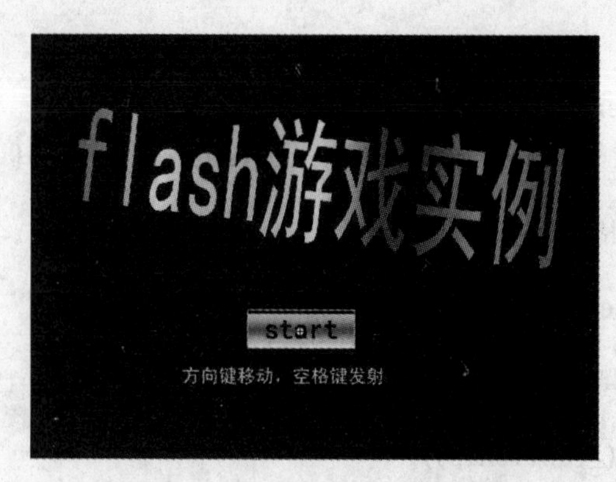

图5-51　在start图层添加一些文字

4）新建enemy图层，在第3帧按快捷键〈F7〉，插入空白关键帧。然后从库中将“敌人”元件拖入场景，位置如图5-52所示。接着在“属性”面板中将其命名为emeny，如图5-53所示。

图5-52　将“敌人”元件拖入场景

图5-53　命名实例名

5）选择场景中的 enemy 元件，在“动作”面板中输入语句：

```
onClipEvent (load){
sy=random (400)+10;
function reset(){
ship1.gotoAndStop(1);
speed=random(10)+2;
```

提示：这段语句用于获取敌机飞行速度是一个随机数。

```
 _y= random(300)+_height;
```

提示：这段语句用于获取敌机的初始 Y 坐标取随机数。

```
 _x= 550+_y;
_root.firePower=100;
}
   reset();
}
onClipEvent (enterFrame) {
                          if(this.ship1._currentframe==1){
```

提示：这段语句用于控制敌机剪辑在第 1 帧。

```
_y = sy + speed * Math.cos(speed+=0.092);
```

提示：这段语句用于获得敌机飞行时有浮动的效果。

```
if(this.hitTest(_root.ship)){
```

提示：这段语句表示该剪辑与战斗机相撞。

```
ship1.gotoAndStop(2);
_root.ship.play();
```

提示：这段语句表示敌机爆炸。

```
_root.life-=10;
}
```

提示：这段语句表示生命值减 10。

```
if(random(_root.firePower)+1==10){
Count++;
depth=(Count%100)+200;
```

提示：这段语句用于控制敌机飞行时发出炮弹。

```
duplicateMovieClip (_root.enemyLaser, "num"+Count, depth);
_root["num"+Count]._x=this._x-40;
_root["num"+Count]._y=this._y;
}
  }
_x-=speed;
if (_x<-10){   reset()}
}
```

提示：这段语句表示炮弹的初始坐标就是敌机当前所在位置的坐标。

6）从库中将“敌方子弹”元件拖入场景，并调整位置如图5-54所示。接着在“属性”面板中将其命名为emenyLaser，如图5-55所示。然后选中它，在“动作”面板中输入语句：

图5-54　将“敌方子弹”元件拖入场景

图5-55　命名实例名

```
onClipEvent (load) {
   speed=15;
}
onClipEvent (enterFrame) {
         if(!_root.shipDead){
```

提示：这段语句表示如果战斗机的生命值大于0。

```
         if(this.hitTest(_root.ship)){
         _root.ship.play();
         _root.life-=5;
```

提示：这段语句表示如果敌机发出的炮弹击中战斗机，生命值减5。

```
         removeMovieClip (this)
         }
```

```
        _x-=speed;
        if(_x<-10 ){removeMovieClip(this)}
    }
    }
```

7）新建Plane图层，然后在第3帧按快捷键〈F7〉，插入空白关键帧。接着从库中将“我方飞机”元件拖入场景，并在“属性”面板中将其命名为ship，如图5-56所示。

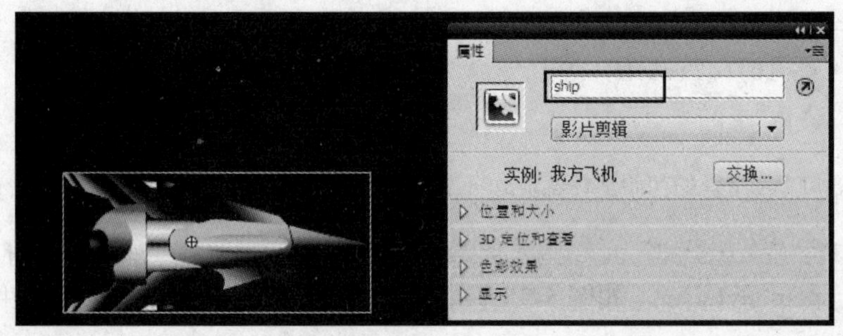

图5-56　命名实例名

8）在场景中输入文字并创建动态文本，如图5-57所示。

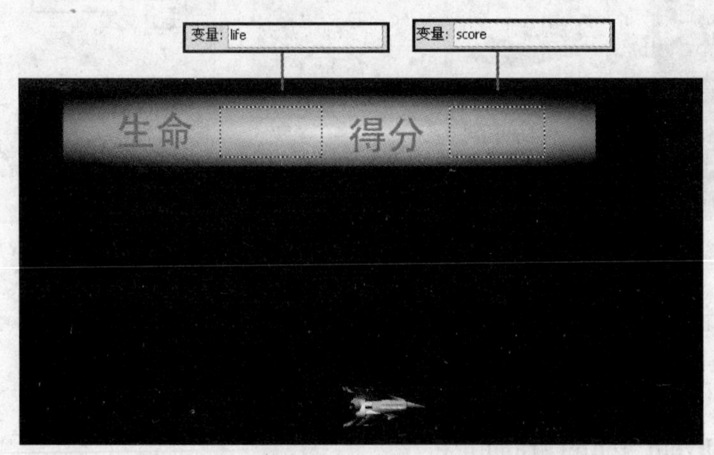

图5-57　在场景中输入文字并创建动态文本

9）选择场景中的“我方飞机”元件，在“动作”面板中输入语句：

```
    onClipEvent (load) {
     speed=6;
      sy=_y;
      ang=0;
    }
    onClipEvent (enterFrame) {
```

提示：这段语句表示载入时进行初始化。

```
_y = sy + 4 * Math.cos(ang+=0.092);
```

提示：这段语句表示用cos函数使飞机产生在空中飘动的效果。

```
c=_root.score;
```

提示：这段语句表示给c变量赋值，初始状态为“0”。

```
if(c==500){
_root.gotoAndStop(3);
}
```

提示：这段语句表示如果c的值(得分)等于500，则胜利结束游戏。

```
if(_root.life<=0){
_root.gotoAndStop(1);
}
```

提示：这段语句表示如果生命值小于等于0，则重新开始游戏或退出。

```
if (Key.isDown(Key.DOWN)and _y<400) {_y += speed;sy+=speed}
if (Key.isDown(Key.UP)  and _y> 80) {_y -= speed;sy-=speed}
if (Key.isDown(Key.RIGHT) and _X<550) {_x += speed;}
if (Key.isDown(Key.LEFT)  and _X>0) {_x -= speed;}
```

提示：这段语句表示当玩家按下上、下、左、右方向键时，飞机可以移动。

```
if (Key.isDown(Key.SPACE)) {
if (!a) {
    shotCount++;
    depth=(shotCount%100)+100;
```

提示：这段语句表示当按下空格键时，飞机开火，用了一个变量a，使每按一下空格发出一发炮弹，如果不设置这个变量，那么当按下空格键时，炮弹将连续飞出。

```
_root.attachMovie("laser", "sparo"+shotCount, depth);
_root["sparo"+shotCount]._x = this._x+(_width-45);
```

提示：这段语句表示attachmovie是从库中直接调用复制影片剪辑fire，它的标识符为laser。

```
        _root["sparo"+shotCount]._y = this._y;
        a = true;
    }
} else {
a = false;}
}
```

10）新建 action 图层，然后在第 3 帧按快捷键〈F7〉，插入空白关键帧。接着单击第 3 帧，在“动作”面板中输入语句：

```
enemyNumber=5；
for(i=0;i<enemyNumber;i++)
{duplicateMovieClip("enemy", "new"+i, 30+i);
}
```

提示：每次画面中出现 5 架敌机。

```
life=100
```

提示：生命值为 100。

```
score=0；
stop()；
```

提示：得分为 0，结束游戏。

11）至此，整个动画制作完成，按快捷键〈Ctrl+Enter〉打开播放器，即可观看效果。

5.3 制作动画片

目标：

本例制作一部完整的幽默动画，如图 5-58 所示。

图 5-58 制作动画片

要点：

掌握动画片的具体制作过程。

操作步骤：

制作一部完整的动画片分为剧本编写、角色设计与设定、素材准备、制作与发布等几个阶段，下面通过制作一部幽默动画来进行具体讲解。

5.3.1 剧本编写

卡通幽默动画必须以娱乐为目的、轻松诙谐，且剧中大量运用了滑稽、夸张的手法。

本剧剧本大致如下：

1）角色信心十足的走上舞台。

2）角色面向影子做动作，此时影子跟随角色做同样的动作。

3）角色转身面向观众得意的笑，影子不动。

4）角色转身面向影子继续做动作，此时影子与角色动作依然相同。

5）角色再次转身面向观众，得意的大笑，而影子开始了恶作剧，做起了自己的动作。

6）角色有些察觉，突然回头面向影子做动作，此时影子马上收敛，继续跟随角色做同样的动作。

7）不一会，影子开始了他的恶作剧，动作比角色慢了半拍。

8）角色回身面向观众表示惊讶，影子在后面开始了个人表演。

9）角色再次察觉，回身继续动作，此时影子已经完全不顾及角色的存在，公然做与角色不同的角色。

5.3.2 角色定位与设计

角色设计与定位在动画片中是非常重要的一个环节。对于一部好的动画片，比如米老鼠与唐老鸭，观众观看很多年以后，其中的情节也许已经忘记，但它们的形象却能让观众记忆犹新。

本例中的角色造型十分简洁，形象可爱、有趣、生动、有创意，如图5-59所示。

图5-59 角色设定

5.3.3 素材准备

本例素材准备分为角色、场景和工具 3 个部分。素材可以在纸上通过手绘完成，然后通过扫描仪将手绘素材转入计算机后再作相应处理，也可以在 Flash 中直接绘制完成。本例中的角色和场景素材是通过手绘完成的，所以边缘线条有较好的手绘效果，从而增强了表现力，使作品风格更加突出。角色素材由于有丰富的动作，所以被分为若干部分，然后又被转换为元件，像制作木偶一样被组合起来。本例中的工具素材是通过 Flash 绘制完成的，所有素材处理后的结果如图 5-60 所示。

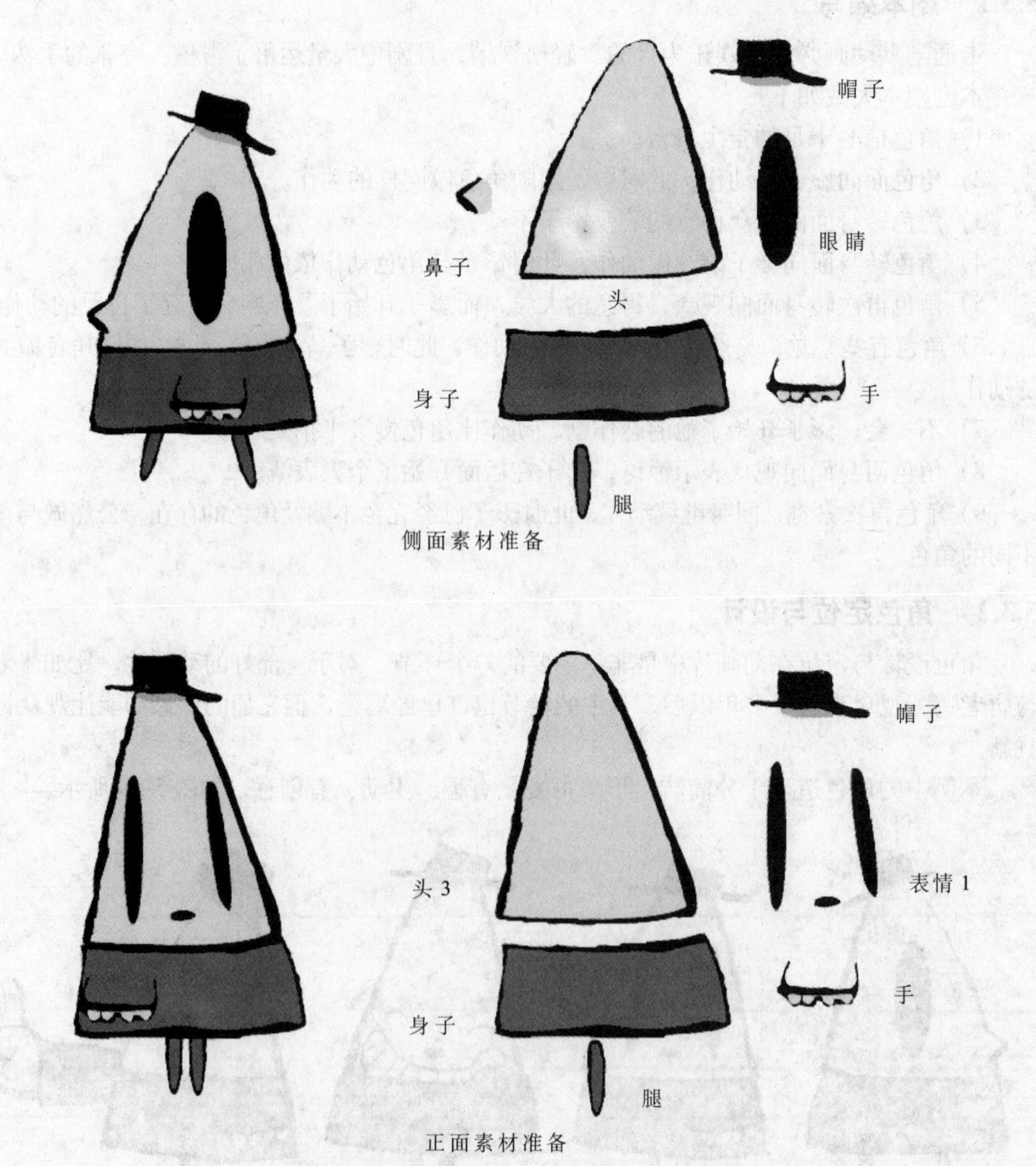

图 5-60 素材准备

大笑素材准备

手势素材准备

场景素材准备

图5-60 素材准备（续）

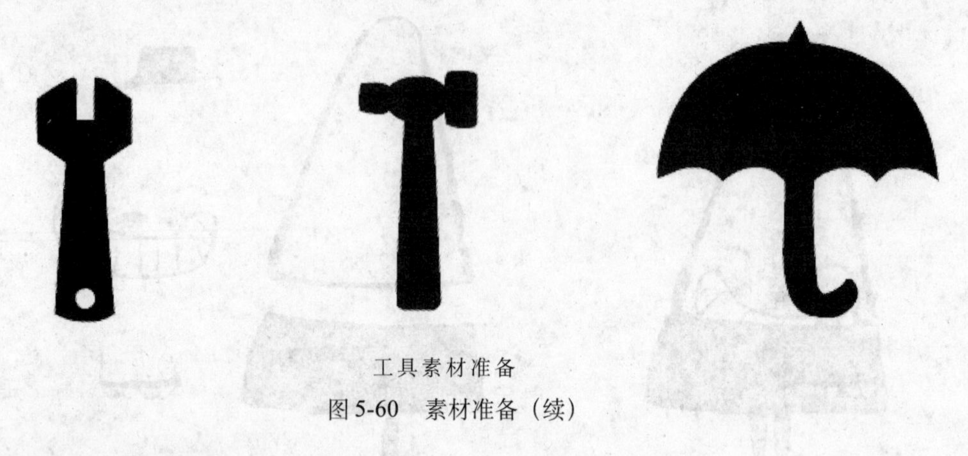

工具素材准备

图 5-60　素材准备（续）

5.3.4　制作与发布阶段

在剧本编写、角色定位与设计都完成后，接下来进入 Flash 制作阶段。Flash 制作阶段又分为绘制分镜头和原动画制作两个环节。

1. 绘制分镜头

分镜头画面脚本是原动画以及后期制作等所有工作的参照物，如果文学剧本是个框架，则分镜头画面脚本就是实施细则了。这个工作是由导演直接负责的，我们用 Flash 制作动画片也同样需要分镜头画面脚本。分镜头画面脚本通常是在分镜头纸上手绘完成，然后在制作动画时就可以以分镜头脚本为依据逐个镜头完成动画。图 5-61 为本实例的几个分镜头效果。

图 5-61　分镜头效果

2. 原动画制作

Flash动画片中的原动画制作与二维传统动画有一定区别，二维传统动画中的原画和动画都需要手绘完成，而在Flash中除了继承二维传统动画的制作特点外，还增加了大量的自动生成动画的方法。比如，移动、旋转、缩放、不透明度、渐变等动画只需绘制出原画，软件就会自动生成中间的动画。

本例原动画的制作分为制作字幕、角色入场动画、手势动画、角色出场动画4个部分。

（1）制作字幕动画

1）本例制作的动画是要在PAL制电视上播放的，因此将文件大小设为720 × 576像素。具体设置方法如下：执行菜单中的“修改|文档”命令，在弹出的“文档属性”对话框中设置参数，如图5-62所示，然后单击“确定”按钮。

2）执行菜单中的“窗口|库”命令，然后在“背景”层的第17帧按快捷键〈F7〉，插入空白关键帧，接着将事先准备好的“背景”素材元件拖入舞台。最后在第168帧按快捷键〈F5〉，插入普通帧，从而将“背景”层延长到168帧，结果如图5-63所示。

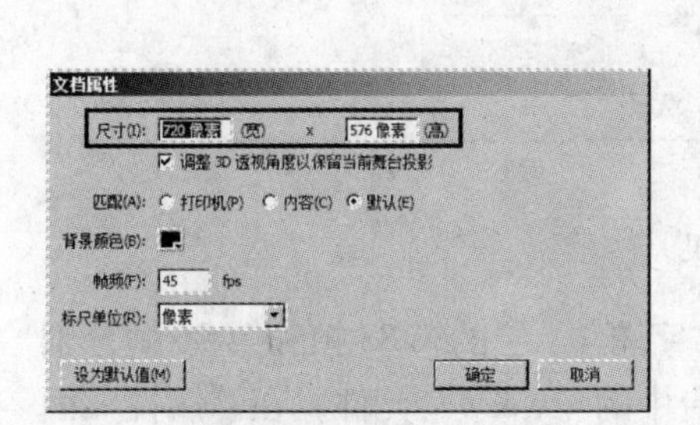

图5-62　设置“文档属性”参数

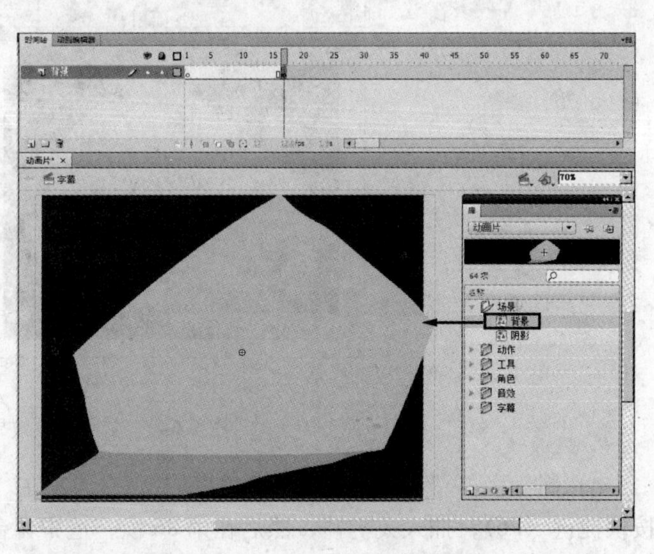

图5-63　将“背景”元件拖入舞台并延长到第168帧

3）制作字幕“w&w”从小到大再到小的效果。方法：新建“字幕1”层，在第44帧按快捷键〈F7〉，插入空白关键帧，然后输入文字“w&w”，并按快捷键〈Ctrl+B〉将文字分离为图形。接着按快捷键〈F8〉，将其转换为“w&w”元件，并适当缩小。

在第46帧按快捷键〈F6〉，插入关键帧，并将舞台中的“w&w”元件放大。然后在第47帧按快捷键〈F6〉，插入关键帧，并将舞台中的“w&w”元件适当缩小。图5-64为不同关键帧的文字缩放效果。

提示： 将文字分离为图形的目的是为了防止在其他计算机上进行再次编辑时，由于缺少字体而出现字体替换的情况。

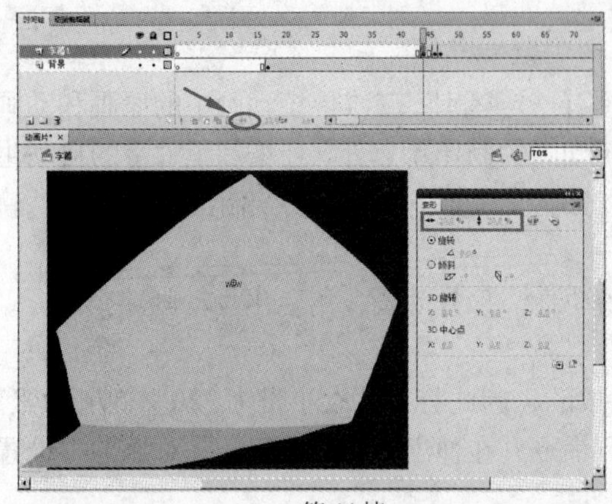

第 44 帧

第 46 帧

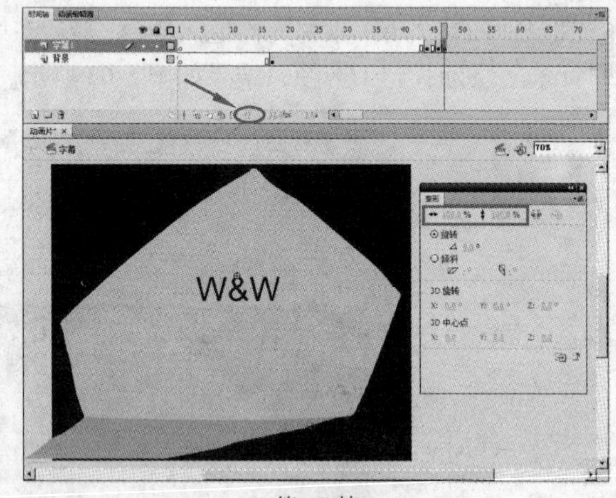

第 47 帧

图 5-64　文字缩放效果

4）制作字幕“w&w”逐渐消失的效果。方法：在“字幕 1”层的第 83 帧和第 86 帧分别按快捷键〈F6〉，插入关键帧，然后在第 86 帧。选中舞台中的“w&w”元件，在“属性”面板中将 Alpha（透明度）值设为 0%，如图 5-65 所示。接着右击第 83 帧，在弹出的快捷菜单中选择“创建传统补间”命令。最后为了减小文件大小，选中第 86 帧以后的帧，按快捷键〈Shift+F5〉进行删除。此时，时间轴分布如图 5-66 所示。

图 5-65　将“w&w”元件的 Alpha 设为 0%

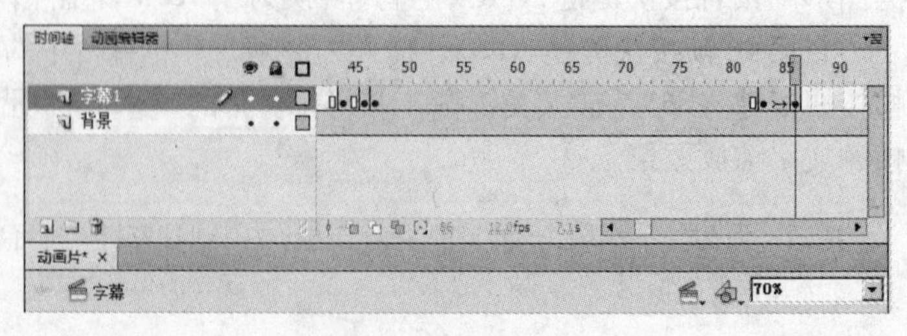

图 5-66　时间轴分布

5）制作字幕“WORKER AND WALKER ANIMATION INC.”从小到大再到小的效果。方法：新建“字幕2”层，在第54帧按快捷键〈F7〉，插入空白关键帧，然后输入文字“WORKER AND WALKER ANIMATION INC.”，并按快捷键〈Ctrl+B〉，将文字分离为图形。接着按快捷键〈F8〉，将其转换为“WORKER AND WALKER ANIMATION INC.”元件，并适当缩小。

在第56帧按快捷键〈F6〉，插入关键帧，并将舞台中的“WORKER AND WALKER ANIMATION INC.”元件放大。然后在第57帧按快捷键〈F6〉，插入关键帧，并将舞台中的“WORKER AND WALKER ANIMATION INC.”元件再适当缩小。图5-67为不同关键帧的文字缩放效果。

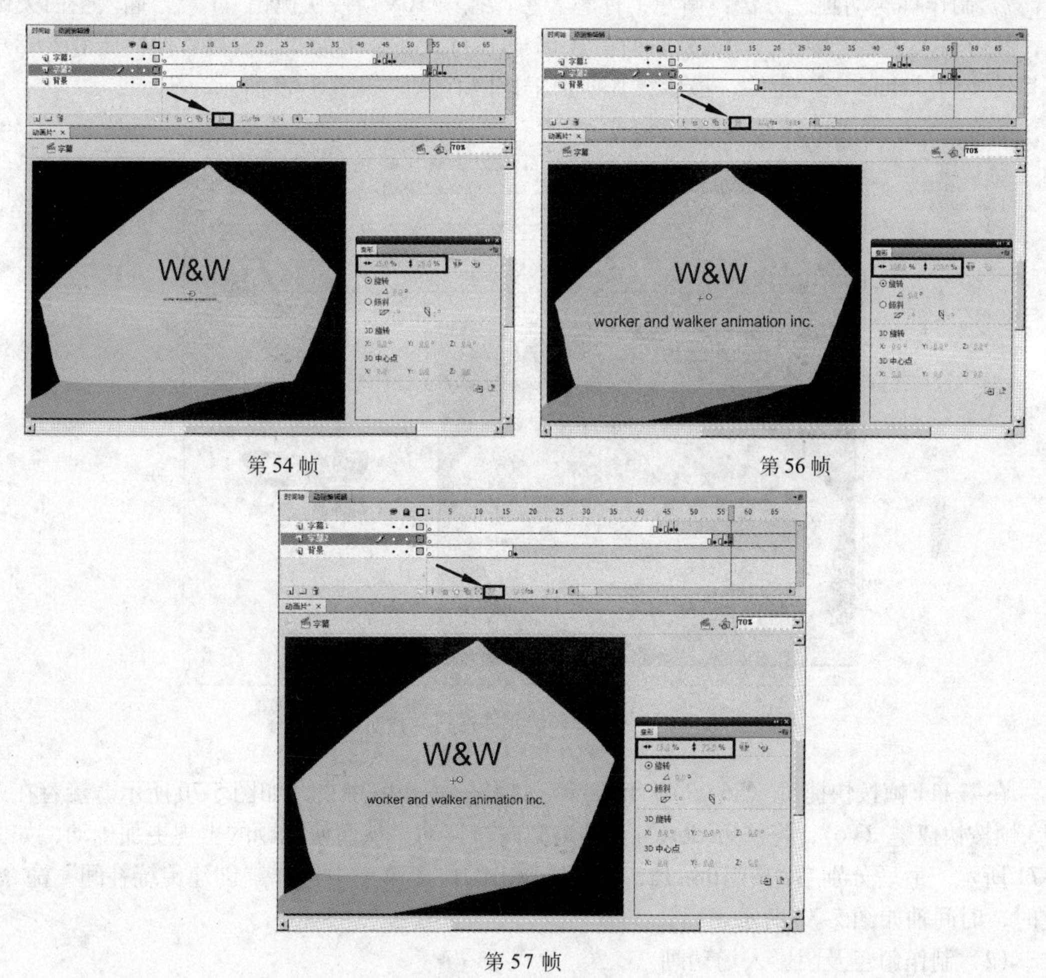

第54帧　　第56帧

第57帧

图5-67　文字缩放效果

6）制作字幕“WORKER AND WALKER ANIMATION INC.”逐渐消失的效果。方法：在“字幕1”层的第88帧和第91帧分别按快捷键〈F6〉，插入关键帧，然后在第88帧选中舞台中的“WORKER AND WALKER ANIMATION INC.”元件，在“属性”面板中将Alpha（透明度）值设为0%。接着右击第88帧，在弹出的快捷菜单中选择“创建补间动画”命令。最后为了减小文件大小，选中第91帧以后的帧，按快捷键〈Shift+F5〉进行删除。此时，时间轴分布如图5-68所示。

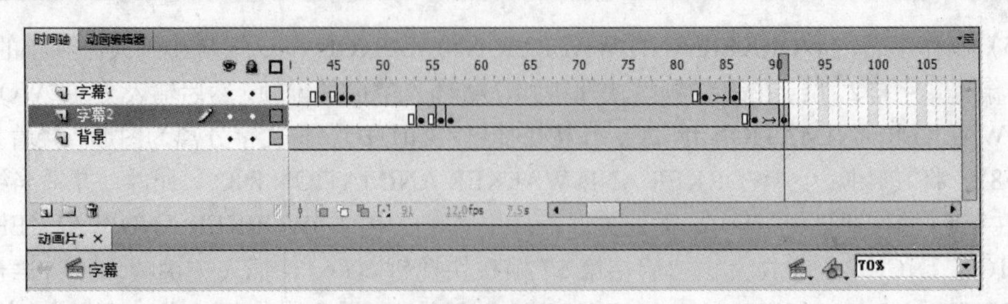

图 5-68　时间轴分布

7）制作标题动画。方法：新建“标题”层，在第 108 帧按快捷键〈F7〉，插入空白关键帧，然后输入文字“影子”，并按快捷键〈Ctrl+B〉将文字分离为图形。接着按快捷键〈F8〉，将其转换为“shadow”元件。最后将其拖到工作区右侧，如图 5-69 所示。

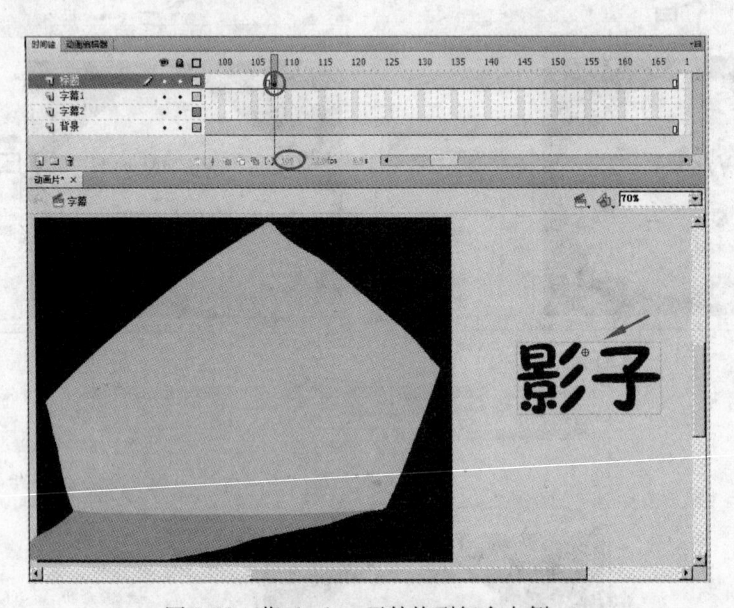

图 5-69　将 shadow 元件拖到舞台右侧

在第 111 帧按快捷键〈F6〉，将 shadow 元件移到工作区中央，如图 5-70 所示。接着在第 113 帧按快捷键〈F6〉，将“shadow”元件略微向右移动，从而使标题的出现更加生动，如图 5-71 所示。最后分别右击第 108~113 帧，从弹出的快捷菜单中选择“创建传统补间”命令，此时，时间轴如图 5-72 所示。

（2）制作角色及阴影入场动画

1）执行菜单中的“窗口 | 其他面板 | 场景”命令，调出“场景”面板，然后单击（添加场景）按钮，新建“内容”场景，如图 5-73 所示。

提示：将一个 Flash 动画分为若干个场景，是为了便于文件的管理。

2）制作背景。方法：为了保持“内容”场景和“字幕”场景的背景位置一致，下面回到

“字幕”场景，右击“背景”层的第17帧，从弹出的快捷菜单中选择“复制帧”命令。然后回到“内容”场景，右击第1帧，从弹出的快捷菜单中选择“粘贴帧”命令，从而将两个场景的背景位置对齐。

3）制作角色入场动画。方法：执行菜单中的“插入|新建元件”（快捷键〈Ctrl+F8〉）命令，创建一个“走路”图形元件。然后从库中将“帽子”、“头”、“身子”、“眼睛”、“手”和“腿”元件拖入“走路”元件中，并放置到相应位置，如图5-74所示。

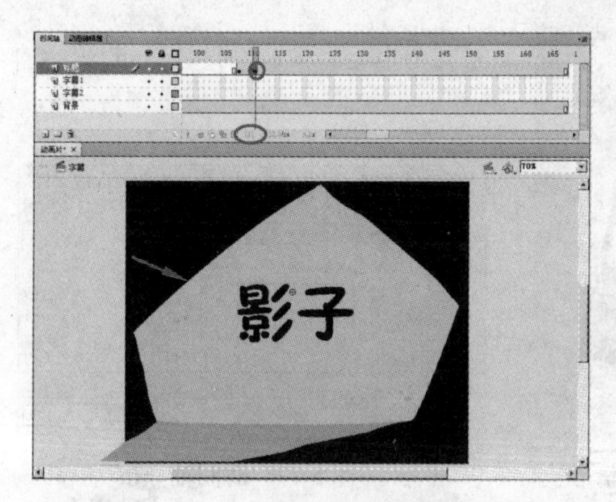

图5-70　将shadow元件移到舞台中央

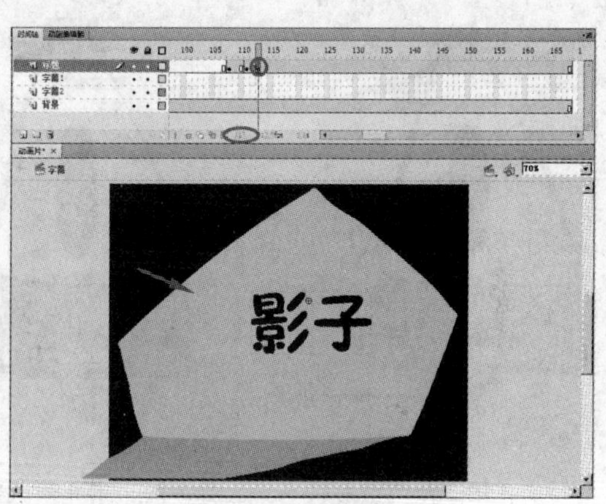

图5-71　将shadow元件略微向右移动

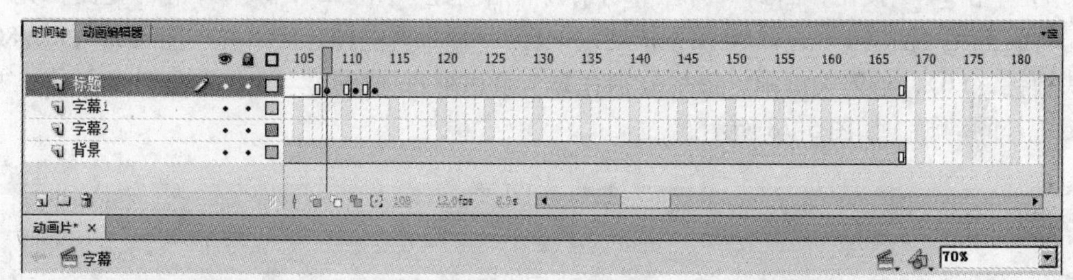

图5-72　时间轴分布

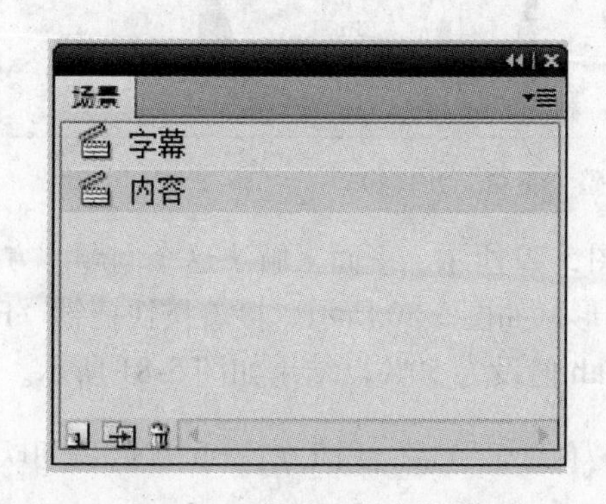

图5-73　新建“内容”场景

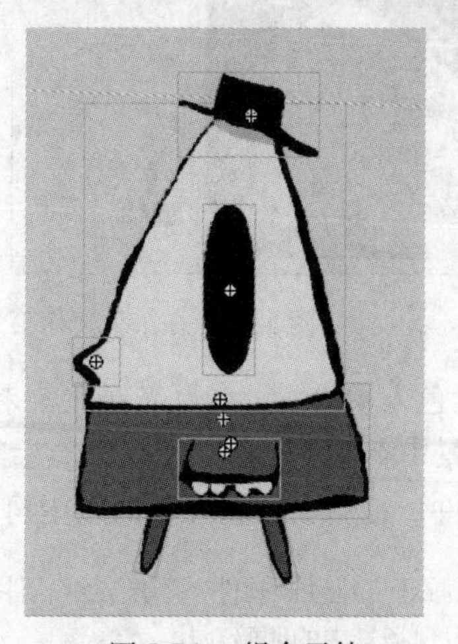

图5-74　组合元件

在第 3 帧按快捷键〈F6〉，插入关键帧，然后调整形状，如图 5-75 所示，从而制作出双腿交替过程中视觉上的重影效果。接着在第 4 帧按快捷键〈F6〉，插入关键帧，然后调整形状，如图 5-76 所示。此时，“走路”元件时间轴分布如图 5-77 所示。

提示： 在本段动画中，我们之所以让角色的行走动画在第 3 帧出现腿的重影，是为了产生运动模糊，从而达到更好的视觉效果。

图 5-75　在第 3 帧调整形状

图 5-76　第 4 帧调整形状

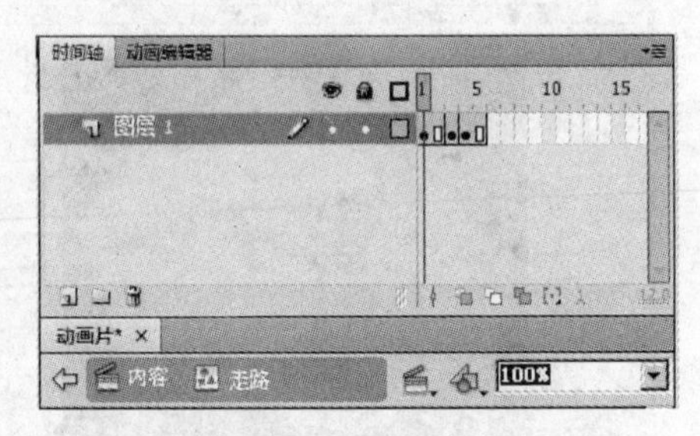

图 5-77　时间轴分布

4）单击内容按钮，回到“内容”场景，然后新建“图层 2”，从库中将“走路”元件拖入舞台。再在“图层 1”的第 80 帧按快捷键〈F5〉，插入普通帧。接着在“图层 2”的第 80 帧按快捷键〈F6〉，插入关键帧。最后分别在第 1 帧和第 80 帧调整“走路”元件的位置，并创建传统补间动画，如图 5-78 所示。

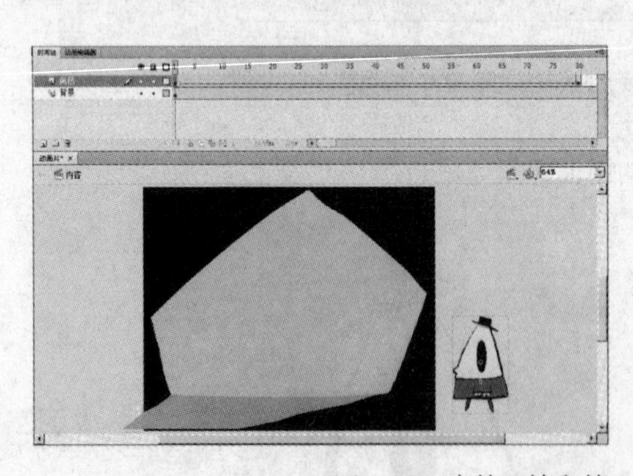

图 5-78　在第 1 帧和第 80 帧调整“走路”元件位置

5）此时角色入场前后没有灯光对比效果，如图 5-79 所示，下面来解决这个问题。方法：在“内容”场景中新建“暗部”图层，然后绘制图形，如图 5-80 所示。接着按快捷键〈F8〉，将其转换为元件。最后在“属性”面板中将其 Alpah 值设为 50%，结果如图 5-81 所示。

提示： Flash 属于二维动画软件，不像三维软件那样可以创建灯光对象，因此在 Flash 中通常采用以上方式来表现场景中的明暗对比。

图5-79　没有灯光的效果

图5-80　绘制图形

图5-81　将Alpha数值设为50%的效果

6）制作墙体阴影动画。方法：在“内容”场景中新建“阴影”图层，然后将“走路”元件拖入工作区，并适当放大，再在“属性”面板中将“亮度”值设为“-100”，如图5-82所示。接着将其移动到适当位置，如图5-83所示。最后在“阴影”层的第80帧按快捷键〈F6〉，插入关键帧，将“走路”元件移动到适当位置，并创建传统补间动画，如图5-84所示。

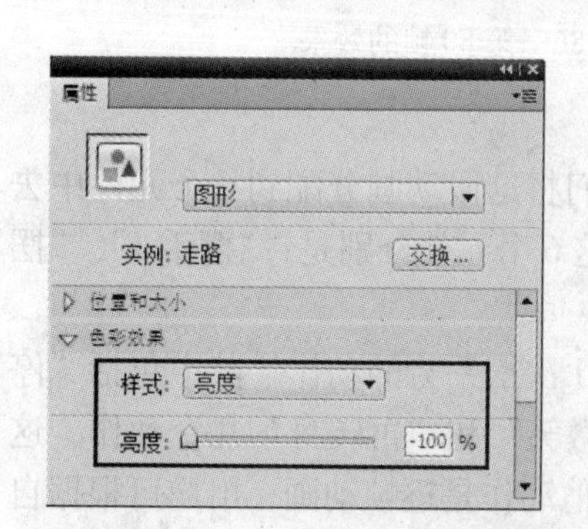

图5-82　调整亮度值

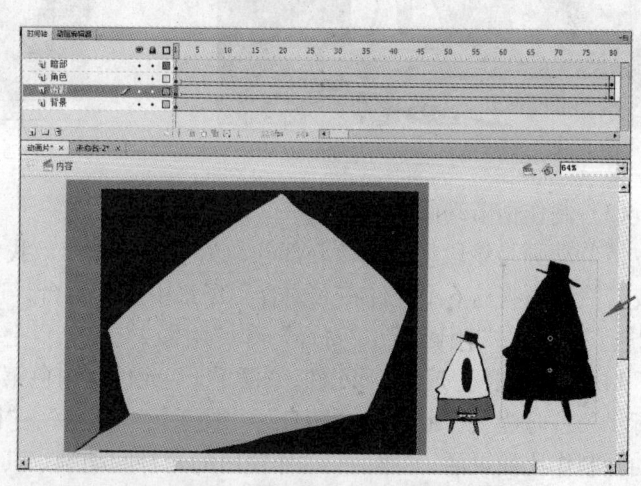

图5-83　将“走路”元件移出工作区

图5-84　将“走路”元件移入舞台

7）制作地面阴影动画。方法：在“内容”场景中新建“连接”图层，然后在第 52 帧按快捷键〈F7〉，插入空白关键帧，接着利用（刷子工具）将角色腿部与墙面阴影腿部进行连接，如图 5-85 所示，从而表现出地面阴影被拉长的效果。同理，将第 53~60 帧的角色腿部与墙面阴影腿部进行连接。图 5-86 为第 80 帧的效果。

图 5-85　连接角色腿部与墙面阴影

图 5-86　第 80 帧的效果

（3）制作情节动画

情节动画是该段动画的核心部分，为了简化操作，我们将这段动画分配到 6 个元件中去完成，然后再将这 6 个元件在“内容”场景中进行组合。这 6 个元件分别是：“摆手 1”、“摆手 2”、“大笑”、“阴影 1”、“奇怪”和“阴影 2”。

1）制作“摆手 1”图形元件。“摆手 1”元件是角色第 1 次摆手势的动作，其中包括“停下脚步”、“呼吸”、“眨眼”、“转身”、“摆手”、“扭头”、“微笑”和“再转身”几个动作。这段动画制作比较灵活，“摆手”动作使用的是补间动画，其他动作是逐帧动画，用户可根据自己对动画片的理解，或者参考配套光盘中的“素材及结果\5.3 制作动画片\动画片.swf”文件来完成。图 5-87 为“摆手 1”元件的部分动作过程，图 5-88 为“摆手 1”元件的时间轴分布。

停下脚步

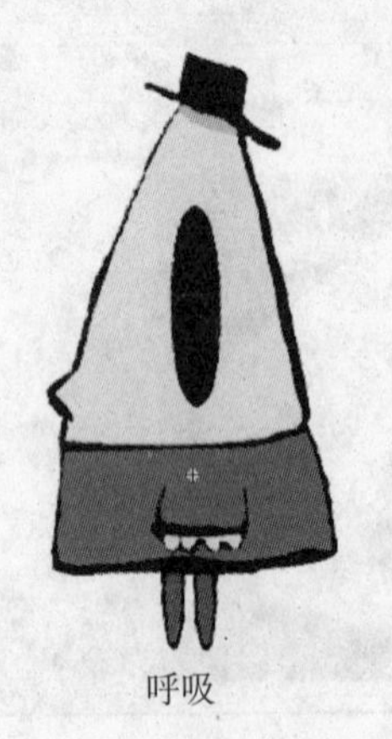

呼吸

眨眼

转身

图 5-87　“摆手 1”元件部分动作过程

图 5-87　“摆手 1”元件部分动作过程（续）

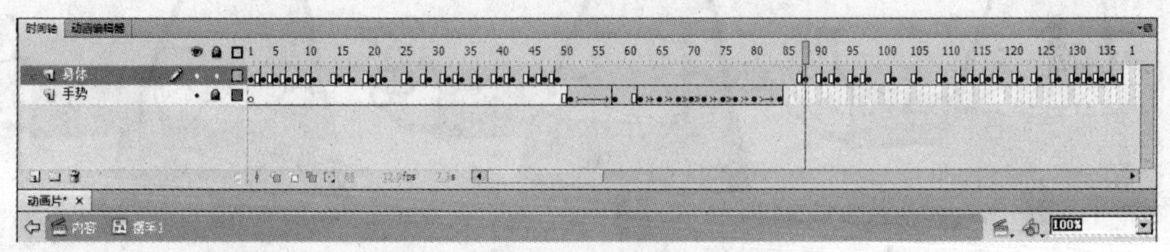

图 5-88　“摆手 1”元件的时间轴分布

2）制作“摆手 2”图形元件。“摆手 2”元件是角色第 2 次摆手势的动作，其中包括“摆手”、“扭头”、“大笑”几个动作。图 5-89 为角色部分动作过程，图 5-90 为“摆手 2”元件的时间轴分布。

图 5-89　“摆手 2”元件角色部分动作过程

图 5-90　时间轴分布

3）制作“大笑”图形元件。方法：执行菜单中的“插入|新建元件”（快捷键〈Ctrl+F8〉）命令，创建一个“大笑”图形元件。然后从库中将“帽子”、“头 3”、“身子”、“手势 2”、“表情 3”和“腿”元件拖入“大笑”元件中，并放置到相应位置，如图 5-91 所示。接着在第 3 帧按快捷键〈F6〉，然后调整形状如图 5-92 所示。接着在第 4 帧按快捷键〈F6〉，然后调整形状如图 5-93 所示。此时，时间轴分布如图 5-94 所示。

提示：之所以制作“大笑”元件，是因为角色在该段情节中有一段较长时间的重复大笑，共 44 帧，我们只需要完成其中的一个循环动作，然后将其重复即可。

图 5-91　组合元件　　图 5-92　在第 3 帧调整形状　　图 5-93　在第 4 帧调整形状

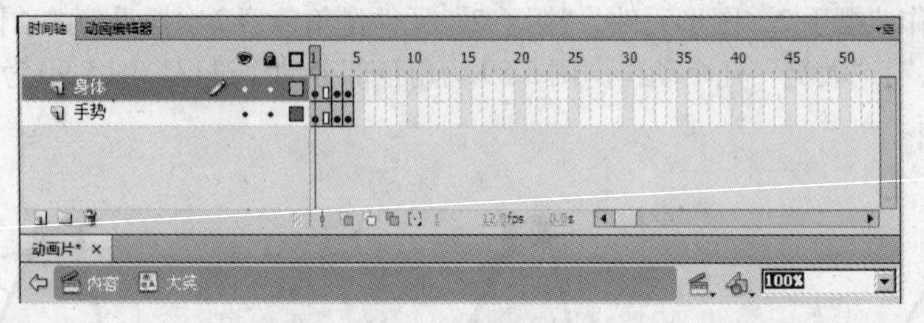

图 5-94　“大笑”元件的时间轴分布

4）制作“阴影 1”图形元件。“阴影 1”是角色在回头大笑时阴影产生的动作。“阴影 1”包括多种手势，图 5-95 为角色阴影手势的不同姿态，图 5-96 为“阴影 1”元件的时间轴分布。

图 5-95　角色阴影手势的不同姿态

图5-95 角色阴影手势的不同姿态（续）

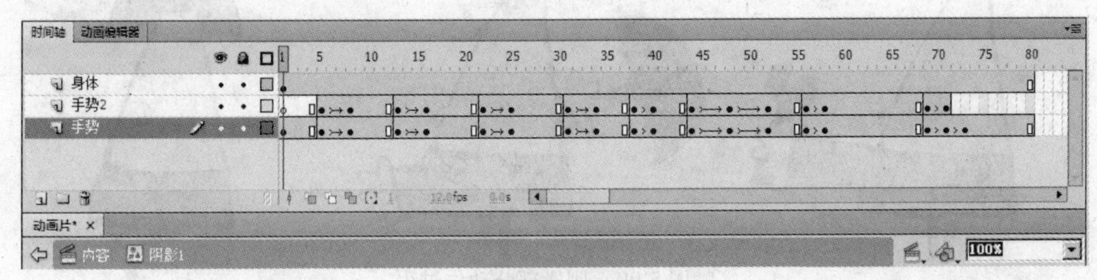

图5-96 时间轴分布

5）制作“奇怪”图形元件。“奇怪”元件是角色与影子产生差异时的角色动作，其中包括“惊讶”、“扭头”、“摆手”、“换手势”、“奇怪”、“再扭头”、“再换手势”和“转身”几个动作。图5-97为角色部分动作过程，图5-98为“奇怪”元件的时间轴分布。

图5-97 “奇怪”元件角色部分动作过程

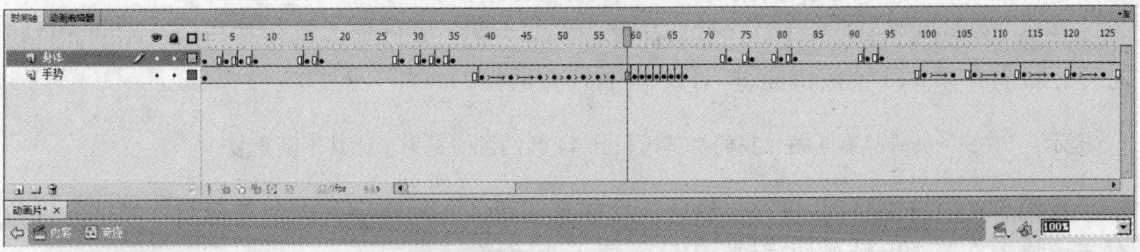

图5-98 “奇怪”元件的时间轴分布

6）制作“阴影2”图形元件。“阴影2”元件是影子与角色产生差异时的影子动作，包括“手势”、“玩锤子”、“丢帽子”、“玩榔头”、“玩雨伞”和“头顶雨伞”几个动作。图5-99为阴影部分动作过程，图5-100为“阴影2”元件的时间轴分布。

图 5-99 阴影部分动作过程

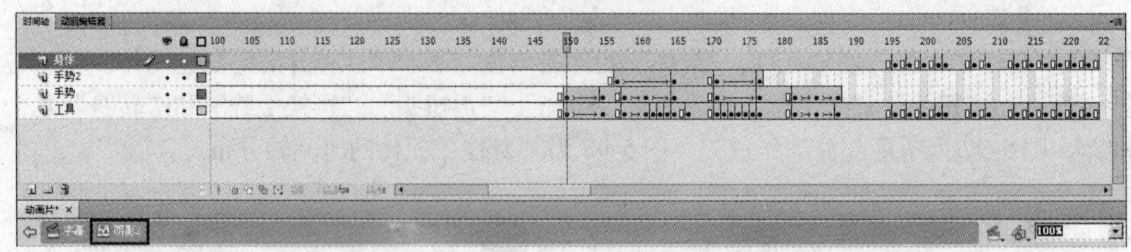

图 5-100 “阴影 2”元件的时间轴分布

7）单击内容按钮，回到“内容”场景，然后在“角色”层的第 81 帧按快捷键〈F7〉，插入空白关键帧，从库中将“摆手 1”元件拖入舞台并与前一帧的元件位置对齐，接着在第 214 帧按快捷键〈F5〉，插入普通帧。

在第 215 帧按快捷键〈F7〉，然后从库中将“摆手 2”元件拖入舞台并与前一帧的元件位置对齐，接着在第 268 帧按快捷键〈F5〉，插入普通帧。

在第 269 帧按快捷键〈F7〉，然后从库中将“大笑”元件拖入舞台并与前一帧的元件位置对齐，接着在第 313 帧按快捷键〈F5〉，插入普通帧。

提示：“大笑”元件只有 4 帧，我们将其延长到 44 帧的目的是为了让其不断重复。

在第 314 帧按快捷键〈F7〉，然后从库中将“奇怪”元件拖入舞台并与前一帧的元件位置对齐，接着在第 498 帧按快捷键〈F5〉，插入普通帧。

8）为了使“背景”和“暗部”图层与“角色”图层等长，下面分别在“背景”和“暗部”层的第 498 帧按快捷键〈F5〉，使这两个图层的总长度延长到第 498 帧。

9）在“阴影”层的第 81 帧按快捷键〈F7〉，插入空白关键帧，然后从库中将“摆手 1”元件拖入舞台并与前一帧元件对齐，接着在“属性”面板中将“亮度”设为“-100”，最后在第214帧按快捷键〈F5〉，插入普通帧。

同理，在“阴影”层的第215帧按快捷键〈F7〉，插入空白关键帧，然后从库中将“摆手2”元件拖入舞台并与前一帧元件对齐，接着在“属性”面板中将“亮度”设为“-100”，最后在第268帧按快捷键〈F5〉，插入普通帧。

同理，在“阴影”层的第269帧按快捷键〈F7〉，插入空白关键帧，然后从库中将“阴影1”元件拖入舞台并与前一帧元件对齐，接着在“属性”面板中将“亮度”设为“-100”，最后在第350帧按快捷键〈F5〉，插入普通帧。

同理，在“阴影”层的第351帧按快捷键〈F7〉，插入空白关键帧，然后从库中将“阴影2”元件拖入舞台并与前一帧元件对齐，接着在“属性”面板中将“亮度”设为“-100”，最后在第574帧按快捷键〈F5〉，插入普通帧。

10）在“连接”层的第83帧按快捷键〈F7〉，然后利用（刷子工具）将角色腿部与墙面阴影腿部进行连接，如图5-101所示。然后在第498帧按快捷键〈F5〉，使这个图层的总长度也延长到第498帧。

图5-101　将角色腿部与墙面阴影腿部进行连接

（4）角色及阴影出场动画

这个动画属于幽默动画，角色开始是和影子一起入场并做着相同的动作，而后来影子和角色开起了玩笑，动作开始和角色产生了差异，并在角色生气离开舞台后还在自我表现，所以它们的出场时间是不同的。

1）制作角色离场动画。方法：选择“角色”层的第499帧按快捷键〈F7〉，插入空白关键帧，然后从库中将“走路”元件拖入舞台，并与前一帧进行对齐，如图5-102所示。接着在第525帧按快捷键〈F6〉，插入关键帧，并将“走路”元件移动到舞台左侧，如图5-103所示。最后创建第499~525帧之间的传统补间动画。

图5-102　将“走路”元件拖入舞台并对齐

图5-103　将“走路”元件移动到舞台左侧

2）制作阴影出场动画。方法：执行菜单中的“插入|新建元件”（快捷键〈Ctrl+F8〉）命令，创建一个“走路2”图形元件。然后从库中将“伞”、“头”、“身子”和“腿”元件拖入“走路2”元件中，并放置到相应位置，如图5-104所示。在第3帧按快捷键〈F6〉，然后调整形状如图5-105所示。在第4帧按快捷键〈F6〉，然后调整形状如图5-106所示，并在第5帧按快捷键〈F5〉。此时，时间轴分布如图5-107所示。

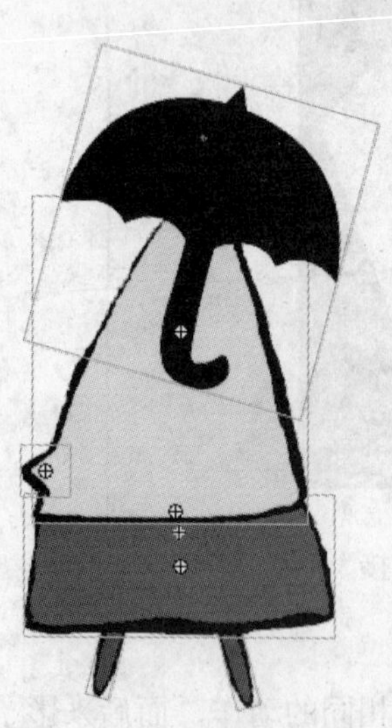

图5-104　组合元件

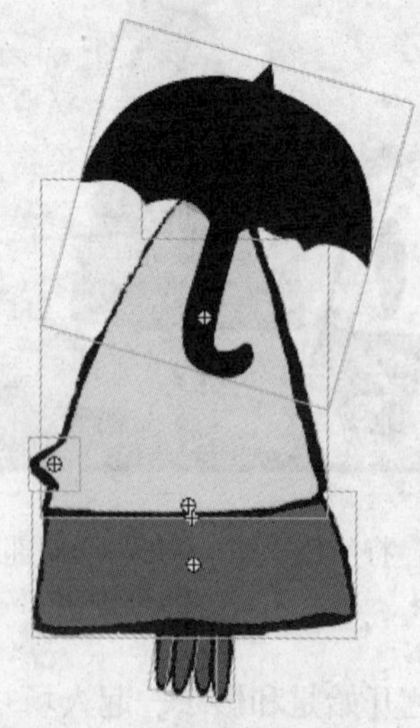

图5-105　在第3帧调整形状

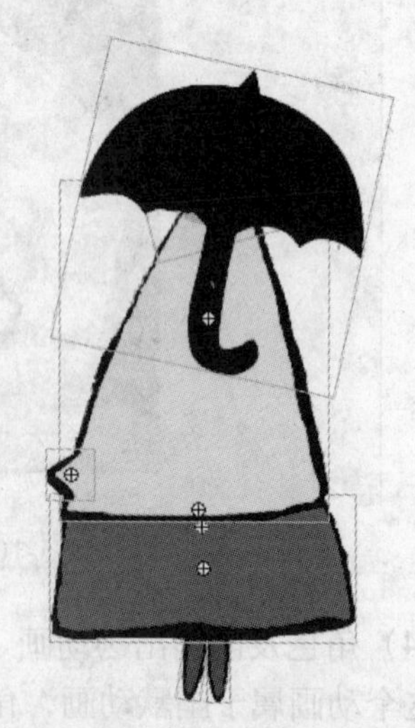

图5-106　在第4帧调整形状

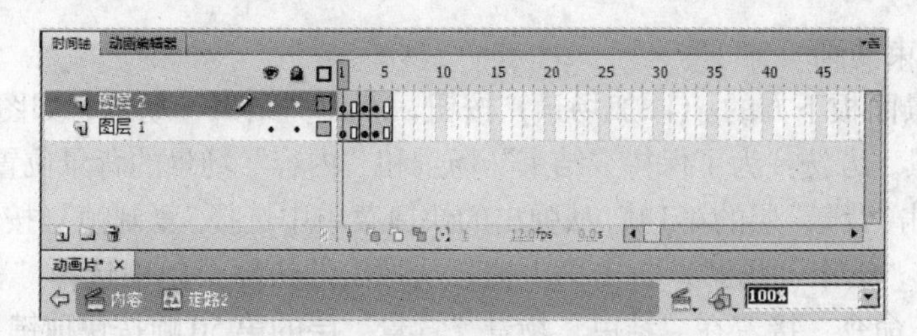

图 5-107 “走路 2”元件的时间轴分布

单击内容，回到“内容”场景，然后在“阴影”层的第 575 帧按快捷键〈F7〉，插入空白关键帧，从库中将“走路 2”元件拖入舞台并与前一帧的元件位置对齐，并在“属性”面板中将“亮度”值设为“-100”，结果如图 5-108 所示。接着在第 593 帧按快捷键〈F6〉，插入关键帧，将“走路 2”元件移动到适当的位置，如图 5-109 所示。最后创建第 575~593 帧之间的传统补间动画。

图 5-108 将“亮度”值设为“-100”的效果

图 5-109 将“走路 2”元件移动适当的位置

(5) 制作结束动画

1) 单击场景面板下方的(添加场景)按钮，新建“结束”场景，如图 5-110 所示。

2) 制作背景。方法：为了保持“结束”场景和“内容”场景的背景位置一致，下面回到“内容”场景，右击“背景”层的第1帧，从弹出的快捷菜单中选择“复制帧”(按快捷键〈Ctrl+C〉)命令。然后回到“结束”场景，右击第 1 帧，从弹出的快捷菜单中选择“粘贴帧”(快捷键〈Ctrl+Shift+V〉)命令。接着在“结束”场景“背景”层的第 50 帧按快捷键〈F5〉，插入普通帧，从而使“背景”层延长到第 50 帧。

3) 执行菜单中的“插入|新建元件”(快捷键〈Ctrl+F8〉)命令，创建一个“完”图形元件，然后输入文字“完”，并按快捷键〈Ctrl+B〉将其分离为图形，接着对其进行颜色填充，如图 5-111 所示。

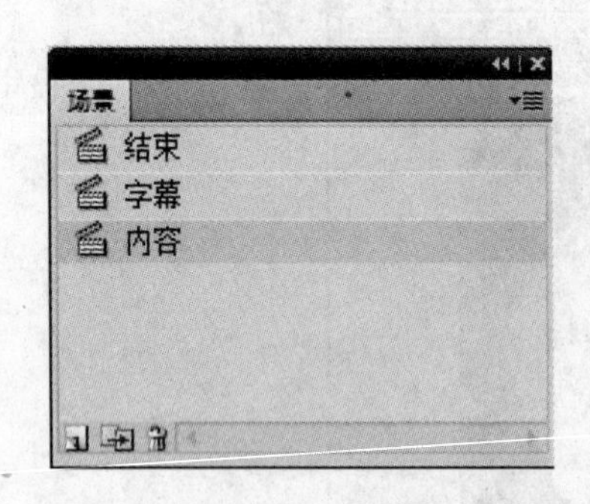

图 5-110　新建“结束”场景

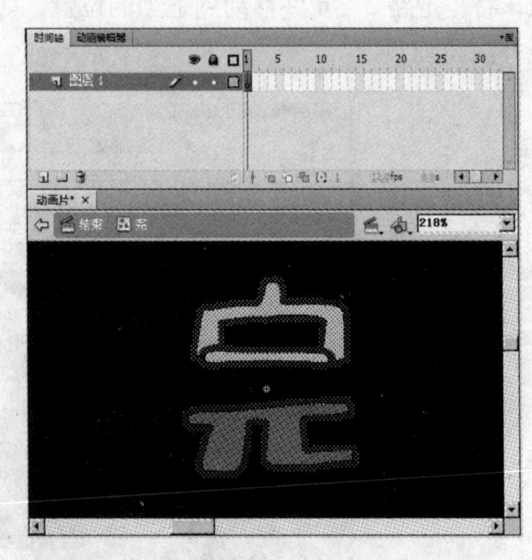

图 5-111　文字效果

4) 单击结束按钮，回到“结束”场景。然后新建“字”层，在第 9 帧按快捷键〈F7〉，插入空白关键帧。接着从库中将“完”元件拖入舞台，位置如图 5-112 所示。最后在第 13 帧和第 14 帧分别按快捷键〈F6〉插入关键帧，并移动位置如图 5-113 所示。

图 5-112　将“完”元件拖入舞台

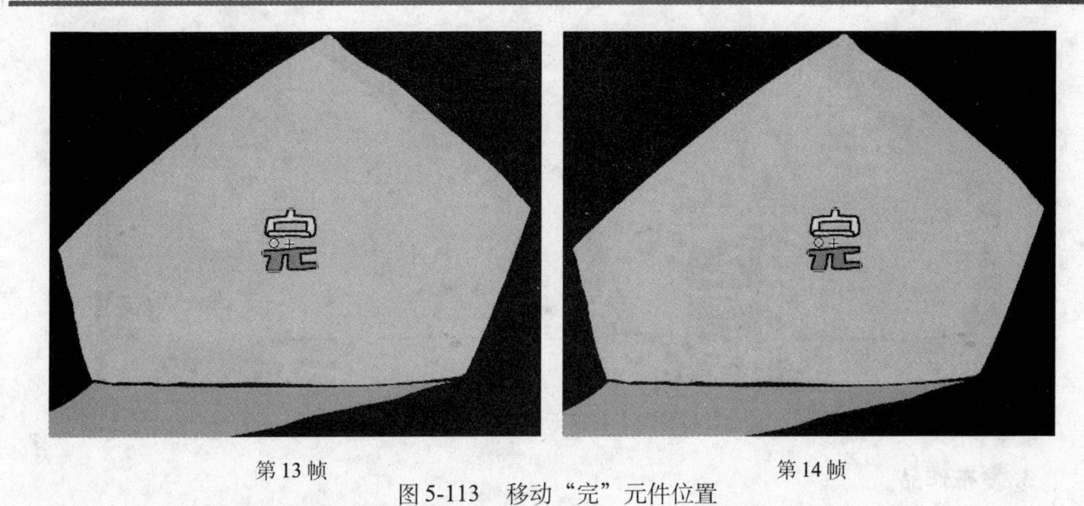

第13帧　　　　　　第14帧

图5-113　移动“完”元件位置

提示：为了体现字的轻微跳动效果，所以在第14帧略微将“字”元件向右移动。

5）在“背景”层的上方新建“字的影子”层，然后从库中将“完”元件拖入舞台，并在“属性”面板中将“亮度”设为“-100”，接着调整位置如图5-114所示。

图5-114　将“完”元件“亮度”设为“-100”的效果

6）为了体现出幽默动画的特点，我们将字的阴影也做了一些动画，图5-115为不同帧的画面效果。用户也可根据自己对作品的理解自由发挥。

图5-115　不同帧的画面效果

图 5-115 不同帧的画面效果（续）

3. 发布作品

执行菜单中的“文件|导出”命令，即可作品进行输出。这里主要讲一下在输出时应注意的问题。

1）在输出 GIF 和 AVI 动画的时候，会发现原本用 SWF 播放器可以看到的动画，此时会变为静止的。这是因为在制作动画的时候用到了“影片剪辑”元件，这个元件在输出为 GIF 或 AVI 格式时，影片剪辑只能显示一帧。解决这个问题的方法是在制作动画时一开始就使用“图形”元件，即避免使用“影片剪辑”元件。

提示： 如果已经使用了“影片剪辑”元件，要想通过转换元件的方式将其转换为“图形”元件，然后再输出为 GIF 和 AVI 动画的方法来解决这个问题是不正确的，此时会依然看不到动画效果。

2）有时候在输出 AVI 动画之后会发现动画没有了声音，这是因为 Flash 本身的默认选项是禁用声音的，如图 5-116 所示。如果要输出声音必须选择相应的声音设置。

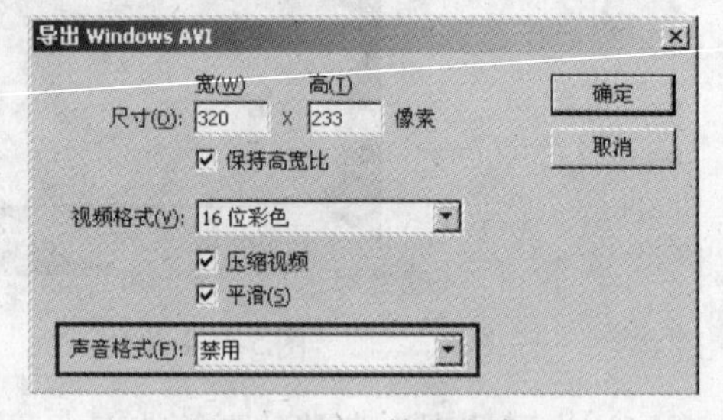

图 5-116 禁用声音

5.4 课后练习

（1）制作一个带有跳转页面的网站，如图 5-117 所示。参数可参考配套光盘中的“课后练习\5.4 课后练习\练习 1\Zoro 网页制作.fla”文件。

图 5-117 练习 1

（2）制作一个弹力球游戏，如图5-118所示。参数可参考配套光盘中的“课后练习\5.4课后练习\练习2\弹力球.fla”文件。

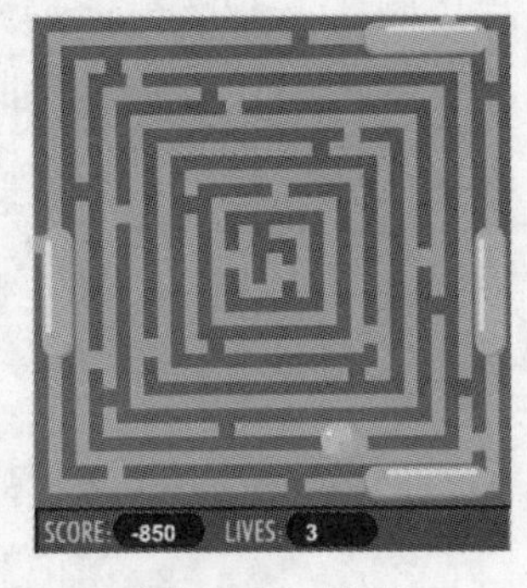

图5-118 练习2

（3）制作人物打斗的小短片，如图5-119所示。参数可参考配套光盘中的“课后练习\5.4课后练习\练习3\趁火打劫.fla”文件。

图5-119 练习3